Craftsman Hazardous material

위험물기능사
최근9년간 기출문제
【필기】

이덕수·이정석 공저

도서출판 책과 상상
www.SangSangbooks.co.kr

현대 산업사회가 급속히 발전하고 있는 현실에 위험물 대형화재가 발생하여 인명과 재산에 막대한 손실을 초래하는 것을 보면서 위험물 안전관리에 대한 필요성을 더욱 절실히 느끼게 되었습니다.

그래서 산업사회의 기초물질인 위험물을 원료로 하는 화학공장의 위험물안전관리대행 업무의 현장 실무 경력과 오랜기간 동안 위험물 강의 경력을 토대로 한국산업인력공단의 출제 기준에 맞게 수험생이 단시간에 자격증을 취득할 수 있도록 위험물 과년도출제문제집을 출간하게 되었습니다.

이 책의 특징은
- 위험물기능사 필기시험을 간편하고 빠르게 한 권으로 마스터할 수 있도록 핵심적인 내용을 수록하였습니다.
- 한국산업인력공단의 출제기준과 개정된 위험물안전관리 관계법령을 반영하여 핵심적인 이론 내용을 수험생들이 이해하기 쉽도록 집필하였습니다.
- 2017년부터 2025년까지 최근 9년간 시행된 필기 CBT 복원 문제를 상세한 해설과 함께 수록함으로써 문제은행 방식의 시험에 효과적으로 대비할 수 있도록 하였습니다.

Preface
첫머리에

이 도서의 출간 이후 부족한 점과 법령 개정부분은 계속 수정, 보완하여 수험생 여러분이 합격하는데 더욱 도움이 되도록 하겠으며, 이 책을 출간하기까지 물심양면으로 도와주신 책과상상 사장님, 그리고 편집부 직원께 진심으로 감사드립니다.

수험생 여러분의 합격의 영광을 기원하며 항상 행복하고 건강한 날이 되기를 기원합니다.

저자 드림

자격시험안내 및 출제기준

■ **개요**
위험물 취급은 위험물 안전 관리법 규정에 의거 위험물의 제조 및 저장하는 취급소에서 각 류별 위험물 규모에 따라 위험물과 시설물을 점검하고, 일반 작업자를 지시 감독하며 재해 발생 시 응급조치와 안전관리 업무를 수행하는 일

■ **수행직무**
위험물을 저장ㆍ취급ㆍ제조하는 제조소등에서 위험물을 안전하게 저장ㆍ취급ㆍ제조하고 일반 작업자를 지시 감독하며, 각 설비에 대한 점검과 재해 발생시 응급조치 등의 안전 관리 업무를 수행하는 직무

■ **취득방법**
1. 시 행 처 : 한국산업인력공단
2. 관련학과 : 실업계 고등학교 화공과, 화학공업과 등 관련학과
3. 시험과목
   - 필기 : 화재예방과 소화방법, 위험물의 화학적 성질 및 취급
   - 실기 : 위험물 취급 실무
4. 검정방법 및 합격기준
   - 필기 : 객관식 4지 택일형, 60문항(60분) – 100점을 만점으로 하여 60점 이상
   - 실기 : 필답형(1시간 30분) – 100점을 만점으로 하여 60점 이상

■ **필기 출제기준**

필기과목	주요항목	세부항목
위험물의 성질 및 안전관리	1. 화재 및 소화	1. 물질의 화학적 성질 2. 화재 및 소화이론의 이해 3. 소화약제 및 소방시설의 기초
	2. 제1류 위험물 취급	1. 성상 및 특성 2. 저장 및 취급방법의 이해 3. 소화방법
	3. 제2류 위험물 취급	1. 성상 및 특성 2. 저장 및 취급방법의 이해 3. 소화방법
	4. 제3류 위험물 취급	1. 성상 및 특성 2. 저장 및 취급방법의 이해 3. 소화방법
	5. 제4류 위험물 취급	1. 성상 및 특성 2. 저장 및 취급방법의 이해 3. 소화방법
	6. 제5류 위험물 취급	1. 성상 및 특성 2. 저장 및 취급방법의 이해 3. 소화방법
	7. 제6류 위험물 취급	1. 성상 및 특성 2. 저장 및 취급방법의 이해 3. 소화방법
	8. 위험물 운송ㆍ운반	1. 위험물 운송기준 2. 위험물 운반기준
	9. 위험물 제조소 등의 유지관리	1. 위험물 제조소 2 위험물 저장소 3 위험물 취급소 4 제조소등의 소방시설 점검
	10. 위험물 저장ㆍ취급	1. 위험물 저장기준 2. 위험물 취급기준
	11. 위험물안전관리 감독 및 행정처리	1. 위험물시설 유지관리감독 2. 위험물안전관리법상 행정사항

NCS(국가직무능력표준) 안내

NCS(국가직무능력표준)와 NCS 학습모듈

- 국가직무능력표준(NCS, National Competency Standards)이란 산업현장에서 직무를 수행하기 위해 요구되는 지식·기술·소양 등의 내용을 국가가 산업부문별·수준별로 체계화한 것으로 국가적 차원에서 표준화한 것을 의미합니다.
- NCS 학습모듈은 NCS 능력단위를 교육 및 직업훈련 시 활용할 수 있도록 구성한 교수·학습자료입니다. 즉, NCS 학습모듈은 학습자의 직무능력 제고를 위해 요구되는 학습 요소(학습 내용)를 NCS에서 규정한 업무 프로세스나 세부 지식, 기술을 토대로 재구성한 것입니다.

NCS 개념도

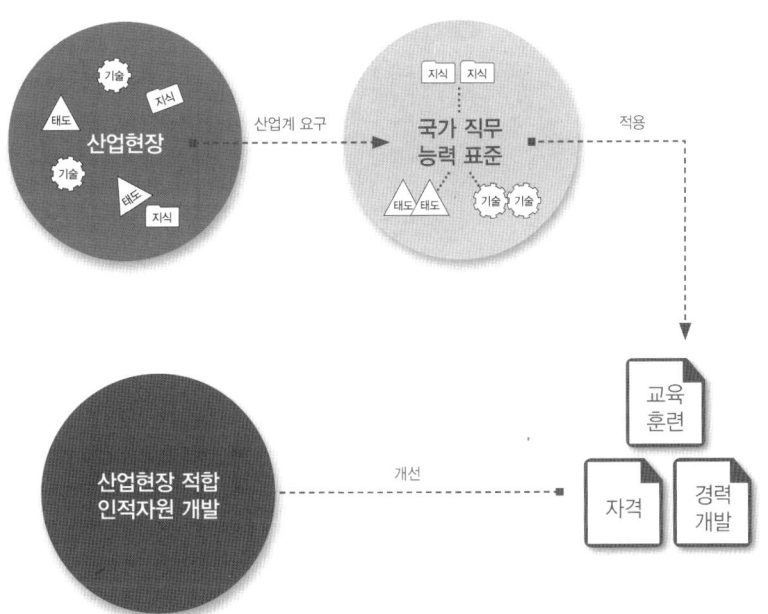

NCS의 활용영역

구분		활용 콘텐츠
산업현장	근로자	평생경력개발경로, 자가진단도구
	기업	현장수요 기반의 인력채용 및 인사관리기준, 직무기술서
교육훈련기관		직업교육 훈련과정 개발, 교수계획 및 매체·교재개발, 훈련기준 개발
자격시험기관		자격종목설계, 출제기준, 시험문항, 시험방법

NCS 학습모듈의 특징

- NCS 학습모듈은 산업계에서 요구하는 직무능력을 교육훈련 현장에 활용할 수 있도록 성취목표와 학습의 방향을 명확히 제시하는 가이드라인의 역할을 합니다.
- NCS 학습모듈은 특성화고, 마이스터고, 전문대학, 4년제 대학교의 교육기관 및 훈련기관, 직장교육기관 등에서 표준교재로 활용할 수 있으며 교육과정 개편 시에도 유용하게 참고할 수 있습니다.

NCS와 NCS 학습모듈의 연결 체제

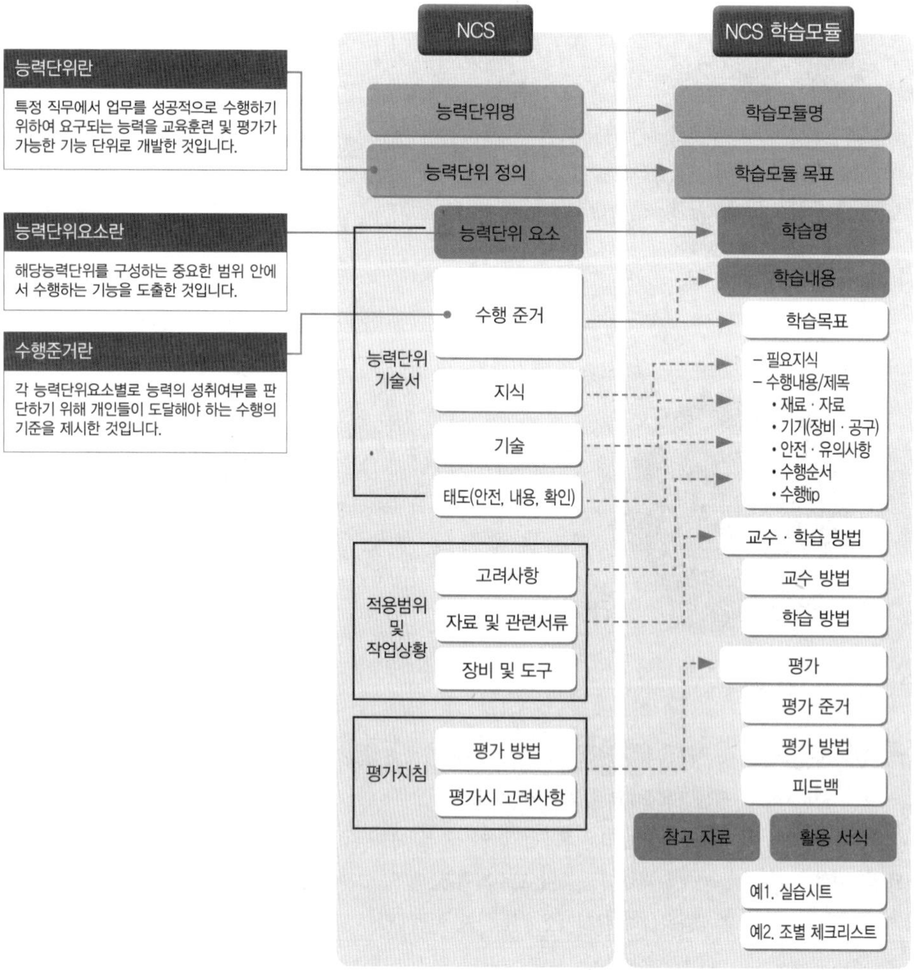

NCS

- 능력단위란: 특정 직무에서 업무를 성공적으로 수행하기 위하여 요구되는 능력을 교육훈련 및 평가가 가능한 기능 단위로 개발한 것입니다.
  - 능력단위명
  - 능력단위 정의
- 능력단위요소란: 해당능력단위를 구성하는 중요한 범위 안에서 수행하는 기능을 도출한 것입니다.
- 수행준거란: 각 능력단위요소별로 능력의 성취여부를 판단하기 위해 개인들이 도달해야 하는 수행의 기준을 제시한 것입니다.
  - 능력단위 요소
  - 능력단위 기술서
    - 수행 준거
    - 지식
    - 기술
    - 태도(안전, 내용, 확인)
  - 적용범위 및 작업상황
    - 고려사항
    - 자료 및 관련서류
    - 장비 및 도구
  - 평가지침
    - 평가 방법
    - 평가시 고려사항

NCS 학습모듈

- 학습모듈명
- 학습모듈 목표
- 학습명
- 학습내용
  - 학습목표
    - 필요지식
    - 수행내용/제목
      - 재료·자료
      - 기기(장비·공구)
      - 안전·유의사항
      - 수행순서
      - 수행tip
  - 교수·학습 방법
    - 교수 방법
    - 학습 방법
  - 평가
    - 평가 준거
    - 평가 방법
    - 피드백
- 참고 자료 / 활용 서식
  - 예1. 실습시트
  - 예2. 조별 체크리스트

과정평가형 자격취득 안내

과정평가형 자격

과정평가형 자격은 국가기술자격법에 근거하여 국가직무능력표준(NCS)에 따라 설계된 교육·훈련과정을 체계적으로 이수한 교육·훈련생에게 내·외부 평가를 통해 국가기술자격증을 부여하는 새로운 개념의 국가기술자격 취득 제도로서 2015년부터 시행되고 있다.

과정평가형 자격 운영 절차

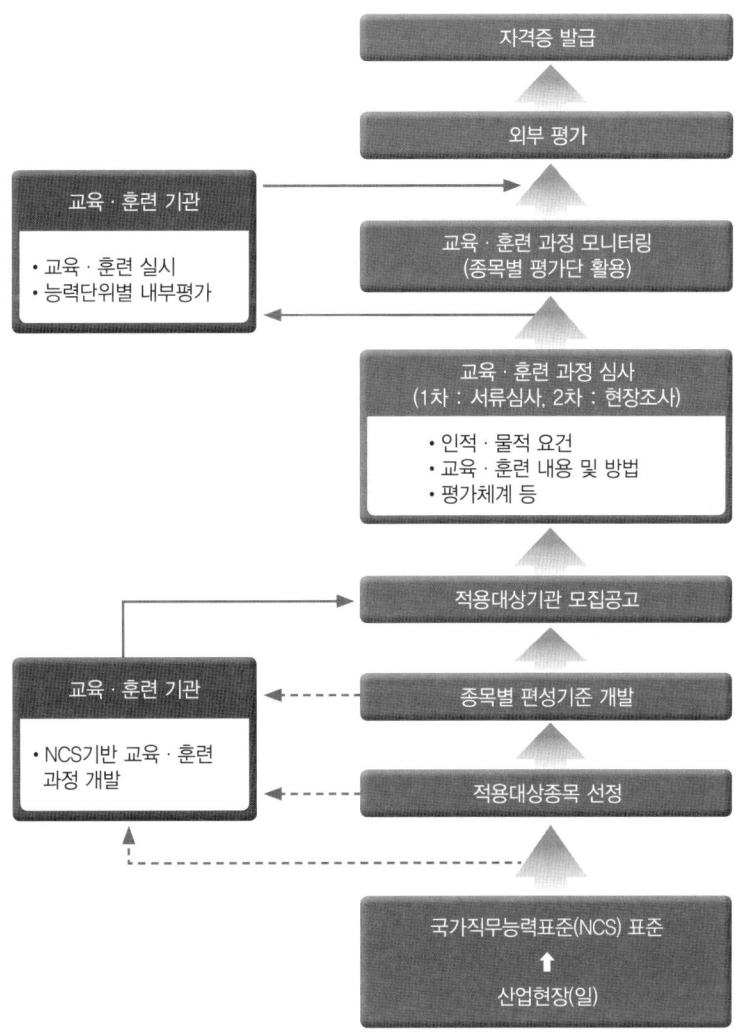

시행 대상

국가기술자격법의 과정평가형 자격 신청자격에 충족한 기관 중 공모를 통하여 지정된 교육·훈련기관의 단위과정별 교육·훈련을 이수하고 내부평가에 합격한 자

교육·훈련생 평가

① 내부평가(지정 교육·훈련기관)
  ㉮ 평가대상 : 능력단위별 교육·훈련과정의 75% 이상 출석한 교육·훈련생
  ㉯ 평가방법
    ㉠ 지정받은 교육·훈련과정의 능력단위별로 평가
    ㉡ 능력단위별 내부평가 계획에 따라 자체 시설·장비를 활용하여 실시
  ㉰ 평가시기
    ㉠ 해당 능력단위에 대한 교육·훈련이 종료된 시점에서 실시하고 공정성과 투명성이 확보되어야 함
    ㉡ 내부평가 결과 평가점수가 일정수준(40%) 미만인 경우에는 교육·훈련기관 자체적으로 재교육 후 능력단위별 1회에 한해 재평가 실시
② 외부평가(한국산업인력공단)
  ㉮ 평가대상 : 단위과정별 모든 능력단위의 내부평가 합격자
  ㉯ 평가방법 : 1차·2차 시험으로 구분 실시
    ㉠ 1차 시험 : 지필평가(주관식 및 객관식 시험)
    ㉡ 2차 시험 : 실무평가(작업형 및 면접 등)

합격자 결정 및 자격증 교부

① 합격자 결정 기준
  내부평가 및 외부평가 결과를 각각 100점을 만점으로 하여 평균 80점 이상 득점한 자
② 자격증 교부
  기업 등 산업현장에서 필요로 하는 능력보유 여부를 판단할 수 있도록 교육·훈련 기관명·기간·시간 및 NCS 능력단위 등을 기재하여 발급

> NCS 및 과정평가형 자격에 대한 내용은 NCS국가직무능력표준 홈페이지(www.ncs.go.kr)에서 보다 자세하게 살펴볼 수 있습니다.

CBT필기시험 안내

변경된 제도 개요

기능사 CBT(컴퓨터 기반 시험) 필기시험제도는 한국산업인력공단 상설시험장과 외부기관의 시설 및 장비를 임차하여 시행하기 때문에 시험장 사정에 따라 시험일자가 달라질 수 있으며, 수험생들이 선호하는 시험장은 조기 마감될 수 있으므로 주의하여야 합니다.

원서접수 기간 및 접수처

- 한국산업인력공단이 주관 및 시행하는 기능사 정기 CBT 필기시험 및 상시 CBT 필기시험과 관련한 정보는 큐넷 홈페이지(http://www.q-net.or.kr)를 방문하여 확인합니다.
- 기능사 필기시험의 원서접수는 인터넷으로만 가능하며 정기 및 상시시험 모두 큐넷 홈페이지(http://www.q-net.or.kr)에서 접수할 수 있습니다.
- 기능사 상시시험 종목 : 한식조리기능사, 양식조리기능사, 일식조리기능사, 중식조리기능사, 제과기능사, 제빵기능사, 미용사(일반), 미용사(피부), 미용사(네일), 미용사(메이크업), 굴착기운전기능사, 지게차운전기능사, 건축도장기능사, 방수기능사 [14종목]
  ※ 건축도장기능사, 방수기능사 2종목은 정기검정과 병행 시행

CBT 부별 시험시간 안내

구분	입실시간	시험시간	비고
1부	09:30	09:50 ~ 10:50	
2부	10:00	10:20 ~ 11:20	
3부	11:00	11:20 ~ 12:20	
4부	11:30	11:50 ~ 12:50	
5부	13:00	13:20 ~ 14:20	시험실 입실 시간은 시험시작 20분 전
6부	13:30	13:50 ~ 14:50	
7부	14:30	14:50 ~ 15:50	
8부	15:00	15:20 ~ 16:20	
9부	16:00	16:20 ~ 17:20	
10부	16:30	16:50 ~ 17:50	

※ 시행지역별 접수인원에 따라 일일 시행횟수는 변동될 수 있으며, 지역에 따라 원거리 시험장으로 이동할 수 있습니다.

합격자 발표

종이 시험과 달리 CBT 필기시험은 시험이 종료된 후 시험점수와 함께 합격 여부를 확인할 수 있으며, 이 결과는 시험일정 상의 합격자 발표일에 최종 확인할 수 있습니다.

CBT필기시험 체험하기

01 CBT 필기시험 응시를 위해 지정된 좌석에 앉으면 해당 컴퓨터 단말기가 시험감독관 서버에 연결되었음을 알리는 연결 성공 메시지가 나타납니다.

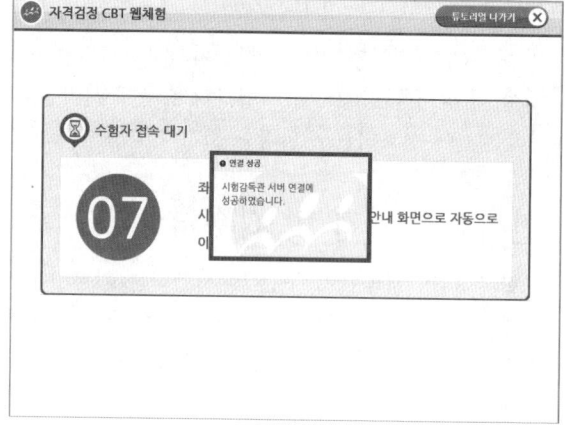

02 수험자 접속 대기 화면에서 좌석번호를 확인합니다. 좌석번호 확인이 끝나면 시험감독관의 지시에 따라 시험 안내 화면으로 자동으로 이동합니다.

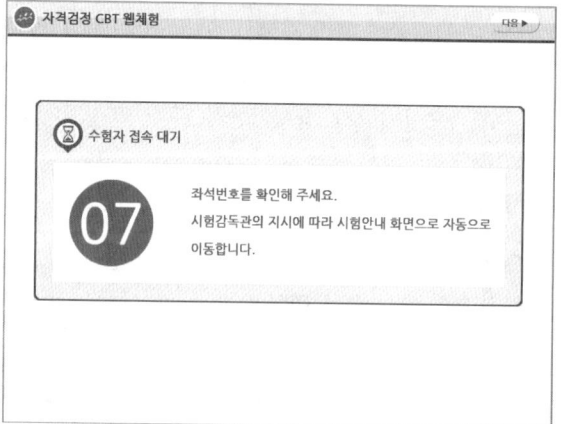

03 수험자 정보를 확인합니다. 감독관의 신분 확인 절차가 진행됩니다. 신분 확인이 모두 끝나면 시험을 시작할 수 있습니다.

04 CBT 필기시험에 대한 안내사항이 나타납니다. 화면은 예제이며, 실제 기능사 필기시험은 총 60문제로 구성되며, 60분간 진행됩니다.

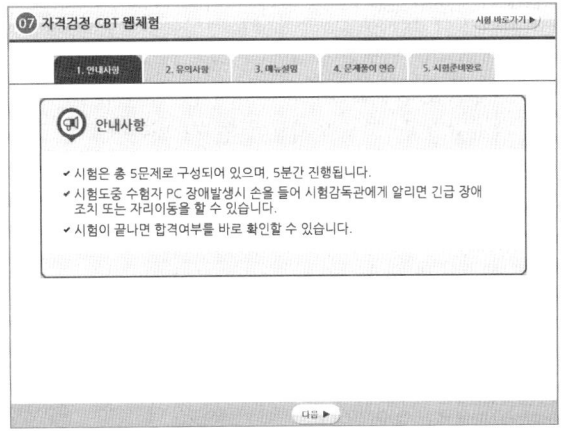

05 다음 항목에서 시험과 관련된 유의사항을 확인합니다. 특히, 시험과 관련한 부정행위 적발 시 퇴실과 함께 해당 시험은 무효처리되어 불합격 될 뿐만 아니라, 이후 3년간 국가기술자격검정에 응시할 수 있는 자격이 정지되므로 부정행위로 인정되는 내용을 꼼꼼히 확인하도록 합니다.

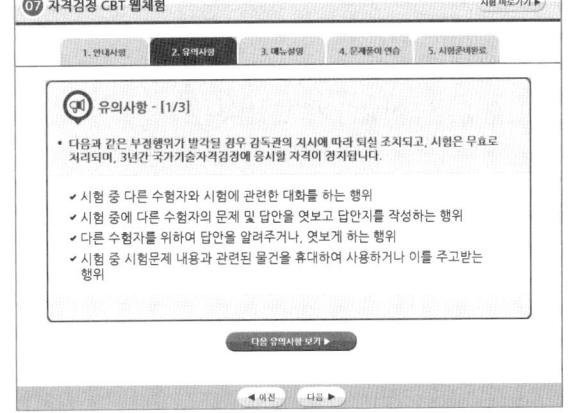

06 메뉴설명 항목에서는 문제풀이와 관련된 메뉴에 대한 설명을 확인할 수 있습니다. CBT 화면에서는 글자 크기를 크게 하거나 작게 할 수 있을 뿐 아니라, 화면 배치를 1단 또는 2단 화면 보기 혹은 한 문제씩 보기로 선택할 수 있습니다.

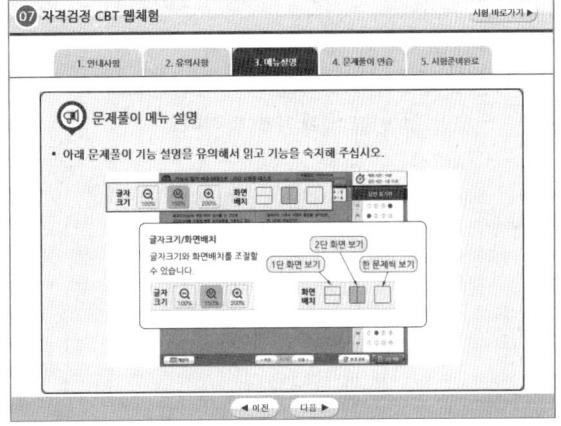

07 문제풀이 연습 항목에서는 실제 문제를 풀어보는 과정을 연습할 수 있습니다. 실제 시험에서 실수하지 않도록 하기 위해 [자격검정 CBT 문제풀이 연습] 버튼을 클릭합니다.

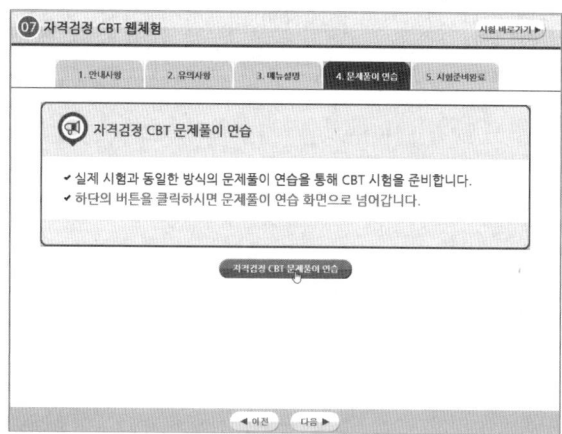

08 보기의 연습 문제는 국가기술자격시험의 정부 위탁기관인 한국산업인력공단의 본부 청사 소재지를 묻는 것입니다. 현재 한국산업인력공단 본부는 울산광역시에 소재하고 있습니다. 문제 아래의 보기에서 번호 항목을 클릭하거나 답안 표기란의 번호 항목에서 해당 답안을 클릭하여 답안을 체크합니다.

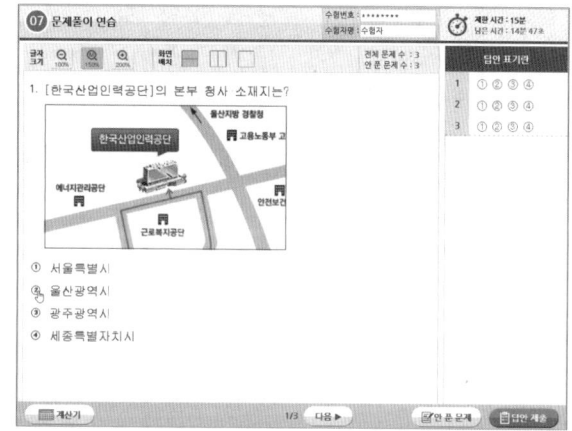

09 문제 아래의 보기를 클릭하거나 오른쪽 답안 표기란의 답안 항목을 클릭하면 화면과 같이 선택한 답안이 OMR 카드에 색칠한 것과 같이 색이 채워집니다.

답안을 수정할 때는 마찬가지 방법으로 수정하고자 하는 문제의 보기 항목이나 답안 표기란의 보기 항목에서 수정하고자 하는 답안을 클릭합니다.

10 문제를 풀고 나면 다음 문제를 풀기 위해 화면 하단의 [다음] 버튼을 클릭하여 문제를 계속 풀어나가면 됩니다. 참고로 하단 버튼 중 [계산기]를 클릭하면 간단한 공학용 계산기를 사용하여 계산 문제를 푸는 데 도움을 받을 수 있습니다.

> 계산이 끝나고 계산기를 화면에서 사라지게 하려면 계산기 창의 오른쪽 상단에 있는 닫기 ❌ 버튼을 클릭합니다.

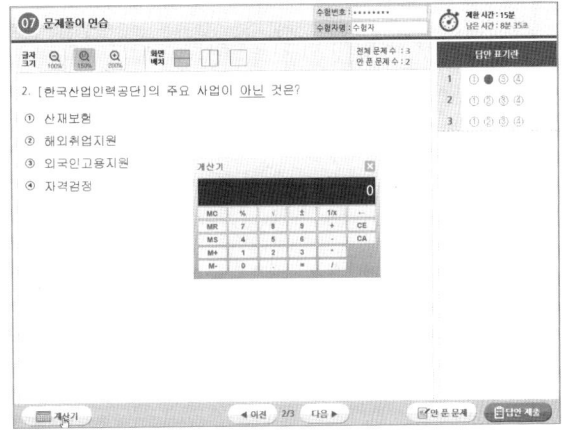

11 문제 풀이 연습이 끝나면 하단의 [답안 제출] 버튼을 클릭하여 답안을 제출합니다.

> 어려운 문제의 경우 하단의 [다음] 버튼을 클릭하여 다음 문제를 풀 수도 있습니다. 단, 이러한 경우 답안을 제출하기 전에 하단의 [안 푼 문제] 버튼을 클릭하여 혹시 풀지 않은 문제가 있는 지 최종적으로 확인하도록 합니다.

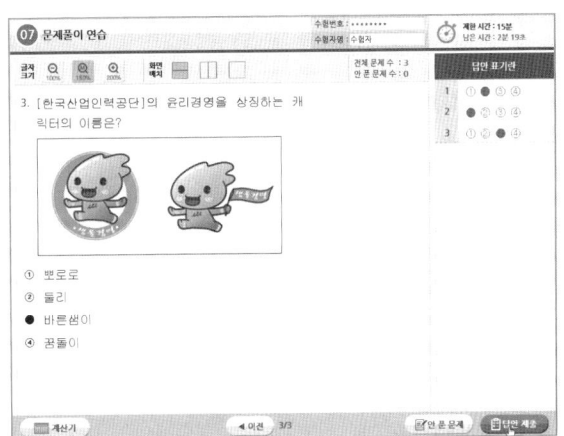

12 답안 제출을 클릭하면 나타나는 화면입니다. 수험생들이 실수로 답안을 모두 체크하지 않고 제출할 수 있는 실수를 방지하기 위해 2회에 걸쳐 주의 화면이 나타납니다. 답안을 제출하려면 [예] 버튼을 누릅니다.

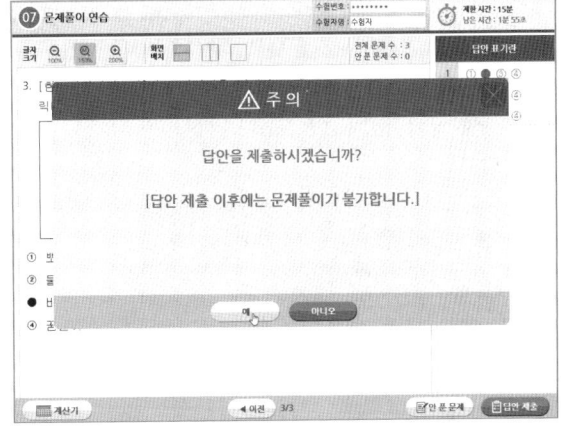

13 문제풀이 연습을 모두 마치면 나타나는 화면에서 [시험 준비 완료] 버튼을 클릭합니다. 이후 시험 시간이 되면 시험감독관의 지시에 따라 시험이 자동으로 시작됩니다.

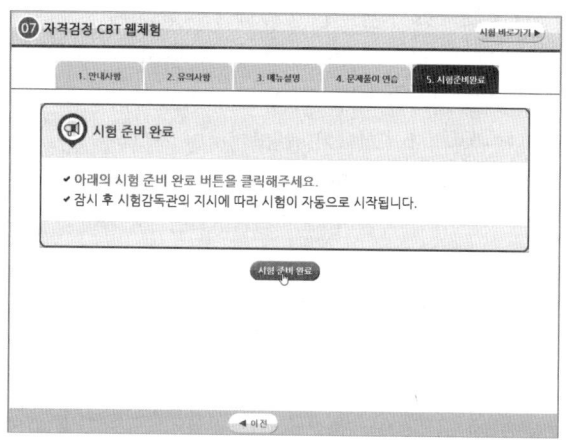

14 본 시험이 시작되면 첫 번째 문제가 화면에 나타납니다. 앞서 문제풀이 연습 때와 마찬가지 방법으로 문제의 보기에서 정답을 클릭하거나 답안 표기란에 해당 문제의 정답 항목을 클릭하여 답을 선택합니다.

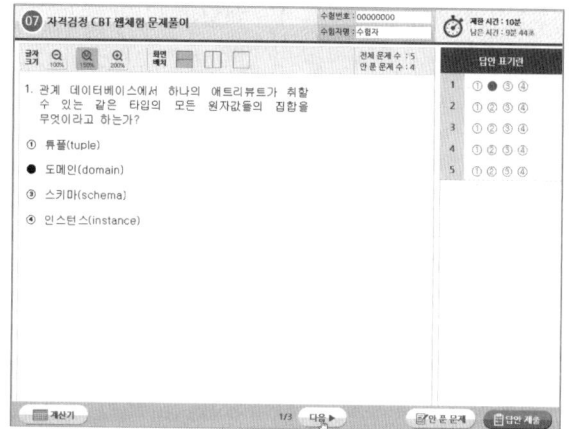

15 화면 하단의 [다음] 버튼을 클릭하면 다음 문제를 풀 수 있습니다. 앞서와 마찬가지 방법으로 답안에 체크하고 모든 문제를 풀었다면 [답안 제출] 버튼을 클릭합니다.

> 화면의 상단 오른쪽에 제한 시간과 남은 시간이 표시됩니다. 본 예제는 체험을 위한 것으로 실제 시험시간은 60분이며, 이에 따라 남은 시간도 표시됩니다.

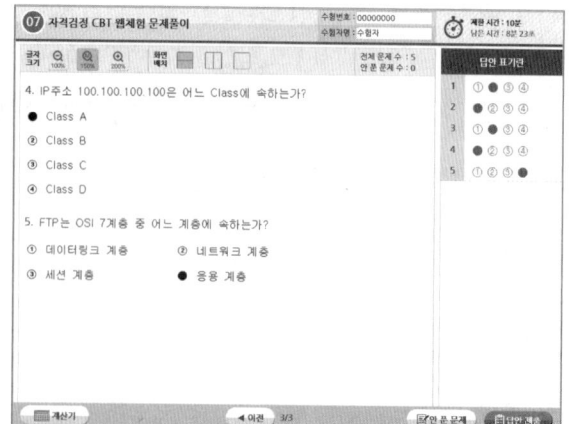

16 수험생의 실수를 방지하기 위해 2회에 걸쳐 주의 문구가 출력됩니다. 모든 문제를 이상없이 풀고 답안에 체크했다면 [예] 버튼을 클릭하여 답안을 제출하고 시험을 마무리합니다.

> 문제 화면으로 다시 돌아가고자 한다면 [아니오] 버튼을 클릭하여 이미 푼 문제들을 다시 확인하고 필요한 경우 답안을 수정할 수 있습니다.

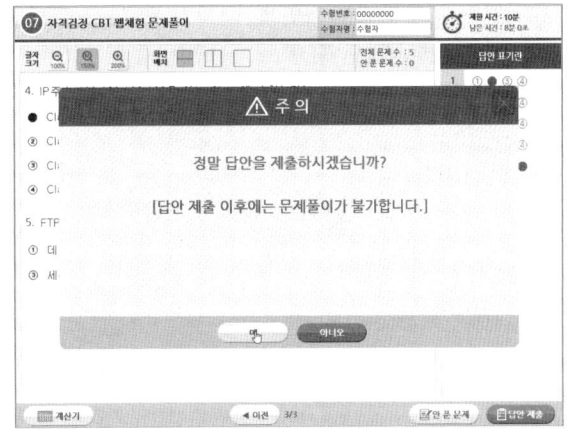

17 답안 제출 화면이 나타납니다. 잠시 기다립니다.

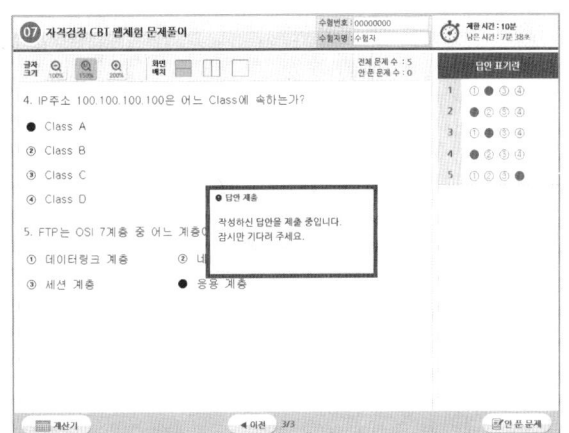

18 CBT 필기시험을 모두 끝내고 답안을 제출하면 곧바로 합격, 불합격 여부를 화면과 같이 확인할 수 있습니다. 독자분들은 꼭 화면과 같은 합격 축하 문구를 볼 수 있기를 기원합니다.

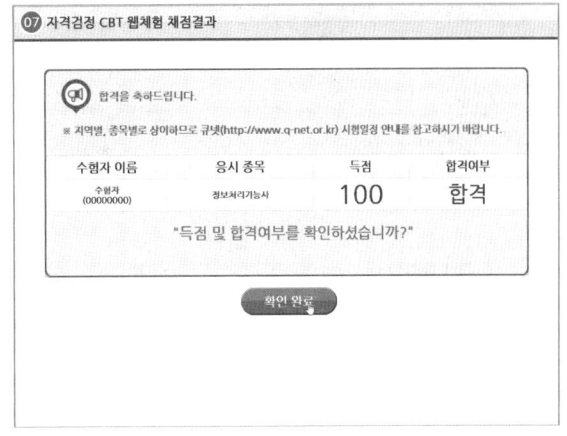

19 앞서의 합격 여부 화면에서 [확인 완료] 버튼을 클릭하면 CBT 필기시험이 종료됩니다. 고생하셨습니다.

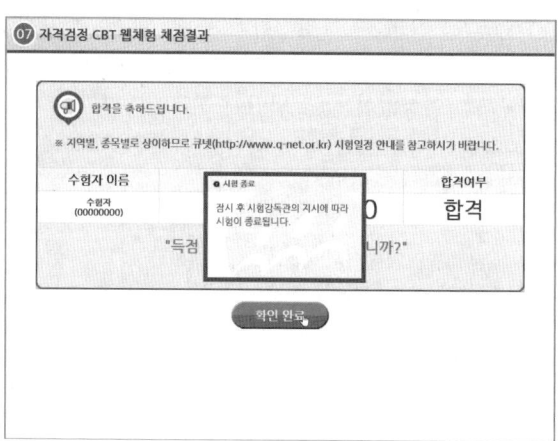

본 도서에 수록된 CBT 필기시험 체험하기 내용은 한국산업인력공단의 CBT 체험하기 과정을 인용하여 구성 및 정리한 것입니다. 직접 한국산업인력공단에서 제공하는 CBT 필기시험을 체험하고자 하는 독자께서는 한국산업인력공단이 운영하는 큐넷 홈페이지(www.q-net.or.kr)를 방문하시기 바랍니다.

이 책의 차례 CONTENTS

제1장 핵심이론요약

제1절 | 화재예방과 소화방법   20
- 01 일반화학   20
- 02 화재 및 연소   26
- 03 소화의 원리 및 방법   30
- 04 소방시설의 설치 및 운영   35

제2절 | 위험물의 종류 및 특성   44
- 01 제1류 위험물   44
- 02 제2류 위험물   50
- 03 제3류 위험물   54
- 04 제4류 위험물   58
- 05 제5류 위험물   69
- 06 제6류 위험물   72

제3절 | 위험물안전관리법령   75
- 01 위험물안전관리 기준   75
- 02 위험물제조소등의 위치, 구조설비기준   78
- 03 제조소등의 소화설비, 경보설비기준   97
- 04 위험물의 일반사항   102

제2장 CBT 복원문제

- 2017년 제1회 복원문제   110
- 2017년 제2회 복원문제   120
- 2017년 제3회 복원문제   130
- 2018년 제1회 복원문제   140
- 2018년 제2회 복원문제   149
- 2018년 제3회 복원문제   159
- 2019년 제1회 복원문제   169
- 2019년 세2회 복원문제   178
- 2019년 제3회 복원문제   187
- 2020년 제1회 복원문제   196
- 2020년 제2회 복원문제   205
- 2020년 제3회 복원문제   214
- 2021년 제1회 복원문제   222
- 2021년 제2회 복원문제   231
- 2021년 제3회 복원문제   240
- 2022년 제1회 기출문제   249
- 2022년 제2회 복원문제   258
- 2022년 제3회 복원문제   267
- 2022년 제4회 복원문제   276
- 2023년 제1회 복원문제   284
- 2023년 제2회 복원문제   293
- 2023년 제3회 복원문제   303
- 2023년 제4회 복원문제   312
- 2024년 제1회 복원문제   322
- 2024년 제2회 복원문제   331
- 2024년 제3회 복원문제   341
- 2024년 제4회 복원문제   350
- 2025년 제1회 복원문제   359
- 2025년 제2회 복원문제   368
- 2025년 제3회 복원문제   378
- 2025년 제4회 복원문제   387

위험물 분야
혼용되는 용어

위험물 등의 표기와 관련하여 다음의 내용은 시험문제에도 혼용되어 사용되고 있습니다.
이에 따라 본 교재에서 사용되는 용어 또한 혼용될 수 있으며, 이에 관해서는 다음의 내용을 참고하시기 바랍니다.

■ 혼용되는 용어

구분	기존 용어	혼용되는 용어
hy-	히-	하이-
di-	디-	다이-
tri-	트리-	트라이-
nitro-	니트로-	나이트로

■ 이전에 사용하던 용어

이전 용어	변경된 용어	이전 용어	변경된 용어
과망간산염류	과망가니즈산염류	과망간산칼륨	과망가니즈산칼륨
과망간산나트륨	과망가니즈산나트륨	아세트알데히드	아세트알데하이드
아크릴로니트릴	아크릴로나이트릴	시안화수소	사이안화수소
아세토니트릴	아세토나이트릴	히드라진	하이드라진
니트로벤젠	나이트로벤젠	니트로셀루로오스	나이트로셀룰로스
니트로글리세린	나이트로글리세린	니트로글리콜	나이트로글라이콜
트리니트로톨루엔	트라이나이트로톨루엔	트리니트로페놀	트라이나이트로페놀
니트로화합물	나이트로화합물	니트로소화합물	나이트로소화합물
디아조화합물	다이아조화합물	히드라진유도체	하이드라진유도체
히드록실아민	하이드록실아민	히드록실아민염류	하이드록실아민염류
니트로톨루엔	나이트로톨루엔	불소	플루오린
요오드, 옥소	아이오딘	메탄	메테인
에탄	에테인	프로판	프로페인
부탄	뷰테인		

CHAPTER 01

Craftsman **Hazardous material**

핵심이론요약

Section 01 화재예방과 소화방법
Section 02 위험물의 종류 및 특성
Section 03 위험물안전관리법령

SECTION 01 화재예방과 소화방법

STEP 01 일반화학

1. 원자

1) 원자에 관한 법칙(원자설)
   ① 일정성분비의 법칙(프루스트) : 순수한 화합물에 있어서 성분원소의 질량비는 항상 일정하다.
   ② 배수비례의 법칙(돌턴) : 두 원소가 결합하여 2개 이상의 화합물을 만들 때 다른 원소의 질량과 결합하는 원소의 질량 사이에는 간단한 정수비가 성립한다.
   ③ 질량보존의 법칙(돌턴)
      ㉮ 모든 물질은 더 이상 쪼갤 수 없는 원자라는 작은 입자로 되어 있다.
      ㉯ 같은 원소의 원자는 크기, 질량 등 모든 성질은 같다.

2) 원자의 구조
   ① 원자번호와 질량수
      ㉮ 원자번호 = 양성자수 = 양자수 = 전자수 (중성원자에서)
      ㉯ **질량수 = 양성자수(원자번호) + 중성자수**
   ② 방사선의 붕괴
      ㉮ **α붕괴 : 원자번호 2 감소, 질량수 4가 감소**한다.
      ㉯ β붕괴 : β붕괴하면 원자번호 1 증가, 질량수는 변화가 없다.
      ㉰ γ붕괴 : 핵의 내부에너지만 감소한다.
   ③ **동소체** : 같은 원소로 되어 있으나 성질과 모양이 다른 단체(질소는 동소체가 없다)

원소	동소체	연소생성물
탄소(C)	다이아몬드, 흑연	이산화탄소(CO_2)
황(S)	사방황, 단사황, 고무상황	이산화황(SO_2)
인(P)	적린(붉은인), 황린(흰인)	오산화인(P_2O_5)
산소(O)	산소, 오존	–

   ④ 당량
      ㉮ 당량 : 산소 8(산소 1/2원자량)이나 수소 1(수소 1원자량)과 결합 또는 치환하는 원소의 양

㉰ g당량 : 당량에 g을 붙인 것

$$당량 = \frac{원자량}{원자가}, \quad 원자량 = 당량 \times 원자가$$

2. 분자

1) 분자량 측정법

① 기체의 밀도 : 표준상태일 때 M(분자량) = d(g/ℓ) × 22.4
② **그레이엄의 확산속도법칙** : 확산속도는 분자량의 제곱근에 반비례, 밀도의 제곱근에 반비례 한다.

$$\frac{U_B}{U_A} = \sqrt{\frac{M_A}{M_B}} = \sqrt{\frac{d_A}{d_B}}$$

여기서
- U_B : B기체의 확산속도
- U_A : A기체의 확산속도
- M_B : B기체의 분자량
- M_A : A기체의 분자량
- d_B : B기체의 밀도
- d_A : A기체의 밀도

2) 분자에 관한 법칙

① 보일의 법칙 : 기체의 부피는 온도가 일정할 때 절대압력에 반비례한다.
② 샤를의 법칙 : 압력이 일정할 때 기체가 차지하는 부피는 절대온도에 비례한다.
③ **보일-샤를의 법칙** : 기체가 차지하는 부피는 압력에 반비례하고 절대온도에 비례한다.

$$\frac{P_1 V_1}{T_1} = \frac{P_2 V_2}{T_2} \qquad V_2 = V_1 \times \frac{P_1}{P_2} \times \frac{T_2}{T_1}$$

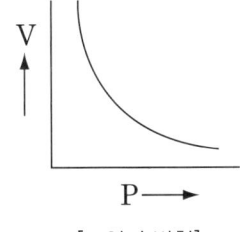

[보일의 법칙]

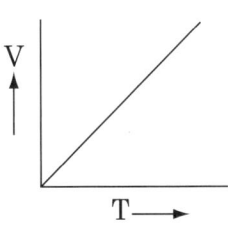

[샤를의 법칙]

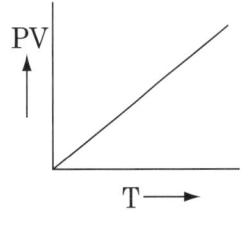

[보일-샤를의 법칙]

④ 이상기체 상태방정식

$$PV = nRT = \frac{W}{M}RT \qquad PM = \frac{W}{V}RT = \rho RT \qquad M(분자량) = \frac{\rho RT}{P}$$

여기서
- P : 압력(atm)
- V : 부피(ℓ, m³)
- n : mol수
- M : 분자량
- W : 무게
- T : 절대온도(273 + ℃), K
- R : 기체상수(0.08205ℓ · atm/g-mol · K)

3. 산, 염기

1) 산

① 산의 정의
   ㉮ 아레니우스 : 물에 녹아 **수소이온[H$^+$]을 내는** 물질
   ㉯ 루이스 : 비공유 전자쌍을 받을 수 있는 물질
   ㉰ 브뢴스테드 : 양성자[H$^+$]를 줄 수 있는 물질

② 산의 성질
   ㉮ 수용액은 **신맛**이 난다(초산).
   ㉯ 전기분해하면 (−)극에서 **수소를 발생**시킨다.
   ㉰ 리트머스종이의 **변색**(청색 → 적색)을 초래한다.
   ㉱ 염기와 반응하면 염과 물이 생성된다.

2) 염기

① 염기의 정의
   ㉮ 아레니우스 : 물에 녹아 **수산이온[OH$^-$]을 내는** 물질
   ㉯ 루이스 : 비공유 전자쌍을 줄 수 있는 물질
   ㉰ 브뢴스테드 : 양성자[H$^+$]를 받아들일 수 있는 물질

② 염기의 성질
   ㉮ 수용액은 **쓴맛**을 가지고 **미끈미끈**하다.
   ㉯ 전기분해하면 (+)극에서 산소를 발생시킨다.
   ㉰ 리트머스종이의 **변색**(적색 → 청색)을 유발한다.

3) 수소이온지수(pH) 등

① 수소이온농도
   ㉮ 수소이온농도 : 수용액 1ℓ 속에 존재하는 H$^+$의 몰수[H$^+$]
   ㉯ 수산이온농도 : 수용액 1ℓ 속에 존재하는 OH$^-$의 몰수[OH$^-$]
   ㉰ **수소이온지수(pH)** : 수소이온농도의 역수를 상용대수로 나타낸 값

$$pH = \log \frac{1}{[H^+]} = -\log[H^+]$$
$$\therefore pH + pOH = 14$$

② 중화적정 : 산과 염기를 완전 중화하려면 산과 염기의 g당량수가 같아야 한다.

$$NV = N'V'$$

여기서   • N : 노르말농도   • V : 부피

4. 용액의 농도

1) 백분율

① 중량백분율(wt% 농도) : 용액 100g 중 녹아 있는 용질의 g 수

$$wt\% = \frac{용질의\ 중량}{용액의\ 중량} \times 100$$

② ppm : 용액 1ℓ 중에 녹아 있는 용질의 mg 수

$$ppm = mg/\ell = g/m^3 = mg/kg = \frac{용질의\ 질량(mg)}{용액의\ 부피(\ell)}$$

2) 농도 및 용해도

① 몰농도(M) : 용액 1ℓ(1000㎖) 속에 녹아 있는 용질의 몰수
② 규정농도(N) : 용액 1ℓ(1000㎖) 속에 녹아 있는 용질의 g당량수
③ 몰랄농도(m) : 용매 1000g 속에 녹아 있는 용질의 몰수

- 몰농도$(M) = \dfrac{용질의\ 무게(g)}{용질의\ 분자량(g)} \times \dfrac{1000}{용액의\ 부피(m\ell)}$

- 규정농도$(N) = \dfrac{용질의\ 무게(g)}{용질의\ g당량} \times \dfrac{1000}{용액의\ 부피(m\ell)}$

- 몰랄농도$(m) = \dfrac{용질의\ 몰수}{용매의\ 질량(g)} \times 1000(g)$

- 당량수 = 규정농도 × 부피(ℓ)

④ 농도 환산

㉮ %농도 → 몰농도로 환산, $M = \dfrac{10ds}{분자량}$ (d : 비중, s : %농도)

㉯ %농도 → 규정농도로 환산, $N = \dfrac{10ds}{당량}$ (d : 비중, s : %농도)

⑤ 용해도 : 일정한 온도에서 용매 100g에 녹을 수 있는 용질의 g수

$$용해도 = \frac{용질의\ g수}{용매의\ g수} \times 100$$

5. 산화와 환원

1) 산화, 환원의 개요

관계 \ 구분	산화	환원
산소	산소와 결합할 때	산소를 잃을 때
수소	수소를 잃을 때	수소와 결합할 때
전자	전자를 잃을 때	전자를 얻을 때
산화수	산화수 증가할 때	산화수 감소할 때

2) 산화수

① **단체의 산화수**는 0이다.

> 단체의 산화수 : H_2^0, Fe^0, Mg^0, O_2^0, O_3^0, N_2^0

② 중성화합물을 구성하는 각 원자의 산화수의 합은 0이다.

> ㉮ $KMnO_4$ $(+1) + x + (-2) \times 4 = 0$ $x(Mn) = +7$
> ㉯ H_3PO_4 $(+1) \times 3 + x + (-2) \times 4 = 0$ $x(p) = +5$
> ㉰ $K_2Cr_2O_7$ $(+1) \times 2 + 2x + (-2) \times 7 = 0$ $x(Cr) = +6$
> ㉱ H_2SO_4 $(+1) \times 2 + x + (-2) \times 4 = 0$ $x(S) = +6$

③ 이온의 산화수는 그 이온의 가수와 같다.

> ㉮ MnO_4^- $x + (-2) \times 4 = -1$ $\therefore x = +7$
> ㉯ $(Cr_2O_7)^{-2}$ $2x + (-2) \times 7 = -2$ $\therefore x = +6$

④ 산소화합물에서 산소의 산화수는 −2이다.

> CO_2, H_2O

3) 산화제와 환원제

① 산화제 : 자신은 환원되고 다른 물질을 산화시키는 물질

산화제의 조건	해당 물질
산소를 내기 쉬운 물질	H_2O_2, $KClO_3$, $NaClO_3$
수소와 결합하기 쉬운 물질	O_2, Cl_2, Br_2
전자를 얻기 쉬운 물질	$KMnO_4$, $K_2Cr_2O_7$
발생기산소를 내기 쉬운 물질	O_2, O_3, Cl_2, MnO_2, HNO_3, H_2SO_4, $KMnO_4$, $K_2Cr_2O_7$

② 환원제 : 자신은 산화되고 다른 물질을 환원시키는 물질

환원제의 조건	해당 물질
수소를 내기 쉬운 물질	H_2S
산소와 결합하기 쉬운 물질	SO_2, H_2O_2
전자를 잃기 쉬운 물질	H_2SO_3
발생기수소를 내기 쉬운 물질	H_2, CO, H_2S, $C_2H_2O_4$

6. 유기화합물, 탄화수소

1) 유기화합물의 명명

작용기	명칭	작용기	명칭	작용기	명칭
CH_3-	메틸기	$-CO$	케톤기 (카르보닐기)	$-COO-$	에스터기
C_2H_5-	에틸기	$-OH$	하이드록실기	$-COOH$	카복실기
C_3H_7-	프로필기	$-O-$	에터기	$-NO_2$	나이트로기
C_4H_9-	부틸기	$-CHO$	알데하이드기	$-NH_2$	아미노기
$C_5H_{11}-$	아밀기	C_6H_5-	페닐기	$-N=N-$	아조기

2) 지방족 탄화수소

① 알코올류(R-OH) : 탄화수소에서 하나 이상의 H 원자를 $-OH$기로 치환한 화합물
② 에터류(R-O-R') : 두 개의 알킬기(R)에 하나의 산소 원자가 결합된 상태
③ 케톤류(R-CO-R') : 두 개의 알킬기와 하나의 카르보닐(케톤)기가 결합된 상태
④ 에스터류(R-COO-R') : 산과 알코올이 반응하여 물이 빠지고 생성된 물질

$$R-COOH + R-OH \underset{\text{가수분해}}{\overset{\text{에스테르화}}{\rightleftharpoons}} R-COO-R' + H_2O$$

⑤ 카복실산류(R-COOH) : 탄화수소의 하나 이상의 수소원자를 카복실기(-COOH)로 치환하여 얻어지는 것
⑥ 알데하이드류(R-CHO)
  ㉮ 알킬기에 하나의 알데하이드기가 결합된 상태를 말한다.
  ㉯ **1차 알코올을 산화**하면 **알데하이드**가 생성되고 계속 산화하면 **카복실산**이 된다.

$$R-OH \rightarrow R-CHO \rightarrow R-COOH$$

  ㉰ 아세트알데하이드는 은거울 반응, 아이오도폼 반응, 펠링 반응을 한다.

3) 방향족 탄화수소

① 벤젠(C_6H_6)
㉮ 구조식

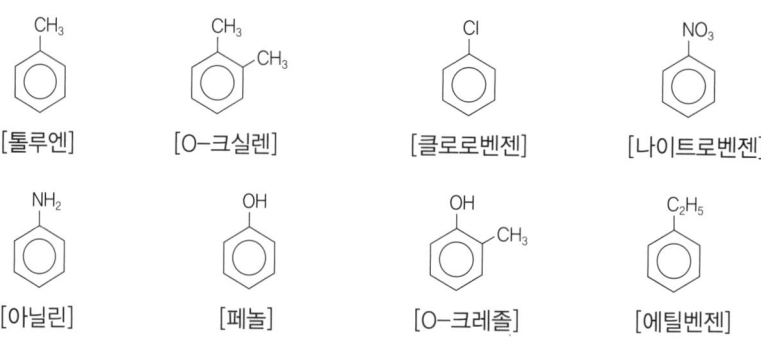

㉯ 무색, 특유의 냄새를 가진 휘발성 액체이다.
㉰ 물보다 가볍고 **물에 녹지 않고 비극성 공유결합물질**이다.
㉱ 6개의 탄소-탄소 결합 중 3개는 단일 결합이고 나머지 3개는 이중결합이다.

② 벤젠의 유도체

[톨루엔] [O-크실렌] [클로로벤젠] [나이트로벤젠]

[아닐린] [페놀] [O-크레졸] [에틸벤젠]

STEP 02 화재 및 연소

1. 화재 및 화상

1) 화재의 정의 및 종류

① 화재의 정의 : 자연 또는 인위적인 원인에 의해 물체를 연소시키고 인간의 신체, 재산, 생명의 손실을 초래하는 재난이다.

② 화재의 종류

구분 \ 급수	A급	B급	C급	D급
화재의 종류	일반화재	**유류화재**	전기화재	금속화재
원형 표시색	백색	**황색**	청색	무색

㉮ 일반화재 : 목재, 종이 등의 가연물의 화재로서 한옥의 화재
㉯ **유류화재** : 제4류 위험물의 화재
㉰ 전기화재 : 전기실, 발전실, 변전실, 컴퓨터실 등의 화재
㉱ 금속화재 : 칼륨(K), 나트륨(Na), 마그네슘(Mg), 아연(Zn) 등의 화재

2) 화재의 소실정도 및 화상의 종류

① 화재의 소실정도

구분	소실정도
부분소 화재	전소, 반소화재에 해당되지 아니하는 것
반소 화재	전체의 30% 이상 70% 미만이 소손된 경우
전소 화재	전체의 70% 이상(입체면적에 대한 비율)이 소실되었거나 또는 그 미만이라도 잔존부분은 보수하여도 재사용이 불가능한 것

② 화상의 종류

구분	내용
1도 화상(홍반성)	최외각의 피부가 손상되어 그 부위가 분홍색이 되며 심한 통증을 느끼는 정도
2도 화상(수포성)	화상 부위가 분홍색으로 되고 분비액이 많이 분비되는 화상의 정도
3도 화상(괴사성)	화상 부위가 벗겨지고 열이 깊숙이 침투하여 검게 되는 정도

2. 연소의 이론

1) 연소의 정의 등

① 연소의 정의 : 가연물이 **산소와 반응**하여 열과 빛을 동반하는 급격한 **산화반응**

② 불꽃 색상

색상	담암적색	암적색	적색	휘적색	황적색	백적색	휘백색
온도(℃)	520	700	850	950	1100	1300	1500 이상

2) 연소의 3요소

① 가연물 : 목재, 종이 등 산소와 반응하여 발열반응하는 물질
  ㉮ **가연물의 조건**
    ㉠ 발열량이 클 것
    ㉡ **열전도율이 적을 것**
    ㉢ 표면적이 넓을 것(표면적이 넓으면 공기와 접촉면적이 크다)
    ㉣ 산소와 친화력이 좋을 것
    ㉤ 활성화 에너지가 작을 것
  ㉯ **가연물이 될 수없는 물질**
    ㉠ 산소와 더 이상 반응하지 않는 물질(CO_2, H_2O, SiO_2, Al_2O_3 등)
    ㉡ **질소 또는 질소산화물**(산소와 반응은 하나 흡열반응을 하기 때문)
    ㉢ 0족 원소 : 헬륨(He), 네온(Ne), 아르곤(Ar), 크립톤(Kr), 제논(Xe), 라돈(Rn)
② 산소공급원 : 산소, 공기, 제1류 위험물, 제5류 위험물, 제6류 위험물
③ 점화원 : 전기불꽃, 정전기불꽃, 충격마찰의 불꽃, 단열압축, 나화 및 고온표면 등

 연소의 4요소
가연물, 산소공급원, 점화원, 순조로운 연쇄반응

3) 연소의 형태
① 기체의 연소
- ㉮ **확산연소** : **수소, 아세틸렌, 프로페인, 뷰테인** 등 화염의 안정범위가 넓고 조작이 용이하며 역화의 위험이 없는 연소현상
- ㉯ **폭발연소** : 밀폐된 용기에 공기와 혼합가스가 있을 때 점화되면 연소속도가 증가하여 폭발적으로 연소하는 현상

② **고체의 연소**
- ㉮ **표면연소** : **목탄, 코크스, 숯, 금속분** 등이 열분해에 의하여 가연성가스를 발생하지 않고 그 물질 자체가 연소하는 현상
- ㉯ **분해연소** : **석탄, 종이, 목재, 플라스틱** 등의 연소시 열분해에 의해 발생된 가스와 공기가 혼합하여 연소하는 현상
- ㉰ **증발연소** : **황, 나프탈렌, 왁스, 파라핀** 등과 같이 고체를 가열하면 열분해는 일어나지 않고 고체가 액체로 되어 일정 온도가 되면 액체가 기체로 변화하여 기체가 연소하는 현상
- ㉱ **자기연소**(내부연소) : 제5류 위험물인 나이트로셀룰로스, 질화면 등 그 물질이 가연물과 산소를 동시에 가지고 있는 가연물이 연소하는 현상

③ 액체의 연소
- ㉮ **증발연소** : **아세톤, 휘발유, 등유, 경유**와 같이 액체를 가열하면 증기가 되어 증기가 연소하는 현상
- ㉯ **액적연소** : 벙커C유와 같이 가열하여 점도를 낮추어 버너 등을 사용하여 액체의 입자를 안개상으로 분출하여 연소하는 현상

4) 자연발화 및 방지법
① **자연발화의 형태**
- ㉮ **산화열**에 의한 발화 : **석탄, 건성유, 고무분말**
- ㉯ **분해열**에 의한 발화 : **셀룰로이드, 나이트로셀룰로스**
- ㉰ **미생물**에 의한 발화 : 퇴비, 먼지
- ㉱ **흡착열**에 의한 발화 : 목탄, 활성탄
- ㉲ **중합열**에 의한 발화 : **사이안화수소**

② **자연발화의 조건**
- ㉮ 주위의 온도가 높을 것
- ㉯ **열전도율이 적을 것**
- ㉰ 발열량이 클 것
- ㉱ 표면적이 넓을 것

③ **자연발화의 방지법**
- ㉮ **습도를 낮게 할 것**(습도가 높은 것을 피할 것)
- ㉯ 주위의 온도를 낮출 것
- ㉰ 통풍을 잘 시킬 것
- ㉱ 불활성가스를 주입하여 공기와 접촉을 피할 것

④ 발화점이 낮아지는 이유
   ㉮ 분자구조가 복잡할 때
   ㉯ 산소와 친화력이 좋을 때
   ㉰ 열전도율이 낮을 때
   ㉱ 증기압이 낮을 때

5) 연소에 따른 제반사항
   ① 비열(Specific heat) : 1g의 물체를 1℃ 올리는데 필요한 열량(cal)으로써 물을 소화약제로 사용하는 이유는 **비열과 증발잠열**이 크기 때문이다.
   ② 잠열(Latent heat) : 어떤 물질이 온도는 변하지 않고 상태만 변화할 때 발생하는 열로서 증발잠열(539 cal/g)과 융해잠열(물의 융해잠열 : 80cal/g)이 있다.
   ③ **인화점**(Flash point) : 가연성 증기를 발생할 수 있는 최저의 온도
   ④ **발화점**(Ignition point) : 가연성 물질에 점화원을 접하지 않고도 불이 일어나는 최저의 온도
   ⑤ 연소점(Fire point) : 공기 중에서 열을 받아 지속적인 연소를 일으킬 수 있는 온도로서 인화점보다 10℃ 높다.
   ⑥ 폭발범위(연소범위) : 가연성 물질이 기체 상태에서 공기와 혼합하여 일정농도 범위 내에서 연소가 일어나는 범위

> **참고** **폭발범위(연소범위)**
> • 하한계가 낮을수록, 상한계가 높을수록 위험하다.
> • 연소범위가 넓을수록 위험하다.
> • 온도나 압력이 높을수록 위험하다(압력이 상승하면 하한계는 불변, 상한계는 증가).

   ⑦ 공기 중의 폭발범위(연소범위)

종류	하한계(%)	상한계(%)
아세틸렌(C_2H_2)	2.5	81.0
수소(H_2)	4.0	75.0
이황화탄소(CS_2)	1.0	50.0
일산화탄소(CO)	12.5	74.0
메테인(CH_4)	5.0	15.0
프로페인(C_3H_8)	2.1	9.5
뷰테인(C_4H_{10})	1.8	8.4

   ⑧ 위험도(Degree of hazards)

$$위험도 \quad H = \frac{U-L}{L}$$

여기서   • U : 폭발 상한계   • L : 폭발 하한계

⑨ 증기밀도(Vapor density)

$$증기밀도(비중) = \frac{분자량}{29}$$

㉮ 공기의 조성 : 산소(O_2) 21%, 질소(N_2) 78%, 아르곤(Ar) 등 1%
㉯ 공기의 평균분자량 = $(32 \times 0.21) + (28 \times 0.78) + (40 \times 0.01) = 28.96 ≒ 29$

⑩ 연소생성물이 인체에 미치는 영향
㉮ CO_2(이산화탄소) : 연소가스 중 가장 많은 양을 차지하며 완전연소시 생성된다.
㉯ CO(일산화탄소) : 불완전연소시에 다량 발생, 혈액중의 헤모글로빈(Hb)과 결합하여 혈액 중의 산소운반을 저해하여 사망한다.
㉰ SO_2(아황산가스) : 황을 함유하는 유기화합물이 **완전연소**시에 발생한다.
㉱ H_2S(황화수소) : 황을 함유하는 유기화합물이 **불완전연소시**에 발생 달걀 썩는 냄새가 나는 가스이다.
㉲ CH_2CHCHO(아크로레인) : 석유제품이나 유지류가 연소할 때 생성한다.

⑪ 열원의 종류
㉮ 화학열 : 연소열, 분해열, 용해열, 자연발화
㉯ 전기열 : 저항열, 유전열, 유도열, 정전기열, 아크열
㉰ 기계열 : 마찰열, 압축열, 마찰스파크

⑫ 유류탱크의 발생 현상
㉮ **보일오버**(Boil over) : 중질유 탱크내부에 존재한 기름과 물이 장시간 조용히 연소하다가 탱크의 잔존기름이 갑자기 분출(over flow)하는 현상
㉯ **슬롭오버**(Slop over) : 화재시 포 약제를 방사하면 약제가 연소유의 뜨거운 표면에 들어갈 때 기름 표면에서 화재가 발생하는 현상
㉰ 프로스오버(Froth over) : 물이 뜨거운 기름 표면 아래서 끓을 때 화재를 수반하지 않는 용기에서 넘쳐흐르는 현상
㉱ 블레비(BLEVE, Boilling Liquid Expanding Vapour Explosion) : 액화가스 저장탱크의 누설로 부유 또는 확산된 액화가스가 착화원과 접촉하여 액화가스가 공기 중으로 확산, 폭발하는 현상

STEP 03 소화의 원리 및 방법

1. 소화원리

1) 소화의 개요
① 소화의 원리 : 연소의 3요소(가연물, 산소공급원, 점화원) 중 어느 하나를 없애주어 소화하는 방법
② 소화 효과
㉮ 물(적상, 봉상) 방사 : 냉각효과

- ㉯ 물(무상) 방사 : 질식, 냉각, 희석, 유화효과
- ㉰ 포말 : 질식, 냉각효과
- ㉱ 이산화탄소 : 질식, 냉각, 피복효과
- ㉲ 할론, 분말 : 질식, 냉각, 억제(부촉매)효과
- ㉳ 할로젠화합물 소화약제 : 질식, 냉각, 부촉매효과
- ㉴ 불활성기체소화약제 : 질식, 냉각효과

2) 소화 방법

구분	설명
냉각소화	화재 현장에 물을 주수하여 발화점 이하로 온도를 낮추어 소화하는 방법
질식소화	공기 중의 산소를 21%에서 15% 이하로 낮추어 소화하는 방법(공기 차단)
제거소화	화재 현장에서 가연물을 없애주어 소화하는 방법(유전지대에 질소폭약 투하, 가스화재시 중간밸브 폐쇄, 산불화재시 전방의 나무 제거, 촛불화재시 입으로 불어서 끄는 방법)
부촉매소화	연쇄반응을 차단하여 소화하는 방법
희석소화	물을 방사하여 가연물의 농도를 낮추어 소화하는 방법
유화효과	물분무 소화설비를 중유에 방사하는 경우 유류표면에 엷은 막으로 유화층을 형성하여 화재를 소화하는 방법
피복효과	이산화탄소 약제 방사시 가연물의 구석까지 침투하여 피복하므로 연소를 차단하여 소화하는 방법

2. 소화방법 및 소화기

1) 소화기 개요

① 소화능력 단위에 의한 분류

㉮ 소형 소화기 : 능력단위 1단위 이상이면서 대형 소화기의 능력단위 이하인 소화기

㉯ **대형 소화기** : 능력단위가 **A급 화재는 10단위 이상, B급 화재는 20단위 이상**인 것으로서 소화약제 충전량은 아래 표에 기재한 이상인 소화기

종별	소화약제의 충전량	종별	소화약제의 충전량
포	20ℓ	분말	20kg
강화액	60ℓ	할로젠	30kg
물	80ℓ	이산화탄소	50kg

② 소화기의 분류 개요

종류	소화 약제	적응 화재	소화 효과
산·알칼리 소화기	H_2SO_4, $NaHCO_3$	A급(무상 : C급)	냉각효과
강화액 소화기	K_2CO_3	A급(무상 : A, B, C급)	냉각(무상 : 질식)효과
이산화탄소 소화기	CO_2	B, C 급	질식, 냉각, 피복효과

종류	소화 약제	적응 화재	소화 효과
할로젠 소화기	할론1301 할론1211 할론2402	B, C 급	질식, 냉각효과, 부촉매(억제)효과
분말 소화기	제1종, 제2종, 제3종, 제4종	A, B, C 급	질식, 냉각효과, 부촉매(억제)효과
포말 소화기	$Al_2(SO_4)_3 \cdot 18H_2O$ $NaHCO_3$	A, B 급	질식, 냉각효과

2) 소화능력 및 소화기 분류

① **산·알칼리 소화기**
  ㉮ 반응식 : $H_2SO_4 + 2NaHCO_3 \rightarrow Na_2SO_4 + 2H_2O + 2CO_2 \uparrow$
  ㉯ 산·알칼리 소화기 무상일 때 : 전기화재 가능

② **강화액 소화기**
  ㉮ 반응식은 용기의 재질과 구조는 산·알칼리 소화기의 파병식과 동일하며 탄산칼륨 수용액의 소화약제가 충전되어 있는 소화기
  ㉯ 반응식 : $H_2SO_4 + K_2CO_3 \rightarrow K_2SO_4 + H_2O + CO_2 \uparrow$

③ **이산화탄소 소화기**
  ㉮ 탄산가스의 함량은 99.5% 이상, 수분은 0.05 중량% 이하
  ㉯ 질식, 냉각, 피복작용에 의해 소화된다.

④ **할로젠 소화기**
  ㉮ 할로젠 약제의 구비조건
    ㉠ **기화되기 쉬운 저비점 물질일 것**
    ㉡ 공기보다 무겁고 불연성일 것
    ㉢ 증발잔유물이 없어야 할 것
  ㉯ 할로젠소화약제의 종류
    ㉠ 할론1301(CF_3Br)　　　　　　㉡ 할론1211(CF_2ClBr)

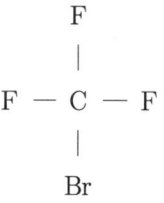　　　　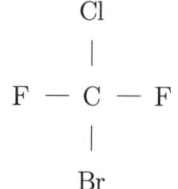

    ㉢ 할론1011(CH_2ClBr)　　　　　㉣ 할론2402($C_2F_4Br_2$)

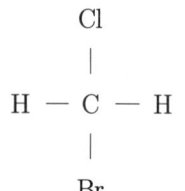　　　　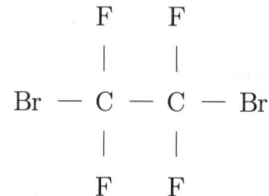

㉰ 소화 원리
  ㉠ 질식효과 : 연소물의 주위에 체류하여 소화
  ㉡ 억제효과(부촉매작용) : 활성물질에 작용하여 그 활성을 빼앗아 연쇄반응을 차단하는 효과로서 주된 소화효과임
  ㉢ 냉각효과
㉱ 사염화탄소의 반응식
  ㉠ 공기 중 : $2CCl_4 + O_2 \rightarrow 2COCl_2 + 2Cl_2$
  ㉡ 수분 중 : $CCl_4 + H_2O \rightarrow COCl_2 + 2HCl$
  ㉢ 탄산가스 중 : $CCl_4 + CO_2 \rightarrow 2COCl_2$
  ㉣ 산화철과 접촉 : $3CCl_4 + Fe_2O_3 \rightarrow 3COCl_2 + 2FeCl_3$

⑤ **분말 소화기**
  ㉮ 종류
    ㉠ 축압식 : 용기의 재질은 철제로서 본체내부를 내식 가공 처리한 것으로 용기에 분말 약제를 채우고 약제를 질소(N_2) 가스로 충전되어 있으며 압력 지시계가 부착된 소화기이다.
    ㉡ 가스가압식 : 용기는 철제이고 용기본체 내부 또는 외부에 설치된 봄베 속에 충전되어 있는 탄산가스(CO_2)를 압력원으로 사용하는 소화기이다.

> **참고** 축압식 분말소화기의 사용압력 범위
> 0.7 ~ 0.98MPa

  ㉯ 열분해 반응식
    ㉠ 제1종 분말 : $2NaHCO_3 \rightarrow Na_2CO_3 + H_2O\uparrow + CO_2\uparrow$
    ㉡ 제2종 분말 : $2KHCO_3 \rightarrow K_2CO_3 + H_2O\uparrow + CO_2\uparrow$
    ㉢ **제3종 분말** : $NH_4H_2PO_4 \rightarrow HPO_3 + NH_3\uparrow + H_2O\uparrow$
    ㉣ 제4종 분말 : $2KHCO_3 + (NH_2)_2CO \rightarrow K_2CO_3 + 2NH_3\uparrow + 2CO_2\uparrow$
  ㉰ 약제의 적응화재 및 착색

종류	주성분	적응화재	착색(분말색)
제1종 분말	$NaHCO_3$(중탄산나트륨, 탄산수소나트륨)	B, C급	백색
제2종 분말	$KHCO_3$(중탄산칼륨, 탄산수소칼륨)	B, C급	담회색
제3종 분말	$NH_4H_2PO_4$(인산암모늄, 제일인산암모늄)	A, B, C급	**담홍색, 황색**
제4종 분말	$KHCO_3 + (NH_2)_2CO$(요소)	B, C급	회색

  ㉱ 소화효과
    ㉠ 이산화탄소와 수증기에 의한 산소차단에 의한 질식효과
    ㉡ 이산화탄소와 수증기발생 시 흡수열에 의한 냉각효과
    ㉢ 나트륨염(Na^+), 칼륨염(K^+)의 금속이온에 의한 부촉매효과

⑥ **포소화기**(포말소화기)
 ㉮ 포말의 조건
  ㉠ 유류와의 접착성이 좋을 것
  ㉡ 응집성과 안정성이 좋을 것
  ㉢ 유동성이 좋을 것
  ㉣ 독성이 적을 것
 ㉯ 소화약제
  ㉠ 내약제(B제) : 황산알루미늄($Al_2(SO_4)_3$)
  ㉡ **외약제(A제) : 중탄산나트륨**($NaHCO_3$), **기포안정제**(계면활성제, 사포닌, 젤라틴, 가수분해단백질)
 ㉰ 반응식 및 소화원리
  ㉠ 반응식 : $6NaHCO_3 + Al_2(SO_4)_3 \cdot 18H_2O \rightarrow 3Na_2SO_4 + 2Al(OH)_3 + 6CO_2 + 18H_2O$ [포핵 : 이산화탄소(CO_2)]
  ㉡ 소화효과 : 질식효과, 냉각효과

⑦ **간이 소화제**
 ㉮ 건조된 모래 : 만능 소화제
 ㉯ 팽창질석, 팽창진주암 : 발화점이 낮은 알킬알루미늄 등의 화재에 적합
 ㉰ 자동확산 소화용구 : 약제는 파병식(불연성 염류의 용액), 분사식(분말소화약제)으로 구분한다.

3) 소화기의 유지·관리

① **소화기 사용법**
 ㉮ 적응화재에만 사용할 것
 ㉯ 성능에 따라서 불 가까이 접근하여 사용할 것
 ㉰ 바람을 등지고 **풍상에서 풍하로 방사**할 것
 ㉱ 비로 쓸 듯이 양옆으로 골고루 사용할 것

② **소화기의 유지관리**
 ㉮ 바닥면으로부터 1.5m 이하가 되는 지점에 설치할 것
 ㉯ 통행, 피난에 지장이 없고, 사용 시 쉽게 반출하기 쉬운 곳에 설치할 것
 ㉰ 소화제의 동결, 변질 또는 분출할 우려가 없는 곳에 설치할 것
 ㉱ 설치지점은 잘 보이도록 「소화기」 표시를 할 것

③ **소화기의 본체용기 표시사항**
 ㉮ 종별 및 형식
 ㉯ 형식승인번호
 ㉰ 제조년월 및 제조번호, 내용연한(분말소화약제를 사용하는 소화기에 한함)
 ㉱ 제조업체명 또는 상호, 수입업체명(수입품에 한함)
 ㉲ 사용온도범위
 ㉳ 소화능력단위
 ㉴ 방사시간, 방사거리
 ㉵ 총중량
 ㉶ 가압용 가스용기의 가스 종류 및 가스량(가압식 소화기에 한함) 등

STEP 04 소방시설의 설치 및 운영

1. 수계소화설비

1) 옥내소화전설비
   ① 옥내소화전설비의 설치의 표시 기준
      ㉮ 옥내소화전함에는 그 표면에 "소화전"이라고 표시할 것
      ㉯ 옥내소화전함의 상부의 벽면에 적색의 표시등을 설치하되, 당해 표시등의 부착면과 15° 이상의 각도가 되는 방향으로 10m 떨어진 곳에서 용이하게 식별이 가능하도록 할 것
   ② 물올림장치의 설치 기준
      ㉮ 설치는 **수원의 수위가 펌프**(수평회전식의 것에 한함)**보다 낮은 위치**에 있을 때 설치할 것
      ㉯ 물올림장치에는 전용의 물올림탱크를 설치할 것
      ㉰ 물올림탱크의 용량은 가압송수장치를 유효하게 작동할 수 있도록 할 것
      ㉱ 물올림탱크에는 감수경보장치 및 물올림탱크에 물을 자동으로 보급하기 위한 장치가 설치되어 있을 것
   ③ 옥내소화전설비의 **비상전원**
      ㉮ 종류 : 자가발전설비, 축전지설비
      ㉯ 용량 : 옥내소화전설비를 유효하게 **45분 이상** 작동시키는 것이 가능할 것
   ④ 배관의 설치 기준
      ㉮ 전용으로 하여야 한다.
      ㉯ 가압송수장치의 토출측 직근부분의 배관에는 체크밸브 및 개폐밸브를 설치하여야 한다.
      ㉰ 주배관 중 입상관은 관의 직경이 50mm 이상인 것으로 하여야 한다.
      ㉱ 옥내소화전방수구와 연결되는 가지배관의 구경은 40mm 이상으로 한다.
      ㉲ 펌프의 성능시험배관은 펌프의 토출측에 설치된 개폐밸브 이전에서 분기한다.
      ㉳ 펌프의 토출측 주배관의 구경은 유속이 4m/sec 이하가 될 수 있는 크기 이상으로 한다.
      ㉴ 개폐밸브에는 그 개폐방향을, 체크밸브에는 그 흐름방향을 표시하여야 한다.
   ⑤ 가압송수장치의 설치 기준
      ㉮ 고가수조를 이용한 가압송수장치

$$H = h_1 + h_2 + 35m$$

여기서
- H : 필요낙차 (단위 m)
- h_1 : 소방용 호스의 마찰손실수두 (단위 m)
- h_2 : 배관의 마찰손실수두 (단위 m)

고가수조에는 수위계, 배수관, 오버플로우용 배수관, 보급수관 및 맨홀을 설치할 것

㉯ 압력수조를 이용한 가압송수장치

$$P = p_1 + p_2 + p_3 + 0.35\text{MPa}$$

여기서
- P : 필요한 압력 (단위 MPa)
- p_1 : 소방용호스의 마찰손실수두압 (단위 MPa)
- p_2 : 배관의 마찰손실수두압 (단위 MPa)
- p_3 : 낙차의 환산수두압 (단위 MPa)

㉠ 압력수조의 수량은 당해 압력수조 체적의 2/3 이하일 것
㉡ 압력수조에는 압력계, 수위계, 배수관, 보급수관, 통기관 및 맨홀을 설치할 것

㉰ 펌프를 이용한 가압송수장치

$$H = h_1 + h_2 + h_3 + 35\text{m}$$

여기서
- H : 펌프의 전양정 (단위 m)
- h_1 : 소방용 호스의 마찰손실수두 (단위 m)
- h_2 : 배관의 마찰손실수두 (단위 m)
- h_3 : 낙차 (단위 m)

㉠ 펌프의 토출량 = 옥내소화전의 설치개수(최대 5개) × 260ℓ/min 이상
㉡ 펌프의 토출량이 정격토출량의 150%인 경우 전양정은 정격전양정의 65% 이상일 것

⑥ 옥내소화전설비의 방수량, 방수압력, 수원 등

방수량	방수압력	토출량	수원	비상전원
260ℓ/min이상	0.35MPa 이상	N(최대 5개)×260ℓ/min	N(최대 5개)×7.8m³ (260ℓ/min×30min)	45분

2) 옥외소화전설비

① 설치기준

㉮ 옥외소화전의 개폐밸브 및 호스접속구는 지반면으로부터 1.5m 이하의 높이에 설치할 것
㉯ 방수용 기구를 격납하는 함(이하 "옥외소화전함"이라 함)은 불연재료로 제작하고 옥외소화전으로부터 보행거리 5m 이하의 장소로서 화재발생시 쉽게 접근가능하고 화재 등의 피해를 받을 우려가 적은 장소에 설치할 것
㉰ 옥외소화전설비는 습식으로 하고 동결방지조치를 할 것. 다만, 동결방지조치가 곤란한 경우에는 습식 외의 방식으로 할 수 있다.

② 옥외소화전설비의 방수량, 방수압력, 수원 등

방수량	방수압력	토출량	수원	비상전원
450ℓ/min이상	0.35MPa 이상	N(최대 4개)×450ℓ/min	N(최대4개)×13.5m³ (450ℓ/min×30min)	45분

3) 스프링클러설비
　① 폐쇄형스프링클러 헤드의 설치 기준
　　㉮ 스프링클러 헤드는 방호대상물의 천장 또는 건축물의 최상부 부근(천장이 설치되지 아니한 경우)에 설치하되, 방호대상물의 각 부분에서 하나의 스프링클러 헤드까지의 수평거리가 1.7m 이하가 되도록 설치할 것
　　㉯ 스프링클러 헤드의 반사판과 당해 헤드의 부착면과의 거리는 0.3m 이하일 것
　　㉰ 급배기용 덕트 등의 긴변의 길이가 1.2m를 초과하는 것이 있는 경우에는 당해 덕트 등의 아래면에도 스프링클러 헤드를 설치할 것
　　㉱ 건식 또는 준비작동식의 유수검지장치의 2차측에 설치하는 스프링클러 헤드는 상향식스프링클러헤드로 할 것. 다만, 동결할 우려가 없는 장소에 설치하는 경우는 그러하지 아니하다.
　　㉲ 스프링클러 헤드는 그 부착장소의 평상시의 최고주위온도에 따라 다음 표에 정한 표시온도를 갖는 것을 설치할 것

부착장소의 최고주위온도(단위 ℃)	표시온도(단위 ℃)
28 미만	58 미만
28 이상 39 미만	58 이상 79 미만
39 이상 64 미만	79 이상 121 미만
64 이상 106 미만	121 이상 162 미만
106 이상	162 이상

　② 스프링클러설비의 제어밸브
　　㉮ 개방형 스프링클러 헤드 : 방수구역마다
　　㉯ 폐쇄형 스프링클러 헤드 : 방화 대상물의 층마다
　　㉰ 제어밸브
　　　㉠ 바닥면으로부터 0.8m 이상 1.5m 이하의 높이에 설치할 것
　　　㉡ 제어밸브에는 직근의 보기 쉬운 장소에 "스프링클러설비의 제어밸브"라고 표시할 것
　③ 스프링클러설비의 방수량, 방수압력, 수원 등

방수량	방수압력	토출량	수원	비상전원
80ℓ/min 이상	0.1MPa 이상	헤드수 ×80ℓ/min	헤드수×2.4m³ (80ℓ/min×30min)	45분

4) 수계소화설비의 비교

종류	항목	방수량	방수압력	토출량	수원	비상전원
옥내소화전설비	일반 건축물	130ℓ/min (호스릴동일)	0.17MPa (호스릴동일)	N(최대 5개)× 130ℓ/min	N(최대 5개)×2.6m³ (130ℓ/min×20min)	20분
	위험물 제조소등	260ℓ/min	0.35MPa (350kPa)	N(최대 5개)× 260ℓ/min	N(최대 5개)×7.8m³ (260ℓ/min×30min)	45분

종류	항목	방수량	방수압력	토출량	수원	비상전원
옥외 소화전 설비	일반 건축물	350ℓ/min	0.25MPa	N(최대 2개) ×350ℓ/min	N(최대 2개)×7m³ (350ℓ/min×20min)	–
	위험물 제조소등	450ℓ/min	0.35MPa (350kPa)	N(최대 4개) ×450ℓ/min	N(최대4개)×13.5m³ (450ℓ/min×30min)	45분
스프링 클러 설비	일반 건축물	80ℓ/min	0.1MPa	헤드수 ×80ℓ/min	헤드수×1.6m³ (80ℓ/min×20min)	20분
	위험물 제조소등	80ℓ/min	0.1MPa (100kPa)	헤드수 ×80ℓ/min	헤드수×2.4m³ (80ℓ/min×30min)	45분

※ 1m³ = 1000ℓ

2. 기타 소화설비

1) 물분무 소화설비
   ① 제어 밸브 등
      ㉮ 제어밸브는 바닥으로부터 0.8m 이상 1.5m 이하의 위치에 설치할 것
      ㉯ 제어밸브의 가까운 곳의 보기 쉬운 곳에 "제어밸브"라고 표시한 표지를 설치할 것
      ㉰ 자동개방밸브 및 수동식 개방밸브의 2차측 배관부분에는 당해 방수구역 외에 밸브의 작동을 시험할 수 있는 장치를 설치할 것
   ② 배수 설비
      ㉮ 차량이 주차하는 장소의 적당한 곳에 높이 10cm 이상의 경계턱으로 배수구를 설치할 것
      ㉯ 배수구에는 새어나온 기름을 모아 소화할 수 있도록 길이 40m 이하마다 집수관·소화 핏트 등 기름분리장치를 설치할 것
      ㉰ 차량이 주차하는 바닥은 배수구를 향하여 2/100 이상의 기울기를 유지할 것

2) 포 소화설비
   ① 고정식 방출구
      ㉮ 고정식 포방출구방식 : 탱크에서 저장 또는 취급하는 위험물의 화재를 유효하게 소화 할 수 있도록 하는 포 방출구
      ㉯ 고정식 방출구의 종류
         ㉠ **Ⅰ형** : **고정지붕구조의 탱크**에 **상부포주입법**(고정포 방출구를 탱크옆판의 상부에 설치하여 액 표면상에 포를 방출하는 방법)을 이용하는 것으로 방출된 포가 액면 아래로 몰입되거나 액면을 뒤섞지 않고 액면상을 덮을 수 있는 통계단 또는 미끄럼판 등의 설비 및 저 장탱크 내의 위험물 증기가 외부로 역류되는 것을 저지할 수 있는 구조·기구를 갖 는 포방출구
         ㉡ **Ⅱ형** : **고정 지붕구조** 또는 **부상덮개부착 고정지붕 구조의 탱크**에 **상부포주입법**을 이 용하는 것으로 방출된 포가 탱크옆판의 내면을 따라 흘러내려가면서 액면 아래로 몰입되거나 액면을 뒤섞지 않고 액면상을 덮을 수 있는 반사판 및 탱크내의 위험물 증기가 외부로 역류되는 것을 저지할 수 있는 구조·기구를 갖는 포방출구

ⓒ **특형** : **부상지붕구조의 탱크**에 **상부포주입법**을 이용하는 것으로 부상지붕의 부상 부분상에 높이 0.9m 이상의 금속제의 칸막이를 탱크옆판의 내측으로부터 1.2m 이상 이격하여 설치하고 탱크옆판과 칸막이에 의하여 형성된 환상부분에 포를 주입하는 것이 가능한 구조의 반사판을 갖는 포방출구

ⓓ **Ⅲ형** : **고정 지붕구조의 탱크**에 **저부포주입법**(탱크의 액면하에 설치된 포방출구부터 포를 탱크 내에 주입하는 방법)을 이용하는 것으로 송포관으로부터 포를 방출하는 포방출구

ⓔ **Ⅳ형** : **고정 지붕구조의 탱크**에 **저부포주입법**을 이용하는 것으로 평상시에는 탱크의 액면하의 저부에 격납통에 수납되어 있는 특수호스 등이 송포관의 말단에 접속되어 있다가 포를 보내어 선단의 액면까지 도달한 후 포를 방출하는 포방출구

② 포소화약제의 혼합장치

㉮ **펌프 프로포셔너 방식**(pump proportioner, 펌프 혼합방식) : 펌프의 토출관과 흡입관 사이의 배관 도중에 설치한 흡입기에 펌프에서 토출된 물의 일부를 보내고 농도조정 밸브에서 조정된 포소화약제의 필요량을 포소화약제 탱크에서 펌프 흡입측으로 보내어 약제를 혼합하는 방식이다.

㉯ **라인 프로포셔너 방식**(line proportioner, 관로 혼합방식) : 펌프와 발포기의 중간에 설치된 벤츄리관의 벤츄리 작용에 따라 포 소화약제를 흡입·혼합하는 방식을 말한다. 옥외소화전에 연결 주로 1층에 사용하며 원액 흡입력 때문에 송수압력의 손실이 크고, 토출측 호스의 길이, 포원액 탱크의 높이 등에 민감하므로 아주 정밀설계와 시공을 요한다.

㉰ **프레져 프로포셔너 방식**(pressure proportioner, 차압 혼합방식) : 펌프와 발포기의 중간에 설치된 벤츄리관의 벤츄리 작용과 펌프 가압수의 포소화약제 저장탱크에 대한 압력에 따라 포소화약제를 흡입 혼합하는 방식이다.

㉱ **프레져 사이드 프로포셔너 방식**(pressure side proportioner, 압입 혼합방식) : 펌프의 토출관에 압입기를 설치하여 **포소화 약제 압입용 펌프**로 포소화약제를 압입시켜 혼합하는 방식을 말한다.

㉲ **압축공기포 믹싱챔버 방식**(compressed air foammixing chamber) : 물, 포소화약제 및 공기를 믹싱챔버로 강제주입시켜 챔버 내에서 포수용액을 생성한 후 포를 방사하는 방식

3) 불활성가스 소화설비

① 전역방출방식 분사헤드의 방사압력, 방사시간

구분	전역방출방식			국소방출방식 (이산화탄소)
	이산화탄소		불활성가스	
	고압식	저장식	IG-100, IG-55, IG-541	
방사압력	2.1MPa 이상	1.05MPa 이상	1.9MPa 이상	-
방사시간	60초 이내	60초 이내	95% 이상을 60초 이내	30초 이내

② 이동식 불활성가스소화설비의 약제량(하나의 노즐 당)

㉮ 저장량 : 90kg 이상

㉯ 방사량 : 90kg/min 이상

③ 저장용기의 충전비 및 충전압력

구분	이산화탄소의 충전비		IG-100, IG-55, IG-541의 충전압력
	고압식	저장식	
기준	1.5 이상 1.9 이하	1.1 이상 1.4 이하	32MPa 이하

④ 저장용기의 설치 기준
  ㉮ 방호구역 외의 장소에 설치할 것
  ㉯ 온도가 40℃ 이하이고 온도 변화가 적은 장소에 설치할 것
  ㉰ 직사일광 및 빗물이 침투할 우려가 적은 장소에 설치할 것
  ㉱ 저장용기에는 안전장치를 설치할 것
⑤ 기동용 가스용기
  ㉮ 기동용가스용기는 25MPa 이상의 압력에 견딜 수 있는 것일 것
  ㉯ 기동용가스용기
    ㉠ 내용적 : 1ℓ 이상
    ㉡ 이산화탄소의 양 : 0.6kg 이상
    ㉢ 충전비 : 1.5 이상
  ㉰ 기동용가스용기에는 안전장치 및 용기밸브를 설치할 것

4) 할로젠화합물 소화설비
  ① 전역·국소방출방식
    ㉮ 분사헤드의 방사압력

약제	방사압력
할론2402	0.1MPa 이상
할론1211	0.2MPa 이상
할론1301	0.9MPa 이상
HFC-227ea FK-5-1-12	0.3MPa 이상
HFC-23	0.9MPa 이상
HFC-125	0.9MPa 이상

㉯ 전역·국소방출방식에 의한 약제 방사시간

약제	방사압력
할론2402	30초 이내
할론1211	
할론1301	
HFC-227ea FK-5-1-12	10초 이내
HFC-23	
HFC-125	

② 약제 저장량
　㉮ 전역방출방식 할로젠화합물 소화설비
　　㉠ 자동폐쇄장치가 설치된 경우

> 약제저장량(kg) = 방호구역체적(m^3) × 필요가스량(kg/m^3) × 계수

　　㉡ 자동폐쇄장치가 설치되지 않는 경우

> 약제저장량(kg) =
> [방호구역체적(m^3)× 필요가스량(kg/m^3)+개구부면적(m^2)× 가산량(kg/m^2)]× 계수

소화약제	필요가스량	가산량(자동폐쇄장치 미설치시)
할론 2402	0.40kg/m^3	3.0kg/m^2
할론 1211	0.36kg/m^3	2.7kg/m^2
할론 1301	0.32kg/m^3	2.4kg/m^2
HFC – 23, HFC – 125	0.52 kg/m^3	–
HFC – 227ea	0.55 kg/m^3	–
FK-5-1-12	0.84 kg/m^3	–

　㉯ 이동식 할로젠화합물 소화설비

소화약제의 종별	소화약제의 양	분당 방사량
할론 2402	50kg	45kg
할론 1211	45kg	40kg
할론 1301	45kg	35kg

③ 저장용기
　㉮ 축압식 저장용기의 압력

약제	할론1301, HFC-227ea, FK-5-1-12	할론1211
저압식	2.5MPa	1.1MPa
고압식	4.2MPa	2.5MPa

　㉯ 저장용기의 충전비

약제의 종류		충전비
할론 2402	가압식	0.51 이상 0.67 이하
	축압식	0.67 이상 2.75 이하
할론 1211		0.7 이상 1.4 이하
할론 1301, HFC-227ea		0.9 이상 1.6 이하

약제의 종류	충전비
HFC-23, HFC-125	1.2 이상 1.5 이하
FK-5-1-12	0.7 이상 1.6 이하

5) 분말 소화설비
   ① 전역방출방식, 국소방출방식의 분사헤드
      ㉮ 전역방출방식의 분사헤드의 방사압력 : 0.1MPa 이상
      ㉯ 전역방출방식, 국소방출방식의 방사 시간 : 30초 이내
   ② 분말 소화설비 사용하는 소화약제
      ㉮ 제1종분말   ㉯ 제2종분말
      ㉰ 제3종분말   ㉱ 제4종분말
      ㉲ 제5종분말
   ③ 저장용기 등의 충전비

소화약제의 종별	충전비의 범위
제1종 분말	0.85 이상 1.45 이하
제2종 분말 또는 제3종 분말	1.05 이상 1.75 이하
제4종 분말	1.50 이상 2.50 이하

3. 피난 및 경보설비

1) 피난설비
   ① 주유취급소 중 건축물의 2층 이상의 부분을 점포·휴게음식점 또는 전시장의 용도로 사용하는 것에 있어서는 당해 건축물의 2층 이상으로부터 직접 주유취급소의 부지 밖으로 통하는 출입구와 당해 출입구로 통하는 **통로·계단 및 출입구에 유도등**을 **설치**하여야 한다.
   ② **옥내주유취급소**에 있어서는 당해 사무소 등의 출입구 및 피난구와 당해 피난구로 통하는 **통로·계단 및 출입구에 유도등을 설치**하여야 한다.
   ③ **유도등**에는 **비상전원**을 설치하여야 한다.

2) 경보 설비
   ① 제조소등별로 설치하여야 하는 경보설비의 종류

제조소등의 구분	제조소등의 규모, 저장 또는 취급하는 위험물의 종류 및 최대수량 등	경보설비
1. 제조소 및 일반취급소	• 연면적 500m² 이상인 것 • 옥내에서 지정수량의 100배 이상을 취급하는 것(고인화점 위험물만을 100℃ 미만의 온도에서 취급하는 것을 제외한다) • 일반취급소로 사용되는 부분 외의 부분이 있는 건축물에 설치된 일반취급소(일반취급소와 일반취급소 외의 부분이 내화구조의 바닥 또는 벽으로 개구부 없이 구획된 것을 제외한다)	자동화재 탐지설비

제조소등의 구분	제조소등의 규모, 저장 또는 취급하는 위험물의 종류 및 최대수량 등	경보설비
2. 옥내저장소	• 지정수량의 100배 이상을 저장 또는 취급하는 것(고인화점 위험물만을 저장 또는 취급하는 것을 제외한다) • 저장창고의 연면적이 150m² 를 초과하는 것[당해 저장창고가 연면적 150m² 이내마다 불연재료의 격벽으로 개구부 없이 완전히 구획된 것과 제2류 또는 제4류의 위험물(인화성고체 및 인화점이 70℃ 미만인 제4류 위험물을 제외한다)만을 저장 또는 취급하는 것에 있어서는 저장창고의 연면적이 500m² 이상의 것에 한한다] • 처마높이가 6m 이상인 단층건물의 것 • 옥내저장소로 사용되는 부분 외의 부분이 있는 건축물에 설치된 옥내저장소[옥내저장소와 옥내저장소 외의 부분이 내화구조의 바닥 또는 벽으로 개구부 없이 구획된 것과 제2류 또는 제4류의 위험물(인화성고체 및 인화점이 70℃ 미만인 제4류 위험물을 제외한다)만을 저장 또는 취급하는 것을 제외한다]	
3. 옥내탱크저장소	단층 건물 외의 건축물에 설치된 옥내탱크저장소로서 소화난이도등급 I에 해당하는 것	
4. 주유취급소	옥내주유취급소	
5. 옥외탱크저장소	특수인화물, 제1석유류 및 알코올류를 저장 또는 취급하는 탱크의 용량이 1000만ℓ 이상인 것	자동화재 탐지설비 자동화재 속보설비
6. 제1호 내지 제5호의 자동화재탐지설비 설치대상에 해당하지 아니하는 제조소등	**지정수량의 10배 이상**을 저장 또는 취급하는 것	자동화재탐지설비, 비상경보설비, 확성장치 또는 비상방송설비중 1종 이상

② 자동화재탐지설비의 설치기준
  ㉮ 자동화재탐지설비의 경계구역(화재가 발생한 구역을 다른 구역과 구분하여 식별할 수 있는 최소단위의 구역을 말한다)은 건축물 그 밖의 공작물의 **2 이상의 층에 걸치지 아니하도록 할 것**. 다만, 하나의 경계구역의 면적이 500m² 이하이면서 당해 경계구역이 두개의 층에 걸치는 경우이거나 계단·경사로·승강기의 승강로 그 밖에 이와 유사한 장소에 연기감지기를 설치하는 경우에는 그러하지 아니하다.
  ㉯ 하나의 경계구역의 면적은 **600m² 이하**로 하고 그 한변의 길이는 **50m**(광전식분리형 감지기를 설치할 경우에는 100m) 이하로 할 것. 다만, 당해 건축물 그 밖의 공작물의 주요한 출입구에서 그 **내부의 전체를 볼 수 있는 경우**에 있어서는 그 면적을 **1,000m² 이하**로 할 수 있다.
  ㉰ 자동화재탐지설비의 감지기는 지붕(상층이 있는 경우에는 상층의 바닥) 또는 벽의 옥내에 면한 부분(천장이 있는 경우에는 천장 또는 벽의 옥내에 면한 부분 및 천장의 뒷 부분)에 유효하게 화재의 발생을 감지할 수 있도록 설치할 것
  ㉱ **자동화재탐지설비**에는 **비상전원**을 설치할 것

SECTION 02 위험물의 종류 및 특성

STEP 01 제1류 위험물

1. 제1류 위험물의 성질

1) 정의 및 종류

① 종류

류별	성질	품명	위험등급	지정수량
제1류	산화성 고체	1. 아염소산염류, 염소산염류, 과염소산염류, 무기과산화물	I	50 kg
		2. 브로민산염류, 질산염류, 아이오딘산염류	II	300 kg
		3. 과망가니즈산염류, 다이크로뮴산염류	III	1,000 kg
		4. 그 밖에 행정안전부령이 정하는 것 ㉮ 과아이오딘산염류 ㉯ 과아이오딘산 ㉰ 크로뮴, 납 또는 아이오딘의 산화물 ㉱ 아질산염류 ㉲ 염소화아이소사이아누르산 ㉳ 퍼옥소이황산염류 ㉴ 퍼옥소붕산염류	II	300 kg 300 kg 300 kg 300 kg 300 kg 300 kg 300 kg
		차아염소산염류	I	50 kg

② 정의

산화성고체 : 고체[액체(1기압 및 20℃에서 액상인 것 또는 20℃ 초과 40℃ 이하에서 액상인 것) 또는 기체(1기압 및 20℃에서 기상인 것을 말한다)외의 것

2) 성질 및 취급방법

① 일반적인 성질
  ㉮ 무색 결정 또는 **백색분말**의 모두 무기화합물로서 **산화성 고체**이다.
  ㉯ 강산화성물질이며 **불연성 고체**이다.
  ㉰ 가열, 충격, 마찰, 타격으로 분해하여 산소를 방출한다.
  ㉱ 비중은 1보다 크며 **물에 녹는 것도 있다.**
  ㉲ 질산염류와 같이 **조해성**이 있는 것도 있다.
  ㉳ 가열하여 용융된 진한 용액은 가연성 물질과 접촉시 혼촉발화의 위험이 있다.

② 위험성
  ㉮ 가열 또는 제6류 위험물과 혼합하면 산화성이 증대 된다.

㉮ 무기과산화물은 물과 반응하여 산소를 방출하고 심하게 발열한다.
㉯ 유기물과 혼합하면 폭발의 위험이 있다.
③ 저장 및 취급방법
㉮ 가열, 마찰, 충격 등을 피한다.
㉯ 환원제인 **제2류 위험물과의 접촉을 피한다.**
㉰ 조해성 물질은 방습하고 수분과의 접촉을 피한다.
㉱ 무기과산화물은 공기나 물과의 접촉을 피한다.
㉲ 제6류 위험물과 혼합하면 산화성이 증대된다.
④ 소화방법
㉮ 제1류 위험물 : 물에 의한 **냉각소화**
㉯ **알칼리금속의 과산화물 : 마른모래, 탄산수소염류 분말약제**, 팽창질석, 팽창진주암

 제1류 위험물의 반응식
① 염소산칼륨의 열분해 반응식　　　　$2KClO_3 \rightarrow 2KCl + 3O_2 \uparrow$
② 과산화칼륨의 반응식
　• 물과의 반응　　　　　　　　　　$2K_2O_2 + 2H_2O \rightarrow 4KOH + O_2 \uparrow$
　• 가열분해반응식　　　　　　　　　$2K_2O_2 \rightarrow 2K_2O + O_2 \uparrow$
　• 탄산가스와의 반응　　　　　　　　$2K_2O_2 + 2CO_2 \rightarrow 2K_2CO_3 + O_2 \uparrow$
③ 과산화마그네슘이 산과의 반응　　　$MgO_2 + 2HCl \rightarrow MgCl_2 + H_2O_2$
④ 질산칼륨의 열분해 반응식(400℃)　$2KNO_3 \rightarrow 2KNO_2 + O_2 \uparrow$
⑤ 질산나트륨의 열분해 반응식(380℃)　$2NaNO_3 \rightarrow 2NaNO_2 + O_2 \uparrow$
⑥ 질산암모늄의 열분해 반응식　　　　$2NH_4NO_3 \rightarrow 2N_2 + 4H_2O + O_2 \uparrow$

제2류 위험물의 반응식
① 삼황화인의 연소반응식　　　　　　$P_4S_3 + 8O_2 \rightarrow 2P_2O_5 + 3SO_2 \uparrow$
② 오황화인이 물과의 분해 반응식　　　$P_2S_5 + 8H_2O \rightarrow 5H_2S + 2H_3PO_4$
③ 적린의 연소반응식　　　　　　　　$4P + 5O_2 \rightarrow 2P_2O_5$
④ 마그네슘과 온수와의 반응식　　　　$Mg + 2H_2O \rightarrow Mg(OH)_2 + H_2 \uparrow$

제3류 위험물의 반응식
① 나트륨의 반응식
　• 연소반응식　　　　　　　　　　$4Na + O_2 \rightarrow 2Na_2O$
　• 물과의 반응　　　　　　　　　　$2Na + 2H_2O \rightarrow 2NaOH + H_2 \uparrow$
　• 알코올과 반응　　　　　　　　　$2Na + 2C_2H_5OH \rightarrow 2C_2H_5ONa + H_2 \uparrow$
　• 이산화탄소와 반응　　　　　　　　$4Na + 3CO_2 \rightarrow 2Na_2CO_3 + C(연소폭발)$
　• 사염화탄소와 반응　　　　　　　　$4Na + CCl_4 \rightarrow 4NaCl + C(폭발)$
　• 염소와 반응　　　　　　　　　　$2Na + Cl_2 \rightarrow 2NaCl$
　• 초산과의 반응　　　　　　　　　$2Na + 2CH_3COOH \rightarrow 2CH_3COONa + H_2 \uparrow$
② 트라이에틸알루미늄의 반응식
　• 공기 중　　　　　　　　　　　　$2(C_2H_5)_3Al + 21O_2 \rightarrow Al_2O_3 + 12CO_2 + 15H_2O$
　• 물과 접촉　　　　　　　　　　　$(C_2H_5)_3Al + 3H_2O \rightarrow Al(OH)_3 + 3C_2H_6 \uparrow$
③ 황린의 연소식　　　　　　　　　　$P_4 + 5O_2 \rightarrow 2P_2O_5$
④ 인화석회(인화칼슘)와 물과의 반응식　$Ca_3P_2 + 6H_2O \rightarrow 2PH_3 + 3Ca(OH)_2$
⑤ 카바이트와 물과의 반응식　　　　　$CaC_2 + 2H_2O \rightarrow Ca(OH)_2 + C_2H_2 \uparrow$
　　아세틸렌의 연소반응식　　　　　　$2C_2H_2 + 5O_2 \rightarrow 4CO_2 + 2H_2O$

제4류 위험물의 반응식
① 이황화탄소의 반응식
　• 연소반응식　　　　　　　　　　$CS_2 + 3O_2 \rightarrow CO_2 + 2SO_2 \uparrow$
　• 물과의 반응　　　　　　　　　　$CS_2 + 2H_2O \rightarrow CO_2 + 2H_2S \uparrow$
② 메틸알코올 산화식　　　　　　　　$2CH_3OH + 3O_2 \rightarrow 2CO_2 + 4H_2O$

> **참고**
> ③ 에틸알코올 산화식 $C_2H_5OH + 3O_2 \rightarrow 2CO_2 + 3H_2O$
> ④ 벤젠의 연소반응식 $2C_6H_6 + 15O_2 \rightarrow 12CO_2 + 6H_2O$
> ⑤ 톨루엔의 연소반응식 $C_6H_5CH_3 + 9O_2 \rightarrow 7CO_2 + 4H_2O$
>
> **제5류 위험물의 반응식**
> ① 나이트로글리세린의 분해반응식 $4C_3H_5(ONO_2)_3 \rightarrow 12CO_2 + 10H_2O + 6N_2 + O_2\uparrow$
> ② TNT의 분해반응식 $2C_6H_2CH_3(NO_2)_3 \rightarrow 12CO + 2C + 3N_2\uparrow + 5H_2\uparrow$
> ③ 피크린산의 분해반응식 $2C_6H_2OH(NO_2)_3 \rightarrow 4CO_2 + 6CO + 2C + 3N_2\uparrow + 3H_2\uparrow$

2. 각 위험물의 물성 및 특성

1) 아염소산염류

명칭	화학식	외관	분자량	분해 온도
아염소산칼륨	$KClO_2$	백색분말	106.5	160℃
아염소산나트륨	$NaClO_2$	무색 분말	90.5	120~130℃

① 아염소산칼륨($KClO_2$)
② 아염소산나트륨
  ㉮ 산과 반응하면 이산화염소(ClO_2)의 유독가스가 발생한다.

$$3NaClO_2 + 2HCl \rightarrow 3NaCl + 2ClO_2 + H_2O_2\uparrow$$

  ㉯ 황, 유기물, 이황화탄소 등과 접촉 또는 혼합에 의하여 발화 또는 폭발한다.

2) 염소산염류

명칭	화학식	분자량	비중	융점	분해 온도
염소산칼륨	$KClO_3$	122.5	2.32	368℃	400℃
염소산나트륨	$NaClO_3$	106.5	2.49	248℃	300℃
염소산암모늄	NH_4ClO_3	101.5	–	–	100℃

① **염소산칼륨**
  ㉮ 무색의 단사정계 판상결정 또는 백색분말로서 상온에서 안정한 물질이다.
  ㉯ 가열, 충격, 마찰 등에 의해 폭발한다.
  ㉰ 산과 반응하면 이산화염소(ClO_2)의 유독가스를 발생한다.

$$2KClO_3 + 2HCl \rightarrow 2KCl + 2ClO_2 + H_2O_2\uparrow$$

  ㉱ 냉수, 알코올에는 녹지 않고, 온수나 글리세린에는 녹는다.
  ㉲ 목탄과 혼합하면 발화, 폭발의 위험이 있다.

② **염소산나트륨**
  ㉮ 무색, 무취의 결정 또는 분말로서 물, 알코올, 에터에는 녹는다.
  ㉯ 조해성이 강하므로 수분과의 접촉을 피한다.

㈑ 산과 반응하면 이산화염소(ClO_2)의 유독가스를 발생한다.

$$2NaClO_3 + 2HCl \rightarrow 2NaCl + 2ClO_2 + H_2O_2$$

③ **염소산암모늄**
㉮ 조해성과 폭발성이 있다.
㉯ 수용액은 산성으로 금속을 부식시킨다.

3) 과염소산염류

명칭	화학식	분자량	비중	융점	분해 온도
과염소산칼륨	$KClO_4$	138.5	2.52	400℃	400℃
과염소산나트륨	$NaClO_4$	122.5	2.02	482℃	400℃
과염소산암모늄	NH_4ClO_4	117.5	2.0	-	130℃

① **과염소산칼륨**
㉮ 무색, 무취의 사방정계 결정으로서 물, 알코올, 에터에 녹지 않는다.
㉯ 탄소, 황, 유기물과 혼합하였을 때 가열, 마찰, 충격에 의하여 폭발한다.
㉰ 400℃에서 서서히 분해가 시작되어 610℃에서 완전 분해하여 산소(O_2)를 발생한다.

② **과염소산나트륨** : 조해성이 있고, 물, 아세톤, 알코올에는 용해, 에터에는 녹지 않는다.

③ **과염소산암모늄**
㉮ 무색의 수용성 결정으로 충격에 비교적 안정하다.
㉯ 물, 에탄올, 아세톤에 잘 녹는다.
㉰ 폭약이나 성냥원료로 쓰인다.
㉱ 130℃에서 분해하기 시작하여 300℃에서 급격히 분해하여 폭발한다.

$$NH_4ClO_4 \rightarrow NH_4Cl + 2O_2 \uparrow$$
$$2NH_4ClO_4 \rightarrow N_2 + Cl_2 + 2O_2 + 4H_2O$$

4) 무기과산화물

① 과산화물의 분류
㉮ 무기과산화물(제1류 위험물)
㉠ 알칼리금속의 과산화물(과산화칼륨, 과산화나트륨)
㉡ 알칼리금속외(알칼리토금속)의 과산화물(과산화칼슘, 과산화바륨, 과산화마그네슘)

명칭	화학식	분자량	비중	분해 온도
과산화칼륨	K_2O_2	110	2.9	490℃
과산화나트륨	Na_2O_2	78	2.8	460℃
과산화칼슘	CaO_2	72	1.7	275℃
과산화바륨	BaO_2	169	4.95	840℃

㉯ 유기과산화물(제5류 위험물)

② 과산화칼륨
  ㉮ 무색 또는 오렌지색의 결정이다.
  ㉯ 에틸알코올에 녹는다.
  ㉰ 피부 접촉 시 피부를 부식 시키고 탄산가스를 흡수하면 탄산염이 된다.
  ㉱ 소화방법 : 마른모래, 암분, 탄산수소염류 분말약제, 팽창질석, 팽창진주암
③ 과산화나트륨
  ㉮ 순수한 것은 백색이지만 보통은 황백색의 분말이다.
  ㉯ 에틸알코올에 녹지 않고 흡습성이 있다.
  ㉰ 목탄, 가연물과 접촉하면 발화되기 쉽다.
  ㉱ 산과 반응하면 과산화수소를 생성한다.

$$Na_2O_2 + 2HCl \rightarrow 2NaCl + H_2O_2 \uparrow$$

  ㉲ 물과 반응하면 산소가스를 발생하고 많은 열을 발생한다.

$$2Na_2O_2 + 2H_2O \rightarrow 4NaOH + O_2 \uparrow + 발열$$

  ㉳ 소화방법 : 마른모래, 탄산수소염류 분말약제, 팽창질석, 팽창진주암
④ 과산화칼슘
  ㉮ 백색 분말로서 물, 알코올, 에터에는 녹지 않는다.
  ㉯ 수분과 접촉으로 산소를 발생한다.
⑤ 과산화바륨
  ㉮ 백색 분말로서 냉수에는 약간 녹고, 묽은 산에는 녹는다.
  ㉯ 수분과 접촉으로 산소를 발생한다.
  ㉰ 유기물, 산과의 접촉을 피해야 한다.

5) 질산염류

명칭	화학식	분자량	비중	융점	분해 온도
질산칼륨	KNO_3	101	2.1	339℃	400℃
질산나트륨	$NaNO_3$	85	2.27	308℃	380℃
질산암모늄	NH_4NO_3	80	1.73	165℃	220℃

① 질산칼륨
  ㉮ 무색, 무취의 결정 또는 백색결정으로 **초석**이라고도 한다.
  ㉯ 물, 글리세린에 잘 녹으나, 알코올에는 녹지않는다.
  ㉰ 강산화제이며 가연물과 접촉하면 위험하다.
  ㉱ **황**과 **숯가루**와 혼합하여 **흑색화약**을 제조한다.
② 질산나트륨
  ㉮ 무색, 무취의 결정으로 **칠레초석**이라고도 한다.

㉯ 조해성이 있는 강산화제이다
　　　㉰ **물, 글리세린에 잘 녹고**, 무수알코올에는 녹지 않는다.
　　　㉱ 가연물, 유기물과 혼합하여 가열하면 폭발한다.
　③ **질산암모늄**
　　　㉮ 무색, 무취의 결정으로 조해성 및 흡수성이 강하다.
　　　㉯ 알코올에 녹고 물에 용해 시 **흡열반응**을 한다.
　　　㉰ 조해성이 있어 수분과 접촉을 피해야 한다.
　　　㉱ 유기물과 혼합하여 가열하면 폭발한다.

6) **과망가니즈산염류**

명칭	화학식	분자량	비중	분해 온도
과망가니즈산칼륨	$KMnO_4$	158	2.7	200~250℃
과망가니즈산나트륨	$NaMnO_4$	142	–	170℃

　① **과망가니즈산칼륨**
　　　㉮ **흑자색의 주상결정**으로 산화력과 살균력이 강하다
　　　㉯ 물, 알코올에 녹으면 진한 보라색을 나타낸다.
　　　㉰ 알코올, 에터, 글리세린등 유기물과의 접촉을 피한다.
　　　㉱ 목탄, 황 등의 환원성물질과 접촉 시 충격에 의해 폭발의 위험성이 있다.
　　　㉲ 살균소독제, 산화제로 이용된다.
　② **과망가니즈산나트륨**
　　　㉮ 적자색의 결정으로 물에 잘 녹는다.
　　　㉯ 조해성이 강하므로 수분에 주의하여야 한다.

7) **다이크로뮴산염류**

명칭	화학식	분자량	비중	융점	분해 온도
다이크로뮴산칼륨	$K_2Cr_2O_7$	294	2.69	398℃	500℃
다이크로뮴산나트륨	$Na_2Cr_2O_7$	262	2.52	356℃	400℃
다이크로뮴산암모늄	$(NH_4)_2Cr_2O_7$	252	2.15	–	180℃

　① **다이크로뮴산칼륨**
　　　㉮ 등적색의 판상결정이다.
　　　㉯ 물에 녹고, 알코올에는 녹지 않는다.
　　　㉰ 가열에 의해 삼산화제이크로뮴(Cr_2O_3)과 크로뮴산칼륨(K_2CrO_4)으로 분해한다.

$$4K_2Cr_2O_7 \rightarrow 2Cr_2O_3 + 4K_2CrO_4 + 3O_2$$

　② **다이크로뮴산나트륨**
　　　㉮ 등적색의 결정이다.
　　　㉯ 유기물과 혼합되어 있을 때 가열, 마찰에 의해 발화 또는 폭발한다.

③ 다이크로뮴산암모늄
  ㉮ 적색 또는 등적색(오렌지색)의 단사정계 침상결정이다.
  ㉯ 약 225℃에서 가열하면 분해하여 질소가스를 발생한다.
  ㉰ 에틸렌, 수산화나트륨, 하이드라진과는 혼촉발화한다.

8) 무수크로뮴산, 삼산화크로뮴(크로뮴의 산화물)
  ① 물성

화학식	분자량	융점	분해 온도
CrO_3	100	196℃	250℃

  ② 성질
    ㉮ 암적색의 침상결정으로 조해성이 있고 물, 알코올, 에터, 황산에 잘 녹는다.
    ㉯ 황, 목탄분, 적린, 금속분, 강력한 산화제, 유기물, 인, 목탄분, 피크린산, 가연물과 혼합하면 폭발의 위험이 있다.
    ㉰ 제4류 위험물과 접촉시 혼촉발화하고 물과 접촉 시 격렬하게 발열한다.

STEP 02 제2류 위험물

1. 제2류 위험물의 성질

1) 정의 및 종류
  ① 종류

류별	성질	품명	지정수량
제2류	가연성 고체	1. 황화인, 적린, 황	100 kg
		2. 철분, 금속분, 마그네슘	500 kg
		3. 인화성고체	1,000 kg

  ② 정의
    ㉮ **황** : 순도가 **60중량% 이상**인 것을 말하며 순도측정을 하는 경우 불순물은 활석 등 불연성물질과 수분으로 한정한다.
    ㉯ **철분** : 철의 분말로서 **53마이크로미터**의 표준체를 통과하는 것(50중량% 미만은 제외)
    ㉰ 마그네슘에 해당하지 않는 것
      ㉠ 2밀리미터의 체를 통과하지 아니하는 덩어리 상태의 것
      ㉡ 직경 2밀리미터 이상의 막대 모양의 것
    ㉱ **인화성고체** : 고형알코올 그 밖에 1기압에서 **인화점이 40℃ 미만**인 고체

2) 성질 및 취급방법
  ① 일반적인 성질
    ㉮ 비교적 낮은 온도에서 착화하기 쉬운 가연성 고체이며 환원성물질이다.

- ④ 비중은 1보다 크고 물에는 녹지 않는다.
- ⑤ 연소 시 연소열이 크고 연소온도가 높고 연소속도가 빠르다.
② 위험성
- ㉮ 착화온도가 낮아 저온에서 발화하기가 쉽다
- ㉯ 연소속도가 빠르고 연소 시 많은 열을 발생한다.
- ㉰ 수분과 접촉하면 자연발화하고 금속분은 산, 할로젠원소와 접촉하면 발열·발화한다.
③ 저장 및 취급방법
- ㉮ 화기를 피하고 불티, 불꽃, 고온체와의 접촉을 피한다.
- ㉯ 산화제와의 혼합 또는 접촉을 피한다.
- ㉰ 철분, 마그네슘, 금속분은 물, 습기, 산과의 접촉을 피하여 저장한다.
④ 소화방법
- ㉮ 제2류 위험물 : 물에 의한 냉각소화
- ㉯ **마그네슘, 철분, 금속분 : 마른모래, 탄산수소염류 분말약제**, 팽창질석, 팽창진주암

2. 각 위험물의 물성 및 특성

1) 황화인

① **삼황화인**
- ㉮ 황록색의 분말로서 **물, 염소, 염산, 황산**에는 **녹지 않고** 이황화탄소, 알칼리, 질산에는 녹는다.
- ㉯ 삼황화인은 공기 중 약 100℃에서 발화하고 마찰에 의하여 자연발화 할 수 있다.

$$P_4S_3 + 8O_2 \rightarrow 2P_2O_5 + 3SO_2 \uparrow$$

- ㉰ 삼황화인은 가열, 습기 방지 및 산화제와의 접촉을 피한다.
- ㉱ 용도는 성냥, 유기합성 등에 쓰인다.

항목 \ 종류	삼황화인	오황화인	칠황화인
화학식	P_4S_3	P_2S_5	P_4S_7
비점	407℃	514℃	523℃
융점	172.5℃	290℃	310℃
착화점	약 100℃	142℃	-

② **오황화인**
- ㉮ 담황색의 결정으로 **조해성과 흡습성**이 있다.
- ㉯ **알코올, 이황화탄소**에 **녹고** 물 또는 알칼리에 분해하여 황화수소와 인산이 된다.

$$P_2S_5 + 8H_2O \rightarrow 5H_2S + 2H_3PO_4$$

- ㉰ 냉각소화는 적합하지 않고 분말, CO_2, 건조사 등으로 질식소화 한다.

㉣ 용도로는 선광제, 윤활유 첨가제, 의약품 등에 쓰인다.
③ 칠황화인
㉮ 담황색 결정으로 조해성이 있다.
㉯ 이황화탄소에 약간 녹으며 냉수에서는 서서히 분해된다.
㉰ 더운 물에서는 급격히 분해하여 황화수소를 발생한다.

2) 적린(붉은인)
① 물성

화학식	분자량	비중	착화점	융점
P	31	2.2	260℃	600℃

② 성질
㉮ **황린의 동소체**로 암적색의 분말이다.
㉯ 물, 알코올, 에터, CS_2, 암모니아에 녹지 않는다.
㉰ 강알칼리와 반응하여 유독성의 포스핀가스를 발생한다.
㉱ 이황화탄소(CS_2), 황(S), 질산(KNO_3), 질산나트륨($NaNO_3$), 암모니아(NH_3)와 접촉하면 발화한다.
㉲ 염소산 및 과염소산염류 등 강산화제와 혼합하면 불안정한 물질이 되어 약간의 가열, 충격, 마찰에 의해 폭발한다.
㉳ 공기 중에 방치하면 자연발화는 않지만 260℃ 이상 가열하면 발화하고 400℃ 이상에서 승화한다.
㉴ 연소하면 오산화인을 생성한다.

$$4P + 5O_2 \rightarrow 2P_2O_5 (오산화인)$$

㉵ 다량의 물로 냉각소화 하며 소량의 경우 모래나 CO_2도 효과가 있다.

3) 황 및 철분
① 황
㉮ 황색의 결정 또는 미황색의 분말이다.
㉯ 물이나 산에는 녹지 않으나 알코올에는 조금 녹고 고무상황을 제외하고는 CS_2에 잘 녹는다.
㉰ 황의 동소체

항목 \ 종류	단사황	사방황	고무상황
결정형	바늘모양의 결정	팔면체	무정형
비중	1.96	2.07	–
착화점	–	–	360℃
용해도(물)	불용	불용	불용

㉣ 공기 중에서 연소하면 푸른빛을 내며 아황산가스(SO_2)를 발생한다.

$$S + O_2 \rightarrow SO_2$$

㉤ 분말상태로 밀폐 공간에서 공기 중 부유 시에는 **분진폭발**을 일으킨다.
㉥ 황화합물은 석유류의 불쾌한 냄새를 가지며 장치를 부식시킨다.
㉦ 화재시에는 다량의 물로 분무주수 한다.

② **철분(Fe)**
㉮ 은백색의 광택금속분말이다.
㉯ **산과 반응**하면 **수소가스**를 발생한다.

$$Fe + 2HCl \rightarrow FeCl_2 + H_2$$

㉰ 공기 중에서 서서히 산화하여 산화철(Fe_2O_3)되어 백색의 광택이 황갈색으로 변한다.
㉱ 주수소화는 절대금물이며 건조된 모래, 소금분말, 건조분말로 질식소화 한다.

5) 금속분

① 종류

명칭	화학식	분자량	비중	비점
알루미늄	Al	27	2.7	2327℃
아연	Zn	65.4	7.0	907℃

② 알루미늄
㉮ 백색의 경금속이다.
㉯ 수분, 할로젠원소, 산화제와 접촉하면 자연발화의 위험이 있다.
㉰ **산이나 물과 반응**하면 **수소(H_2) 가스**를 발생한다.

$$2Al + 6HCl \rightarrow 2AlCl_3 + 3H_2$$
$$2Al + 6H_2O \rightarrow 2Al(OH)_3 + 3H_2$$

㉱ 묽은 질산, 묽은 염산, 황산은 알루미늄분을 침식한다.
㉲ 연성과 전성이 가장 풍부하다.

③ 아연
㉮ 은백색의 분말이다.
㉯ 공기 중에서 표면에 산화피막을 형성한다.

6) 마그네슘

① 물성

화학식	분자량	비중	융점	비점
Mg	24.3	1.74	651℃	1100℃

② 성질
- ㉮ 은백색의 광택이 있는 금속이다
- ㉯ Mg분이 공기 중에 부유하면 **분진폭발**의 위험이 있다.
- ㉰ 강산이나 물과 반응하면 **수소가스**를 발생한다.

$$Mg + 2H_2O \rightarrow Mg(OH)_2 + H_2 \uparrow$$

- ㉱ 소화방법 : 마른모래, 탄산수소염류 등으로 질식소화

STEP 03 제3류 위험물

1. 제3류 위험물의 성질

1) 정의 및 종류

① 종류

류별	성질	품명	위험등급	지정수량
제3류	자연발화성 물질 및 금수성물질	1. 칼륨, 나트륨, 알킬알루미늄, 알킬리튬	I	10 kg
		2. 황린	I	20 kg
		3. 알칼리금속(칼륨 및 나트륨을 제외) 및 알칼리토금속 유기금속화합물(알킬알루미늄 및 알킬리튬을 제외)	II	50 kg
		4. 금속의 수소화물, 금속의 인화물, 칼슘 또는 알루미늄의 탄화물	III	300 kg

② 자연발화성물질 및 금수성물질 : 고체 또는 액체로서 공기 중에서 발화의 위험성이 있거나 물과 접촉하여 발화하거나 가연성가스를 발생하는 위험성이 있는 것

2) 성질 및 취급방법

① 일반적인 성질
- ㉮ 대부분 **무기화합물**이며 **고체**이고 **일부는 액체**이다.
- ㉯ 칼륨(K), 나트륨(Na), 알킬알루미늄, 알킬리튬은 물보다 가볍고 나머지는 물보다 무겁다.
- ㉰ **칼륨, 나트륨, 황린, 알킬알루미늄**은 **연소**하고 나머지는 연소하지 않는다.

② 위험성
- ㉮ 황린을 제외한 **금수성물질**은 **물과 반응**하여 **가연성 가스**(수소, 아세틸렌, 메테인, 포스핀)를 발생하고 발열한다.
- ㉯ 자연발화성물질은 물 또는 공기와 접촉하면 연소하여 가연성가스를 발생한다.
- ㉰ 가열, 강산화성 물질 또는 강산류와 접촉에 의해 위험성이 증가한다.

③ 저장 및 취급방법
  ㉮ 저장용기는 공기 또는 수분과의 접촉을 피한다.
  ㉯ **칼륨**이나 **나트륨**은 **석유류에 저장**한다.
④ 소화방법
  ㉮ 황린은 주수소화가 가능하나 나머지는 물에 의한 냉각소화는 절대 불가능하다.
  ㉯ 소화약제는 마른모래, 탄산수소염류 분말약제가 적합하다.

2. 각 위험물의 물성 및 특성

1) 칼륨
  ① 물성

화학식	원자량	비점	융점	비중	불꽃색상
K	39	774℃	63.7℃	0.86	보라색

  ② 성질
    ㉮ 은백색의 광택이 있는 무른 경금속으로 **보라색 불꽃**을 내면서 연소한다.
    ㉯ **물과 반응**하면 가연성가스인 **수소**를 발생한다.

$$2K + 2H_2O \rightarrow 2KOH + H_2 \uparrow$$

    ㉰ 할로젠 및 산소, 수증기 등과 접촉하면 발화위험이 있다.
    ㉱ **등유, 경유, 유동파라핀** 등의 보호액을 넣은 내통에 밀봉 저장한다.
    ㉲ 소화방법 : 마른 모래, 건조된 소금, 탄산수소염류분말에 의한 질식소화

2) 나트륨
  ① 물성

화학식	원자량	비점	융점	비중	불꽃색상
Na	23	880℃	97.7℃	0.97	노란색

  ② 성질
    ㉮ 은백색의 광택이 있는 무른 경금속으로 **노란색 불꽃**을 내면서 연소한다.
    ㉯ 보호액(석유, 경유, 유동파라핀)을 넣은 내통에 밀봉 저장한다.
    ㉰ 소화방법 : 마른 모래, 건조된 소금, 탄산수소염류분말에 의한 질식소화

3) 알킬알루미늄 및 알킬리튬
  ① 알킬알루미늄
    ㉮ 알킬기와 알루미늄의 화합물로서 유기금속 화합물이다.
    ㉯ 알킬기의 **탄소 1개에서 4개**까지의 화합물은 공기와 접촉하면 **자연발화**를 일으킨다.
    ㉰ 저장 용기의 상부는 불연성가스로 봉입하여야 한다.
    ㉱ 소화방법 : 팽창질석, 팽창진주암, 마른모래

㈐ **공기와 물과의 반응식**

- 공기와의 반응
  트라이메틸알루미늄 : $2(CH_3)_3Al + 12O_2 \rightarrow Al_2O_3 + 9H_2O + 6CO_2 \uparrow$
  트라이에틸알루미늄 : $2(C_2H_5)_3Al + 21O_2 \rightarrow Al_2O_3 + 15H_2O + 12CO_2 \uparrow$
- 물과의 반응
  트라이메틸알루미늄 : $(CH_3)_3Al + 3H_2O \rightarrow Al(OH)_3 + 3CH_4 \uparrow$
  트라이에틸알루미늄 : $(C_2H_5)_3Al + 3H_2O \rightarrow Al(OH)_3 + 3C_2H_6 \uparrow$

② 알킬리튬
  ㉮ 알킬리튬은 알킬기와 리튬금속의 화합물로 유기금속 화합물로 은백색의 연한 금속이다.
  ㉯ 자연발화성 물질 및 금수성물질이다.
  ㉰ 물과 만나면 심하게 발열하고 가연성 메테인, 에테인, 뷰테인가스를 발생한다.
  ㉱ 종류 : 메틸리튬(CH_3Li), 에틸리튬(C_2H_5Li), 부틸리튬(C_4H_9Li)

4) 황린
  ① 물성

화학식	발화점	비점	융점	비중	증기비중
P_4	34℃	280℃	44℃	1.82	4.4

  ② 성질
  ㉮ 백색 또는 **담황색의 자연발화성 고체**이다.
  ㉯ 물과 반응하지 않기 때문에 **pH = 9(약알칼리) 정도의 물속에 저장**하며 보호액이 증발되지 않도록 한다.

  > **참고** 황린은 포스핀(PH_3)의 생성을 방지하기 위하여 pH9인 물속에 저장한다.

  ㉰ 벤젠, 알코올에는 일부 용해하고 이황화탄소(CS_2), 삼염화린, 염화황에는 잘 녹는다.
  ㉱ 증기는 공기보다 무겁고 자극적이며 **맹독성인 물질**이다.
  ㉲ 강알칼리 용액과 반응하면 유독성의 **포스핀가스(PH_3)**를 발생한다.

  $$P_4 + 3KOH + 3H_2O \rightarrow PH_3 \uparrow + 3KH_2PO_2$$

  ㉳ 초기소화에는 물, 포, CO_2, 건조분말 소화약제가 유효하다.

5) 알칼리금속(K, Na 제외)류 및 알칼리토금속
  ① 물성

명칭	화학식	비점	융점	비중	불꽃색상
리튬(알칼리금속)	Li	1336℃	180℃	0.543	적색

명칭	화학식	비점	융점	비중	불꽃색상
칼슘(알칼리토금속)	Ca	1420℃	845℃	1.55	황적색

② 성질
㉮ 리튬과 칼슘은 은백색의 무른 경금속이다.
㉯ 물과 반응하면 수소(H_2) 가스를 발생한다.

6) 금속의 수소화물

종류	형태	분자식	분자량	물과 반응시
수소화나트륨	은백색의 결정	NaH	24	수소가스 발생
수소화리튬	투명한 고체	LiH	7.9	수소가스 발생
수소화칼슘	무색 결정	CaH_2	42	수소가스 발생
수소화알루미늄리튬	회백색 분말	$LiAlH_4$	37.9	수소가스 발생

7) 금속의 인화물

① **인화칼슘**(Ca_3P_2)
㉮ 융점 1600℃, 비중이 2.51이다.
㉯ 적갈색의 괴상 고체로서 **인화석회**라고도 한다.
㉰ 알코올, 에테르에는 녹지 않는다.
㉱ **물이나 약산과 반응**하여 **포스핀**(PH_3)의 **유독성가스**를 발생한다.

$$Ca_3P_2 + 6H_2O \rightarrow 3Ca(OH)_2 + 2PH_3 \uparrow$$

② **인화알루미늄**(AlP), 인화아연(Zn_3P_2)
㉮ 물과 반응하면 포스핀을 발생한다.
㉯ 물과의 반응식

$$AlP + 3H_2O \rightarrow Al(OH)_3 + PH_3 \uparrow$$
$$Zn_3P_2 + 6H_2O \rightarrow 3Zn(OH)_2 + 2PH_3 \uparrow$$

8) 칼슘 또는 알루미늄의 탄화물

① **탄화칼슘**(카바이트, CaC_2)이 물과 반응

$$CaC_2 + 2H_2O \rightarrow Ca(OH)_2 + C_2H_2 \uparrow$$
(소석회, 수산화칼슘) (아세틸렌)

② 탄화알루미늄(Al_4C_3)이 물과 반응

$$Al_4C_3 + 12H_2O \rightarrow 4Al(OH)_3 + 3CH_4 \uparrow$$
$$\text{(수산화알루미늄)} \quad \text{(메테인)}$$

STEP 04 제4류 위험물

1. 제4류 위험물의 성질

1) 정의 및 종류

① 종류

류별	성질	품명		위험등급	지정수량
제4류	인화성 액체	1. 특수인화물		I	50ℓ
		2. 제1석유류	비수용성액체	II	200ℓ
			수용성액체	II	400ℓ
		3. 알코올류		II	400ℓ
		4. 제2석유류	비수용성액체	III	1,000ℓ
			수용성액체	III	2,000ℓ
		5. 제3석유류	비수용성액체	III	2,000ℓ
			수용성액체	III	4,000ℓ
		6. 제4석유류		III	6,000ℓ
		7. 동식물유류		III	10,000ℓ

② 정의

㉮ **특수인화물**
  ㉠ 1기압에서 **발화점이 100℃ 이하인 것**
  ㉡ **인화점이 영하 20℃ 이하이고 비점이 40℃ 이하인 것**
㉯ **제1석유류** : 1기압에서 **인화점이 섭씨 21도 미만인 것**
㉰ 알코올류 : 1분자를 구성하는 탄소원자의 수가 1개부터 3개까지인 포화1가 알코올(변성알코올 포함)로서 메틸알코올, 에틸알코올, 프로필알코올이 있다.
㉱ **제2석유류** : 1기압에서 **인화점이 21℃ 이상 70℃ 미만인 것**
㉲ **제3석유류** : 1기압에서 **인화점이 70℃ 이상 200℃ 미만인 것**
㉳ **제4석유류** : 1기압에서 **인화점이 200℃ 이상 250℃ 미만의 것**
㉴ **동식물유류** : 동물의 지육 등 또는 식물의 종자나 과육으로부터 추출한 것으로서 1기압에서 **인화점이 250℃ 미만인 것**

- 특수인화물 : 이황화탄소, 다이에틸에터, 아세트알데하이드, 산화프로필렌, 아이소프렌, 아이소펜탄, 아이소프로필아민 등
- 제1석유류 : 휘발유, 벤젠, 톨루엔, 메틸에틸케톤(MEK), 초산메틸, 초산에틸, 의산에틸, 콜로디온, 아세톤(수용성), 피리딘(수용성), 의산메틸(수용성), 사이안화수소(수용성) 등
- 제2석유류 : 등유, 경유, 테레핀유, 클로로벤젠, 스타이렌(스틸렌), 크실렌, 장뇌유, 송근유, 초산(수용성), 의산(수용성), 아크릴산(수용성), 메틸셀로솔브(수용성), 에틸셀로솔브(수용성) 등
- 제3석유류 : 중유, 크레오소오트유, 나이트로벤젠, 아닐린, 메타크레졸, 글리세린(수용성), 에틸렌글라이콜(수용성), 에탄올아민(수용성) 등
- 제4석유류 : 기어유, 실린더유, 윤활유, 담금질유, 절삭유, 가소제

2) 성질 및 취급방법
  ① 일반적인 성질
    ㉮ 대단히 인화하기 쉬운 **인화성 액체**이다.
    ㉯ **물에 녹지 않고 물보다 가볍다.**
    ㉰ 증기비중은 **공기보다 무거워서** 낮은 곳에 체류한다.
    ㉱ 연소범위의 하한이 낮기 때문에 공기 중 소량 누설되어도 연소한다.
  ② 위험성
    ㉮ 인화의 위험이 높아 화기의 접근을 피하여야 한다.
    ㉯ 증기는 공기와 약간만 혼합되어도 연소한다.
    ㉰ 발화점이 낮고 연소범위의 하한이 낮다.
    ㉱ 전기 부도체이므로 정전기 발생에 주의하여야 한다.
  ③ 저장 및 취급방법
    ㉮ 점화원 등 화기에 주의하여야 한다.
    ㉯ 누출방지를 위하여 밀폐용기를 사용하여야 한다.
    ㉰ 포말, 이산화탄소, 할론, 분말소화약제로 질식소화 한다.
    ㉱ 수용성 위험물은 알코올형포(내알코올포, 알코올포) 소화약제를 사용한다.

2. 각 위험물의 물성 및 특성

1) 특수인화물

명칭	화학식	지정수량	비중	비점	인화점	착화점	증기비중	연소범위
에터	$C_2H_5OC_2H_5$	50ℓ	0.7	34℃	-40℃	180℃	2.55	1.7~48%
이황화탄소	CS_2	50ℓ	1.26	46℃	-30℃	**90℃**	2.62	1~50%
아세트알데하이드	CH_3CHO	50ℓ	0.78	21℃	-40℃	175℃	1.52	4.0~60.0%
산화프로필렌	CH_3CHCH_2O	50ℓ	0.82	35℃	-37℃	449℃	2.0	2.8~37.0%

① **다이에틸에터**(Diethyl Ether, 에터)
  ㉮ 휘발성이 강한 무색투명한 특유의 향이 있는 액체이다.
  ㉯ 알코올에 잘 녹고 물에는 약간 녹으며 증기는 마취성이 있다.
  ㉰ 공기와 접촉하면 과산화물이 생성되므로 **갈색병에 저장**하여야 한다.
  ㉱ 에터는 **전기불량도체**이므로 **정전기가 발생**에 주의한다.
  ㉲ 소화는 질식소화(이산화탄소, 할론)를 한다.
  ㉳ 용기의 **공간용적을 2% 이상**으로 하여야 한다.

  > **참고**
  > • 과산화물 검출시약 : 10% 옥화칼륨(KI)용액(검출 시 황색)
  > • 과산화물 제거시약 : 황산제일철 또는 환원철
  > • 과산화물 생성방지 : 40mesh의 구리망을 넣어 준다.

② **이황화탄소**(Carbon Disulfide)
  ㉮ 순수한 것은 **무색투명한 액체**이며 시판용은 담황색이다.
  ㉯ 제4류 위험물 중 착화점이 낮고 증기는 유독하다.
  ㉰ 물에는 녹지 않고, 알코올, 에터, 벤젠 등의 유기용매에 잘 녹는다.
  ㉱ 가연성 증기 발생을 억제하기 위하여 **물속에 저장**한다.
  ㉲ **연소 시 아황산가스**를 발생하며 파란 불꽃을 나타낸다.

  > **참고**
  > • 연소반응식 　　　　$CS_2 + 3O_2 \rightarrow CO_2 + 2SO_2$
  > • 물과의 반응(150℃) 　$CS_2 + 2H_2O \rightarrow CO_2 + 2H_2S$

  ㉳ 물 또는 이산화탄소, 할론, 분말소화약제, 등에 의한 질식소화 한다.

③ **아세트알데하이드**(Acetaldehyde)
  ㉮ 무색, 투명한 액체이며 자극성 냄새가 난다.
  ㉯ 공기와 접촉하면 가압에 의해 폭발성의 과산화물을 생성한다.
  ㉰ **에틸알코올을 산화**하면 **아세트알데하이드**가 된다.
  ㉱ **펠링반응과 은거울반응**을 한다.
  ㉲ **구리**(Cu)**, 마그네슘**(Mg)**, 은**(Ag)**, 수은**(Hg)과 반응하면 아세틸레이트를 생성하므로 위험하다.
  ㉳ 저장용기 내부에는 **불연성가스** 또는 **수증기 봉입장치**를 하여야 한다.
  ㉴ 소화약제로는 알코올용포, 이산화탄소, 할론, 분말약제가 효과가 있다.

④ **산화프로필렌**(Propylene Oxide)
  ㉮ 무색, 투명한 자극성이 있는 액체이다.
  ㉯ **구리**(Cu)**, 마그네슘**(Mg)**, 은**(Ag)**, 수은**(Hg)과 반응하면 아세틸레이트를 생성하므로 위험하다.
  ㉰ 저장용기 내부에는 불연성가스 또는 수증기 봉입장치를 하여야 한다.
  ㉱ 소화약제로는 알코올용포, 이산화탄소, 할론, 분말약제가 효과가 있다.

2) 제1석유류

명칭	화학식	지정수량	비중	비점	융점	인화점	착화점	연소범위
아세톤 (수용성)	$(CH_3)_2CO$	400ℓ	0.79	56℃	−94℃	−18.5℃	465℃	2.5~12.8%
휘발유	C_5H_{12}~C_9H_{20}	200ℓ	증기비중 3~4	32~220℃	−90.5~−95.4℃	−43℃	280~456℃	1.2~7.6%
벤젠	C_6H_6	200ℓ	0.95	79℃	7℃	−11℃	498℃	1.4~8.0%
톨루엔	$C_6H_5CH_3$	200ℓ	0.86	110℃	−93℃	4℃	480℃	1.27~7.0%
메틸에틸케톤	$CH_3COC_2H_5$	200ℓ	0.80	80℃	−80℃	−7℃	505℃	1.8~10%
피리딘 (수용성)	C_5H_5N	400ℓ	0.99	115.4℃	−41.7℃	16℃	482℃	1.8~12.4%
사이안화수소 (수용성)	HCN	400ℓ	0.69	26℃	−14℃	−17℃	538℃	5.6~40.0%
초산메틸	CH_3COOCH_3	200ℓ	0.93	58℃	−98℃	−10℃	502℃	3.1~16%
초산에틸	$CH_3COOC_2H_5$	200ℓ	0.9	77.5℃	−84℃	−3℃	429℃	2.2~11.5%
의산메틸	$HCOOCH_3$	400ℓ	0.97	32℃	−100℃	−19℃	449℃	5~23%
의산에틸	$HCOOC_2H_5$	200ℓ	0.92	54℃	−80℃	−19℃	440℃	2.7~16.5%

① **아세톤**(Acetone, DiMethyl Ketone)
 ㉮ 무색, 투명한 휘발성이 강한 자극성 액체이다.
 ㉯ 물에 잘 녹아 수용성으로서 **지정수량이 400ℓ**이다.
 ㉰ 피부에 닿으면 **탈지작용**을 한다.
 ㉱ 공기와 접촉하면 과산화물이 생성되므로 갈색병에 저장하여야 한다.
 ㉲ 알코올형포(내알코올포, 알코올포), 분무상의 주수, 이산화탄소, 할론, 분말소화약제로 질식소화 한다.

② **휘발유**(Gasoline)
 ㉮ 무색, 투명한 휘발성이 강한 인화성 액체이다.
 ㉯ 포화, 불포화탄화수소의 혼합물로서 지방족 탄화수소이다.
 ㉰ 정전기에 의한 인화의 폭발우려가 있다.
 ㉱ 이산화탄소, 할론, 분말, 포말(대량일 때)로 질식소화를 한다.

③ **벤젠**(Benzene, 벤졸)
 ㉮ 무색, 투명한 방향성을 갖는 액체로서. 증기의 농도가 2%이면 5분 정도에 치사한다.
 ㉯ 물에 녹지 않고 알코올, 아세톤, 에터에는 녹는다.
 ㉰ 비전도성이므로 정전기의 화재 발생 위험이 있다.
 ㉱ 독성은 B(벤젠), T(톨루엔), X(크실렌)중에서 가장 크다.

⑭ 이산화탄소, 할론, 분말, 포말로 질식소화를 한다.

④ **톨루엔**(Toluene, 메틸벤젠)
㉮ 무색, 투명한 독성이 있는 액체로서 증기는 마취성이 있다.
㉯ 물에 녹지않고, 아세톤, 알코올 등 유기용제에는 잘 녹는다.
㉰ **T.N.T의 원료**로 사용하고, 산화하면 안식향산(벤조산)이 된다.

⑤ **콜로디온**[Collodion, $Cl_2H_{16}O_6(NO_3)_4 - Cl_3H_{17}(NO_3)_3$]
㉮ 질화도가 낮은 질화면(NC)에 부피비로 **에탄올(3)과 에터(1)의 비율**로 녹여 교질상태로 만든 것이다.
㉯ 무색, 투명한 끈기 있는 액체이며 인화점은 −18℃이다.
㉰ 알코올용포, 이산화탄소, 분무주수 등으로 소화한다.

⑥ **메틸에틸케톤**(Methyl Ethyl Keton, MEK)
㉮ 휘발성이 강한 무색의 액체이다.
㉯ 물에 잘 녹지만 비수용성으로 지정수량이 200ℓ 이다.
㉰ 물, 알코올, 에터. 벤젠 등 유기용제에 잘 녹고, 수지, 유지를 잘 녹인다.
㉱ 피부에 접촉 시 **탈지작용**을 한다.
㉲ 분무주수가 가능하고 알코올형포(내알코올포, 알코올포)로 질식소화를 한다.

⑦ **피리딘**(pyridine)
㉮ 순수한 것은 무색의 액체이나 시판품은 불순물이 함유되어 있어 담황색을 띤다.
㉯ **약 알칼리성**을 나타내며 독성이 있다.
㉰ 산, 알칼리에 안정하고 물, 알코올, 에터에 잘 녹는다.
㉱ 수용성으로 **지정수량은 400ℓ이다**.
㉲ 공기 중에 허용농도는 5ppm이다.
㉳ 알코올용포, 이산화탄소, 할론, 분말로 질식소화를 한다.

⑧ **초산에스터류**
㉮ **초산메틸**(Methyl Acetate, 아세트산메틸)
㉠ 무색, 투명한 휘발성 액체로서 마취성과 향긋한 냄새가 난다.
㉡ 물, 알코올, 에터 등에 잘 녹는다.
㉢ 초산에스터류 중 물에 가장 잘 녹는다.
㉣ 초산메틸이 가수분해하면 초산과 메틸알코올로 된다.
㉤ 피부에 접촉하면 **탈지작용**을 한다.
㉥ 알코올용포, 이산화탄소, 할론, 분말로 질식소화를 한다.

> **참고** 에스터류가 분자량이 증가할수록 나타나는 현상
> • 인화점이 높아지고, 연소범위가 좁아진다.
> • 증기비중, 비점, 점도가 커진다.
> • 착화점, 수용성, 휘발성, 비중이 감소한다.
> • 이성질체가 많아진다.

㉯ **초산에틸**(Ethyl Acetate, 아세트산에틸)
㉠ 무색, 투명한 휘발성액체로서 과일의 향기가 난다.

ⓒ 알코올, 에터, 아세톤과 잘 섞이며 물에 약간 녹는다.
　　ⓒ 휘발성과 인화점이 −4℃로 인화성이 강하다.
　　ⓔ 유지, 수지, 셀룰로스 유도체 등을 잘 녹인다.
⑨ 의산에스터류
　㉮ **의산메틸**(개미산메틸)
　　㉠ 향기를 가진 무색, 투명한 액체이다.
　　ⓒ 증기는 마취성이 있으나 독성은 없다.
　　ⓒ 에터, 벤젠, 에스터에 잘 녹으며 물에는 일부 녹는다.
　　ⓔ 의산메틸이 가수분해하면 메틸알코올과 의산이 된다.

$$HCOOCH_3 + H_2O \rightarrow CH_3OH + HCOOH$$
(메틸알코올)　(의산)

　㉯ **의산에틸**(개미산에틸)
　　㉠ 복숭아향의 냄새를 가진 무색, 투명한 액체이다.
　　ⓒ 에터, 벤젠, 에스터에 잘 녹으며 물에는 일부 녹는다.
　　ⓒ 의산에틸이 가수분해하면 에틸알코올과 의산이 된다.

$$HCOOC_2H_5 + H_2O \rightarrow C_2H_5OH + HCOOH$$
(에틸알코올)　(의산)

　㉰ **의산프로필**($HCOOC_3H_7$)
　　㉠ 무색, 투명한 특유의 냄새가 나는 액체이다.
　　ⓒ 물에 불용이며 기타 의산메틸의 기준에 준한다.

3) 알코올류

명칭	화학식	비중	증기비중	비점	인화점	착화점	연소범위
메틸알코올	CH_3OH	0.79	1.1	64.7℃	11℃	464℃	6.0~36%
에틸알코올	C_2H_5OH	0.79	1.59	80℃	13℃	423℃	3.1~27.7%
프로필알코올	C_3H_7OH	0.78	2.07	83℃	12℃	−	2~12.0%

① **메틸알코올**(Methyl alcohol, Methanol, 목정)
　㉮ 무색, 투명한 휘발성이 강한 액체이다.
　㉯ 알코올류 중에서 물에 가장 잘 녹는다.
　㉰ 메틸알코올은 독성이 있다.
　㉱ 알칼리금속(Na)과 반응하면 수소를 발생한다.

$$2Na + 2CH_3OH \rightarrow 2CH_3ONa + H_2 \uparrow$$

　㉲ 산화하면 메틸알코올 → 폼알데하이드 → 폼산(개미산)이 된다.
　㉳ 화재 시에는 알코올형포(내알코올포, 알코올포)를 사용한다.

② **에틸알코올**(Ethyl alcohol, Ethanol, 주정)
  ㉮ 무색, 투명한 향의 냄새를 지닌 휘발성이 강한 액체이다.
  ㉯ 물에 잘 녹으므로 수용성이다.
  ㉰ 에탄올은 벤젠보다 탄소(C)의 함량이 적기 때문에 그을음이 적게 난다.
  ㉱ 산화하면 **에틸알코올 → 아세트알데하이드 → 초산**(아세트산)이 된다.
  ㉲ 에틸알코올은 아이오도폼반응을 한다.

> **참고** 수산화나트륨에 아이오딘를 가하여 아이오도폼(CHI_3)의 황색 침전이 생성되는 반응
> $C_2H_5OH + 6NaOH + 4I_2 \rightarrow CHI_3 + 5NaI + HCOONa + 5H_2O$
> (아이오도폼)

4) 제2석유류

명칭	화학식	지정수량	비중	증기비중	유출온도	인화점	착화점	연소범위
등유	$C_9 \sim C_{18}$	1000ℓ	0.78~0.8	4~5	156~300℃	39℃ 이상	210℃ 이상	0.7~5.0%
경유	$C_{15} \sim C_{20}$	1000ℓ	0.82~0.84	4~5	150~375℃	41℃ 이상	257℃	0.6~7.5%
초산(수용성)	CH_3COOH	2000ℓ	1.05	2.07	응고점: 16.2℃	40℃	485℃	6.0~17.0%
의산(수용성)	$HCOOH$	2000ℓ	1.2	1.59	–	55℃	540℃	18~51%
테레핀유	$C_{10}H_{16}$	1000ℓ	0.86	4.7	–	35℃	253℃	0.8~6%
스타이렌	$C_6H_5CH=CH_2$	1000ℓ	0.90	3.59	–	32℃	490℃	0.9~6.8%
클로로벤젠	C_6H_5Cl	1000ℓ	1.1	3.88	–	27℃	638℃	1.3~11.0%
하이드라진(수용성)	N_2H_4	2000ℓ	1.01	1.1	융점 2℃	38℃	–	4.7~100%
부틸알코올	C_4H_9OH	1000ℓ	0.81	2.56	–	35℃	–	–

① **등유**(Kerosine)
  ㉮ 무색 또는 담황색의 취기가 있는 액체이다.
  ㉯ 물에는 녹지 않고 석유계 용제에는 잘 녹는다.
  ㉰ 휘발유와 경유 사이에서 유출되는 **포화·불포화 탄화수소의 혼합물**이다.
  ㉱ 소화방법으로는 포말, 이산화탄소, 할론, 분말약제가 적합하다.

② **경유**(디젤유)
  ㉮ 담황색 또는 담갈색의 액체로 등유와 비슷한 성질을 가진다.
  ㉯ 탄소수가 15개에서 20개까지의 포화·불포화 탄화수소의 혼합물이다.
  ㉰ 물에는 녹지 않고 석유계 용제에는 잘 녹는다.
  ㉱ 품질은 **세탄값**으로 정한다.
  ㉲ 소화방법으로는 포말, 이산화탄소, 할론, 분말약제가 적합하다.

③ **초산**(Acetic acid)
  ㉮ 무색, 투명하고 자극성 냄새와 신맛이 나는 액체이다.
  ㉯ 물, 알코올, 에터에 잘 녹고 물보다 무겁다.
  ㉰ 피부와 접촉하면 수포상의 화상을 입는다.
  ㉱ **응고점은 16.2℃**이고 3~5%의 수용액을 식초로 사용한다.
  ㉲ 저장용기는 **내산성 용기**를 사용하여야 한다.
  ㉳ 소화방법으로는 알코올용포, 이산화탄소, 할론, 분말약제가 적합하다.

④ **의산**(Formic acid)
  ㉮ 물에 잘 녹고 물보다 무겁다.
  ㉯ **초산보다 강한 산성**을 나타낸다.
  ㉰ 피부와 접촉하면 수포상의 화상을 입는다.
  ㉱ 저장용기는 내산성 용기를 사용하여야 한다.
  ㉲ 소화방법으로는 알코올용포, 이산화탄소, 할론, 분말약제가 적합하다.

⑤ **크실렌**(Xylene)
  ㉮ 물성

구분	구조식	인화점	착화점	품명
o-크실렌	(벤젠고리에 CH₃, CH₃ 오르토)	32℃	106.2℃	제2석유류
m-크실렌	(벤젠고리에 CH₃, CH₃ 메타)	25℃	–	제2석유류
p-크실렌	(벤젠고리에 CH₃, CH₃ 파라)	25℃	–	제2석유류

  ㉯ 물에는 녹지 않고, 알코올, 에터, 벤젠 등 유기용제에는 잘 녹는다.
  ㉰ 무색, 투명한 액체로서 톨루엔과 비슷하다.
  ㉱ **BTX 중에서 독성이 가장 약하다.**
  ㉲ 크실렌의 이성질체로는 o-xylene, m-xylene, p-xylene가 있다.

⑥ **테레핀유**(송정유)
  ㉮ 무색 또는 엷은 담황색의 액체이다.
  ㉯ 피넨($C_{10}H_{16}$)이 80~90% 함유된 소나무과 식물에 함유된 기름으로 송정유라고도 한다.
  ㉰ 물에 녹지 않고 알코올, 에터, 벤젠, 클로로폼에는 녹는다.
  ㉱ 공기 중에서 산화 중합하며 헝겊에 스며들어 **자연 발화**한다.

⑦ **스타이렌**(Styrene)
  ㉮ 무색의 독특한 냄새가 나는 액체이다.
  ㉯ 물에 녹지 않고 알코올, 에터, 이황화탄소에는 녹는다.

㉢ 빛, 가열, 과산화물과 중합 반응하여 무색의 고상물이 된다.
⑧ **클로로벤젠**(Chlorobenzene)
㉮ 마취성이 있는 석유와 비슷한 냄새가 나는 무색액체이다.
㉯ 물에 녹지 않고 알코올, 에터 등 유기용제에는 녹는다.
㉰ 연소를 하면 염화수소가스를 발생한다.

$$C_6H_5Cl + 7O_2 \rightarrow 6CO_2 + 2H_2O + HCl$$

⑨ **하이드라진**
㉮ **무색의 맹독성 가연성 액체**이다.
㉯ 물이나 알코올에는 잘 녹고 에터에는 녹지않는다.
㉰ 약알칼리성으로 공기 중에서 약 180℃에서 암모니아와 질소로 분해된다.

$$2N_2H_4 \rightarrow 2NH_3 + N_2 + H_2$$

⑩ **부틸알코올**
㉮ 무색, 투명한 포도주의 향기가 나는 무색의 액체이다.
㉯ 물에는 약간 녹고 아세톤, 에터에는 잘 녹는다.
㉰ 독성이 없으며 부틸알코올은 4개의 이성질체를 가지고 있다.

5) 제3석유류

명칭	화학식	지정수량	비중	융점	비점	인화점	착화점
중유	-	2000ℓ	0.936	-	177℃	72℃	-
크레오소트유	-	2000ℓ	1.03	-	-	73.9℃	-
에틸렌글라이콜(수용성)	$CH_2(OH)CH_2(OH)$	4000ℓ	1.11	-13℃	198℃	120℃	398℃
글리세린(수용성)	$C_3H_5(OH)_3$	4000ℓ	1.26	20℃	182℃	160℃	370℃
아닐린	$C_6H_5NH_2$	2000ℓ	1.02	-6℃	184℃	70℃	-
나이트로벤젠	$C_6H_5NO_2$	2000ℓ	1.2	5℃	211℃	88℃	482℃
메타크레졸	$C_6H_4CH_3OH$	2000ℓ	1.03	8℃	203℃	86℃	559℃

① **중유**
㉮ 직류중유
  ㉠ 300~350℃ 이상의 중유의 잔류물과 경유의 혼합물이다.
  ㉡ 비중과 점도가 낮다.
  ㉢ 분무성이 좋고 착화가 잘된다.
㉯ 분해중유
  ㉠ 중유 또는 경유를 열분해하여 가솔린의 제조 잔유와 분해경유의 혼합물이다.
  ㉡ 비중과 점도가 높고, 분무성이 나쁘다.

② **크레오소트유**(타르유)
   ㉮ 황록색 또는 암갈색의 기름모양의 액체로서 타르류, 액체피치유 라고도 한다.
   ㉯ **주성분**은 **나프탈렌, 안트라센**으로서 증기는 유독하다.
   ㉰ 물에는 녹지 않고 알코올, 에터, 벤젠, 톨루엔에는 잘 녹는다.
   ㉱ 타르산이 함유되어 용기를 부식시키므로 내산성용기를 사용하여야 한다.
   ㉲ 방부제, 살충제의 원료로 사용된다.
   ㉳ 소화방법은 중유에 준한다.

③ **에틸렌글라이콜**(Ethylene Glycol)
   ㉮ 무색의 점성 액체로서 단맛이 난다.
   ㉯ 사염화탄소, 에터, 벤젠, 이황화탄소, 클로로폼에는 녹지 않고, 물, 알코올, 글리세린, 아세톤, 초산, 피리딘에는 잘 녹는다.
   ㉰ **2가 알코올**로서 **독성이 있다.**
   ㉱ 무기산 및 유기산과 반응하여 에스터를 생성한다.

④ **글리세린**(Glycerine)
   ㉮ 무색, 무취의 점성 액체로서 흡수성이 있고 단맛이 있다.
   ㉯ 물, 알코올에는 잘 녹지만 벤젠, 에터, 클로로폼에는 잘 녹지 않는다.
   ㉰ **3가 알코올**로서 **독성이 없으며** 단맛이 난다.
   ㉱ 소화방법으로는 분말, 이산화탄소, 사염화탄소가 효과적이다.

항목 \ 명칭	에틸렌글리콜	글리세린
구조식	H H | | H−C−C−H | | OH OH	H H H | | | H−C−C−C−H | | | OH OH OH
외관	무색의 점성 액체	무색의 점성 액체
맛	단 맛	단 맛
용해성	물, 알코올에 용해	물, 알코올에 용해
OH의 가수	2가 알코올	3가 알코올
독성	있다	없다
소화방법	질식소화(알코올형포)	질식소화(알코올형포)

⑤ **아닐린**(Aniline)
   ㉮ 황색 또는 **담황색의 기름성의 액체**이다.
   ㉯ 물에는 약간 녹고, 알코올, 아세톤, 에터, 벤젠에는 잘 녹는다.
   ㉰ 물보다 무겁고 독성이 강하다.

⑥ **나이트로벤젠**(Nitrobenzene)
   ㉮ 암갈색 또는 갈색의 특이한 냄새가 나는 액체이다.
   ㉯ 물에는 녹지 않으며 알코올, 벤젠, 에터에는 잘 녹는다.
   ㉰ 물보다 무겁고 증기는 독성이 있다.

⑦ **메타크레졸**(m-Cresol)
  ㉮ 무색 또는 황색의 페놀의 냄새가 나는 액체이다.
  ㉯ 물에는 녹지 않고, 알코올, 에터, 클로로폼에는 녹는다.
  ㉰ 크레졸은 o-Cresol, m-Cresol, p-Cresol의 **3가지 이성질체**가 있다.

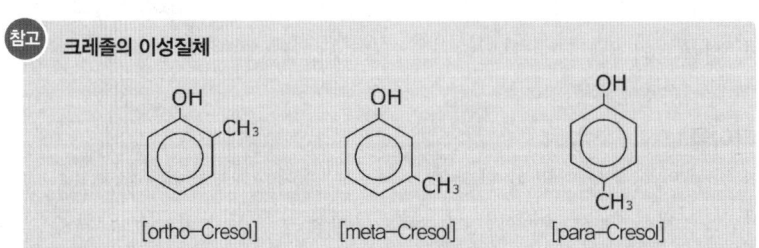

참고 크레졸의 이성질체
[ortho-Cresol] [meta-Cresol] [para-Cresol]

6) **제4석유류**
  ① 종류
    ㉮ 1기압에서 인화점이 200℃ 이상 250℃ 미만의 것으로 기어유와 실린더유가 있다.
    ㉯ 윤활유 : 기어유, 실린더유, 터빈유, 모빌유, 엔진오일, 콤프레셔오일 등
    ㉰ 가소제 : DOP, DNP, DBP, DBS, DOS, TCP, TOP, DINP 등
  ② 저장 및 취급
    ㉮ 실온에서 인화위험은 없으나 가열하면 연소위험이 증가한다.
    ㉯ 화기를 엄금하고 발생된 증기의 누설을 방지하고 환기를 잘 시킨다.
    ㉰ 가연성 물질, 강산화성 물질과 격리한다.
  ③ 소화방법
    ㉮ 초기화재 : 분말, 할론, 이산화탄소에 의한 질식소화가 적합하다.
    ㉯ 대형화재 : 포소화약제에 의한 질식소화가 적합하다.

7) **동식물유류**
  ① 종류

구분\항목	아이오딘값	반응성	불포화도	종류
건성유	130 이상	크다	크다	해바라기유, 동유, 아마인유, 정어리기름, 들기름
반건성유	100~130	중간	중간	채종유, 목화씨기름(면실유), 참기름, 콩기름
불건성유	100 이하	적다	적다	야자유, 올리브유, 피마자유, 동백유

  ② 위험성
    ㉮ 상온에서 인화위험은 없으나 가열하면 연소위험이 증가한다.
    ㉯ 발생 증기는 공기보다 무겁고 연소범위 하한이 낮다.
    ㉰ 아마인유는 건성유이므로 자연발화 위험이 있다.

③ 소화방법
   ㉮ 초기화재 : 분말, 할론, 이산화탄소가 유효하다.
   ㉯ 대형화재 : 포에 의한 질식소화를 한다.

STEP 05 제5류 위험물

1. 제5류 위험물의 특성

1) 종류 및 성질

① 종류

류별	성질	품명	지정수량
제5류	자기 반응성물질	1. 유기과산화물, 질산에스터류 2. 히드록실아민, 히드록실아민염류 3. 나이트로화합물, 나이트로소화합물, 아조화합물, 다이아조화합물, 하이드라진 유도체, 질산구아니딘, 금속의 아지화합물	제1종 : 10kg 제2종 : 100kg

② 성질
   ㉮ 위험물 자체가 산소와 가연물을 가지고 있는 **자기반응성 물질**이다.
   ㉯ 하이드라진 유도체를 제외하고는 **유기화합물**이다.
   ㉰ 유기과산화물을 제외하고는 질소를 함유한 유기질소 화합물이다.
   ㉱ 모두 가연성물질(고체, 액체)이고 연소할 때는 다량의 가스를 발생한다.

2) 위험성 및 취급방법

① 위험성
   ㉮ 외부의 산소공급 없이도 자기연소 하므로 연소속도가 빠르다.
   ㉯ **나이트로화합물은 화기, 가열, 충격, 마찰에 민감**하여 폭발위험이 있다.
   ㉰ 강산화제, 강산류와 혼합한 것은 발화를 촉진시키고 위험성도 증가한다.

② 저장 및 취급방법
   ㉮ 점화원의 접촉, 가열, 충격, 마찰 등을 피한다.
   ㉯ 강산화제, 강산류, 기타 물질이 혼입되지 않도록 한다.
   ㉰ 소분하여 저장하고 용기의 파손 및 위험물의 누출을 방지한다.

2. 각 위험물의 물성 및 특성

1) 유기과산화물(Organic Peroxide)

명칭	화학식	비중	융점	착화점
과산화벤조일	$(C_6H_5CO)_2O_2$	1.33	105℃	80℃
과산화메틸에틸케톤	$C_8H_{16}O_4$	1.06	20℃	555.5℃

① **과산화벤조일**(Benzoyl Peroxide, 벤조일퍼옥사이드, BPO)
㉮ 무색, 무취의 백색 결정으로 강산화성 물질이다.
㉯ 물에는 녹지 않고, 알코올에는 약간 용해한다.
㉰ **프탈산다이메틸(DMP), 프탈산다이부틸(DBP)의 희석제를** 사용한다.
㉱ 발화되면 연소속도가 빠르고 건조 상태에서는 위험하다.
㉲ 소화방법은 소량일 때에는 탄산가스, 분말, 건조된 모래로, 대량일 때에는 물이 효과적이다.

② **과산화메틸에틸케톤**(Methyl Ethyl Keton Peroxide, MEKPO)
㉮ 무색, 특이한 냄새가 나는 기름 모양의 액체이다.
㉯ 물에 약간 녹고, 알코올, 에터, 케톤에는 잘 녹는다.
㉰ 40℃ 이상에서 분해가 시작되어 110℃ 이상이면 발열하고 분해가스가 연소한다.

2) 질산에스터류

명칭	화학식	융점	비점	비중
나이트로셀룰로스	$C_{24}H_{29}O_2(ONO_2)_{11}$	165℃	83℃	1.23
나이트로글리세린	$C_3H_5(ONO_2)_3$	2.8℃	218℃	1.6
나이트로글리콜	$C_2H_4(ONO_2)_2$	−22℃	114℃	1.5
질산메틸	CH_3ONO_2	−	66℃	1.2
질산에틸	$C_2H_5ONO_2$	−94.6℃	88℃	1.1

① **나이트로 셀룰로스**(Nitro Cellulose, NC)
㉮ 셀룰로스에 진한 황산과 진한질산의 혼산으로 반응시켜 제조한 것이다.
㉯ 저장 중에 **물 또는 알코올로 습윤시켜 저장**한다.
㉰ 가열, 마찰, 충격에 의하여 격렬히 연소, 폭발한다.
㉱ **질화도가 클수록 폭발성이 크다.**
㉲ 질화도는 나이트로셀룰로스 속에 함유된 질소의 함유량이다.
  ㉠ 강면약 : 질화도 N > 12.76%
  ㉡ 약면약 : 질화도 N < 10.18~12.76%
㉳ NC의 분해반응식

$$2C_{24}H_{29}O_9(ONO_2)_{11} \rightarrow 24CO_2\uparrow + 24CO\uparrow + 12H_2O + 17H_2\uparrow + 11N_2\uparrow$$

② **나이트로 글리세린**(Nitro Glycerine, NG)
㉮ **무색, 투명한 기름성 액체이고 공업용은 담황색**이다.
㉯ 알코올, 에터, 벤젠, 아세톤, 등 유기용제에는 녹는다.
㉰ 상온에서 액체이고 겨울에는 동결한다.
㉱ 혀를 찌르는 듯한 단맛이 있다.
㉲ 폭발을 방지하기 위하여 다공성물질(규조토, 톱밥, 소맥분, 전분)에 흡수시킨다.
㉳ **규조토에 흡수시켜 다이너마이트를 제조할 때 사용**한다.

㉽ NG의 분해반응식

$$4C_3H_5(ONO_2)_3 \rightarrow 12CO_2\uparrow + 10H_2O + 6N_2\uparrow + O_2\uparrow$$

③ **나이트로글리콜**(Nitro Glycol)
  ㉮ 순수한 것은 무색이나 공업용은 담황색 또는 분홍색의 액체이다.
  ㉯ 알코올, 아세톤, 벤젠에는 잘 녹는다.
  ㉰ 산의 존재 하에 분해가 촉진되며 폭발하는 수도 있다.

④ **질산메틸**
  ㉮ 메틸알코올과 질산을 반응하여 질산메틸을 제조한다.

$$CH_3OH + HNO_3 \rightarrow CH_3ONO_2 + H_2O$$

  ㉯ 무색, 투명한 액체로서 단맛이 있으며 방향성을 갖는다.
  ㉰ 물에는 녹지 않고 알코올, 에터에는 잘 녹는다.
  ㉱ 폭발성은 거의 없으나 인화의 위험성은 있다.

⑤ **질산에틸**
  ㉮ 에틸알코올과 질산을 반응하여 질산에틸을 제조한다.

$$C_2H_5OH + HNO_3 \rightarrow C_2H_5ONO_2 + H_2O$$

  ㉯ 무색, 투명한 액체로서 방향성을 갖는다.
  ㉰ 물에는 녹지 않고 알코올에는 잘 녹는다.
  ㉱ 10℃로서 인화점이 대단히 낮고 연소하기 쉽다.

3) 나이트로화합물

명칭	화학식	비점	융점	착화점	비중
트라이나이트로톨루엔	$C_6H_2CH_3(NO_2)_3$	280℃	80.1℃	–	1.0
트라이나이트로페놀	$C_6H_2(OH)(NO_2)_3$	–	121℃	300℃	1.8

① **트라이니트로 톨루엔**(Tri Nitro Toluene, TNT)
  ㉮ **담황색의 결정**으로 강력한 폭약으로 폭발력의 기준이 되기도 한다.
  ㉯ 충격에는 민감하지 않으나 급격한 타격에 의하여 폭발한다.
  ㉰ **물에는 녹지 않고**, 알코올에는 가열하면 녹고, **아세톤, 벤젠, 에터에는 잘 녹는다.**
  ㉱ 일광에 의해 갈색으로 변하고 가열, 타격에 의하여 폭발한다.
  ㉲ **충격 감도는 피크린산보다 약하다.**
  ㉳ TNT의 분해반응식

$$2C_6H_2CH_3(NO_2)_3 \rightarrow 2C + 3N_2\uparrow + 5H_2\uparrow + 12CO\uparrow$$

② **트라이나이트로 페놀**(Tri Nitro Phenol, 피크린산)
  ㉮ 광택이 있는 황색의 결정으로 쓴맛과 독성이 있다.
  ㉯ 찬물에는 약간 녹고 **알코올, 에터 온수에는 잘 녹는다.**
  ㉰ 폭발속도는 7359m/sec이고 폭발온도는 3320℃이다.
  ㉱ 단독으로 가열, 마찰 충격에 안정하고 연소시 검은 연기를 내지만 폭발은 하지 않는다.
  ㉲ 금속염과 혼합은 폭발이 심하며 가솔린, 알코올, 아이오딘, 황과 혼합하면 마찰, 충격에 의하여 심하게 폭발한다.
  ㉳ **피크린산의 분해반응식**

$$2C_6H_2OH(NO_2)_3 \rightarrow 2C + 3N_2\uparrow + 3H_2\uparrow + 4CO_2\uparrow + 6CO\uparrow$$

4) 나이트로소화합물
  ① 특성
    ㉮ 산소를 함유하고 있는 자기연소성, 폭발성 물질이다.
    ㉯ 대부분 불안정하며 연소속도가 빠르다.
    ㉰ 가열, 마찰, 충격에 의해 폭발의 위험이 있다.
  ② 종류
    ㉮ 파라 다이나이트로소 벤젠[para di Nitroso Benzene, $C_6H_4(NO)_2$]
    ㉯ 다이나이트로소 레조르신[di Nitroso Resorcinol, $C_6H_2(OH)_2(NO)_2$]
    ㉰ 다이나이트로소 펜타메틸렌테트라민[DPT, $C_5H_{10}N_4(NO)_2$]

5) 하이드라진 유도체
  ① **염산 하이드라진**(Hydrazine Hydrochloride, $N_2H_4 \cdot HCl$)
    ㉮ 백색 결정성분말로서 흡습성이 강하다.
    ㉯ 물에 녹고, 알코올에는 녹지않는다.
    ㉰ 질산은($AgNO_3$)용액을 가하면 백색침전(AgCl)이 생긴다.
  ② **황산 하이드라진**(di-Hydrazine Sulfate, $N_2H_4 \cdot H_2SO_4$)
    ㉮ 백색 또는 무색 결정성분말이다.
    ㉯ 물에 녹고, 알코올에는 녹지않는다.

STEP 06 제6류 위험물

1. 제6류 위험물의 특성

1) 정의 및 종류
  ① 종류

류별	성질	품명	위험등급	지정수량
제6류	산화성액체	과염소산, 과산화수소, 질산	I	300 kg

② 정의
- ㉮ **과산화수소** : 농도가 **36중량%** 이상인 것
- ㉯ **질산** : 비중이 **1.49** 이상인 것

2) 성질 및 취급방법

① 일반적인 성질
- ㉮ **무기화합물**로 이루어진 **산화성 액체**이다.
- ㉯ 무색, 투명하고 표준상태에서는 모두가 액체이다.
- ㉰ 비중은 1보다 크고 **물에 녹기 쉽다.**
- ㉱ 산소를 함유하고 있어 가연물의 연소를 돕는다.
- ㉲ 불연성 물질이며 가연물, 유기물 등과의 혼합으로 발화한다.
- ㉳ 증기는 유독하며 피부와 접촉 시 점막을 부식시킨다.

② 위험성
- ㉮ 자신은 **불연성 물질**이지만 산화성이 커 다른 물질의 연소를 돕는다.
- ㉯ 강환원제, 일반 가연물과 혼합한 것은 접촉발화하거나 가열하면 위험하다.
- ㉰ 과산화수소를 제외하고 물과 접촉하면 심하게 발열한다.

③ 저장 및 취급방법
- ㉮ 물과 접촉하면 많은 열을 발생하므로 위험하다.
- ㉯ 직사광선 차단, 강환원제, 유기물질, 가연성위험물과 접촉을 피한다.
- ㉰ 저장용기는 **내산성용기**를 사용하여야 한다.
- ㉱ 소화방법은 **주수소화가 적합**하다.

2. 각 위험물의 물성 및 특성

1) 과염소산(Perchloric Acid)

① 물성

명칭	분자식	비점	융점	비중
과염소산	$HClO_4$	39℃	-112℃	1.76

② 일반적인 성질
- ㉮ 염소냄새가 나는 유동하기 쉬운 액체이다.
- ㉯ 흡습성이 강하며 가열하면 폭발하는 강산화제이다.
- ㉰ 물과 반응하면 심하게 발열하며 반응으로 생성된 혼합물도 강한 산화력을 가진다.
- ㉱ 불연성 물질이지만 자극성, 산화성이 매우 크다.
- ㉲ 강산화제, 환원제, 알코올류, 사이안화합물, 알칼리와의 접촉을 방지한다.
- ㉳ 다량의 물로 분무주수하거나 분말소화약제를 사용한다.

2) 과산화수소(Hydrogen Peroxide)

① 물성

명칭	분자식	비점	융점	비중
과산화수소	H_2O_2	152℃	-17℃	1.463

② 일반적인 성질
- ㉮ 무색, 투명한 점성이 있는 무색의 액체이다.
- ㉯ 물, 알코올·에터에는 녹고, 벤젠에는 녹지 않는다.
- ㉰ 물보다 무겁고 수용액 상태는 비교적 안정하다.
- ㉱ **농도 60% 이상**은 충격, 마찰에 의해서도 **단독으로 분해폭발 위험**이 있다.
- ㉲ 나이트로글리세린, 하이드라진과 혼촉하면 분해하여 발화, 폭발한다.
- ㉳ 저장용기는 밀봉하지 말고 **구멍이 있는 마개를 사용**하여야 한다.

> **참고** 상온에서 서서히 분해하여 산소를 발생하여 폭발의 위험이 있어 통기를 위하여 구멍 뚫린 마개를 사용한다.

- ㉴ 과산화수소의 **안정제**로는 **인산**(H_3PO_4)과 **요산**($C_5H_4N_4O_3$)이 있다.

3) 질산

① 물성

명칭	분자식	비점	융점	비중
질산	HNO_3	122℃	-42℃	1.49

② 일반적인 성질
- ㉮ 흡습성이 강하여 습한 공기 중에서 발열하는 무색의 무거운 액체이다.
- ㉯ 자극성, 부식성이 강하다.
- ㉰ 진한질산을 가열하면 **적갈색의 갈색증기**(NO_2)가 발생한다.

$$4HNO_3 \rightarrow 2H_2O + 4NO_2\uparrow + O_2\uparrow$$

- ㉱ 목탄분, 천, 실, 솜 등에 스며들어 방치하면 자연발화 한다.
- ㉲ 강산화제, K, Na, NH_4OH, $NaClO_3$와 접촉 시 폭발위험이 있다.
- ㉳ 피부에 접촉 시에는 **잔토프로테인 반응**을 한다.
- ㉴ 화재 시 다량의 물로 소화한다.

SECTION 03 위험물안전관리법령

STEP 01 위험물안전관리 기준

1. 위험물의 위험등급 및 저장기준

1) 위험물의 위험등급

① **위험등급 I 의 위험물**
　㉮ 제1류 위험물 중 아염소산염류, **염소산염류**, 과염소산염류, 무기과산화물, 그 밖에 지정수량이 50kg인 위험물
　㉯ 제3류 위험물 중 **칼륨, 나트륨, 알킬알루미늄, 알킬리튬, 황린**, 그 밖에 지정수량이 10kg 또는 20kg인 위험물
　㉰ 제4류 위험물 중 **특수인화물**
　㉱ 제5류 위험물 중 지정수량이 10kg인 위험물
　㉲ **제6류 위험물**

② **위험등급 II 의 위험물**
　㉮ 제1류 위험물 중 **브로민산염류, 질산염류, 아이오딘산염류**, 지정수량이 300kg인 위험물
　㉯ 제2류 위험물 중 **황화인, 적린, 황**, 지정수량이 100kg인 위험물
　㉰ 제3류 위험물 중 알칼리금속(칼륨, 나트륨 제외) 및 알칼리토금속, **유기금속화합물**(알킬알루미늄 및 알킬리튬은 제외), 지정수량이 50kg인 위험물
　㉱ 제4류 위험물 중 **제1석유류, 알코올류**
　㉲ 제5류 위험물 중 위험등급 I 에 정하는 위험물 외의 것

③ 위험등급Ⅲ의 위험물 : 제1호(위험등급I의 위험물) 및 제2호(위험등급II의 위험물)에 정하지 아니한 위험물

2) 위험물의 저장기준

① 옥내저장소 또는 옥외저장소에는 있어서 유별을 달리하는 위험물을 동일한 저장소에 저장할 수 없는데 **1m 이상 간격**을 두고 아래 유별을 **저장할 수 있다.**
　㉮ 제1류 위험물(알칼리금속의 과산화물은 제외)과 제5류 위험물을 저장하는 경우
　㉯ **제1류 위험물**과 **제6류 위험물**을 저장하는 경우
　㉰ 제1류 위험물과 제3류 위험물 중 자연발화성물품(황린포함)을 저장하는 경우
　㉱ 제2류 위험물 중 인화성고체와 제4류 위험물을 저장하는 경우

② 옥내저장소에서 동일 품명의 위험물이더라도 자연발화 할 우려가 있는 위험물 또는 재해가 현저하게 증대할 우려가 있는 위험물을 다량 저장하는 경우에는 **지정수량의 10배 이하**마다 구분하여 상호간 **0.3m 이상의 간격**을 두어 저장하여야 한다.

③ 옥내(옥외)저장소에 저장 시 높이(아래 높이를 초과하지 말 것)
  ㉮ **기계에 의하여 하역**하는 구조로 된 용기만을 겹쳐 쌓는 경우 : **6m**
  ㉯ 제4류 위험물 중 **제3석유류, 제4석유류, 동식물유류**를 수납하는 용기만을 겹쳐 쌓는 경우 : **4m**
  ㉰ 그 밖의 경우(특수인화물, 제1석유류, 제2석유류, 알코올류) : **3m**
④ 옥내저장소에서는 용기에 수납하여 저장하는 위험물의 온도 : **55℃ 이하**
⑤ 옥외저장소에서 위험물을 수납한 용기를 선반에 저장하는 경우 : **6m를 초과하지** 말 것
⑥ 옥외저장탱크 · 옥내저장탱크 또는 지하저장탱크 중 **압력탱크 외의 탱크에 저장**
  ㉮ **산화프로필렌, 다이에틸에터**를 저장 : **30℃ 이하**
  ㉯ **아세트알데하이드** : **15℃ 이하**
⑦ 옥외저장탱크 · 옥내저장탱크 또는 지하저장탱크 중 **압력탱크에 저장**
  ㉮ 아세트알데하이드 등 또는 다이에틸에터 등 : **40℃ 이하**
⑧ 아세트알데하이드 등 또는 다이에틸에터 등을 **이동저장탱크**에 저장하는 경우
  ㉮ **보냉장치가 있는 경우** : **비점 이하**
  ㉯ 보냉장치가 없는 경우 : **40℃ 이하**
⑨ 이동저장탱크로부터 위험물을 저장 또는 취급하는 탱크에 **인화점이 40℃ 미만**인 위험물을 주입할 때에는 이동탱크저장소의 **원동기를 정지**시킬 것

2. 위험물의 운반기준

1) 운반방법(지정수량 이상 운반 시)
   ① 한 변의 길이가 **0.3m 이상**, 다른 한 변의 길이가 **0.6m 이상**인 직사각형의 판으로 할 것
   ② **흑색 바탕에 황색의 반사도료** 그 밖의 반사성이 있는 재료로 "위험물"이라고 표시할 것

2) **적재방법**
   ① **고체위험물** : 운반용기 내용적의 **95% 이하**의 수납율로 수납할 것
   ② **액체위험물** : 운반용기 내용적의 **98% 이하**의 수납율로 수납할 것
   ③ 적재위험물에 따른 조치
     ㉮ **차광성**이 있는 것으로 피복
       ㉠ 제1류 위험물
       ㉡ 제3류 위험물 중 **자연발화성물질**
       ㉢ 제4류 위험물 중 **특수인화물**
       ㉣ 제5류 위험물
       ㉤ **제6류 위험물**
     ㉯ **방수성**이 있는 것으로 피복
       ㉠ 제1류 위험물 중 **알칼리금속의 과산화물**
       ㉡ 제2류 위험물 중 **철분 · 금속분 · 마그네슘**
       ㉢ 제3류 위험물 중 **금수성 물질**

④ 운반용기의 **외부** 표시 사항
  ㉮ 위험물의 **품명, 위험등급, 화학명** 및 **수용성**(제4류 위험물의 수용성인 것에 한함)
  ㉯ 위험물의 **수량**
  ㉰ **주의사항**

유별		주의사항
제1류 위험물	알칼리금속의 과산화물	화기·충격주의, 물기엄금, 가연물접촉주의
	그 밖의 것	화기·충격주의, 가연물접촉주의
제2류 위험물	**철분·금속분·마그네슘**	**화기주의, 물기엄금**
	인화성고체	화기엄금
	그 밖의 것	화기주의
제3류 위험물	**자연발화성물질**	**화기엄금, 공기접촉엄금**
	금수성물질	물기엄금
제4류 위험물		화기엄금
제5류 위험물		화기엄금, 충격주의
제6류 위험물		**가연물접촉주의**

3) 운반 시 위험물의 혼재 가능 기준

위험물의 구분	제1류	제2류	제3류	제4류	제5류	제6류
제1류		×	×	×	×	○
제2류	×			○	○	×
제3류	×	×		○	×	×
제4류	×	○	○		○	×
제5류	×	○	×	○		×
제6류	○	×	×	×	×	

[비고]
1. "×"표시는 혼재할 수 없음을 표시한다.
2. "○"표시는 혼재할 수 없음을 표시한다.
3. 이 표는 지정수량의 1/10 이하의 위험물에 대하여는 적용하지 아니한다.

STEP 02 위험물제조소등의 위치, 구조 및 설비기준

1. 제조소의 위치, 구조 및 설비의 기준(규칙 별표4)

1) 제조소의 안전거리

건축물	안전거리
사용전압 7000V 초과 35,000V 이하의 특고압 가공전선	3m 이상
사용전압 35,000V 초과의 특고압가공전선	5m 이상
주거용으로 사용되는 것(제조소가 설치된 부지 내에 있는 것을 제외)	10m 이상
고압가스, 액화석유가스, 도시가스를 저장 또는 취급하는 시설	**20m 이상**
학교, 병원(종합병원, 병원, 치과병원, 한방병원 및 요양병원), 극장(공연장이나 영화상영관으로서 수용인원 300명 이상), 복지시설(아동복지시설, 노인복지시설, 장애인복지시설, 한부모가족복지시설) 어린이집, 성매매피해자 등을 위한 지원시설, 정신건강증진시설, 가정폭력피해자 보호시설, 그 밖에 이와 유사한 시설로서 수용인원 20명 이상 수용할 수 있는 곳	30m 이상
지정문화유산, 천연기념물등	50m 이상

※ 안전거리란 건축물의 외벽 또는 공작물의 외측으로부터 당해 제조소의 외벽 또는 이에 상당하는 공작물의 외측까지의 수평거리를 말한다.

2) 제조소의 보유공지

취급하는 위험물의 최대수량	공지의 너비
지정수량의 10배 이하	3m 이상
지정수량의 10배 초과	5m 이상

3) 제조소의 표지 및 게시판
   ① **"위험물 제조소"**라는 표지를 설치할 것
      ㉮ 표지의 크기 : 한 변의 길이 0.3m 이상, 다른 한 변의 길이 0.6m 이상
      ㉯ 표지의 색상 : **백색바탕에 흑색 문자**
   ② 방화에 관하여 필요한 사항을 게시한 게시판 설치할 것
      ㉮ 게시판의 크기 : 한 변의 길이 0.3m 이상, 다른 한 변의 길이 0.6m 이상
      ㉯ 기재 내용 : 위험물의 **유별 · 품명** 및 **저장최대수량** 또는 **취급최대수량, 지정수량의 배수** 및 **안전관리자의 성명 또는 직명**
      ㉰ 게시판의 색상 : 백색바탕에 흑색 문자
   ③ 주의사항을 표시한 게시판 설치할 것

위험물의 종류	주의사항	게시판의 색상
제1류 위험물 중 알칼리금속의 과산화물 제3류 위험물 중 금수성물질	물기엄금	청색바탕에 백색문자
제2류 위험물(인화성 고체는 제외)	화기주의	적색바탕에 백색문자
제2류 위험물 중 인화성 고체 제3류 위험물 중 자연발화성물질 제4류 위험물 제5류 위험물	**화기엄금**	적색바탕에 백색문자

4) 건축물의 구조
① 지하층이 없도록 할 것
② 벽 · 기둥 · 바닥 · 보 · 서까래 및 계단 : 불연재료(연소 우려가 있는 외벽은 개구부가 없는 내화구조의 벽으로 할 것)
③ **지붕**은 폭발력이 위로 방출될 정도의 **가벼운 불연재료**로 덮어야 한다.
④ 출입구와 비상구에는 **60분+ 방화문 · 60분 방화문** 또는 **30분 방화문** 설치하여야 한다.

> **참고** 연소우려가 있는 외벽의 출입구 : 수시로 열 수 있는 자동폐쇄식의 60분+ 방화문 또는 60분 방화문 설치

⑤ 액체의 위험물을 취급하는 건축물의 바닥 : 적당한 경사를 두고 그 최저부에 집유설비를 할 것

5) 채광 · 조명 및 환기설비
① 채광설비 : 불연재료로 하고 연소의 우려가 없는 장소에 설치하되 **채광면적**을 **최소**로 할 것
② **환기설비**
  ㉮ 환기 : **자연배기방식**
  ㉯ **급기구**는 당해 급기구가 설치된 실의 바닥면적 **150m² 마다 1개 이상**으로 하되 급기구의 크기는 **800cm² 이상**으로 할 것. 다만 바닥면적 150m² 미만인 경우에는 다음의 크기로 할 것

바닥면적	급기구의 면적
60m² 미만	150cm² 이상
60m² 이상 90m² 미만	300cm² 이상
90m² 이상 120m² 미만	450cm² 이상
120m² 이상 150m² 미만	600cm² 이상

  ㉰ **급기구**는 **낮은 곳에 설치**하고 가는 눈의 구리망으로 **인화방지망**을 설치할 것
  ㉱ **환기구**는 지붕 위 또는 **지상 2m 이상**의 높이에 회전식 고정벤티레이터 또는 루프팬방식(지붕에 설치하는 배기장치)으로 설치할 것
③ 배출설비
  ㉮ 설치 장소 : 가연성 증기 또는 미분이 체류할 우려가 있는 건축물
  ㉯ 배출설비 : 국소방식
  ㉰ 배출설비는 배풍기(오염된 공기를 뽑아내는 통풍기), 배출덕트(공기배출 통로), 후드 등을 이용하여 강제적으로 배출하는 것으로 할 것
  ㉱ **배출능력**은 1시간당 배출장소 용적의 **20배 이상**인 것으로 할 것(전역방출방식 : 바닥면적 1m²당 18m³ 이상)
  ㉲ **급기구**는 **높은 곳에 설치**하고 가는 눈의 구리망으로 **인화방지망**을 설치할 것
  ㉳ **배출구**는 **지상 2m 이상**으로서 연소 우려가 없는 장소에 설치하고 화재시 자동으로 폐쇄되는 방화댐퍼(화재 시 연기 등을 차단하는 장치)를 설치할 것
  ㉴ 배풍기 : 강제배기방식

6) 옥외시설의 바닥(옥외에서 액체위험물을 취급하는 경우)
① 바닥의 둘레에 높이 **0.15m 이상의 턱**을 설치할 것
② 바닥의 최저부에 집유설비를 할 것
③ 위험물(20℃이 물 100g에 용해되는 양이 1g 미만인 것에 한함)을 취급하는 설비에는 집유설비에 **유분리장치**를 설치할 것

7) 정전기 제거설비
① **접지**에 의한 방법
② 공기 중의 **상대습도를 70% 이상**으로 하는 방법
③ **공기를 이온화**하는 방법

8) 피뢰설비
지정수량의 10배 이상의 위험물을 제조소(제6류 위험물은 제외)에는 설치할 것

9) 위험물 취급탱크(지정수량 1/5미만은 제외)
① 위험물제조소의 **옥외에 있는** 위험물 취급탱크
  ㉮ **하나의 취급탱크** 주위에 설치하는 방유제의 용량 : 당해 **탱크용량의 50% 이상**
  ㉯ **2 이상의 취급탱크** 주위에 하나의 방유제를 설치하는 경우 방유제의 용량 : 당해 탱크 중 용량이 **최대인 것의 50%**에 나머지 **탱크용량 합계의 10%를 가산한 양** 이상이 되게 할 것
② 위험물제조소의 옥내에 있는 위험물 취급탱크
  ㉮ 하나의 취급탱크의 주위에 설치하는 방유턱의 용량 : 당해 탱크용량 이상
  ㉯ 2 이상의 취급탱크 주위에 설치하는 방유턱의 용량 : 최대 탱크용량 이상

10) 방화상 유효한 담의 높이

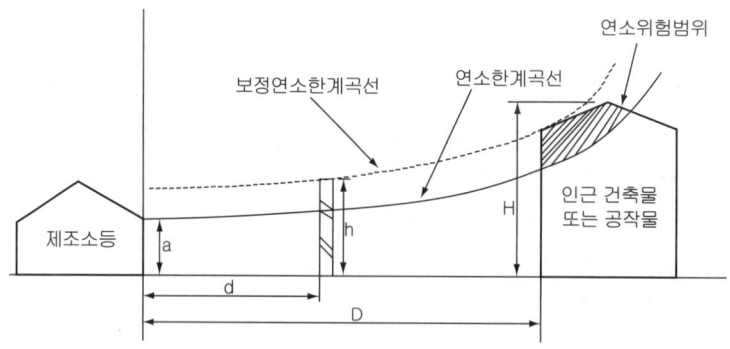

㉮ $H \leq pD^2 + a$인 경우 $h = 2$
㉯ $H > pD^2 + a$인 경우 $h = H - p(D^2 - d^2)$

D : 제조소등과 인근건축물 또는 공작물과의 거리(m)
H : 인근건축물 또는 공작물의 높이(m)
a : 제조소등의 외벽의 높이(m)
d : 제조소등과 방화상 유효한 담과의 거리(m)
h : 방화상 유효한 담의 높이(m)
p : 상수

11) 히드록실아민 등을 취급하는 제조소의 안전거리

$$D = 51.1\sqrt[3]{N}$$

여기서   N : 지정수량의 배수

2. 옥내저장소의 위치, 구조 및 설비의 기준(규칙 별표5)

1) 옥내저장소의 안전거리 : 제조소와 동일 함

2) 옥내저장소의 안전거리 제외 대상
   ① **제4석유류** 또는 **동식물유류**의 위험물을 저장 또는 취급하는 옥내저장소로서 지정수량의 **20배 미만**인 것
   ② **제6류 위험물**을 저장 또는 취급하는 옥내저장소

3) 옥내저장소의 표지 및 게시판 : 제조소와 동일 함

4) 옥내저장소의 보유공지

저장 또는 취급하는 위험물의 최대수량	공지의 너비	
	벽·기둥 및 바닥이 내화구조로 된 건축물	그 밖의 건축물
지정수량의 5배 이하	–	0.5m 이상
지정수량의 5배 초과 10배 이하	1m 이상	1.5m 이상
지정수량의 10배 초과 20배 이하	2m 이상	3m 이상
지정수량의 20배 초과 50배 이하	3m 이상	5m 이상
지정수량의 50배 초과 200배 이하	5m 이상	10m 이상
지정수량의 200배 초과	10m 이상	15m 이상

5) 옥내저장소의 저장창고
   ① 저장창고는 지면에서 처마까지의 높이(처마높이)가 **6m 미만인 단층건물**로 하고 그 바닥을 지반면보다 높게 하여야 한다.
   ② 저장창고의 기준면적

위험물을 저장하는 창고의 종류	기준면적
㉮ 제1류 위험물 중 아염소산염류, 염소산염류, 과염소산염류, 무기과산화물, 그 밖에 지정수량이 50kg인 위험물 ㉯ 제3류 위험물 중 칼륨, 나트륨, 알킬알루미늄, 알킬리튬, 그 밖에 지정수량이 10kg인 위험물 및 황린 ㉰ 제4류 위험물 중 **특수인화물, 제1석유류 및 알코올류** ㉱ 제5류 위험물 중 지정수량이 10kg인 위험물 ㉲ **제6류 위험물**	1,000m² 이하
㉮~㉲의 위험물외의 위험물을 저장하는 창고	2,000m² 이하

③ 저장창고의 **벽·기둥** 및 **바닥**은 **내화구조**로 하고, **보와 서까래**는 **불연재료**로 하여야 한다.

> **벽·기둥 및 바닥은 불연재료로 할 수 있는 경우**
> • 지정수량의 10배 이하의 위험물의 저장창고
> • 제2류 위험물(인화성고체는 제외)
> • 제4류 위험물(인화점이 70℃ 미만은 제외)만의 저장창고

④ 저장창고는 **지붕**을 폭발력이 위로 방출될 정도의 **가벼운 불연재료**로 하고, 천장을 만들지 않아야 한다.

> **지붕을 내화구조로 할 수 있는 경우**
> • 제2류 위험물(분말상태의 것과 인화성고체는 제외)
> • 제6류 위험물

⑤ 저장창고의 출입구에는 60분+ 방화문·60분 방화문 또는 30분 방화문을 설치하되, 연소의 우려가 있는 외벽에 있는 출입구에는 수시로 열 수 있는 자동폐쇄식의 60분+ 방화문 또는 60분 방화문을 설치하여야 한다.

⑥ 저장창고에 **물의 침투를 막는 구조**로 하여야 하는 위험물
  ㉮ 제1류 위험물 중 **알칼리금속의 과산화물**
  ㉯ 제2류 위험물 중 **철분, 금속분, 마그네슘**
  ㉰ 제3류 위험물 중 **금수성물질**
  ㉱ **제4류 위험물**

⑦ 액상의 위험물의 저장창고의 바닥은 위험물이 스며들지 아니하는 구조로 하고, 적당하게 경사지게 하여 그 최저부에 집유설비를 하여야 한다.

⑧ **피뢰침 설치** : 지정수량의 **10배 이상**의 저장창고(제6류 위험물은 제외)

6) 소규모 옥내저장소의 특례(지정수량의 50배 이하, 처마높이가 5m 미만인 것)
  ① 보유공지

저장 또는 취급하는 위험물의 최대수량	공지의 너비
지정수량의 5배 이하	–
지정수량의 5배 초과 20배 이하	1m 이상
지정수량의 20배 초과 50배 이하	2m 이상

  ② 저장창고 바닥면적 : $150m^2$ 이하
  ③ 벽·기둥·바닥·보, 지붕 : 내화구조
  ④ 출입구 : 수시로 개방할 수 있는 자동폐쇄방식의 60분+ 방화문 또는 60분 방화문을 설치
  ⑤ 저장창고에는 창을 설치하지 아니할 것

7) 고인화점(인화점이 100℃ 이상) 위험물의 단층건물 옥내저장소의 특례
  ① 지정수량의 20배를 초과하는 옥내저장소의 안전거리
    ㉮ 주거용 : 10m 이상
    ㉯ 고압가스, 액화석유가스, 도시가스를 저장 또는 취급시설 : 20m 이상
    ㉰ 지정문화유산, 천연기념물등 : 50m 이상

② 보유공지

저장 또는 취급하는 위험물의 최대수량	공지의 너비	
	당해 건축물의 벽·기둥 및 바닥이 내화구조로 된 경우	왼쪽 란에 정하는 경우 외의 경우
20배 이하		0.5m 이상
20배 초과 50배 이하	1m 이상	1.5m 이상
50배 초과 200배 이하	2m 이상	3m 이상
200배 초과	3m 이상	5m 이상

8) 지정과산화물(제5류 위험물 중 유기과산화물)을 저장 또는 취급하는 옥내저장소
   ① 담 또는 토제는 저장창고의 외벽으로부터 2m 이상 떨어진 장소에 설치할 것
   ② 담 또는 토제의 높이는 저장창고의 처마높이 이상으로 할 것
   ③ 담은 두께 15cm 이상의 철근콘크리트조나 철골철근콘크리트조 또는 두께 20cm 이상의 보강콘크리트블록조로 할 것
   ④ 토제의 경사면의 경사도는 60도 미만으로 할 것
   ⑤ 저장창고는 150m² 이내마다 격벽으로 완전하게 구획할 것. 이 경우 당해 **격벽은 두께 30cm 이상**의 철근콘크리트조 또는 철골철근콘크리트조로 하거나 두께 40cm 이상의 보강콘크리트블록조로 하고, 당해 저장창고의 양측의 외벽으로부터 1m 이상, **상부의 지붕**으로부터 **50cm 이상 돌출**하게 할 것
   ⑥ 저장창고의 외벽은 두께 20cm 이상의 철근콘크리트조나 철골철근콘크리트조 또는 두께 30cm 이상의 보강콘크리트블록조로 할 것
   ⑦ 저장창고 지붕의 설치기준
      ㉮ 중도리(서까래 중간을 받치는 수평의 도리) 또는 서까래의 간격은 30cm 이하로 할 것
      ㉯ 지붕의 아래쪽 면에는 한 변의 길이가 45cm 이하의 환강(丸鋼)·경량형강(輕量型鋼) 등으로 된 강제(鋼製)의 격자를 설치할 것
      ㉰ 두께 5cm 이상, 너비 30cm 이상의 목재로 만든 받침대를 설치할 것
      ㉱ 저장창고의 출입구에는 60분+ 방화문 또는 60분 방화문을 설치할 것
      ㉲ 저장창고의 창은 바닥면으로부터 2m 이상의 높이에 두되, 하나의 벽면에 두는 창의 면적의 합계를 당해 벽면의 면적의 1/80 이내로 하고, 하나의 창의 면적을 0.4m² 이내로 할 것

3. 옥외탱크저장소의 위치, 구조 및 설비의 기준(규칙 별표6)

1) 옥외탱크저장소의 안전거리

   제조소와 동일 함

2) 옥외탱크저장소의 보유공지

저장 또는 취급하는 위험물의 최대수량	공지의 너비
지정수량의 500배 이하	3m 이상

저장 또는 취급하는 위험물의 최대수량	공지의 너비
지정수량의 500배 초과 1,000배 이하	5m 이상
지정수량의 1,000배 초과 2,000배 이하	9m 이상
지정수량의 2,000배 초과 3,000배 이하	12m 이상
지정수량의 3,000배 초과 4,000배 이하	15m 이상
지정수량의 4,000배 초과	당해 탱크의 수평단면의 최대지름(가로형은 긴변)과 높이 중 큰 것과 같은 거리 이상(단, 30m 초과시 30m 이상으로, 15m 미만시 15m 이상으로 할 것)

① 제6류 위험물을 저장 또는 취급하는 옥외저장탱크 : 표의 규정에 의한 보유공지의 1/3 이상(최소 1.5m 이상)
② **제6류 위험물**을 저장 또는 취급하는 옥외저장탱크를 **동일구내에 2개 이상** 인접하여 설치하는 경우의 보유공지 : 표의 규정에 의하여 산출된 **너비의 1/3 × 1/3 이상**(최소 1.5m 이상)
③ 제6류 위험물외의 위험물을 저장 또는 취급하는 옥외저장탱크(지정수량 4000배 초과시 제외)를 동일한 방유제안에 2개 이상 인접하여 설치하는 경우 : 표의 보유공지의 1/3 이상(최소 3m 이상)
④ 지정수량의 4,000배를 초과하여 위험물을 저장 또는 취급하는 옥외저장탱크에 있어서는 물분무설비로 방호조치를 하는 경우에는 표의 규정에 의한 보유공지의 1/2 이상의 너비로 할 수 있다.

$$수원 = 원주길이 \times 37\ell/min \cdot m \times 20min = 2\pi r \times 37\ell/min \cdot m \times 20min$$

3) 옥외탱크저장소의 표지 및 게시판 : 제조소와 동일 함
4) 특정옥외탱크저장소등
   ① 특정 옥외저장탱크 : 액체위험물의 최대수량이 100만ℓ 이상의 옥외저장탱크
   ② 준특정 옥외저장탱크 : 액체위험물의 최대수량이 50만ℓ 이상의 100만ℓ 미만의 옥외저장탱크
   ③ 압력탱크 : 최대상용압력이 부압 또는 정압 5kPa를 초과하는 탱크
5) 옥외탱크저장소의 외부구조 및 설비
   ① 옥외저장탱크
      ㉮ 옥외저장탱크(특정 옥외저장탱크 및 준특정 옥외저장탱크는 제외)의 두께 : 3.2mm 이상의 강철판
      ㉯ 시험방법
         ㉠ 압력탱크 : 최대상용압력의 1.5배의 압력으로 10분간 실시하는 수압시험에서 이상이 없을 것
         ㉡ 압력탱크외의 탱크 : 충수시험
      ㉰ 특정옥외탱크의 용접부의 검사 : 방사선투과시험, 진공시험, 비파괴시험

② 통기관
  ㉮ **밸브 없는 통기관**
    ㉠ 지름은 **30mm 이상**일 것
    ㉡ 끝부분은 수평면보다 **45도 이상** 구부려 빗물 등의 침투를 막는 구조로 할 것
    ㉢ 인화점이 38℃ 미만인 위험물만을 저장 또는 취급하는 탱크에 설치하는 통기관에는 화염방지장치를 설치하고, 그 외의 탱크에 설치하는 통기관에는 40메쉬(mesh) 이상의 구리망 또는 동등 이상의 성능을 가진 인화방지장치를 설치할 것. 다만, 인화점이 70℃ 이상인 위험물만을 해당 위험물의 인화점 미만의 온도로 저장 또는 취급하는 탱크에 설치하는 통기관에는 인화방지장치를 설치하지 않을 수 있다.
    ㉣ 가연성의 증기를 회수하기 위한 밸브를 통기관에 설치하는 경우에 있어서는 당해 통기관의 밸브는 저장탱크에 위험물을 주입하는 경우를 제외하고는 항상 개방되어 있는 구조로 하는 한편, 폐쇄하였을 경우에 있어서는 10kPa 이하의 압력에서 개방되는 구조로 할 것. 이 경우 개방된 부분의 유효단면적은 777.15mm^2 이상이어야 한다.
  ㉯ 대기밸브부착 통기관
    ㉠ **5kPa 이하**의 압력차이로 작동할 수 있을 것
    ㉡ 인화점이 38℃ 미만인 위험물만을 저장 또는 취급하는 탱크에 설치하는 통기관에는 화염방지장치를 설치하고, 그 외의 탱크에 설치하는 통기관에는 40메쉬(mesh) 이상의 구리망 또는 동등 이상의 성능을 가진 인화방지장치를 설치할 것. 다만 인화점이 70℃ 이상인 위험물만을 해당 위험물의 인화점 미만의 온도로 저장 또는 취급하는 탱크에 설치하는 통기관에는 인화방지장치를 설치하지 않을 수 있다.
③ **인화점이 21℃ 미만**인 위험물의 **옥외저장탱크의 주입구**
  ㉮ 게시판의 크기 : 한 변이 0.3m 이상, 다른 한 변이 0.6m 이상
  ㉯ 게시판의 기재사항 : 옥외저장탱크 주입구, 위험물의 유별, 품명, 주의사항
  ㉰ 게시판의 색상 : **백색바탕에 흑색문자**(주의사항은 적색문자)
④ 옥외저장탱크의 펌프설비
  ㉮ 펌프설비의 주위에는 너비 **3m 이상**의 **공지를 보유**할 것(제6류 위험물, 지정수량의 10배 이하 위험물은 제외)
  ㉯ 펌프설비로부터 옥외저장탱크까지의 사이에는 당해 옥외저장탱크의 보유공지 너비의 1/3 이상의 거리를 유지할 것
  ㉰ 펌프실의 벽, 기둥, 바닥, 보 : 불연재료
  ㉱ 펌프실의 지붕 : 폭발력이 위로 방출될 정도의 가벼운 불연재료로 할 것
  ㉲ 펌프실의 창 및 출입구에는 60분+ 방화문 · 60분 방화문 또는 30분 방화문을 설치할 것
  ㉳ 펌프실의 바닥의 주위에는 **높이 0.2m 이상의 턱**을 만들고 그 최저부에는 집유설비를 설치할 것
⑤ 지정수량의 **10배 이상**(단, 제6류 위험물은 제외)은 **피뢰침을 설치**하여야 한다.
⑥ 이황화탄소의 옥외저장탱크는 벽 및 바닥의 두께가 **0.2m 이상**이고 **철근콘크리트의 수조**에 넣어 보관한다.

6) 옥외탱크저장소의 방유제

① 방유제의 용량
- ㉮ 탱크가 하나일 때 : 탱크 용량=의 110% 이상(인화성이 없는 액체위험물은 100%)
- ㉯ 탱크가 2기 이상일 때 : 탱크 중 용량이 최대인 것의 용량의 110% 이상(인화성이 없는 액체위험물은 100%)

② 방유제의 **높이** : **0.5m 이상 3m 이하, 두께 0.2m 이상, 지하매설깊이 1m 이상**

③ 방유제 내의 **면적** : **80,000m² 이하**

④ 방유제 내에 설치하는 옥외저장탱크의 수는 10(방유제 내에 설치하는 모든 옥외저장탱크의 용량이 20만ℓ 이하이고, 위험물의 인화점이 70℃ 이상 200℃ 미만인 경우에는 20) 이하로 할 것(단, 인화점이 200℃ 이상인 옥외저장탱크는 제외)

⑤ 방유제 외면의 1/2 이상은 자동차 등이 통행할 수 있는 3m 이상의 노면 폭을 확보한 구내도로에 직접 접하도록 할 것

⑥ 방유제는 탱크의 옆판으로부터 일정 거리를 유지할 것(단, 인화점이 200℃ 이상인 위험물은 제외)
- ㉮ **지름이 15m 미만인 경우** : **탱크 높이의 1/3 이상**
- ㉯ **지름이 15m 이상인 경우** : **탱크 높이의 1/2 이상**

⑦ 방유제의 재질 : 철근콘크리트

⑧ 방유제에는 배수구를 설치하고 개폐밸브를 방유제 밖에 설치할 것

⑨ 높이가 **1m 이상**이면 **계단 또는 경사로**를 약 **50m마다** 설치할 것

7) 위험물 성질에 따른 옥외탱크저장소의 특례

① 알킬알루미늄 등의 옥외저장탱크에는 불활성의 기체를 봉입하는 장치를 설치할 것

② **아세트알데하이드 등**의 옥외저장탱크
- ㉮ 옥외저장탱크의 설비는 **동(Cu), 마그네슘(Mg), 은(Ag), 수은(Hg)의 합금**으로 만들지 아니할 것
- ㉯ 옥외저장탱크에는 냉각장치, 보냉장치, 불활성기체의 봉입장치를 설치할 것

4. 옥내탱크저장소의 위치, 구조 및 설비의 기준(규칙 별표7)

1) 옥내탱크저장소의 구조

① 옥내저장탱크의 탱크전용실은 단층 건축물에 설치할 것

② 옥내저장탱크와 **탱크전용실의 벽과**의 사이 및 **옥내저장탱크의 상호간**에는 **0.5m 이상**의 간격을 유지할 것

③ 옥내저장탱크의 용량(동일한 탱크전용실에 2 이상 설치하는 경우에는 각 탱크의 용량의 합계)은 지정수량의 40배(제4석유류 및 동식물유류 외의 제4류 위험물 : 20,000ℓ를 초과할 때에는 20,000ℓ) 이하일 것

④ 옥내저장탱크의 설치기준
- ㉮ 압력탱크(최대상용압력이 부압 또는 정압 5kPa를 초과하는 탱크)외의 탱크 : 밸브 없는 통기관 설치할 것
- ㉯ **통기관의 끝부분**은 건축물의 창·출입구 등의 개구부로부터 **1m 이상** 떨어진 옥외의 장소에 **지면으로부터 4m 이상**의 높이로 설치하되, 인화점이 40℃ 미만인 위험물의 탱크에 설치하는 통기관은 부지경계선으로부터 1.5m 이상 이격할 것

　　　　㉰ 압력탱크 : 압력계 및 안전장치(안전밸브, 감압밸브, 안전밸브 경보장치, 파괴판) 설치할 것
　　　　㉱ 탱크전용실을 건축물의 **1층 또는 지하층**에 설치하는 위험물 : **황화인, 적린, 덩어리 황, 황린, 질산**
　　　　㉲ 탱크전용실의 벽, 기둥, 바닥: 내화구조, 보, 지붕 : 불연재료
　　　　㉳ 액상의 위험물의 옥내저장탱크를 설치하는 탱크전용실의 바닥은 위험물이 침투하지 아니하는 구조로 하고, 적당한 경사를 두는 한편, 집유설비를 설치할 것
　2) 옥내탱크저장소의 표지 및 상치장소 표시 : 제조소와 동일 함
　3) 옥내탱크저장소의 탱크 전용실이 단층 건축물외에 설치하는 것
　　① 옥내저장탱크는 탱크전용실에 설치할 것
　　② **탱크전용실에 펌프설비를 설치하는 경우에는** 불연재료로 된 **턱을 0.2m 이상의 높이**로 설치할 것
　　③ 옥내저장탱크의 용량(동일한 탱크전용실에 옥내저장탱크를 2 이상 설치하는 경우에는 각 탱크의 용량의 합계)은 1층 이하의 층은 지정수량의 40배(제4석유류, 동식물유류외의 제4류 위험물에 있어서는 당해 수량이 2만ℓ초과할 때에는 2만ℓ)이하, 2층 이상의 층은 지정수량의 10배(제4석유류, 동식물유류외의 제4류 위험물에 있어서는 당해 수량이 5000ℓ초과할 때에는 5000ℓ)이하 일 것

> **다층건축물일 때 옥내저장탱크의 설치용량**
> • 1층 이하의 층
>   – 제2석유류(인화점 38℃ 이상), 제3석유류 : 지정수량의 40배 이하(단, 20,000ℓ 초과 시 20,000ℓ로)
>   – 제4석유류, 동식물유류 : 지정수량의 40배 이하
> • 2층 이상의 층
>   – 제2석유류(인화점 38℃ 이상), 제3석유류 : 지정수량의 10배 이하(단, 5,000ℓ 초과 시 5,000ℓ로)
>   – 제4석유류, 동식물유류 : 지정수량의 10배 이하
>   ※ 용량은 탱크전용실에 옥내저장탱크를 2 이상 설치 시 각 탱크 용량의 합계

5. 지하탱크저장소의 위치, 구조 및 설비의 기준(규칙 별표8)

　1) 지하탱크저장소의 기준
　　① 당해 탱크를 지하의 가장 가까운 벽·피트(pit : 인공지하구조물)·가스관 등의 시설물 및 대지경계선으로부터 **0.6m 이상** 떨어진 곳에 매설할 것
　　② 지하저장탱크의 윗 부분은 지면으로부터 **0.6m 이상 아래**에 있어야 한다.
　　③ 지하저장탱크를 2 이상 인접해 설치하는 경우에는 그 상호간에 **1m**(당해 2 이상의 지하저장탱크의 용량의 합계가 지정수량의 100배 이하인 때에는 0.5m) 이상의 **간격을 유지**하여야 한다.
　　④ 지하저장탱크의 재질은 **두께 3.2mm 이상의 강철판**으로 할 것
　　⑤ 수압시험
　　　㉮ 압력탱크(최대상용압력이 46.7kPa 이상인 탱크) 외의 탱크 : 70kPa의 압력으로 10분간
　　　㉯ 압력탱크 : 최대상용압력의 1.5배의 압력으로 10분간
　　⑥ 지하저장탱크의 주위에는 당해 탱크로부터의 액체위험물의 **누설을 검사하기 위한 관**을 다음의 각목의 기준에 따라 4개소 이상 적당한 위치에 설치하여야 한다.

㉮ **이중관**으로 할 것. 다만, 소공이 없는 상부는 단관으로 할 수 있다.
㉯ 재료는 금속관 또는 경질합성수지관으로 할 것
㉰ **관**은 **탱크실 또는 탱크의 기초 위에 닿게** 할 것
㉱ 관의 밑부분으로부터 탱크의 중심 높이까지의 부분에는 소공이 뚫려 있을 것. 다만, 지하수위가 높은 장소에 있어서는 지하수위 높이까지의 부분에 소공이 뚫려 있어야 한다.
㉲ 상부는 물이 침투하지 아니하는 구조로 하고, 뚜껑은 검사시에 쉽게 열 수 있도록 할 것
⑦ 탱크전용실은 **벽 및 바닥 : 두께 0.3m 이상의 콘크리트구조**
⑧ 지하저장탱크에는 **과충전방지장치** 설치할 것
㉮ 탱크용량을 초과하는 위험물이 주입될 때 자동으로 그 주입구를 폐쇄하거나 위험물의 공급을 자동으로 차단하는 방법
㉯ 탱크용량의 **90%가 찰 때 경보음**을 울리는 방법

2) 지하탱크저장소의 표지 및 게시판
제조소와 동일함

6. 간이탱크저장소의 위치, 구조 및 설비의 기준(규칙 별표9)

1) 간이저장탱크의 기준
① 위험물을 저장 또는 취급하는 간이탱크(간이저장탱크)는 옥외에 설치하여야 한다.
② 전용실의 창 및 출입구의 기준
㉮ 탱크전용실의 창 및 출입구에는 60분+ 방화문·60분 방화문 또는 30분 방화문을 설치하는 동시에, 연소의 우려가 있는 외벽에 두는 출입구에는 수시로 열 수 있는 자동폐쇄식의 갑종방화문을 설치할 것
㉯ 탱크전용실의 창 또는 출입구에 유리를 이용하는 경우에는 망입유리로 할 것
③ 전용실의 바닥 : 액상의 위험물의 옥내저장탱크를 설치하는 탱크전용실의 바닥은 위험물이 침투하지 아니하는 구조로 하고, 적당한 경사를 두는 한편, 집유설비를 설치할 것
④ 하나의 간이탱크저장소에 설치하는 간이저장탱크는 그 수를 3 이하로 하고, 동일한 품질의 위험물의 간이저장탱크를 2 이상 설치하지 아니하여야 한다.
⑤ 간이저장탱크의 **용량**은 **600ℓ 이하**이어야 한다.
⑥ 간이저장탱크는 두께 3.2mm 이상의 강판으로 흠이 없도록 제작하여야 하며, 70kPa의 압력으로 10분간의 수압시험을 실시하여 새거나 변형되지 아니하여야 한다.
⑦ 간이저장탱크에는 다음 각목의 기준에 적합한 밸브 없는 통기관을 설치하여야 한다.
㉮ **통기관의 지름**은 **25mm 이상**으로 할 것
㉯ 통기관은 옥외에 설치하되, 그 선단의 높이는 지상 1.5m 이상으로 할 것
㉰ 통기관의 끝부분은 수평면에 대하여 아래로 45도 이상 구부려 빗물 등이 침투하지 아니하도록 할 것
㉱ 가는 눈의 구리망 등으로 인화방지장치를 할 것

2) 표지 및 게시판 : 제조소와 동일함

7. 이동탱크저장소의 위치, 구조 및 설비의 기준(규칙 별표10)

1) 이동탱크저장소의 상치장소
① 옥외에 있는 상치장소는 화기를 취급하는 장소 또는 **인근의 건축물로부터 5m 이상**(인근의 건축물이 1층인 경우에는 3m 이상)의 **거리를 확보**하여야 한다
② 옥내에 있는 상치장소는 벽·바닥·보·서까래 및 지붕이 내화구조 또는 불연재료로 된 건축물의 1층에 설치하여야 한다.

2) 이동저장탱크의 구조
① 탱크의 두께 : 3.2mm 이상의 강철판
② **수압시험**
  ㉮ 압력탱크(최대상용압력이 46.7kPa이상인 탱크)외의 탱크 : 70kPa의 압력으로 10분간
  ㉯ **압력탱크 : 최대상용압력의 1.5배의 압력으로 10분간**
③ 이동저장탱크는 그 내부에 **4,000ℓ 이하**마다 **3.2mm 이상의 강철판** 또는 이와 동등 이상의 강도·내열성 및 내식성이 있는 금속성의 것으로 칸막이를 설치하여야 한다.
④ 칸막이로 구획된 각 부분에 설치 : 맨홀, 안전장치, 방파판을 설치(용량이 2,000ℓ 미만 : 방파판 설치 제외)
  ㉮ 안전장치의 작동 압력
    ㉠ 상용압력이 20kPa 이하인 탱크 : 20kPa 이상 24kPa 이하의 압력
    ㉡ 상용압력이 20kPa을 초과 : 상용압력의 1.1배 이하의 압력
  ㉯ 방파판
    ㉠ 두께 : **1.6mm 이상의 강철판**
    ㉡ 하나의 구획부분에 2개 이상의 방파판을 이동탱크저장소의 진행방향과 평행으로 설치하되, 각 방파판은 그 높이 및 칸막이로부터의 거리를 다르게 할 것
⑤ **방호틀의 두께 : 2.3mm 이상의 강철판**

이동탱크 저장소의 부속장치
- 방호틀 : 탱크 전복 시 부속장치(주입구, 맨홀, 안전장치) 보호(2.3mm)
- 측면틀 : 탱크 전복 시 탱크 본체 파손 방지(3.2mm)
- 방파판 : 위험물 운송 중 내부의 위험물의 출렁임, 쏠림을 완화하여 차량의 안전 확보(1.6mm)
- 칸막이 : 탱크 전복 시 탱크의 일부가 파손되더라도 전량의 위험물의 누출 방지(3.2mm)

3) 배출밸브, 결합금속구 등
① 수동식폐쇄장치에는 길이 15cm 이상의 레버를 설치할 것
② 탱크의 배관의 끝부분에는 개폐밸브를 설치할 것
③ 이동탱크저장소에 주유설비를 설치하는 경우 설치 기준
  ㉮ **주입설비의 길이 : 50m 이내**로 하고 그 끝부분에 축적되는 정전기 제거장치를 설치할 것
  ㉯ 분당배출량 : 200ℓ 이하

4) 이동탱크저장소의 위험성 경고표지
① 표지
  ㉮ **부착위치** : 이동탱크저장소의 전면 상단 및 후면 상단

㉯ **규격 및 형상** : 60cm 이상 × 30cm 이상의 횡형사각형
㉰ **색상 및 문자** : **흑색 바탕에 황색의 반사 도료로 "위험물"**이라 표기할 것
㉱ 위험물이면서 유해화학물질에 해당하는 품목의 경우에는 「화학물질관리법」에 따른 유해화학물질 표지를 위험물 표지와 상하 또는 좌우로 인접하여 부착할 것

② UB번호
  ㉮ **그림문자의 외부에 표기하는 경우**
    ㉠ 부착위치 : 이동탱크저장소의 후면 및 양 측면(그림문자와 인접한 위치)
    ㉡ 규격 및 형상 : 30cm 이상 × 12cm 이상의 가로형사각형

    ㉢ 색상 및 문자 : 흑색 테두리 선(굵기 1cm)과 오렌지색으로 이루어진 바탕에 UN번호(글자의 높이 6.5cm 이상)를 표기할 것
  ㉯ **그림문자의 내부에 표기하는 경우**
    ㉠ 부착위치 : 이동탱크저장소의 후면 및 양 측면
    ㉡ 규격 및 형상 : 심벌 및 분류·구분의 번호를 가리지 않는 크기의 가로형사각형

    ㉢ **색상 및 문자** : 흰색 바탕에 흑색으로 UN번호(글자의 높이 6.5cm 이상)를 표기할 것

③ **그림문자**
  ㉮ 부착위치 : 이동탱크저장소의 후면 및 양 측면
  ㉯ 규격 및 형상 : 25cm 이상 × 25cm 이상의 마름모 꼴

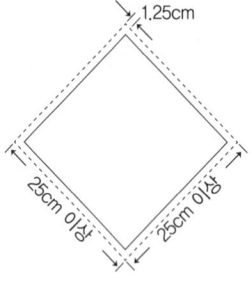

  ㉰ 색상 및 문자 : 위험물의 품목별로 해당하는 심벌을 표기하고 그림문자의 하단에 분류·구분의 번호(글자의 높이 2.5cm 이상)를 표기할 것
  ㉱ 위험물의 분류·구분별 그림문자의 세부기준 : 다음의 분류·구분에 따라 주위험성 및 부위험성에 해당되는 그림문자를 모두 표시할 것

④ 이동탱크저장소의 유별 도장색상

유별	도장의 색상	비고
제1류 위험물	회색	탱크의 앞면과 뒷면을 제외한 면적의 40% 이내의 면적은 다른 유별의 색상 외의 색상으로 도장하는 것이 가능하다.
제2류 위험물	적색	
제3류 위험물	청색	
제4류 위험물	색상 제한은 없으나 적색 권장	
제5류 위험물	황색	
제6류 위험물	청색	

5) 이동탱크저장소의 펌프설비
  ① 동력원을 이용하여 위험물 이송 : 인화점이 40℃ 이상의 것 또는 비인화성의 것
  ② 진공흡입방식의 펌프를 이용하여 위험물 이송 : 인화점이 70℃ 이상인 폐유 또는 비인화성의 것

6) 이동탱크저장소의 접지도선
  특수인화물, 제1석유류, 제2석유류에는 **접지도선**을 설치하여야 한다.

7) 알킬알루미늄 등을 저장 또는 취급하는 이동탱크저장소
  ① 이동저장탱크의 두께 : 10mm 이상의 강판
  ② 수압시험 : 1MPa 이상의 압력으로 10분간 실시하여 새거나 변형하지 아니할 것
  ③ 이동저장탱크의 용량 : 1900ℓ 미만
  ④ 안전장치 : 수압시험의 압력의 2/3를 초과하고 4/5를 넘지 아니하는 범위의 압력에서 작동할 것
  ⑤ 맨홀, 주입구의 뚜껑 두께 : 10mm 이상의 강판
  ⑥ 이동저장탱크 : 불활성기체 봉입장치 설치

8. 옥외저장소의 위치, 구조 및 설비의 기준(규칙 별표11)

1) 옥외저장소의 안전거리 : 제조소와 동일함

2) 옥외저장소의 보유공지

저장 또는 취급하는 위험물의 최대수량	공지의 너비
지정수량의 10배 이하	3m 이상
지정수량의 10배 초과 20배 이하	5m 이상
지정수량의 20배 초과 50배 이하	9m 이상
지정수량의 50배 초과 200배 이하	12m 이상
지정수량의 200배 초과	15m 이상

※ 제4류 위험물 중 제4석유류와 제6류 위험물 : 보유공지의 1/3로 할 수 있다.

3) 옥외저장소의 표지 및 게시판 : 제조소와 동일함

4) 옥외저장소의 기준

① 선반 : 불연재료
② **선반의 높이 : 6m를 초과**하지 말 것
③ 과산화수소, 과염소산 저장하는 옥외저장소 : 불연성 또는 난연성의 천막 등을 설치하여 햇빛을 가릴 것
④ 덩어리 상태의 황을 저장 또는 취급하는 경우
　㉮ 하나의 경계표시의 내부의 면적 : 100m² 이하
　㉯ 2 이상의 경계표시를 설치하는 경우에 있어서는 각각의 경계표시 내부의 면적을 합산한 면적 : 1,000m² 이하(단, 지정수량의 200배 이상인 경우 : 10m 이상)

5) 인화성고체, 제1석유류, 알코올류의 옥외저장소의 특례

① 인화성고체, 제1석유류, 알코올류를 저장 또는 취급하는 장소 : 살수설비 설치
② 제1석유류 또는 알코올류를 저장 또는 취급하는 장소의 주위 : 배수구와 집유설비를 설치할 것. 이 경우 제1석유류(온도 20℃의 물 100g에 용해되는 양이 1g 미만의 것에 한한다)를 저장 또는 취급하는 장소에는 집유설비에 유분리장치를 설치할 것)

6) 옥외저장소에 저장할 수 있는 위험물(시행령 별표2)

① 제2류 위험물 중 **황, 인화성고체**(인화점이 0℃ 이상인 것에 한함)
② 제4류 위험물 중 **제1석유류**(인화점이 0℃ 이상인 것에 한함), **제2석유류, 제3석유류, 제4석유류, 알코올류, 동식물유류**
③ **제6류 위험물**

9. 주유취급소의 위치, 구조 및 설비의 기준(규칙 별표13)

1) 주유취급소의 주유공지

① **주유공지 : 너비 15m 이상, 길이 6m 이상**
② 공지의 바닥 : 주위 지면보다 높게 하고 적당한 기울기, 배수구, 집유설비, 유분리장치를 설치

2) 주유취급소의 표지 및 게시판

> # 주유 중 엔진정지
> (황색바탕에 흑색문자)

3) 주유취급소의 저장 또는 취급 가능한 탱크

① 자동차 등에 주유하기 위한 **고정주유설비**에 직접 접속하는 전용탱크로서 **50,000ℓ 이하**의 것
② **고정급유설비**에 직접 접속하는 전용탱크로서 **50,000ℓ 이하**의 것
③ **보일러** 등에 직접 접속하는 전용탱크로서 **10,000ℓ 이하**의 것
④ 고정주유설비 또는 고정급유설비에 직접 접속하는 **3기 이하**의 간이탱크

4) 고정주유설비 등
    ① 주유취급소의 고정주유설비 또는 고정급유설비의 구조 중 펌프기기의 토출량
        ㉮ 주유관 끝부분에서의 **최대배출량**
            ㉠ **제1석유류 : 분당 50ℓ 이하**
            ㉡ **경유 : 분당 180ℓ 이하**
            ㉢ **등유 : 분당 80ℓ 이하**
        ㉯ 이동저장탱크에 주입하기 위한 고정급유설비의 펌프기기는 최대배출량 : 분당 300ℓ 이하
    ② 고정주유설비 또는 고정급유설비의 주유관의 길이 : **5m**(현수식의 경우에는 지면위 0.5m의 수평면에 수직으로 내려 만나는 점을 중심으로 반경 3m) **이내**로 하고 그 끝부분에는 축적된 정전기를 유효하게 제거할 수 있는 장치를 설치할 것
    ③ 고정주유설비 또는 고정급유설비의 설치 기준
        ㉮ **고정주유설비**(중심선을 기점으로 하여)
            ㉠ **도로경계선까지 : 4m 이상**
            ㉡ 부지경계선·담 및 건축물의 벽까지 : 2m(개구부가 없는 벽까지는 1m) 이상
        ㉯ **고정급유설비**(중심선을 기점으로 하여)
            ㉠ 도로경계선까지 : 4m 이상
            ㉡ **부지경계선·담까지 : 1m**
            ㉢ 건축물의 벽까지 : 2m(개구부가 없는 벽까지는 1m) 이상 거리를 유지할 것

5) 주유취급소에 설치 할 수 있는 건축물
    ① 주유 또는 등유·경유를 채우기 위한 작업장
    ② 주유취급소의 업무를 행하기 위한 **사무소**
    ③ 자동차 등의 점검 및 간이정비를 위한 작업장
    ④ 자동차 등의 **세정을 위한 작업장**
    ⑤ 주유취급소에 출입하는 사람을 대상으로 한 **점포·휴게음식점 또는 전시장**
    ⑥ 주유취급소의 관계자가 거주하는 **주거시설**
    ⑦ **전기자동차용 충전설비**

6) 주유취급소의 건축물의 구조
    ① 건축물은 벽·기둥·바닥·보 및 지붕 : 내화구조 또는 불연재료
    ② 창 및 출입구 : 방화문 또는 불연재료로 된 문을 설치
    ③ 사무실 등의 창 및 출입구에 유리를 사용하는 경우에는 망입유리 또는 강화유리로 할 것
        (강화유리의 두께는 창에는 8mm 이상, 출입구에는 12mm 이상)
    ④ 자동차등의 점검·정비를 행하는 설비
        ㉮ 고정주유설비부터 4m 이상
        ㉯ 도로경계선으로부터 2m 이상 떨어지게 할 것

⑤ 자동차 등의 세정을 행하는 설비
  ㉮ 증기세차기를 설치하는 경우 그 주위에 불연재료로 된 높이 1m 이상의 담을 설치하고 출입구가 고정주유설비에 면하지 아니하도록 할 것. 이 경우 고정주유설비부터 4m 이상 떨어지게 할 것
  ㉯ 증기세차기 외의 세차기를 설치하는 경우에는 고정주유설비로부터 4m 이상, 도로경계선으로부터 2m 이상 떨어지게 할 것

7) 고속국도 주유취급소의 특례
고속국도의 도로변에 설치된 주유취급소의 탱크의 용량 : **60,000ℓ 이하**

8) 고객이 직업 주유하는 주요취급소
① 셀프용고정 주유설비

종류	연속주유량	주유시간
휘발유	100ℓ 이하	4분 이하
경유	600ℓ 이하	12분 이하

② 셀프용고정 급유설비
  ㉮ 1회 연속급유량 : 100ℓ 이하
  ㉯ 1회 연속 급유시간의 상한 : 6분 이하

10. 판매취급소의 위치, 구조 및 설비의 기준(규칙 별표14)

1) 제1종 판매취급소(지정수량의 20배 이하)의 기준
① 제1종 판매취급소는 건축물의 1층에 설치할 것
② 제1종 판매취급소의 용도로 사용하는 건축물의 부분은 보를 불연재료로 하고, 천장을 설치하는 경우에는 천장을 불연재료로 할 것
③ 제1종 판매취급소의 용도로 사용하는 부분의 창 및 출입구에는 60분+ 방화문·60분 방화문 또는 30분 방화문을 설치할 것
④ 위험물 **배합실의 기준**
  ㉮ 바닥면적은 **6m² 이상 15m² 이하**일 것
  ㉯ 내화구조 또는 불연재료로 된 벽으로 구획할 것
  ㉰ 바닥은 위험물이 침투하지 아니하는 구조로 하여 적당한 경사를 두고 집유설비를 할 것
  ㉱ 출입구에는 수시로 열 수 있는 자동폐쇄식의 60분+ 방화문 또는 60분 방화문을 설치할 것
  ㉲ **출입구 문턱의 높이**는 바닥면으로부터 **0.1m 이상**으로 할 것

2) 제2종 판매취급소(지정수량의 40배 이하)의 기준
① 제2종 판매취급소의 용도로 사용하는 부분은 벽·기둥·바닥 및 보를 내화구조 하고, 천장이 있는 경우에는 이를 불연재료로 하며, 판매취급소로 사용되는 부분과 다른 부분과의 격벽은 내화구조로 할 것

② 제2종 판매취급소의 용도로 사용하는 부분에 있어서 상층이 있는 경우에는 상층의 바닥을 내화구조로 하는 동시에 상층으로의 연소를 방지하기 위한 조치를 강구하고, 상층이 없는 경우에는 지붕을 내화구조로 할 것
③ 제2종 판매취급소의 용도로 사용하는 부분 중 연소의 우려가 없는 부분에 한하여 창을 두되, 당해 창에는 60분+ 방화문·60분 방화문 또는 30분 방화문을 설치할 것
④ 제2종 판매취급소의 용도로 사용하는 부분의 출입구에는 60분+ 방화문·60분 방화문 또는 30분 방화문을 설치할 것. 다만, 당해 부분중 연소의 우려가 있는 벽 또는 창의 부분에 설치하는 출입구에는 수시로 열 수 있는 자동폐쇄식의 60분+ 방화문 또는 60분 방화문을 설치할 것

11. 이송취급소의 위치, 구조 및 설비의 기준(규칙 별표15)

1) 설치장소
이송취급소는 다음 각목의 장소 외의 장소에 설치하여야 한다.
① 철도 및 도로의 터널 안
② 고속국도 및 자동차전용도로(「도로법」제54조의 3 제1항의 규정에 의하여 지정된 도로를 말한다)의 차도·갓길 및 중앙분리대
③ 호수·저수지 등으로서 수리의 수원이 되는 곳
④ 급경사지역으로서 붕괴의 위험이 있는 지역

2) 배관설치의 기준
① 지하매설
  ㉮ 배관은 그 외면으로부터 건축물·지하가·터널 또는 수도시설까지 각각 다음의 규정에 의한 안전거리를 둘 것. 다만, ㉠ 또는 ㉢의 공작물에 있어서는 적절한 누설확산방지조치를 하는 경우에 그 안전거리를 2분의 1의 범위 안에서 단축할 수 있다.
    ㉠ 건축물(지하가 내의 건축물을 제외한다) : 1.5m 이상
    ㉡ 지하가 및 터널 : 10m 이상
    ㉢ 수도법에 의한 수도시설(위험물의 유입우려가 있는 것에 한한다) : 300m 이상
  ㉯ 배관은 그 외면으로부터 다른 공작물에 대하여 0.3m 이상의 거리를 보유할 것
  ㉰ 배관의 외면과 지표면과의 거리는 산이나 들에 있어서는 0.9m 이상, 그 밖의 지역에 있어서는 1.2m 이상으로 할 것
② 지상설치
  ㉮ 배관[이송기지(펌프에 의하여 위험물을 보내거나 받는 작업을 행하는 장소를 말한다. 이하 같다)의 구내에 설치되어진 것을 제외한다]은 다음의 기준에 의한 안전거리를 둘 것
    ㉠ 철도(화물수송용으로만 쓰이는 것을 제외) 또는 도로의 경계선으로부터 25m 이상
    ㉡ 종합병원, 병원, 치과병원, 한방병원, 요양병원, 공연장, 영화상영관, 복지시설(아동, 노인, 장애인, 모·부자)등 시설로부터 45m 이상
    ㉢ 지정문화유산, 천연기념물등 시설로부터 65m 이상
    ㉣ 고압가스, 액화석유가스, 도시가스 시설로부터 35m 이상

ⓑ 「국토의 계획 및 이용에 관한 법률」에 의한 공공공지 또는 「도시공원법」에 의한 도시공원으로부터 45m 이상

ⓗ 판매시설·숙박시설·위락시설 등 불특정다중을 수용하는 시설 중 연면적 1,000m² 이상인 것으로부터 45m 이상

ⓢ 1일 평균 20,000명 이상 이용하는 기차역 또는 버스터미널로부터 45m 이상

ⓞ 「수도법」에 의한 수도시설 중 위험물이 유입될 가능성이 있는 것으로부터 300m 이상

ⓩ 주택 또는 ㉠ 내지 ⓞ와 유사한 시설 중 다수의 사람이 출입하거나 근무하는 것으로부터 25m 이상

㉯ 배관(이송기지의 구내에 설치된 것을 제외)의 양측면으로부터 당해 배관의 최대상용압력에 따라 다음 표에 의한 너비의 공지를 보유할 것

배관의 최대상용압력	공지의 너비
0.3MPa 미만	5m 이상
0.3MPa 이상 1MPa 미만	9m 이상
1MPa 이상	15m 이상

3) 기타 설비

① 가연성증기의 체류방지조치 : 배관을 설치하기 위하여 설치하는 터널(높이 1.5m 이상인 것에 한한다)에는 가연성증기의 체류를 방지하는 조치를 하여야 한다.

② **비파괴시험** : 배관 등의 용접부는 비파괴시험을 실시하여 합격할 것. 이 경우 이송기지 내의 지상에 설치된 배관 등은 **전체 용접부의 20% 이상을 발췌**하여 시험할 수 있다.

③ **내압시험** : 배관 등은 **최대상용압력의 1.25배 이상의 압력으로 4시간 이상** 수압을 가하여 누설 그 밖의 이상이 없을 것

④ 압력안전장치 : 배관계에는 배관내의 압력이 최대상용압력을 초과하거나 유격작용 등에 의하여 생긴 압력이 최대상용압력의 1.1배를 초과하지 아니하도록 제어하는 장치(이하 "압력안전장치"라 한다)를 설치할 것

⑤ 펌프 및 그 부속설비의 보유공지

펌프 등의 최대상용압력	공지의 너비
1MPa 미만	3m 이상
1MPa 이상 3MPa 미만	5m 이상
3MPa 이상	15m 이상

STEP 03 제조소등의 소화설비, 경보설비기준

1. 위험물 제조소등의 소화난이도등급

1) 소화난이도등급 I

① 소화난이도등급 I 에 해당하는 제조소등

구분	제조소등의 규모, 저장 또는 취급하는 위험물의 품명 및 최대수량 등
제조소 및 일반취급소	연면적 1,000m² 이상인 것
	지정수량의 100배 이상인 것(고인화점위험물만을 100℃ 미만의 온도에서 취급하는 것 및 제48조의 위험물을 취급하는 것은 제외)
	지반면으로 부터 6m 이상의 높이에 위험물 취급설비가 있는 것(고인화점위험물만을 100℃ 미만의 온도에서 취급하는 것은 제외)
옥내저장소	지정수량의 150배 이상인 것(고인화점위험물만을 저장하는 것 및 제48조의 위험물을 저장하는 것은 제외)
	연면적 150m²를 초과하는 것(150m² 이내마다 불연재료로 개구부 없이 구획된 것 및 인화성고체 외의 제2류 위험물 또는 인화점 70℃ 이상의제4류 위험물만을 저장하는 것은 제외)
	처마높이가 6m 이상인 단층건물의 것
	옥내저장소로 사용되는 부분 외의 부분이 있는 건축물에 설치된 것(내화구조로 개구부 없이 구획 된 것 및 인화성고체 외의 제2류 위험물 또는 인화점 70℃ 이상의 제4류 위험물만을 저장하는 것은 제외)
옥외 탱크저장소	액표면적이 40m² 이상인 것(제6류 위험물을 저장하는 것 및 고인화점위험물만을 100℃ 미만의 온도에서 저장하는 것은 제외)
	지반면으로부터 탱크 옆판의 상단까지 높이가 6m 이상인 것(제6류 위험물을 저장하는 것 및 고인화점위험물만을 100℃ 미만의 온도에서 저장하는 것은 제외)
	지중탱크 또는 해상탱크로서 지정수량의 100배 이상인 것(제6류 위험물을 저장하는 것 및 고인화점위험물만을 100℃ 미만의 온도에서 저장하는 것은 제외)
	고체위험물을 저장하는 것으로서 지정수량의 100배 이상인 것

② 소화난이도등급 I 의 제조소등에 설치하여야 하는 소화설비

구분		소화설비
제조소 및 일반취급소		옥내소화전설비, 옥외소화전설비, 스프링클러설비 또는 물분무등소화설비 (화재발생시 연기가 충만할 우려가 있는 장소에는 스프링클러설비 또는 이동식 외의 물분무등소화설비에 한한다)
옥내저장소	처마높이가 6m 이상인 단층건물 또는 다른 용도의 부분이 있는 건축물에 설치한 옥내저장소	스프링클러설비 또는 이동식 외의 물분무등소화설비
	그 밖의 것	옥외소화전설비, 스프링클러설비, 이동식 외의 물분무등소화설비 또는 이동식 포소화설비(포소화전을 옥외에 설치하는 것에 한한다)

구분		소화설비
옥외탱크 저장소	지중탱크 또는 해상탱크 외의 것 — 황만을 저장·취급하는 것	물분무소화설비
	지중탱크 또는 해상탱크 외의 것 — 인화점 70℃ 이상의 제4류 위험물만을 저장·취급하는 것	물분무소화설비 또는 고정식 포소화설비
	지중탱크 또는 해상탱크 외의 것 — 그 밖의 것	고정식 포소화설비(포소화설비가 적응성이 없는 경우에는 분말소화설비)
	지중탱크	고정식 포소화설비, 이동식 이외의 불활성가스소화설비 또는 이동식 이외의 할로젠화합물소화설비
	해상탱크	고정식 포소화설비, 물분무소화설비, 이동식 이외의 불활성가스소화설비 또는 이동식 이외의 할로젠화합물소화설비

2) 소화난이도등급 Ⅱ

① 소화난이도등급 Ⅱ에 해당하는 제조소등

구분	제조소등의 규모, 저장 또는 취급하는 위험물의 품명 및 최대수량 등
제조소 및 일반취급소	연면적 600m² 이상인 것
	지정수량의 10배 이상인 것(고인화점위험물만을 100℃ 미만의 온도에서 취급하는 것 및 제48조의 위험물을 취급하는 것은 제외)
	별표 16 Ⅱ·Ⅲ·Ⅳ·Ⅴ·Ⅷ·Ⅸ 또는 Ⅹ의 일반취급소로서 소화난이도등급 Ⅰ의 제조소등에 해당하지 아니하는 것(고인화점위험물만을 100℃ 미만의 온도에서 취급하는 것은 제외)
옥내저장소	단층건물 이외의 것
	별표 5 Ⅱ 또는 Ⅳ제1호의 옥내저장소
	지정수량의 10배 이상인 것(고인화점위험물만을 저장하는 것 및 제48조의 위험물을 저장하는 것은 제외)
	연면적 150m² 초과인 것
	별표 5 Ⅲ의 옥내저장소로서 소화난이도등급 Ⅰ의 제조소등에 해당하지 아니하는 것
옥외탱크저장소 옥내탱크저장소	소화난이도등급 Ⅰ의 제조소등 외의 것(고인화점위험물만을 100℃ 미만의 온도로 저장하는 것 및 제6류 위험물만을 저장하는 것은 제외)
옥외저장소	덩어리상태의 황을 저장하는 것으로서 경계표시 내부의 면적(2 이상의 경계표시가 있는 경우에는 각 경계표시의 내부의 면적을 합한 면적)이 5m² 이상 100m² 미만인 것
	별표 11 Ⅲ의 위험물을 저장하는 것으로서 지정수량의 10배 이상 100배 미만인 것
	지정수량의 100배 이상인 것(덩어리상태의 황 또는 고인화점위험물을 저장하는 것은 제외)
주유취급소	옥내주유취급소

구분	제조소등의 규모, 저장 또는 취급하는 위험물의 품명 및 최대수량 등
판매취급소	제2종 판매취급소

② 소화난이도등급 Ⅱ의 제조소등에 설치하여야 하는 소화설비

제조소등의 구분	소화설비
제조소, 옥내저장소, 옥외저장소, 주유취급소, 판매취급소, 일반취급소	방사능력범위 내에 당해 건축물, 그 밖의 공작물 및 위험물이 포함되도록 대형소화기를 설치하고, 당해 위험물의 소요단위의 1/5 이상에 해당하는 능력단위의 소형소화기 등을 설치할 것
옥외탱크저장소 옥내탱크저장소	대형소화기 및 소형소화기 등을 각각 1개 이상 설치할 것

3) 소화난이도등급 Ⅲ

① 소화난이도등급 Ⅲ에 해당하는 제조소등

제조소등의 구분	제조소등의 규모, 저장 또는 취급하는 위험물의 품명 및 최대수량 등
제조소, 일반취급소	제48조의 위험물을 취급하는 것
	제48조의 위험물 외의 것을 취급하는 것으로서 소화난이도등급 Ⅰ 또는 소화난이도등급 Ⅱ의 제조소등에 해당하지 아니하는 것
옥내저장소	제48조의 위험물을 취급하는 것
	제48조의 위험물 외의 것을 취급하는 것으로서 소화난이도등급 Ⅰ 또는 소화난이도등급 Ⅱ의 제조소등에 해당하지 아니하는 것
지하탱크저장소 간이탱크저장소 이동탱크저장소	모든 대상
옥외저장소	덩어리 상태의 황을 저장하는 것으로서 경계표시 내부의 면적(2 이상의 경계표시가 있는 경우에는 각 경계표시의 내부의 면적을 합한 면적)이 $5m^2$ 미만인 것
	덩어리 상태의 황 외의 것을 저장하는 것으로서 소화난이도등급 Ⅰ 또는 소화난이도등급 Ⅱ의 제조소등에 해당하지 아니하는 것
주유취급소	옥내주유취급소 외의 것
제1종판매취급소	모든 대상

② 소화난이도등급 Ⅲ의 제조소등에 설치하여야 하는 소화설비

제조소등의 구분	소화설비	설치기준	
지하탱크저장소	소형소화기등	능력단위의 수치가 3 이상	2개 이상

제조소등의 구분	소화설비	설치기준	
이동탱크저장소	자동차용 소화기	무상의 강화액 8ℓ 이상	2개 이상
		이산화탄소 3.2kg 이상	
		브로모클로로다이플루오로메테인(CF₂ClBr) 2ℓ 이상	
		브로모트라이플루오로메테인(CF₃Br) 2ℓ 이상	
		다이브로모테트라플루오로에테인(C₂F₄Br₂) 1ℓ 이상	
		소화분말 3.3kg 이상	
이동탱크저장소	마른 모래 및 팽창질석 또는 팽창진주암	마른 모래 150ℓ 이상	
		팽창질석 또는 팽창진주암 640ℓ 이상	
그 밖의 제조소등	소형소화기등	능력단위의 수치가 건축물 그 밖의 공작물 및 위험물의 소요단위의 수치에 이르도록 설치할 것. 다만, 옥내소화전설비, 옥외소화전설비, 스프링클러설비, 물분무등소화설비 또는 대형소화기를 설치한 경우에는 당해 소화설비의 방사능력범위 내의 부분에 대하여는 소화기 등을 그 능력단위의 수치가 당해 소요단위의 수치의 1/5 이상이 되도록 하는 것으로 족하다.	

2. 경보설비

1) 제조소등별로 설치하여야 하는 경보설비의 종류

제조소등의 구분	제조소등의 규모, 저장 또는 취급하는 위험물의 종류 및 최대수량 등	경보설비
1. 제조소 및 일반취급소	• 연면적 500m² 이상인 것 • 옥내에서 지정수량의 100배 이상을 취급하는 것(고인화점 위험물만을 100℃ 미만의 온도에서 취급하는 것을 제외한다) • 일반취급소로 사용되는 부분 외의 부분이 있는 건축물에 설치된 일반취급소(일반취급소와 일반취급소 외의 부분이 내화구조의 바닥 또는 벽으로 개구부 없이 구획된 것을 제외한다)	자동화재 탐지설비
2. 옥내저장소	• 지정수량의 100배 이상을 저장 또는 취급하는 것 (고인화점위험물만을 저장 또는 취급하는 것을 제외한다) • 저장창고의 연면적이 150m²를 초과하는 것 • 처마높이가 6m 이상인 단층건물의 것 • 옥내저장소로 사용되는 부분 외의 부분이 있는 건축물에 설치된 옥내저장소[옥내저장소와 옥내저장소 외의 부분이 내화구조의 바닥 또는 벽으로 개구부 없이 구획된 것과 제2류 또는 제4류의 위험물(인화성고체 및 인화점이 70℃ 미만인 제4류 위험물을 제외한다)만을 저장 또는 취급하는 것을 제외한다]	
3. 옥내탱크 저장소	단층 건물 외의 건축물에 설치된 옥내탱크저장소로서 소화난이도등급 Ⅰ에 해당하는 것	
4. 주유취급소	옥내주유취급소	자동화재 탐지설비

제조소등의 구분	제조소등의 규모, 저장 또는 취급하는 위험물의 종류 및 최대수량 등	경보설비
5. 1~4에 해당하지 아니하는 제조소등	지정수량의 10배 이상을 저장 또는 취급하는 것	자동화재탐지설비, 비상경보설비,확성장치 또는 비상방송설비중 1종 이상

2) 자동화재탐지설비의 설치기준

① 자동화재탐지설비의 경계구역은 건축물 그 밖의 공작물의 2 이상의 층에 걸치지 아니하도록 할 것. 다만, 하나의 경계구역의 면적이 500m² 이하이면서 당해 경계구역이 두개의 층에 걸치는 경우이거나 계단·경사로·승강기의 승강로 그 밖에 이와 유사한 장소에 연기감지기를 설치하는 경우에는 그러하지 아니하다.

② 하나의 경계구역의 면적은 **600m² 이하**로 하고 그 한변의 길이는 **50m**(광전식분리형 감지기를 설치할 경우에는 100m) 이하로 할 것. 다만, 당해 건축물 그 밖의 공작물의 주요한 출입구에서 그 내부의 전체를 볼 수 있는 경우에 있어서는 그 면적을 **1,000m² 이하**로 할 수 있다.

③ 자동화재탐지설비의 감지기는 지붕(상층이 있는 경우에는 상층의 바닥) 또는 벽의 옥내에 면한 부분(천장이 있는 경우에는 천장 또는 벽의 옥내에 면한 부분 및 천장의 뒷 부분)에 유효하게 화재의 발생을 감지할 수 있도록 설치할 것

④ 자동화재탐지설비에는 비상전원을 설치할 것

3. 기타 소화설비 사항

1) 전기설비의 소화설비

제조소등에 전기설비(전기배선, 조명기구 등은 제외)가 설치된 경우 : 면적 100m²마다 소형소화기를 1개 이상 설치할 것

2) 소요단위 및 능력단위

① 소요단위 : 소화설비의 설치대상이 되는 건축물 그 밖의 공작물의 규모 또는 위험물의 양의 기준단위

② 소요단위의 계산방법

㉮ **제조소 또는 취급소**의 건축물
  ㉠ 외벽이 **내화구조** : **연면적 100m²**를 1소요단위
  ㉡ 외벽이 **내화구조가 아닌 것** : **연면적 50m²**를 1소요단위

㉯ **저장소**의 건축물
  ㉠ 외벽이 **내화구조** : **연면적 150m²**를 1소요단위
  ㉡ 외벽이 **내화구조가 아닌 것** : **연면적 75m²**를 1소요단위
  ㉢ 제조소등의 옥외에 설치된 공작물은 외벽이 내화구조인 것으로 간주하고 공작물의 최대수평투영면적을 연면적으로 간주하여 ㉮ 및 ㉯의 규정에 의하여 소요단위를 산정할 것

㉰ 위험물은 **지정수량의 10배 : 1소요단위**

③ 능력단위 : ㉮의 소요단위에 대응하는 소화설비의 소화능력의 기준단위

3) 소화설비의 능력단위

소화설비	용량	능력단위
소화전용(專用)물통	8ℓ	0.3
수조(소화전용 물통 3개 포함)	80ℓ	1.5
수조(소화전용 물통 6개 포함)	190ℓ	2.5
마른 모래(삽 1개 포함)	50ℓ	0.5
팽창질석 또는 팽창진주암(삽 1개 포함)	160ℓ	1.0

STEP 04 위험물의 일반사항

1. 위험물

1) 위험물
인화성 또는 발화성 등의 성질을 가지는 것으로 대통령령이 정하는 물품

2) 제조소등
① **제조소**
② **저장소** : 옥내저장소, 옥외저장소, 옥내탱크저장소, 옥외탱크저장소, 지하탱크저장소, 이동탱크저장소, 암반탱크저장소, 간이탱크저장소
③ **취급소** : **일반취급소, 주유취급소, 이송취급소, 판매취급소**

3) 위험물의 취급
① 지정수량 이상의 위험물 : 제조소등에서 취급, 위험물안전관리법 적용
② **지정수량 미만**의 위험물 : **시 · 도의 조례**

 지정수량 이상이면 위험물안전관리법에 적용을 받아 제조소등을 설치하고 안전관리자를 선임하여야 한다.

2. 제조소등의 설치 및 후속절차

1) 제조소등의 허가
① **제조소등을 설치**하고자 하는 자 : 그 설치장소를 관할하는 **특별시장 · 광역시장 또는 도지사 (시·도지사)의 허가**를 받아야 한다.
② 제조소등의 위치 · 구조 또는 설비 가운데 행정안전부령이 정하는 사항을 변경하고자 하는 때에도 또한 같다.
③ 제조소등의 위치 · 구조 또는 설비의 변경 없이 제조소등에서 저장, 취급하는 위험물의 품명 · 수량 또는 지정수량의 배수를 변경하고자 하는 자는 **변경하고자 하는 날의 1일 전까지 시 · 도지사에게 신고**하여야 한다.

④ 신고를 하지 아니하고 변경할 수 있는 경우
  ㉮ 주택의 난방시설(공동주택의 중앙난방시설을 제외한다)을 위한 저장소 또는 취급소
  ㉯ 농예용·축산용 또는 수산용으로 필요한 난방시설 또는 건조시설을 위한 지정수량 20배 이하의 저장소

2) 완공검사
① 완공검사권자 : 제조소등마다 시·도지사가 행하는 완공검사를 받아 기술기준에 적합하다고 인정받은 후가 아니면 이를 사용하여서는 아니 된다.
② 완공검사합격확인증을 잃어버려 재교부를 받은 자가 완공검사합격확인증을 발견한 경우 : 10일 이내에 시·도지사에게 제출하여야 한다.
③ **완공검사 신청시기**
  ㉮ 지하탱크가 있는 제조소등의 경우 : 당해 지하탱크를 매설하기 전
  ㉯ 이동탱크저장소의 경우 : 이동저장탱크를 완공하고 상치장소를 확보한 후
  ㉰ 이송취급소의 경우 : 이송배관 공사의 전체 또는 일부를 완료한 후. 다만, 지하·하천 등에 매설하는 이송배관의 공사의 경우에는 이송배관을 매설하기 전
  ㉱ 전체 공사가 완료된 후에는 완공검사를 실시하기 곤란한 경우 : 다음 각목에서 정하는 시기
    ㉠ 위험물설비 또는 배관의 설치가 완료되어 기밀시험 또는 내압시험을 실시하는 시기
    ㉡ 배관을 지하에 설치하는 경우에는 시·도지사, 소방서장 또는 기술원이 지정하는 부분을 매몰하기 직전
    ㉢ 기술원이 지정하는 부분의 비파괴시험을 실시하는 시기
  ㉲ ㉮~㉱에 해당하지 아니하는 제조소등의 경우 : 제조소등의 공사를 완료한 후

3) **탱크안전성능검사**
① 안전성능검사 : 완공검사를 받기 전에 기술기준에 적합한지의 여부를 확인하기 위하여 시·도지사가 실시하는 탱크안전성능검사를 받아야 한다.
② 탱크안전성능시험자 : 기술능력, 시설, 장비를 갖추고 시·도지사에게 등록
③ **등록사항 변경** 시 : **30일 이내에 시·도지사에게 변경신고**
④ 탱크안전성능검사 신청시기
  ㉮ 기초·지반검사 : 위험물탱크의 기초 및 지반에 관한 공사의 개시 전
  ㉯ 충수·수압검사 : 위험물을 저장 또는 취급하는 탱크에 배관 그 밖의 부속설비를 부착하기 전
  ㉰ 용접부검사 : 탱크본체에 관한 공사의 개시 전
  ㉱ 암반탱크검사 : 암반탱크의 본체에 관한 공사의 개시 전

4) **지위승계 및 용도폐지**
① 제조소등의 설치자의 **지위를 승계**한 자 : **승계한 날부터 30일 이내에 시·도지사에게 신고**
② 제조소등의 관계인은 당해 **제조소등의 용도를 폐지한 때** : **용도를 폐지한 날부터 14일 이내에 시·도지사에게 신고**

5) 정기점검의 대상인 제조소등
   ① 예방규정을 정하여야 하는 제조소등
   ② 지하탱크저장소
   ③ 이동탱크저장소
   ④ 위험물을 취급하는 탱크로서 지하에 매설된 탱크가 있는 제조소, 주유취급소, 일반취급소

3. 행정처분

1) 제조소등의 6월 이내의 사용정지 및 허가취소
   ① 변경허가를 받지 아니하고 제조소등의 위치·구조 또는 설비를 변경한 때
   ② 완공검사를 받지 아니하고 제조소등을 사용한 때
   ③ 수리·개조 또는 이전의 명령에 위반한 때
   ④ 위험물안전관리자를 선임하지 아니한 때
   ⑤ 대리자를 지정하지 아니한 때
   ⑥ 정기점검 및 정기검사를 하지 아니한 때

2) 과징금 처분
   ① 과징금 부과권자 : 시·도지사
   ② 부과사유 : 제조소등에 대한 사용의 정지가 그 이용자에게 심한 불편을 주거나 그 밖에 공익을 해칠 우려가 있는 때
   ③ **과징금 금액 : 2억원 이하**

4. 행정감독

1) 출입·검사 등
   ① 시·도지사, 소방본부장 또는 소방서장은 관계인에 대하여 필요한 보고 또는 자료제출을 명할 수 있으며, 관계공무원으로 하여금 당해 장소에 출입하여 그 장소의 위치·구조·설비 및 위험물의 저장·취급상황에 대하여 검사하게 하거나 관계인에게 질문을 할 수 있다.
   ② 개인의 주거는 관계인의 승낙을 얻은 경우 또는 화재발생의 우려가 커서 긴급한 필요가 있는 경우가 아니면 출입할 수 없다.
   ③ 국가기술자격증 또는 교육수료증의 제시 요구권자 : 소방공무원 또는 경찰공무원
   ④ 출입·검사 등은 그 장소의 공개시간이나 근무시간 내 또는 해가 뜬 후부터 해가 지기 전까지의 시간 내에 행하여야 한다(다만, 건축물 그 밖의 공작물의 관계인의 승낙을 얻은 경우 또는 화재발생의 우려가 커서 긴급한 필요가 있는 경우에는 예외).
   ⑤ 출입·검사 등을 행하는 관계공무원은 관계인의 정당한 업무를 방해하거나 출입·검사 등을 수행하면서 알게 된 비밀을 다른 자에게 누설하여서는 아니 된다.
   ⑥ 시·도지사, 소방본부장 또는 소방서장은 탱크시험자에 대하여 필요한 보고 또는 자료제출을 명하거나 관계공무원으로 하여금 당해 사무소에 출입하여 업무의 상황·시험기구·장부, 서류와 그 밖의 물건을 검사하게 하거나 관계인에게 질문하게 할 수 있다.

⑦ 출입·검사 등을 하는 관계공무원은 그 권한을 표시하는 증표를 지니고 관계인에게 이를 내보여야 한다.
⑧ 제조소등의 사용 일시정지, 사용제한권자 : 시·도지사, 소방본부장 또는 소방서장
⑨ 청문 실시 내용
  ㉮ 제조소등 설치허가의 취소
  ㉯ 탱크시험자의 등록취소

2) 벌칙

① **1년 이상 10년 이하의 징역**
제조소등에서 위험물을 유출·방출 또는 확산시켜 사람의 생명·신체 또는 재산에 대하여 **위험을 발생**시킨 자

② **무기 또는 5년 이상의 징역**
제조소등에서 위험물을 유출·방출 또는 확산시켜 사람을 **사망**에 이르게 한 때

③ **무기 또는 3년 이상의 징역**
제조소등에서 위험물을 유출·방출 또는 확산시켜 사람을 **상해(傷害)**에 이르게 한 때

④ **10년 이하의 징역** 또는 금고나 1억원 이하의 벌금
업무상 과실로 제조소등에서 위험물을 유출·방출 또는 확산시켜 사람을 **사상(死傷)**에 이르게 한 자

⑤ 7년 이하의 금고 또는 7000만원 이하의 벌금
업무상 과실로 제조소등에서 위험물을 유출·방출 또는 확산시켜 사람의 생명·신체 또는 재산에 대하여 위험을 발생시킨 자

⑥ 5년 이하의 징역 또는 1억원 이하의 벌금
제조소등의 **설치허가를 받지 아니하고 제조소등을 설치한 자**

⑦ **3년 이하의 징역** 또는 **3000만원 이하**의 벌금
규정을 위반하여 저장소 또는 제조소등이 아닌 장소에서 **지정수량 이상의 위험물을 저장 또는 취급**한 자

⑧ **1년 이하의 징역** 또는 **1000만원 이하의 벌금**
  ㉮ 탱크시험자로 등록하지 아니하고 탱크시험자의 업무를 한 자
  ㉯ 정기점검을 하지 아니하거나 점검기록을 허위로 작성한 관계인으로서 허가를 받은 자
  ㉰ 정기검사를 받지 아니한 관계인으로서 허가를 받은 자
  ㉱ 자체소방대를 두지 아니한 관계인으로서 허가를 받은 자

⑨ **1500만원 이하의 벌금**
  ㉮ 위험물의 저장 또는 취급에 관한 **중요기준에 따르지 아니한 자**
  ㉯ 변경허가를 받지 아니하고 제조소등을 변경한 자
  ㉰ 제조소등의 완공검사를 받지 아니하고 위험물을 저장·취급한 자
  ㉱ **안전관리자를 선임하지 아니한 관계인**으로서 **허가를 받은 자**
  ㉲ 대리자를 지정하지 아니한 관계인으로서 허가를 받은 자

⑩ 1000만원 이하의 벌금
  ㉮ 위험물의 취급에 관한 안전관리와 감독을 하지 아니한 자

㉡ 안전관리자 또는 그 대리자가 참여하지 아니한 상태에서 위험물을 취급한 자
㉢ 변경한 예방규정을 제출하지 아니한 관계인으로서 허가를 받은 자
㉣ 위험물의 운반에 관한 중요기준에 따르지 아니한 자
㉤ 국가기술자격자 또는 안전교육을 받지 않고 위험물을 운송하는 자
㉥ 관계인의 정당한 업무를 방해하거나 출입·검사 등을 수행하면서 알게 된 비밀을 누설한 자

⑪ 500만원 이하의 과태료
㉠ 임시저장기간의 승인을 받지 아니한 자
㉡ 위험물의 저장 또는 취급에 관한 세부기준을 위반한 자
㉢ 위험물의 품명 등의 변경신고를 기간 이내에 하지 아니하거나 허위로 한 자
㉣ 위험물제조소등의 지위승계신고를 기간 이내에 하지 아니하거나 허위로 한 자
㉤ 제조소등의 폐지신고, 안전관리자의 선임신고를 기간 이내에 하지 아니하거나 허위로 한 자
㉥ 등록사항의 변경신고를 기간 이내에 하지 아니하거나 허위로 한 자
㉦ 위험물제조소등의 정기 점검결과를 기록·보존 하지 아니한 자
㉧ 위험물의 운반에 관한 세부기준을 위반한 자
㉨ 위험물의 운송에 관한 기준을 따르지 아니한 자

5. 자체소방대

1) 자체소방대 설치 대상
① 제4류 위험물의 최대수량의 합이 지정수량의 3천배 이상을 취급하는 제조소 또는 일반취급소(다만, 보일러로 위험물을 소비하는 일반취급소는 제외
② 제4류 위험물의 최대수량이 지정수량의 50만배 이상을 저장하는 옥외탱크저장소

2) 자체소방대를 두는 화학소방차 및 인원

사업소의 구분	화학소방차	자체소방대원의 수
지정수량의 3천배 이상 12만배 미만	1대	5인
지정수량의 12만배 이상 24만배 미만	2대	10인
지정수량의 24만배 이상 48만배 미만	3대	15인
지정수량의 48만배 이상	4대	20인
옥외탱크저장소에 지정수량의 50만배 이상	2대	10인

3) 자체소방대의 설치 제외대상인 일반취급소
① 보일러, 버너 그 밖에 이와 유사한 장치로 위험물을 소비하는 일반취급소
② 이동저장탱크 그 밖에 이와 유사한 것에 위험물을 주입하는 일반취급소
③ 용기에 위험물을 옮겨 담는 일반취급소
④ 유압장치, 윤활유순환장치 그 밖에 이와 유사한 장치로 위험물을 취급하는 일반취급소
⑤ 「광산보안법」의 적용을 받는 일반취급소

6. 기타 주요 사항

1) 위험물안전관리자
   ① 위험물안전관리자 **선임권자** : 제조소등의 **관계인**
   ② 위험물안전관리자 선임신고 : 소방본부장 또는 소방서장에게 신고
   ③ **해임 또는 퇴직 시** : 30일 이내에 재선임
   ④ 안전관리자 **선임 신고** : 14일 이내
   ⑤ 안전관리자 여행, 질병 기타사유로 직무 수행이 불가능 시 : 대리자가 직무수행(30일 이내)

2) 예방규정을 정하여야 하는 제조소등
   ① 지정수량의 10배 이상의 위험물을 취급하는 **제조소, 일반취급소**
   ② 지정수량의 100배 이상의 위험물을 저장하는 **옥외저장소**
   ③ 지정수량의 150배 이상의 위험물을 저장하는 **옥내저장소**
   ④ 지정수량의 200배 이상의 위험물을 저장하는 **옥외탱크저장소**
   ⑤ **암반탱크저장소, 이송취급소**

3) 운송책임자의 감독, 지원을 받아 운송하여야 하는 위험물

   참고 **위험물운송자** : 안전원에서 16시간의 교육을 받은 자

   ① 알킬알루미늄
   ② 알킬리튬

4) 탱크의 용량
   ① 탱크의 용량
      탱크의 용량 = 탱크의 내용적 – 공간용적(탱크 내용적의 5/100 이상 10/100 이하)
   ② 암반탱크의 용량
      탱크의 용량 = 탱크의 내용적 – 공간용적(공간용적 : 탱크에 용출하는 7일간의 지하수의 양에 상당하는 용적과 내용적의 1/100 용적 중 큰 용적)
   ③ 포방출구가 설치된 경우포방출구를 탱크 안의 윗부분에 설치하는 경우 = 탱크의 용적 – 공간용적(공간용적 : 소화약제 방출구 아래의 0.3m 이상 1m 미만 사이의 면으로부터 윗부분의 용적)
   ④ 타원형 탱크의 내용적
      ㉮ 양쪽이 볼록한 것

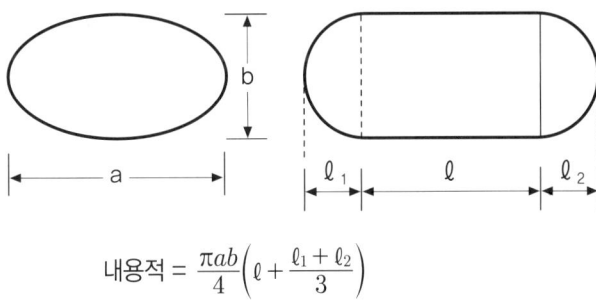

$$\text{내용적} = \frac{\pi ab}{4}\left(\ell + \frac{\ell_1 + \ell_2}{3}\right)$$

㉯ 한쪽은 볼록하고 다른 한쪽은 오목한 것

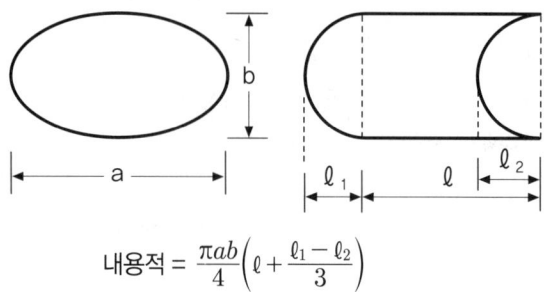

내용적 = $\dfrac{\pi ab}{4}\left(\ell + \dfrac{\ell_1 - \ell_2}{3}\right)$

⑤ 원통형 탱크의 내용적
 ㉮ 횡으로 설치한 것

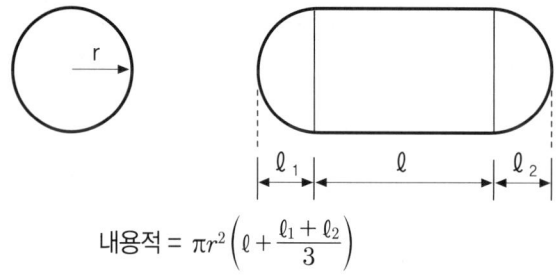

내용적 = $\pi r^2 \left(\ell + \dfrac{\ell_1 + \ell_2}{3}\right)$

㉯ 종으로 설치한 것

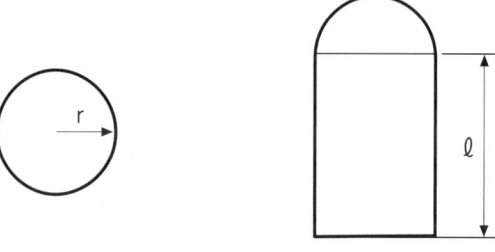

내용적 = $\pi r^2 \ell$

CHAPTER 02

CBT 복원문제

01 2017년 1회
02 2017년 2회
03 2017년 3회
04 2018년 1회
05 2018년 2회
06 2018년 3회
07 2019년 1회
08 2019년 2회
09 2019년 3회
10 2020년 1회
11 2020년 2회
12 2020년 3회
13 2021년 1회
14 2021년 2회
15 2021년 3회
16 2022년 1회
17 2022년 2회
18 2022년 3회
19 2022년 4회
20 2023년 1회
21 2023년 2회
22 2023년 3회
23 2023년 4회
24 2024년 1회
25 2024년 2회
26 2024년 3회
27 2024년 4회
28 2025년 1회
29 2025년 2회
30 2025년 3회
31 2025년 4회

2017년 1회 CBT 복원문제

01 다음 위험물의 화재 시 주수소화에 대한 위험성이 증가하는 것은?

① 황
② 염소산칼륨
③ 인화칼슘
④ 질산칼륨

> 황, 염소산칼륨, 질산칼륨은 화재 시 주수소화가 가능하나 인화칼슘은 주수소화를 하면 포스핀(PH_3)의 가연성가스를 발생한다.
> $Ca_3P_2 + 6H_2O \rightarrow 3Ca(OH)_2 + 2PH_3 \uparrow$
> (인화석회) (물)   (소석회)   (포스핀)

02 착화온도 600℃의 의미는?

① 600℃로 가열시 점화원이 있으면 연소한다.
② 600℃로 가열하면 비로소 연소된다.
③ 600℃ 이하에서는 점화원이 있어도 인화되지 않는다.
④ 600℃로 가열하면 가열된 열만 가지고 스스로 연소가 시작된다.

> 착화온도 600℃란 600℃로 가열하면 가열된 열만 가지고 스스로 연소가 시작될 수 있음을 의미한다.

03 제1류 위험물 중 알칼리금속의 과산화물과 물이 접촉하였을 때 주로 발생하는 것은?

① 수소가스
② 산소가스
③ 탄산가스
④ 수성가스

> 알칼리 금속의 과산화물(K_2O_2)이 물과 반응하면 조연성가스인 산소(O_2)를 발생한다.
> $2K_2O_2 + 2H_2O \rightarrow 4KOH + O_2$

04 다음 중 이동탱크저장소에 설치하는 자동차용 소화기에 해당하지 않는 것은?

① $CFClBr$
② CF_3Br
③ $C_2F_4Br_2$
④ CO_2

> 이동탱크저장소에 설치하는 자동차용 소화기 : CO_2, Halogen 화합물 소화기
> • Halon 1301 : CF_3Br • Halon 1211 : CF_2ClBr
> • Halon 1011 : CH_2ClBr • Halon 2402 : $C_2F_4Br_2$

05 아이오딘값의 정의를 올바르게 설명한 것은?

① 유지 100 kg에 흡수되는 아이오딘의 g 수
② 유지 10 kg에 흡수되는 아이오딘의 g 수
③ 유지 100g에 흡수되는 아이오딘의 g 수
④ 유지 10g에 흡수되는 아이오딘의 g 수

> 아이오딘값 : 유지 100g에 흡수되는 아이오딘의 g 수

06 다음 중 특수인화물의 분류에 속하지 않는 물질은 무엇인가?

① $C_2H_5OC_2H_5$
② CS_2
③ 1기압에서 발화점이 100℃ 이하인 물질
④ 나이트로글리세린

> 특수인화물
> • 1기압에서 발화점이 100℃ 이하인 것
> • 인화점이 영하 20℃ 이하이고 비점이 40℃ 이하인 것
> • 종류 : 이황화탄소(CS_2), 다이에틸에터($C_2H_5OC_2H_5$), 아세트알데하이드, 산화프로필렌, 아이소프렌
> ※ 나이트로글리세린 : 제5류 위험물의 질산에스터류

07 화재의 종류 중 유류화재에 해당하는 것은?

① B급
② C급
③ D급
④ E급

> 화재의 종류
>
> | 구분 | 종류 화재의 명칭 | 표시색 |
> |---|---|---|
> | A급 | 일반화재 | 백색 |
> | B급 | 유류화재 | 황색 |
> | C급 | 전기화재 | 청색 |
> | D급 | 금속화재 | 무색 |

08 고정주유설비는 주유설비의 중심선을 기점으로 하여 도로경계선까지 몇 m 이상의 거리를 유지해야 하는가?

① 1   ② 3
③ 4   ④ 5

> 고정주유설비 또는 고정급유설비의 설치 기준
> • 고정주유설비(중심선을 기점으로 하여)
>   – 도로경계선까지 : 4m 이상
>   – 부지경계선·담 및 건축물의 벽까지 : 2m(개구부가 없는 벽까지는 1m) 이상
> • 고정급유설비(중심선을 기점으로 하여)
>   – 도로경계선까지 : 4m 이상
>   – 부지경계선·담까지 : 1m
>   – 건축물의 벽까지 : 2m(개구부가 없는 벽까지는 1m) 이상 거리를 유지할 것

09 알루미늄분이 염산과 반응하였을 경우 주로 생성되는 가연성 가스는?

① 산소   ② 질소
③ 연소   ④ 수소

> 알루미늄분이 염산과 반응하면 수소(H_2)가스를 발생한다.
> $2Al + 6HCl \rightarrow 2AlCl_3 + 3H_2$(수소)

10 옥내저장소에 황린 20kg, 적린 100kg, 황 100kg을 저장하고 있다. 각 물질의 지정수량의 배수의 합은 얼마인가?

① 1   ② 2
③ 3   ④ 4

> 지정수량의 배수 = $\dfrac{\text{저장수량}}{\text{지정수량}} = \dfrac{20kg}{20kg} + \dfrac{100kg}{100kg} + \dfrac{100kg}{100kg} = 3$

11 석유 속에 저장되어 있는 금속조각을 떼어 불꽃반응을 하였더니 노란 불꽃을 나타내었다. 어떤 금속이겠는가?

① 칼륨   ② 나트륨
③ 구리   ④ 리튬

> 연소 시 불꽃 색상

종류	색상	종류	색상
리튬(Li)	적색	나트륨(Na)	노란색
칼륨(K)	보라색	구리(Cu)	청록색

12 산화성액체 위험물 중 과산화수소 운반용기의 외부에 표시하는 사항은?

① 화기주의   ② 충격주의
③ 물기엄금   ④ 가연물 접촉주의

> 위험물 운반용기의 외부 표시사항
> ① 위험물의 품명, 위험등급, 화학명 및 수용성(제4류 위험물의 수용성인 것에 한함)
> ② 위험물의 수량
> ③ 주의사항
>   • 제1류 위험물
>   – 알칼리금속의 과산화물 : 화기·충격주의, 물기엄금, 가연물접촉주의
>   – 그 밖의 것 : 화기·충격주의, 가연물접촉주의
>   • 제2류 위험물
>   – 철분·금속분·마그네슘 : 화기주의, 물기엄금
>   – 인화성고체 : 화기엄금
>   – 그 밖의 것 : 화기주의
>   • 제3류 위험물
>   – 자연발화성물질 : 화기엄금, 공기접촉엄금
>   – 금수성물질 : 물기엄금
>   • 제4류 위험물 : 화기엄금
>   • 제5류 위험물 : 화기엄금, 충격주의
>   • 제6류 위험물 : 가연물접촉주의

13 다음 위험물의 화재 발생 시 주수(注水)에 의한 소화가 오히려 더 위험한 것은?

① 염소산칼륨
② 과염소산나트륨
③ 질산암모늄
④ 탄화칼슘

> 탄화칼슘이 물과 반응하면 아세틸렌가스를 발생하므로 위험하다.
> $CaC_2 + 2H_2O \rightarrow Ca(OH)_2 + C_2H_2 \uparrow + 27.8kcal$
> (수산화칼슘) (아세틸렌)

14 제5류 위험물의 공통된 취급 방법이 아닌 것은?

① 용기의 파손 및 균열에 주의한다.
② 저장 시 가열, 충격, 마찰을 피한다.
③ 운반용기 외부에 주의사항으로 "자연발화"를 표기한다.
④ 점화원 및 분해를 촉진시키는 물질로부터 멀리한다.

> 제5류 위험물의 운반용기에는 "화기엄금, 충격주의"를 표시하여야 한다.

15 금속분, 목탄, 코크스 등의 연소형태에 해당하는 것은?

① 자기연소
② 증발연소
③ 분해연소
④ 표면연소

🔍 **고체의 연소**
- 표면연소 : 목탄, 코크스, 숯, 금속분 등이 열분해에 의하여 가연성가스를 발생하지 않고 그 물질 자체가 연소하는 현상
- 분해연소 : 석탄, 종이, 목재, 플라스틱 등의 연소시 열분해에 의해 발생된 가스와 공기가 혼합하여 연소하는 현상
- 증발연소 : 황, 나프탈렌, 왁스, 파라핀 등과 같이 고체를 가열하면 열분해는 일어나지 않고 고체가 액체로 되어 일정온도가 되면 액체가 기체로 변화하여 기체가 연소하는 현상
- 자기연소(내부연소) : 제5류 위험물인 나이트로셀룰로스, 질화면 등 그 물질이 가연물과 산소를 동시에 가지고 있는 가연물이 연소하는 현상

16 위험물안전관리법상 스프링클러헤드는 부착장소의 평상시 최고주위온도가 28℃ 이상 39℃ 미만인 경우 표시온도(℃)를 얼마의 것을 설치하여야 하는가?

① 58 이상 79 미만
② 79 이상 121 미만
③ 12 이상 162 미만
④ 162 이상

🔍 **폐쇄형 스프링클러 헤드의 표시온도**

부착장소의 최고주위온도(단위 ℃)	표시온도(단위 ℃)
28 미만	58 미만
28 이상 39 미만	58 이상 79 미만
39 이상 64 미만	79 이상 121 미만
64 이상 106 미만	121 이상 162 미만
106 이상	162 이상

17 액화 이산화탄소 1kg이 25℃, 1atm의 대기 중으로 방출되었을 때 기체상의 이산화탄소의 부피(ℓ)는? (단, CO_2의 분자량은 44이고 이상기체방정식을 적용)

① 555.7
② 509
③ 1964
④ 985.6

🔍 **이상기체 상태방정식**
$$PV = nRT = \frac{W}{M}RT$$
여기서 P : 압력, V : 부피, n : mol수(무게/분자량), W : 무게, M : 분자량, T : 절대온도(273 + ℃ = K), R : 기체상수
※기체 상수(R)의 값
- 0.082050 · atm/g-mol · K
- 0.08205m³ · atm/kg-mol · K
- 1.987cal/g-mol · K
- 0.7302atm · ft³/lb-mol · R
- 848.4kg · m/kg-mol · K
- 8.314 × 10⁷erg/g-mol · K

$$\therefore V = \frac{WRT}{PM} = \frac{1000g \times 0.08205 \times (273+25)K}{1 \times 44} = 555.7\ell$$

18 산·알칼리 소화기에 있어서 탄산수소나트륨과 황산의 반응 시 생성되는 물질을 모두 옳게 나타낸 것은?

① 황산나트륨, 탄산가스, 질소
② 황산나트륨, 탄산가스, 염소
③ 황산나트륨, 탄산가스, 물
④ 염화나트륨, 탄산가스, 물

🔍 **산·알칼리 소화기의 반응식**
$H_2SO_4 + 2NaHCO_3 \rightarrow Na_2SO_4 + 2H_2O + 2CO_2 \uparrow$
(황산나트륨) (물) (탄산가스)

19 다음 중 축축한 상태로 안정제를 가하여 찬 곳에 저장하는 것은?

① 질산에틸
② 나이트로셀룰로스
③ 나이트로글리세린
④ 피크르산

🔍 나이트로셀룰로스(NC)는 물 또는 알코올에 습면시켜 습한 상태로 저장하여야 한다.

20 폭굉유도거리(DID)가 짧아지는 경우는?

① 정상 연소속도가 작은 혼합가스일수록 짧아진다.
② 압력이 높을수록 짧아진다.
③ 관속에 방해물이 있거나 관지름이 넓을수록 짧아진다.
④ 점화원 에너지가 약할수록 짧아진다.

🔍 **폭굉유도거리(DID)가 짧아지는 경우**
- 고압일 경우
- 관경이 작을 경우
- 점화원의 에너지가 클 경우
- 관속에 방해물이 있을 경우

21. 탱크화재 현상 중 BLEVE(Boiling Liquid Expanding Vapor Explosion)에 대한 설명으로 가장 옳은 것은?

① 기름탱크에서의 수증기 폭발현상이다.
② 비등상태의 액화가스가 기화하여 팽창하고 폭발하는 현상이다.
③ 화재 시 기름속의 수분이 급격히 증발하여 기름 거품이 되고 팽창해서 기름탱크 밖으로 내뿜어져 나오는 현상이다.
④ 고점도의 기름속에 수증기를 포함한 볼 형태의 물방울이 형성되어 탱크 밖으로 넘치는 현상이다.

🔍 블레비(BLEVE = Boiling Liquid Expanding Vapor Explosion) ; 비등상태의 액화가스가 기화하여 팽창하고 폭발하는 현상

22. 할로젠화합물 소화기에서 사용되는 하론 명칭과 화학식을 옳게 짝지은 것은?

① CBr_2F_2 – 1202
② $C_2Br_2F_2$ – 2422
③ $CBrClF_2$ – 1102
④ $C_2Br_2F_4$ – 1242

🔍 할로젠소화약제의 명명

화학식	명칭	화학식	명칭
CBr_2F_2	할론 1202	$C_2Br_2F_2$	할론 2202
$CBrClF_2$	할론 1211	$C_2Br_2F_4$	할론 2402

23. 연소가 잘 이루어지는 조건 중 옳지 않은 것은?

① 가연물의 발열량이 클 것
② 가연물의 열전도율이 클 것
③ 산소와의 접촉표면적이 클 것
④ 가연성가스가 많이 발생할 것

🔍 연소(가연물)의 조건
• 열전도율이 적을 것
• 발열량이 클 것
• 표면적이 넓을 것
• 산소와 친화력이 좋을 것
• 활성화 에너지가 작을 것
• 연쇄반응을 일으키는 물질

24. 제3류 위험물 금수성 물질에 적응할 수 있는 소화설비는?

① 포소화설비
② 이산화탄소소화설비
③ 탄산수소염류 분말소화설비
④ 할로젠화합물소화설비

🔍 금수성 물질에 적합한 소화설비 : 탄산수소염류 분말소화설비

25. 다음 중 제2류 위험물의 일반적인 취급 및 소화방법에 대한 설명으로 옳은 것은?

① 비교적 낮은 온도에서 착화되기 쉬우므로 고온체와 접촉시킨다.
② 인화성 액체(4류)와의 혼합을 피하고, 산화성 물질(1류, 6류)과 혼합하여 저장한다.
③ 금속분, 철분, 마그네슘, 황화인은 물에 의한 냉각소화가 적당하다.
④ 저장용기를 밀봉하고 위험물의 누출을 방지하여 통풍이 잘되는 냉암소에 저장한다.

🔍 제2류 위험물의 저장 및 취급방법
• 화기를 피하고 불티, 불꽃, 고온체와의 접촉을 피한다.
• 산화제(제1류와 제6류 위험물)와의 혼합 또는 접촉을 피한다.
• 철분, 마그네슘, 금속분은 물, 습기, 산과의 접촉을 피하여 저장한다.
• 저장용기를 밀봉하고 통풍이 잘 되는 냉암소에 보관, 저장한다.
• 황은 물에 의한 냉각소화가 적당하다.

26. 옥외저장소에 덩어리 상태의 황을 지반면에 설치한 경계표시의 안쪽에서 저장할 경우 하나의 경계표시의 내부면적은 얼마 이하이어야 하는가?

① $75m^2$
② $100m^2$
③ $300m^2$
④ $500m^2$

🔍 덩어리 상태의 황을 저장 또는 취급하는 경우
• 하나의 경계표시의 내부의 면적 : $100m^2$ 이하
• 2 이상의 경계표시를 설치하는 경우에 있어서는 각각의 경계표시 내부의 면적을 합산한 면적 : $1,000m^2$ 이하
• 경계표시 : 불연재료
• 경계표시의 높이 : 1.5m 이하
• 황을 저장 또는 취급하는 장소의 주위에는 배수구와 분리장치를 설치할 것

27 다음 제1류 위험물의 지정수량이 틀린 것은?

① 아염소산나트륨 : 50kg
② 염소산칼륨 : 50kg
③ 과산화나트륨 : 100kg
④ 브로민산칼륨 : 300kg

> 과산화나트륨 : 제1류 위험물의 무기과산화물로서 지정수량이 50kg

28 다음 위험물 중 혼재가 가능한 것끼리 짝지워진 것은?(단, 지정수량의 1/5 임)

① 제2류와 제5류
② 제2류와 제6류
③ 제2류와 제3류
④ 제2류와 제1류

> 운반시 혼재 가능한 위험물
> • 제1류와 제6류 위험물
> • 제3류와 제4류 위험물
> • 제2류, 제4류, 제5류위험물

29 다음 중 자체소방대를 반드시 설치하여야 하는 곳은?

① 지정수량의 2000배 이상의 제6류 위험물을 취급하는 제조소가 있는 사업소
② 지정수량의 3000배 이상의 제6류 위험물을 취급하는 제조소가 있는 사업소
③ 지정수량의 2000배 이상의 제4류 위험물을 취급하는 제조소가 있는 사업소
④ 지정수량의 3000배 이상의 제4류 위험물을 취급하는 제조소가 있는 사업소

> 지정수량의 3000배 이상의 제4류 위험물을 취급하는 제조소, 일반취급소에는 자체소방대를 편성하여야 한다.

30 제3류 위험물을 취급하는 제조소는 300명 이상을 수용할 수 있는 극장으로부터 몇 m 이상의 안전거리를 유지하여야 하는가?

① 5
② 10
③ 30
④ 70

> 제조소의 안전거리

건축물	안전거리
사용전압 7000V초과 35,000V 이하의 특고압 가공전선	3m 이상
사용전압 35,000V초과의 특고압가공전선	5m 이상
주거용으로 사용되는 것(제조소가 설치된 부지 내에 있는 것을 제외)	10m 이상
고압가스, 액화석유가스, 도시가스를 저장 또는 취급하는 시설	20m 이상
학교, 병원(종합병원, 병원, 치과병원, 한방병원 및 요양병원), 극장, 공연장, 영화상영관, 수용인원 300명 이상 인원을 수용할 수 있는 것, 복지시설(아동복지시설, 노인복지시설, 장애인복지시설, 한부모가족복지시설), 어린이집, 성매매피해자등을 위한 지원시설, 정신건강증진시설, 가정폭력방지 및 피해자보호등에 관한 법률에 따른 보호시설, 그밖에 보호시설로서 20명 이상 인원을 수용할 수 있는 것	30m 이상
지정문화유산, 천연기념물등	50m 이상

31 제3석유류 40,000ℓ를 저장하고 있는 곳에 소화설비를 설치할 때 소요단위는 몇 단위인가? (단, 비수용성이다)

① 1단위
② 2단위
③ 3단위
④ 4단위

> 위험물은 지정수량의 10배를 1소요단위로 하므로
> ∴소요단위 = $\frac{저장수량}{지정수량 \times 10}$ = $\frac{40,000ℓ}{2000ℓ \times 10}$ = 2단위
> ※제3석유류(비수용성)의 지정수량 : 2000ℓ

32 고속도로 주유취급소의 특례기준에 따르면 고속국도 도로변에 설치된 주유취급소에 있어서 고정주유설비에 직접 접속하는 탱크의 용량은 몇 리터까지 할 수 있는가?

① 1만
② 5만
③ 6만
④ 8만

> 고속국도 도로변에 설치된 주유취급소의 고정주유설비 탱크의 용량 : 60,000ℓ 이하

33. 이산화탄소가 소화약제로 사용되는 이유에 대한 설명으로 가장 옳은 것은?

① 산소와의 반응이 느리기 때문이다.
② 산소와 반응하지 않기 때문이다.
③ 착화되어도 곧 불이 꺼지기 때문이다.
④ 산화반응이 되어도 열 발생이 없기 때문이다.

> 이산화탄소(CO_2)는 산소와 더 이상 반응하지 않으므로 소화약제로 사용한다.

34. 위험물의 운반용기 및 적재방법에 대한 기준으로 틀린 것은?

① 운반용기의 재질은 나무도 가능하다.
② 고체위험물은 운반용기 내용적의 90% 이하의 수납율로 수납한다.
③ 액체위험물은 운반용기 내용적의 98% 이하의 수납율로 수납하되 55℃의 온도에서 누설되지 아니하도록 충분한 공간용적을 유지한다.
④ 알킬알루미늄은 운반용기 내용적의 90% 이하의 수납율로 수납하되 50℃의 온도에서 5% 이상의 공간 용적을 유지하도록 한다.

> 적재방법
> ① 고체위험물 : 운반용기 내용적의 95% 이하의 수납율로 수납할 것
> ② 액체위험물 : 운반용기 내용적의 98% 이하의 수납율로 수납하되, 55℃의 온도에서 누설되지 아니하도록 충분한 공간용적을 유지하도록 할 것
> ③ 알칼알루미늄은 운반 용기 내용적의 90% 이하의 수납율로 수납하되 50℃의 온도에서 5% 이상의 공간 용적을 유지하도록 할 것
> ④ 적재위험물에 따른 조치
> • 차광성이 있는 것으로 피복
> - 제1류 위험물
> - 제3류 위험물 중 자연발화성물질
> - 제4류 위험물 중 특수인화물
> - 제5류 위험물
> - 제6류 위험물
> • 방수성이 있는 것으로 피복
> - 제1류 위험물 중 알칼리금속의 과산화물
> - 제2류 위험물 중 철분·금속분·마그네슘
> - 제3류 위험물 중 금수성 물질

35. 탄화알루미늄이 물과 반응하면 폭발의 위험이 있다. 어떤 가스 때문인가?

① 수소   ② 메테인
③ 아세틸렌   ④ 암모니아

> 탄화알루미늄이 물과 반응하면 메테인(CH_4)가스가 발생한다.
> $Al_4C_3 + 12H_2O \rightarrow 4Al(OH)_3 + 3CH_4 \uparrow$
> (수산화알루미늄) (메테인)

36. 다량의 주수에 의한 냉각소화가 효과적인 위험물은?

① CH_3ONO_2 ② Al_4C_3
③ Na_2O_2 ④ Mg

> 질산메틸(CH_3ONO_2)은 냉각소화가 가능하고 다른 위험물은 냉각소화하면 가연성가스(CH_4, H_2) 또는 조연성가스(O_2)를 발생하므로 위험하다.
> • 탄화알루미늄 : $Al_4C_3 + 12H_2O \rightarrow 4Al(OH)_3 + 3CH_4$(메테인)
> • 과산화나트륨 : $2Na_2O_2 + 2H_2O \rightarrow 4NaOH + O_2$(산소)
> • 마그네슘 : $Mg + 2H_2O \rightarrow Mg(OH)_2 + H_2$(수소)

37. 다음 반응식과 같이 벤젠 1kg이 연소할 때 발생되는 CO_2의 양은 약 몇 m^3인가?(단, 27℃, 750mmHg 기준이다.)

$$C_6H_6 + 7.5O_2 \rightarrow 6CO_2 + 3H_2O$$

① 0.72   ② 1.22
③ 1.92   ④ 2.42

> 벤젠 연소시 이산화탄소의 양을 구하면
> $C_6H_6 + 7.5O_2 \rightarrow 6CO_2 + 3H_2O$
> 78kg   6 × 44kg
> 1kg   x
> $\therefore x = \dfrac{1kg \times 6 \times 44kg}{78kg} = 3.38kg$
> ∴ 이상기체상태방정식을 이용하면
> $PV = \dfrac{W}{M}RT$에서
> $V = \dfrac{WRT}{PM}$
> $= \dfrac{3.38kg \times 0.08205 \ell \cdot atm/kg-mol \cdot K \times (273+27)K}{\left(\dfrac{750mmHg}{760mmHg} \times 1atm\right) \times 44}$
> $= 1.92 m^3$

38 인화점이 21℃ 미만인 액체위험물의 옥외저장탱크 주입구에 설치하는 "옥외저장탱크 주입구"라고 표시한 게시판의 바탕 및 문자색을 옳게 나타낸 것은?

① 백색바탕 – 적색문자
② 적색바탕 – 백색문자
③ 백색바탕 – 흑색문자
④ 흑색바탕 – 백색문자

🔍 인화점이 21℃ 미만인 위험물의 옥외저장탱크의 주입구
• 게시판의 크기 : 한변이 0.3m 이상, 다른 한변이 0.6m 이상
• 게시판의 기재사항 : 옥외저장탱크 주입구, 위험물의 유별, 품명, 주의사항
• 게시판의 색상 : 백색바탕에 흑색문자(주의사항은 적색문자)

39 질산의 성상에 대한 설명 중 틀린 것은?

① 톱밥, 솜뭉치 등과 혼합하면 발화의 위험이 있다.
② 부식성이 강한 산성이다.
③ 백금, 금을 부식시키지 못한다.
④ 햇빛에 의해 분해하여 유독한 일산화탄소를 만든다.

🔍 질산이 분해하면 이산화질소(NO_2), 산소(O_2), 수증기(H_2O)를 발생한다.
$4HNO_3 \rightarrow 2H_2O + 4NO_2 \uparrow + O_2 \uparrow$

40 나이트로셀룰로스의 안전한 저장을 위해 사용되는 물질은?

① 페놀　　　　② 황산
③ 에테인올　　④ 아닐린

🔍 나이트로셀룰로스는 폭발을 방지하기 위하여 물 또는 알코올(에테인올)에 습면시켜 저장한다.

41 질소가 가연물이 될 수 없는 이유를 가장 옳게 설명한 것은?

① 산소와 반응하지만 반응 시 열을 방출하기 때문에
② 산소와 반응하지만 반응 시 열을 흡수하기 때문에
③ 산소와 반응하지 않고 열의 변화가 없기 때문에
④ 산소와 반응하지 않고 열을 방출하기 때문에

🔍 질소는 산소와 반응은 하나 흡열반응(열 흡수)을 하기 때문에 가연물이 될 수 없다.
※ 가연물 : 산소와 반응하여 발열 반응하는 물질

42 과염소산이 물과 접촉한 경우 일어나는 반응은?

① 중합반응
② 연소반응
③ 흡열반응
④ 발열반응

🔍 과염소산($HClO_4$)이 물과 접촉하면 발열반응을 한다.

43 적린의 성질 및 취급방법에 대한 설명으로 틀린 것은?

① 화재발생시 냉각소화가 가능하다.
② 공기 중에 방치하면 자연발화 한다.
③ 산화제와 격리하여 저장한다.
④ 비금속 원소이다.

🔍 적린은 공기 중에 방치하면 자연발화는 않지만 260℃ 이상 가열하면 발화하고 400℃ 이상에서 승화한다.

44 화학포소화기에서 기포 안정제로 사용되는 것은?

① 사포닌
② 질산
③ 황산알루미늄
④ 질산칼륨

🔍 소화약제
• 내약제(B제) : 황산알루미늄[$Al_2(SO_4)_3$]
• 외약제(A제) : 중탄산나트륨($NaHCO_3$), 기포안정제
※ 기포안정제 : 계면활성제, 사포닌, 젤라틴, 가수분해단백질

45 다음 위험물의 화재 시 주수소화가 가능한 것은?

① 철분
② 마그네슘
③ 나트륨
④ 황

> 황(S)은 제2류 위험물로서 주수소화가 가능하나, 나머지는 주수 소화하면 수소가스를 발생하므로 위험하다.
> [물과의 반응식]
> • 철분 : $2Fe + 6H_2O \rightarrow 2Fe(OH)_3 + 3H_2 \uparrow$
> • 마그네슘 : $Mg + 2H_2O \rightarrow Mg(OH)_2 + H_2 \uparrow$
> • 나트륨 : $2Na + 2H_2O \rightarrow 2NaOH + H_2 \uparrow$

46 다음 위험물 중 산, 알칼리 수용액에 모두 반응해 수소를 발생하는 양쪽성 원소는?

① Pt
② Au
③ Al
④ Na

> 양쪽성 원소 : Al, Zn, Sn, Pb

47 지하저장탱크에 경보음을 울리는 방법으로 과충전 방지장치를 설치하고자 한다. 탱크 용량의 최소 몇 %가 찰 때 경보음이 울리도록 하여야 하는가?

① 80
② 85
③ 90
④ 95

> 지하저장탱크의 과충전방지장치 설치 : 탱크 용량의 90%가 찰 때 경보음이 울리도록 한다.

48 다음은 각 위험물의 인화점을 나타낸 것이다. 인화점을 틀리게 나타낸 것은?

① CH_3COCH_3 : $-18.5℃$
② C_6H_6 : $-11℃$
③ CS_2 : $-30℃$
④ C_5H_5N : $-20℃$

> 제4류 위험물의 인화점
>
> | 종류 | 명칭 | 품명 | 인화점 |
> |---|---|---|---|
> | CH_3COCH_3 | 아세톤 | 제1석유류(수용성) | $-18.5℃$ |
> | C_6H_6 | 벤젠 | 제1석유류(비수용성) | $-11℃$ |
> | CS_2 | 이황화탄소 | 특수인화물 | $-30℃$ |
> | C_5H_5N | 피리딘 | 제1석유류(수용성) | $16℃$ |

49 지정수량 10배의 위험물을 취급하는 제조소에 있어서 연면적이 최소 몇 m²이면 자동화재탐지설비를 설치해야 하는가?

① 100
② 300
③ 500
④ 1000

> 제조소 및 일반취급소의 경보설비(자동화재탐지설비)의 설치 기준
> • 연면적 500m² 이상인 것
> • 옥내에서 지정수량의 100배 이상을 취급하는 것

50 다음 위험물 중 제3석유류에 속하고 지정수량이 2000ℓ인 것은?

① 아세트산
② 글리세린
③ 에틸렌글리콜
④ 나이트로벤젠

> 위험물의 품명과 지정수량
>
> | 종류 | 품명 | 지정수량 |
> |---|---|---|
> | 아세트산(초산) | 제2석유류(수용성) | 2000ℓ |
> | 글리세린 | 제3석유류(수용성) | 4000ℓ |
> | 에틸렌글리콜 | 제3석유류(수용성) | 4000ℓ |
> | 나이트로벤젠 | 제3석유류(비수용성) | 2000ℓ |

51 $(C_2H_5)_3Al$이 공기 중에 노출되어 연소할 때 발생하는 물질은?

① Al_2O_3
② CH_4
③ $Al(OH)_3$
④ C_2H_6

> 알킬알루미늄의 반응
> • 공기와의 반응
> $2(C_2H_5)_3Al + 21O_2 \rightarrow Al_2O_3 + 15H_2O + 12CO_2 \uparrow$
> • 물과의 반응
> $(C_2H_5)_3Al + 3H_2O \rightarrow Al(OH)_3 + 3C_2H_6 \uparrow$
> $(CH_3)_3Al + 3H_2O \rightarrow Al(OH)_3 + 3CH_4 \uparrow$

52 마그네슘분에 대한 설명으로 옳은 것은?

① 물보다 가벼운 금속이다.
② 분진폭발이 없는 물질이다.
③ 황산과 반응하면 수소가스를 발생한다.
④ 소화방법으로 직접적인 주수소화가 가장 좋다.

🔍 **마그네슘**
• 물성

화학식	분자량	비중	융점	비점
Mg	24.3	1.74	651℃	1100℃

• 은백색의 광택이 있는 금속이다.
• 공기 중 부식성은 적으나 알칼리에 안정하다.
• 물과 반응하면 수소가스를 발생한다.
 $Mg + 2H_2O \rightarrow Mg(OH)_2 + H_2 \uparrow$
• 가열하면 연소하기 쉽고 순간적으로 맹렬하게 폭발한다.
 $2Mg + O_2 \rightarrow 2MgO + Qkcal$
• Mg분이 공기 중에 부유하면 화기에 의해 분진폭발의 위험이 있다.
• 강산과 온수와 반응하여 수소가스를 발생한다.
 $Mg + H_2SO_4 \rightarrow MgSO_4 + H_2 \uparrow$

53 옥내주유취급소에 있어서는 당해 사무소 등의 출입구 및 피난구와 당해 피난구로 통하는 통로, 계단 및 출입구에 무엇을 설치해야 하는가?

① 화재감지기
② 스프링클러
③ 자동화재 탐지설비
④ 유도등

🔍 **피난설비**
• 주유취급소 중 건축물의 2층 이상의 부분을 점포·휴게음식점 또는 전시장의 용도로 사용하는 것에 있어서는 당해 건축물의 2층 이상으로부터 직접 주유취급소의 부지 밖으로 통하는 출입구와 당해 출입구로 통하는 통로·계단 및 출입구에 유도등을 설치하여야 한다.
• 옥내주유취급소에 있어서는 당해 사무소 등의 출입구 및 피난구와 당해 피난구로 통하는 통로·계단 및 출입구에 유도등을 설치하여야 한다.
• 유도등에는 비상전원을 설치하여야 한다.

54 위험물안전관리법령상 위험물 적재 시 운반용기의 외부에 표시해야 하는 사항이 아닌 것은?

① 수납하는 위험물의 주의사항
② 위험물의 품명 및 화학명
③ 위험물의 관리자 및 지정수량
④ 위험물의 수량

🔍 **위험물 운반용기의 외부 표시 사항**
• 위험물의 품명, 위험등급, 화학명 및 수용성(제4류 위험물의 수용성인 것에 한함)
• 위험물의 수량
• 위험물의 주의사항

55 다음 ( ) 안에 알맞은 수치를 차례대로 옳게 나열한 것은?

> 위험물 암반 탱크의 공간 용적은 당해 탱크 내에 용출하는 ( )일간의 지하수 양에 상당하는 용적과 당해 탱크 내용적의 100분의 ( )의 용적 중에서 보다 큰 용적을 공간 용적으로 한다.

① 1, 7
② 3, 5
③ 5, 3
④ 7, 1

🔍 **탱크의 내용적 및 공간용적**(위험물안전관리에 관한 세부기준 제25조)
• 탱크의 공간용적은 탱크용적의 5/100 이상 10/100 이하의 용적으로 한다[다만, 소화설비(소화약제 방출구를 탱크안의 윗부분에 설치하는 것에 한한다)를 설치하는 탱크의 공간 용적은 당해 소화설비의 소화약제 방출구 아래의 0.3m 이상 1m 미만 사이의 면으로부터 윗부분의 용적으로 한다]
• 암반탱크에 있어서는 당해 탱크내에 용출하는 7일간의 지하수의 양에 상당하는 용적과 당해 탱크의 내용적의 1/100의 용적 중에서 보다 큰 용적을 공간용적으로 한다.

56 운송책임자의 감독·지원을 받아 운송하여야 하는 것으로 대통령령이 정하는 위험물에 해당하는 것은?

① 알킬리튬
② 다이에틸에터
③ 과산화나트륨
④ 과염소산

🔍 알킬리튬, 알킬알루미늄을 운반하고자 할 때에는 운송책임자의 감독·지원을 받아 운송하여야 한다.

57 이동식 불활성가스 소화설비의 기준에서 온도 20℃에서 하나의 노즐마다 분당 몇 kg 이상의 소화약제를 방사할 수 있어야 하는가?

① 90kg
② 60kg
③ 50kg
④ 30kg

🔍 이동식 불활성가스 소화설비의 하나의 노즐의 방사량 : 90kg/min

58 위험물에 관한 설명 중 틀린 것은?

① 할로젠간 화합물은 제6류 위험물이다.
② 할로젠간 화합물의 지정수량은 200kg이다.
③ 과염소산은 불연성이나 산화성이 강하다.
④ 과염소산은 산소를 함유하고 있으며 물보다 무겁다.

> 할로젠간 화합물(제6류 위험물)의 지정수량 : 300kg

59 제조소등의 용도를 폐지한 경우 제조소등의 관계인은 용도를 폐지한 날로부터 며칠 이내에 용도폐지 신고를 하여야 하는가?

① 3일
② 7일
③ 14일
④ 30일

> 제조소등의 용도폐지신고 : 폐지한날로부터 14일 이내에 시·도지사에게 신고하여야 한다.

60 높이 15m, 지름 20m인 옥외저장탱크에 보유공지의 단축을 위해서 물분무설비로 방호조치를 하는 경우 수원의 양은 약 몇 ℓ 이상으로 하여야 하는가?

① 46496
② 58090
③ 70259
④ 95880

> 수원의 양
> 옥외저장탱크("공지단축 옥외저장탱크"라 한다)에 다음 각목의 기준에 적합한 물분무설비로 방호조치를 하는 경우에는 그 보유공지를 제1호의 규정에 의한 보유공지의 2분의 1 이상의 너비(최소 3m 이상)로 할 수 있다. 이 경우 공지단축 옥외저장탱크의 화재시 1m² 당 20kW 이상의 복사열에 노출되는 표면을 갖는 인접한 옥외저장탱크가 있으면 당해 표면에도 다음 각목의 기준에 적합한 물분무설비로 방호조치를 함께하여야 한다.
> • 탱크의 표면에 방사하는 물의 양은 탱크의 원주길이 1m에 대하여 분당 37ℓ 이상으로 할 것
> • 수원의 양은 (1)의 규정에 의한 수량으로 20분 이상 방사할 수 있는 수량으로 할 것
> ∴ 수원 = 원주길이 × 37ℓ/min·m × 20min
>   = (2πr) × 37ℓ/min·m × 20min
>   = (2 × π × 10m) × 37ℓ/min·m × 20min = 46496ℓ

정답 CBT 복원문제 2017년 1회

01 ③	02 ④	03 ②	04 ①	05 ③
06 ④	07 ①	08 ③	09 ④	10 ③
11 ②	12 ④	13 ④	14 ①	15 ④
16 ①	17 ①	18 ③	19 ③	20 ②
21 ②	22 ①	23 ②	24 ③	25 ④
26 ②	27 ③	28 ①	29 ④	30 ③
31 ②	32 ③	33 ①	34 ②	35 ②
36 ①	37 ③	38 ③	39 ④	40 ③
41 ②	42 ①	43 ②	44 ①	45 ④
46 ③	47 ③	48 ④	49 ③	50 ④
51 ①	52 ③	53 ④	54 ③	55 ④
56 ①	57 ①	58 ②	59 ③	60 ①

2017년 2회 CBT 복원문제

01 다음 화합물 중 소화약제로 사용되지 않는 것은?

① CF_3Br
② CHF_3
③ Na_2SO_4
④ $KHCO_3$

> 소화약제 : 할론1301(CF_3Br), CHF_3, $KHCO_3$(제2종 분말)
> Na_2SO_4(황산나트륨) : 화학포소화기 반응 시 생성물

02 다음 중 점화원에 대한 설명으로 옳지 않은 것은?

① 점화에너지의 크기는 최소한 가연물의 활성화 에너지의 크기보다 커야 한다.
② 정전기, 고열, 마찰력은 점화원이 될 수 있다.
③ 화학적으로 반응성이 큰 가연물 일수록 점화 에너지가 작아도 된다.
④ 자기연소를 하는 물질의 점화원으로 가능한 것은 충격력만 있다.

> 자기연소의 점화원 : 가열, 마찰, 충격

03 다음 중 제1류 위험물인 산화성 고체는 어느 것인가?

① 황과 적린
② 칼륨과 나트륨
③ 나이트로화합물
④ 염소산염류

> 위험물의 분류
>
> | 종류 | 류별 | 종류 | 류별 |
> | --- | --- | --- | --- |
> | 황과 적린 | 제2류 위험물 | 칼륨과 나트륨 | 제3류 위험물 |
> | 나이트로화합물 | 제5류 위험물 | 염소산염류 | 제1류 위험물 |

04 물에 탄산칼륨을 보강시킨 소화기는?

① 할론소화기
② 포소화기
③ 강화액소화기
④ 산·알칼리소화기

> 강화액소화기는 물에 탄산칼륨(K_2CO_3)용해하여 빙점을 $-25 \sim -30°C$까지 낮추어 추운지방이나 한랭지방에 사용할 수 있도록 만든 소화기이다.

05 자연발화의 조건으로 옳은 것은?

① 주위의 온도가 낮을 것
② 표면적이 작을 것
③ 열전도율이 클 것
④ 발열량이 클 것

> 자연발화의 조건
> • 주위의 온도가 높을 것
> • 열전도율이 적을 것
> • 발열량이 클 것
> • 표면적이 넓을 것

06 소화전용 물통 8ℓ의 소화능력단위는?

① 0.3단위
② 0.5단위
③ 1.0단위
④ 2.5단위

> 소화설비의 능력단위
>
> | 소화설비 | 용량 | 능력단위 |
> | --- | --- | --- |
> | 소화전용 물통 | 8ℓ | 0.3 |
> | 수조(소화전용물통 3개 포함) | 80ℓ | 1.5 |
> | 수조(소화전용물통 6개 포함) | 190ℓ | 2.5 |
> | 마른 모래(삽 1개 포함) | 50ℓ | 0.5 |
> | 팽창 질석 또는 팽창진주암(삽 1개 포함) | 160ℓ | 1.0 |

07 분말소화약제 중 제1종과 제2종 분말이 각각 열분해 될 때 공통적으로 생성되는 가스는?

① H_2
② O_2
③ CO_2
④ N_2

> 분말소화약제의 열분해 반응식
> • 제1종 분말 : $2NaHCO_3 \rightarrow Na_2CO_3 + H_2O \uparrow + CO_2 \uparrow$
> • 제2종 분말 : $2KHCO_3 \rightarrow K_2CO_3 + H_2O \uparrow + CO_2 \uparrow$
> • 제3종 분말 : $NH_4H_2PO_4 \rightarrow HPO_3 + NH_3 \uparrow + H_2O \uparrow$
> • 제4종 분말 : $2KHCO_3 + (NH_2)_2CO \rightarrow K_2CO_3 + 2NH_3 \uparrow + 2CO_2 \uparrow$

08 옥내소화전설비에서 펌프를 이용한 가압송수장치의 수원은 옥내소화전의 설치 개수가 가장 많은 층의 설치 개수(5 이상인 경우에는 5개)에 얼마를 곱한 양 이상으로 확보하여야 하는가?

① $260 \ell/min$
② $360 \ell/min$
③ $460 \ell/min$
④ $560 \ell/min$

소화설비의 방사량 등

종류	항목	방사량	방사압력	토출량	수원	비상전원
옥내소화전설비	일반건축물	130 ℓ/min	0.17 MPa	N(최대 2개) ×130ℓ/min	N(최대 2개) × 2.6m³ (130ℓ/min × 20min)	20분
	위험물제조소 등	260 ℓ/min	0.35 MPa	N(최대 5개) ×260ℓ/min	N(최대 5개) × 7.8m³ (260ℓ/min × 30min)	45분
옥외소화전설비	일반건축물	350 ℓ/min	0.25 MPa	N(최대 2개) ×350ℓ/min	N(최대 2개) × 7m³ (350ℓ/min × 20min)	—
	위험물제조소 등	450 ℓ/min	0.35 MPa	N(최대 4개) ×450ℓ/min	N(최대 4개) × 13.5m³ (450ℓ/min × 30min)	45분
스프링클러설비	일반건축물	80 ℓ/min	0.1 MPa	헤드수 ×80ℓ/min	헤드수 × 1.6m³ (80ℓ/min × 20min)	20분
	위험물제조소 등	80 ℓ/min	0.1 MPa	헤드수 ×80ℓ/min	헤드수 × 2.4m³ (80ℓ/min × 30min)	45분

09 위험물 판매취급소에 관한 설명 중 틀린 것은?

① 위험물을 배합하는 실의 바닥면적은 $6m^2 \sim 15m^2$ 이하 이어야 한다.
② 제1종 판매취급소는 건축물의 1층에 설치한다.
③ 일반적으로 페인트점, 화공약품점이 이에 해당한다.
④ 취급하는 위험물의 종류에 따라 1종과 2종으로 구분된다.

판매취급소의 분류
• 제1종 판매취급소 : 지정수량의 20배 이하의 위험물을 판매하기 위하여 취급하는 장소
• 제2종 판매취급소 : 지정수량의 40배 이하의 위험물을 판매하기 위하여 취급하는 장소

10 고정지붕구조를 가진 높이 15m의 원통종형 옥외저장탱크안의 탱크 상부로부터 아래로 1m지점에 포방출구가 설치되어 있다. 이 조건의 탱크를 신설하는 경우 최대 허가량은 얼마인가?(단, 탱크의 단면적은 100m²이고 탱크 내부에는 별다른 구조물이 없으며 공간용적 기준은 만족하는 것으로 가정한다)

① $1400m^3$
② $1370m^3$
③ $1350m^3$
④ $1300m^3$

탱크의 공간용적은 탱크의 내용적의 100분의 5 이상 100분의 10 이하의 용적으로 한다. 다만, 소화설비(소화약제 방출구를 탱크안의 윗부분에 설치하는 것에 한한다)를 설치하는 탱크의 공간용적은 당해 소화설비의 소화약제방출구 아래의 0.3m 이상 1m 미만 사이의 면으로부터 윗부분의 용적으로 한다.
∴ 탱크의 높이 15m − (1 + 0.3m) = 13.7m이므로
최대 허가량은 13.7m × 100m² = 1370m³

11 오황화인이 물과 반응하였을 때 생성된 가스를 연소시키면 발생하는 독성이 있는 가스는?

① 이산화질소
② 포스핀
③ 염화수소
④ 이산화황

오황화인은 물과 반응하면 황화수소와 인산이 된다.
$P_2S_5 + 8H_2O \rightarrow 5H_2S + 2H_3PO_4$
※황화수소를 연소시키면 이산화황(아황산가스, SO_2)이 발생한다.
$2H_2S + 3O_2 \rightarrow 2SO_2 + 2H_2O$

12 제조소 또는 취급소용 건축물로서 외벽이 내화구조로 된 것의 1소요 단위는?

① $50m^2$
② $75m^2$
③ $100m^2$
④ $150m^2$

🔍 **소요단위의 계산방법**
- 제조소 또는 취급소의 건축물
  - 외벽이 내화구조 : 연면적 100㎡를 1소요단위
  - 외벽이 내화구조가 아닌 것 : 연면적 50㎡를 1소요단위
- 저장소의 건축물
  - 외벽이 내화구조 : 연면적 150㎡를 1소요단위
  - 외벽이 내화구조가 아닌 것 : 연면적 75㎡를 1소요단위
- 위험물은 지정수량의 10배 : 1소요단위

🔍 **위험물의 분류**

종류	분류	종류	분류
등유	제2석유류	피리딘	제1석유류
경유	제2석유류	휘발유	제1석유류
중유	제3석유류	아크릴산	제2석유류

13 다음 중 정전기를 제거하는 방법으로 옳지 않은 것은?

① 접지를 하였다.
② 공기를 이온화하였다.
③ 공기 중의 상대습도를 70% 이상으로 하였다.
④ 공기를 4℃ 이하로 냉각하였다.

🔍 **정전기 제거 방법**
- 접지할 것
- 공기를 이온화할 것
- 상대습도를 70% 이상으로 할 것

14 옥외 저장시설에서 지정수량 200배 초과의 위험물을 저장할 경우 보유공지의 너비는 몇 m 이상으로 하는가? (단, 제4류 위험물과 제6류 위험물은 제외한다.)

① 0.5 m
② 2.5m
③ 10m
④ 15m

🔍 **옥외저장소의 보유공지**

저장 또는 취급하는 위험물의 최대수량	공지의 너비
지정수량의 10배 이하	3m 이상
지정수량의 10배 초과 20배 이하	5m 이상
지정수량의 20배 초과 50배 이하	9m 이상
지정수량의 50배 초과 200배 이하	12m 이상
지정수량의 200배 초과	15m 이상

15 다음 중 제2석유류로만 짝지어진 것은?

① 등유 – 피리딘
② 경유 – 휘발유
③ 등유 – 중유
④ 경유 – 아크릴산

16 다음 중 제거소화의 예가 아닌 것은?

① 가스 화재시 가스 공급을 차단하기 위해 밸브를 닫아 소화시킨다.
② 유전 화재시 폭약을 사용하여 폭풍에 의하여 가연성 증기를 날려 보내 소화시킨다.
③ 연소하는 가연물을 밀폐시켜 공기 공급을 차단하여 소화한다.
④ 촛불 소화 시 입으로 바람을 불어서 소화시킨다.

🔍 제거소화 : 화재 현장에서 가연물을 제거하는 소화방법
 ※질식소화 : 공기의 공급을 차단하여 소화하는 방법

17 제3석유류 160,000ℓ를 저장하고 있는 곳에 소화설비를 설치할 때 소요단위는 몇 단위인가? (단, 수용성이다)

① 1단위
② 2단위
③ 3단위
④ 4단위

🔍 위험물은 지정수량의 10배를 1소요단위로 하므로
 ※제3석유류의 수용성 : 4,000ℓ
 ∴소요단위 = $\frac{저장수량}{지정수량 \times 10}$ = $\frac{160,000ℓ}{4,000ℓ \times 10}$ = 4단위

18 황린의 취급 및 주의사항으로 잘못된 것은?

① 독성이 강하고 피부에 묻으면 화상을 입는다.
② 공기와 접촉을 피하기 위하여 석유 속에 보관한다.
③ 온도가 높아지면 용해도는 증가한다.
④ 물 속에 저장하여 보관한다.

🔍 황린(P_4)은 포스핀(PH_3)의 생성을 방지하기 위하여 물 속에 저장한다.

19 대형 수동식소화기는 방호대상물의 각 부분으로부터 하나의 대형수동식 소화기까지의 보행거리가 몇 미터 이하가 되도록 설치하여야 하는가?(단, 옥내소화전설비, 옥외소화전설비, 스프링클러설비 또는 물분무등소화설비와 함께 설치하는 경우는 제외한다)

① 20m ② 30m
③ 40m ④ 50m

> 수동식소화기의 설치 기준
> • 각층마다 설치할 것
> • 소방대상물의 각 부분으로부터 수동식소화기까지의 보행거리
>   - 소형수동식소화기 : 20m 이내
>   - 대형수동식소화기 : 30m 이내가 되도록 배치할 것

20 다음 중 제5류 위험물 품명에 속하지 않는 것은?

① 질산에스터류 ② 디아조화합물
③ 아크릴로나이트릴류 ④ 나이트로화합물

> 제5류 위험물의 종류 및 지정수량
>
> | 유별 | 성질 | 품명 | 지정수량 |
> |---|---|---|---|
> | 제5류 | 자기
반응성
물질 | 1. 유기과산화물, 질산에스터류
2. 하이드록실아민, 하이드록실아민염류
3. 나이트로화합물, 나이트로소화합물, 아조화합물, 다이아조화합물, 하이드라진 유도체 | 제1종 : 10kg
제2종 : 100kg |

21 불활성가스 소화설비의 기준에서 저장용기 설치에 대한 설명으로 옳지 않은 것은?

① 온도가 섭씨 40도 이하이고 온도변화가 적은 곳에 설치하여야 한다.
② 반드시 방호구역 내에 설치하여야 한다.
③ 직사일광 및 빗물이 침투할 우려가 적은 곳에 설치하여야 한다.
④ 저장용기에는 안전장치를 설치하여야 한다.

> 이산화탄소 소화설비의 저장용기의 설치 기준
> • 방호구역 외의 장소에 설치할 것
> • 온도가 40℃ 이하이고, 온도변화가 적은 곳에 설치할 것
> • 직사광선 및 빗물이 침투할 우려가 없는 곳에 설치할 것
> • 저장용기에는 안전장치를 설치할 것
> • 저장용기의 외면에 소화약제의 종류와 양, 제조년도 및 제조자를 표시할 것

22 소화난이도 등급 Ⅰ에 해당하는 제조소의 연면적은?

① 1,000m² 이상 ② 800m² 이상
③ 700m² 이상 ④ 500m² 이상

> 소화난이도 등급 Ⅰ
> • 제조소 : 연면적이 1000m² 이상
> • 옥내저장소 : 연면적이 150m² 초과

23 위험물안전관리법령상 위험등급 Ⅰ의 위험물에 해당하는 것은?

① 무기과산화물
② 황화인, 적린, 황
③ 제1석유류
④ 알코올류

> 위험등급
>
> | 종류 | 류별 | 위험등급 |
> |---|---|---|
> | 무기과산화물 | 제1류 위험물 | Ⅰ |
> | 황화인, 적린, 황 | 제2류 위험물 | Ⅱ |
> | 제1석유류 | 제4류 위험물 | Ⅱ |
> | 알코올류 | 제4류 위험물 | Ⅱ |

24 제3류 위험물 중 탄화칼슘의 지정수량은 얼마인가?

① 20kg ② 50kg
③ 100kg ④ 300kg

> 탄화칼슘(칼슘의 탄화물, CaC_2)의 지정수량 : 300kg

25 다음 화학식의 할론 번호가 잘못 연결된 것은?

① CCl_4 – 104 ② CH_2ClBr – 1011
③ CF_3Br – 1301 ④ $C_2F_4Br_2$ – 1202

> 할로젠 화합물 소화약제
>
> | 종류 | 화학식 |
> |---|---|
> | 할론 1301 | CF_3Br(브로모트라이플루오로메테인) |
> | 할론 1211 | CF_2ClBr(브로모클로로다이플루오로메테인) |
> | 할론 1011 | CH_2ClBr(블로모클로로메테인) |
> | 할론 2402 | $C_2F_4Br_2$(다이브로모테트라플루오로에테인) |
> | 할론 104 | CCl_4(사염화탄소) |

26 HCIO₄, HNO₃, H₂O₂ 각각의 지정수량을 모두 합하면 얼마인가?

① 200kg   ② 50kg
③ 900kg   ④ 1200kg

> 과염소산(HClO₄), 질산(HNO₃), 과산화수소(H₂O₂)는 전부 제6류 위험물로서 지정수량이 각각 300kg이므로 합은 900kg이다.

27 금속염을 불꽃반응 실험을 한 결과 노란색의 불꽃이 나타났다. 이 금속염에 포함된 금속은 무엇인가?

① Cu   ② K
③ Na   ④ Li

> 불꽃 색상

원소의 종류	불꽃 색상	원소의 종류	불꽃 색상
Li(리튬)	적색	Na(나트륨)	노란색
K(칼륨)	보라색	Rb(루비듐)	연적색
Cs(세슘)	연파랑색		

28 다음 위험물 중 지정수량이 나머지 셋과 다른 것은?

① 벤즈알데하이드   ② 클로로벤젠
③ 나이트로벤젠   ④ 트라이부틸아민

> 제4류 위험물의 분류

종류	화학식	분류	지정수량
벤즈알데하이드	C₆H₅CHO	제2석유류(비)	1,000ℓ
클로로벤젠	C₆H₅Cl	제2석유류(비)	1,000ℓ
나이트로벤젠	C₆H₅NO₂	제3석유류(비)	2,000ℓ
트라이부틸아민	[CH₃(CH₂)₃]N	제2석유류(비)	1,000ℓ

※ (비) : 비수용성임

29 산화프로필렌의 특징에 대한 설명 중 옳지 않은 것은?

① 구리, 은, 마그네슘 등과 접촉시 폭발성인 아세틸라이드를 생성한다.
② 연소 범위가 넓다.
③ 증기압은 20℃에서 445mmHg이다.
④ 반응성이 작고, 증기밀도가 낮다.

> 산화프로필렌은 반응성이 크고 증기밀도(58/22.4ℓ = 2.59)가 크다.

30 아마인유에 대한 설명 중 틀린 것은?

① 건성유이다.
② 공기 중에서 산소와 결합하기 쉽다.
③ 아이오딘가가 올리브유보다 작다.
④ 자연발화의 위험이 있다.

> 동식물유류의 종류

구분	아이오딘값	반응성	불포화도	종류
건성유	130 이상	크다	크다	해바라기유, 동유, 아마인유, 정어리기름, 들기름
반건성유	100 ~ 130	중간	중간	채종유, 목화씨기름, 참기름, 콩기름
불건성유	100 이하	적다	적다	야자유, 올리브유, 피마자유, 동백유

31 일반적으로 위험물저장탱크의 공간용적은 탱크내용적의 얼마로 하는가?

① $\frac{2}{100}$ 이상 $\frac{3}{100}$ 이하
② $\frac{2}{100}$ 이상 $\frac{5}{100}$ 이하
③ $\frac{5}{100}$ 이상 $\frac{10}{100}$ 이하
④ $\frac{10}{100}$ 이상 $\frac{20}{100}$ 이하

> 탱크의 용량 = 탱크의 내용적 − 공간용적($\frac{5}{100}$ 이상 $\frac{10}{100}$ 이하)

32 다음 그림과 같이 가로로 설치한 원통형 탱크의 내용적은 몇 m³인가? (단, 반지름 r은 2m, 탱크의 길이 ℓ은 6m, 볼록한 면의 길이 ℓ₁, ℓ₂는 각각 1.5m이다.)

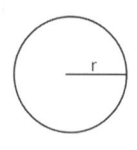 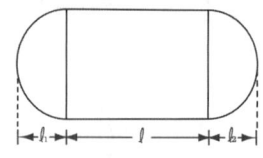

① 67.56   ② 75.92
③ 87.92   ④ 98.48

🔍 **탱크의 용량**
탱크의 용량 = 탱크의 내용적 − 공간용적(탱크 내용적의 5/100 이상 10/100 이하)
• 타원형 탱크의 내용적
  − 양쪽이 볼록한 것

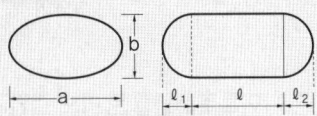

내용적 = $\dfrac{\pi ab}{4}\left(\ell + \dfrac{\ell_1 + \ell_2}{3}\right)$

  − 한쪽은 볼록하고 다른 한쪽은 오목한 것

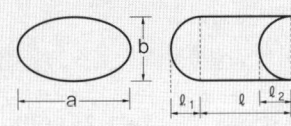

내용적 = $\dfrac{\pi ab}{4}\left(\ell + \dfrac{\ell_1 - \ell_2}{3}\right)$

• 원통형 탱크의 내용적
  − 횡으로 설치한 것

 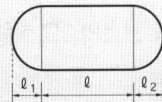

내용적 = $\pi r^2\left(\ell + \dfrac{\ell_1 + \ell_2}{3}\right)$

  − 종으로 설치한 것

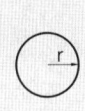 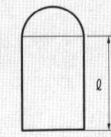

내용적 = $\pi r^2 \ell$

∴ 내용적 $V = \pi r^2\left(\ell + \dfrac{\ell_1 + \ell_2}{3}\right)$
   $= 3.14 \times 2^2 \times \left(6 + \dfrac{1.5 + 1.5}{3}\right) = 87.92 m^3$

---

33 "특정옥외탱크저장소"라 함은 옥외탱크저장소 중 저장 또는 취급하는 액체위험물의 최대수량이 몇 ℓ 이상인 것을 말하는가?

① 50만
② 100만
③ 200만
④ 300만

🔍 **옥외탱크저장소의 분류**
• 특정 옥외탱크저장소 : 액체위험물의 용량이 100만ℓ 이상
• 준특정 옥외탱크저장소 : 액체위험물의 용량이 50만ℓ 이상 100만ℓ 미만

---

34 다음 중 제5류 위험물인 것은?

① 사이클로헥산
② 염화아세틸
③ 질산메틸
④ 아크릴산

🔍 **위험물의 분류**

종류	품명	종류	품명
사이클로헥산	제4류 위험물 제1석유류	염화아세틸	제4류 위험물 제1석유류
질산메틸	제5류 위험물 질산에스터류	아크릴산	제4류 위험물 제2석유류

---

35 인화성액체 위험물 옥외탱크저장소의 탱크 주위에 방유제를 설치할 때 방유제 내의 면적은 몇 m^2 이하로 하여야 하는가?

① 20000
② 40000
③ 60000
④ 80000

🔍 **옥외탱크저장소의 방유제**
• 방유제의 용량
  − 탱크가 하나일 때 : 탱크 용량의 110% 이상(인화성이 없는 액체위험물은 100%)
  − 탱크가 2기 이상일 때 : 탱크 중 용량이 최대인 것의 용량의 110% 이상(인화성이 없는 액체위험물은 100%)
• 방유제의 높이 : 0.5m 이상 3m 이하
• 방유제 내의 면적 : 80,000m^2 이하
• 방유제 내에 설치하는 옥외저장탱크의 수는 10(방유제 내에 설치하는 모든 옥외저장탱크의 용량이 20만ℓ 이하이고, 위험물의 인화점 70℃ 이상 200℃ 미만인 경우에는 20) 이하로 할 것(단, 인화점이 200℃ 이상인 옥외저장탱크는 제외)
※ 방유제 내에 탱크의 설치 갯수
  − 제1석유류, 제2석유류 : 10기 이하
  − 제3석유류(인화점 70℃ 이상 200℃ 미만) : 20기 이하
  − 제4석유류(인화점이 200℃ 이상) : 제한없음
• 방유제의 재질 : 철근콘크리트
• 방유제에는 배수구를 설치하고 개폐밸브를 방유제 밖에 설치할 것
• 높이가 1m 이상이면 계단 또는 경사로를 약 50m마다 설치할 것

36 제1류 위험물 제조소의 게시판에 "물기엄금"이라고 쓰여 있다. 다음 중 어떤 위험물의 제조소인가?

① 염소산나트륨 ② 아이오딘산나트륨
③ 다이크로뮴산나트륨 ④ 과산화나트륨

🔍 주의사항

위험물의 종류	게시판의 색상	주의사항
제1류 위험물 중 알칼리금속의 과산화물 제3류 위험물 중 금수성물질	물기엄금	청색바탕에 백색문자
제2류 위험물(인화성 고체는 제외)	화기주의	적색바탕에 백색문자
제2류 위험물 중 인화성 고체 제3류 위험물 중 자연발화성물질 제4류 위험물 제5류 위험물	화기엄금	적색바탕에 백색문자

※제1류 위험물 중 알칼리금속의 과산화물 : 과산화칼륨, 과산화나트륨

37 질화면을 강질화면과 약질화면으로 구분할 때 어떤 차이를 기준으로 하는가?

① 분자의 크기에 의한 차이
② 질소 함유량에 의한 차이
③ 질화할 때의 온도에 의한 차이
④ 입자의 모양에 의한 차이

🔍 질화도 : 나이트로셀룰로스 속에 함유된 질소의 함유량
• 강면약 : 질화도 N > 12.76%
• 약면약 : 질화도 N < 10.18~12.76%

38 분말소화설비의 기준에서 가압용 가스용기에 사용되는 가스로 옳은 것은?

① N_2, O_2 ② CO_2, O_2
③ N_2, CO_2 ④ H_2, O_2

🔍 가압용 가스용기에 사용되는 가스 : 질소(N_2), 이산화탄소(CO_2)

39 $NaHCO_3$와 $Al_2(SO_4)_3$로 되어 있는 소화기는?

① 산·알칼리소화기 ② 드라이케미칼소화기
③ 이산화탄소소화기 ④ 포말소화기

🔍 포말(화학포) 소화기의 반응식
$6NaHCO_3$ + $Al_2(SO_4)_3 \cdot 18H_2O$
(탄산수소나트륨) (황산알루미늄)
→ $3Na_2SO_4$ + $2Al(OH)_3$ + $6CO_2\uparrow$ + $18H_2O$
(황산나트륨) (수산화알루미늄) (이산화탄소)

40 다음 중 나이트로화합물은 어느 것인가?

① 트라이나이트로톨루엔
② 나이트로글리세린
③ 나이트로글리콜
④ 나이트로셀룰로스

🔍 나이트로화합물 : 트라이나이트로톨루엔(TNT), 트라이나이트로페놀(피크린산)
※질산에스터류 : 나이트로글리세린, 나이트로글리콜, 나이트로셀룰로스

41 다음 중 연소의 3요소를 모두 갖춘 것은?

① 휘발유 + 공기 + 산소
② 적린 + 수소 + 성냥불
③ 성냥불 + 황 + 산소
④ 알코올 + 수소 + 산소

🔍 연소의 3요소
• 가연물 : 황(제2류 위험물)
• 산소공급원 : 산소
• 점화원 : 성냥불
※가연물 : 휘발유, 적린, 수소, 황, 알코올

42 다음 위험물 중 분자식을 C_3H_6O로 나타내는 것은?

① 에틸알코올
② 에틸에터
③ 아세톤
④ 아세트산

🔍 아세톤
• 화학식 : CH_3COCH_3
• 분자식 : C_3H_6O

43 이송취급소의 소화난이도 등급에 관한 설명 중 옳은 것은?

① 모든 이송취급소는 소화난이도 등급 Ⅰ에 해당한다.
② 지정수량 100배 이상을 취급하는 이송취급소만 소화난이도 등급 Ⅰ에 해당한다.
③ 지정수량 200배 이상을 취급하는 이송취급소만 소화난이도 등급 Ⅰ에 해당한다.
④ 지정수량 10배 이상의 제4류 위험물을 취급하는 이송취급소만 소화난이도 등급 Ⅰ에 해당한다.

🔍 지정수량의 배수에 관계없이 모든 이송취급소는 소화난이도 등급 Ⅰ에 해당한다.

44 다음 중 물과 반응하여 발열하고 산소를 방출하는 위험물은?

① 과산화칼륨　　② 과망가니즈산칼륨
③ 과산화수소　　④ 염소산칼륨

🔍 과산화칼륨(K_2O_2)은 물과 반응하여 산소를 방출한다.
$2K_2O_2 + 2H_2O \rightarrow 4KOH + O_2 \uparrow +$ 발열

45 제2류 위험물 중 철분 운반용기 외부에 표시하여야 하는 주의사항을 옳게 나타낸 것은?

① 화기주의 및 물기엄금
② 화기엄금 및 물기엄금
③ 화기주의 및 물기주의
④ 화기엄금 및 물기주의

🔍 운반용기의 주의사항
• 제1류 위험물
　- 알칼리금속의 과산화물 : 화기·충격주의, 물기엄금, 가연물접촉주의
　- 그 밖의 것 : 화기·충격주의, 가연물접촉주의
• 제2류 위험물
　- 철분·금속분·마그네슘 : 화기주의, 물기엄금
　- 인화성고체 : 화기엄금
　- 그 밖의 것 : 화기주의
• 제3류 위험물
　- 자연발화성물질 : 화기엄금, 공기접촉엄금
　- 금수성물질 : 물기엄금
• 제4류 위험물 : 화기엄금
• 제5류 위험물 : 화기엄금, 충격주의
• 제6류 위험물 : 가연물접촉주의

46 물에 녹지 않고 알코올에 녹으며 비점이 86℃, 분자량 약 91인 무색, 투명한 액체로서, 제5류 위험물에 해당하는 물질은?

① 질산에틸
② 벤조일퍼옥사이드
③ 의산메틸
④ 과산화수소

🔍 질산에틸($C_2H_5ONO_2$)은 물에 녹지 않고 알코올에 녹으며 비점이 86℃, 분자량 약 91인 무색, 투명한 액체로서 제5류 위험물 중 질산에스터류에 속한다.

47 다음 중 제3석유류에 속하는 것은?

① 벤즈알데하이드
② 등유
③ 글리세린
④ 염화아세틸

🔍 제4류 위험물의 품명

종류	품명	종류	품명
벤즈알데하이드	제2석유류	등유	제2석유류
글리세린	제3석유류	염화아세틸	제1석유류

48 다음과 같은 성상을 갖는 물질은?

• 은백색 광택의 무른 경금속으로 포타슘이라고도 부른다.
• 공기 중에서 수분과 반응하여 수소가 발생한다.
• 융점이 63.7℃이고, 비중은 약 0.86이다.

① 칼륨　　　　② 나트륨
③ 부틸리튬　　④ 트라이메틸알루미늄

🔍 칼륨(Potassium)
• 특성

화학식	원자량	비점	융점	비중	불꽃색상
K	39	774℃	63.7℃	0.86	보라색

• 은백색의 광택이 있는 무른 경금속으로 보라색 불꽃을 내면서 연소한다.
• 할로젠 및 산소, 수증기 등과 접촉하면 발화위험이 있다.
• 습기 존재 하에서 CO와 접촉하면 폭발한다.
• 석유, 경유, 유동파라핀 등의 보호액을 넣은 내통에 밀봉 저장한다.

49 다음 중 증기의 밀도가 가장 큰 것은?

① 다이에틸에터
② 벤젠
③ 가솔린(옥탄 100%)
④ 에틸알코올

🔍 증기밀도(증기비중 = $\frac{분자량}{29}$)

종류	화학식	분자량	증기비중
다이에틸에터	$C_2H_5OC_2H_5$	74	$\frac{74}{29} = 2.55$
벤젠	C_6H_6	78	$\frac{78}{29} = 2.69$
가솔린	$C_5 \sim C_9$	–	$3 \sim 4$
에틸알코올	C_2H_5OH	46	$\frac{46}{29} = 1.59$

50 질산에스터류에 속하지 않는 것은?

① 트라이나이트로톨루엔
② 질산에틸
③ 나이트로글리세린
④ 나이트로셀룰로스

🔍 제5류 위험물의 질산에스터류 : 나이트로셀룰로스, 나이트로글리세린, 질산메틸, 질산에틸
※ 트라이나이트로톨루엔(TNT) : 나이트로화합물

51 다음 중 제5류 위험물에 적응성이 있는 소화설비는?

① 분말소화설비
② 불활성가스소화설비
③ 할로젠화합물소화설비
④ 스프링클러설비

🔍 제5류 위험물은 옥내소화전설비, 스프링클러설비와 같이 냉각소화가 효과적이다.

52 다음 중 자기반응성 물질인 제5류 위험물에 해당하는 것은?

① $CH_3(C_6H_4)NO_2$
② CH_3COCH_3
③ $C_6H_2(NO_2)_3OH$
④ $C_6H_5NO_2$

🔍 위험물의 분류

종류	명칭	품명
$CH_3(C_6H_4)NO_2$	나이트로톨루엔	제4류 제3석유류
CH_3COCH_3	아세톤	제4류 제1석유류
$C_6H_2(NO_2)_3OH$	피크린산	제5류 위험물
$C_6H_5NO_2$	나이트로벤젠	제4류 제3석유류

53 폼산에 대한 설명으로 옳은 것은?

① 환원성이 있다.
② 초산 또는 빙초산이라고도 한다.
③ 독성은 거의 없고 물에 녹지 않는다.
④ 비중은 약 0.6이다.

🔍 포름산(개미산, 의산, HCOOH)은 환원성이 있다.

54 다이에틸에터와 벤젠의 공통성질에 대한 설명으로 옳은 것은?

① 증기비중은 1보다 크다.
② 인화점은 -10℃보다 높다.
③ 착화온도는 200℃보다 낮다.
④ 연소범위의 상한이 60%보다 크다.

🔍 다이에틸에터와 벤젠의 비교

종류	증기비중	인화점	착화온도	연소범위
다이에틸에터	2.55	-40℃	180℃	$1.7 \sim 48\%$
벤젠	2.69	-11℃	498℃	$1.4 \sim 8\%$

55 지정수량 이상의 위험물을 소방서장의 승인을 받아 제조소 등이 아닌 장소에서 임시로 저장 또는 취급할 수 있는 기간은 얼마 이내인가?(단, 군부대가 군사 목적으로 임시로 저장 또는 취급하는 경우는 제외한다.)

① 30일
② 60일
③ 90일
④ 180일

🔍 위험물 임시저장기간 : 90일 이내

56 인화점이 낮은 것부터 높은 순서로 나열된 것은?

① 톨루엔 – 아세톤 – 벤젠
② 아세톤 – 톨루엔 – 벤젠
③ 톨루엔 – 벤젠 – 아세톤
④ 아세톤 – 벤젠 – 톨루엔

🔍 인화점

종류	인화점	종류	인화점
벤젠	-11℃	톨루엔	4℃
아세톤	-18.5℃		

57 다음 중 방향족 탄화수소에 해당하는 것은?

① 톨루엔
② 아세트알데하이드
③ 아세톤
④ 다이에틸에터

🔍 방향족 탄화수소 ; 벤젠핵에 메틸기, 에틸기, 아미노기 등이 결합되어 있는 물질로서 대표적인 물질로는 BTX(Benzen, Toluene, Xylene)가 있다.

58 위험물의 지하저장탱크 중 압력탱크 외의 탱크에 대해 수압시험을 실시할 때 몇 kPa 의 압력으로 하여야 하는가?(단, 소방청장이 정하여 고시하는 기밀시험과 비파괴시험을 동시에 실시하는 방법으로 대신하는 경우는 제외한다.)

① 40
② 50
③ 60
④ 70

🔍 수압시험
• 압력탱크 : 최대상용압력의 1.5배의 압력으로 10분간 실시
• 압력탱크 외의 탱크 : 70kPa의 압력으로 10분간 실시

59 위험물안전관리법령에서 다음의 위험물시설 중 안전거리에 관한 기준이 없는 것은?

① 옥내저장소
② 옥내탱크저장소
③ 충전하는 일반취급소
④ 지하에 매설된 이송취급소 배관

🔍 안전거리를 두지 않아도 되는 제조소 등
• 옥내탱크저장소
• 지하탱크저장소
• 판매취급소
• 주유취급소
• 이동탱크저장소

60 물과 반응하여 포스핀 가스를 발생하는 것은?

① Ca_3P_2
② CaC_2
③ LiH
④ P_4

🔍 인화석회(인화칼슘)는 물과 반응하면 포스핀(PH_3)가스를 발생한다.
$Ca_3P_2 + 6H_2O \rightarrow 3Ca(OH)_2 + 2PH_3$(포스핀)

정답 CBT 복원문제 2017년 2회

01 ③	02 ④	03 ④	04 ③	05 ④
06 ①	07 ③	08 ①	09 ④	10 ②
11 ④	12 ③	13 ④	14 ④	15 ④
16 ③	17 ④	18 ②	19 ②	20 ③
21 ②	22 ①	23 ①	24 ②	25 ④
26 ③	27 ③	28 ③	29 ④	30 ③
31 ②	32 ③	33 ②	34 ③	35 ④
36 ④	37 ②	38 ③	39 ④	40 ①
41 ②	42 ③	43 ①	44 ①	45 ①
46 ①	47 ③	48 ①	49 ①	50 ①
51 ④	52 ③	53 ①	54 ①	55 ③
56 ④	57 ①	58 ④	59 ②	60 ①

2017년 3회 CBT 복원문제

01 알코올류 20,000ℓ의 소화설비 설치 시 소요단위는?

① 5 ② 10
③ 15 ④ 20

🔍 소요단위 = $\dfrac{\text{저장수량}}{\text{지정수량} \times 10} = \dfrac{20,000ℓ}{400ℓ \times 10} = 5단위$

02 다음 중 옥외저장소에 저장할 수 없는 위험물은?

① 인화성 고체(인화점이 20℃인 것)
② 피리딘
③ 아세톤
④ 질산

🔍 옥외저장소에 저장할 수 있는 위험물
- 제2류 위험물 중 황, 인화성고체(인화점이 0℃ 이상인 것)
- 제4류 위험물 중 제1석유류(인화점이 0℃ 이상인 것), 제2석유류, 제3석유류, 제4석유류, 알코올류, 동식물유류
- 제6류 위험물(질산)

종류	품명	인화점
피리딘	제1석유류	20℃
아세톤	제1석유류	−18℃

03 분말 소화약제의 분류가 바르게 연결된 것은?

① 제1종 분말약제 : $KHCO_3$
② 제2종 분말약제 : $KHCO_3 + (NH_2)_2CO$
③ 제3종 분말약제 : $NH_4H_2PO_4$
④ 제4종 분말약제 : $NaHCO_3$

🔍 분말소화약제의 종류

종류	주성분	착색	적응화재	열분해 반응식
제1종 분말	탄산수소나트륨 ($NaHCO_3$)	백색	B, C급	$2NaHCO_3 \rightarrow Na_2CO_3 + CO_2 + H_2O$
제2종 분말	탄산수소칼륨 ($KHCO_3$)	담회색	B, C급	$2KHCO_3 \rightarrow K_2CO_3 + CO_2 + H_2O$
제3종 분말	제일인산암모늄 ($NH_4H_2PO_4$)	담홍색 황색	A, B, C급	$NH_4H_2PO_4 \rightarrow HPO_3 + NH_3 + H_2O$
제4종 분말	탄산수소칼륨+요소 [$KHCO_3 + (NH_2)_2CO$]	회색	B, C급	$2KHCO_3 + (NH_2)_2CO \rightarrow K_2CO_3 + 2NH_3 + 2CO_2$

04 촛불의 연소 형태는?

① 분해연소
② 표면연소
③ 내부연소
④ 증발연소

🔍 촛불 : 증발연소

05 화재 발생 시 주수소화가 가장 적당한 물질은?

① 마그네슘
② 철분
③ 칼륨
④ 적린

🔍 적린은 제2류 위험물로서 주수소화가 적당하다.
※ 마그네슘, 철분, 칼륨은 주수소화 시 : 수소(H_2) 가스 발생

06 제6류 위험물의 공통적인 성질 중 틀린 것은?

① 산소를 함유하고 있다.
② 산화성 액체이다.
③ 대부분 물보다 가볍다.
④ 물에 녹는다.

🔍 제6류 위험물의 일반적인 성질
- 산화성 액체이며 무기화합물로 이루어져 형성된다.
- 무색, 투명하며 비중은 1보다 크고, 표준상태에서는 모두가 액체이다.
- 과산화수소를 제외하고 강산성 물질이며 물에 녹기 쉽다.
- 불연성 물질이며 가연물, 유기물 등과의 혼합으로 발화한다.

07 다음 중 위험물 제조소의 안전거리를 20m 이상으로 하여야 하는 곳은?

① 학교 ② 지정문화유산
③ 고압가스 시설 ④ 병원

제조소의 안전거리

건축물	안전거리
사용전압 7000V초과 35,000V 이하의 특고압가공전선	3m 이상
사용전압 35,000V초과의 특고압가공전선	5m 이상
주거용으로 사용되는 것(제조소가 설치된 부지 내에 있는 것을 제외)	10m 이상
고압가스, 액화석유가스, 도시가스를 저장 또는 취급하는 시설	20m 이상
학교, 병원(종합병원, 병원, 치과병원, 한방병원 및 요양병원), 극장, 공연장, 영화상영관, 수용인원 300명 이상 인원을 수용할 수 있는 것, 복지시설(아동복지시설, 노인복지시설, 장애인복지시설, 한부모가족복지시설), 어린이집, 성매매피해자등을 위한 지원시설, 정신건강증진시설, 가정폭력방지 및 피해자보호등에 관한 법률에 따른 보호시설, 그밖에 보호시설로서 20명 이상 인원을 수용할 수 있는 것	30m 이상
지정문화유산, 천연기념물등	50m 이상

08 다음 중 일반적으로 트라이나이트로톨루엔을 녹일 수 없는 것은?

① 물
② 벤젠
③ 아세톤
④ 알코올

TNT는 물에는 녹지 않고, 알코올에는 가열하면 녹고, 아세톤, 벤젠, 에터에는 잘 녹는다.

09 분무소화기에서 나온 물 18kg이 100℃, 2atm에서 차지하는 부피는?(단, 기체상수 값은 0.082m³·atm/kg-mol·K이고, 이상기체임을 가정한다.)

① $10.29m^3$
② $15.29m^3$
③ $20.29m^3$
④ $25.29m^3$

이상기체 상태 방정식
$PV = nRT = \frac{W}{M}RT$
여기서 P : 압력, V : 부피, n : mol수(무게/분자량), W : 무게, M : 분자량, R : 기체상수(0.08205m³·atm/kg-mol·K), T : 절대온도(273 + ℃)
$\therefore V = \frac{WRT}{PM} = \frac{18 \times 0.08205 \times (100 + 273)K}{2 \times 18} = 15.3m^3$

10 옥외탱크저장소에서 제4류 위험물의 탱크에 설치하는 통기장치 중 밸브 없는 통기관은 지름이 얼마 이상인 것으로 설치해야 하는가?(단, 압력탱크는 제외한다)

① 10mm
② 20mm
③ 30mm
④ 40mm

옥외탱크 저장소의 밸브 없는 통기관의 기준
• 지름은 30mm 이상일 것
• 끝부분은 수평면보다 45도 이상 구부려 빗물 등의 침투를 막는 구조로 할 것

11 다음 중 위험물의 위험등급이 다른 것은?

① 알칼리금속
② 아염소산염류
③ 질산에스터류(제1종)
④ 제6류 위험물

위험물의 위험등급
(1) 위험등급 I 의 위험물
• 제1류 위험물 중 아염소산염류, 염소산염류, 과염소산염류, 무기과산화물, 지정수량이 50kg인 위험물
• 제3류 위험물 중 칼륨, 나트륨, 알킬알루미늄, 알킬리튬, 황린, 지정수량이 10kg 또는 20kg인 위험물
• 제4류 위험물 중 특수인화물
• 제5류 위험물 중 지정수량이 10kg인 위험물
• 제6류 위험물
(2) 위험등급 II 의 위험물
• 제1류 위험물 중 브로민산염류, 질산염류, 아이오딘산염류, 지정수량이 300kg인 위험물
• 제2류 위험물 중 황화인, 적린, 황, 지정수량이 100kg인 위험물
• 제3류 위험물 중 알칼리금속(칼륨, 나트륨 제외) 및 알칼리토금속, 유기금속화합물(알킬알루미늄 및 알킬리튬은 제외), 지정수량이 50kg인 위험물
• 제4류 위험물 중 제1석유류, 알코올류
• 제5류 위험물 중 위험등급 I 에 정하는 위험물 외의 것
(3) 위험등급III의 위험물 : (1) 및 (2)에 정하지 아니한 위험물

12 다음 중 착화온도가 가장 낮은 것은?

① 등유
② 가솔린
③ 아세톤
④ 톨루엔

착화온도

종류	착화온도	종류	착화온도
등유	210℃ 이상	가솔린	280 ~ 456℃
아세톤	465℃	톨루엔	480℃

13 유기과산화물을 저장할 때 일반적인 주의사항에 대한 설명으로 틀린 것은?

① 인화성 액체류와 접촉을 피하여 저장한다.
② 다른 산화제와 격리하여 저장한다.
③ 습기 방지를 위해 건조한 상태로 저장한다.
④ 필요한 경우 물질의 특성에 맞는 적당한 희석제를 첨가하여 저장한다.

🔍 유기과산화물의 저장 방법
- 인화성 액체, 다른 산화제와의 접촉을 피하여 저장한다.
- 과산화벤조일은 프탈산디메틸(DMP), 프탈산디부틸(DBP)의 희석제를 사용한다.
- 발화되면 연소속도가 빠르고 건조상태에서는 위험하다.

14 질산의 비중과 과산화수소의 농도를 기준으로 할 때 제6류 위험물로 볼 수 없는 것은?

① 비중이 1.2인 질산
② 비중이 1.5인 질산
③ 농도가 36중량 퍼센트인 과산화수소
④ 농도가 40중량 퍼센트인 과산화수소

🔍 질산은 비중이 1.49 이상이고 과산화수소는 농도가 36% 이상이면 위험물로 본다.

15 옥외저장탱크 중 압력탱크에 저장하는 다이에틸에터 등의 저장온도는 몇 ℃ 이하 이어야 하는가?

① 60
② 40
③ 30
④ 15

🔍 저장온도
- 옥외저장탱크·옥내저장탱크 또는 지하저장탱크 중 압력탱크 외의 탱크에 저장
  - 산화프로필렌, 다이에틸에터를 저장 : 30℃ 이하
  - 아세트알데하이드 : 15℃ 이하
- 옥외저장탱크·옥내저장탱크 또는 지하저장탱크 중 압력탱크에 저장
  - 아세트알데하이드 등 또는 다이에틸에터 등 : 40℃ 이하
- 아세트알데하이드 등 또는 다이에틸에터 등을 이동저장탱크에 저장하는 경우
  - 보냉장치가 있는 경우 : 비점 이하
  - 보냉장치가 없는 경우 : 40℃ 이하

16 물과 탄화칼슘이 반응해서 생성되는 것은?

① 소석회 + 수소
② 생석회 + 일산화탄소
③ 생석회 + 인화수소
④ 소석회 + 아세틸렌

🔍 탄화칼슘(카바이트)과 물과의 반응
$CaC_2 + 2H_2O \rightarrow Ca(OH)_2 + C_2H_2 \uparrow$
　　　　　　　　　(소석회)　　(아세틸렌)
※ $Ca(OH)_2$ = 수산화칼슘 = 소석회

17 질산에틸의 분자량은?

① 76　　② 82
③ 91　　④ 105

🔍 질산에틸($C_2H_5ONO_2$) = $(12 \times 2) + (1 \times 5) + 16 + 14 + (16 \times 2)$ = 91

18 점화원을 가까이 했을 때 연소형태가 시작되는 최저 온도는?

① 연소점
② 발화점
③ 인화점
④ 분해점

🔍 인화점 : 점화원을 가까이 했을 때 연소형태가 시작되는 최저 온도로서 가연성증기를 발생하는 최저 온도

19 이동저장탱크는 그 내부에 4,000ℓ 이하마다 몇 mm 이상의 강철판 칸막이를 설치하여야 하는가?

① 0.7　　② 1.2
③ 2.4　　④ 3.2

🔍 이동탱크저장소의 부속장치
- 방호틀 : 탱크 전복 시 부속장치(주입구, 맨홀, 안전장치) 보호(2.3mm)
- 측면틀 : 탱크 전복 시 탱크 본체 파손 방지(3.2mm)
- 방파판 : 위험물 운송 중 내부의 위험물의 출렁임, 쏠림등을 완화하여 차량의 안전 확보(1.6mm)
- 칸막이 : 탱크 전복 시 탱크의 일부가 파손되더라도 전량의 위험물의 누출 방지(3.2mm)

20 소화기에 표시된 "A-2, B-4"라고 하는 숫자의 뜻은?

① 사용순위
② 능력단위
③ 소요단위
④ 제조번호

> A-2, B-4는 A급화재의 능력단위가 2단위, B급화재의 능력단위가 4단위란 뜻이다.

21 다음 그림은 옥외저장탱크와 흙 방유제를 나타낸 것이다. 탱크의 지름이 10m이고, 높이가 15m라고 할 때 방유제는 탱크의 옆판으로부터 몇 m 이상의 거리를 유지하여야 하는가?(단, 인화점이 200℃미만의 위험물을 저장한다.)

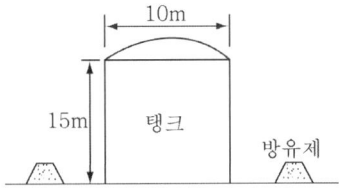

① 2
② 3
③ 4
④ 5

> 방유제는 탱크의 옆판으로부터 유지 거리(단, 인화점이 200℃ 이상인 위험물은 제외)
> • 지름이 15m 미만인 경우 : 탱크 높이의 1/3 이상
> • 지름이 15m 이상인 경우 : 탱크 높이의 1/2 이상
> ∴ 유지거리 = 탱크 높이 × 1/3 이상 = 15 × 1/3 이상
> = 5m 이상

22 위험물안전관리법령에서 정한 메틸알코올의 지정수량을 kg단위로 환산하면 얼마인가?(단, 에틸알코올의 비중은 0.8이다.)

① 200
② 320
③ 400
④ 460

> 비중 = g/cm³ = kg/ℓ, 알코올류의 지정수량 : 400ℓ
> 비중 = 무게/부피
> ∴ 400ℓ × 0.8kg/ℓ = 320kg

23 표준상태에서 탄소 1몰이 완전히 연소하면 몇 ℓ의 CO_2가 생성하는가?

① 11.2
② 22.4
③ 44.8
④ 56.8

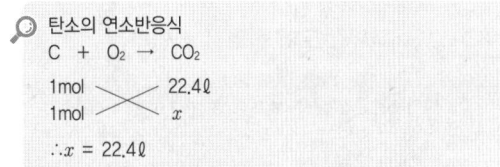

> 탄소의 연소반응식
> $C + O_2 \rightarrow CO_2$
> 1mol — 22.4ℓ
> 1mol — x
> ∴ x = 22.4ℓ

24 물이 소화제로 이용되는 주된 이유는?

① 물의 기화열로 가연물을 냉각하기 때문이다.
② 물이 공기를 차단하기 때문이다.
③ 물은 환원성이 있기 때문이다.
④ 물이 가연물을 제거하기 때문이다.

> 물은 기화열로 가연물을 냉각하기 때문에 소화약제로 이용한다.

25 제3류 위험물인 인화칼슘(Ca_3P_2)의 소화방법으로 적당하지 않은 것은?

① 물
② CO_2
③ 건조석회
④ 금속화재용 분말소화약제

> 인화칼슘이 물과 반응
> $Ca_3P_2 + 6H_2O \rightarrow 3Ca(OH)_2 + 2PH_3 \uparrow$
> ※인화칼슘이 물과 반응하면 포스핀(PH_3)의 가연성 가스가 발생하므로 위험하다

26 다음 중 제4류 위험물에 해당되지 않는 것은?

① 휘발유
② 아세톤
③ 아세트알데하이드
④ 나이트로글리세린

> 위험물의 분류

종류	구분	종류	구분
휘발유	제4류 위험물 제1석유류	아세톤	제4류 위험물 제1석유류
아세트알데하이드	제4류 위험물 특수인화물	나이트로글리세린	제5류 위험물 질산에스터류

27 다음 중 나이트로글리세린의 성상 및 용도에 관한 설명으로 맞지 않는 것은?

① 시판공업용 제품은 담황색이다.
② 물에는 녹지만 유기용매에는 녹지 않는다.
③ 연소가 폭발적이므로 소화하기 힘들다.
④ 다이나마이트의 원료로 쓰인다.

> 나이트로 글리세린(Nitro Glycerine, NG)
> • 물성
>
> | 화학식 | 융점 | 비점 |
> |---|---|---|
> | $C_3H_5(ONO_2)_3$ | 2.8 | 218℃ |
>
> • 무색, 투명한 기름성의 액체(공업용 : 담황색)이다
> • 물에는 녹지 않고 알코올, 에터, 벤젠, 아세톤 등 유기용제에는 녹는다.
> • 상온에서 액체이고 겨울에는 동결한다.
> • 가열, 마찰, 충격에 민감하므로 폭발을 방지하기 위하여 다공성물질(규조토, 톱밥, 소맥분, 전분)에 흡수시킨다.
> • 규조토에 흡수시켜 다이나마이트를 제조할 때 사용한다.

28 다음 위험물 중 품명이 나머지 셋과 다른 것은?

① 산화프로필렌
② 아세톤
③ 이황화탄소
④ 다이에틸에터

> 아세톤은 제4류 위험물 제1석유류(수용성)이다
> ※특수인화물 : 이황화탄소, 다이에틸에터, 산화프로필렌, 아세트알데하이드

29 다음 중 위험물과 그 보호액이 잘못 짝지어진 것은?

① 황린 – 물   ② 칼륨 – 에테인올
③ 이황화탄소 – 물   ④ 나트륨 – 유동파라핀

> 위험물의 저장방법
>
> | 위험물 | 저장방법 |
> |---|---|
> | 황린, 이황화탄소 | 물 속에 저장
① 황린 : 공기와 접촉을 방지하기 위하여
② 이황화탄소 : 가연성 증기 발생을 억제하기 위하여 |
> | 칼륨, 나트륨 | 등유(석유), 경유, 유동성파라핀 |
> | 나이트로셀룰로오스(NC) | 물 또는 알코올에 저장 |

30 위험물 운반차량의 어느 곳에 "위험물"이라는 표지를 게시하여야 하는가?

① 전면 및 후면의 보기 쉬운 곳
② 운전석 옆유리
③ 이동저장탱크의 좌우 측면 보기 쉬운 곳
④ 차량의 좌우 문

> 운반방법(지정수량 이상 운반 시)
> • 한변의 길이가 0.3m 이상, 다른 한변의 길이가 0.6m 이상인 직사각형의 판으로 할 것
> • 흑색 바탕에 황색의 반사도료 그 밖의 반사성이 있는 재료로 "위험물"이라고 표시할 것
> • 표지는 차량의 전면 및 후면의 보기 쉬운 곳에 내걸 것
> • 지정수량 이상의 위험물을 차량으로 운반하는 경우에는 해당 위험물에 적응성이 있는 소형수동식소화기를 해당 위험물의 소요단위에 상응하는 능력단위 이상을 갖추어야 한다.

31 화재시 주수에 의해 오히려 위험성이 증대되는 것은?

① 황린
② 적린
③ 칼륨
④ 나이트로셀룰로스

> 칼륨은 물과 반응하면 수소가스를 발생하므로 위험하다.
> $2K + 2H_2O \rightarrow 2KOH + H_2 \uparrow (수소)$

32 제6류 위험물에 해당하지 않는 것은?

① 염산   ② 질산
③ 과염소산   ④ 과산화수소

> 제6류 위험물(3종류) : 질산, 과염소산, 과산화수소
> ※염산 : 위험물이 아니고 유독물이다.

33 위험물의 취급소를 구분할 때 제조 이외의 목적에 따른 구분으로 볼 수 없는 것은?

① 판매취급소   ② 이송취급소
③ 옥외취급소   ④ 일반취급소

> 취급소(4종류) : 일반취급소, 판매취급소, 이송취급소, 주유취급소

34 할론 1301의 증기 비중은?(단, 플루오린의 원자량은 19, 브로민의 원자량은 80, 염소의 원자량은 35.5이고 공기의 분자량은 29이다.)

① 2.14
② 4.15
③ 5.14
④ 6.15

🔍 할론 1301의 증기비중 = $\frac{분자량}{29} = \frac{149}{29} = 5.14$
※ 할론1301(CF_3Br)의 분자량 : 149

35 산화성 액체인 질산의 분자식으로 옳은 것은?

① HNO_2
② HNO_3
③ NO_2
④ NO_3

🔍 질산(제6류 위험물)의 분자식 : HNO_3

36 다음 중 각 석유류의 분류가 잘못된 것은?

① 제1석유류 : 초산에틸, 휘발유
② 제2석유류 : 등유, 경유
③ 제3석유류 : 폼산, 테레핀유
④ 제4석유류 : 기어유, DOA(가소제)

🔍 포름산(의산, 개미산, HCOOH), 테레핀유 : 제4류 위험물 제2석유류

37 수소화리튬이 물과 반응할 때 생성되는 것은?

① LiOH과 H_2
② LiOH과 O_2
③ Li과 H_2
④ Li과 O_2

🔍 수소화리튬이 물과 반응하면 LiOH과 H_2를 생성한다.
LiH + H_2O → LiOH + H_2 ↑

38 이황화탄소가 완전연소 하였을 때 발생하는 물질은?

① CO_2, O_2
② CO_2, SO_2
③ CO, S
④ CO_2, H_2O

🔍 이황화탄소의 연소반응식
CS_2 + $3O_2$ → CO_2 + $2SO_2$

39 위험등급 Ⅰ의 위험물에 해당하지 않는 것은?

① 아염소산칼륨
② 황화인
③ 황린
④ 과염소산

🔍 위험물의 위험등급
(1) 위험등급 Ⅰ의 위험물
 • 제1류 위험물 중 아염소산염류, 염소산염류, 과염소산염류, 무기과산화물, 지정수량이 50kg인 위험물
 • 제3류 위험물 중 칼륨, 나트륨, 알킬알루미늄, 알킬리튬, 황린, 지정수량이 10kg 또는 20kg인 위험물
 • 제4류 위험물 중 특수인화물
 • 제5류 위험물 중 지정수량이 10kg인 위험물
 • 제6류 위험물
(2) 위험등급 Ⅱ의 위험물
 • 제1류 위험물 중 브로민산염류, 질산염류, 아이오딘산염류, 지정수량이 300kg인 위험물
 • 제2류 위험물 중 황화인, 적린, 황, 지정수량이 100kg인 위험물
 • 제3류 위험물 중 알칼리금속(칼륨, 나트륨 제외) 및 알칼리토금속, 유기금속화합물(알킬알루미늄 및 알킬리튬은 제외), 지정수량이 50kg인 위험물
 • 제4류 위험물 중 제1석유류, 알코올류
 • 제5류 위험물 중 위험등급 Ⅰ에 정하는 위험물 외의 것
(3) 위험등급 Ⅲ의 위험물 : (1) 및 (2)에 정하지 아니한 위험물

40 트라이에틸알루미늄이 물과 반응할 때 생성되는 물질은?

① CH_4
② C_2H_6
③ C_3H_8
④ C_4H_{10}

🔍 트라이에틸알루미늄이 물과 반응하면 수산화알루미늄[$Al(OH)_3$]과 에테인[C_2H_6]이 생성된다.
$(C_2H_5)_3Al$ + $3H_2O$ → $Al(OH)_3$ + $3C_2H_6$

41 화재 시 이산화탄소를 방출하여 산소의 농도를 12.5%로 낮추어 소화하려면 공기 중의 이산화탄소의 농도는 약 몇 vol%로 해야 하는가?

① 30.7
② 32.8
③ 40.5
④ 68.5

🔍 이산화탄소의 농도(%) = $\frac{21 - O_2}{21} \times 100$
= $\frac{21 - 12.5}{21} \times 100 = 40.5\%$

42 TNT가 폭발했을 때 발생하는 유독기체는?

① Na ② CO_2
③ O_2 ④ CO

🔍 TNT의 분해반응식
$2C_6H_2CH_3(NO_2)_3 \rightarrow 2C + 3N_2\uparrow + 5H_2\uparrow + 12CO\uparrow$

43 위험물의 운반에 관한 기준에 따라 다음의 (①)과 (②)에 적합한 것은?

> 액체위험물은 운반용기의 내용적의 (①) 이하의 수납율로 수납하되 (②)의 온도에서 누설되지 않도록 충분한 공간용적을 두어야 한다.

① ① 98%, ② 40℃ ② ① 98%, ② 55℃
③ ① 95%, ② 40℃ ④ ① 95%, ② 55℃

🔍 운반기준 주요사항
- 위험물이 온도변화 등에 의하여 누설되지 아니하도록 운반용기를 밀봉하여 수납할 것. 다만, 온도변화 등에 의한 위험물로부터의 가스의 발생으로 운반용기안의 압력이 상승할 우려가 있는 경우(발생한 가스가 독성 또는 인화성을 갖는 등 위험성이 있는 경우를 제외한다)에는 가스의 배출구(위험물의 누설 및 다른 물질의 침투를 방지하는 구조로 된 것에 한한다)를 설치한 운반용기에 수납할 수 있다.
- 수납하는 위험물과 위험한 반응을 일으키지 아니하는 등 당해 위험물의 성질에 적합한 재질의 운반용기에 수납할 것
- 고체위험물은 운반용기 내용적의 95% 이하의 수납율로 수납할 것
- 액체위험물은 운반용기 내용적의 98% 이하의 수납율로 수납하되, 55℃의 온도에서 누설되지 아니하도록 충분한 공간용적을 유지하도록 할 것
- 하나의 외장용기에는 다른 종류의 위험물을 수납하지 아니할 것
- 제3류 위험물은 다음의 기준에 따라 운반용기에 수납할 것
  - 자연발화성물질에 있어서는 불활성 기체를 봉입하여 밀봉하는 등 공기와 접하지 아니하도록 할 것
  - 자연발화성물질외의 물품에 있어서는 파라핀·경유·등유 등의 보호액으로 채워 밀봉하거나 불활성 기체를 봉입하여 밀봉하는 등 수분과 접하지 아니하도록 할 것
  - 자연발화성물질중 알킬알루미늄등은 운반용기의 내용적의 90% 이하의 수납율로 수납하되, 50℃의 온도에서 5% 이상의 공간용적을 유지하도록 할 것

44 소화난이도등급 I의 옥내탱크저장소에 황만을 저장할 경우 설치하여야 하는 소화설비는?

① 물분무소화설비
② 스프링클러설비
③ 포소화설비
④ 이산화탄소소화설비

🔍 소화난이도등급 I 의 제조소등에 설치하여야 하는 소화설비

제조소등의 구분			소화설비
제조소 및 일반취급소			옥내소화전설비, 옥외소화전설비, 스프링클러설비 또는 물분무등소화설비(화재발생시 연기가 충만할 우려가 있는 장소에는 스프링클러설비 또는 이동식 외의 물분무등소화설비에 한한다)
옥내저장소	처마높이가 6m 이상인 단층건물 또는 다른 용도의 부분이 있는 건축물에 설치한 옥내저장소		스프링클러설비 또는 이동식 외의 물분무등소화설비
	그 밖의 것		옥외소화전설비, 스프링클러설비, 이동식 외의 물분무등소화설비 또는 이동식 포소화설비(포소화전을 옥외에 설치하는 것에 한한다)
옥외탱크저장소	지중탱크 또는 해상탱크 외의 것	황을 저장 취급하는 것	물분무소화설비
		인화점 70℃ 이상의 제4류 위험물만을 저장 취급하는 것	물분무소화설비 또는 고정식 포소화설비
		그 밖의 것	고정식 포소화설비(포소화설비가 적응성이 없는 경우에는 분말소화설비)
	지중탱크		고정식 포소화설비, 이동식 이외의 불활성가스소화설비 또는 이동식 이외의 할로젠화합물소화설비
	해상탱크		고정식 포소화설비, 물분무소화설비, 이동식 이외의 불활성가스소화설비 또는 이동식 이외의 할로젠화합물소화설비
옥내탱크저장소	황을 저장 취급하는 것		물분무소화설비
	인화점 70℃ 이상의 제4류 위험물만을 저장 취급하는 것		물분무소화설비, 고정식 포소화설비, 이동식 이외의 불활성가스소화설비, 이동식 이외의 할로젠화합물소화설비 또는 이동식 이외의 분말소화설비
	그 밖의 것		고정식 포소화설비, 이동식 이외의 불활성가스소화설비, 이동식 이외의 할로젠화합물소화설비 또는 이동식 이외의 분말소화설비
옥외저장소 및 이송취급소			옥내소화전설비, 옥외소화전설비, 스프링클러설비 또는 물분무등소화설비(화재발생시 연기가 충만할 우려가 있는 장소에는 스프링클러설비 또는 이동식 이외의 물분무등소화설비에 한한다)

45 위험물제조소등에 전기배선, 조명기구 등을 제외한 전기설비가 설치되어 있는 경우 당해 장소의 면적 몇 m²마다 소형수동식소화기를 1개 이상 설치하여야 하는가?

① 100
② 150
③ 200
④ 300

🔍 전기설비의 소화설비
제조소등에 전기설비(전기배선, 조명기구 등은 제외한다)가 설치된 경우에는 당해 장소의 면적 100m²마다 소형수동식소화기를 1개 이상 설치할 것

46 다음 물질 중 제1류 위험물이 아닌 것은?

① Na_2O_2
② $NaClO_3$
③ NH_4ClO_4
④ $HClO_4$

🔍 위험물의 분류
- 무기과산화물의 과산화나트륨(Na_2O_2) : 제1류 위험물
- 염소산염류의 염소산나트륨($NaClO_3$) : 제1류 위험물
- 과염소산염류의 과염소산암모늄(NH_4ClO_4) : 제1류 위험물
- 과염소산($HClO_4$) : 제6류 위험물

47 옥내저장탱크의 상호간에는 특별한 경우를 제외하고 최소 몇 m 이상의 간격을 유지하여야 하는가?

① 0.1
② 0.2
③ 0.3
④ 0.5

🔍 옥내저장탱크의 상호간의 간격 : 0.5m 이상

48 다음 중 벤젠 증기의 비중에 가장 가까운 값은?

① 0.7
② 0.9
③ 2.7
④ 3.9

🔍 벤젠의 증기비중 = $\dfrac{분자량}{29}$ = $\dfrac{78}{29}$ = 2.69

49 2몰의 브로민산칼륨이 모두 열분해되어 생긴 산소의 양은 2기압 27℃에서 약 몇 ℓ인가?

① 32.42
② 36.92
③ 41.34
④ 45.64

🔍 브로민산칼륨의 분해반응식
$2KBrO_3 \rightarrow 2KBr + 3O_2 \uparrow$
2 × 107g   3 × 32g(96g)
여기서 이상기체상태방정식을 적용하면
$PV = nRT = \dfrac{W}{M}RT$
P : 압력, V : 부피, n : mol수(무게/분자량), W : 무게,
M : 분자량(O_2 : 32), R : 기체상수, T : 절대온도(273 + ℃)
∴ 부피를 구하면
$V = \dfrac{WRT}{PM}$
$= \dfrac{96g \times 0.08205\ell \cdot atm/g\text{-}mol \cdot K \times (273+27)K}{2atm \times 32}$
= 36.92ℓ

50 메틸에틸케톤퍼옥사이드의 위험성에 대한 설명으로 옳은 것은?

① 상온 이하의 온도에서도 매우 불안정하다.
② 20℃에서 분해하여 50℃에서 가스를 심하게 발생한다.
③ 40℃ 이상에서 무명, 탈지면 등과 접촉하면 발화의 위험이 있다.
④ 대량 연소시에 폭발할 위험은 없다.

🔍 과산화메틸에틸케톤(Methyl Ethyl Keton Peroxide, MEKPO)
- 물성

화학식	융점	착화점
$C_8H_{16}O_4$	20℃	205℃

- 무색, 특이한 냄새가 나는 기름 모양의 액체이다.
- 물에 약간 용해, 알코올, 에터, 케톤에는 녹는다.
- 빛, 열, 알칼리금속에 의하여 분해된다.
- 40℃ 이상에서 분해가 시작되어 110℃ 이상이면 발열하고 분해가스가 연소한다.

51 위험물의 저장방법에 대한 다음 설명 중 잘못된 것은?

① 황은 정전기 축적이 없도록 저장한다.
② 나이트로셀룰로스는 건조하면 발화 위험이 있으므로 물 또는 알코올로 습면시켜 저장한다.
③ 칼륨은 유동파라핀 속에 저장한다.
④ 마그네슘은 차고 건조하면 분진 폭발하므로 온수 속에 저장한다.

🔍 마그네슘은 분진 폭발하고 물(온수)와 접촉하면 가연성가스인 수소(H_2)를 발생한다.
$Mg + 2H_2O \rightarrow Mg(OH)_2 + H_2 \uparrow$

52 고정식의 포소화설비의 기준에서 포헤드방식의 포헤드는 방호대상물의 표면적 몇 m²당 1개 이상의 헤드를 설치하여야 하는가?

① 3
② 9
③ 15
④ 30

🔍 포헤드의 설치기준
- 포워터스프링클러 헤드 : 바닥면적 8m²마다 1개 이상 설치할 것
- 포 헤드 : 바닥면적 9m²마다 1개 이상 설치할 것

53 위험물안전관리법령에 의한 위험물에 속하지 않는 것은?

① CaC_2 ② S
③ P_2O_5 ④ K

🔍 위험물의 분류

종류	명칭	류별
CaC_2	탄화칼슘	제3류 위험물
S	황	제2류 위험물
P_2O_5	오산화인	비위험물
K	칼륨	제3류 위험물

54 제3류 위험물 중 금수성물질에 적응성이 있는 소화설비는?

① 할로젠화합물소화설비
② 포소화설비
③ 이산화탄소소화설비
④ 탄산수소염류등 분말소화설비

🔍 제3류 위험물(금수성 물질)의 소화약제 : 탄산수소염류 분말약제, 마른모래, 팽창질석, 팽창진주암

55 다음 위험물 중 품명이 나머지 셋과 다른 하나는?

① 스타이렌   ② 산화프로필렌
③ 황화다이메틸   ④ 아이소프로필아민

🔍 제4류 위험물의 분류

품명	분류	품명	분류
스타이렌(스틸렌)	제2석유류	산화프로필렌	특수인화물
황화다이메틸	특수인화물	아이소프로필아민	특수인화물

56 휘발유의 일반적인 성상에 대한 설명으로 틀린 것은?

① 물에 녹지 않는다.
② 전기전도성이 뛰어나다.
③ 주성분은 알칸 또는 알켄계 탄화수소이다.
④ 물보다 가볍다.

🔍 제4류 위험물은 전기부도체이다.

57 위험물의 성질에 대한 설명으로 틀린 것은?

① 인화칼슘은 물과 반응하여 유독한 가스를 발생한다.
② 금속나트륨은 물과 반응하여 산소를 발생시키고 발열한다.
③ 칼륨은 물과 반응하여 수소가스를 발생한다.
④ 탄화칼슘은 물과 작용하여 발열하고 아세틸렌가스를 발생한다.

🔍 물과의 반응
- 인화칼슘 : $Ca_3P_2 + 6H_2O \rightarrow 3Ca(OH)_2 + 2PH_3 \uparrow$ (포스핀)
- 나트륨 : $2Na + 2H_2O \rightarrow 2NaOH + H_2 \uparrow$ (수소)
- 칼륨 : $2K + 2H_2O \rightarrow 2KOH + H_2 \uparrow$ (수소)
- 탄화칼슘 : $CaC_2 + 2H_2O \rightarrow Ca(OH)_2 + C_2H_2 \uparrow$ (아세틸렌)

58 1분자 내에 포함된 탄소의 수가 가장 많은 것은?

① 아세톤   ② 톨루엔
③ 아세트산   ④ 이황화탄소

🔍 탄소의 수

종류	화학식	탄소 수
아세톤	CH_3COCH_3	3
톨루엔	$C_6H_5CH_3$	7
아세트산	CH_3COOH	2
이황화탄소	CS_2	1

59 이동탱크저장소에 의한 위험물의 장거리 운송 시 2명 이상이 운전하여야 하나 다음 중 그렇게 하지 않아도 되는 위험물은?

① 탄화알루미늄
② 과산화수소
③ 황린
④ 인화칼슘

이동탱크저장소에 의한 위험물의 운송시 준수사항
- 위험물운송자는 운송의 개시 전에 이동저장탱크의 배출밸브 등의 밸브와 폐쇄장치, 맨 및 주입구의 뚜껑, 소화기등의 점검을 충분히 실시할 것
- 위험물운송자는 장거리(고속국도는 340km 이상, 그 밖의 도로는 200km 이상을 말한다)운송을 하는 때에는 2명 이상의 운전자로 할 것
[2명 이상 운전자가 운전하지 않아도 되는 경우]
- 운송책임자를 동승시킨 경우
- 운송하는 위험물이 제2류 위험물, 제3류 위험물(칼슘 또는 알루미늄의 탄화물과 이것만을 함유한 것에 한한다), 제4류 위험물(특수인화물 제외)인 경우
- 운송도중에 2시간이내마다 20분 이상씩 휴식하는 경우
※1명이 운전할 수 있는 경우는 제3류 위험물(칼슘 또는 알루미늄의 탄화물과 이것만을 함유한 것에 한한다)은 탄화알루미늄(알루미늄의 탄화물)이 해당된다.
인화칼슘(Ca_3P_2) : 제3류 위험물 금속의 인화물

60 보일 오버(boil over) 현상과 가장 거리가 먼 것은?

① 기름이 열의 공급을 받지 아니하고 온도가 상승하는 현상
② 기름의 표면부에서 조용히 연소하다 탱크내의 기름이 갑자기 분출하는 현상
③ 탱크 바닥에 물 또는 물과 기름의 에멀젼 층이 있는 경우 발생하는 현상
④ 열유층이 탱크 아래로 이동하여 발생하는 현상

보일오버
- 기름의 표면부에서 조용히 연소하다 탱크내의 기름이 갑자기 분출하는 현상
- 탱크 바닥에 물 또는 물과 기름의 에멀젼 층이 있는 경우 발생하는 현상
- 열유층이 탱크 아래로 이동하여 발생하는 현상

정답 CBT 복원문제 2017년 3회

01 ①	02 ③	03 ③	04 ④	05 ④
06 ③	07 ③	08 ①	09 ②	10 ③
11 ①	12 ①	13 ③	14 ①	15 ②
16 ④	17 ③	18 ②	19 ④	20 ②
21 ④	22 ②	23 ②	24 ①	25 ①
26 ④	27 ②	28 ②	29 ②	30 ①
31 ③	32 ①	33 ②	34 ③	35 ②
36 ③	37 ①	38 ②	39 ③	40 ②
41 ③	42 ④	43 ②	44 ①	45 ①
46 ④	47 ④	48 ②	49 ②	50 ③
51 ④	52 ②	53 ③	54 ④	55 ①
56 ②	57 ②	58 ②	59 ①	60 ①

2018년 1회 CBT 복원문제

01 제2류 위험물의 취급상 주의사항에 대한 설명으로 옳지 않은 것은?

① 적린은 공기 중에 방치하면 자연발화 한다.
② 황은 정전기가 발생하지 않도록 주의해야 한다.
③ 마그네슘의 화재 시 물, 이산화탄소 소화약제 등은 사용 할 수 없다.
④ 삼황화인은 100℃ 이상 가열하면 발화의 위험이 있다.

> 적린은 공기 중에 방치하면 자연발화는 않지만 260℃ 이상 가열하면 발화하고 400℃ 이상에서 승화한다.

02 폭굉유도거리(DID)가 짧아지는 조건이 아닌 것은?

① 관경이 클수록 짧아진다.
② 압력이 높을수록 짧아진다.
③ 점화원이 에너지가 클수록 짧아진다.
④ 관속에 이물질이 있을 경우 짧아진다.

> 폭굉유도거리가 짧아지는 요인
> • 압력이 높을수록
> • 관경이 작을수록
> • 관속에 장애물이 있는 경우
> • 점화원의 에너지가 강할수록
> • 정상연소속도가 큰 혼합물일수록

03 가솔린의 연소범위에 가장 가까운 것은?

① 1.4 ~ 7.6%
② 2.0 ~ 23.0%
③ 1.8 ~ 36.5%
④ 1.0 ~ 50.0%

> 가솔린(휘발유)의 연소범위 : 1.4 ~ 7.6%

04 위험물안전관리법에서 정의하는 다음 용어는 무엇인가?

> 인화성 또는 발화성 등의 성질을 가지는 것으로서 대통령령이 정하는 물품을 말한다.

① 위험물
② 인화성물질
③ 자연발화성물질
④ 가연물

> 위험물 : 인화성 또는 발화성 등의 성질을 가지는 것으로서 대통령령이 정하는 물품

05 과망가니즈산칼륨에 대한 설명으로 옳은 것은?

① 물에 잘 녹는 흑자색의 결정이다.
② 에탄올, 아세톤에는 녹지 않는다.
③ 물에 녹았을 때 진한 노란색을 띤다.
④ 강알칼리와 반응하여 수소를 방출하여 폭발한다.

> 과망가니즈산칼륨
> • 흑자색의 주상결정으로 산화력과 살균력이 강하다.
> • 물, 알코올에 녹으면 진한 보라색을 나타낸다.
> • 강알칼리와 접촉시키면 산소를 방출한다.

06 과산화나트륨의 화재 시 물을 사용한 소화가 위험한 이유는?

① 수소와 열을 발생하므로
② 산소와 열을 발생하므로
③ 수소를 발생하고 열을 흡수하므로
④ 산소를 발생하고 열을 흡수하므로

> 과산화나트륨은 물과 반응하면 산소가스를 발생하고 많은 열을 발생한다.
> $2Na_2O_2 + 2H_2O \rightarrow 4NaOH + O_2\uparrow + 발열$

07 20℃의 물 100kg이 100℃ 수증기로 증발하면 최대 몇 kcal의 열량을 흡수할 수 있는가?

① 540
② 7,500
③ 61,900
④ 108,000

> 열량을 구하면
> $Q = mc\Delta t + r \cdot m$
> $= 100kg \times 1kcal/kg \cdot ℃ \times (100 - 20)℃ + 539kcal/kg \times 100kg$
> $= 61,900kcal$

08 식용유 화재 시 제1종 분말소화약제를 이용하여 화재의 제어가 가능하다. 이때의 소화원리에 가장 가까운 것은?

① 촉매효과에 의한 질식소화
② 비누화반응에 의한 질식소화
③ 아이오딘화에 의한 냉각소화
④ 가수분해 반응에 의한 냉각소화

> 식용유 화재 : 제1종 분말 소화약제로서 비누화현상에 의한 질식소화

09 유류화재에 해당되는 표시 색상은?

① 백색
② 황색
③ 청색
④ 흑색

> • 일반화재(A급) : 백색
> • 유류화재(B급) : 황색
> • 전기화재(C급) : 청색
> • 금속화재(D급) : 무색

10 탄산수소나트륨과 황산알루미늄의 소화약제가 반응을 하여 생성되는 이산화탄소를 이용하여 화재를 진압하는 소화약제는?

① 단백포
② 수성막포
③ 화학포
④ 내알코올포

> 화학포 소화약제의 반응
> $6NaHCO_3 + Al_2(SO_4)_3 \cdot 18H_2O \rightarrow 3Na_2SO_4 + 2Al(OH)_3 + 6CO_2 + 18H_2O$
> ※ $NaHCO_3$: 탄산수소나트륨, $Al_2(SO_4)_3 \cdot 18H_2O$: 황산알루미늄

11 위험물 지정수량이 나머지 셋과 다른 것은?

① 과염소산칼륨
② 과산화나트륨
③ 황
④ 금속칼슘

> 지정수량
>
> | 명칭 | 품명 | 지정수량 |
> | --- | --- | --- |
> | 과염소산나트륨 | 제1류 위험물 과염소산염류 | 50kg |
> | 과산화나트륨 | 제1류 위험물 무기과산화물 | 50kg |
> | 황 | 제2류 위험물 | 100kg |
> | 금속칼슘 | 제3류 위험물 알칼리토금속 | 50kg |

12 제5류 위험물의 화재의 예방과 진압대책으로 옳지 않은 것은?

① 서로 1m 이상의 간격을 두고 유별로 정리한 경우라도 제3류 위험물과는 동일한 옥내저장소에 저장할 수 없다.
② 위험물제조소의 주의사항 게시판에는 주의사항으로 화기엄금만 표기하면 된다.
③ 이산화탄소 소화기와 할로젠화합물 소화기는 모두 적응성이 없다.
④ 운반용기의 외부에는 주의사항으로 화기엄금만 표기하면 된다.

> 운반용기의 외부표시사항(제5류 위험물) : 화기엄금, 충격주의

13 고정지붕구조를 가진 높이 15m의 원통종형 옥외저장탱크안의 탱크 상부로부터 아래로 1m지점에 포방출구가 설치되어 있다. 이 조건의 탱크를 신설하는 경우 최대 허가량은 얼마인가?(단, 탱크의 단면적은 100m²이고 탱크 내부에는 별다른 구조물이 없으며 공간용적 기준은 만족하는 것으로 가정한다)

① $1400m^3$
② $1370m^3$
③ $1350m^3$
④ $1300m^3$

> 탱크의 공간용적은 탱크의 내용적의 100분의 5 이상 100분의 10 이하의 용적으로 한다. 다만, 소화설비(소화약제 방출구를 탱크안의 윗부분에 설치하는 것에 한한다)를 설치하는 탱크의 공간용적은 당해 소화설비의 소화약제방출구 아래의 0.3m 이상 1m 미만 사이의 면으로부터 윗부분의 용적으로 한다.
> ∴ 탱크의 높이 15m - (1 + 0.3m) = 13.7m이므로 허가량은 13.7m × 100m² = 1370m³

14 제5류 위험물인 트라이나이트로톨루엔 분해시 생성물에 해당되지 않는 것은?

① CO
② N_2
③ NH_3
④ H_2

🔍 TNT의 분해반응식
$2C_6H_2CH_3(NO_2)_3 \rightarrow 12CO + 2C + 3N_2\uparrow + 5H_2\uparrow$

15 옥외탱크저장소의 방유제 내에 화재가 발생한 경우의 소화활동으로 적당하지 않는 것은?

① 탱크로 번지는 것을 방지하는데 중점을 둔다.
② 포에 의하여 덮어진 부분은 포의 막이 파괴되지 않도록 한다.
③ 방유제가 큰 경우에는 방유제 내의 화재를 제압한 후 탱크화재의 방어에 임한다.
④ 포를 방사할 때에는 방유제에서부터 가운데 쪽으로 포를 흘러 보내듯이 방사하는 것이 원칙이다.

🔍 포를 방사할 때에는 방유제의 바깥쪽부터 방사한다.

16 위험물제조소등의 전기설비에 적응성이 있는 소화설비는?

① 봉상수소화기
② 포 소화설비
③ 옥외소화전설비
④ 물분무소화설비

🔍 위험물제조소등의 전기설비 : 물분무소화설비

17 위험물안전관리법령의 위험물 운반에 관한 기준에서 고체위험물은 운반용기 내용적의 몇 % 이하의 수납율로 수납하여야 하는가?

① 80
② 85
③ 90
④ 95

🔍 수납율
• 고체위험물 : 운반용기 내용적의 95% 이하의 수납율로 수납할 것
• 액체위험물 : 운반용기 내용적의 98% 이하의 수납율로 수납하되, 55℃의 온도에서 누설되지 아니하도록 충분한 공간용적을 유지하도록 할 것

18 다음 중 가연물이 될 수 없는 것은?

① 질소
② 나트륨
③ 나이트로셀룰로스
④ 나프탈렌

🔍 질소는 산소와 반응은 하나 흡열반응을 하므로 가연물이 아니다.

19 위험물관리법령의 소화설비의 종류가 아닌 것은?

① 물분무소화설비
② 방화설비
③ 옥내소화전설비
④ 불활성가스소화설비

🔍 소화설비의 종류 : 옥내소화설비, 옥외소화전설비, 스프링클러설비, 물분무등소화설비

20 $NH_4H_2PO_4$이 열분해하여 생성되는 물질 중 암모니아와 수증기의 부피 비율은?

① 1 : 1
② 1 : 2
③ 2 : 1
④ 3 : 2

🔍 제3종 분말약제의 열분해 반응식
$NH_4H_2PO_4 \rightarrow HPO_3 + NH_3\uparrow + H_2O\uparrow$

21 소화기 속에 압축되어 있는 이산화탄소 1.1kg을 표준상태에서 분사하였다. 이산화탄소의 부피는 몇 m^3이 되는가?

① 0.56
② 5.6
③ 11.2
④ 24.8

🔍 표준상태에 기체 1 kg-mol이 차지하는 부피는 22.4m³이므로
$\frac{1.1kg}{44kg} \times 22.4m^3 = 0.56m^3$

22 일반 건축물 화재에서 내장재로 사용한 폴리스틸렌 폼(Polystyren foam)이 화재 중 연소를 했다면 이 플라스틱의 연소형태는?

① 증발연소
② 자기연소
③ 분해연소
④ 표면연소

🔍 분해연소 : 석탄, 종이, 목재, 플라스틱 등의 연소시 열분해에 의해 발생된 가스와 공기가 혼합하여 연소하는 현상

23 분진 폭발 시 소화방법에 대한 설명으로 틀린 것은?

① 금속분에 대하여는 물을 사용하지 말아야 한다.
② 분진폭발 시 직사주수에 의하여 순간적으로 소화하여야 한다.
③ 분진폭발 시 보통 단 한번으로 끝나지 않을 수 있으므로 제2차, 제3차의 폭발에 대비하여야 한다.
④ 이산화탄소와 할로젠화합물의 소화약제는 금속분에 대하여 적절하지 않다.

🔍 분진폭발하는 황이나 밀가루는 주수가 가능하나 금속분, 마그네슘은 주수소화가 적절하지 않다.

24 하이드라진의 지정수량은 얼마인가?

① 200kg
② 200ℓ
③ 2000kg
④ 2000ℓ

🔍 하이드라진[N_2H_4, 제4류 위험물 제2석유류(수용성)]의 지정수량 : 2,000ℓ

25 연소 시 아황산가스를 발생하는 것은?

① 황
② 적린
③ 황린
④ 인화칼슘

🔍 황은 매우 연소하기 쉬운 가연성 고체로 연소 시 유독한 SO_2를 발생한다.
$S + O_2 \rightarrow SO_2$

26 위험물안전관리법의 규정상 운반차량에 혼재해서 적재할 수 없는 것은?(단, 지정수량의 10배인 경우이다)

① 염소화규소화합물 - 특수인화물
② 고형알코올 - 나이트로화합물
③ 염소산염류 - 질산
④ 질산구아니딘 - 황린

🔍 운반 시 혼재가 가능한 위험물 : 제1류+제6류, 제3류+제4류, 제2류+제4류+제5류 위험물

명칭	류별	명칭	류별
염소화규소화합물	제3류	특수인화물	제4류
고형알코올	제2류	나이트로화합물	제5류
염소산염류	제1류	질산	제6류
질산구아니딘	제5류	황린	제3류

※혼재 할 수 없는 것은 제5류위험물(질산구아니딘)과 제3류 위험물(황린)은 혼재할 수 없다.

27 탄화칼슘을 물과 반응시키면 무슨 가스가 발생하는가?

① 에테인
② 에틸렌
③ 메테인
④ 아세틸렌

🔍 탄화칼슘(카바이트)은 물과 반응하면 소석회와 아세틸렌(C_2H_2) 가스를 발생한다.
$CaC_2 + 2H_2O \rightarrow Ca(OH)_2 + C_2H_2 \uparrow$

28 지정수량의 10배 이상의 벤조일퍼옥사이드 운송 시 혼재할 수 있는 위험물류로 옳은 것은?

① 제1류
② 제2류
③ 제3류
④ 제6류

🔍 벤조일퍼옥사이드는 제5류 위험물의 유기과산화물로서 제5류는 제2류와 제4류 위험물과는 운반 시 혼재가 가능하다.

29 종별 분말소화약제의 주성분이 잘못 연결된 것은?

① 제1종 분말 - 탄산수소나트륨
② 제2종 분말 - 탄산수소칼륨
③ 제3종 분말 - 제1인산암모늄
④ 제4종 분말 - 탄산수소나트륨과 요소의 반응생성물

🔍 제4종 분말 : 탄산수소칼륨과 요소의 반응생성물

30 물분무소화설비의 설치기준으로 적합하지 않는 것은?

① 고압의 전기설비가 있는 장소에는 당해 전기설비와 분무헤드 및 배관과 사이에 전기절연을 위하여 필요한 공간을 보유한다.
② 스트레이너 및 일제개방밸브는 제어밸브의 하류측 부근에 스트레이너, 일제개방밸브의 순으로 설치한다.
③ 물분무소화설비에 2 이상의 방사구역을 두는 경우에는 화재를 유효하게 소화할 수 있도록 인접하는 방사구역이 상호 중복되도록 한다.
④ 수원의 수위가 수평회전식 펌프보다 낮은 위치에 있는 가압송수장치의 물올림장치는 타 설비와 겸용하여 설치한다.

🔍 물분무소화설비의 설치기준
- 물분무소화설비에 2 이상의 방사구역을 두는 경우에는 화재를 유효하게 소화할 수 있도록 인접하는 방사구역이 상호 중복되도록 할 것
- 고압의 전기설비가 있는 장소에는 당해 전기설비와 분무헤드 및 배관과 사이에 전기절연을 위하여 필요한 공간을 보유할 것
- 물분무소화설비에는 각층 또는 방사구역마다 제어밸브, 스트레이너 및 일제개방밸브 또는 수동식개방밸브를 다음 각목에 정한 것에 의하여 설치할 것
  - 제어밸브 및 일제개방밸브 또는 수동식개방밸브는 스프링클러설비의 기준의 예에 의할 것
  - 스트레이너 및 일제개방밸브 또는 수동식개방밸브는 제어밸브의 하류측 부근에 스트레이너, 일제개방밸브 또는 수동식개방밸브의 순으로 설치할 것
- 수원의 수위가 펌프(수평회전식의 것에 한한다)보다 낮은 위치에 있는 가압송수장치는 다음 각목에 정한 것에 의하여 물올림장치를 설치할 것
  - 물올림장치에는 전용의 물올림탱크를 설치할 것
  - 물올림탱크의 용량은 가압송수장치를 유효하게 작동할 수 있도록 할 것
  - 물올림탱크에는 감수경보장치 및 물올림탱크에 물을 자동으로 보급하기 위한 장치가 설치되어 있을 것

31 이동탱크저장소의 위험물 운송에 있어서 운송책임자의 감독·지원을 받아 운송하여야 하는 위험물의 종류에 해당하는 것은?

① 칼륨   ② 알킬알루미늄
③ 질산에스터류   ④ 아염소산염류

🔍 알킬알루미늄, 알킬리튬은 위험물 운송 시 운송책임자의 감독·지원을 받아야 한다.

32 물과 반응하여 발열하면서 위험성이 증가하는 것은?

① 과산화나트륨   ② 과망가니즈산나트륨
③ 아이오딘산칼륨   ④ 과염소산칼륨

🔍 과산화나트륨은 물과 반응하면 산소가스를 발생하고 많은 열을 발생한다.
$2Na_2O_2 + 2H_2O \rightarrow 4NaOH + O_2\uparrow + 발열$

33 위험물안전관리법에서 정한 위험물의 운반에 관한 다음 내용 중 ( ) 안에 들어갈 용어가 아닌 것은?

위험물의 운반은 ( ), ( ) 및 ( )에 관한 법에서 정한 중요기준과 세부기준에 따라 행하여야 한다.

① 용기   ② 적재방법
③ 운반방법   ④ 검사방법

🔍 위험물의 운반은 그 용기·적재방법 및 운반방법에 관한 법에서 정한 중요기준과 세부기준에 따라 행하여야 한다.(위험물법 제20조)

34 경유에 관한 설명으로 옳은 것은?

① 증기비중은 1 이하이다.
② 제3석유류에 속한다.
③ 착화온도는 가솔린보다 낮다.
④ 무색의 액체로서 원유 증류 시 가장 먼저 유출되는 유분이다.

🔍 경유(디젤유)

화학식	품명	지정수량	증기비중	유출온도	인화점	착화점	연소범위
C_{15} ~ C_{20}	제2석유류 (비수용성)	1000ℓ	4~5	150~375℃	41℃ 이상	257℃	0.6~7.5%

※가솔린의 착화온도: 280~456℃

35 분진폭발의 위험이 가장 낮은 것은?

① 아연분   ② 시멘트
③ 밀가루   ④ 커피

🔍 분진폭발: 아연분, 마그네슘분, 알루미늄분, 밀가루, 커피 등
※분진폭발을 하지 않는 물질: 시멘트, 생석회

36 경유 2000L, 글리세린 2000L를 같은 장소에 저장하려고 한다. 지정수량의 배수의 합은 얼마인가?

① 2.5
② 3.0
③ 3.5
④ 4.0

🔍 지정수량의 배수를 구하면
$$\therefore \text{지정수량의 배수} = \frac{\text{저장량}}{\text{지정수량}} + \frac{\text{저장량}}{\text{지정수량}}$$
$$= \frac{2000ℓ}{1000ℓ} + \frac{2000ℓ}{4000ℓ} = 2.5배$$
※ 지정수량
• 경유(제2석유류, 비수용성) : 1000ℓ
• 글리세린(제3석유류, 수용성) : 4000ℓ

37 오황화인이 물과 반응하였을 때 생성된 가스를 연소시키면 발생하는 독성이 있는 가스는?

① 이산화질소
② 포스핀
③ 염화수소
④ 이산화황

🔍 오황화인은 물과 반응하면 황화수소와 인산이 된다.
$P_2S_5 + 8H_2O \rightarrow 5H_2S + 2H_3PO_4$
※ 황화수소를 연소시키면 이산화황(아황산가스, SO_2)이 발생한다.
$2H_2S + 3O_2 \rightarrow 2SO_2 + 2H_2O$

38 소화난이도등급 Ⅰ의 옥내탱크저장소(인화점이 70℃ 이상의 제4류 위험물만을 저장·취급하는 것)에 설치하여야 하는 소화설비가 아닌 것은?

① 고정식 포소화설비
② 이동식외의 할로젠화합물소화설비
③ 스프링클러설비
④ 물분무소화설비

🔍 소화난이도등급 Ⅰ의 제조소등에 설치하여야 하는 소화설비

제조소등의 구분	소화설비
황을 저장 취급하는 것	물분무소화설비
옥내탱크저장소 - 인화점 70℃ 이상의 제4류 위험물만을 저장 취급하는 것	물분무소화설비, 고정식 포소화설비, 이동식 이외의 이산화탄소소화설비, 이동식 이외의 할로젠화합물소화설비 또는 이동식 이외의 분말소화설비
옥내탱크저장소 - 그 밖의 것	고정식 포소화설비, 이동식 이외의 이산화탄소소화설비, 이동식 이외의 할로젠화합물소화설비 또는 이동식 이외의 분말소화설비

39 연소 시 아황산가스를 발생하는 것이 아닌 것은?

① 삼황화인
② 오황화인
③ 황화수소
④ 황린

🔍 황린을 연소하면 오산화인(P_2O_5)이 발생하고 삼황화인, 오황화인, 황화수소는 연소하면 아황산가스(SO_2)를 발생한다.

40 적재 시 일광의 직사를 피하기 위하여 차광성 있는 피복으로 가려야 하는 위험물은?

① 아세트알데하이드
② 아세톤
③ 에틸알코올
④ 아세트산

🔍 적재위험물에 따른 조치
• 차광성이 있는 것으로 피복
 - 제1류 위험물
 - 제3류 위험물 중 자연발화성물질
 - 제4류 위험물 중 특수인화물(아세트알데하이드)
 - 제5류 위험물
 - 제6류 위험물
• 방수성이 있는 것으로 피복
 - 제1류 위험물 중 알칼리금속의 과산화물
 - 제2류 위험물 중 철분, 금속분, 마그네슘
 - 제3류 위험물 중 금수성 물질

41 제조소등에 있어서 위험물의 저장하는 기준으로 잘못된 것은?

① 황린은 제3류 위험물이므로 물기가 없는 건조한 장소에 저장하여야 한다.
② 덩어리상태의 황과 화약류에 해당하는 위험물은 위험물용기에 수납하지 않고 저장할 수 있다.
③ 옥내저장소에서는 용기에 수납하여 저장하는 위험물의 온도가 55℃를 넘지 아니하도록 필요한 조치를 강구하여야 한다.
④ 이동저장탱크에는 저장 또는 취급하는 위험물의 유별, 품명, 최대수량 및 적재중량을 표시하고 잘 보일 수 있도록 관리하여야 한다.

🔍 황린(제3류 위험물) : 물속에 저장

42 위험물안전관리법령에서 규정하고 있는 옥내소화전 설비의 설치기준에 관한 내용 중 옳은 것은?

① 제조소등 건축물의 층마다 당해 층의 각 부분에서 하나의 호스접속구까지의 수평거리가 25m 이하가 되도록 설치한다.
② 수원의 수량은 옥내소화전이 가장 많이 설치된 층의 옥내소화전 설치개수(설치개수가 5개이상인 경우는 5개)에 $18.6m^3$를 곱한 양 이상이 되도록 설치한다.
③ 옥내소화전설비는 각 층을 기준으로 하여 당해 층의 모든 옥내소화전(설치개수가 5개이상인 경우는 5개 옥내소화전)을 동시에 사용할 경우에 각 노즐 끝부분의 방수압력이 170kPa 이상의 성능이 되도록 한다.
④ 옥내소화전설비는 각 층을 기준으로 하여 당해 층의 모든 옥내소화전(설치개수가 5개이상인 경우는 5개 옥내소화전)을 동시에 사용할 경우에 각 노즐 끝부분의 방수량이 1분당 130L 이상의 성능이 되도록 한다.

🔍 옥내소화전설비의 설치기준
• 제조소등 건축물의 층마다 당해 층의 각 부분에서 하나의 호스접속구까지의 수평거리가 25m이하가 되도록 설치한다.
• 방수량, 방수압력, 수원

방수량	방수압력	토출량	수원	비상전원
260ℓ/min 이상	0.35MPa 이상	N(최대 5개) × 260ℓ/min	N(최대 5개) × $7.8m^3$ (260/min× 30min)	45분

43 [보기]의 위험물 중 비중이 물보다 큰 것은 모두 몇 개인가?

과염소산, 과산화수소, 질산

① 0 ② 1
③ 2 ④ 3

🔍 제6류 위험물인 과염소산(비중 : 1.76), 과산화수소(비중 : 1.465), 질산(비중 : 1.49)은 비중이 물보다 무겁다.

44 물과 반응하여 수소를 발생하는 물질로 불꽃 반응시 노란색을 나타낸 것은?

① 칼륨
② 과산화칼륨
③ 과산화나트륨
④ 나트륨

🔍 불꽃 반응시 색상
• 칼륨 : 보라색
• 나트륨 : 노란색

45 제2류 위험물에 속하지 않는 것은?

① 구리분
② 알루미늄분
③ 크로뮴분
④ 몰리브덴분

🔍 금속분 : 알칼리금속, 알칼리토류금속, 철 및 마그네슘 외의 금속의 분말(구리분·니켈분 및 150 마이크로미터의 체를 통과하는 것이 50중량% 미만인 것은 제외)

46 알루미늄분의 위험성에 대한 설명 중 틀린 것은?

① 뜨거운 물과 접촉 시 격렬하게 반응한다.
② 산화제와 혼합하면 가열, 충격 등으로 발화할 수 있다.
③ 연소 시 수산화알루미늄과 수소를 발생한다.
④ 염산과 반응하여 수소를 발생한다.

🔍 알루미늄이 연소하면 산화알루미늄을 발생한다.
$4Al + 3O_2 \rightarrow 2Al_2O_3$

47 다음 중 삼황화인이 가장 잘 녹는 물질은?

① 차가운 물   ② 이황화탄소
③ 염산   ④ 황산

🔍 삼황화인은 이황화탄소(CS_2), 알칼리, 질산에는 녹고, 물, 염소, 염산, 황산에는 녹지 않는다.

48 위험물안전관리법령에서 정의하는 특수인화물에 대한 설명으로 올바른 것은?

① 1기압에서 발화점이 150℃ 이하인 것
② 1기압에서 인화점이 40℃ 미만인 고체물질인 것
③ 1기압에서 인화점이 −20℃ 이하이고, 비점이 40℃ 이하인 것
④ 1기압에서 인화점이 21℃ 이상 70℃ 미만인 가연성 물질인 것

> 특수인화물
> • 1기압에서 발화점이 100℃ 이하인 것
> • 인화점이 영하 20℃ 이하이고 비점이 40℃ 이하인 것

49 제6류 위험물의 성질로 알맞은 것은?

① 금수성 물질
② 산화성 액체
③ 산화성 고체
④ 자연발화성 물질

> 위험물의 성질

류별	성질	류별	성질
제1류	산화성 고체	제2류	가연성 고체
제3류	자연발화성 및 금수성 물질	제4류	인화성 액체
제5류	자기반응성 물질	제6류	산화성 액체

50 제3류 위험물이 아닌 것은?

① 마그네슘
② 나트륨
③ 칼륨
④ 칼슘

> 마그네슘 : 제2류 위험물

51 물과 친화력이 있는 수용성 용매의 화재에 보통의 포 소화약제를 사용하면 포가 파괴되기 때문에 소화효과를 잃게 된다. 이와 같은 단점을 보완한 소화약제로 가연성인 수용성 용매의 화재에 유효한 효과를 가지고 있는 것은?

① 알코올형 포소화약제
② 단백포 소화약제
③ 합성계면활성제포 소화약제
④ 수성막포 소화약제

> 알코올형포(내알코올포, 알코올포) 소화약제 : 수용성 액체(아세톤, 알코올, 피리딘 등)에 적합

52 제1류 위험물이 아닌 것은?

① 과아이오딘산염류
② 퍼옥소붕산염류
③ 아이오딘의 산화물
④ 금속의 아지화합물

> 위험물의 분류

품명	류별
과아이오딘산염류	제1류 위험물
퍼옥소붕산염류	제1류 위험물
아이오딘의 산화물	제1류 위험물
금속의 아지화합물	제5류 위험물

53 마그네슘분의 일반적인 성질에 대한 설명 중 틀린 것은?

① 은백색의 광택이 있는 금속분말이다.
② 더운물과 반응하여 산소를 발생한다.
③ 열전도율 및 전기전도도가 큰 금속이다.
④ 황산과 반응하여 수소가스를 발생한다.

> 마그네슘은 물과 반응하면 수소가스를 발생한다.
> $Mg + 2H_2O \rightarrow Mg(OH)_2 + H_2\uparrow$

54 위험물 제조소에서 연소우려가 있는 외벽은 가산점이 되는 선으로부터 3m(2층 이상의 층에 대해서는 5m) 이내에 있는 외벽을 말하는데 이 가산점이 되는 선에 해당되지 않는 것은?

① 동일 부지내의 다른 건축물과 제조소 부지간의 중심선
② 제조소등에 인접한 도로의 중심선
③ 제조소등이 설치된 부지의 경계선
④ 제조소등의 외벽과 동일 부지내의 다른 건축물의 외벽간의 중심선

> 가산점
> • 제조소등에 인접한 도로의 중심선
> • 제조소등이 설치된 부지의 경계선
> • 제조소등의 외벽과 동일 부지내의 다른 건축물의 외벽간의 중심선

55 다음 중 산화반응이 일어날 가능성이 가장 큰 화합물은?

① 아르곤   ② 질소
③ 일산화탄소   ④ 이산화탄소

> 아르곤, 질소, 이산화탄소는 불연성 물질이고 일산화탄소는 가연물이다.

56 화재 발생 시 주수소화하면 오히려 위험성이 증대되는 것은?

① 황린   ② 적린
③ 탄화알루미늄   ④ 나이트로셀룰로스

> 탄화알루미늄은 물과 반응하면 메테인가스를 발생하므로 위험하다.
> $Al_4C_3 + 12H_2O \rightarrow 4Al(OH)_3 + 3CH_4\uparrow$
> (수산화알루미늄) (메테인)

57 톨루엔의 위험성에 대한 설명으로 틀린 것은?

① 증기비중은 약 0.87이므로 높은 곳에 체류하기 쉽다.
② 독성이 있으나 벤젠보다는 약하다.
③ 약 4℃의 인화점을 갖는다.
④ 유체 마찰등으로 정전기가 생겨 인화하기도 한다.

> 톨루엔의 증기비중(92/29 = 3.17)은 공기보다 3.17배 무겁다.

58 가연성액체의 연소형태를 옳게 설명 한 것은?

① 연소범위의 하한보다 낮은 범위에서라도 점화원이 있으면 연소한다.
② 가연성 증기의 농도가 높으면 높을수록 연소가 쉽다.
③ 가연성 액체의 증발연소는 액면에서 발생하는 증기가 공기와 혼합하여 타기 시작한다.
④ 증발성이 낮은 액체일수록 연소가 쉽고 연소속도는 빠르다.

> 연소의 형태
> • 연소범위 내에서 점화원이 있어야 연소한다.
> • 가연성 증기의 농도가 낮을수록 연소가 쉽다.
> • 증발성이 높은 액체일수록 연소가 쉽고 연소속도는 빠르다.

59 제5류 위험물의 화재에 적응성이 없는 소화설비는?

① 옥외소화전설비
② 스프링클러설비
③ 물분무소화설비
④ 할로젠화합물소화설비

> 제5류 위험물 : 냉각소화(옥내소화전설비, 옥외소화전설비, 스프링클러설비, 물분무소화설비)

60 금속칼륨에 화재가 발생하였을 때 사용할 수 없는 소화약제는?

① 이산화탄소   ② 건조사
③ 팽창질석   ④ 팽창진주암

> 칼륨이 이산화탄소와 반응하면 연소폭발 한다.
> $4K + 3CO_2 \rightarrow 2K_2CO_3 + C$(연소폭발)

정답 CBT 복원문제 2018년 1회

01 ①	02 ①	03 ①	04 ①	05 ①
06 ②	07 ③	08 ②	09 ②	10 ③
11 ③	12 ①	13 ②	14 ③	15 ④
16 ④	17 ①	18 ①	19 ③	20 ①
21 ①	22 ③	23 ②	24 ④	25 ①
26 ④	27 ④	28 ②	29 ④	30 ④
31 ②	32 ①	33 ④	34 ③	35 ④
36 ①	37 ④	38 ③	39 ④	40 ①
41 ①	42 ①	43 ④	44 ③	45 ①
46 ③	47 ①	48 ③	49 ②	50 ①
51 ①	52 ④	53 ②	54 ①	55 ③
56 ③	57 ①	58 ③	59 ①	60 ①

2018년 2회 CBT 복원문제

01
위험물안전관리법령상 스프링클러헤드는 부착장소의 평상시 최고주위온도가 28℃ 미만인 경우 몇 ℃의 표시온도를 갖는 것을 설치하여야 하는가?

① 58 미만
② 58 이상 79 미만
③ 79 이상 121 미만
④ 121 이상 162 미만

🔍 부착장소의 평상시의 최고주위온도에 따른 표시온도

부착장소의 최고주위온도(단위 ℃)	표시온도 (단위 ℃)
28 미만	58 미만
28 이상 39 미만	58 이상 79 미만
39 이상 64 미만	79 이상 121 미만
64 이상 106 미만	121 이상 162 미만
106 이상	162 이상

02
가연물이 되기 쉬운 조건이 아닌 것은?

① 산화반응의 활성이 크다.
② 표면적이 넓다.
③ 활성화에너지가 크다.
④ 열전도율이 낮다.

🔍 활성화에너지가 작아야 가연물이 되기 쉽다.

03
산화열에 의한 발열이 자연발화의 주된 요인으로 작용하는 것은?

① 건성유
② 퇴비
③ 목탄
④ 셀룰로이드

🔍 자연발화의 형태
• 산화열에 의한 발화 : 석탄, 건성유, 고무분말
• 분해열에 의한 발화 : 셀룰로이드, 나이트로셀룰로스
• 미생물에 의한 발화 : 퇴비, 먼지
• 흡착열에 의한 발화 : 목탄, 활성탄

04
유기과산화물의 화재 시 적응성이 있는 소화설비는?

① 물분무소화설비
② 이산화탄소소화설비
③ 할로젠화합물소화설비
④ 분말소화설비

🔍 제5류 위험물인 유기과산화물의 소화약제 : 냉각소화(물분무소화설비)

05
A, B, C급 화재에 모두 적응성이 있는 소화약제는?

① 제1종 분말소화약제 ② 제2종 분말소화약제
③ 제3종 분말소화약제 ④ 제4종 분말소화약제

🔍 분말소화약제의 적응성

종류	주성분	약제명	착색	소화효과
제1종 분말	$NaHCO_3$	중탄산나트륨	백색	B, C급
제2종 분말	$KHCO_3$	중탄산칼륨	담회색	B, C급
제3종 분말	$NH_4H_2PO_4$	제일인산암모늄	담홍색, 황색	A, B, C급
제4종 분말	$KHCO_3 + (NH_2)_2CO$	중탄산칼륨+요소	회색	B, C급

06
다음 위험물 중 주수소화가 적합하지 않은 물질은?

① 과산화벤조일 ② 과산화나트륨
③ 피크린산   ④ 염소산나트륨

🔍 소화방법

종류	구분	품명	소화방법
과산화벤조일	제5류 위험물	유기과산화물	냉각소화
과산화나트륨	제1류 위험물	무기과산화물	질식소화
피크린산	제5류 위험물	나이트로화합물	냉각소화
염소산나트륨	제1류 위험물	염소산염류	냉각소화

∴ 과산화나트륨은 물과 격렬하게 반응하여 산소를 발생한다.
$2Na_2O_2 + 2H_2O \rightarrow 4NaOH + O_2$
(과산화나트륨) (물) (수산화나트륨) (산소)

07 다이에틸에터의 저장 시 소량의 염화칼슘을 넣어 주는 목적은?

① 정전기 발생 방지
② 과산화물 생성 방지
③ 저장용기의 부식방지
④ 동결 방지

> 다이에틸에터의 저장 시 소량의 염화칼슘을 넣어 주는 이유는 정전기 발생 방지하기 위함이다.

08 고정식의 포 소화설비의 기준에서 포헤드방식의 포헤드는 방호대상물의 표면적 몇 m^2당 1개 이상의 헤드를 설치하여야 하는가?

① 8
② 9
③ 15
④ 30

> 포헤드방식의 포헤드 설치기준 : 표면적 $9m^2$당 1개 이상 설치

09 제조소등의 관계인이 예방규정을 정하여야 하는 제조소등이 아닌 것은?

① 지정수량의 100배 이상의 위험물을 저장하는 옥외탱크저장소
② 지정수량의 150배 이상의 위험물을 저장하는 옥내저장소
③ 지정수량의 10배 이상의 위험물을 취급하는 제조소
④ 지정수량의 5배 이상의 위험물을 취급하는 이송취급소

> 예방규정을 정하여야 하는 제조소등
> • 지정수량의 10배 이상의 위험물을 취급하는 제조소, 일반취급소
> • 지정수량의 100배 이상의 위험물을 저장하는 옥외저장소
> • 지정수량의 150배 이상의 위험물을 저장하는 옥내저장소
> • 지정수량의 200배 이상의 위험물을 저장하는 옥외탱크저장소
> • 암반탱크저장소, 이송취급소

10 지정수량의 100배 이상을 저장 또는 취급하는 옥내저장소에 설치하여야 하는 경보설비는?(단, 고인화점 위험물만을 저장 또는 취급하는 것은 제외한다.)

① 비상경보설비
② 자동화재탐지설비
③ 비상방송설비
④ 확성장치

> 옥내저장소의 경보설비
> • 지정수량의 10배 이상 100배 미만 : 자동화재탐지설비, 비상방송설비, 비상경보설비, 확성장치 중 1종 이상
> • 지정수량의 100배 이상 : 자동화재탐지설비

11 다음 물질 중 인화점이 가장 높은 것은?

① 톨루엔
② 클로로아세톤
③ 트라이메틸알루미늄
④ 아세톤

> 인화점
>
> | 종류 | 인화점 | 종류 | 인화점 |
> |---|---|---|---|
> | 톨루엔 | 4℃ | 클로로아세톤 | 35℃ |
> | 트라이메틸알루미늄 | -17℃ | 아세톤 | -18.5℃ |

12 대형수동식소화기의 설치기준은 방호대상물의 각 부분으로부터 하나의 대형수동식소화기까지의 보행거리가 몇 m 이하가 되도록 설치하여야 하는가?

① 10
② 20
③ 30
④ 40

> 소화기 설치기준
> • 대형수동식소화기 : 보행거리가 30m 이하
> • 소형수동식소화기 : 보행거리가 20m 이하

13 다음 제6류 위험물에 속하는 것은?

① 염소화아이소사이아누르산
② 퍼옥소이황산염류
③ 질산구아니딘
④ 할로젠간화합물

🔍 위험물의 구분

종류	구분
염소화이소사이아누르산	제1류 위험물
퍼옥소이황산염류	제1류 위험물
질산구아니딘	제5류 위험물
할로젠간화합물	제6류 위험물

14 알코올유 20,000ℓ에 대한 소화설비 설치 시 소요단위는?

① 5
② 10
③ 15
④ 20

🔍 소요단위 = 저장수량 ÷ (지정수량 × 10)
= 20,000ℓ / (400ℓ × 10) = 5단위
※ 알코올의 지정수량 : 400ℓ

15 알루미늄분에 대한 설명으로 옳지 않는 것은?

① 알칼리수용액에서 수소를 발생한다.
② 산과 반응하여 수소를 발생한다.
③ 물보다 무겁다.
④ 할로젠 원소와는 반응하지 않는다.

🔍 알루미늄분은 할로젠원소와 접촉하면 자연발화의 위험이 있다.

16 이산화탄소 소화기 사용 시 줄·톰슨효과에 의해서 생성되는 물질은?

① 포스겐
② 일산화탄소
③ 드라이아이스
④ 수성가스

🔍 이산화탄소 소화기 사용 시 줄·톰슨효과에 의해서 드라이아이스가 생성된다.

17 옥내주유취급소의 소화난이도 등급은?

① Ⅰ
② Ⅱ
③ Ⅲ
④ Ⅳ

🔍 소화난이도 등급
• 옥내 주유 취급소 : 소화 난이도 등급 Ⅱ
• 지하탱크 저장소, 간이탱크 저장소, 이동탱크 저장소, 제1종 판매 취급소 : 소화난이도 등급 Ⅲ

18 제조소등의 완공검사신청서는 어디에 제출하여야 하는가?

① 소방청장
② 소방청장 또는 시·도지사
③ 소방청장, 소방서장 또는 한국소방산업기술원
④ 시·도지사, 소방서장 또는 한국소방산업기술원

🔍 제조소등의 완공검사신청서(시행규칙 제19조) 제출 : 시·도지사, 소방서장 또는 한국소방산업기술원

19 액체 위험물의 운반용기 중 금속제 내장용기의 최대용적은 몇 ℓ인가?

① 5
② 10
③ 20
④ 30

🔍 액체 위험물의 운반용기 중 금속제 내장용기의 최대용적 : 30ℓ

20 연소범위에 대한 설명으로 옳지 않은 것은?

① 연소범위는 연소 하한값부터 연소 상한값까지이다.
② 연소범위의 단위는 공기 또는 산소에 대한 가스의 % 농도이다.
③ 연소하한이 낮을수록 위험이 크다.
④ 온도가 높아지면 연소범위가 좁아진다.

🔍 온도나 압력이 높으면 연소범위가 넓어진다.

21 B급 화재의 표시색상은?

① 청색
② 무색
③ 황색
④ 백색

화재의 종류

급수 \ 구분	화재의 종류	원형 표시색
A급	일반화재	백색
B급	유류화재	황색
C급	전기화재	청색
D급	금속화재	무색

22 소화난이도 등급 Ⅱ의 옥내탱크저장소에는 대형수동식소화기 및 소형수동식소화기를 각각 몇 개이상 설치하여야 하는가?

① 4
② 3
③ 2
④ 1

소화난이도등급 Ⅱ의 제조소등에 설치하여야 하는 소화설비

제조소 등의 구분	소화설비
제조소, 옥내저장소, 옥외저장소, 주유취급소, 판매취급소, 일반취급소	방사능력범위 내에 당해 건축물, 그 밖의 공작물 및 위험물이 포함되도록 대형수동식소화기를 설치하고, 당해 위험물의 소요단위의 1/5 이상에 해당하는 능력단위의 소형수동식소화기 등을 설치할 것
옥외탱크저장소 옥내탱크저장소	대형수동식소화기 및 소형수동식소화기 등을 각각 1개 이상 설치할 것

23 제5류 위험물의 공통된 취급방법이 아닌 것은?

① 용기의 파손 및 균열에 주의한다.
② 저장 시 가열, 충격, 마찰을 피한다.
③ 운반용기 외부에 주의사항으로 자연발화주의를 표기한다.
④ 점화원 및 분해를 촉진시키는 물질로부터 멀리한다.

제5류 위험물의 운반용기 외부에 주의사항 : 화기엄금 및 충격주의

24 제3류 위험물 중 금수성물질을 취급하는 제조소에 설치하는 주의사항 게시판의 내용과 색상으로 옳은 것은?

① 물기엄금 : 백색바탕에 청색문자
② 물기엄금 : 청색바탕에 백색문자
③ 물기주의 : 백색바탕에 청색문자
④ 물기주의 : 청색바탕에 백색문자

제조소등에 설치하는 게시판의 주의사항

위험물의 종류	주의사항	게시판의 색상
제1류 위험물 중 알칼리금속의 과산화물 제3류 위험물 중 금수성물질	물기엄금	청색바탕에 백색문자
제2류 위험물(인화성 고체는 제외)	화기주의	적색바탕에 백색문자
제2류 위험물 중 인화성 고체 제3류 위험물 중 자연발화성물질 제4류 위험물 제5류 위험물	화기엄금	적색바탕에 백색문자

25 제4류 위험물의 품명이 나머지 셋과 다른 것은?

① 산화프로필렌
② 아세톤
③ 이황화탄소
④ 다이에틸에터

제4류 위험물의 분류
- 특수인화물 : 산화프로필렌, 이황화탄소, 다이에틸에터
- 제1석유류 : 아세톤

26 질산에 대한 설명으로 옳은 것은?

① 산화력은 없고 강한 환원력이 있다.
② 자체 연소성이 있다.
③ 잔토프로테인 반응을 한다.
④ 조연성과 부식성이 없다.

질산의 성질
- 산화력이 있다.
- 자체 연소성은 없다.
- 잔토프로테인 반응을 한다.
- 조연성과 부식성이 있다.

27 지정수량의 20배의 알코올류 옥외탱크저장소에 펌프실 외의 장소에 설치하는 펌프설비의 기준으로 틀린 것은?

① 펌프설비 주위에는 3m 이상의 공지를 보유한다.
② 펌프설비 그 직하의 지반면 주위에 높이 0.15m 이상의 턱을 만든다.
③ 펌프설비 그 직하의 지반면의 최저부에는 집유설비를 만든다.
④ 집유설비에는 위험물이 배수구에 유입되지 않도록 유분리장치를 만든다.

> 알코올류는 물에 잘 녹는 수용성 액체이므로 유분리장치는 필요없다. 그러나 20℃의 물 100g에 용해되는 양이 1g 미만 것에는 집유설비에 유분리장치를 설치하여야 한다.

28 [보기]의 위험물을 위험등급Ⅰ, 위험등급Ⅱ, 위험등급Ⅲ의 순서로 옳게 나열한 것은?

> 황린, 수소화나트륨, 리튬

① 황린, 수소화나트륨, 리튬
② 황린, 리튬, 수소화나트륨
③ 수소화나트륨, 황린, 리튬
④ 수소화나트륨, 리튬, 황린

> 위험등급

종류	위험등급	품명
황린	위험등급 Ⅰ	-
리튬	위험등급 Ⅱ	알칼리금속 및 알칼리토금속
수소화나트륨	위험등급 Ⅲ	금속의 수소화물

29 과망가니즈산칼륨의 성질에 대한 설명 중 옳은 것은?

① 강력한 산화제이다.
② 물에 녹아서 연한 분홍색을 나타낸다.
③ 물에는 녹으나 에탄올에 녹지 않는다.
④ 묽은 황산과 반응을 하지 않지만 진한 황산과 접촉하면 서서히 반응한다.

> 과망가니즈산칼륨의 성질
> • 강력한 산화제이다.
> • 물, 알코올에 녹으면 진한 보라색을 나타낸다.
> • 묽은 황산이나 진한 황산과 접촉하면 반응한다.

30 수납하는 위험물에 따라 위험물의 운반용기 외부에 표시하는 주의사항이 잘못된 것은?

① 제1류 위험물 중 알칼리금속의 과산화물 : 화기·충격주의, 물기엄금, 가연물접촉주의
② 제4류 위험물 : 화기엄금
③ 제3류 위험물 자연발화성물질 : 화기엄금, 공기접촉엄금
④ 제2류 위험물 중 철분 : 화기엄금

> 제2류 위험물 중 철분, 금속분, 마그네슘 : 화기주의, 물기엄금

31 적린의 위험성에 대한 설명으로 옳은 것은?

① 물과 반응하여 발화 및 폭발한다.
② 공기 중에 방치하면 자연발화한다.
③ 염소산칼륨과 혼합하면 마찰에 의한 발화의 위험이 있다.
④ 황린보다 불안정하다.

> 적린
> • 물, 알코올, 에터, CS_2, 암모니아에 녹지 않는다.
> • 염소산염류(염소산칼륨), 질산염류, 이황화탄소, 황과 접촉하면 발화한다.
> • 황린보다 안정하다.

32 나이트로글리세린에 대한 설명으로 가장 거리가 먼 것은?

① 규조토에 흡수시킨 것을 다이너마이트라고 한다.
② 충격, 마찰에 매우 둔감하나 동결품은 민감해진다.
③ 비중은 약 1.6이다.
④ 알코올, 벤젠등에 녹는다.

> 나이트로글리세린은 가열, 마찰, 충격에 민감하다(폭발을 방지하기 위하여 다공성물질에 흡수시킨다)
> ※다공성물질 : 규조토, 톱밥, 소맥분, 전분

33 제4류 위험물의 일반적인 성질이 아닌 것은?

① 대부분 유기화합물이다.
② 전기의 양도체로서 정전기 축척이 용이하다.
③ 발생증기는 가연성이며 증기비중은 공기보다 무거운 것이 대부분이다.
④ 모두 인화성 액체이다.

> 제4류 위험물은 전기의 부도체로서 정전기 축척이 용이하다.

34 연소범위가 1.7~48%인 제4류 위험물은?

① 가솔린
② 에터
③ 이황화탄소
④ 아세톤

> 제4류 위험물의 연소범위

화학식	연소범위	화학식	연소범위
가솔린	1.2~7.6%	에터	1.7~48%
이황화탄소	1.0~50%	아세톤	2.5~12.8%

35 알킬알루미늄의 저장 및 취급방법으로 옳은 것은?

① 용기는 완전 밀봉하고 CH_4, C_3H_8 등을 봉입한다.
② C_6H_6등의 희석제를 넣어준다.
③ 용기의 마개에 다수의 미세한 구멍을 뚫는다.
④ 통기구가 달린 용기를 사용하여 압력상승을 방지한다.

> 알킬알루미늄은 완전 밀봉하여 벤젠(C_6H_6)등의 희석제를 넣어준다.

36 물과 접촉하면 발열하면서 산소를 방출하는 것은?

① 과산화칼륨   ② 염소산암모늄
③ 염소산칼륨   ④ 과망가니즈산칼륨

> 과산화칼륨(K_2O_2)은 물과 반응하면 산소를 방출하므로 위험하다.
> $2Na_2O_2 + 2H_2O \rightarrow 4NaOH + O_2$
> (과산화나트륨) (물)   (수산화나트륨) (산소)

37 위험물 제조소등에 설치하는 옥내소화전설비의 설치기준으로 옳은 것은?

① 옥내소화전은 건축물의 층마다 당해 층의 각 부분에서 하나의 호스접속구까지의 수평거리가 25m 이하가 되도록 설치하여야 한다.
② 당해 층의 모든 옥내소화전(5개 이상인 경우는 5개)을 동시에 사용할 경우 각 노즐 끝부분에서의 방수량은 130 ℓ/min 이상이어야 한다.
③ 당해 층의 모든 옥내소화전(5개 이상인 경우는 5개)을 동시에 사용할 경우 각 노즐 끝부분에서의 방수압력은 250kPa 이상이어야 한다.
④ 수원의 수량은 옥내소화전이 가장 많이 설치된 층의 옥내소화전 설치개수(설치개수가 5개 이상인 경우는 5개)에 2.6m³를 곱한 양 이상이 되도록 설치하여야 한다.

> 옥내소화전설비의 설치기준
> • 제조소등의 건축물의 층마다 하나의 호스접속구까지의 수평거리가 25m 이하가 되도록 설치할 것. 이 경우 옥내소화전은 각층의 출입구 부근에 1개 이상 설치하여야 한다.
> • 펌프의 토출량은 옥내소화전의 설치개수가 가장 많은 층에 대해 당해 설치개수(설치개수가 5개 이상인 경우에는 5개로 한다)에 260 ℓ/min을 곱한 양 이상이 되도록 할 것
> • 당해 층의 모든 옥내소화전(5개 이상인 경우는 5개)을 동시에 사용할 경우 각 노즐 끝부분에서의 방수압력은 350kPa 이상이어야 한다.
> • 수원의 수량은 옥내소화전이 가장 많이 설치된 층의 옥내소화전 설치개수(설치개수가 5개 이상인 경우는 5개)에 7.8m³를 곱한 양 이상이 되도록 설치하여야 한다.

38 지정수량이 50킬로그램이 아닌 것은?

① 염소산나트륨
② 리튬
③ 과산화나트륨
④ 다이에틸에터

> 지정수량

종류	류별	품명	지정수량
염소산나트륨	제1류 위험물	염소산염류	50kg
리튬	제3류 위험물	알칼리금속	50kg
과산화나트륨	제1류 위험물	무기과산화물	50kg
다이에틸에터	제4류 위험물	특수인화물	50ℓ

39 소화기에 "A-2", "B-3"라고 쓰여진 숫자의 의미는?

① 소화기의 제조번호 ② 소화기의 소요단위
③ 소화기의 능력단위 ④ 소화기의 사용순위

> • A-2, B-3 : 능력단위
> • A-2, B-3 : A급 화재에 2단위, B급 화재에 3단위에 적합하다.

40 다음 [보기]에서 설명하는 물질은 무엇인가?

> • 살균제 및 소독제로 사용된다.
> • 분해할 때 발생하는 발생기산소[O]는 난분해성 유기물질을 산화시킬 수 있다.

① $HClO_4$ ② CH_3OH
③ H_2O_2 ④ H_2SO_4

> 과산화수소(H_2O_2) : 살균제 및 소독제

41 아염소산염류 100kg, 질산염류 3000kg 및 과망가니즈산염류 1000kg을 같은 장소에 저장하여 한다. 각각의 지정수량 배수의 합은 얼마인가?

① 5배 ② 10배
③ 13배 ④ 15배

> 위험물의 지정수량
>
> | 종류 | 지정수량 |
> |---|---|
> | 아염소산염류 | 50kg |
> | 질산염류 | 300kg |
> | 과망가니즈산염류 | 1000kg |
>
> ∴ 배수
> 지정수량의 배수 = 저장량/지정수량 + 저장량/지정수량 + 저장량/지정수량
> = 100kg/50kg + 3000kg/300kg + 1000kg/1000kg = 13배

42 질산에틸에 관한 설명으로 옳은 것은?

① 인화점이 낮아 인화되기 쉽다.
② 증기는 공기보다 가볍다.
③ 물에 잘 녹는다.
④ 비점은 약 28℃ 정도이다.

> 질산에틸
> • 물성
>
> | 화학식 | 비점 | 인화점 | 증기비중 |
> |---|---|---|---|
> | $C_2H_5ONO_2$ | 88℃ | 10℃ | 3.14 |
>
> • 물에는 녹지 않으며 알코올에는 잘 녹는다.
> • 10℃로서 인화점이 대단히 낮고 연소하기 쉽다.

43 비중은 약 2.5, 무취이며 알코올, 물에 잘 녹고 조해성이 있으며 산과 반응하여 유독한 ClO_2를 발생하는 위험물은?

① 염소산칼륨 ② 과염소산암모늄
③ 염소산나트륨 ④ 과염소산칼륨

> 염소산나트륨
> • 물성
>
> | 화학식 | 분자량 | 융점 | 비중 | 분해 온도 |
> |---|---|---|---|---|
> | $NaClO_3$ | 106.5 | 248℃ | 2.49 | 300℃ |
>
> • 무색, 무취의 결정 또는 분말이다.
> • 물, 알코올, 에터에는 녹으며 조해성이 강하다.
> • 산과 반응하면 이산화염소(ClO_2)의 유독가스를 발생한다.
>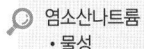

44 어떤 소화기에 "A_3, B_5, C 적용"이라고 표시되어 있다. 여기에서 알 수 있는 것이 아닌 것은?

① 일반화재인 경우 이 소화기의 능력단위는 5단위이다.
② 유류화재에 적용할 수 있는 소화기이다.
③ 전기화재에 적용할 수 있는 소화기이다.
④ ABC 소화기이다.

> 능력단위 : A_3, B_5, C 적용
> • A급화재(일반화재)는 능력단위 3단위
> • B급화재(유류화재)는 능력단위 5단위
> • C급화재(전기화재)에 적용된다.

45 제조소등의 위치, 구조 또는 설비의 변경없이 당해 제조소등에서 취급하는 위험물의 품명을 변경하고자 하는 자는 변경하고자 하는 날의 몇 일(개월)전까지 신고하여야 하는가?

① 1일 ② 7일
③ 14일 ④ 1개월

> 제조소등의 위치, 구조 또는 설비의 변경없이 위험물의 품명, 수량, 지정수량의 배수를 변경하고자 하는 자는 1일 전까지 시·도지사에게 신고하여야 한다.

46 위험물의 유별 구분이 나머지 셋과 다른 하나는?

① 나이트로글라이콜
② 스티렌
③ 아조벤젠
④ 다이나이트로벤젠

> 스티렌은 제4류 위험물 제2석유류이고 나머지 셋은 제5류 위험물이다.

47 벤젠의 위험성에 대한 설명으로 틀린 것은?

① 휘발성이 있다.
② 인화점이 0℃보다 낮다.
③ 증기는 유독하여 흡입하면 위험하다.
④ 이황화탄소보다 착화온도가 낮다.

> 착화온도
>
> | 종류 | 착화온도 | 종류 | 착화온도 |
> |---|---|---|---|
> | 벤젠 | 562℃ | 이황화탄소 | 100℃ |

48 탄화칼슘이 물과 반응했을 때 생성되는 것은?

① 산화칼슘 + 아세틸렌
② 수산화칼슘 + 아세틸렌
③ 산화칼슘 + 메테인
④ 수산화칼슘 + 메테인

> 탄화칼슘이 물과 반응하면 가연성가스인 아세틸렌을 생성한다.
> $CaC_2 + 2H_2O \rightarrow Ca(OH)_2 + C_2H_2\uparrow$
> (소석회, 수산화칼슘)(아세틸렌)

49 에터(Ether)의 일반식으로 옳은 것은?

① ROR   ② RCHO
③ RCOOR ④ RCOOH

> 일반식
>
> | 종류 | 명칭 | 해당 위험물 |
> |---|---|---|
> | R-O-R | 에터 | 에터(다이에틸에터) |
> | RCHO | 알데하이드 | 아세트알데하이드 |
> | R-COO-R | 에스터 | 초산에스터류
의산에스터류 |
> | R-COOH | 카복실산 | 초산, 의산 |

50 무취의 결정이며 분자량이 약 122, 녹는점이 약 482℃이고 산화제, 폭약 등에 사용되는 위험물은?

① 염소산바륨
② 과염소산나트륨
③ 아염소산나트륨
④ 과산화바륨

> 과염소산나트륨($NaClO_4$) : 무취의 결정이며 분자량이 122.5, 녹는점이 약 482℃이고 산화제, 폭약 등에 사용된다.

51 제5류 위험물 중 위험성 유무와 등급에 따라 제2종으로 분류된 나이트로화합물의 지정수량은?

① 10kg
② 100kg
③ 150kg
④ 200kg

> 제5류 위험물의 지정수량
>
> | 유별 | 성질 | 품명 | 지정수량 |
> |---|---|---|---|
> | 제5류 | 자기
반응성
물질 | 1. 유기과산화물
2. 질산에스터류
3. 나이트로화합물
4. 나이트로소화합물
5. 아조화합물
6. 다이아조화합물
7. 하이드라진 유도체
8. 하이드록실아민
9. 하이드록실아민염류
10. 그 밖에 행정안전부령으로 정하는 것 | 제1종 : 10kg
제2종 : 100kg |

52
옥외저장탱크의 흙 방유제에 대한 설명이다. 탱크의 지름이 10m이고 높이가 15m라고 할 때 방유제는 탱크의 옆판으로부터 몇 m 이상의 거리를 유지하여야 하는가?(단, 인화점이 200℃ 미만의 위험물을 저장한다)

① 2
② 3
③ 4
④ 5

> 방유제는 탱크의 옆판으로부터 일정 거리를 유지할 것(단, 인화점이 200℃ 이상인 위험물은 제외)
> • 지름이 15m 미만인 경우 : 탱크 높이의 1/3 이상
> • 지름이 15m 이상인 경우 : 탱크 높이의 1/2 이상
> ∴ 거리 = 15m × 1/3 = 5 m

53
적린과 황린의 공통적인 사항으로 옳은 것은?

① 연소할 때에는 오산화인의 흰 연기를 낸다.
② 냄새가 없는 적색가루이다.
③ 물, 이황화탄소에 녹는다.
④ 맹독성이다.

> 적린과 황린의 비교

종류	황린(P_4)	적린(P)
분류	제3류 위험물	제2류 위험물
외관	백색 또는 담황색의 자연발화성 고체	암적색 분말
착화온도	34℃	260℃
주의사항	물속에 저장하여 공기와 접촉 금지	산화제(제1류, 제6류)와 접촉 금지
연소반응식	$P_4 + 5O_2 \rightarrow 2P_2O_5$	$4P + 5O_2 \rightarrow 2P_2O_5$

54
금속칼륨의 보호액으로 가장 적합한 것은?

① 물
② 아세트산
③ 등유
④ 에틸알코올

> 칼륨, 나트륨의 보호액 : 등유, 경유, 유동파라핀

55
그림과 같은 타원형 위험물 탱크의 내용적을 구하는 식을 옳게 나타낸 것은?

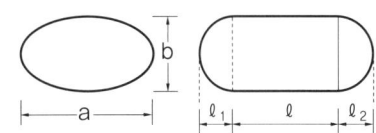

① $\dfrac{\pi ab}{4}\left(\ell + \dfrac{\ell_1 + \ell_2}{3}\right)$

② $\dfrac{\pi ab}{4}\left(\ell + \dfrac{\ell_1 - \ell_2}{3}\right)$

③ $\pi r^2 \left(\ell + \dfrac{\ell_1 + \ell_2}{3}\right)$

④ $\pi r^2 \left(\ell + \dfrac{\ell_1 + \ell_2}{3}\right)$

> 탱크의 용량
> • 타원형 탱크의 내용적
>   – 양쪽이 볼록한 것
>
>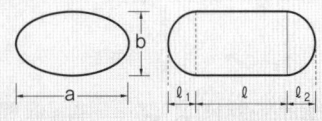
>
>   내용적 = $\dfrac{\pi ab}{4}\left(\ell + \dfrac{\ell_1 + \ell_2}{3}\right)$
>
>   – 한쪽은 볼록하고 다른 한쪽은 오목한 것
>
>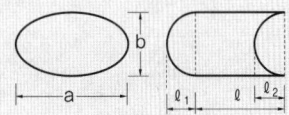
>
>   내용적 = $\dfrac{\pi ab}{4}\left(\ell + \dfrac{\ell_1 - \ell_2}{3}\right)$
>
> • 원통형 탱크의 내용적
>   – 횡으로 설치한 것
>
>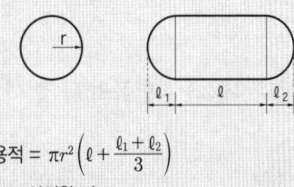
>
>   내용적 = $\pi r^2 \left(\ell + \dfrac{\ell_1 + \ell_2}{3}\right)$
>
>   – 종으로 설치한 것
>
>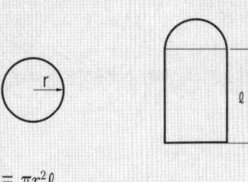
>
>   내용적 = $\pi r^2 \ell$

56 제5류 위험물이 아닌 것은?

① $Pb(N_3)_2$
② CH_3ONO_2
③ N_2H_4
④ NH_2OH

> 하이드라진(N_2H_4) : 제4류 위험물 제2석유류(수용성)

57 산화프로필렌에 대한 설명 중 틀린 것은?

① 연소범위는 가솔린보다 넓다.
② 물에는 잘 녹지만 알코올, 벤젠에는 녹지 않는다.
③ 비중은 1보다 작고 증기비중은 1보다 크다.
④ 증기압이 높으므로 상온에서 위험한 농도까지 도달할 수 있다.

> 산화프로필렌은 물과 알코올에 잘 녹는다.

58 위험물안전관리법상 제6류 위험물에 해당되는 것은?

① H_3PO_4
② IF_5
③ H_2SO_4
④ HCl

> 분류

종류	명칭	구분
H_3PO_4	인산	비 위험물
IF_5	펜타플루오로이오다이드	제6류 위험물 할로젠간화합물
H_2SO_4	황산	비 위험물
HCl	염산	비 위험물

59 글리세린은 제4류 위험물의 제 몇 석유류에 해당되는가?

① 제1석유류
② 제2석유류
③ 제3석유류
④ 제4석유류

> 글리세린 : 제4류 위험물 제3석유류(수용성)

60 다음 중 지정수량이 다른 물질은?

① 황화인
② 적린
③ 철분
④ 황

> 위험물의 지정수량

종류	지정수량
황화인	100kg
적린	100kg
철분	500kg
황	100kg

정답 CBT 복원문제 2018년 2회

01 ①	02 ③	03 ①	04 ①	05 ③
06 ②	07 ①	08 ②	09 ①	10 ②
11 ②	12 ③	13 ④	14 ①	15 ④
16 ③	17 ②	18 ④	19 ④	20 ④
21 ④	22 ④	23 ③	24 ②	25 ②
26 ②	27 ④	28 ②	29 ①	30 ④
31 ③	32 ③	33 ③	34 ②	35 ②
36 ①	37 ①	38 ④	39 ③	40 ①
41 ③	42 ①	43 ③	44 ①	45 ①
46 ②	47 ④	48 ②	49 ①	50 ②
51 ②	52 ④	53 ①	54 ③	55 ①
56 ②	57 ②	58 ②	59 ③	60 ③

2018년 3회 CBT 복원문제

01 운송책임자의 감독, 지원을 받아 운송하여야 하는 위험물에 해당하는 것은?

① 칼륨, 나트륨
② 알킬알루미늄, 알킬리튬
③ 제1석유류, 제2석유류
④ 나이트로글리세린, 트라이나이트로톨루엔

🔍 알킬알루미늄, 알킬리튬은 운송책임자의 감독, 지원을 받아 운송하여야 하는 위험물이다.

02 제2류 위험물 중 지정수량이 500kg인 물질에 의한 화재는?

① A급 화재 ② B급 화재
③ C급 화재 ④ D급 화재

🔍 제2류 위험물

종류	지정수량	적응화재
철분	500kg	D급(금속)화재
금속분	500kg	D급(금속)화재
마그네슘	500kg	D급(금속)화재

03 다음 위험물 중 화재가 발생하였을 때 소화에 물을 사용할 수 없는 것은?

① 황(S) ② 황린(P_4)
③ 적린(P) ④ 알루미늄 분말(Al)

🔍 알루미늄 분말(Al)은 화재 시 주수소화하면 가연성가스인 수소가 발생하므로 위험하다.
$2Al + 6H_2O \rightarrow 2Al(OH)_3 + 3H_2$

04 위험물안전관리법에서 정하는 용어의 정의로 옳지 않은 것은?

① "위험물"이라 함은 인화성 또는 발화성 등의 성질을 가지는 것으로서 대통령령이 정하는 물품을 말한다.
② "제조소"라 함은 위험물을 제조할 목적으로 지정수량 이상의 위험물을 취급하기 위하여 규정에 따른 허가를 받은 장소를 말한다.
③ "저장소"라 함은 지정수량 이상의 위험물을 저장하기 위한 대통령령이 정하는 장소로서 규정에 따른 허가를 받은 장소를 말한다.
④ "취급소"라 함은 지정수량 이상의 위험물을 제조외의 목적으로 취급하기 위한 관할 지자체장이 정하는 장소로서 허가를 받은 장소를 말한다.

🔍 취급소 : 지정수량 이상의 위험물을 제조외의 목적으로 취급하기 위한 대통령령이 정하는 장소로서 허가를 받은 장소를 말한다.

05 제3종 분말 소화약제의 열분해 반응식을 옳게 나타낸 것은?

① $NH_4H_2PO_4 \rightarrow HPO_3 + NH_3 + H_2O$
② $2KNO_3 \rightarrow 2KNO_2 + O_2$
③ $KClO_4 \rightarrow KCl + 2O_2$
④ $2CaHCO_3 \rightarrow 2CaO + H_2CO_3$

🔍 분말소화약제

종류	주성분	착색	적응화재	열분해 반응식
제1종 분말	탄산수소나트륨 ($NaHCO_3$)	백색	B, C급	$2NaHCO_3 \rightarrow Na_2CO_3 + CO_2 + H_2O$
제2종 분말	탄산수소칼륨 ($KHCO_3$)	담회색	B, C급	$2KHCO_3 \rightarrow K_2CO_3 + CO_2 + H_2O$
제3종 분말	제일인산암모늄 ($NH_4H_2PO_4$)	담홍색 황색	A, B, C급	$NH_4H_2PO_4 \rightarrow HPO_3 + NH_3 + H_2O$
제4종 분말	탄산수소칼륨 + 요소 ($KHCO_3$ + $(NH_2)_2CO$)	회색	B, C급	$2KHCO_3 + (NH_2)_2CO \rightarrow K_2CO_3 + 2NH_3 + 2CO_2$

06 정전기를 유효하게 제거하기 위한 설비로 공기 중의 상대습도는 몇 % 이상 되게 하여야 하는가?

① 50%
② 60%
③ 70%
④ 80%

> 정전기 방지법
> • 접지를 할 것
> • 상대습도 70% 이상 유지할 것
> • 공기를 이온화 할 것

07 위험물제조소등에 설치하여야 하는 자동화재탐지설비의 설치기준에 대한 설명 중 틀린 것은?

① 자동화재탐지설비의 경계구역은 건축물 그 밖의 공작물의 2 이상의 층에 걸치도록 할 것
② 하나의 경계구역에서 그 한 변의 길이는 50m(광전식분리형 감지기를 설치할 경우에는 100m) 이하로 할 것
③ 자동화재탐지설비의 감지기는 지붕 또는 벽의 옥내에 면한 부분에 유효하게 화재의 발생을 감지할 수 있도록 설치할 것
④ 자동화재탐지설비에는 비상전원을 설치할 것

> 자동화재탐지설비의 설치기준
> • 자동화재탐지설비의 경계구역(화재가 발생한 구역을 다른 구역과 구분하여 식별할 수 있는 최소단위의 구역)은 건축물 그 밖의 공작물의 2 이상의 층에 걸치지 아니하도록 할 것
> • 하나의 경계구역의 면적은 600m² 이하로 하고 그 한변의 길이는 50m(광전식분리형 감지기를 설치할 경우에는 100m) 이하로 할 것. 다만, 당해 건축물 그 밖의 공작물의 주요한 출입구에서 그 내부의 전체를 볼 수 있는 경우에 있어서는 그 면적을 1,000m² 이하로 할 수 있다.
> • 자동화재탐지설비에는 비상전원을 설치할 것

08 제조소등의 허가청이 제조소등의 관계인에게 제조소등의 사용정지처분 또는 허가취소처분을 할 수 있는 사유가 아닌 것은?

① 소방서장으로부터 변경허가를 받지 아니하고 제조소등의 위치 · 구조 또는 설비를 변경한 때
② 소방서장의 수리 · 개조 또는 이전의 명령을 위반한 때
③ 정기점검을 하지 아니한 때
④ 소방서장의 출입검사를 정당한 사유 없이 거부한 때

> 허가취소 또는 6월 이내의 전부 또는 일부의 사용정지를 명할 수 있는 사항
> • 변경허가를 받지 아니하고 제조소등의 위치 · 구조 또는 설비를 변경한 때
> • 완공검사를 받지 아니하고 제조소등을 사용한 때
> • 규정에 따른 수리 · 개조 또는 이전의 명령에 위반한 때
> • 위험물안전관리자를 선임하지 아니한 때
> • 대리자를 지정하지 아니한 때
> • 정기점검을 하지 아니한 때
> • 정기검사를 받지 아니한 때

09 할론 1301의 증기 비중은? (단 플루오린의 원자량은 19, 브로민의 원자량은 80, 염소의 원자량은 35.5이고 공기의 분자량은 29이다.)

① 2.14
② 4.15
③ 5.14
④ 6.15

> 할론 1301의 분자량 $CF_3Br = 12+(19 \times 3) + 80 = 149$로서
> 증기비중 = 분자량/29 = 149 ÷ 29 = 5.14

10 위험물안전관리법령에서 정한 이산화탄소 소화약제의 저장용기 설치기준으로 옳은 것은?

① 저압식 저장용기의 충전비 : 1.0 이상 1.3 이하
② 고압식 저장용기의 충전비 : 1.3 이상 1.7 이하
③ 저압식 저장용기의 충전비 : 1.1 이상 1.4 이하
④ 고압식 저장용기의 충전비 : 1.7 이상 2.1 이하

> 이산화탄소 소화약제의 저장용기의 충전비
>
> | 구분 | 충전비 |
> | --- | --- |
> | 저압식 | 1.1 이상 1.4 이하 |
> | 고압식 | 1.5 이상 1.9 이하 |

11 옥내저장소에서 지정수량의 몇 배 이상을 저장 또는 취급할 때 자동화재탐지설비를 설치하여야 하는가? (단, 원칙적인 경우에 한한다.)

① 지정수량의 10배 이상을 저장 또는 취급할 때
② 지정수량의 50배 이상을 저장 또는 취급할 때
③ 지정수량의 100배 이상을 저장 또는 취급할 때
④ 지정수량의 150배 이상을 저장 또는 취급할 때

> 지정수량의 100배 이상을 저장 또는 취급(고인화점위험물만을 저장 또는 취급하는 것을 제외한다)하는 옥내저장소에 자동화재탐지설비를 설치하여야 한다.

12 옥외탱크저장소에 보유공지를 두는 목적과 가장 거리가 먼 것은?

① 위험물시설의 화염이 인근의 시설이나 건축물 등으로의 연소확대방지를 위한 완충공간 기능을 하기 위함
② 위험물시설의 주변에 장애물이 없도록 공간을 확보함으로 소화활동이 쉽도록 하기 위함
③ 위험물시설의 주변에 있는 시설과 50m 이상을 이격하여 폭발 발생 시 피해를 방지하기 위함
④ 위험물시설의 주변에 장애물이 없도록 공간을 확보함으로 피난자가 피난이 쉽도록 하기 위함

🔍 보유공지의 목적
- 연소확대 방지를 위한 완충공간 기능
- 소방활동을 원활히 하기 위한 공간
- 피난을 용이하게 하기 위한 공간

13 A, B, C급에 모두 적응할 수 있는 분말소화약제는?

① 제1종 분말 ② 제2종 분말
③ 제3종 분말 ④ 제4종 분말

🔍 제3종 분말약제 : A, B, C급 화재

14 톨루엔의 화재 시 가장 적합한 소화방법은?

① 산·알칼리 소화기에 의한 소화
② 포에 의한 소화
③ 다량의 강화액에 의한 소화
④ 다량의 주수에 의한 소화

🔍 톨루엔의 소화방법 : 질식소화(포, 이산화탄소, 할론, 분말)

15 탄화알루미늄을 저장하는 저장고에 스프링클러소화설비를 하면 되지 않는 이유는?

① 물과 반응 시 메테인가스를 발생하기 때문에
② 물과 반응 시 수소가스를 발생하기 때문에
③ 물과 반응 시 에테인가스를 발생하기 때문에
④ 물과 반응 시 프로페인가스를 발생하기 때문에

🔍 탄화알루미늄은 물과 반응하면 메테인(CH_4)가스를 발생하므로 위험하다.
$Al_4C_3 + 12H_2O \rightarrow 4Al(OH)_3 + 3CH_4 \uparrow$
(수산화알루미늄) (메테인)

16 정전기의 발생요인에 대한 설명으로 틀린 것은?

① 접촉면적이 클수록 정전기의 발생량은 많아진다.
② 분리속도가 빠를수록 정전기의 발생량은 많아진다.
③ 대전서열에서 먼 위치에 있을수록 정전기의 발생량은 많아진다.
④ 접촉과 분리가 반복됨에 따라 정전기의 발생량은 증가한다.

🔍 접촉과 분리가 반복됨에 따라 정전기의 발생량은 감소한다.

17 지정과산화물을 저장하는 옥내저장소의 저장창고를 일정 면적마다 구획하는 격벽의 설치 기준에 해당하지 않는 것은?

① 저장창고 상부의 지붕으로부터 50cm 이상 돌출하게 하여야 한다.
② 저장창고 양측의 외벽으로부터 1m 이상 돌출하게 하여야 한다.
③ 철근콘크리트조의 경우 두께가 30cm 이상이어야 한다.
④ 바닥면적 $250m^2$ 이내마다 완전하게 구획하여야 한다.

🔍 지정과산화물을 저장하는 옥내저장소의 저장창고의 기준
- 저장창고는 $150m^2$ 이내마다 격벽으로 완전하게 구획할 것. 이 경우 당해 격벽은 두께 30cm 이상의 철근콘크리트조 또는 철골·철근콘크리트조로 하거나 두께 40cm 이상의 보강콘크리트블록조로 하고, 당해 저장창고의 양측의 외벽으로부터 1m 이상, 상부의 지붕으로부터 50cm 이상 돌출하게 하여야 한다.
- 저장창고의 외벽은 두께 20cm 이상의 철근콘크리트조나 철골철근콘크리트조 또는 두께 30cm 이상의 보강콘크리트블록조로 할 것
- 저장창고의 창은 바닥 면으로부터 2m 이상의 높이에 두되, 하나의 벽면에 두는 창의 면적의 합계를 당해 벽면의 면적의 1/80 이내로 하고, 하나의 창의 면적을 $0.4m^2$ 이내로 할 것

18 제거소화에 해당하지 않는 것은?

① 가스 화재 시 가스 공급을 차단하기 위해 밸브를 닫아 소화시킨다.
② 유전 화재 시 폭약을 사용하여 폭풍에 의하여 가연성 증기를 날려 보내 소화시킨다.
③ 연소하는 가연물을 밀폐시켜 공기 공급을 차단하여 소화한다.
④ 촛불 소화 시 입으로 바람을 불어서 소화시킨다.

🔍 질식소화 : 연소하는 가연물을 밀폐시켜 공기 공급을 차단하여 소화하는 방법

19 다이에틸에터의 안전관리에 관한 설명 중 틀린 것은?

① 증기는 마취성이 있으므로 증기 흡입에 주의하여야 한다.
② 폭발성의 과산화물 생성을 아이오딘화칼륨 수용액으로 확인한다.
③ 물에 잘 녹으므로 대규모 화재 시 집중 주수하여 소화한다.
④ 정전기 불꽃에 의한 발화에 주의하여야 한다.

🔍 다이에틸에터는 인화성 액체로서 물에 잘 녹지 않으며 주수소화를 하면 연소면이 확대되어 위험하다.

20 제3류 위험물인 황린의 지정수량은?

① 10kg
② 20kg
③ 50kg
④ 100kg

🔍 황린의 지정수량 : 20kg

21 소화효과를 증대시키기 위하여 분말소화약제와 병용하여 사용할 수 있는 것은?

① 단백포　　② 알코올용포
③ 합성계면활성제포　　④ 수성막포

🔍 수성막포와 분말소화약제는 병용하여 소화효과를 증대시킬 수 있다.

22 제6류 위험물을 수납한 용기에 표시하여야 하는 주의사항은?

① 가연물접촉주의　　② 화기엄금
③ 화기 · 충격주의
④ 물기엄금

🔍 제6류 위험물 수납용기의 주의사항 : 가연물접촉주의

23 질산과 과염소산의 공통 성질에 대한 설명 중 틀린 것은?

① 산소를 포함한다.
② 산화제이다.
③ 물보다 무겁다.
④ 쉽게 연소한다.

🔍 제6류 위험물(질산, 과염소산) : 불연성, 산화제, 산소 포함, 물보다 무겁다.

24 위험물은 지정수량의 몇 배를 1 소요 단위로 하는가?

① 1　　② 10
③ 50　　④ 100

🔍 위험물은 지정수량의 10배 : 1 소요단위

25 경유 옥외탱크저장소에서 10,000리터 탱크 1기가 설치된 곳의 방유제 용량은 얼마 이상이 되어야 하는가?

① 5000리터　　② 10000리터
③ 11000리터　　④ 20000리터

🔍 방유제 용량
• 탱크가 1기일 경우 : 탱크 용량의 110% 이상(인화성이 없는 액체위험물은 100%)
• 탱크가 2기 이상일 경우 : 탱크 중 용량이 최대인 것의 용량의 110% 이상(인화성이 없는 액체위험물은 100%)
∴ 방유제 용량 = 10,000ℓ × 1.1 = 11,000ℓ

26 낮은 온도에서도 잘 얼지 않는 다이너마이트를 제조하기 위해 나이트로글리세린의 일부를 대체하여 첨가하는 물질은?

① 나이트로셀룰로스
② 나이트로글라이콜
③ 트라이나이트로톨루엔
④ 다이나이트로벤젠

> 나이트로글라이콜은 응고점이 −22℃로서 다이너마이트를 제조하기 위해 나이트로글리세린의 일부를 대체하여 첨가하는 물질이다.

27 위험물에 대한 설명으로 옳은 것은?

① 칼륨은 수은과 격렬하게 반응하여 가열하면 청색의 불꽃을 내며 연소하고 열과 전기의 부도체이다.
② 나트륨은 액체 암모니아와 반응하여 수소를 발생하고 공기 중 연소시 황색 불꽃을 발생한다.
③ 칼슘은 보호액인 물속에 저장하고 알코올과 반응하여 수소를 발생한다.
④ 리튬은 고온의 물과 격렬하게 반응해서 산소를 발생한다.

> 위험물의 설명
> • 칼륨(K)은 연소 시 보라색 불꽃을 내며 연소한다.
> • 나트륨(Na)은 액체 암모니아와 반응하여 수소를 발생하고 공기 중 연소시 황색 불꽃을 발생한다.
> • 칼슘(Ca)은 물과 반응하면 수소를 발생하므로 위험하다.
> • 리튬(Li)은 고온의 물과 격렬하게 반응해서 수소를 발생한다.

28 황린에 대한 설명으로 틀린 것은?

① 환원력이 강하다.
② 담황색 또는 백색의 고체이다.
③ 벤젠에는 불용이나 물에 잘 녹는다.
④ 마늘 냄새와 같은 자극적인 냄새가 난다.

> 황린은 제3류 위험물로서 벤젠에는 일부 용해하고 물에 잘 녹지 않는다.

29 옥내저장소에서 위험물을 유별로 정리하고 서로 1m 이상의 간격을 두는 경우 유별을 달리하는 위험물을 동일한 저장소에 저장할 수 있는 것은?

① 과산화나트륨과 벤조일퍼옥사이드
② 과염소산나트륨과 질산
③ 황린과 트라이에틸알루미늄
④ 황과 아세톤

> 옥내저장소 또는 옥외저장소에는 있어서 유별을 달리하는 위험물을 동일한 저장소에 저장할 수 없는데 1m이상 간격을 두고 아래 유별을 저장할 수 있다.
> • 제1류 위험물(알칼리금속의 과산화물은 제외)과 제5류 위험물을 저장하는 경우
> • 제1류 위험물(과염소산나트륨)과 제6류 위험물(질산)을 저장하는 경우
> • 제1류 위험물과 자연발화성물품(황린포함)을 저장하는 경우
> • 제2류 위험물 중 인화성고체와 제4류 위험물을 저장하는 경우

종류	류별
과산화나트륨	제1류 위험물 무기과산화물
벤조일퍼옥사이드	제5류 위험물 유기과산화물
과염소산나트륨	제1류 위험물
질산	제6류 위험물
황린	제3류 위험물
트라이에틸알루미늄	제3류 위험물 알킬알루미늄
황	제2류 위험물
아세톤	제4류 위험물

30 불활성가스소화설비의 기준에서 저장용기 설치 기준에 관한 내용으로 틀린 것은?

① 방호구역 외의 장소에 설치할 것
② 온도가 50℃ 이하이고 온도 변화가 적은 장소에 설치할 것
③ 직사일광 및 빗물이 침투할 우려가 적은 장소에 설치할 것
④ 저장용기에는 안전장치를 설치할 것

> 저자용기의 저장온도 : 40℃ 이하

31 벤젠, 톨루엔의 공통된 성상이 아닌 것은?

① 비수용성의 무색 액체이다.
② 인화점은 0℃ 이하이다.
③ 액체의 비중은 1보다 작다.
④ 증기의 비중은 1보다 크다.

> 벤젠, 톨루엔의 성상

종류	성상	인화점	액체 비중	기체 비중
벤젠	무색 액체	−11℃	0.95	2.69
톨루엔	무색 액체	4℃	0.86	3.17

32 제2류 위험물의 위험성에 대한 설명 중 틀린 것은?

① 삼황화인은 약 100℃에서 발화한다.
② 적린은 공기 중에 방치하면 상온에서 자연발화 한다.
③ 마그네슘은 과열수증기와 접촉하면 격렬하게 반응하여 수소를 발생한다.
④ 은(Ag)분은 고농도의 과산화수소와 접촉하면 폭발 위험이 있다.

> 적린은 공기 중에 방치하면 자연발화는 않지만 260℃ 이상 가열하면 발화하고 400℃ 이상에서 승화한다.

33 위험물 운반에 관한 기준에서 다음 위험물 중 혼재 가능한 것끼리 연결된 것은? (단, 지정수량의 10배 이다.)

① 제1류 – 제6류
② 제2류 – 제3류
③ 제3류 – 제5류
④ 제4류 – 제1류

> 운반 시 혼재 가능한 위험물
> • 제1류 위험물 + 제6류 위험물
> • 제3류 위험물 + 제4류 위험물
> • 제2류 위험물 + 제4류 위험물 + 제5류 위험물

34 서로 접촉하였을 때 발화하기 쉬운 물질을 연결한 것은?

① 무수크로뮴산과 아세트산
② 금속나트륨과 석유
③ 나이트로셀룰로스와 알코올
④ 과산화수소와 물

> 접촉 시 문제점
> • 무수크로뮴산(제1류)과 아세트산(제4류)이 접촉하면 위험하다.
> • 금속나트륨은 석유, 경유, 유동파라핀의 보호액 속에 저장한다.
> • 나이트로셀룰로스는 알코올에 습면시켜 저장한다.
> • 과산화수소는 물에 잘 섞인다.

35 다음 중 위험등급이 다른 하나는?

① 아염소산염류
② 알킬리튬
③ 무기과산화물
④ 질산염류

> 위험등급

종류	지정수량	위험등급
아염소산염류	50kg	I
알킬리튬	10kg	I
무기과산화물	50kg	I
질산염류	300kg	II

36 나이트로셀룰로스에 대한 설명으로 옳은 것은?

① 물에 녹지 않으며 물보다 무겁다.
② 수분과 접촉하는 것은 위험하다.
③ 질화도와 폭발 위험성은 무관하다.
④ 질화도가 높을수록 폭발 위험성이 낮다.

> 나이트로셀룰로스(NC)는 물에 녹지 않고 물보다 무겁다.

37 다음 ( ) 안에 알맞은 수치를 차례대로 옳게 나열한 것은?

"위험물 암반 탱크의 공간 용적은 당해 탱크 내에 용출하는 ( )일간의 지하수 양에 상당하는 용적과 당해 탱크 내용적의 100분의 ( )의 용적 중에서 보다 큰 용적을 공간 용적으로 한다."

① 1, 7
② 3, 5
③ 5, 3
④ 7, 1

> 위험물 암반 탱크의 공간 용적은 당해 탱크 내에 용출하는 7일간의 지하수 양에 상당하는 용적과 당해 탱크 내용적의 100분의 1의 용적 중에서 보다 큰 용적을 공간 용적으로 한다.

38 HNO_3에 대한 설명으로 틀린 것은?

① Al, Fe은 진한 질산에서 부동태를 생성해 녹지 않는다.
② 질산과 염산을 3 : 1 비율로 제조한 것을 왕수라 한다.
③ 부식성이 강하고 흡습성이 있다.
④ 직사광선에서 분해하여 NO_2를 발생한다.

> 왕수 : 진한 질산과 진한 염산이 1 : 3의 부피비로 혼합한 물질

39 다음 중 과산화수소의 저장용기로 가장 적합한 것은?

① 뚜껑에 작은 구멍을 뚫은 갈색 용기
② 뚜껑을 밀전한 투명 용기
③ 구리로 만든 용기
④ 아이오딘화칼륨을 첨가한 종이 용기

> 과산화수소는 산소로 인한 폭발을 방지하기 위하여 구멍 뚫린 마개를 사용하며 갈색용기에 저장한다.

40 위험물안전관리법상 품명이 유기금속화합물에 속하지 않는 것은?

① 트라이에틸칼륨
② 트라이에틸알루미늄
③ 트라이에틸인듐
④ 다이에틸아연

> 트라이에틸알루미늄[$(C_2H_5)_3Al$] : 알킬알루미늄

41 제5류 위험물에 대한 설명으로 옳지 않은 것은?

① 대표적인 성질은 자기반응성 물질이다.
② 피크린산은 나이트로화합물이다.
③ 모두 산소를 포함하고 있다.
④ 나이트로화합물은 나이트로기가 많을수록 폭발력이 커진다.

> 제5류 위험물인 아조화합물, 디아조화합물의 일부는 산소를 함유하지 않는다.

42 다음 중 물에 가장 잘 녹는 물질은?

① 아닐린   ② 벤젠
③ 아세트알데하이드   ④ 이황화탄소

> 아세트알데하이드는 물에 잘 녹고 나머지는 물에 녹지 않는다.

43 제2류 위험물의 화재 발생 시 소화방법 또는 주의할 점으로 적합하지 않은 것은?

① 마그네슘의 경우 이산화탄소를 이용한 질식소화는 위험하다.
② 황은 비산에 주의하여 분무주수로 냉각소화한다.
③ 적린의 경우 물을 이용한 냉각소화는 위험하다.
④ 인화성고체는 이산화탄소로 질식소화 할 수 있다.

> 적린의 경우 물을 이용한 냉각소화가 적합하다.

44 다음 위험물 중 저장할 때 보호액으로 물을 사용하는 것은?

① 삼산화크로뮴
② 아연
③ 나트륨
④ 황린

> 보호액
> • 황린 : 물
> • 나트륨, 칼륨 : 등유, 경유, 유동파라핀

45 HO-CH₂CH₂-OH의 지정수량은 몇 L인가?

① 1000   ② 2000
③ 4000   ④ 6000

> 에틸렌글라이콜
>
> | 화학식 | 품명 | 지정수량 |
> |---|---|---|
> | HO-CH₂CH₂-OH | 제4류 위험물 제3석유류(수용성) | 4,000ℓ |

46 다음 중 인화점이 가장 낮은 것은?

① 산화프로필렌   ② 벤젠
③ 다이에틸에터   ④ 이황화탄소

> 제4류 위험물의 인화점
>
> | 종류 | 품명 | 인화점 |
> |---|---|---|
> | 산화프로필렌 | 특수인화물 | -37°C |
> | 벤젠 | 제1석유류 | -11°C |
> | 다이에틸에터 | 특수인화물 | -40°C |
> | 이황화탄소 | 특수인화물 | -30°C |

47 위험물의 운반기준에 있어서 차량 등에 적재하는 위험물의 성질에 따라 강구하여야 하는 조치로 적합하지 않은 것은?

① 제5류 위험물 또는 제6류 위험물은 방수성이 있는 피복으로 덮는다.
② 제2류 위험물 중 철분·금속분·마그네슘은 방수성이 있는 피복으로 덮는다.
③ 제1류 위험물 중 알칼리금속의 과산화물 또는 이를 함유한 것은 차광성과 방수성이 모두 있는 피복으로 덮는다.
④ 제5류 위험물 중 55℃ 이하의 온도에서 분해될 우려가 있는 것은 보냉 컨테이너에 수납하는 등의 방법으로 적정한 온도관리를 한다.

🔍 위험물의 운반 시 성질에 따른 조치
- 차광성이 있는 것으로 피복
  - 제1류 위험물
  - 제3류 위험물 중 자연발화성물질
  - 제4류 위험물 중 특수인화물
  - 제5류 위험물
  - 제6류 위험물
- 방수성이 있는 것으로 피복
  - 제1류 위험물 중 알칼리금속의 과산화물
  - 제2류 위험물 중 철분·금속분·마그네슘
  - 제3류 위험물 중 금수성 물질

48 위험물 제1종 판매취급소의 위치, 구조 및 설비의 기준으로 틀린 것은?

① 천장을 설치하는 경우에는 천장을 불연재료로 할 것
② 창 및 출입구에는 60분+ 방화문 또는 60분 방화문을 설치할 것
③ 건축물의 지하 또는 1층에 설치할 것
④ 위험물을 배합하는 실의 바닥면적은 $6m^2$ 이상 $15m^2$ 이하로 할 것

🔍 제1종 판매취급소는 건축물의 1층에 설치하여야 한다.

49 0.99atm, 55℃에서 이산화탄소의 밀도는 약 몇 g/L인가?

① 0.62
② 1.62
③ 9.65
④ 12.65

🔍 이상기체 상태방정식
$PV = nRT = \frac{W}{M}RT$ $PM = \frac{W}{V}RT = \rho RT$ $\rho = \frac{PM}{RT}$
여기서 P : 압력(0.99atm), V : 부피(ℓ, m³), n : mol수,
M : 분자량, W : 무게, T : 절대온도(273+55 = 328K)
R : 기체상수(0.082ℓ·atm/g-mol·K)
∴ 밀도 $\rho = \frac{PM}{RT} = \frac{0.99 \times 44}{0.082 \times 328} = 1.62 g/\ell$

50 위험물 저장소에서 다음과 같이 제4류 위험물을 저장하고 있는 경우 지정수량의 몇 배가 보관되어 있는가?

- 다이에틸에터 : 50L
- 이황화탄소 : 150L
- 아세톤 : 800L

① 4배
② 5배
③ 6배
④ 8배

🔍 지정수량

종류	품명	지정수량
다이에틸에터	특수인화물	50ℓ
이황화탄소	특수인화물	50ℓ
아세톤	제1석유류(수용성)	400ℓ

∴ 지정수량의 배수를 구하면
지정배수 = $\frac{저장량}{지정수량} + \frac{저장량}{지정수량}$ …
= $\frac{50\ell}{50\ell} + \frac{150\ell}{50\ell} + \frac{800\ell}{400\ell}$ = 6배

51 다음 제5류 위험물이 아닌 것은?

① 염화벤조일
② 아지화나트륨
③ 질산구아니딘
④ 아세틸퍼옥사이드

🔍 염화벤조일 : 제4류 위험물 제3석유류(비수용성)

52 다음 물질 중 증발연소를 하는 것은?

① 목탄
② 나무
③ 양초
④ 나이트로셀룰로스

🔍 고체의 연소
- 표면연소 : 목탄, 코크스, 숯, 금속분
- 분해연소 : 석탄, 종이, 목재, 플라스틱
- 증발연소 : 황, 나프탈렌, 왁스, 파라핀 등
- 자기연소(내부연소) : 제5류 위험물인 나이트로셀루로즈, 질화면

53 제6류 위험물의 화재예방 및 진압 대책으로 옳은 것은?

① 과산화수소는 화재 시 주수소화를 절대 금한다.
② 질산은 소량의 화재 시 다량의 물로 희석한다.
③ 과염소산은 폭발 방지를 위해 철제 용기에 저장한다.
④ 제6류 위험물의 화재에는 건조사만 사용하여 진압할 수 있다.

🔍 질산은 초기 화재 시 다량의 물로 희석하여 소화한다.

54 1기압 20℃에서 액체인 미상의 위험물에 대하여 인화점과 발화점을 측정한 결과 인화점이 32.2℃, 발화점이 257℃로 측정되었다. 위험물안전관리법상 이 위험물의 유별과 품명의 지정으로 옳은 것은?

① 제4류 특수인화물 ② 제4류 제1석유류
③ 제4류 제2석유류 ④ 제4류 제3석유류

🔍 인화점이 32.2℃는 제2석유류이다.
※ 제2석유류 : 인화점이 21℃ 이상 70℃ 미만

55 마그네슘이 염산과 반응할 때 발생하는 기체는?

① 수소   ② 산소
③ 이산화탄소 ④ 염소

🔍 마그네슘이 염산과 반응하면 수소가스를 발생한다.
$Mg + 2HCl \rightarrow MgCl_2 + H_2 \uparrow$

56 위험물안전관리법령상 셀룰로이드의 품명과 지정수량을 옳게 연결한 것은?

① 나이트로화합물 – 100kg
② 나이트로화합물 – 10kg
③ 질산에스터류 – 100kg
④ 질산에스터류 – 10kg

🔍 셀룰로이드

류별	품명	종 분류	지정수량
제5류 위험물	질산에스터류	2종	100kg

57 다이크로뮴산칼륨의 화재예방 및 진압대책에 관한 설명 중 틀린 것은?

① 가열, 충격, 마찰을 피한다.
② 유기물, 가연물과 격리하여 저장한다.
③ 화재 시 물과 반응하여 폭발하므로 주수소화를 금한다.
④ 소화작업 시 폭발 우려가 있으므로 충분한 안전거리를 확보한다.

🔍 다이크로뮴산칼륨은 화재 시 주수소화를 하여 소화한다.

58 과산화나트륨에 대한 설명으로 틀린 것은?

① 알코올에 잘 녹아서 산소와 수소를 발생시킨다.
② 상온에서 물과 격렬하게 반응한다.
③ 비중이 약 2.8이다.
④ 조해성 물질이다.

🔍 과산화나트륨은 알코올과 반응하면 과산화수소를 발생한다.
$Na_2O_2 + 2C_2H_5OH \rightarrow 2C_2H_5ONa + H_2O_2 \uparrow$

59 제조소등의 소화설비 설치 시 소요단위 산정에 관한 내용으로 다음 ( ) 안에 알맞은 수치를 차례대로 나열한 것은?

> 제조소 또는 취급소의 건축물은 외벽이 내화구조인 것은 연면적 ( )m²를 1소요단위로 하며, 외벽이 내화구조가 아닌 것은 연면적 ( )m²를 1소요단위로 한다.

① 200, 100
② 150, 100
③ 150, 50
④ 100, 50

🔍 제조소 또는 취급소의 건축물의 소요단위
• 외벽이 내화구조 : 연면적 100m²를 1소요단위
• 외벽이 내화구조가 아닌 것 : 연면적 50m²를 1소요단위

60 2몰의 브로뮴산칼륨이 모두 열분해되어 생긴 산소의 양은 2기압 27℃에서 약 몇 L인가?

① 32.42
② 36.92
③ 41.34
④ 45.64

> 브로뮴산칼륨의 분해반응식
> $2KBrO_3 \rightarrow 2KBr + 3O_2 \uparrow$
> $2 \times 107g \qquad 3 \times 32g(96g)$
> 여기서 이상기체상태방정식을 적용하면
> $$PV = nRT = \frac{W}{M}RT$$
> 여기서 P : 압력, V : 부피, n : mol수(무게/분자량),
> W : 무게, M : 분자량(O_2 : 32), R : 기체상수,
> T : 절대온도(273+℃, K)
> ∴ 부피를 구하면
> $$V = \frac{WRT}{PM} = \frac{96g \times 0.08205\ell \cdot atm/g-mol \cdot K \times 300K}{2atm \times 32}$$
> $\quad = 36.92\ell$

정답 CBT 복원문제 2018년 3회

01 ②	02 ④	03 ④	04 ④	05 ①
06 ③	07 ①	08 ④	09 ③	10 ③
11 ③	12 ③	13 ③	14 ②	15 ①
16 ④	17 ④	18 ③	19 ③	20 ②
21 ④	22 ①	23 ④	24 ②	25 ③
26 ②	27 ②	28 ③	29 ②	30 ②
31 ②	32 ②	33 ①	34 ①	35 ④
36 ①	37 ④	38 ②	39 ①	40 ②
41 ③	42 ③	43 ③	44 ④	45 ③
46 ③	47 ①	48 ③	49 ②	50 ③
51 ①	52 ③	53 ②	54 ③	55 ①
56 ③	57 ③	58 ①	59 ④	60 ②

2019년 1회 CBT 복원문제

01 제1류 위험물 중 알칼리금속의 과산화물과 물이 접촉하였을 때 주로 발생하는 것은?

① 수소가스　　② 산소가스
③ 탄산가스　　④ 수성가스

> 알칼리 금속의 과산화물(K_2O_2)이 물과 반응하면 조연성가스인 산소(O_2)를 발생한다.
> $2K_2O_2 + 2H_2O \rightarrow 4KOH + O_2$

02 분말소화설비의 기준에서 가압용 가스용기에 사용되는 가스로 옳은 것은?

① N_2, O_2　　② CO_2, O_2
③ N_2, CO_2　　④ H_2, O_2

> 가압용 가스용기에 사용되는 가스 : 질소(N_2), 이산화탄소(CO_2)

03 다음 중 축축한 상태로 안정제를 가하여 찬 곳에 저장하는 것은?

① 질산에틸　　② 나이트로셀룰로스
③ 나이트로글리세린　　④ 피크르산

> 나이트로셀룰로스(NC)는 물 또는 알코올에 습면시켜 습한 상태로 저장하여야 한다.

04 제3류 위험물 금수성 물질에 적응할 수 있는 소화설비는?

① 포소화설비
② 이산화탄소소화설비
③ 탄산수소염류 분말소화설비
④ 할로젠화합물소화설비

> 금수성 물질에 적합한 소화설비 : 탄산수소염류 분말소화설비

05 다음 중 화재 시 알코올형포 소화약제는 소화약제를 사용하는 것이 가장 적합한 위험물은?

① 아세톤　　② 휘발유
③ 경유　　④ 등유

> 알코올형포(내알코올포, 알코올포) 소화약제는 알코올, 아세톤 등 수용성 액체에 적합하다.

06 금속분의 화재 시 주수해서는 안 되는 이유로 가장 옳은 것은?

① 산소가 발생하기 때문에
② 수소가 발생하기 때문에
③ 질소가 발생하기 때문에
④ 유독가스가 발생하기 때문에

> 금속분(알루미늄) 화재 시 주수소화하면 가연성 가스인 수소를 발생하므로 위험하다.

07 물의 소화능력을 강화시키기 위해 개발된 것으로 한냉지 또는 겨울철에도 사용할 수 있는 소화기에 해당하는 것은?

① 산·알칼리 소화기　　② 강화액 소화기
③ 포 소화기　　④ 할로젠화합물 소화기

> 강화액 소화기 : 물에 탄산칼륨(K_2CO_3)을 첨가하여 소화능력을 강화시켜 한냉지 또는 겨울철에도 사용할 수 있는 소화기

08 위험물안전관리법령에 따른 건축물 그 밖의 공작물 또는 위험물의 소요단위의 계산방법의 기준으로 옳은 것은?

① 위험물은 지정수량의 100배를 1소요단위로 할 것
② 저장소의 건축물은 외벽이 내화구조인 것은 연면적 $100m^2$를 1소요단위로 할 것
③ 저장소의 건축물은 외벽이 내화구조가 아닌 것은 연면적 $50m^2$를 1소요단위로 할 것
④ 제조소 또는 취급소용으로서 옥외에 있는 공작물인 경우 최대 수평투영면적 $100m$를 1소요단위로 할 것

소요단위의 계산방법
- 위험물은 지정수량의 10배 : 1소요단위
- 제조소 또는 취급소의 건축물
  - 외벽이 내화구조 : 연면적 100m²를 1소요단위
  - 외벽이 내화구조가 아닌 것 : 연면적 50m²를 1소요단위
- 저장소의 건축물
  - 외벽이 내화구조 : 연면적 150m²를 1소요단위
  - 외벽이 내화구조가 아닌 것 : 연면적 75m²를 1소요단위

09 탄화알루미늄이 물과 반응하면 폭발의 위험이 있다. 어떤 가스 때문인가?

① 수소 ② 메테인
③ 아세틸렌 ④ 암모니아

탄화알루미늄이 물과 반응하면 메테인(CH_4)가스가 발생한다.
$Al_4C_3 + 12H_2O \rightarrow 4Al(OH)_3 + 3CH_4 \uparrow$
(수산화알루미늄) (메테인)

10 인화점이 21℃ 미만인 액체위험물의 옥외저장탱크 주입구에 설치하는 "옥외저장탱크 주입구"라고 표시한 게시판의 바탕 및 문자색을 옳게 나타낸 것은?

① 백색바탕 – 적색문자
② 적색바탕 – 백색문자
③ 백색바탕 – 흑색문자
④ 흑색바탕 – 백색문자

인화점이 21℃ 미만인 위험물의 옥외저장탱크의 주입구
- 게시판의 크기 : 한변이 0.3m 이상, 다른 한변이 0.6m 이상
- 게시판의 기재사항 : 옥외저장탱크 주입구, 위험물의 유별, 품명, 주의사항
- 게시판의 색상 : 백색바탕에 흑색문자(주의사항은 적색문자)

11 금속나트륨, 금속칼륨 등을 보호액 속에 저장하는 이유를 가장 옳게 설명한 것은?

① 온도를 낮추기 위하여
② 승화하는 것을 막기 위하여
③ 공기와의 접촉을 막기 위하여
④ 운반 시 충격을 적게 하기 위하여

칼륨(K), 나트륨(Na)은 공기와의 접촉을 막기 위하여 등유, 경유, 유동파라핀 속에 저장한다.

12 나이트로셀룰로스의 저장 · 취급방법으로 옳은 것은?

① 건조한 상태로 보관하여야 한다.
② 물 또는 알코올 등을 첨가하여 습윤시켜야 한다.
③ 물기에 접촉하면 위험하므로 제습제를 첨가하여야 한다.
④ 알코올에 접촉하면 자연발화의 위험이 있으므로 주의하여야 한다.

나이트로셀룰로스(NC)는 물 또는 알코올로 습윤시켜 저장한다.

13 이동탱크저장소에 의한 위험물의 운송에 있어서 운송책임자의 감독 또는 지원을 받아야 하는 위험물은?

① 금속분
② 알킬알루미늄
③ 아세트알데하이드
④ 하이드록실아민

운송책임자의 감독 또는 지원을 받아야 하는 위험물 : 알킬알루미늄, 알킬리튬

14 유류화재 시 분말 소화약제를 사용할 경우 소화 후에 재발화현상이 가끔씩 발생할 수 있다. 다음 중 이러한 현상을 예방하기 위하여 병용하여 사용하면 가장 효과적인 포 소화약제는?

① 단백포 소화약제
② 수성막포 소화약제
③ 알코올형포 소화약제
④ 합성계면활성제포 소화약제

수성막포 소화약제는 분말소화약제외 병용하여 사용하면 재발화 현상을 방지할 수 있다.

15 위험물제조소에 옥외소화전이 5개가 설치되어 있다. 이 경우 확보하여야 하는 수원의 법정 최소량은 몇 m³인가?

① 28 ② 35
③ 54 ④ 67.5

수계 소화설비의 비교

항목 종류	방사량	방사압력	토출량	수원	비상전원
옥내 소화전 설비	260 ℓ/min	0.35MPa (350kPa)	N(최대 5개) ×260ℓ/min	N(최대 5개) × 7.8m³ (260ℓ/min × 30min)	45분
옥외 소화전 설비	450 ℓ/min	0.35MPa (350kPa)	N(최대 4개) ×450ℓ/min	N(최대 4개) × 13.5m³ (450ℓ/min × 30min)	45분
스프링클러 설비	80 ℓ/min	0.1MPa (100kPa)	헤드수 ×80ℓ/min	헤드수 × 2.4m³ (80ℓ/min × 30min)	45분

∴ 수원 = N(최대 4개) × 13.5m³(450 ℓ/min × 30min)
       = 4 × 13.5m³ = 54m³

16 위험물탱크의 용량은 탱크의 내용적에서 공간용적을 뺀 용적으로 한다. 이 경우 소화약제 방출구를 탱크 안의 윗부분에 설치하는 탱크의 공간용적은 해당 소화설비의 소화약제 방출구 아래의 어느 범위의 면으로부터 윗부분의 용적으로 하는가?

① 0.1미터 이상 0.5미터 미만 사이의 면
② 0.3미터 이상 1미터 미만 사이의 면
③ 0.5미터 이상 1미터 미만 사이의 면
④ 0.5미터 이상 1.5미터 미만 사이의 면

일반탱크의 공간용적 : 위험물을 저장 또는 취급하는 탱크의 공간용적은 탱크의 내용적의 5/100 이상 10/100 이하의 용적으로 한다. 다만, 소화설비(소화약제 방출구를 탱크안의 윗부분에 설치하는 것에 한한다)를 설치하는 탱크의 공간용적은 해당 소화설비의 소화약제방출구 아래의 0.3m 이상 1m 미만 사이의 면으로부터 윗부분의 용적으로 한다.

17 다음 위험물 중 인화점이 가장 낮은 것은?

① 아세톤 ② 이황화탄소
③ 클로로벤젠 ④ 다이에틸에터

제4류위험물의 인화점

종류	품명	인화점
아세톤	제1석유류	−18.5℃
이황화탄소	특수인화물	−30℃
클로로벤젠	제2석유류	27℃
다이에틸에터	특수인화물	−40℃

18 Halon 1301 소화약제에 대한 설명으로 틀린 것은?

① 저장 용기에 액체상으로 충전한다.
② 화학식은 CF_3Br이다.
③ 비점이 낮아서 기화가 용이하다.
④ 공기보다 가볍다.

Halon 1301
- 화학식은 CF_3Br이다.
- 분자량이 148.9이다.
- 공기보다 5.13배 무겁다(증기비중 = 148.9/29 = 5.13).
- 저장 용기에 액체상으로 충전하여 방사 시 기화된다.
- 비점이 낮아서 기화가 용이하다.

19 다음 품명 중 제5류 위험물과 관계가 없는 것은?

① 질산염류
② 질산에스터류
③ 유기과산화물
④ 하이드라진 유도체

제5류 위험물의 지정수량

유별	성질	품명	지정수량
제5류	자기반응성 물질	1. 유기과산화물 2. 질산에스터류 3. 나이트로화합물 4. 나이트로소화합물 5. 아조화합물 6. 다이아조화합물 7. 하이드라진 유도체 8. 하이드록실아민 9. 하이드록실아민염류 10. 그 밖에 행정안전부령으로 정하는 것	제1종 : 10kg 제2종 : 100kg

20 위험물안전관리법에서 규정하는 질산은 그 비중이 최소 얼마 이상인 것을 말하는가?

① 1.29
② 1.39
③ 1.49
④ 1.59

질산의 비중이 1.49 이상이면 제6류 위험물로 규정하고 있다.

21 운반을 위하여 위험물을 적재하는 경우에 차광성이 있는 피복으로 가려주어야 하는 것은?

① 특수인화물
② 제1석유류
③ 알코올류
④ 동식물유류

> **적재위험물에 따른 조치**
> • 차광성이 있는 것으로 피복
>   - 제1류 위험물
>   - 제3류 위험물 중 자연발화성물질
>   - 제4류 위험물 중 특수인화물
>   - 제5류 위험물
>   - 제6류 위험물
> • 방수성이 있는 것으로 피복
>   - 제1류 위험물 중 알칼리금속의 과산화물
>   - 제2류 위험물 중 철분·금속분·마그네슘
>   - 제3류 위험물 중 금수성 물질

22 다음은 어떤 화합물의 구조식인가?

$$\begin{array}{c} Cl \\ | \\ H-C-H \\ | \\ Br \end{array}$$

① 할론 1301
② 할론 1201
③ 할론 1011
④ 할론 2402

> **할로젠화합물 소화약제의 구조식**
> • 할론 1301(CF_3Br)
> • 할론 1211(CF_2ClBr)
> • 할론 1011(CH_2ClBr)
> • 할론 2402($C_2F_4Br_2$)

23 위험물안전관리법령에서 정한 제5류 위험물 이동저장탱크의 외부 도장 색상은?

① 황색
② 회색
③ 적색
④ 청색

> **이동탱크저장소의 유별 도장색상**
>
> | 유별 | 도장의 색상 | 비고 |
> |---|---|---|
> | 제1류 위험물 | 회색 | 탱크의 앞면과 뒷면을 제외한 면적의 40% 이내의 면적은 다른 유별의 색상 외의 색상으로 도장하는 것이 가능하다. |
> | 제2류 위험물 | 적색 | |
> | 제3류 위험물 | 청색 | |
> | 제4류 위험물 | 색상 제한은 없으나 적색을 권장한다. | |
> | 제5류 위험물 | 황색 | |
> | 제6류 위험물 | 청색 | |

24 트라이에틸알루미늄이 물과 반응 시 생성되는 물질은?

① 산화알루미늄
② 메테인
③ 메틸알코올
④ 에테인

> 트라이에틸알루미늄이 물과 반응하면 수산화알루미늄과 에테인을 발생한다.
> $(C_2H_5)_3Al + 3H_2O \rightarrow Al(OH)_3 + 3C_2H_6$(에테인)

25 위험물안전관리법령상 옥내저장탱크와 탱크전용실의 벽과의 사이 및 옥내저장탱크의상호간에는 몇 m 이상의 간격을 유지하여야 하는가?(단, 탱크의 점검 및 보수에 지장이 없는 경우는 제외한다.)

① 0.5
② 1
③ 1.5
④ 2

> 옥내저장탱크와 탱크전용실의 벽과의 사이 및 옥내저장탱크의 상호간에는 0.5m 이상의 간격을 유지하여야 한다.

26 다음 중 염산과 반응하여 이산화염소를 발생시키는 물질은?

① 아염소산나트륨
② 브로민산나트륨
③ 아이오딘산칼륨
④ 다이크로뮴산나트륨

> 아염소산나트륨은 염산과 반응하면 이산화염소(ClO_2)의 유독가스를 발생한다.
> $3NaClO_2 + 2HCl \rightarrow 3NaCl + 2ClO_2 + H_2O_2\uparrow$

27 다음 중 연소의 3요소를 모두 갖춘 것은?

① 휘발유 + 공기 + 수소
② 적린 + 수소 + 성냥불
③ 성냥불 + 황 + 염소산암모늄
④ 알코올 + 수소 + 염소산암모늄

🔍 연소의 3요소

종류	류별	해당 물질
가연물	황	제2류 위험물
산소공급원	염소산암모늄	제1류 위험물
점화원	성냥불	–

※ 가연물 : 휘발유, 수소, 적린, 황, 알코올

28 소화기에 표시한 "A-2", "B-3"에서 숫자가 의미하는 것은?

① 소화기의 소요 단위
② 소화기의 사용 순위
③ 소화기의 제조 번호
④ 소화기의 능력 단위

🔍
- A-2 : A급(일반)화재 능력단위 2단위
- B-3 : B급(유류)화재 능력단위 3단위

29 건성유에 해당되지 않는 것은?

① 들기름   ② 동유
③ 아마인유 ④ 피마자유

🔍 동식물유류의 종류

항목 구분	아이오딘값	반응성	불포화도	종류
건성유	130 이상	크다	크다	해바라기유, 동유, 아마인유, 정어리기름, 들기름
반건성유	100~130	중간	중간	채종유, 목화씨기름, 참기름, 콩기름
불건성유	100 이하	적다	적다	야자유, 올리브유, 피마자유, 동백유

30 이송취급소의 소화난이도 등급에 관한 설명 중 옳은 것은?

① 모든 이송취급소는 소화난이도 등급 Ⅰ에 해당한다.
② 지정수량 100배 이상을 취급하는 이송취급소만 소화난이도 등급 Ⅰ에 해당한다.
③ 지정수량 200배 이상을 취급하는 이송취급소만 소화난이도 등급 Ⅰ에 해당한다.
④ 지정수량 10배 이상의 제4류 위험물을 취급하는 이송취급소만 소화난이도 등급 Ⅰ에 해당한다.

🔍 지정수량배수에 관계없이 모든 이송취급소는 소화난이도 등급 Ⅰ에 해당한다.

31 질산과 과산화수소의 공통적인 성질을 옳게 설명한 것은?

① 물보다 가볍다.
② 물에 녹는다.
③ 점성이 큰 액체로서 환원제이다.
④ 연소가 매우 잘 된다.

🔍 제6류 위험물(질산, 과산화수소)의 특성
- 물보다 무겁다.
- 물에 녹는다.
- 무기화합물로 이루어진 산화성 액체이다
- 연소하지 않는다.

32 소화약제로서 물의 단점인 동결현상을 방지하기 위하여 주로 사용되는 물질은?

① 에틸알콜
② 글리세린
③ 에틸렌글라이콜
④ 탄산칼슘

🔍 동결방지제 : 에틸렌글라이콜, 글리세린

33 다음 위험물 중 분자식을 C_3H_6O로 나타내는 것은?

① 에틸알코올   ② 에틸에터
③ 아세톤   ④ 아세트산

🔍 아세톤
- 화학식 : CH_3COCH_3
- 분자식 : C_3H_6O

34 물과 친화력이 있는 수용성 용매의 화재에 보통의 포 소화약제를 사용하면 포가 파괴되기 때문에 소화효과를 잃게 된다. 이와 같은 단점을 보완한 소화약제로 가연성인 수용성 용매의 화재에 유효한 효과를 가지고 있는 것은?

① 알코올형포소화약제
② 딘백포소화약제
③ 합성계면활성제포소화약제
④ 수성막포소화약제

🔍 알코올형포소화약제 : 수용성 액체

35 위험물안전관리법령상 옥내탱크저장소의 기준에서 옥내저장탱크 상호간에는 몇 m 이상의 간격을 유지하여야 하는가?

① 0.3 ② 0.5
③ 0.7 ④ 1.0

🔍 옥내저장탱크의 상호간의 간격 : 0.5m 이상

36 다음 위험물탱크의 내용적을 구하는 식으로 맞는 것은?

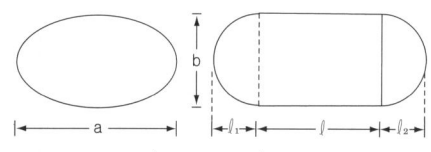

① 내용적 $= \dfrac{\pi ab}{4}\left(\ell + \dfrac{\ell_1 + \ell_2}{3}\right)$

② 내용적 $= \pi r^2 \left(\ell + \dfrac{\ell_1 + \ell_2}{3}\right)$

③ 내용적 $= \dfrac{\pi ab}{4}\left(\ell + \dfrac{\ell_1 - \ell_2}{3}\right)$

④ 내용적 $= \pi r^2 \ell$

🔍 양쪽이 볼록한 것의 탱크 내용적

내용적 $= \dfrac{\pi ab}{4}\left(\ell + \dfrac{\ell_1 + \ell_2}{3}\right)$

37 보일 오버(boil over) 현상과 가장 거리가 먼 것은?

① 기름이 열의 공급을 받지 아니하고 온도가 상승하는 현상
② 기름의 표면부에서 조용히 연소하다 탱크내의 기름이 갑자기 분출하는 현상
③ 탱크 바닥에 물 또는 물과 기름의 에멀젼 층이 있는 경우 발생하는 현상
④ 열유층이 탱크 아래로 이동하여 발생하는 현상

🔍 보일오버
• 기름의 표면부에서 조용히 연소하다 탱크내의 기름이 갑자기 분출하는 현상
• 탱크 바닥에 물 또는 물과 기름의 에멀젼 층이 있는 경우 발생하는 현상
• 열유층이 탱크 아래로 이동하여 발생하는 현상

38 적린과 황린의 공통적인 사항으로 옳은 것은?

① 연소할 때에는 오산화인의 흰 연기를 낸다.
② 냄새가 없는 적색가루이다.
③ 물, 이황화탄소에 녹는다.
④ 맹독성이다.

🔍 적린과 황린의 비교

종류	황린(P_4)	적린(P)
분류	제3류 위험물	제2류 위험물
외관	백색 또는 담황색의 자연발화성 고체	암적색 분말
착화온도	34℃	260℃
주의사항	물속에 저장하여 공기와 접촉 금지	산화제(제1류, 제6류)와 접촉 금지
연소반응식	$P_4 + 5O_2 \to 2P_2O_5$	$4P + 5O_2 \to 2P_2O_5$

39 마그네슘이 염산과 반응할 때 발생하는 기체는?

① 수소
② 산소
③ 이산화탄소
④ 염소

🔍 마그네슘이 염산과 반응하면 수소가스를 발생한다.
$Mg + 2HCl \to MgCl_2 + H_2 \uparrow$

40 아염소산칼륨 20kg, 염소산나트륨 10kg을 함께 저장하려고 한다. 이 때 지정수량의 배수를 1배로 저장하려면 과염소산칼륨 몇 kg을 저장하여야 하는가?

① 300kg
② 50kg
③ 30kg
④ 20kg

🔍 제1류 위험물의 지정수량의 배수

종류	지정수량
아염소산칼륨	50kg
염소산나트륨	50kg
과염소산칼륨	50kg

∴ 지정수량의 배수 = $\frac{저장량}{지정수량} + \frac{저장량}{지정수량} \cdots$

$1 = \frac{20kg}{50kg} + \frac{10kg}{50kg} + \frac{x}{50kg}$

∴ $x = 20kg$

41 구리 50g을 20℃에서 100℃까지 올리는데 필요한 열량은 몇 cal인가(단, 구리의 비열은 0.093cal/g · ℃이다.)

① 520
② 450
③ 372
④ 180

🔍 열량을 구하면
$Q = mc\Delta t$
여기서 Q : 열량(J), m : 무게(g), c : 비열(J/g · ℃), Δt : 온도차
∴ $Q = 50g \times 0.093cal/g \cdot ℃ \times (100 - 20)℃ = 372cal$

42 자연발화의 방지방법이 아닌 것은?

① 습도를 높게 유지할 것
② 저장실의 온도를 낮출 것
③ 퇴적 및 수납 시 열축척이 없을 것
④ 통풍을 잘 시킬 것

🔍 자연발화의 방지방법
• 습도를 낮게 할 것
• 주위의 온도를 낮출 것
• 퇴적 및 수납 시 열축척이 없을 것
• 통풍을 잘 시킬 것
• 불활성가스를 주입하여 공기와 접촉을 피 할 것

43 소화설비의 설치기준에서 위험성 유무와 등급에 따라 제1종으로 분류된 유기과산화물 1000kg은 몇 소요단위에 해당하는가?

① 10
② 20
③ 30
④ 40

🔍 제1종으로 분류된 유기과산화물의 지정수량 : 10kg
∴ 소요단위 = $\frac{저장수량}{지정수량 \times 10} = \frac{1000kg}{10kg \times 10} = 10단위$

44 화재 시 이산화탄소를 방출하여 산소의 농도를 13vol%로 낮추어 소화를 하려면 공기 중의 이산화탄소는 몇 vol%가 되어야 하는가?

① 28.1
② 38.1
③ 42.86
④ 48.36

🔍 이산화탄소의 농도 $CO_2(\%) = \frac{21 - O_2}{21} \times 100$

∴ $CO_2(\%) = \frac{21 - 13}{21} \times 100 = 38.09\%$

45 과염소산칼륨과 아염소산나트륨의 공통 성질이 아닌 것은?

① 지정수량이 50kg이다.
① 열분해 시 산소를 방출한다.
② 강산화성물질이며 가연성이다.
③ 상온에서 고체의 형태이다.

🔍 과염소산칼륨과 아염소산나트륨의 공통 성질
• 지정수량은 50kg이고 열분해 시 산소를 방출한다.
• 상온에서 고체이고 물에 잘 녹는다.
• 과염소산칼륨과 아염소산나트륨은 강산화성물질이며 불연성이다.

46 위험물제조소에 설치하는 분말소화설비의 기준에서 분말소화약제의 가압용 가스로 사용할 수 있는 것은?

① 헬륨 또는 산소
② 네온 또는 염소
③ 아르곤 또는 산소
④ 질소 또는 이산화탄소

🔍 분말소화약제의 가압용 가스 : 질소 또는 이산화탄소

47 과산화수소의 운반용기 외부에 표시하여야 하는 주의사항은?

① 화기주의 ② 충격주의
③ 물기엄금 ④ 가연물접촉주의

> 제6류 위험물(과산화수소, 과염소산, 질산) 운반용기의 주의사항 : 가연물접촉주의

48 과산화칼륨이 물 또는 이산화탄소와 반응할 경우 공통적으로 발생하는 물질은?

① 산소 ② 과산화수소
③ 수산화칼륨 ④ 수소

> 과산화칼륨의 반응
> • 물과 반응 : $2K_2O_2 + 2H_2O \rightarrow 4KOH + O_2 \uparrow$
> • 탄산가스와의 반응 : $2K_2O_2 + 2CO_2 \rightarrow 2K_2CO_3 + O_2 \uparrow$

49 다음 중 나이트로글리세린을 다공질의 규조토에 흡수시켜 제조한 물질은?

① 흑색화약 ② 나이트로셀룰로스
③ 다이너마이트 ④ 면화약

> 나이트로글리세린을 다공질의 규조토에 흡수시켜 다이너마이트를 제조한다.

50 위험물안전관리법령상 제조소등에 대한 긴급 사용정지명령 등을 할 수 있는 권한이 없는 자는?

① 시·도지사 ② 소방본부장
③ 소방서장 ④ 소방청장

> 제조소등에 대한 긴급 사용정지명령권자 : 시·도지사, 소방본부장, 소방서장

51 등유의 성질에 대한 설명 중 틀린 것은?

① 증기는 공기보다 가볍다.
② 인화점이 상온보다 높다.
③ 전기에 대해 불량도체이다.
④ 물보다 가볍다.

> 등유(석유)는 공기보다 3 ~ 4배가 무겁다.

52 위험물 옥외저장탱크 중 압력탱크에 저장하는 다이에틸에터등의 저장온도는 몇 ℃ 이하 이어야 하는가?

① 60 ② 40
③ 30 ④ 15

> 저장온도
> • 옥외저장탱크·옥내저장탱크 또는 지하저장탱크 중 압력탱크 외의 탱크에 저장
> – 산화프로필렌, 다이에틸에터를 저장 : 30℃ 이하
> – 아세트알데하이드 : 15℃ 이하
> • 옥외저장탱크·옥내저장탱크 또는 지하저장탱크 중 압력탱크에 저장
> – 아세트알데하이드 등 또는 다이에틸에터 등 : 40℃ 이하
> • 아세트알데하이드 등 또는 다이에틸에터 등을 이동저장탱크에 저장하는 경우
> – 보냉장치가 있는 경우 : 비점 이하
> – 보냉장치가 없는 경우 : 40℃ 이하

53 소화전용 물통 8ℓ의 소화능력단위는?

① 0.3단위 ② 0.5단위
③ 1.0단위 ④ 2.5단위

> 소화설비의 능력단위

소화설비	용량	능력단위
소화전용(專用)물통	8ℓ	0.3
수조(소화전용 물통 3개 포함)	80ℓ	1.5
수조(소화전용 물통 6개 포함)	190ℓ	2.5
마른 모래(삽 1개 포함)	50ℓ	0.5
팽창질석 또는 팽창진주암(삽 1개 포함)	160ℓ	1.0

54 위험물안전관리법령상 위험등급 I의 위험물로 옳은 것은?

① 무기과산화물 ② 황화인, 적린, 황
③ 제1석유류 ④ 알코올류

> 위험등급 I 의 위험물
> • 제1류 위험물 중 아염소산염류, 염소산염류, 과염소산염류, 무기과산화물, 그 밖에 지정수량이 50kg인 위험물
> • 제3류 위험물 중 칼륨, 나트륨, 알킬알루미늄, 알킬리튬, 황린, 그 밖에 지정수량이 10kg 또는 20kg인 위험물
> • 제4류 위험물 중 특수인화물
> • 제5류 위험물 중 지정수량이 10kg인 위험물
> • 제6류 위험물

55 위험물안전관리법령상 자동화재탐지설비의 경계구역 하나의 면적은 몇 m² 이하이어야 하는가? (단, 원칙적인 경우에 한한다.)

① 250
② 300
③ 400
④ 600

> 자동화재탐지설비
> • 경계구역 하나의 면적 : 600m² 이하(당해 건축물 그 밖의 공작물의 주요한 출입구에서 그 내부의 전체를 볼 수 있는 경우에 있어서는 그 면적을 1,000m² 이하로 할 수 있다.)
> • 한변의 길이 : 50m(광전식분리형 감지기를 설치할 경우에는 100m) 이하

56 제4류 위험물에 속하지 않는 것은?

① 아세톤
② 실린더유
③ 트라이나이트로톨루엔
④ 나이트로벤젠

> 위험물의 분류

종류	류별	종류	류별
아세톤	제4류 위험물 제1석유류	실린더유	제4류 위험물 제4석유류
트라이나이트로톨루엔	제5류 위험물	나이트로벤젠	제4류 위험물 제3석유류

57 위험물안전관리법령상 제2류 위험물 중 지정수량이 500kg인 물질에 의한 화재는?

① A급 화재
② B급 화재
③ C급 화재
④ D급 화재

> 제2류 위험물 중 지정수량이 500kg인 물질 : 마그네슘, 철분, 금속분
> ※D급 화재 : 마그네슘, 철분, 금속분

58 다음 중 위험물안전관리법령상 위험물제조소와의 안전거리가 가장 먼 것은?

① 「고등교육법」에서 정하는 학교
② 「의료법」에 따른 병원급 의료기관
③ 「고압가스안전관리법」에 의하여 허가를 받은 고압가스제조시설
④ 「문화유산의 보존 및 활용에 관한 법률」에 따른 지정문화유산

> 지정문화유산, 천연기념물등 : 50m 이상

59 위험물안전관리법령상 품명이 금속분에 해당하는 것은? (단, 150μm의 체를 통과하는 것이 50wt% 이상인 경우이다.)

① 니켈분
② 마그네슘분
③ 알루미늄분
④ 구리분

> 금속분 : 알칼리금속, 알칼리토류금속, 철 및 마그네슘외의 금속의 분말을 말하고 구리분, 니켈분 및 150μm의 체를 통과하는 것이 50중량% 미만인 것은 제외한다.
> ※금속분 : 알루미늄분, 아연분, 코발트분

60 자연발화성물질 중 알킬알루미늄 등은 운반용기의 내용적의 (   )% 이하의 수납율로 수납하여야 하는가?

① 98
② 95
③ 90
④ 85

> 자연발화성물질 중 알킬알루미늄 등은 운반용기의 내용적의 90% 이하의 수납율로 수납하되, 50℃의 온도에서 5% 이상의 공간용적을 유지하도록 할 것

정답 CBT 복원문제 2019년 1회

01 ②	02 ③	03 ②	04 ③	05 ①
06 ②	07 ②	08 ④	09 ②	10 ③
11 ③	12 ②	13 ②	14 ②	15 ③
16 ②	17 ④	18 ④	19 ①	20 ③
21 ①	22 ③	23 ①	24 ④	25 ①
26 ①	27 ③	28 ②	29 ②	30 ①
31 ②	32 ③	33 ②	34 ①	35 ②
36 ①	37 ①	38 ①	39 ①	40 ④
41 ③	42 ①	43 ②	44 ②	45 ②
46 ④	47 ④	48 ④	49 ①	50 ④
51 ②	52 ②	53 ②	54 ①	55 ④
56 ③	57 ④	58 ④	59 ②	60 ③

2019년 2회 CBT 복원문제

01 화재 시 이산화탄소를 사용하여 공기 중 산소의 농도를 21%에서 13%로 낮추려면 공기 중의 이산화탄소의 농도는 약 몇 vol%가 되어야 하는가?

① 34.3　　② 38.1
③ 42.5　　④ 45.8

> 이산화탄소의 농도(%) $= \dfrac{21 - O_2}{21} \times 100$
> $= \dfrac{21 - 13}{21} \times 100 = 38.09\%$

02 다음 중 증발연소를 하는 물질이 아닌 것은?

① 황
② 석탄
③ 파라핀
④ 나프탈렌

> 증발연소 : 황, 나프탈렌, 왁스, 파라핀 등과 같이 고체를 가열하면 열분해는 일어나지 않고 고체가 액체로 되어 일정온도가 되면 액체가 기체로 변화하여 기체가 연소하는 현상
> ※ 석탄, 종이, 목재, 플라스틱 : 분해연소

03 Mg의 화재에 이산화탄소소화기를 사용하였다. 화재 현장에서 발생되는 현상은?

① 이산화탄소가 부착면을 만들어 질식소화된다.
② 이산화탄소가 방출되어 냉각소화된다.
③ 이산화탄소가 Mg과 반응하여 화재가 확대된다.
④ 부촉매효과에 의해 소화된다.

> 마그네슘은 이산화탄소와 반응하면 일산화탄소(CO)를 발생하여 화재가 확대된다.
> $Mg + CO_2 \rightarrow MgO$(산화마그네슘) $+ CO$

04 위험물안전관리법령상 위험물 운반 시 차광성이 있는 피복으로 덮지 않아도 되는 것은?

① 제1류 위험물
② 제2류 위험물
③ 제3류 위험물 중 자연발화성물질
④ 제5류 위험물

> 차광성이 있는 것으로 피복
> • 제1류 위험물
> • 제3류 위험물 중 자연발화성물질
> • 제4류 위험물 중 특수인화물
> • 제5류 위험물
> • 제6류 위험물

05 위험물제조소에서 국소방식의 배출설비 배출능력은 1시간 당 배출장소 용적의 몇 배 이상인 것으로 하여야 하는가?

① 5
② 10
③ 15
④ 20

> 국소방식의 배출설비 배출능력은 1시간당 배출장소 용적의 20배 이상인 것으로 할 것(전역방출방식 : 바닥면적 1m²당 18m³ 이상)

06 위험물안전관리법령에서 정한 아세트알데하이드등을 취급하는 제조소의 특례에 관한 내용이다. ( )안에 해당하는 물질이 아닌 것은?

> "아세트알데하이드등을 취급하는 설비는 (　) · (　) · (　) · (　) 또는 이들을 성분으로 하는 합금으로 만들지 아니할 것"

① 동
② 은
③ 금
④ 마그네슘

> 아세트알데하이드등(아세트알데하이드, 산화프로필렌)을 취급하는 설비는 Cu(구리, 동), 은(Ag), 마그네슘(Mg), 수은(Hg) 또는 이들을 성분으로 하는 합금으로 만들지 아니할 것

07 위험물제조소등의 종류가 아닌 것은?

① 지하탱크저장소　② 일반취급소
③ 이송취급소　　　④ 이동판매취급소

🔍 지하탱크저장소, 일반취급소, 이송취급소, 이동탱크저장소는 위험물제조소등이다.

08 물이 일반적으로 소화약제로 사용될 수 있는 특징에 대한 설명 중 틀린 것은?

① 증발잠열이 크기 때문에 냉각시키는데 효과적이다.
② 물을 사용한 봉상수소화기는 A급, B급 및 C급 화재의 진압이 적응성이 뛰어나다.
③ 비교적 쉽게 구해서 이용이 가능하다.
④ 펌프, 호스 등을 이용하여 이송이 비교적 용이하다.

🔍 물의 방수형태에 따른 소화효과
- 봉상주수(옥내소화전설, 옥외소화전설비) : 냉각효과(A급 화재)
- 적상주수(스프링클러설비) : 냉각효과(A급 화재)
- 무상주수(물분무소화설비, 미분무소화설비) : 질식, 냉각, 희석, 유화효과(A급, B급, C급 화재)

09 이황화탄소를 물속에 저장하는 이유로 가장 타당한 것은?

① 공기와 접촉하면 즉시 폭발하므로
② 가연성증기 발생을 방지하므로
③ 온도의 상승을 방지하므로
④ 불순물을 물에 용해시키므로

🔍 저장방법
- 황린 : 물속에 저장(공기와 접촉을 피하기 위하여)
- 이황화탄소 : 물속에 저장(가연성증기 발생을 억제하기 위하여)

10 위험물안전관리법령상 품명이 나머지 셋과 다른 하나는?

① 트라이나이트로페놀　② 나이트로글리세린
③ 나이트로글라이콜　　④ 셀룰로이드

🔍 제5류 위험물의 분류

종류	품명	종분류	지정수량
트라이나이트로페놀	나이트로화합물	1종	10kg
나이트로글리세린	질산에스터류	1종	10kg
나이트로글라이콜	질산에스터류	1종	10kg
셀룰로이드	질산에스터류	2종	100kg

11 염소산염류 500kg과 브로민산염류 3,000kg을 저장하는 경우 위험물의 소요단위는 얼마인가?

① 2　② 4
③ 6　④ 8

🔍 위험물은 지정수량의 10배를 1소요단위로 하고 전체소요단위는

종류	류별	지정수량
염소산염류	제1류 위험물	50kg
브로민산염류	제1류 위험물	300kg

$$\therefore 소요단위 = \frac{저장수량}{지정수량 \times 10}$$
$$= \frac{500kg}{50kg \times 10} + \frac{3,000kg}{300kg \times 10} = 2단위$$

12 정기점검 대상 제조소등에 해당되지 않는 것은?

① 이동탱크저장소
② 지정수량 100배 이상의 위험물 옥외저장소
③ 지정수량 150배 이상의 위험물 옥외탱크저장소
④ 지정수량 200배 이상의 위험물 옥내저장소

🔍 정기점검 대상 : 지정수량의 200배 이상의 위험물을 저장하는 옥외탱크저장소

13 위험물안전관리법령상 위험물에 해당하는 것은?

① 황산
② 비중이 1.50인 질산
③ 50마이크로미터의 표준체를 통과하는 것이 50중량% 이상인 철의 분말
④ 농도가 35중량%인 과산화수소

🔍 위험물
- 비중이 1.49 이상인 질산
- 53마이크로미터의 표준체를 통과하는 것이 50중량% 이상인 철의 분말
- 농도가 36중량% 이상인 과산화수소

14 메틸알코올의 연소범위를 더 좁게 하기 위하여 첨가하는 물질이 아닌 것은?

① 질소 ② 산소
③ 이산화탄소 ④ 아르곤

> 산소를 첨가하면 연소범위가 넓어지고 질소, 이산화탄소, 아르곤등 불연성가스를 첨가하면 연소범위가 좁아진다.

15 알킬알루미늄을 저장하는 용기에 봉입하는 가스로 다음 중 가장 적합한 것은?

① 포스핀 ② 아세틸렌
③ 질소가스 ④ 아황산가스

> 알킬알루미늄을 저장하는 용기나 탱크에는 질소가스(불연성가스)를 봉입하여 저장하여야 한다.

16 다음 위험물이 물과 반응하여 가연성가스를 발생하지 않는 것은?

① 칼륨
② 과산화나트륨
③ 탄화알루미늄
④ 트라이에틸알루미늄

> 물과의 반응
> • 칼륨 : $2K + 2H_2O \rightarrow 2KOH + H_2\uparrow$
> • 과산화나트륨 : $2K_2O_2 + 2H_2O \rightarrow 4KOH + O_2\uparrow$
> • 탄화알루미늄 : $Al_4C_3 + 12H_2O \rightarrow 4Al(OH)_3 + 3CH_4\uparrow$
> • 트라이에틸알루미늄 : $(C_2H_5)_3Al + 3H_2O \rightarrow Al(OH)_3 + 3C_2H_6\uparrow$
> ※과산화나트륨은 물과 반응하면 조연성가스인 산소를 발생한다.

17 위험물제조소등에 자체소방대를 두어야 할 대상으로 옳은 것은?

① 지정수량 3000배 이상의 제4류 위험물을 취급하는 옥외탱크저장소
② 지정수량 3000배 이상의 제4류 위험물을 취급하는 옥외저장소
③ 지정수량 3000배 이상의 제4류 위험물을 취급하는 옥내저장소
④ 지정수량 3000배 이상의 제4류 위험물을 취급하는 제조소

> 자체소방대 : 지정수량 3000배 이상의 제4류 위험물을 취급하는 제조소나 일반취급소에 둔다.

18 위험물 관련 신고 및 선임에 관한 사항으로 옳지 않는 것은?

① 제조소의 위치·구조 변경없이 위험물의 품명 변경 시는 변경하고자 하는 날의 14일 전까지 신고하여야 한다.
② 제조소 설치자가 제조소를 용도 폐지하고자 한 때에는 폐지한 날로부터 14일 이내에 시·도지사에게 신고하여야 한다.
③ 위험물안전관리자가 퇴직한 경우는 퇴직일로부터 14일 이내에 신고하여야 한다.
④ 위험물안전관리자가 퇴직한 경우는 퇴직일로부터 30일 이내에 선임하여야 한다.

> 제조소등의 위치·구조 또는 설비의 변경 없이 당해 제조소등에서 저장하거나 취급하는 위험물의 품명·수량 또는 지정수량의 배수를 변경하고자 하는 자는 변경하고자 하는 날의 1일 전까지 행정안전부령이 정하는 바에 따라 시·도지사에게 신고하여야 한다.

19 액화 이산화탄소 1kg이 25℃, 2atm에서 방출되어 모두 기체가 되었다. 방출된 기체상의 이산화탄소 부피는 약 몇 L인가?

① 278 ② 556
③ 1111 ④ 1985

> 이상기체 상태방정식
> $PV = nRT = \dfrac{W}{M}RT$ $V = \dfrac{WRT}{PM}$
> 여기서 P : 압력(2atm), V : 부피(ℓ), n : mol수, M : 분자량, W : 무게(g), T : 절대온도(273+℃, K)
> R : 기체상수(0.08205 ℓ·atm/g-mol·K)
> $\therefore V = \dfrac{WRT}{PM} = \dfrac{1000g \times 0.08205 \times (25+273)K}{2atm \times 44} = 277.85\ell$

20 소화전용 물통 16리터의 능력단위는 얼마인가?

① 0.1 ② 0.3
③ 0.5 ④ 0.6

소화설비	용량	능력단위
소화전용(專用)물통	8ℓ	0.3
수조(소화전용 물통 3개 포함)	80ℓ	1.5
수조(소화전용 물통 6개 포함)	190ℓ	2.5
마른 모래(삽 1개 포함)	50ℓ	0.5
팽창질석 또는 팽창진주암(삽 1개 포함)	160ℓ	1.0

∴ 8L : 0.3 = 16L : x
$x = \dfrac{0.3 \times 16L}{8L} = 0.6$단위

21 위험물안전관리법령상 제2석유류의 판단기준은?

① 1기압에서 섭씨 20도 미만인 것
② 1기압에서 섭씨 21도 이상 70도 미만인 것
③ 기압에 무관하게 섭씨 20도에서 액상인 것
④ 기압에 무관하게 섭씨 0도에서 액상인 것

제2석유류 : 1기압에서 인화점이 섭씨 21도 이상 섭씨 70도 미만인 것

22 위험물안전관리법령상 품명이 질산에스터류에 속하지 않는 것은?

① 나이트로글라이콜
② 나이트로글리세린
③ 나이트로톨루엔
④ 나이트로셀룰로스

나이트로톨루엔 : 나이트로화합물
※ 질산에스터류 : 나이트로글리세린, 나이트로셀룰로스, 질산메틸, 나이트로글라이콜

23 하이드록실아민을 취급하는 제조소에 두어야 하는 최소한의 안전거리(D)를 구하는 산식으로 옳은 것은? (단, N은 해당 제조소에서 취급하는 하이드록실아민의 지정수량 배수를 나타낸다.)

① $D = 40\sqrt[3]{N}$
② $D = 51.1\sqrt[3]{N}$
③ $D = 55\sqrt[3]{N}$
④ $D = 61.1\sqrt[3]{N}$

하이드록실아민의 안전거리
$D = 51.1\sqrt[3]{N}$
여기서 N : 지정수량의 배수

24 다음 중 발화점이 낮아지는 경우는?

① 화학적 활성도가 낮을 때
② 발열량이 클 때
③ 산소와 친화력이 나쁠 때
④ 분자구조가 간단할 때

발화점이 낮아지는 이유
• 압력, 발열량, 화학적 활성도가 클 때
• 산소와 친화력이 좋을 때
• 열전도율이 낮을 때
• 분자구조가 복잡할 때

25 다음 괄호 안에 들어갈 알맞은 단어는?

"보냉장치가 있는 이동저장탱크에 저장하는 아세트알데하이드등 또는 다이에틸에터등의 온도는 해당 위험물의 (   ) 이하로 유지하여야 한다"

① 비점
② 인화점
③ 융해점
④ 발화점

아세트알데하이드등 또는 다이에틸에터등을 이동저장탱크에 저장하는 경우
• 보냉장치가 있는 경우 : 비점 이하
• 보냉장치가 없는 경우 : 40℃ 이하

26 제조소 및 일반취급소에 설치하는 자동화재탐지설비의 설치기준으로 틀린 것은?

① 하나의 경계구역은 600m² 이하로 하고, 한변의 길이는 50m 이하로 한다.
② 주요한 출입구에서 내부전체를 볼 수 있는 경우 경계구역은 1000m² 이하로 할 수 있다.
③ 하나의 경계구역이 300m² 이하이면 2개 층을 하나의 경계구역으로 할 수 있다.
④ 비상전원을 설치하여야 한다.

하나의 경계구역의 면적이 500m² 이하이면서 해당 경계구역이 두개의 층에 걸치는 경우에는 2개 층을 하나의 경계구역으로 할 수 있다.

27 그림과 같이 횡으로 설치한 원형탱크의 용량은 약 몇 m³인가?(단, 공간용적은 내용적의 $\frac{10}{100}$이고 π는 3.14로 한다)

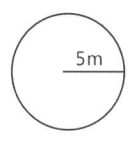

① 1690.9   ② 1335.1
③ 1268.4   ④ 1201.1

🔍 원통형 탱크의 내용적(횡으로 설치한 것)

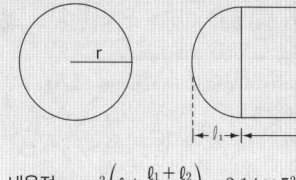

내용적 $= \pi r^2 \left(\ell + \frac{\ell_1 + \ell_2}{3}\right) = 3.14 \times 5^2 \left(15 + \frac{3+3}{3}\right)$
$= 1334.5 m^3$
∴ 여기서 공간용적이 10%($\frac{10}{100}$)이므로
$1334.5 \times 0.9 = 1201.05 m^3$

28 적린과 황의 공통되는 일반적 성질이 아닌 것은?

① 비중이 1보다 크다
② 연소하기 쉽다.
③ 산화되기 쉽다.
④ 물에 잘 녹는다.

🔍 적린과 황은 물에 잘 녹지 않는다.

29 위험물을 취급함에 있어서 정전기를 유효하게 제거하기 위한 설비를 설치하고자 한다. 위험물안전관리법령상 공기 중의 상대습도를 몇 % 이상 되게 하여야 하는가?

① 50   ② 60
③ 70   ④ 80

🔍 정전기 제거방법
- 접지를 할 것
- 상대습도를 70% 이상으로 할 것
- 공기를 이온화할 것

30 옥내에서 지정수량 100배 이상을 취급하는 일반취급소에 설치하여야 하는 경보설비는?(단, 고인화점 위험물만을 취급하는 경우는 제외한다.)

① 비상경보설비   ② 자동화재탐지설비
③ 비상방송설비   ④ 비상벨설비

🔍 지정수량 100배 이상(고인화점 위험물만을 100℃미만에서 취급하는 것은 제외)을 취급하는 제조소나 일반취급소에는 자동화재탐지설비를 설치하여야 한다.

31 [보기]의 위험물을 위험등급 Ⅰ, 위험등급 Ⅱ, 위험등급 Ⅲ의 순서로 옳게 나열한 것은?

칼륨, 인화칼슘, 리튬

① 칼륨, 인화칼슘, 리튬
② 칼륨, 리튬, 인화칼슘
③ 인화칼슘, 칼륨, 리튬
④ 인화칼슘, 리튬, 칼륨

🔍 위험등급

종류	위험등급
칼륨	위험등급 Ⅰ
리튬	위험등급 Ⅱ
인화칼슘	위험등급 Ⅲ

32 분말소화약제의 식별 색을 옳게 나타낸 것은?

① $KHCO_3$: 백색
② $NH_4H_2PO_4$: 담홍색
③ $NaHCO_3$: 담회색
④ $KHCO_3 + (NH_2)_2CO$: 초록색

🔍 분말소화약제

종류	주성분	약제명	착색	소화효과
제1종 분말	$NaHCO_3$	중탄산나트륨	백색	B, C급
제2종 분말	$KHCO_3$	중탄산칼륨	담회색	B, C급
제3종 분말	$NH_4H_2PO_4$	제일인산암모늄	담홍색, 황색	A, B, C급
제4종 분말	$KHCO_3 + (NH_2)_2CO$	중탄산칼륨 + 요소	회색	B, C급

33 위험물 옥외탱크저장소와 병원과는 안전거리를 얼마 이상 두어야 하는가?

① 10m ② 20m
③ 30m ④ 50m

> 병원과 옥외탱크저장소와의 안전거리 : 30m 이상

34 다음 중 분진폭발의 원인물질로 작용할 위험성이 가장 낮은 것은?

① 마그네슘 분말
② 밀가루
③ 담배분말
④ 시멘트분말

> 마그네슘분말, 금속분, 담배분말, 밀가루등은 분진폭발을 하고 시멘트분말, 석회석은 분진폭발을 하지 않는다.

35 분자내의 나이트로기와 같이 쉽게 산소를 유리할 수 있는 기를 가지고 있는 화합물의 연소형태는?

① 표면연소 ② 분해연소
③ 증발연소 ④ 자기연소

> 나이트로기와 같이 쉽게 산소를 유리할 수 있는 기를 가지고 있는 화합물은 제5류 위험물이므로 자기연소이다.

36 어떤 소화기에 "A B C"라고 표시되어 있다. 다음 중 사용할 수 없는 화재는?

① 금속화재 ② 유류화재
③ 전기화재 ④ 일반화재

> A : 일반화재, B : 유류화재, C : 전기화재
> ※D : 금속화재

37 제5류 위험물 중 위험성 유무와 등급에 따라 제1종으로 분류된 질산에스터류의 지정수량은?

① 10kg ② 20kg
③ 100kg ④ 200kg

> 제5류 위험물의 지정수량
>
> | 유별 | 성질 | 품명 | 지정수량 |
> |---|---|---|---|
> | 제5류 | 자기반응성 물질 | 1. 유기과산화물
2. 질산에스터류
3. 나이트로화합물
4. 나이트로소화합물
5. 아조화합물
6. 다이아조화합물
7. 하이드라진 유도체
8. 하이드록실아민
9. 하이드록실아민염류
10. 그 밖에 행정안전부령으로 정하는 것 | 제1종 : 10kg
제2종 : 100kg |

38 수소화칼륨이 물과 반응하였을 때의 생성물은?

① 칼륨과 수소 ② 수산화칼륨과 수소
③ 칼륨과 산소 ④ 수산화칼륨과 산소

> 수소화칼륨이 물과 반응하면 수산화칼륨(KOH)과 수소(H_2)를 발생한다.
> $KH + H_2O \rightarrow KOH + H_2 \uparrow$

39 위험물을 유별로 정리하려 상호 1m 이상의 간격을 유지하는 경우에도 동일한 옥내저장소에 저장할 수 없는 것은?

① 제1류 위험물(알칼리금속의 과산화물은 제외한다)과 제5류 위험물
② 제1류 위험물과 제6류 위험물
③ 제1류 위험물과 제3류 위험물 중 황린
④ 인화성고체를 제외한 제2류 위험물과 제4류 위험물

> 옥내저장소 또는 옥외저장소에는 있어서 유별을 달리하는 위험물을 동일한 저장소에 저장할 수 없는데 1m 이상 간격을 두고 아래 유별을 저장할 수 있다.
> • 제1류 위험물(알칼리금속의 과산화물은 제외)과 제5류 위험물을 저장하는 경우
> • 제1류 위험물과 제6류 위험물을 저장하는 경우
> • 제1류 위험물과 자연발화성물품(황린포함)을 저장하는 경우
> • 제2류 위험물 중 인화성고체와 제4류 위험물을 저장하는 경우
> • 제3류 위험물 중 알킬알루미늄등과 제4류 위험물(알킬알루미늄 또는 알킬리튬을 함유한 것에 한함)을 저장하는 경우
> • 제4류 위험물 중 유기과산화물과 제5류 위험물 중 유기과산화물을 저장하는 경우

40 다음 제4류 위험물 중 인화점이 가장 낮은 것은?

① 산화프로필렌　② 아세톤
③ 다이에틸에터　④ 이황화탄소

> 인화점
>
> | 종류 | 인화점 | 종류 | 인화점 |
> |---|---|---|---|
> | 산화프로필렌 | -37℃ | 아세톤 | -18.5℃ |
> | 다이에틸에터 | -40℃ | 이황화탄소 | -30℃ |

41 다음 위험물에 대한 유별 구분이 잘못된 것은?

① 염소산염류 - 제1류 위험물
② 적린 - 제2류 위험물
③ 질산에스터류 - 제3류 위험물
④ 유기과산화물 - 제5류 위험물

> 질산에스터류 - 제5류 위험물

42 메틸알코올 10,000리터에 대한 소화능력으로 삽을 포함한 마른모래를 몇 리터 설치하여야 하는가?

① 100　② 200
③ 250　④ 300

> 위험물은 지정수량의 10배가 1소요단위이므로(알코올의 지정수량 : 400ℓ)
> 소요단위 = $\frac{저장수량}{지정수량 \times 10}$ = $\frac{10,000ℓ}{400ℓ \times 10}$ = 2.5단위
> ∴ 마른 모래(삽 1개 포함)하여 50ℓ가 0.5단위이므로
> 50 : 0.5 = x : 2.5　∴ x = 250ℓ

43 다음 위험물 중 위험등급이 나머지 셋과 다른 것은?

① 알칼리토금속　② 아염소산염류
③ 무기과산화물　④ 제6류 위험물

> 위험등급
>
> | 종류 | 류별 | 지정수량 | 위험등급 |
> |---|---|---|---|
> | 알칼리토금속 | 제3류 위험물 | 50kg | II |
> | 아염소산염류 | 제1류 위험물 | 50kg | I |
> | 무기과산화물 | 제1류 위험물 | 50kg | I |
> | 제6류 위험물 | - | 300kg | I |

44 철분, 마그네슘, 금속분에 적응성이 있는 소화설비는?

① 옥내소화전설비　② 불활성가스소화설비
③ 소형포소화기　④ 마른 모래

> 철분, 마그네슘, 금속분의 소화약제 : 건조된 모래(건조사), 팽창질석, 팽창진주암

45 등유를 저장하는 옥외저장탱크의 반지름이 5m이고 높이가 18m일 때 탱크 옆판으로부터 방유제까지의 거리는 몇 m 이상이어야 하는가?

① 4　② 5
③ 6　④ 7

> 방유제는 탱크의 옆판으로부터 일정 거리를 유지할 것(단, 인화점이 200℃ 이상인 위험물은 제외)
> • 지름이 15m 미만인 경우 : 탱크 높이의 1/3 이상
> • 지름이 15m 이상인 경우 : 탱크 높이의 1/2 이상
> ∴ 탱크의 지름이 10m이므로 탱크 높이의 1/3 이상이므로
> 18m × 1/3 = 6m 이상

46 에틸알코올의 증기비중은 약 얼마인가?

① 0.72　② 0.91
③ 1.13　④ 1.59

> 에틸알코올의 분자식은 C_2H_5OH, 분자량은 46이다.
> ∴ 증기비중 = $\frac{분자량}{29}$ = $\frac{46}{29}$ = 1.586

47 다음 중 주수소화를 하면 위험성이 증가하는 것은?

① 과산화나트륨　② 트라이나이트로톨루엔
③ 과염소산칼륨　④ 브로민산칼륨

> 과산화나트륨은 물과 반응하면 산소를 발생하므로 위험하다.
> $Na_2O_2 + 2H_2O \rightarrow 4NaOH + O_2\uparrow + 발열$

48 오황화인이 물과 작용 했을 때 주로 발생되는 기체는?

① 포스핀　② 포스겐
③ 황산가스　④ 황화수소

오황화인은 물 또는 알칼리에 분해하여 황화수소(H_2S)와 인산(H_3PO_4)이 된다.
$P_2S_5 + 8H_2O \rightarrow 5H_2S + 2H_3PO_4$

49 위험물 판매취급소에 관한 설명 중 틀린 것은?

① 위험물을 배합하는 실의 바닥면적은 $6m^2$ 이상 $15m^2$ 이하이어야 한다.
② 제1종 판매취급소는 건축물의 1층에 설치하여야 한다.
③ 일반적으로 페인트점, 화공약품점이 이에 해당한다.
④ 취급하는 위험물의 종류에 따라 제1종과 제2종으로 구분된다.

판매취급소(지정수량의 배수 따라 분류)
• 제1종 판매취급소 : 지정수량의 20배 이하
• 제2종 판매취급소 : 지정수량의 40배 이하

50 위험물안전관리법령상 옥외저장소에 저장할 수 있는 품명은?(단, 국제해상위험물규칙에 적합한 용기에 수납하는 경우를 제외한다.)

① 특수인화물　② 아세톤
③ 황　　　　　④ 칼륨

옥외저장소에 저장할 수 있는 위험물
• 제2류 위험물 중 황, 인화성고체(인화점이 0℃ 이상인 것에 한함)
• 제4류 위험물 중 제1석유류(인화점이 0℃ 이상인 것에 한함), 제2석유류, 제3석유류, 제4석유류, 알코올류, 동식물유류
• 제6류 위험물

51 제조소등에 전기설비(전기배선, 조명기구등은 제외)가 설치된 경우에는 면적 몇 m^2마다 소형소화기를 1개 이상 설치하여야 하는가?

① 50　　　　　② 100
③ 150　　　　 ④ 200

제조소등에 전기설비(전기배선, 조명기구 등은 제외)가 설치된 경우 : 면적 $100m^2$마다 소형소화기를 1개 이상 설치할 것

52 염소산나트륨과 반응하여 ClO_2가스를 발생시키는 것은?

① 글리세린　② 질소
③ 염산　　　④ 산소

염소산나트륨은 염산과 반응하면 이산화염소(ClO_2)의 유독가스를 발생 한다.
$2NaClO_3 + 2HCl \rightarrow 2NaCl + 2ClO_2 + H_2O_2 \uparrow$

53 위험물 저장탱크의 내용적이 300L일 때 탱크에 저장하는 위험물의 용량의 범위로 적합한 것은?

① 240 ~ 270L　② 270 ~ 285L
③ 290 ~ 295L　④ 295 ~ 298L

위험물탱크의 공간용적이 5 ~ 10%이므로
• 최대용적(5%) : $300\ell \times 0.95 = 285\ell$
• 최소용적(10%) : $300\ell \times 0.90 = 270\ell$
∴ 위험물탱크의 용량 범위 : 270 ~ 285ℓ

54 옥내저장소에 질산 600L를 저장하고 있다. 저장하고 있는 질산은 지정수량의 몇 배인가?(단, 질산의 비중은 1.5이다.)

① 1　② 2
③ 3　④ 4

제6류 위험물의 지정수량은 300kg인데 부피를 무게로 환산하면
$\rho = \dfrac{W}{V}$ (여기서, ρ : 밀도, W : 무게(kg), V : 부피(ℓ))
• 무게로 환산하면 $W = \rho V = 1.5kg/\ell \times 600\ell = 900kg$
• 지정수량의 배수 = $\dfrac{저장량}{지정수량} = \dfrac{900kg}{300kg} = 3배$

55 위험물제조소등에 설치해야 하는 각 소화설비의 설치기준에 있어서 각 노즐 또는 헤드선단의 방사압력 기준이 나머지 셋과 다른 설비는?

① 옥내소화전설비　② 옥외소화전설비
③ 스프링클러설비　④ 물분무소화설비

방사압력

설비명	방사압력
옥내소화전설비	0.35MPa 이상(350kPa 이상)
옥외소화전설비	0.35MPa 이상(350kPa 이상)
스프링클러설비	0.1MPa 이상(100kPa 이상)
물분무소화설비	0.35MPa 이상(350kPa 이상)

56 1몰의 에틸알코올이 완전 연소하였을 때 생성되는 이산화탄소는 몇 몰인가?

① 1몰 ② 2몰
③ 3몰 ④ 4몰

> 에틸알코올의 연소반응식
> $C_2H_5OH + 3O_2 \rightarrow 2CO_2 + 3H_2O$

57 $NaClO_2$을 수납하는 운반용기의 외부에 표시하여야 할 주의사항으로 옳은 것은?

① "화기엄금" 및 "충격주의"
② "화기주의" 및 "물기엄금"
③ "화기·충격주의" 및 "가연물접촉주의"
④ "화기엄금" 및 "공기접촉엄금"

> 제1류 위험물
> • 알칼리금속의 과산화물 : 화기·충격주의, 물기엄금, 가연물접촉주의
> • 그 밖의 것(아염소산나트륨 = $NaClO_2$) : 화기·충격주의, 가연물접촉주의

58 위험물안전관리법령상 옥내저장소의 안전거리를 두지 않을 수 있는 경우는?

① 지정수량 20배 이상의 동식물유류
② 지정수량 20배 미만의 특수인화물
③ 지정수량 20배 미만의 제4석유류
④ 지정수량 20배 이상의 제5류 위험물

> 옥내저장소의 안전거리 제외 대상
> • 제4석유류 또는 동식물유류를 지정수량 20배미만의 위험물을 저장 또는 취급하는 옥내저장소
> • 제6류 위험물을 저장 또는 취급하는 옥내저장소

59 이산화탄소 소화기에 대한 설명으로 옳은 것은?

① C급 화재에는 적응성이 없다.
② 다량의 물질이 연소하는 A급 화재에 가장 효과적이다.
③ 밀폐되지 않는 공간에서 사용할 때 가장 소화효과가 좋다.
④ 방출용 동력이 별도로 필요치 않다.

> 이산화탄소 소화기
> • C급 화재에는 적응성이 있다.
> • 밀폐된 공간에서 사용할 때 가장 소화효과가 좋다.
> • 방출용 동력이 별도로 필요치 않다.

60 알루미늄분의 성질에 대한 설명으로 옳은 것은?

① 금속 중에서 연소열량이 가장 작다.
② 끓는 물과 반응해서 수소를 발생한다.
③ 수산화나트륨 수용액과 반응해서 산소를 발생한다.
④ 안전한 저장을 위해 할로젠 원소와 혼합한다.

> 알루미늄분은 물과 반응하면 수소가스를 발생한다.
> $2Al + 6H_2O \rightarrow 2Al(OH)_3 + 3H_2 \uparrow$

정답 CBT 복원문제 2019년 2회

01 ②	02 ②	03 ③	04 ②	05 ④
06 ③	07 ④	08 ②	09 ②	10 ①
11 ①	12 ③	13 ②	14 ②	15 ③
16 ②	17 ④	18 ①	19 ①	20 ④
21 ②	22 ③	23 ②	24 ②	25 ①
26 ③	27 ④	28 ④	29 ③	30 ②
31 ②	32 ②	33 ③	34 ③	35 ④
36 ①	37 ①	38 ②	39 ④	40 ②
41 ③	42 ③	43 ①	44 ④	45 ③
46 ④	47 ①	48 ④	49 ④	50 ③
51 ②	52 ③	53 ②	54 ③	55 ③
56 ②	57 ③	58 ③	59 ④	60 ②

2019년 3회 CBT 복원문제

01 전역방출방식의 할로젠 화합물 소화설비의 분사헤드에서 할론1211을 방사하는 경우의 방사 압력은 얼마 이상으로 하는가?

① 0.1MPa ② 0.2MPa
③ 0.3MPa ④ 0.9MPa

🔍 분사헤드의 방사압력

약제종류	방사압력
할론2402	0.1MPa
할론1211	0.2MPa
할론1301	0.9MPa

02 10℃의 물 2g을 100℃의 수증기로 만드는데 필요한 열량은?

① 180cal ② 340cal
③ 719cal ④ 1258cal

🔍 0℃ 물 → 100℃ 물 → 100℃ 수증기를 만드는데 열량
$Q = mC_p \Delta t + r \cdot m$
여기서, m : 무게(2g), C_p : 물의 비열(1cal/g·℃),
Δt : 온도차(100-10 = 90℃),
r : 물의 증발잠열(539cal/g)
∴ $Q = mC_p \Delta t + r \cdot m$
= (2g × 1cal/g·℃ × 90℃) + (539cal/g × 2g)
= 1258cal

03 위험물안전관리법령에서 정한 위험물의 지정수량으로 틀린 것은?

① 황 : 100kg
② 황화인 : 100kg
③ 마그네슘 : 100kg
④ 금속분 : 500kg

🔍 제2류 위험물의 지정수량

종류	지정수량	종류	지정수량
황	100kg	황화인	100kg
마그네슘	500kg	철분	500kg
금속분	500kg		

04 위험물안전관리자를 해임한 후 며칠 이내에 후임자를 선임하여야 하는가?

① 14일 ② 15일
③ 20일 ④ 30일

🔍 위험물안전관리자가 해임이나 퇴직한 후 30일 이내에 선임하고 선임일로부터 14일 이내에 선임신고를 하여야 한다.

05 불활성가스 소화약제 중 IG-541의 구성성분이 아닌 것은?

① N_2 ② Ar
③ Ne ④ CO_2

🔍 불활성가스 소화약제

종류	화학식
IG-01	Ar
IG-55	N_2 : 50%, Ar : 50%
IG-100	N_2
IG-541	N_2 : 52%, Ar : 40%, CO_2 : 8%

06 다음 중 자연발화의 원인으로 가장 거리가 먼 것은?

① 기화열에 의한 발열 ② 산화열에 의한 발열
③ 분해열에 의한 발열 ④ 흡착열에 의한 발열

🔍 자연발화의 형태 : 분해열, 산화열, 흡착열, 미생물에 의한 발열

07 인화성 액체 위험물을 저장하는 옥외탱크저장소에 설치하는 방유제의 높이 기준은?

① 0.5m 이상 1m 이하
② 0.5m 이상 3m 이하
③ 0.3m 이상 1m 이하
④ 0.3m 이상 3m 이하

🔍 방유제의 높이 : 0.5m 이상 3m 이하

08 다음 위험물 중 물에 가장 잘 녹는 것은?

① 적린 ② 황
③ 벤젠 ④ 아세톤

> 적린, 황, 벤젠은 물에 녹지 않고 아세톤(제4류 위험물 제1석유류, 수용성)은 물에 잘 녹는다.

09 착화점이 232℃에 가장 가까운 위험물은?

① 삼황화인 ② 오황화인
③ 적린 ④ 황

> 착화점
>
> | 위험물 | 착화점 | 위험물 | 착화점 |
> |---|---|---|---|
> | 삼황화인 | 약 100℃ | 오황화인 | 142℃ |
> | 적린 | 260℃ | 황 | 232℃ |

10 위험물안전관리법령상 제조소의 위치·구조 및 설비의 기준에 따르면 가연성 증기가 체류할 우려가 있는 건축물은 배출장소의 용적이 500m³일 때 시간당 배출능력(국소방식)을 얼마 이상인 것으로 하여야 하는가?

① 5000m³ ② 10000m³
③ 20000m³ ④ 40000m³

> 제조소의 배출능력은 1시간당 배출장소 용적의 20배 이상인 것으로 하여야 한다. 다만, 전역방식의 경우에는 바닥면적 1m²당 10m³ 이상으로 할 수 있다.
> ∴500m³ × 20 = 10,000m³

11 포소화설비의 가압송수장치에서 압력수조의 압력 산출시 필요 없는 것은?

① 낙차의 환산 수두압
② 배관의 마찰손실 수두압
③ 노즐선의 마찰손실 수두압
④ 소방용 호스의 마찰손실 수두압

> 압력수조를 이용한 가압송수장치
> P = p₁ + p₂ + p₃ + p₄
> 여기서 P : 필요한 압력 (단위 MPa)
> p₁ : 고정포방출구의 설계압력 또는 이동식포소화설비 노즐방사압력(단위 MPa)
> p₂ : 배관의 마찰손실수두압(단위 MPa)
> p₃ : 낙차의 환산수두압(단위 MPa)
> p₄ : 소방용호스의 마찰손실수두압(단위 MPa)

12 칼륨의 저장 시 사용하는 보호물질로 다음 중 가장 적합한 것은?

① 에탄올 ② 사염화탄소
③ 등유 ④ 이산화탄소

> 칼륨(K), 나트륨(Na)의 보호액 : 등유, 경유, 유동파라핀

13 다음 중 지정수량이 가장 큰 것은?

① 과염소산칼륨
② 과망가니즈산염류
③ 황린
④ 황

> 지정수량
>
> | 종류 | 지정수량 | 종류 | 지정수량 |
> |---|---|---|---|
> | 과염소산칼륨 | 50kg | 과망가니즈산염류 | 1000kg |
> | 황린 | 20kg | 황 | 100kg |

14 저장 또는 취급하는 위험물의 최대수량이 지정수량의 1,000배 이하 일 때 옥외저장탱크의 측면으로부터 몇 m 이상의 보유공지를 유지하여야 하는가?(단, 제6류 위험물은 제외한다.)

① 1 ② 2
③ 3 ④ 5

> 옥외탱크저장소의 보유공지
>
> | 저장 또는 취급하는 위험물의 최대수량 | 공지의 너비 |
> |---|---|
> | 지정수량의 500배 이하 | 3m 이상 |
> | 지정수량의 500배 초과 1,000배 이하 | 5m 이상 |
> | 지정수량의 1,000배 초과 2,000배 이하 | 9m 이상 |
> | 지정수량의 2,000배 초과 3,000배 이하 | 12m 이상 |
> | 지정수량의 3,000배 초과 4,000배 이하 | 15m 이상 |
> | 지정수량의 4,000배 초과 | 당해 탱크의 수평단면의 최대지름(가로형인 경우에는 긴변)과 높이 중 큰 것과 같은 거리 이상. 다만, 30m 초과의 경우에는 30m 이상으로 할 수 있고, 15m 미만의 경우에는 15m 이상으로 하여야 한다. |

15 위험물안전관리법령에서 정한 자동화재탐지설비에 대한 기준으로 틀린 것은?(단, 원칙적인 경우에 한한다.)

① 경계구역은 건축물 그 밖의 공작물의 2 이상의 층에 걸치지 아니하도록 할 것
② 하나의 경계구역의 면적은 $600m^2$ 이하로 할 것
③ 하나의 경계구역의 한 변 길이는 30m 이하로 할 것
④ 자동화재탐지설비에는 비상전원을 설치할 것

🔍 하나의 경계구역의 한 변 길이 : 50m(광전식분리형감지기는 100m) 이하

16 위험물안전관리법령에 따른 제4류 위험물 중 제1석유류에 해당하지 않는 것은?

① 등유
② 벤젠
③ 메틸에틸케톤
④ 톨루엔

🔍 제4류 위험물

종류	품명
등유	제2석유류(비수용성)
벤젠	제1석유류(비수용성)
메틸에틸케톤	제1석유류(비수용성)
톨루엔	제1석유류(비수용성)

17 위험물안전관리법령상 옥내소화전설비의 비상전원은 몇 분 이상 작동할 수 있어야 하는가?

① 45분
② 30분
③ 20분
④ 10분

🔍 옥내소화전설비의 비상전원 : 45분 이상

18 다음 물질 중 분진폭발의 위험성이 가장 낮은 것은?

① 밀가루
② 알루미늄분말
③ 모래
④ 석탄

🔍 모래는 분진폭발 하지 않는다.

19 연소범위가 2.5 ~ 38.5%로 구리, 은, 마그네슘과 접촉 시 아세틸라이드를 생성하는 물질은?

① 아세트알데하이드
② 알킬알루미늄
③ 산화프로필렌
④ 콜로디온

🔍 산화프로필렌(Propylene Oxide)
• 물성

분자식	분자량	비중	비점	인화점	착화점	연소범위
CH_3CHCH_2O	58	0.82	35℃	-37℃	449℃	2.8 ~ 37%

• 무색, 투명한 자극성 액체이다.
• 구리(Cu), 마그네슘(Mg), 은(Ag), 수은(Hg)과 반응하면 아세틸레이트를 생성한다.

20 연면적 $1000m^2$이고 외벽이 내화구조인 위험물취급소의 소화설비 소요단위는 얼마인가?

① 50
② 10
③ 20
④ 100

🔍 건축물 1소요단위 산정

구분	제조소, 일반취급소		저장소		위험물
외벽의 기준	내화구조	비내화구조	내화구조	비내화구조	
기준	연면적 $100m^2$	연면적 $50m^2$	연면적 $150m^2$	연면적 $75m^2$	지정수량의 10배

∴ 소요단위 = $\frac{연면적}{기준면적}$ = $\frac{1000m^2}{100m^2}$ = 10단위

21 옥내저장소에서 위험물 용기를 겹쳐 쌓는 경우에 있어서 제4류 위험물 중 제3석유류만을 수납하는 용기를 겹쳐 쌓을 수 있는 높이는 최대 몇 m인가?

① 3
② 4
③ 5
④ 6

🔍 옥내저장소에 저장 시 높이(아래 높이를 초과하지 말 것)
• 기계에 의하여 하역하는 구조로 된 용기만을 겹쳐 쌓는 경우 : 6m
• 제4류 위험물 중 제3석유류, 제4석유류, 동식물유류를 수납하는 용기만을 겹쳐 쌓는 경우 : 4m
• 그 밖의 경우(특수인화물, 제1석유류, 제2석유류, 알코올류, 타류) : 3m

22 금속분의 화재 시 주수소화를 할 수 없는 이유는?

① 산소가 발생하기 때문에
② 수소가 발생하기 때문에
③ 질소가 발생하기 때문에
④ 이산화탄소가 발생하기 때문에

> 금속분(알루미늄)이 물과 반응하면 수소를 발생한다.
> $2Al + 6H_2O \rightarrow 2Al(OH)_3 + 3H_2 \uparrow$

23 주된 소화효과가 산소공급원의 차단에 의한 소화가 아닌 것은?

① 포소화기　　② 건조사
③ CO_2 소화기　　④ Halon 1211 소화기

> 할론(Halon 1211)소화기의 주된 소화효과 : 부촉매 효과

24 위험물안전관리법령상 소화설비의 적응성에서 제6류 위험물에 적응성이 있는 소화설비는?

① 옥외소화전설비
② 불활성가스소화설비
③ 할로젠화합물소화설비
④ 분말소화설비(탄산수소염류)

> 제6류 위험물 : 수계소화설비(냉각소화 : 옥내소화전설비, 옥외소화전설비)

25 알코올 화재 시 보통의 포 소화약제는 알코올용포 소화약제에 비하여 소화효과가 낮다. 그 이유로서 가장 타당한 것은?

① 소화약제와 섞이지 않아서 연소면을 확대하기 때문에
② 알코올은 포와 반응하여 가연성가스를 발생하기 때문에
③ 알코올이 연료로 사용되어 불꽃의 온도가 올라가기 때문에
④ 수용성 알코올로 인해 포가 파괴되기 때문에

> 알코올용포 소화약제 수용성 액체에 적합하고 다른 포 소화약제는 수용성 액체에 사용하면 포가 소포(거품이 꺼짐)되므로 적합하지 않다.

26 위험물안전관리법령상 과산화수소가 제6류 위험물에 해당하는 농도 기준으로 옳은 것은?

① 36wt% 이상
② 36vol% 이상
③ 1.49wt% 이상
④ 1.49vol% 이상

> 제6류 위험물의 기준
> • 과산화수소 : 농도가 36wt% 이상
> • 질산 : 비중이 1.49 이상

27 동식물유류의 일반적인 성질로 옳은 것은?

① 자연발화의 위험은 없지만 점화원에 의해 쉽게 인화된다.
② 대부분 비중 값이 물보다 크다.
③ 인화점이 100℃ 보다 높은 물질이 많다.
④ 아이오딘값이 50 이하인 건성유는 자연발화 위험이 높다.

> 동식물유류 : 인화점이 250℃ 미만인 것으로 100℃보다 높은 물질이 많다.

28 인화칼슘이 물 또는 염산과 반응하였을 때 공통적으로 생성되는 물질은?

① $CaCl_2$
② $Ca(OH)_2$
③ PH_3
④ H_2

> 인화칼슘이 물 또는 염산과 반응하면 포스핀(PH_3, 인화수소)을 발생한다.
> • 물과 반응 : $Ca_3P_2 + 6H_2O \rightarrow 3Ca(OH)_2 + 2PH_3 \uparrow$
> • 염산과 반응 : $Ca_3P_2 + 6HCl \rightarrow 3CaCl_2 + 2PH_3 \uparrow$

29 질산나트륨 90kg, 황 70kg, 클로로벤젠 2000L, 각각의 지정수량의 배수의 총합은?

① 2　　② 3
③ 4　　④ 5

🔍 지정수량

종류	품명	지정수량
질산나트륨	제1류 위험물 질산염류	300kg
황	제2류 위험물	100kg
클로로벤젠	제4류 위험물 제2석유류, 비수용성	1000ℓ

∴ 지정수량의 배수 = $\frac{저장량}{지정수량}$ = $\frac{90kg}{300kg}$ + $\frac{70kg}{100kg}$ + $\frac{2000ℓ}{1000ℓ}$ = 3.0배

30 휘발유를 저장하던 이동저장탱크에 등유나 경유를 탱크 상부로부터 주입할 때 액 표면이 일정 높이가 될 때까지 위험물의 주입관내 유속을 몇 m/s 이하로 하여야 하는가?

① 1 ② 2
③ 3 ④ 5

🔍 주입관내 유속 : 1m/s 이하

31 위험물안전관리법령상 위험물의 운반에 관한 기준에 따르면 지정수량 얼마 이하의 위험물에 대하여는 "유별을 달리하는 위험물의 혼재기준"을 적용하지 아니하여도 되는가?

① 1/2 ② 1/3
③ 1/5 ④ 1/10

🔍 운반 시 지정수량의 $\frac{1}{10}$ 이하의 위험물에 대하여는 유별을 달리하는 혼재 기준을 적용하지 아니한다.

32 위험물 제조소의 배출설비의 배출능력은 1시간당 배출장소 용적의 몇 배 이상인 것으로 해야 하는가?(단, 전역방식의 경우는 제외한다.)

① 5 ② 10
③ 15 ④ 20

🔍 제조소의 배출설비의 배출능력은 1시간당 배출장소 용적의 20배 이상인 것으로 할 것(전역방출방식 : 바닥면적 1m²당 18m³ 이상)

33 질산의 비중이 1.5일 때 1소요단위는 몇 ℓ인가?

① 150
② 200
③ 1500
④ 2000

🔍 질산의 지정수량은 300kg이고 비중 1.5이면 1.5kg/ℓ이다.
소요단위 = $\frac{저장량}{지정수량 \times 10}$
∴ (300kg ÷ 1.5kg/ℓ) × 10 = 2000ℓ

34 다음 중 메탄올의 연소범위에 가장 가까운 것은?

① 약 1.4 ~ 5.6vol%
② 약 6.0 ~ 36vol%
③ 약 20.3 ~ 66vol%
④ 약 42.0 ~ 77vol%

🔍 연소범위

종류	하한계(%)	상한계(%)
아세틸렌(C_2H_2)	2.5	81.0
수소(H_2)	4.0	75.0
메테인(CH_4)	5.0	15.0
이황화탄소(CS_2)	1.0	50.0
메탄올	6.0	36

35 제소소의 옥외에 모두 3기의 휘발유 취급탱크를 설치하고 그 주위에 방유제를 설치하고자 한다. 방유제안에 설치하는 각 취급탱크의 용량이 5만L, 3만L, 2만L 일 때 필요한 방유제의 용량을 몇 L 이상인가?

① 66000
② 60000
③ 33000
④ 30000

🔍 위험물제조소의 옥외에 있는 위험물 취급탱크의 방유제의 용량
• 1기 일 때 : 탱크용량 × 0.5(50%)
• 2기 이상일 때 : 최대탱크용량 × 0.5 + (나머지 탱크 용량합계 × 0.1)
∴ 방유제 용량 = (50,000ℓ × 0.5) + (30,000 × 0.1) + (20,000ℓ × 0.1) = 30,000ℓ

36 시·도의 조례가 정하는 바에 따라 관할 소방서장의 승인을 받아 지정수량이상의 위험물을 제조소등이 아닌 장소에서 임시로 저장 또는 취급하는 기간은 최대 며칠 이내인가?

① 30
② 50
③ 60
④ 90

🔍 위험물 임시 저장기간 : 90일 이내

37 위험물의 운반에 관한 기준에서 제4석유류와 혼재할 수 없는 위험물은?(단, 위험물은 각각 지정수량의 2배인 경우이다.)

① 황화인
② 칼륨
③ 유기과산화물
④ 과염소산

🔍 운반 시 혼재 가능한 위험물
 • 제1류 위험물 + 제6류 위험물(과염소산)
 • 제3류 위험물(칼륨) + 제4류 위험물(제4석유류)
 • 제2류 위험물(황화인) + 제4류 위험물(제4석유류) + 제5류 위험물(유기과산화물)

38 지정수량 10배의 위험물을 운반할 때 혼재가 가능한 것은?

① 제1류 위험물과 제2류 위험물
② 제1류 위험물과 제4류 위험물
③ 제4류 위험물과 제5류 위험물
④ 제5류 위험물과 제3류 위험물

🔍 운반 시 위험물의 혼재 가능 기준

위험물의 구분	제1류	제2류	제3류	제4류	제5류	제6류
제1류		×	×	×	×	○
제2류	×		×	○	○	×
제3류	×	×		○	×	×
제4류	×	○	○		○	×
제5류	×	○	×	○		×
제6류	○	×	×	×	×	

39 연면적이 1000제곱미터이고 지정수량의 100배의 위험물을 취급하며 지반면으로부터 6미터 높이에 위험물을 취급설비가 있는 제조소의 소화난이도 등급은?

① 소화난이도 등급 Ⅰ
② 소화난이도 등급 Ⅱ
③ 소화난이도 등급 Ⅲ
④ 제시된 조건으로 판단할 수 없음

🔍 소화난이도 등급(제조소)
 • 소화난이도 등급 Ⅰ : 연면적이 1000제곱미터 이상, 지정수량 100배 이상, 지반면으로부터 6미터 높이에 위험물을 취급설비가 있는 것
 ※ 연면적이 1000제곱미터이므로 소화난이도 등급 Ⅰ이다.
 • 소화난이도 등급 Ⅱ : 연면적이 600제곱미터 이상, 지정수량 10배 이상

40 연소생성물로 이산화황이 생성되지 않는 것은?

① 황린
② 삼황화인
③ 오황화인
④ 황

🔍 연소반응식
 • 황린 : $P_4 + 5O_2 \rightarrow 2P_2O_5$
 • 삼황화인 : $P_4S_3 + 8O_2 \rightarrow 2P_2O_5 + 3SO_2\uparrow$
 • 오황화인 : $2P_2S_5 + 15O_2 \rightarrow 2P_2O_5 + 5SO_2\uparrow$
 • 황 : $S + O_2 \rightarrow SO_2\uparrow$ (이산화황, 유독가스)

41 위험물안전관리법령상 제6류 위험물이 아닌 것은?

① H_3PO_4
② IF_5
③ BrF_5
④ BrF_3

🔍 인산(H_3PO_4) : 위험물이 아니고 유독물이다.

42 횡으로 설치한 원통형 위험물 저장탱크의 내용적이 500L일 때 공간용적은 최소 몇 L이어야 하는가?(단, 원칙적인 경우에 한한다.)

① 15
② 25
③ 35
④ 50

🔍 공간용적은 5~10%이므로 500L × 0.05 = 25L이다.

43 이산화탄소 소화기 사용 시 줄·톰슨효과에 의해서 생성되는 물질은?

① 포스겐
② 일산화탄소
③ 드라이아이스
④ 수성가스

🔍 이산화탄소 소화기 사용 시 줄·톰슨효과에 의해서 드라이아이스가 생성된다.

44 염소산나트륨과 반응하여 ClO_2가스를 발생시키는 것은?

① 글리세린
② 질소
③ 염산
④ 산소

🔍 염소산나트륨은 염산과 반응하면 이산화염소(ClO_2)의 유독가스를 발생 한다.
$2NaClO_3 + 2HCl \rightarrow 2NaCl + 2ClO_2 + H_2O_2 \uparrow$

45 가연물이 연소할 때 공기 중의 산소농도를 떨어뜨려 연소를 중단시키는 소화 방법은?

① 제거소화
② 질식소화
③ 냉각소화
④ 억제소화

🔍 질식소화 : 공기 중의 산소의 농도를 21%에서 15% 이하로 낮추어 소화하는 방법(공기 차단)

46 내용적이 20,000ℓ인 옥내저장탱크에 대하여 저장 또는 취급의 허가를 받을 수 있는 최대용량은?(단, 원칙적인 경우에 한한다.)

① 18,000L
② 19,000L
③ 19,400L
④ 20,000L

🔍 허가량
탱크의 용량(허가량) = 내용적 - 공간용적(5~10%)
• 최소용적 : 20,000L × 0.1(10%) = 2,000L
  허가량 = 20,000L - 2,000L = 18,000L
• 최대용적 : 20,000L × 0.05(5%) = 1,000L
  허가량 = 20,000L - 1,000L = 19,000L

47 지정수량의 10배 이상의 위험물을 취급하는 제조소에는 피뢰침을 설치하여야 하지만 제 몇 류 위험물을 취급하는 경우에는 이를 제외할 수 있는가?

① 제2류 위험물
② 제4류 위험물
③ 제5류 위험물
④ 제6류 위험물

🔍 제6류 위험물은 지정수량의 10배 이상을 취급하는 제조소에도 피뢰침을 설치할 필요가 없다.

48 이동탱크저장소에 의한 위험물의 운송 시 준수하여야 하는 기준에서 다음 중 어떤 위험물을 운송할 때 위험물운송자는 위험물안전카드를 휴대하여야 하는가?

① 특수인화물 및 제1석유류
② 알코올류 및 제2석유류
③ 제3석유류 및 동식물류
④ 제4석유류

🔍 제4류 위험물의 특수인화물 및 제1석유류를 운송하게 하는 자는 위험물안전카드를 위험물운송자로 하여금 휴대하여야 한다.

49 과산화벤조일의 지정수량은 얼마인가?

① 10kg
② 50L
③ 100kg
④ 100L

🔍 과산화벤조일(제5류, 유기과산화물, 2종) : 100kg

50 다음은 위험물안전관리법령에 따른 이동저장탱크의 구조에 관한 기준이다. ( ) 안에 알맞은 수치는?

"이동저장탱크는 그 내부에 (㉠)L 이하마다 (㉡)mm 이상의 강철판 또는 이와 동등 이상의 강도·내열성 및 내식성이 있는 금속성의 것으로 칸막이를 설치하여야 한다. 다만, 고체인 위험물을 저장하거나 고체인 위험물을 가열하여 액체상태로 저장하는 경우에는 그러하지 아니하다."

① ㉠ : 2,000, ㉡ : 1.6
② ㉠ : 2,000, ㉡ : 3.2
③ ㉠ : 4,000, ㉡ : 1.6
④ ㉠ : 4,000, ㉡ : 3.2

> **이동탱크저장소의 구조**
> • 안전칸막이 : 4,000ℓ 이하마다
> • 안전칸막이의 두께 : 3.2mm 이상

51 위험물제조소의 게시판에 "물기엄금"라고 쓰여 있다. 제 몇 류 위험물 제조소인가?

① 제2류
② 제3류
③ 제4류
④ 제6류

> **주의사항을 표시한 게시판**
>
> | 위험물의 종류 | 주의사항 | 게시판의 색상 |
> |---|---|---|
> | 제1류 위험물 중 알칼리금속의 과산화물
제3류 위험물 중 금수성물질 | 물기엄금 | 청색바탕에 백색문자 |
> | 제2류 위험물(인화성 고체는 제외) | 화기주의 | 적색바탕에 백색문자 |
> | 제2류 위험물 중 인화성 고체
제3류 위험물 중 자연발화성물질
제4류 위험물
제5류 위험물 | 화기엄금 | 적색바탕에 백색문자 |

52 위험물안전관리법령상 운송책임자의 감독·지원을 받아 운송하여야 하는 위험물은?

① 특수인화물
② 알킬리튬
③ 질산구아니딘
④ 하이드라진유도체

> 알킬알루미늄, 알킬리튬은 운송책임자의 감독·지원을 받아 운송하여야 한다.

53 위험물안전관리법령상 예방규정을 정하여야 하는 제조소등에 해당되지 않는 것은?

① 지정수량의 10배 이상의 위험물을 취급하는 제조소
② 이송취급소
③ 암반탱크저장소
④ 지정수량의 200배 이상의 위험물을 저장하는 옥내탱크저장소

> **예방규정을 정하여야 하는 제조소등**
> • 지정수량의 10배 이상의 위험물을 취급하는 제조소, 일반취급소
> • 지정수량의 100배 이상의 위험물을 저장하는 옥외저장소
> • 지정수량의 150배 이상의 위험물을 저장하는 옥내저장소
> • 지정수량의 200배 이상의 위험물을 저장하는 옥외탱크저장소
> • 암반탱크저장소, 이송취급소

54 질산이 공기 중에서 분해되어 발생하는 유독한 갈색 증기의 분자량은?

① 16
② 40
③ 46
④ 71

> **질산의 분해반응식**
> $4HNO_3 \rightarrow 2H_2O + 4NO_2\uparrow + O_2\uparrow$
> ∴ 분해되어 발생하는 유독한 가스는 이산화질소(NO_2)이므로 분자량은 46이다.

55 위험물안전관리법령에 근거하여 자체소방대에 두어야 하는 제독차의 경우 가성소오다 및 규조토를 각각 몇 kg 이상 비치하여야 하는가?

① 30
② 50
③ 60
④ 100

> **화학소방자동차에 갖추어야 하는 소화능력 및 설비의 기준**
>
> | 화학소방자동차의 구분 | 소화능력 및 설비의 기준 |
> |---|---|
> | 포수용액 방사차 | 포수용액의 방사능력이 매분 2,000ℓ 이상일 것 |
> | | 소화약액탱크 및 소화약액혼합장치를 비치할 것 |
> | | 10만ℓ 이상의 포수용액을 방사할 수 있는 양의 소화약제를 비치할 것 |
> | 분말 방사차 | 분말의 방사능력이 매초 35kg 이상일 것 |
> | | 분말탱크 및 가압용 가스설비를 비치할 것 |
> | | 1,400kg 이상의 분말을 비치할 것 |
> | 제독차 | 가성소오다 및 규조토를 각각 50kg 이상 비치할 것 |

56 위험물안전관리법령상 고정주유설비는 주유설비의 중심선을 기점으로 하여 도로 경계선까지 몇 m 이상의 거리를 유지해야 하는가?

① 1
② 3
③ 4
④ 6

🔍 고정주유설비 또는 고정급유설비의 설치 기준
- 고정주유설비(중심선을 기점으로 하여)
  - 도로경계선까지 : 4m 이상
  - 부지경계선·담 및 건축물의 벽까지 : 2m(개구부가 없는 벽까지는 1m) 이상
- 고정급유설비(중심선을 기점으로 하여)
  - 도로경계선까지 : 4m 이상
  - 부지경계선·담까지 : 1m
  - 건축물의 벽까지 : 2m(개구부가 없는 벽까지는 1m) 이상 거리를 유지할 것

57 금속칼륨의 보호액으로서 적당하지 않은 것은?

① 등유
② 유동파라핀
③ 경유
④ 에탄올

🔍 저장방법
- 칼륨, 나트륨 : 등유, 경유, 유동파라핀 속에 저장
- 황린, 이황화탄소 : 물속에 저장
- 나이트로셀룰로스 : 물 또는 알코올에 습면시켜 저장

58 위험물 지하탱크저장소의 탱크전용실 설치기준으로 틀린 것은?

① 철근콘크리트 구조의 벽은 두께 0.3m 이상으로 한다.
② 지하저장탱크와 탱크전용실의 안쪽과의 사이는 50cm 이상의 간격을 유지한다.
③ 철근콘크리트 구조의 바닥은 두께 0.3m 이상으로 한다.
④ 벽, 바닥 등에 적정한 방수 조치를 강구한다.

🔍 지하저장탱크와 탱크전용실의 안쪽과의 사이는 0.1m 이상의 간격을 유지하여야 한다.

59 위험물제조소등의 화재예방등 위험물안전관리에 관한 직무를 수행하는 위험물안전관리자의 선임시기는?

① 위험물제조소등의 완공검사를 받은 후 즉시
② 위험물제조소등의 허가 신청 전
③ 위험물제조소등의 설치를 마치고 완공검사를 신청하기 전
④ 위험물제조소등의 위험물을 저장 또는 취급하기 전

🔍 제조소등의 완공검사합격확인증을 받고 위험물제조소등의 위험물을 저장 또는 취급하기 전에 위험물안전관리자를 선임하여야 한다.

60 위험물제조소에 설치하는 안전장치 중 위험물의 성질에 따라 안전밸브의 작동이 곤란한 가압설비에 한하여 설치하는 것은?

① 파괴판
② 안전밸브를 겸하는 경보장치
③ 감압측에 안전밸브를 부착한 감압밸브
④ 연성계

🔍 파괴판은 안전밸브의 작동이 곤란한 가압설비에 설치한다.

정답 CBT 복원문제 2019년 3회

01 ②	02 ④	03 ③	04 ④	05 ③
06 ①	07 ②	08 ④	09 ④	10 ②
11 ③	12 ③	13 ②	14 ④	15 ③
16 ①	17 ①	18 ②	19 ③	20 ②
21 ②	22 ②	23 ④	24 ①	25 ④
26 ①	27 ③	28 ②	29 ②	30 ①
31 ④	32 ④	33 ④	34 ②	35 ④
36 ①	37 ④	38 ②	39 ①	40 ①
41 ①	42 ②	43 ②	44 ①	45 ②
46 ②	47 ④	48 ①	49 ③	50 ④
51 ②	52 ②	53 ④	54 ③	55 ②
56 ③	57 ④	58 ②	59 ④	60 ①

2020년 1회 CBT 복원문제

01 Halon 1301 소화약제에 대한 설명으로 틀린 것은?

① 저장 용기에 액체상으로 충전한다.
② 화학식은 CF_3Br이다.
③ 비점이 낮아서 기화가 용이하다.
④ 공기보다 가볍다.

> Halon 1301
> • 화학식은 CF_3Br이다.
> • 분자량이 148.9이다.
> • 공기보다 5.13배 무겁대(증기비중 = 148.9/29 = 5.13).
> • 저장 용기에 액체상으로 충전하여 방사 시 기화된다.
> • 비점이 낮아서 기화가 용이하다.

02 다음 위험물 중 물에 의한 냉각소화가 가능한 것은?

① 황　　　　② 인화칼슘
③ 황화인　　④ 칼슘

> 제2류 위험물인 황은 냉각소화(주수소화)가 가능하고 나머지는 냉각소화하면 가연성가스 발생 또는 많은 열을 발생한다.

03 탄화칼슘은 물과 반응시 위험성이 증가하는 물질이다. 주수소화 시 물과 반응하면 어떤 가스가 발생하는가?

① 수소　　　② 메테인
③ 에테인　　④ 아세틸렌

> 탄화칼슘(카바이트)은 물과 반응하면 가연성가스인 아세틸렌가스를 발생한다.
> $CaC_2 + 2H_2O \rightarrow Ca(OH)_2 + C_2H_2 \uparrow$
> 　　　　　　　(소석회, 수산화칼슘)　(아세틸렌)

04 다음 소화약제의 반응을 완결시키려 할 때 ( ) 안에 옳은 것은?

$6NaHCO_3 + Al_2(SO_4)_3 \cdot 18H_2O \rightarrow$
$2Al(OH)_3 + 3Na_2SO_4 + ( ) + 18H_2O$

① $6CO$
② $6NaOH$
③ $2CO_2$
④ $6CO_2$

> 화학포 소화기의 반응식
> $6NaHCO_3 + Al_2(SO_4)_3 \cdot 18H_2O \rightarrow$
> (탄산수소나트륨)　(황산알루미늄)
> $3Na_2SO_4 + 2Al(OH)_3 + 6CO_2 \uparrow + 18H_2O$
> (황산나트륨)　(수산화알루미늄)　(이산화탄소)

05 화학포 소화기에서 화학포를 만들 때 안정제로 사용되는 물질은?

① 인산염류
② 중탄산나트륨
③ 사포닌
④ 황산알루미늄

> 기포안정제
> • 단백질분해물　• 사포닌
> • 젤라틴　　　　• 계면활성제

06 다음 중 화재 종류의 분류를 옳게 나타낸 것은?

① A급 화재 - 유류 화재
② B급 화재 - 전기 화재
③ C급 화재 - 목재 화재
④ D급 화재 - 금속 화재

> 화재의 종류

급수	화재의 종류	원형 표시색
A급	일반화재	백색
B급	유류화재	황색
C급	전기화재	청색
D급	금속화재	무색

07 제3류 위험물에서 금수성물질의 화재 시 적응성이 있는 소화설비를 옳은 것은?

① 탄산수소염류등 분말소화설비
② 이산화탄소 소화설비
③ 인산염류등 분말소화설비
④ 할로젠화합물 소화설비

> 제3류 위험물(금수성물질)은 주수소화하면 가연성가스를 발생하므로 절대적으로 위험하고 탄산수소염류분말약제, 마른 모래가 적합하다.

08 이산화탄소 소화설비의 저장용기 설치에 대한 설명 중 틀린 것은?

① 방호구역 내의 장소에 설치할 것
② 온도가 40℃ 이하이고 온도 변화가 적은 곳에 설치할 것
③ 직사일광 및 빗물이 온도 변화가 적은 곳에 설치할 것
④ 저장용기에는 안전장치를 설치할 것

> 이산화탄소 저장용기의 설치 기준
> • 방호구역 외의 장소에 설치할 것
> • 온도가 40℃ 이하이고 온도 변화가 적은 장소에 설치할 것
> • 직사일광 및 빗물이 침투할 우려가 적은 장소에 설치할 것
> • 저장용기에는 안전장치를 설치할 것

09 착화온도가 낮아지는 경우가 아닌 것은?

① 압력이 높을 때
② 습도가 높을 때
③ 발열량이 클 때
④ 산소와 친화력이 좋을 때

> 착화온도가 낮아지는 경우
> • 분자구조가 복잡할 때
> • 산소와 친화력이 좋을 때
> • 열전도율이 낮을 때
> • 증기압과 습도가 낮을 때
> • 압력이 높을 때
> • 발열량이 클 때

10 위험물의 운반용기 및 적재방법에 대한 기준으로 틀린 것은?

① 운반용기의 재질은 나무도 가능하다.
② 고체위험물은 운반용기 내용적의 90% 이하의 수납율로 수납한다.
③ 액체위험물은 운반용기 내용적의 98% 이하의 수납율로 수납하되 55℃의 온도에서 누설되지 아니하도록 충분한 공간용적을 유지한다.
④ 알칼알루미늄은 운반용기 내용적의 90% 이하의 수납율로 수납하되 50℃의 온도에서 5% 이상의 공간 용적을 유지하도록 한다.

> 고체위험물 : 운반용기 내용적의 95% 이하의 수납율로 수납할 것

11 다음 물질 중 화재 발생 시 주수소화를 하면 오히려 위험성이 증가하는 것은?

① 염소산칼륨
② 과산화나트륨
③ 과산화수소
④ 질산나트륨

> 과산화나트륨이 물과 반응하면 산소(O_2)를 발생하므로 위험하다.
> $2Na_2O_2 + 2H_2O \rightarrow 4NaOH + O_2 \uparrow$

12 다음 중 위험물안전관리법에 따른 소화설비의 구분에서 "물분무등소화설비"에 속하지 않는 것은?

① 이산화탄소소화설비
② 포소화설비
③ 스프링클러설비
④ 분말소화설비

> 위험물에서 물분무등소화설비 : 물분무소화설비, 포소화설비, 불활성가스소화설비, 할로젠화합물소화설비, 분말소화설비

13 인화점이 21℃ 미만인 액체위험물의 옥외저장탱크 주입구에 설치하는 "옥외저장탱크 주입구"라고 표시한 게시판의 바탕 및 문자색을 옳게 나타낸 것은?

① 백색바탕 – 적색문자
② 적색바탕 – 백색문자
③ 백색바탕 – 흑색문자
④ 흑색바탕 – 백색문자

인화점이 21℃ 미만인 위험물의 옥외저장탱크의 주입구
- 게시판의 크기 : 한변이 0.3m 이상, 다른 한변이 0.6m 이상
- 게시판의 기재사항 : 옥외저장탱크 주입구, 위험물의 유별, 품명, 주의사항
- 게시판의 색상 : 백색바탕에 흑색문자(주의사항은 적색문자)

14 분말소화설비의 기준에서 가압용 가스용기에 사용되는 가스로 옳은 것은?

① N_2, O_2
② CO_2, O_2
③ N_2, CO_2
④ H_2, O_2

가압용 가스용기에 사용되는 가스 : 질소(N_2), 이산화탄소(CO_2)

15 다음 중 일반적으로 표면 연소를 하는 것은?

① 양초
② 코크스
③ 목재
④ 황

고체의 연소
- 표면연소 : 목탄, 코크스, 숯, 금속분 등이 열분해에 의하여 가연성가스를 발생하지 않고 그 물질 자체가 연소하는 현상
- 분해연소 : 석탄, 종이, 목재, 플라스틱 등의 연소시 열분해에 의해 발생된 가스와 공기가 혼합하여 연소하는 현상
- 증발연소 : 황, 나프탈렌, 왁스, 파라핀 등과 같이 고체를 가열하면 열분해는 일어나지 않고 고체가 액체로 되어 일정온도가 되면 액체가 기체로 변화하여 기체가 연소하는 현상
- 자기연소(내부연소) : 제5류 위험물인 나이트로셀룰로스 등 그 물질이 가연물과 산소를 동시에 가지고 있는 가연물이 연소하는 현상
  – 촛불의 연소 : 증발연소
  – 금속분 : 표면연소
  – 나이트로셀룰로스의 연소 : 내부연소

16 $NaHCO_3$와 $Al_2(SO_4)_3$로 되어 있는 소화기는?

① 산·알칼리소화기
② 드라이케미칼소화기
③ 이산화탄소소화기
④ 포말소화기

포말(화학포) 소화기의 반응식
$6NaHCO_3 + Al_2(SO_4)_3 \cdot 18H_2O \rightarrow$
(탄산수소나트륨) (황산알루미늄)
$3Na_2SO_4 + 2Al(OH)_3 + 6CO_2\uparrow + 18H_2O$
(황산나트륨) (수산화알루미늄) (이산화탄소)

17 자동화재탐지설비의 설치기준에서 하나의 경계구역의 면적은 얼마 이하로 하여야 하는가?(단, 당해 건축물 그 밖의 공작물의 주요한 출입구에서 그 내부의 전체를 볼 수 없는 경우이다.)

① $500m^2$
② $600m^2$
③ $800m^2$
④ $1000m^2$

자동화재탐지설비의 경계구역
- 자동화재탐지설비의 하나의 경계구역의 면적 : $600m^2$ 이하
- 출입구에서 그 내부의 전체를 볼 수 없는 경우 : $1000m^2$ 이하

18 옥내탱크저장소의 기준에서 옥내저장탱크 상호간에는 몇 m 이상의 간격을 유지하여야 하는가?

① 0.3
② 0.5
③ 0.7
④ 1.0

옥내탱크저장소의 옥내저장탱크 상호간 간격 : 0.5m 이상

19 위험물의 자연발화를 방지하는 방법으로 적당하지 않은 것은?

① 통풍을 잘 시킬 것
② 저장실의 온도를 낮출 것
③ 습도가 높은 곳에 저장할 것
④ 정촉매 작용을 하는 물질과의 접촉을 피할 것

자연발화의 방지법
- 습도를 낮게 할 것
- 주위의 온도를 낮출 것
- 통풍을 잘 시킬 것
- 불활성가스를 주입하여 공기와 접촉을 피할 것

20 다음 품명 중 제5류 위험물과 관계가 없는 것은?

① 질산염류
② 질산에스터류
③ 유기과산화물
④ 하이드라진 유도체

질산염류 : 제1류 위험물

21. 에틸렌글라이콜의 성질로 옳지 않은 것은?

① 갈색의 액체로 방향성이 있고 쓴맛이 난다.
② 물, 알코올 등에 잘 녹는다.
③ 분자량은 약 62 이고 비중은 약 1.1 이다.
④ 부동액의 원료로 사용된다.

🔍 에틸렌글라이콜(Ethyl Glycol)
• 특성

화학식	분자량	비중	비점	인화점	착화점
$CH_2(OH)CH_2(OH)$	62	1.1	198℃	120℃	398℃

• 무색의 끈기 있는 흡습성의 액체이다
• 사염화탄소, 에터, 벤젠, 이황화탄소, 클로로폼에 녹지 않고, 물, 알코올, 글리세린, 아세톤, 초산, 피리딘에는 잘 녹는다(수용성)
• 2가 알코올로서 독성이 있으며 단맛이 난다.
• 부동액의 원료로 사용된다.

22. 다음 중 각 석유류의 분류가 잘못된 것은?

① 제1석유류 : 초산에틸, 휘발유
② 제2석유류 : 등유, 경유
③ 제3석유류 : 폼산, 테레핀유
④ 제4석유류 : 기어유, DOA(가소제)

🔍 폼산(의산, 개미산, HCOOH), 테레핀유 : 제4류 위험물 제2석유류

23. 다음 중 제3류 위험물이 아닌 것은?

① 적린
② 칼슘
③ 탄화알루미늄
④ 알칼리튬

🔍 적린 : 제2류 위험물

24. 다음 중 가연성 고체 위험물인 제2류 위험물은 어느 것인가?

① 질산염류
② 마그네슘
③ 나트륨
④ 칼륨

🔍 위험물의 분류

종류	성질	분류
질산염류	산화성 고체	제1류 위험물
마그네슘	가연성 고체	제2류 위험물
나트륨	자연발화성 및 금수성 물질	제3류 위험물
칼륨	자연발화성 및 금수성 물질	제3류 위험물

25. 다음 중 염산과 반응하여 이산화염소를 발생시키는 물질은?

① 아염소산나트륨
② 브로민산나트륨
③ 아이오딘산산칼륨
④ 다이크로뮴산나트륨

🔍 아염소산나트륨은 산과 반응하면 이산화염소(ClO_2)의 유독가스를 발생한다.
$3NaClO_2 + 2HCl \rightarrow 3NaCl + 2ClO_2 + H_2O_2 \uparrow$

26. 소화설비의 설치기준에서 유기과산화물 2,000kg 은 몇 소요단위에 해당하는가?

① 10
② 20
③ 30
④ 40

🔍 소요단위 = $\dfrac{저장량}{지정수량 \times 10}$ = $\dfrac{2,000kg}{10kg \times 10}$ = 20단위

※유기과산화물의 지정수량 : 10kg(제5류 위험물)

27. 초산에틸의 성질에 대한 설명 중 틀린 것은?

① 적갈색의 휘발성 물질이다.
② 비중이 약 0.9 정도로 물보다 가볍다.
③ 증기비중은 약 3 정도로 공기보다 무겁다.
④ 인화점은 0℃보다 낮다.

🔍 초산에틸(Ethyl Acetate, 아세트산에틸, EA)
• 특성

화학식	비중	증기비중	비점	인화점	착화점	연소범위
$CH_3COOC_2H_5$	0.9	3.03	77.5℃	−3℃	429℃	2.2~11.5%

• 딸기 냄새가 나는 무색, 투명한 액체이다.
• 알코올, 에터, 아세톤과 잘 섞이며 물에 약간 녹는다(용해도 : 8.7).
• 휘발성, 인화성이 강하다.

28 다음 중 가연성 증기의 증발을 방지하기 위하여 물 속에 저장하는 것은?

① K_2O_2
② CS_2
③ C_2H_5OH
④ CH_3COCH_3

> 이황화탄소(CS_2)는 제4류 위험물의 특수인화물로서 가연성증기의 발생을 방지하기 위하여 물속에 저장한다.

29 위험물안전관리법에서 규정하는 질산은 그 비중이 최소 얼마 이상인 것을 말하는가?

① 1.29 ② 1.39
③ 1.49 ④ 1.59

> 질산의 비중이 1.49 이상이면 제6류 위험물로 규정하고 있다.

30 제2류 위험물의 일반적 성질에 대한 설명 중 틀린 것은?

① 대표적인 성질은 가연성 고체이다.
② 대부분이 유기화합물이다.
③ 대부분이 강력한 환원제이다.
④ 모두 물에 의해 냉각소화가 가능하다.

> 제2류 위험물의 공통적인 성질
> • 낮은 온도에서 착화하기 쉬운 가연성 고체이고 환원성 물질이다.
> • 산화제와 접촉하거나 가열하면 위험하다.
> • 물질 자체가 유독하거나 또는 연소 시 유독가스를 발생하는 것이 있다.
> • 제2류 위험물은 주수소화를 한다.
> ※ 마그네슘, 금속분류, 철분 : 주수소화 금지

31 상온에서 CaC_2를 장기간 보관할 때 사용하는 물질로 다음 중 가장 적당한 것은?

① 물   ② 알코올
③ 질소가스   ④ 아세틸렌가스

> 상온에서 카바이트(CaC_2)를 장기간 보관할 때 불연성인 질소가스를 사용한다.

32 다음 물질 중 물보다 비중이 작은 것으로만 이루어진 것은?

① 에터, 이황화탄소 ② 벤젠, 글리세린
③ 가솔린, 에탄올   ④ 글리세린, 아닐린

> 비중

종류	비중	종류	비중
에터	0.7	이황화탄소	1.26
벤젠	0.95	글리세린	1.26
가솔린	0.70~0.80	에탄올	0.79
아닐린	1.02		

> ∴ 비중이 1보다 작으면 물보다 가볍다.

33 과망가니즈산칼륨의 취급 시 주의사항에 대한 설명 중 틀린 것은?

① 알코올, 에터 등과의 접촉을 피한다.
② 일광을 차단하고 냉암소에 보관한다.
③ 목탄, 황 등과는 격리하여 저장한다.
④ 물에 녹으면 진한 녹색을 나타낸다.

> 과망가니즈산칼륨
> • 흑자색의 주상결정으로 산화력과 살균력이 강하다.
> • 물, 알코올에 녹으면 진한 보라색을 나타낸다.
> • 진한 황산과 접촉하면 폭발적으로 반응한다.
> • 강알칼리와 접촉시키면 산소를 방출한다.
> • 알코올, 에터, 글리세린등 유기물과의 접촉을 피한다.

34 메틸에틸케톤 퍼옥사이드의 위험성에 대한 설명으로 옳은 것은?

① 상온 이하의 온도에서도 매우 불안정하다.
② 20℃에서 분해하여 50℃에서 가스를 심하게 발생한다.
③ 30℃ 이상에서 무명, 탈지면 등과 접촉하면 발화의 위험이 있다.
④ 대량 연소 시에 폭발할 위험은 없다.

> 메틸에틸케톤 퍼옥사이드(2-Butanone peroxide)
> • 물성

분자식	분해온도	융점	착화점
$C_8H_{16}O_4$	40℃ 이상	20℃ 이하	205℃

> • 무색, 특이한 냄새가 나는 기름 모양의 액체이다.
> • 물에 약간 용해, 알코올, 에터, 케톤에는 녹는다.
> • 30℃ 이상에서 무명, 탈지면 등과 접촉하면 발화의 위험이 있다.

35 다음 중 질산의 위험성에 관한 설명으로 옳은 것은?

① 피부에 닿아도 위험하지 않다.
② 공기 중에서 단독으로 자연발화 한다.
③ 인화점이 낮고 발화하기 쉽다.
④ 환원성 물질과 혼합 시 위험하다.

> 질산은 제6류 위험물로서 환원성물질인 제2류 위험물과 혼합하면 위험하다.

36 다음 중 마그네슘분과 혼합했을 때 발화의 위험이 있기 때문에 접촉을 피해야 하는 것은?

① 건조사
② 헬륨 가스
③ 아르곤 가스
④ 염소 가스

> 마그네슘은 할로젠 원소와 반응하여 금속할로젠화합물을 만든다.
> $Mg + Cl_2 \rightarrow MgCl_2$

37 다음 물질 중 분진폭발의 위험성이 없는 것은?

① 밀가루
② 아연분
③ 설탕
④ 염화아세틸

> 염화아세틸(CH_3COCl)
> • 제4류 위험물 제1석유류로서 인화성 액체이다.
> • 아세트산의 염화물로서 무색의 자극성 액체이다.
> • 액체이므로 분진폭발의 위험은 없다.

38 적린의 성질에 대한 설명 중 틀린 것은?

① 황린과 성분원소가 같다.
② 발화온도는 황린보다 낮다.
③ 물, 이황화탄소에 녹지 않는다.
④ 브로민화인에 녹는다.

> 적린
> • 화학식 및 발화점
>
> | 종류 | 화학식 | 발화점 |
> |---|---|---|
> | 황린 | P_4 | 34℃ |
> | 적린 | P | 260℃ |
>
> • 적린은 물, 알코올, 에터, CS_2, 암모니아에 녹지 않는다.

39 과염소산의 성질에 대한 설명 중 옳은 것은?

① 산화성이 강한 고체이다.
② 순수한 것은 분해의 위험이 있다.
③ 물보다 가볍다.
④ 환원력이 매우 강하다.

> 과염소산(Perchloric Acid)
> • 특성
>
> | 화학식 | 비점 | 융점 | 비중 |
> |---|---|---|---|
> | $HClO_4$ | 39℃ | -112℃ | 1.76 |
>
> • 무색, 무취의 유동하기 쉬운 액체로 흡습성이 강하며 휘발성이 있다.
> • 가열하면 폭발하고 산성이 강한 편이다.
> • 물과 반응하면 심하게 발열하며 반응으로 생성된 혼합물도 강한 산화력을 가진다.
> • 불연성 물질이지만 자극성, 산화성이 매우 크다.
> • 대단히 불안정한 강산으로 순수한 것은 분해가 용이하고 폭발력을 가진다.

40 나이트로셀룰로스의 위험성에 대하여 옳게 설명한 것은?

① 물과 혼합하면 위험성이 감소된다.
② 공기 중에서 산화되지만 자연발화의 위험은 없다.
③ 건조할수록 발화의 위험성이 낮다.
④ 알코올과 반응하여 발화한다.

> 나이트로셀룰로스(Nitro Cellulose, NC)
> • 저장 중에 물 또는 알코올로 습윤시켜 저장한다(통상적으로 아이소프로필알코올 30% 습윤 시킴)
> • 가열, 마찰, 충격에 의하여 격렬히 연소, 폭발한다.
> • 질화도가 클수록 폭발성이 크다.
> • 건조할수록 발화의 위험성이 크다.

41 염소산나트륨의 저장 및 취급 시 주의할 사항으로 틀린 것은?

① 철제용기에 저장할 수 없다.
② 분해방지를 위해 암모니아를 넣어 저장한다.
③ 조해성이 있으므로 방습에 유의한다.
④ 용기에 밀전(密栓)하여 보관한다.

> 염소산나트륨($NaClO_3$)은 암모니아와 같이 분해를 촉진하는 약품류와의 접촉을 피한다.

42 인화칼슘에 저장한 창고에 비가 스며든 상태에서 근로자가 작업을 하다가 독성의 가스가 발생하여 질식하였다면 발생한 독성 가스는 다음 중 어느 것으로 예상되는가?

① 염소 ② 메테인
③ 포스핀 ④ 아세틸렌

🔍 인화칼슘(Ca_3P_2)이 물과 반응하면 포스핀(PH_3)이 생성된다.
$Ca_3P_2 + 6H_2O \rightarrow 3Ca(OH)_2 + 2PH_3\uparrow$

43 에터가 공기와 장시간 접촉 시 생성되는 것으로 불안정한 폭발성 물질에 해당하는 것은?

① 수산화물 ② 과산화물
③ 질소화합물 ④ 황화합물

🔍 에터는 공기와 장기간 접촉하면 과산화물이 생성되므로 갈색병에 저장하여야 한다.

44 등유의 성질에 대한 설명 중 틀린 것은?

① 증기는 공기보다 가볍다.
② 인화점이 상온보다 높다.
③ 전기에 대해 불량도체이다.
④ 물보다 가볍다.

🔍 등유(Kerosine) 증기는 공기보다 4~5배가 무겁다.

45 제3류 위험물인 칼륨의 지정수량은?

① 10kg ② 20kg
③ 50kg ④ 100kg

🔍 제3류 위험물인 칼륨의 지정수량 : 10kg

46 수소화나트륨 화재발생 시 주수소화가 부적당한 가장 큰 이유는?

① 발열반응을 일으킴 ② 수화반응을 일으킴
③ 중화반응을 일으킴 ④ 중합반응을 일으킴

🔍 수소화나트륨(NaH)이 물과의 반응
$NaH + H_2O \rightarrow NaOH + H_2$ + 발열반응

47 다음 중 제1류 위험물이 아닌 것은?

① 아이오딘산염류 ② 무기과산화물
③ 하이드록실아민염류 ④ 과망가니즈산염류

🔍 하이드록실아민염류 : 제5류 위험물

48 질산에틸에 대한 설명 중 틀린 것은?

① 물에 녹지 않는다.
② 냄새가 나는 무색의 액체이다.
③ 비중은 약 1.1, 끓는점은 약 88℃이다.
④ 인화점이 상온 이상이므로 인화의 위험이 적다.

🔍 질산에틸
• 물성

화학식	비점	인화점	비중	증기비중
$C_2H_5ONO_2$	88℃	10℃	1.1	3.14

• 에틸알코올과 질산을 반응하여 질산에틸을 제조한다.
$C_2H_5OH + HNO_3 \rightarrow C_2H_5ONO_2 + H_2O$
• 무색, 투명한 액체로서 방향성을 갖는다.
• 물에는 녹지 않으며 알코올에는 잘 녹는다.
• 인화점이 10℃로 대단히 낮고 연소하기 쉽다.

49 다음에서 설명하는 제5류 위험물에 해당하는 것은?

• 담황색의 고체이다.
• 강한 폭발력을 가지고 있고, 에터에 잘 녹는다.
• 융점은 80.1℃이다.

① 질산메틸
② 트라이나이트로톨루엔
③ 나이트로글리세린
④ 질산에틸

🔍 트라이나이트로톨루엔(Tri Nitro Toluene, TNT)
• 물성

화학식	비점	융점	착화점	비중
$C_6H_2CH_3(NO_2)_3$	280℃	80.1℃	300℃	1.66

• 담황색의 결정으로 강력한 폭약이다.
• 충격에는 민감하지 않으나 급격한 타격에 의하여 폭발한다.
• 물에 녹지 않고, 알코올에는 가열하면 녹고, 아세톤, 벤젠, 에터에는 잘 녹는다.

50 제5류 위험물 중 위험성 유무와 등급에 따라 제2종으로 분류된 나이트로화합물의 지정수량은?

① 10kg
② 100kg
③ 150kg
④ 200kg

🔍 제5류 위험물의 종류 및 지정수량

유별	성질	품명	지정수량
제5류	자기반응성물질	1. 유기과산화물 2. 질산에스터류 3. 나이트로화합물 4. 나이트로소화합물 5. 아조화합물 6. 다이아조화합물 7. 하이드라진 유도체 8. 하이드록실아민 9. 하이드록실아민염류 10. 그 밖에 행정안전부령으로 정하는 것	제1종: 10kg, 제2종: 100kg

51 다음 중 제4류 위험물의 알코올류에 해당되지 않는 것은?

① 부틸알코올
② 메틸알코올
③ 아이소프로필알코올
④ 에틸알코올

🔍 제4류 위험물의 알코올류: 1분자를 구성하는 탄소원자의 수가 1개부터 3개까지인 포화1가 알코올(변성알코올 포함)이다.
※ 알코올류: 메틸알코올(CH_3OH), 에틸알코올(C_2H_5OH), 프로필알코올(C_3H_7OH)

52 다음 중 다이크로뮴산암모늄의 색상에 가장 가까운 것은?

① 청색
② 담황색
③ 등적색
④ 백색

🔍 다이크로뮴산암모늄[$(NH_4)_2Cr_2O_7$]은 적색 또는 등적색(오렌지색)의 단사정계 침상결정이다.

53 옥내저장소 저장창고의 바닥은 물이 스며 나오거나 스며들지 아니하는 구조로 하여야 한다. 다음 중 반드시 이 구조로 하지 않아도 되는 위험물은?

① 제1류 위험물 중 알칼리금속의 과산화물
② 제4류 위험물
③ 제5류 위험물
④ 제2류 위험물 중 철분

🔍 저장창고에 물의 침투를 막는 구조로 하여야 하는 위험물
• 제1류 위험물 중 알칼리금속의 과산화물
• 제2류 위험물 중 철분, 금속분, 마그네슘
• 제3류 위험물 중 금수성물질
• 제4류 위험물

54 무수크로뮴산에 관한 설명으로 틀린 것은?

① 물에 잘 녹는다.
② 강력한 산화작용을 나타낸다.
③ 알코올, 벤젠 등과 접촉하면 혼촉발화의 위험이 있다.
④ 상온에서 분해하여 산소를 방출하므로 냉장보관한다.

🔍 무수크로뮴산, 삼산화크로뮴(크로뮴의 산화물)
• 암적색의 침상결정으로 조해성이 있다.
• 물, 황산에 잘 녹는다.
• 황, 목탄분, 적린, 금속분, 강력한 산화제, 유기물, 인, 목탄분, 피크린산, 가연물과 혼합하면 폭발의 위험이 있다.
• 제4류 위험물(알코올, 벤젠)과 접촉 시 혼촉 발화한다.
• 강력한 산화작용을 나타낸다.

55 벤조일퍼옥사이드의 일반적인 성질에 대한 설명 중 틀린 것은?

① 상온에서 안정하다.
② 물에 잘 녹는다.
③ 강한 산화성 물질이다.
④ 가열, 충격, 마찰에 의해 폭발의 위험이 있다.

🔍 과산화벤조일(Benzoyl Peroxide, 벤조일퍼옥사이드, BPO)는 물에 녹지 않는다.

56 제6류 위험물의 일반적인 성질에 대한 설명 중 틀린 것은?

① 연소가 되기 쉬운 가연성 물질이다.
② 산화성 액체이다.
③ 일반적으로 물과 접촉하면 발열한다.
④ 산소를 함유하고 있다.

제6류 위험물 : 불연성 물질

57 제2류 위험물인 황화인에 대한 다음 설명 중 틀린 것은?

① 지정수량이 100kg이다.
② 삼황화인은 CS_2에 용해된다.
③ 오황화인은 공기 중의 습기를 흡수하여 황화수소를 발생한다.
④ 칠황화인은 습기를 흡수하여 인화수소 가스를 주로 발생한다.

칠황화인은 더운 물에서는 급격히 분해하여 황화수소를 발생한다.

58 다음 물질 중 인화점이 가장 낮은 것은?

① 경유 ② 아세톤
③ 톨루엔 ④ 메틸알코올

인화점

종류	인화점	종류	인화점
경유	41℃ 이상	아세톤	-18.5℃
톨루엔	4℃	메틸알코올	11℃

59 다음 물질 중 제4류 위험물에 속하지 않는 것은?

① 아세톤
② 실린더유
③ 과산화벤조일
④ 크레오소트유

위험물의 분류

종류	구분	종류	구분
아세톤	제4류 위험물 제1석유류	실린더유	제4류 위험물 제4석유류
과산화벤조일	제5류 위험물 유기과산화물	크레오소트유	제4류 위험물 제3석유류

60 과염소산염류의 운반용기 중 적응성 있는 내장용기의 종류와 최대 용적이나 중량을 옳게 나타낸 것은? (단, 외장용기의 종류는 나무상자 또는 플라스틱상자이고, 외장용기의 최대 중량은 125kg으로 한다.)

① 금속제 용기 : 20ℓ
② 종이 포대 : 55kg
③ 플라스틱 필름 포대 : 60kg
④ 유리 용기 : 10ℓ

운반용기의 최대용적 또는 중량(고체위험물)

운반용기				수납 위험물의 종류		
내장용기		외장용기		제1류		
용기의 종류	최대용적 또는 중량	용기의 종류	최대용적 또는 중량	I	II	III
유리용기 또는 플라스틱 용기	10ℓ	나무상자 또는 플라스틱상자 (필요에 따라 불활성의 완충재를 채울 것)	125kg	○	○	○
			225kg		○	○
		파이버판상자 (필요에 따라 불활성의 완충재를 채울 것)	40kg	○	○	○
			55kg		○	○

※ 과염소산염류는 제1류 위험물로서 위험등급은 I이다.

정답 CBT 복원문제 2020년 1회

01 ④	02 ①	03 ④	04 ④	05 ③
06 ④	07 ①	08 ①	09 ②	10 ②
11 ②	12 ③	13 ③	14 ③	15 ②
16 ④	17 ①	18 ②	19 ③	20 ①
21 ①	22 ③	23 ①	24 ②	25 ①
26 ②	27 ①	28 ②	29 ③	30 ④
31 ③	32 ③	33 ③	34 ③	35 ④
36 ④	37 ④	38 ②	39 ②	40 ①
41 ②	42 ③	43 ②	44 ①	45 ①
46 ①	47 ③	48 ①	49 ②	50 ①
51 ①	52 ③	53 ②	54 ④	55 ②
56 ①	57 ④	58 ②	59 ③	60 ④

2020년 2회 CBT 복원문제

01 소화기에 표시한 "A-2", "B-3"에서 숫자가 의미하는 것은?

① 소화기의 소요 단위 ② 소화기의 사용 순위
③ 소화기의 제조 번호 ④ 소화기의 능력 단위

🔍 • A-2 : A급(일반)화재 능력단위 2단위
   • B-3 : B급(유류)화재 능력단위 3단위

02 팽창진주암(삽 1개 포함)의 능력단위 1은 용량이 몇 L인가?

① 70   ② 100
③ 130 ④ 160

🔍 소화설비의 능력단위

소화설비	용량	능력단위
소화전용(專用)물통	8ℓ	0.3
수조(소화전용 물통 3개 포함)	80ℓ	1.5
수조(소화전용 물통 6개 포함)	190ℓ	2.5
마른 모래(삽 1개 포함)	50ℓ	0.5
팽창질석 또는 팽창진주암(삽 1개 포함)	160ℓ	1.0

03 화학포소화약제의 반응에서 황산알루미늄과 중탄산나트륨의 반응 몰비는?(단, 황산알루미늄 : 중탄산나트륨의 비이다.)

① 1 : 4   ② 1 : 6
③ 4 : 1   ④ 6 : 1

🔍 화학포 소화약제의 반응식
$6NaHCO_3 + Al_2(SO_4)_3 \cdot 18H_2O \rightarrow 3Na_2SO_4 + 2Al(OH)_3 + 6CO_2 + 18H_2O$
※ 황산알루미늄 : $Al_2(SO_4)_3$, 중탄산나트륨 : $NaHCO_3$

04 화학포소화기에서 기포 안정제로 사용되는 것은?

① 계면활성제   ② 질산
③ 황산알루미늄 ④ 질산칼륨

🔍 소화약제
• 내약제(B제) : 황산알루미늄[$Al_2(SO_4)_3$]
• 외약제(A제) : 중탄산나트륨($NaHCO_3$), 기포안정제
※기포안정제 : 계면활성제, 사포닌, 젤라틴, 가수분해단백질

05 인화성 액체의 증기가 공기보다 무거운 것은 다음 중 어떤 위험성과 가장 관계가 있는가?

① 인화점이 낮다.
② 발화점이 낮다.
③ 물에 의한 소화가 어렵다.
④ 예측하지 못한 장소에서 화재가 발생할 수 있다.

🔍 제4류 위험물은 인화성 액체로서 증기가 공기보다 무거워서 바닥에 체류하므로 예측하지 못한 장소에서 화재가 발생할 수 있다.

06 다음 중 제3종 분말소화약제를 사용할 수 있는 모든 화재의 급수를 옳게 나타낸 것은?

① A급, B급   ② B급, C급
③ A급, C급   ④ A급, B급, C급

🔍 분말약제의 적응화재 및 착색

종류	주성분	적응화재	착색
제1종 분말	$NaHCO_3$(중탄산나트륨, 탄산수소나트륨)	B, C급	백색
제2종 분말	$KHCO_3$(중탄산칼륨, 탄산수소칼륨)	B, C급	담회색
제3종 분말	$NH_4H_2PO_4$(인산암모늄, 제일인산암모늄)	A, B, C급	담홍색
제4종 분말	$KHCO_3 + (NH_2)_2CO$	B, C급	회(회백)색

07 다음 위험물의 화재 시 주수소화가 가능한 것은?

① 철분   ② 마그네슘
③ 나트륨   ④ 황

🔍 황(S)은 제2류 위험물로서 주수소화가 가능하다.
[물과의 반응식]
• 철분 : $2Fe + 6H_2O \rightarrow 2Fe(OH)_3 + 3H_2 \uparrow$
• 마그네슘 : $Mg + 2H_2O \rightarrow Mg(OH)_2 + H_2 \uparrow$
• 나트륨 : $2Na + 2H_2O \rightarrow 2NaOH + H_2 \uparrow$

08 소화약제의 분해반응식에서 다음 ( ) 안에 알맞은 것은?

$$2NaHCO_3 \rightarrow Na_2CO_3 + H_2O + (\ )$$

① CO ② NH_3
③ CO_2 ④ H_2

🔎 제1종 분말 약제 열분해 반응식
$2NaHCO_3 \rightarrow Na_2CO_3 + H_2O + CO_2$

09 위험물의 착화점이 낮아지는 경우가 아닌 것은?

① 압력이 클 때
② 발열량이 클 때
③ 산소농도가 작을 때
④ 산소와 친화력이 좋을 때

🔎 발화점(착화점)이 낮아지는 이유
• 분자구조가 복잡할 때
• 산소와 친화력이 좋을 때
• 열전도율이 낮을 때
• 증기압이 낮을 때
• 압력과 발열량이 클 때

10 탄산칼륨을 물에 용해시킨 강화액 소화약제의 pH에 가장 가까운 것은?

① 1 ② 4
③ 7 ④ 12

🔎 탄산칼륨(K_2CO_3)을 물에 용해시킨 강화액 소화약제의 pH = 12

11 이송취급소의 소화난이도 등급에 관한 설명 중 옳은 것은?

① 모든 이송취급소는 소화난이도 등급 Ⅰ에 해당한다.
② 지정수량 100배 이상을 취급하는 이송취급소만 소화난이도 등급 Ⅰ에 해당한다.
③ 지정수량 200배 이상을 취급하는 이송취급소만 소화난이도 등급 Ⅰ에 해당한다.
④ 지정수량 10배 이상의 제4류 위험물을 취급하는 이송취급소만 소화난이도 등급 Ⅰ에 해당한다.

🔎 지정수량배수에 관계없이 모든 이송취급소는 소화난이도 등급 Ⅰ에 해당한다.

12 다음 중 증발연소를 하는 물질이 아닌 것은?

① 황
② 석탄
③ 파라핀
④ 나프탈렌

🔎 증발연소 : 황, 나프탈렌, 왁스, 파라핀 등과 같이 고체를 가열하면 열분해는 일어나지 않고 고체가 액체로 되어 일정온도가 되면 액체가 기체로 변화하여 기체가 연소하는 현상

13 다음 중 제1종, 제2종, 제3종 분말소화약제의 주성분에 해당하지 않는 것은?

① 탄산수소나트륨
② 황산마그네슘
③ 탄산수소칼륨
④ 인산암모늄

🔎 분말소화약제

종류	주성분	적응화재	착색
제1종 분말	$NaHCO_3$(중탄산나트륨, 탄산수소나트륨)	B, C급	백색
제2종 분말	$KHCO_3$(중탄산칼륨, 탄산수소칼륨)	B, C급	담회색
제3종 분말	$NH_4H_2PO_4$(인산암모늄, 제일인산암모늄)	A, B, C급	담홍색
제4종 분말	$KHCO_3 + (NH_2)_2CO$	B, C급	회(회백)색

14 다음 물질 중 상온에서 고체인 것은?

① 질산메틸 ② 질산에틸
③ 나이트로글리세린 ④ 다이나이트로톨루엔

🔎 다이나이트로톨루엔[$C_6H_2CH_3(NO_2)_2$] : 황색 결정

15 다음 위험물 중 분자식을 C_3H_6O로 나타내는 것은?

① 에틸알코올　　② 에틸에터
③ 아세톤　　　　④ 아세트산

> 아세톤
> • 화학식 : CH_3COCH_3
> • 분자식 : C_3H_6O

16 다음 중 제2석유류만으로 짝지어진 것은?

① 사이클로헥산 – 피리딘
② 염화아세틸 – 휘발유
③ 사이클로헥산 – 중유
④ 아크릴산 – 폼산

> 위험물의 분류

종류	분류	종류	분류
사이클로헥산	제1석유류	피리딘	제1석유류
염화아세틸	제1석유류	휘발유	제1석유류
중유	제3석유류	아크릴산	제2석유류
폼산 (개미산, 의산)	제2석유류		

17 다음 위험물 중 인화점이 가장 낮은 것은?

① 메틸에틸케톤　　② 에탄올
③ 초산　　　　　　④ 클로로벤젠

> 인화점

종류	분류	인화점
메틸에틸케톤	제1석유류	-7℃
에탄올	알코올류	13℃
초산	제2석유류	40℃
클로로벤젠	제2석유류	27℃

18 다음 물질 중 분진폭발의 위험이 없는 것은?

① 황　　　　　　② 알루미늄분
③ 과산화수소　　④ 마그네슘분

> 분진폭발하는 물질 : 황, 알루미늄분, 마그네슘분, 금속분, 밀가루 등

19 다음 제4류 위험물 중 특수인화물에 해당하고 물에 잘 녹지 않으며 비중이 0.7, 비점이 약 34℃인 위험물은?

① 아세트알데하이드
② 산화프로필렌
③ 다이에틸에터
④ 나이트로벤젠

> 다이에틸에터(Di Ethyl Ether, 에터)
> • 물성

분자식	분자량	비중	비점	인화점	착화점	증기비중	연소범위
$C_2H_5OC_2H_5$	74.12	0.7	34℃	-40℃	180℃	2.55	1.7~48%

> • 휘발성이 강한 무색투명한 특유의 향이 있는 액체이다.
> • 물에 잘 녹지 않으며, 알코올에 잘 녹으며 발생된 증기는 마취성이 있다.

20 위험물의 성질에 관한 다음 설명 중 틀린 것은?

① 초산메틸은 유기화합물이다.
② 피리딘은 물에 녹지 않는다.
③ 초산에틸은 무색 투명한 액체이다.
④ 아이소프로필알코올은 물에 녹는다.

> 피리딘(C_5H_5N)은 제4류 위험물 제1석유류로서 수용성이다.

21 위험물 옥내저장소에서 지정수량의 몇 배 이상의 저장창고에는 피뢰침을 설치해야 하는가?(단, 제6류 위험물의 저장창고는 제외한다.)

① 10　　　　② 20
③ 50　　　　④ 100

> 피뢰침은 지정수량의 10배 이상이면 설치하여야 한다(단, 제6류 위험물은 제외한다).

22 알킬리튬 10kg, 황린 100kg 및 탄화칼슘 300kg을 저장할 때 각 위험물의 지정수량 배수의 총합은 얼마인가?

① 5　　　　② 7
③ 8　　　　④ 10

🔍 각 물질의 지정수량은 알킬리튬 10kg, 황린 20kg 및 탄화칼슘 300kg이다.
∴ 지정수량의 배수 = $\frac{저장량}{지정수량} + \frac{저장량}{지정수량}$
= $\frac{10kg}{10kg} + \frac{100kg}{20kg} + \frac{300kg}{300kg}$ = 7배

23 법령에서 정의하는 제2석유류의 1기압에서의 인화점 범위를 옳게 나타낸 것은?

① 21℃ 이상 70℃ 미만
② 70℃ 이상 200℃ 미만
③ 200℃ 이상 300℃ 미만
④ 300℃ 이상 400℃ 미만

🔍 제2석유류 : 1기압에서 인화점이 21℃ 이상 70℃ 미만인 것

24 위험물의 저장방법에 대한 다음 설명 중 잘못된 것은?

① 황은 정전기 축적이 없도록 저장한다.
② 나이트로셀룰로스는 건조하면 발화 위험이 있으므로 물 또는 알코올로 습면시켜 저장한다.
③ 칼륨은 유동파라핀 속에 저장한다.
④ 마그네슘은 차고 건조하면 분진 폭발하므로 온수 속에 저장한다.

🔍 마그네슘은 분진 폭발하고 물(온수)와 접촉하면 가연성가스인 수소(H_2)를 발생한다.
Mg + $2H_2O$ → $Mg(OH)_2$ + H_2 ↑

25 제6류 위험물의 일반적인 성질에 대한 설명으로 옳은 것은?

① 강한 환원성 액체이다.
② 물과 접촉하면 흡열반응을 한다.
③ 가연성 액체이다.
④ 과산화수소를 제외하고 강산이다.

🔍 제6류 위험물의 일반적인 성질
• 산화성 액체이며 무기화합물로 이루어져 형성된다.
• 무색, 투명하며 비중은 1보다 크고, 표준상태에서는 모두가 액체이다.
• 과산화수소를 제외하고 강산성 물질이며 물에 녹기 쉽다.
• 불연성 물질이며 물과 접촉하면 발열반응을 한다.

26 다음 위험물 중 발화점이 가장 낮은 것은?

① 가솔린
② 이황화탄소
③ 에터
④ 황린

🔍 발화점

종류	발화점	종류	발화점
가솔린	280~456℃	이황화탄소	90℃
에터	180℃	황린	34℃

27 위험물의 취급소를 구분할 때 제조 이외의 목적에 따른 구분으로 볼 수 없는 것은?

① 판매취급소
② 이송취급소
③ 옥외취급소
④ 일반취급소

🔍 취급소(4종류) : 일반취급소, 판매취급소, 이송취급소, 주유취급소

28 과염소산의 성질에 대한 설명으로 옳은 것은?

① 무색의 산화성 물질이다.
② 점화원에 의해 쉽게 단독으로 연소한다.
③ 흡습성이 강한 고체이다.
④ 증기는 공기보다 가볍다.

🔍 과염소산(Perchloric Acid)은 제6류 위험물이고, 산화성, 불연성, 흡습성이 강한 액체이다.

29 탄화칼슘의 안전한 저장 및 취급 방법으로 가장 거리가 먼 것은?

① 습기와의 접촉을 피한다.
② 석유 속에 저장해 둔다.
③ 장기 저장할 때는 질소가스를 충전한다.
④ 화기로부터 격리하여 저장한다.

🔍 칼륨과 나트륨은 석유(등유) 속에 저장한다.

30 $C_6H_2CH_3(NO_2)_3$을 녹이는 용제가 아닌 것은?

① 물
② 벤젠
③ 에터
④ 아세톤

🔍 TNT[$C_6H_2CH_3(NO_2)_3$]는 물에 녹지 않고, 아세톤, 벤젠, 에터에는 잘 녹는다.

31 다음 물질 중 물과 반응 시 독성이 강한 가연성가스가 생성되는 적갈색 고체위험물은?

① 탄산나트륨
② 탄산칼슘
③ 인화칼슘
④ 수산화칼륨

🔍 인화칼슘
 • 적갈색의 괴상 고체로서 인화석회라고도 한다.
 • 물이나 약산과 반응하여 포스핀(PH_3)의 유독성가스를 발생한다.
 $Ca_3P_2 + 6H_2O \rightarrow 3Ca(OH)_2 + 2PH_3\uparrow$

32 알루미늄 분말의 저장 방법 중 옳은 것은?

① 에틸알코올 수용액에 넣어 보관한다.
② 밀폐 용기에 넣어 건조한 곳에 저장한다.
③ 폴리에틸렌병에 넣어 수분이 많은 곳에 보관한다.
④ 염산 수용액에 넣어 보관한다.

🔍 알루미늄 분말은 수분과 반응하면 수소가스를 발생하므로 위험하고 밀폐 또는 밀봉용기에 넣어 건조한 곳에 저장한다.

33 트라이나이트로톨루엔에 대한 설명 중 틀린 것은?

① 피크린산에 비하여 충격·마찰에 둔감하다.
② 발화점은 약 300℃이다.
③ 자연분해의 위험성이 매우 높아 장기간 저장이 불가능하다.
④ 운반 시 10%의 물을 넣어 운반하면 안전하다.

🔍 트라이나이트로톨루엔(TNT)는 충격에는 민감하지 않으나 급격한 타격에 의하여 폭발하므로 가만히 저장하면 장기간 저장이 가능하다.

34 질산칼륨의 성질에 대한 설명 중 틀린 것은?

① 물에 잘 녹는다.
② 화약에서 산소공급제로 사용된다.
③ 열분해하면 산소를 방출한다.
④ 강력한 환원제이다.

🔍 질산칼륨(KNO_3)은 산화제이다.

35 이황화탄소의 성질에 대한 설명 중 틀린 것은?

① 이황화탄소의 증기는 공기보다 무겁다.
② 순수한 것은 강한 자극성 냄새가 나고 적색 액체이다.
③ 벤젠, 에터에 녹는다.
④ 생고무를 용해시킨다.

🔍 이황화탄소(Carbon DiSulfide)
 • 이황화탄소의 증기는 공기보다 무겁다.(76/29 = 2.62)
 • 순수한 것은 무색투명한 액체이며 시판용은 담황색이다
 • 제4류 위험물 중 착화점이 가장 낮고 증기는 유독하다.
 • 물에 녹지 않고, 알코올, 에터, 벤젠 등의 유기용매에 잘 녹는다.
 • 가연성 증기 발생을 억제하기 위하여 물속에 저장한다.
 • 연소 시 아황산가스를 발생하며 파란 불꽃을 나타낸다.
 • 황, 황린, 생고무, 수지 등을 잘 녹인다.

36 과산화칼륨에 관한 설명으로 틀린 것은?

① 융점은 약 490℃이다.
② 가연성 물질이며 가열하면 격렬히 연소한다.
③ 비중은 약 2.9로 물보다 무겁다.
④ 물과 접촉하면 수산화칼륨과 산소가 발생한다.

🔍 과산화칼륨(K_2O_2)은 제1류 위험물의 무기과산화물로서 불연성 물질이다.

37 제5류 위험물의 일반적인 성질에 대한 설명으로 가장 거리가 먼 것은?

① 가연성 물질이다.
② 대부분 유기 화합물이다.
③ 점화원의 접근은 위험하다.
④ 대부분 오래 저장할수록 안정하게 된다.

> 제5류 위험물은 화기, 가열, 충격, 마찰에 민감하므로 장기간 저장하는 것은 위험하다.

> 화재의 종류
>
> | 급수 구분 | 화재의 종류 | 원형 표시색 |
> |---|---|---|
> | A급 | 일반화재 | 백색 |
> | B급 | 유류화재 | 황색 |
> | C급 | 전기화재 | 청색 |
> | D급 | 금속화재 | 무색 |

38 다음 중 황린이 완전 연소 할 때 발생하는 가스는?

① PH_3
② SO_2
③ CO_2
④ P_2O_5

> 황린은 공기 중에서 연소 시 오산화인(P_2O_5)의 흰 연기를 발생한다.
> $P_4 + 5O_2 \rightarrow 2P_2O_5$

42 다음 중 화재가 발생하였을 때 물로 소화하면 위험한 것은?

① KNO_3
② $NaClO_3$
③ $KClO_3$
④ K

> 질산칼륨(KNO_3), 염소산나트륨($NaClO_3$), 염소산칼륨($KClO_3$)은 화재 시 주수소화가 가능하다.
> 칼륨(K)이 물과의 반응 : $2K + 2H_2O \rightarrow 2KOH + H_2\uparrow$

39 다음 물질 중 제1류 위험물이 아닌 것은?

① Na_2O_2
② $NaClO_3$
③ NH_4ClO_4
④ $HClO_4$

> 위험물의 분류
> • 무기과산화물의 과산화나트륨(Na_2O_2) : 제1류 위험물
> • 염소산염류의 염소산나트륨($NaClO_3$) : 제1류 위험물
> • 과염소산염류의 과염소산암모늄(NH_4ClO_4) : 제1류 위험물
> • 과염소산($HClO_4$) : 제6류 위험물

43 질소가 가연물이 될 수 없는 이유를 가장 옳게 설명한 것은?

① 산소와 반응하지만 반응 시 열을 방출하기 때문에
② 산소와 반응하지만 반응 시 열을 흡수하기 때문에
③ 산소와 반응하지 않고 열의 변화가 없기 때문에
④ 산소와 반응하지 않고 열을 방출하기 때문에

> 질소는 산소와 반응은 하나 흡열반응(열을 흡수)을 하기 때문에 가연물이 될 수 없다.
> ※가연물 : 산소와 반응하여 발열 반응하는 물질

40 자연발화에 대한 다음 설명 중 틀린 것은?

① 열전도가 낮을 때 잘 일어난다.
② 공기와의 접촉면적이 큰 경우에 잘 일어난다.
③ 수분이 높을수록 발생을 방지할 수 있다.
④ 열의 축적을 막을수록 발생을 방지할 수 있다.

> 자연발화의 방지법
> • 습도를 낮게 할 것
> • 주위의 온도를 낮출 것
> • 통풍을 잘 시킬 것
> • 불활성가스를 주입하여 공기와 접촉을 피할 것

44 화재에 대한 제거 소화 방법의 적용이 잘못된 것은?

① 유전의 화재 시 다량의 물을 이용하였다.
② 가스화재시 밸브 및 콕크를 잠궜다.
③ 산불화재 시 벌목을 하였다.
④ 촛불을 바람으로 불어 가연성 증기를 날려 보냈다.

> 유전지대의 화재 시 질소폭약을 투하하면 냉각소화라 할 수 있다.

41 다음 중 화재의 급수에 따른 화재 종류와 표시 색상이 옳게 연결된 것은?

① A급 – 일반화재, 황색
② B급 – 일반화재, 황색
③ C급 – 전기화재, 청색
④ D급 – 금속화재, 청색

45 제5류 위험물의 화재 시 소화방법에 대한 설명으로 옳은 것은?

① 가연성 물질로서 연소속도가 빠르므로 질식소화가 효과적이다.
② 할로젠화합물 소화기가 적응성이 있다.
③ CO_2 및 분말소화기가 적응성이 있다.
④ 다량의 주수에 의한 냉각소화가 효과적이다.

🔍 제5류 위험물은 다량의 주수에 의한 냉각소화가 효과적이다.

46 이산화탄소 소화기에서 수분의 중량은 일정량 이하이어야 하는데 그 이유를 가장 옳게 설명한 것은?

① 줄·톰슨효과 때문에 수분이 동결되어 관이 막히므로
② 수분이 이산화탄소와 반응하여 폭발하기 때문에
③ 에너지보존법칙 때문에 압력 상승으로 관이 파손되므로
④ 액화탄산가스는 승화성이 있어서 관이 팽창하여 방사 압력이 급격히 떨어지므로

🔍 이산화탄소 소화기는 수분이 많으면 줄·톰슨효과로 인하여 노즐이 폐쇄되므로 수분을 0.05% 이하(제2종)로 규정하고 있다.

47 황화인에 대한 설명 중 옳지 않은 것은?

① 삼황화인은 황색 결정으로 공기 중 약 100℃에서 발화할 수 있다.
② 오황화인은 담황색 결정으로 조해성이 있다.
③ 오황화인은 화재시에는 물에 의한 냉각소화가 가장 좋다.
④ 삼황화인은 통풍이 잘되는 냉암소에 저장한다.

🔍 오황화인은 물 또는 알칼리에 분해하여 황화수소와 인산이 된다.
$P_2S_5 + 8H_2O \rightarrow 5H_2S + 2H_3PO_4$
∴ 물에 의한 냉각소화는 부적합하며(H_2S 발생), 분말, CO_2, 건조사 등으로 질식소화 한다.

48 다음 위험물 중 질산에스터류에 속하지 않는 것은?

① 나이트로셀룰로스
② 질산메틸
③ 트라이나이트로페놀
④ 펜트라이트

🔍 제5류 위험물의 나이트로화합물 : 트라이나이트로페놀(피크린산), 트라이나이트로톨루엔(TNT)

49 제1석유류의 일반적인 성질로 틀린 것은?

① 물보다 가볍다.
② 가연성이다.
③ 증기는 공기보다 가볍다.
④ 인화점이 21℃ 미만이다.

🔍 제4류 위험물(제1석유류, 제2석유류, 제3석유류등 모두)의 증기는 공기보다 무겁다.

50 다음 위험물에 대한 설명 중 틀린 것은?

① $NaClO_3$은 조해성, 흡수성이 있다.
② H_2O_2은 알칼리 용액에서 안정화되어 분해가 어렵다.
③ $NaNO_3$의 분해온도는 약 380℃ 이다.
④ $KClO_3$은 화약류 제조에 쓰인다.

🔍 과산화수소(H_2O_2)는 불안정하여 안정제[인산(H_3PO_4), 요산($C_5H_4N_4O_3$)]를 첨가한다.

51 가연성고체 위험물의 저장 및 취급법으로 옳지 않은 것은?

① 환원성 물질이므로 산화제와 혼합하여 저장할 것
② 점화원으로부터 멀리하고 가열을 피할 것
③ 금속분은 물과의 접촉을 피할 것
④ 용기 파손으로 인한 위험물의 누설에 주의할 것

🔍 제2류 위험물(가연성고체, 환원성물질)은 산화제(제1류 위험물, 제6류 위험물)와 접촉을 피한다.

52 크레오소트유에 대한 설명으로 틀린 것은?

① 제3석유류에 속한다.
② 무취이고 증기는 독성이 없다.
③ 상온에서 액체이다.
④ 물보다 무겁고 물에 녹지 않는다.

> 크레오소트유(제3석유류)는 황록색 또는 암갈색의 기름모양의 액체이며 증기는 유독하다.

53 황린을 취급할 때의 주의사항으로 틀린 것은?

① 피부에 닿지 않도록 주의할 것
② 산화제와의 접촉을 피할 것
③ 물의 접촉을 피할 것
④ 화기의 접근을 피할 것

> 황린(제3류 위험물)은 물속에 저장한다.

54 위험물에 물이 접촉하여 주로 발생되는 가스의 연결이 틀린 것은?

① 나트륨 – 수소
② 탄화칼슘 – 포스핀
③ 칼륨 – 수소
④ 인화석회 – 인화수소

> 제3류 위험물이 물과의 반응
> - 나트륨과 물과의 반응
> $2Na + 2H_2O \rightarrow 2NaOH + H_2\uparrow$ (수소)
> - 탄화칼슘(카바이트)과 물과의 반응식
> $CaC_2 + 2H_2O \rightarrow Ca(OH)_2 + C_2H_2\uparrow$ (아세틸렌)
> - 칼륨과 물과의 반응
> $2K + 2H_2O \rightarrow 2KOH + H_2\uparrow$ (수소)
> - 인화석회(인화칼슘)와 물과의 반응식
> $Ca_3P_2 + 6H_2O \rightarrow 3Ca(OH)_2 + 2PH_3$ (포스핀, 인화수소)

55 고속도로 주유취급소의 특례기준에 따르면 고속국도 도로변에 설치된 주유취급소에 있어서 고정주유설비에 직접 접속하는 탱크의 용량은 몇 리터까지 할 수 있는가?

① 1만
② 5만
③ 6만
④ 8만

> 고속국도 도로변에 설치된 주유취급소의 고정주유설비 탱크의 용량 : 60,000ℓ 이하

56 다음 위험물 품명 중 지정수량이 나머지 셋과 다른 것은?

① 염소산염류
② 질산염류
③ 무기과산화물
④ 과염소산염류

> 제1류 위험물의 지정수량
>
> | 품명 | 지정수량 | 품명 | 지정수량 |
> | --- | --- | --- | --- |
> | 염소산염류 | 50kg | 질산염류 | 300kg |
> | 무기과산화물 | 50kg | 과염소산염류 | 50kg |

57 위험물의 취급 중 제조에 관한 기준으로 옳지 않은 것은?

① 증류공정에 있어서는 위험물을 취급하는 설비의 내부압력의 변동 등에 의하여 액체 또는 증기가 새지 아니하도록 할 것
② 추출공정에 있어서는 추출관의 외부압력이 비정상으로 상승하지 아니하도록 할 것
③ 건조공정에 있어서는 위험물의 온도가 부분적으로 상승하지 아니하는 방법으로 가열 또는 건조할 것
④ 분쇄공정에 있어서는 위험물의 분말이 현저하게 부유하고 있거나 위험물의 분말이 현저하게 기계·기구 등에 부착하고 있는 상태로 그 기계·기구를 취급하지 아니할 것

> 위험물의 취급 중 제조에 관한 기준
> - 증류공정에 있어서는 위험물을 취급하는 설비의 내부압력의 변동 등에 의하여 액체 또는 증기가 새지 아니하도록 할 것
> - 추출공정에 있어서는 추출관의 내부압력이 비정상으로 상승하지 아니하도록 할 것
> - 건조공정에 있어서는 위험물의 온도가 부분적으로 상승하지 아니하는 방법으로 가열 또는 건조할 것
> - 분쇄공정에 있어서는 위험물의 분말이 현저하게 부유하고 있거나 위험물의 분말이 현저하게 기계·기구 등에 부착하고 있는 상태로 그 기계·기구를 취급하지 아니할 것

58 비스코스레이온 원료로서, 비중이 약 1.3, 인화점이 약 −30℃이고, 연소 시 유독한 아황산가스를 발생시키는 위험물은?

① 황린
② 이황화탄소
③ 테레핀유
④ 장뇌유

> • 이황화탄소 : 비스코스레이온 원료로서, 비중이 약 1.3, 인화점이 약 −30℃이고, 연소 시 유독한 아황산가스(SO_2)를 발생시킨다.
> • 연소반응식 : $CS_2 + 3O_2 \rightarrow CO_2 + 2SO_2$

59 위험물 안전관리법상 인화성 액체를 정의할 때 제3석유류의 액체상태의 판단 기준은?

① 1기압과 섭씨 20도에서 액상인 것
② 1기압과 섭씨 25도에서 액상인 것
③ 기압에 무관하게 섭씨 20도에서 액상인 것
④ 기압에 무관하게 섭씨 25도에서 액상인 것

> 인화성 액체 : 액체(제3석유류, 제4석유류, 동식물유류에 있어서 1기압과 20℃에서 액상인 것)로서 인화의 위험성이 있는 것

60 과망가니즈산칼륨의 위험성에 대한 설명 중 틀린 것은?

① 진한 황산과 접촉하면 폭발적으로 반응한다.
② 알코올, 에터, 글리세린 등 유기물과 접촉을 금한다.
③ 가열하면 약 60℃에서 분해하여 수소를 방출한다.
④ 목탄, 황과 접촉시 충격에 의해 폭발할 위험성이 있다.

> 과망가니즈산칼륨($KMnO_4$)은 H가 없기 때문에 수소를 발생할 수 없다.

정답 CBT 복원문제 2020년 2회

01 ④	02 ④	03 ②	04 ①	05 ④
06 ④	07 ④	08 ③	09 ③	10 ④
11 ①	12 ②	13 ②	14 ④	15 ③
16 ④	17 ①	18 ③	19 ③	20 ②
21 ①	22 ②	23 ①	24 ④	25 ④
26 ④	27 ③	28 ①	29 ②	30 ①
31 ③	32 ②	33 ③	34 ④	35 ②
36 ②	37 ④	38 ④	39 ④	40 ③
41 ③	42 ④	43 ②	44 ①	45 ④
46 ①	47 ③	48 ③	49 ③	50 ②
51 ①	52 ②	53 ③	54 ②	55 ③
56 ②	57 ②	58 ②	59 ①	60 ③

2020년 3회 CBT 복원문제

01 다음 ( ) 안에 알맞은 색상을 차례대로 나열한 것은?

"이동저장탱크 차량의 전면 및 후면 상단의 보기 쉬운 곳에 직사각형의 ( )바탕에 ( )의 반사도료로 "위험물"이라고 표시하여야 한다."

① 백색 – 적색
② 백색 – 흑색
③ 황색 – 적색
④ 흑색 – 황색

🔍 이동탱크저장소의 "위험물" 표지 : 흑색바탕에 황색 반사도료

02 제1종 분말소화약제의 주성분으로 사용되는 것은?

① $NaHCO_3$
② $KHCO_3$
③ CCl_4
④ $NH_4H_2PO_4$

🔍 분말소화약제의 종류

종류	주성분	적응화재	착색
제1종 분말	$NaHCO_3$(중탄산나트륨, 탄산수소나트륨)	B, C급	백색
제2종 분말	$KHCO_3$(중탄산칼륨, 탄산수소칼륨)	B, C급	담회색
제3종 분말	$NH_4H_2PO_4$(인산암모늄, 제일인산암모늄)	A, B, C급	담홍색
제4종 분말	$KHCO_3$ + $(NH_2)_2CO$	B, C급	회색

03 나이트로셀룰로스의 저장·취급방법으로 틀린 것은?

① 직사광선을 피해 저장한다.
② 되도록 장기간 보관하여 안정화된 후에 사용한다.
③ 유기과산화물류, 강산화제와의 접촉을 피한다.
④ 건조상태에 이르면 위험하므로 습한 상태를 유지한다.

🔍 나이트로셀룰로스(NC)는 물 또는 알코올에 습면시켜 저장하므로 장기간 저장하면 위험하다.

04 어떤 물질을 비이커에 넣고 알코올램프로 가열하였더니 어느 순간 비이커 안에 있는 물질에 불이 붙었다. 이 때의 온도를 무엇이라고 하는가?

① 인화점
② 발화점
③ 연소점
④ 확산점

🔍 비커 밑에서 알코올램프를 가열하였는데 비커 안에서 불이 붙었으므로 직접적인 점화원이 아니기 때문에 발화점이라고 설명할 수 있다.

05 이산화탄소 소화약제에 관한 설명 중 틀린 것은?

① 소화약제에 의한 오손이 없다.
② 소화약제 중 증발잠열이 가장 크다.
③ 전기 절연성이 있다.
④ 장기간 저장이 가능하다.

🔍 소화약제의 증발잠열

약제	증발잠열
물	539cal/g
이산화탄소	137.8cal/g(576.5kJ/kg)
할론1301	28.4cal/g(119kJ/kg)

※ 물의 증발잠열이 가장 크다.

06 탄화알루미늄이 물과 반응하면 폭발의 위험이 있다. 어떤 가스 때문인가?

① 수소
② 메테인
③ 아세틸렌
④ 암모니아

🔍 탄화알루미늄이 물과 반응하면 메테인 가스를 발생한다.
$Al_4C_3 + 12H_2O \rightarrow 4Al(OH)_3$ (수산화알루미늄) $+ 3CH_4\uparrow$ (메테인)

07 위험물안전관리법상 전기설비에 적응성이 없는 소화설비는?

① 포소화설비
② 이산화탄소소화설비
③ 할로젠화합물소화설비
④ 물분무소화설비

🔍 옥내·외소화전설비, 스프링클러설비, 포소화설비는 전기설비에는 적합하지 않다.

08 제4류 위험물의 일반적 성질에 대한 설명 중 틀린 것은?

① 물보다 무거운 것이 많으며 대부분 물에 용해된다.
② 상온에서 액체로 존재한다.
③ 가연성 물질이다.
④ 증기는 대부분 공기보다 무겁다.

🔍 제4류 위험물은 물보다 가벼운 것이 많고 물에 녹지 않는 것이 많다.

09 위험물 제조소등에서 게시판에 기재할 사항이 아닌 것은?

① 저장 최대수량 또는 취급 최대수량
② 위험물의 성분·함량
③ 위험물의 유별·품명
④ 안전관리자의 성명 또는 직명

🔍 위험물 제조소등에 기재 내용
 • 위험물의 유별·품명
 • 저장최대수량(저장소) 또는 취급최대수량(제조소, 일반취급소)
 • 지정수량의 배수
 • 안전관리자의 성명 또는 직명

10 다음 위험물 중 산·알칼리 수용액에 모두 반응해 수소를 발생하는 양쪽성 원소는?

① Pt
② Au
③ Al
④ Na

🔍 양쪽성 원소 : Al, Zn, Sn, Pb

11 산·알칼리 소화기는 탄산수소나트륨과 황산의 화학반응을 이용한 소화기이다. 이 때 탄산수소나트륨과 황산이 반응하여 나오는 물질이 아닌 것은?

① Na_2SO_4
② Na_2O_2
③ CO_2
④ H_2O

🔍 산·알칼리 소화기의 반응식
$H_2SO_4 + 2NaHCO_3 + H_2O \rightarrow Na_2SO_4 + 2CO_2 + 3H_2O$

12 다음 중 소화기의 사용방법으로 잘못된 것은?

① 적응화재에 따라 사용할 것
② 성능에 따라 방출거리 내에서 사용할 것
③ 바람을 마주보며 소화할 것
④ 양옆으로 비로 쓸 듯이 방사할 것

🔍 소화기의 사용방법
 • 적응화재에만 사용할 것
 • 성능에 따라서 불 가까이 접근하여 사용할 것
 • 바람을 등지고 풍상에서 풍하로 방사할 것
 • 비로 쓸 듯이 양옆으로 골고루 사용할 것

13 화학포소화약제의 주된 소화효과에 해당하는 것은?

① 희석소화
② 질식소화
③ 억제소화
④ 제거소화

🔍 화학포소화약제의 주된 소화효과 : 질식소화

14 다음 중 분진 폭발의 위험이 가장 낮은 것은?

① 아연분
② 석회분
③ 알루미늄분
④ 밀가루

🔍 석회분은 분진폭발의 위험이 없다.

15 다음 중 "물분무등소화설비"의 종류에 속하지 않는 것은?

① 스프링클러설비
② 포소화설비
③ 분말소화설비
④ 이산화탄소소화설비

🔍 물분무등소화설비 : 물분무소화설비, 포소화설비, 불활성가스소화설비, 할로젠화합물소화설비, 분말소화설비

16 분말 소화약제에 관한 일반적인 특성에 대한 설명으로 틀린 것은?

① 분말 소화약제 자체는 독성이 없다.
② 질식효과에 의한 소화효과가 있다.
③ 이산화탄소와는 달리 별도의 추진가스가 필요하다.
④ 칼륨, 나트륨 등에 대해서는 인산염류 소화기의 효과가 우수하다.

🔍 칼륨, 나트륨은 탄산수소염류 소화기가 우수하다.

17 대형수동식소화기의 설치기준은 방호대상물의 각 부분으로부터 하나의 대형수동식소화기까지의 보행 거리가 몇 m 이하가 되도록 설치하여야 하는가?

① 10
② 20
③ 30
④ 40

🔍 수동식소화기의 설치 기준
- 소형수동식소화기 : 보행거리 20m마다 설치
- 대형수동식소화기 : 보행거리 30m마다 설치

18 칼륨에 물을 가했을 때 일어나는 반응은?

① 발열반응
② 에스터화반응
③ 흡열반응
④ 부가반응

🔍 칼륨이 물과 반응하면 수소가스와 많은 열을 발생한다.
$2K + 2H_2O \rightarrow 2KOH + H_2\uparrow + Q$ kcal

19 철과 아연분이 염산과 반응하여 공통적으로 발생하는 기체는?

① 산소   ② 질소
③ 수소   ④ 메테인

🔍 철과 아연분이 염산과 반응하면 수소가스를 발생한다.
- 철과 염산이 반응 : $Fe + 2HCl \rightarrow FeCl_2 + H_2$
- 아연이 염산과 반응 : $Zn + 2HCl \rightarrow ZnCl_2 + H_2$

20 질화면을 강질화면과 약질화면으로 구분할 때 어떤 차이를 기준으로 하는가?

① 분자의 크기에 의한 차이
② 질소함유량에 의한 차이
③ 질화할 때의 온도에 의한 차이
④ 입자의 모양에 의한 차이

🔍 질화도 : 나이트로셀룰로스 속에 함유된 질소의 함유량
- 강면약 : 질화도 N > 12.76%
- 약면약 : 질화도 N < 10.18~12.76%

21 피크린산의 위험성과 소화방법에 대한 설명으로 틀린 것은?

① 피크린산의 금속염은 위험하다.
② 운반 시 건조한 것보다는 물에 젖게 하는 것이 안전하다.
③ 알코올과 혼합된 것은 충격에 의한 폭발 위험이 있다.
④ 화재시에는 질식소화가 효과적이다.

🔍 피크린산은 제5류 위험물로서 냉각소화가 적합하다.

22 우리나라에서 C급 화재에 부여된 표시 색상은?

① 황색   ② 백색
③ 청색   ④ 무색

🔍 화재의 종류

급수	화재의 종류	원형 표시색
A급	일반화재	백색
B급	유류화재	황색
C급	전기화재	청색
D급	금속화재	무색

23 유류화재 시 물을 사용한 소화가 오히려 위험할 수 있는 이유를 가장 옳게 설명한 것은?

① 화재면이 확대되기 때문이다.
② 유독가스가 발생하기 때문이다.
③ 착화온도가 낮아지기 때문이다.
④ 폭발하기 때문이다.

> 유류화재(B급화재)시 주수소화를 하면 화재(연소)면이 확대되기 때문에 위험하다.

24. 위험물안전관리법에서 정한 정전기를 유효하게 제거할 수 있는 방법에 해당하지 않는 것은?

① 위험물 이송시 배관 내 유속을 빠르게 하는 방법
② 공기를 이온화하는 방법
③ 접지에 의한 방법
④ 공기 중의 상대습도를 70% 이상으로 하는 방법

> 정전기 제거법
> • 접지에 의한 방법
> • 상대습도를 70% 이상으로 하는 방법
> • 공기를 이온화하는 방법
> • 위험물 이송시 유속 1m/s 이하로 할 것

25. 다음 중 화학포소화약제의 구성 성분이 아닌 것은?

① 탄산수소나트륨
② 황산알루미늄
③ 수용성단백질
④ 제1인산암모늄

> 화학포소화약제
> $6NaHCO_3 + Al_2(SO_4)_3 \cdot 18H_2O \rightarrow 3Na_2SO_4 + 2Al(OH)_3 + 6CO_2 + 18H_2O$
> ※ 제1인산암모늄은 제3종 분말 약제이다.

26. 물의 소화능력을 강화시키기 위해 개발된 것으로 한랭지 또는 겨울철에 사용하는 소화기에 해당하는 것은?

① 산·알칼리 소화기
② 강화액 소화기
③ 포 소화기
④ 할로젠화합물 소화기

> 강화액 소화기 : 물에 탄산칼륨을 넣어 어는점을 낮추어 한랭지 또는 겨울철에 사용할 수 있도록 소화능력을 강화시킨 소화기

27. TNT의 성질에 대한 설명 중 틀린 것은?

① 담황색의 결정이다.
② 폭약으로 사용된다.
③ 자연분해의 위험성이 적어 장기간 저장이 가능하다.
④ 조해성과 흡수성이 매우 크다.

> 조해성은 제1류 위험물이다.

28. 제2류 위험물 중 철분운반용기 외부에 표시하여야 하는 주의사항을 옳게 나타낸 것은?

① 화기주의 및 물기엄금
② 화기엄금 및 물기엄금
③ 화기주의 및 물기주의
④ 화기엄금 및 물기주의

> 운반용기의 주의사항
> • 제1류 위험물
>   - 알칼리금속의 과산화물 : 화기·충격주의, 물기엄금, 가연물접촉주의
>   - 그 밖의 것 : 화기·충격주의, 가연물접촉주의
> • 제2류 위험물
>   - 철분·금속분·마그네슘 : 화기주의, 물기엄금,
>   - 인화성고체 : 화기엄금
>   - 그 밖의 것 : 화기주의
> • 제3류 위험물
>   - 자연발화성물질 : 화기엄금, 공기접촉엄금
>   - 금수성물질 : 물기엄금
> • 제4류 위험물 : 화기엄금
> • 제5류 위험물 : 화기엄금, 충격주의
> • 제6류 위험물 : 가연물접촉주의

29. 마그네슘분의 성질에 대한 설명 중 틀린 것은?

① 산이나 염류에 침식 당한다.
② 염산과 작용하여 산소를 발생한다.
③ 연소할 때 열이 발생한다.
④ 미분상태의 경우 공기 중 습기와 반응하여 자연발화 할 수 있다.

> 마그네슘은 염산과 반응하면 수소가스를 발생한다.
> $Mg + 2HCl \rightarrow MgCl_2 + H_2$

30. 다음 중 자기반응성 물질로만 나열된 것이 아닌 것은?

① 과산화벤조일, 질산메틸
② 숙신산퍼옥사이드, 다이나이트로벤젠
③ 아조디카본아미드, 나이트로글리콜
④ 아세토나이트릴, 트라이나이트로톨루엔

> 아세토나이트릴(CH_3CN)은 제4류 위험물 제1석유류이다.

31 과염소산에 대한 설명 중 틀린 것은?

① 비중은 물보다 크다.
② 부식성이 있어서 피부에 닿으면 위험하다.
③ 가열하면 분해될 위험이 있다.
④ 비휘발성 액체이고 에탄올을 저장하면 안전하다.

> 과염소산(Perchloric Acid)은 환원제, 알코올류, 사이안화합물, 알칼리와의 접촉을 방지한다.

32 에틸알코올은 몇 가 알코올인가?

① 1가
② 2가
③ 3가
④ 4가

> 에틸알코올(C_2H_5OH)로서 1가 알코올이다.

33 과염소산칼륨의 성질에 관한 설명 중 틀린 것은?

① 무색, 무취의 결정이다.
② 알코올, 에터에 잘 녹는다.
③ 진한 황산과 접촉하면 폭발할 위험이 있다.
④ 400℃ 이상으로 가열하면 분해하여 산소가 발생한다.

> 과염소산칼륨은 물, 알코올, 에터에 녹지 않는다.

34 과산화수소가 이산화망가니즈 촉매 하에서 분해가 촉진될 때 발생하는 가스는?

① 수소
② 산소
③ 아세틸렌
④ 질소

> 과산화수소가 이산화망가니즈 촉매 하에서 분해가 될 때 산소를 발생한다.

35 제5류 위험물의 연소에 관한 설명 중 틀린 것은?

① 연소 속도가 빠르다.
② CO_2 소화기에 의한 소화가 적응성이 있다.
③ 가열, 충격, 마찰 등에 의해 발화할 위험이 있는 물질이 있다.
④ 연소 시 유독성 가스가 발생할 수 있다.

> 제5류 위험물은 물에 의한 냉각소화가 적합하다.

36 다음과 같은 성상을 갖는 물질은?

- 은백색 광택의 무른 경금속으로 포타슘이라고도 부른다.
- 공기 중에서 수분과 반응하여 수소가 발생한다.
- 융점이 63.7℃이고, 비중은 약 0.86이다.

① 칼륨
② 나트륨
③ 부틸리튬
④ 트라이메틸알루미늄

> 칼륨(Potassium)
> • 특성

분자식	원자량	비점	융점	비중	불꽃색상
K	39	774℃	63.7℃	0.86	보라색

> • 은백색의 광택이 있는 무른 경금속으로 보라색 불꽃을 내면서 연소한다.
> • 등유, 경유, 유동파라핀 등의 보호액을 넣은 내통에 밀봉 저장한다.
> • 물(수분)과 반응하면 가연성인 수소가스를 발생한다.
> $2K + 2H_2O \rightarrow 2KOH + H_2$

37 피크린산(picric acid)의 성질에 대한 설명 중 틀린 것은?

① 착화온도는 약 300℃이고 비중은 약 1.8이다.
② 페놀을 원료로 제조할 수 있다.
③ 찬물에는 잘 녹지 않으나 온수, 에터에는 잘 녹는다.
④ 단독으로도 충격·마찰에 매우 민감하여 폭발한다.

> 피크린산(트라이나이트로페놀)은 단독으로 가열, 마찰 충격에 안정하고 연소시 검은 연기를 내지만 폭발은 하지 않는다.

38 다음 중 제2류 위험물의 공통적인 성질은?

① 가연성 고체이다.
② 물에 용해된다.
③ 융점이 상온 이하로 낮다.
④ 유기화합물이다.

🔍 제2류 위험물의 성질 : 가연성 고체

39 염소산칼륨의 물리·화학적 위험성에 관한 설명으로 옳은 것은?

① 가연성 물질로 상온에서도 단독으로 연소한다.
② 강력한 환원제로 다른 물질을 환원시킨다.
③ 열에 의해 분해되어 수소를 발생한다.
④ 유기물과 접촉 시 충격이나 열을 가하면 연소 또는 폭발의 위험이 있다.

🔍 염소산칼륨은 유기물과 접촉시 충격이나 열을 가하면 연소 또는 폭발의 위험이 있다.

40 다음 중 물과 반응하여 발열하고 산소를 방출하는 위험물은?

① 과산화칼륨   ② 과망가니즈산칼륨
③ 과산화수소   ④ 염소산칼륨

🔍 과산화칼륨(K_2O_2)은 물과 반응하여 산소를 방출한다.
$2K_2O_2 + 2H_2O → 4KOH + O_2↑ + 발열$

41 질산에틸의 성질 및 취급방법에 대한 설명으로 틀린 것은?

① 통풍이 잘되는 찬 곳에 저장한다.
② 물에 녹지 않으나 알코올에 녹는 무색 액체이다.
③ 인화점이 30℃ 이므로 여름에 특히 조심해야 한다.
④ 액체는 물보다 무겁고 증기도 공기보다 무겁다.

🔍 질산에틸의 인화점 : 10℃

42 다음 중 아이오딘값이 가장 낮은 것은?

① 해바라기유   ② 오동유
③ 아마인유   ④ 낙화생유

🔍 동·식물유류의 종류

	아이오딘값	반응성	불포화도	종류
건성유	130 이상	크다	크다	해바라기유, 동유, 아마인유, 정어리기름, 들기름
반건성유	100~130	중간	중간	채종유, 목화씨기름, 참기름, 콩기름
불건성유	100 이하	적다	적다	야자유, 올리브유, 피마자유, 동백유

43 제1류 위험물 제조소의 게시판에 "물기엄금"이라고 쓰여 있다. 다음 중 어떤 위험물의 제조소인가?

① 염소산나트륨   ② 아이오딘산나트륨
③ 다이크로뮴산나트륨 ④ 과산화나트륨

🔍 주의사항

위험물의 종류	주의사항	게시판의 색상
제1류 위험물 중 알칼리금속의 과산화물 제3류 위험물 중 금수성물질	물기엄금	청색바탕에 백색문자
제2류 위험물(인화성 고체는 제외)	화기주의	적색바탕에 백색문자
제2류 위험물 중 인화성 고체 제3류 위험물 중 자연발화성물질 제4류 위험물 제5류 위험물	화기엄금	적색바탕에 백색문자

※제1류 위험물 중 알칼리금속의 과산화물 : 과산화칼륨, 과산화나트륨

44 금속나트륨, 금속칼륨 등을 보호액 속에 저장하는 이유를 가장 옳게 설명한 것은?

① 온도를 낮추기 위하여
② 승화하는 것을 막기 위하여
③ 공기와의 접촉을 막기 위하여
④ 운반 시 충격을 적게 하기 위하여

🔍 칼륨, 나트륨은 공기와의 접촉을 막기 위하여 보호액(등유, 경유, 유동파라핀) 속에 저장한다.

45 다음 중 위험물과 그 저장액(또는 보호액)의 연결이 틀린 것은?

① 황린 – 물
② 인화석회 – 물
③ 금속나트륨 – 경유
④ 나이트로셀룰로스 – 함수알코올

> 🔍 인화석회는 물과 반응하면 포스핀(PH_3)을 발생한다.
> $Ca_3P_2 + 6H_2O \rightarrow 3Ca(OH)_2 + 2PH_3\uparrow$

46 제6류 위험물의 공통된 특성으로 옳지 않은 것은?

① 산화성 액체이다.
② 무기화합물이며 물보다 무겁다.
③ 불연성 물질이다.
④ 물에 녹지 않는다.

> 🔍 제6류 위험물은 과산화수소를 제외하고 강산성 물질이며 물에 녹기 쉽다.

47 위험물안전관리법에서 정의하는 제1석유류의 인화점 범위에 해당하는 것은?(단, 1기압이다.)

① -20℃ 이하
② 21℃ 미만
③ 21℃ 이상 70℃ 미만
④ 70℃ 이상 200℃ 미만

> 🔍 제1석유류 : 1기압에서 인화점이 21℃ 미만인 것

48 메틸에틸케톤에 대한 설명 중 틀린 것은?

① 냄새가 있는 휘발성 무색 액체이다.
② 연소범위는 약 12~46% 이다.
③ 탈지작용이 있으므로 피부 접촉을 금해야 한다.
④ 인화점은 0℃보다 낮으므로 주의하여야 한다.

> 🔍 메틸에틸케톤의 연소범위 : 1.8 ~ 10%

49 다음 위험물 중 혼재 가능한 것끼리 연결된 것은? (단, 지정수량의 10배 이다.)

① 제1류 – 제6류
② 제2류 – 제3류
③ 제3류 – 제5류
④ 제5류 – 제1류

> 🔍 운반 중 혼재 가능한 위험물
> • 제1류 + 제6류 위험물
> • 제3류 + 제4류 위험물
> • 제5류 + 제2류 + 제4류 위험물

50 다음 중 나이트로화합물은 어느 것인가?

① 트라이나이트로톨루엔
② 나이트로글리세린
③ 나이트로글리콜
④ 나이트로셀룰로스

> 🔍 나이트로화합물 : 트라이나이트로톨루엔(TNT), 트라이나이트로페놀(피크린산)

51 다음 위험물 중 품명이 나머지 셋과 다른 하나는?

① 스타이렌
② 산화프로필렌
③ 황화다이메틸
④ 아이소프로필아민

> 🔍 제4류 위험물의 분류
>
> | 종류 | 품명 | 종류 | 품명 |
> |---|---|---|---|
> | 스타이렌(스틸렌) | 제2석유류 | 산화프로필렌 | 특수인화물 |
> | 황화다이메틸 | 특수인화물 | 아이소프로필아민 | 특수인화물 |

52 다음 위험물 중에서 물에 가장 잘 녹는 것은?

① 다이에틸에터
② 가솔린
③ 톨루엔
④ 아세트알데하이드

> 🔍 아세트알데하이드나 산화프로필렌은 물에 잘 녹는다.

53 수소화리튬이 물과 반응할 때 생성되는 것은?

① LiOH과 H_2
② LiOH과 O_2
③ Li과 H_2
④ Li과 O_2

> 🔍 수소화리튬이 물과 반응하면 LiOH(수산화리튬)과 H_2(수소)를 생성한다.
> $LiH + H_2O \rightarrow LiOH + H_2\uparrow$

54 다음 위험물 중 끓는점이 가장 높은 것은?

① 벤젠
② 에터
③ 메탄올
④ 아세트알데하이드

끓는점(비점)

품명	끓는 점	품명	끓는 점
벤젠	79℃	에터	34℃
메탄올	64.7℃	아세트알데하이드	21℃

55 이황화탄소에 대한 설명 중 틀린 것은?

① 이황화탄소의 증기는 공기보다 무겁다.
② 액체 상태이고 물보다 무겁다.
③ 증기는 유독하여 신경에 장애를 줄 수 있다.
④ 비점이 물의 비점과 같다.

이황화탄소의 비점은 46℃이다.

56 질산의 성상에 대한 설명 중 틀린 것은?

① 톱밥, 솜뭉치 등과 혼합하면 발화의 위험이 있다.
② 부식성이 강한 산성이다.
③ 백금, 금을 부식시키지 못한다.
④ 햇빛에 의해 분해하여 유독한 일산화탄소를 만든다.

질산의 분해반응식 : $4HNO_3 \rightarrow 2H_2O + 4NO_2\uparrow + O_2\uparrow$

57 다음의 제1류 위험물 중 과염소산염류에 속하는 것은?

① K_2O_2
② $NaClO_3$
③ $NaClO_2$
④ NH_4ClO_4

과염소산염류 : 과염소산칼륨($KClO_4$), 과염소산나트륨($NaClO_4$), 과염소산암모늄(NH_4ClO_4)

58 다음은 각 위험물의 인화점을 나타낸 것이다. 인화점을 틀리게 나타낸 것은?

① CH_3COCH_3 : $-18.5℃$
② C_6H_6 : $-11℃$
③ CS_2 : $-30℃$
④ C_5H_5N : $-20℃$

피리딘(C_5H_5N)의 인화점 : 16℃

59 황의 특성 및 위험성에 대한 설명 중 틀린 것은?

① 산화력이 강하므로 되도록 산화성 물질과 혼합하여 저장한다.
② 전기의 부도체이므로 전기 절연체로 쓰인다.
③ 공기 중 연소 시 유해가스를 발생한다.
④ 분말상태인 경우 분진폭발의 위험성이 있다.

황(제2류 위험물)은 환원성물질로서 산화성 물질과 혼합하여 저장하여서는 아니된다.

60 다음 중 제3석유류에 속하는 것은?

① 벤즈알데하이드
② 등유
③ 글리세린
④ 염화아세틸

제4류 위험물의 분류

품명	구분	품명	구분
벤즈알데하이드	제2석유류	등유	제2석유류
글리세린	제3석유류	염화아세틸	제1석유류

정답 CBT 복원문제 2020년 3회

01 ④	02 ①	03 ②	04 ②	05 ②
06 ②	07 ①	08 ①	09 ②	10 ③
11 ②	12 ①	13 ②	14 ②	15 ①
16 ④	17 ③	18 ①	19 ③	20 ②
21 ④	22 ③	23 ①	24 ①	25 ④
26 ②	27 ④	28 ①	29 ②	30 ④
31 ④	32 ①	33 ②	34 ②	35 ②
36 ①	37 ④	38 ①	39 ④	40 ①
41 ③	42 ①	43 ④	44 ③	45 ②
46 ④	47 ②	48 ①	49 ①	50 ①
51 ①	52 ④	53 ②	54 ①	55 ④
56 ④	57 ④	58 ④	59 ①	60 ③

2021년 1회 CBT 복원문제

01 화재 발생 시 주수소화가 가장 적당한 물질은?

① 마그네슘   ② 철분
③ 칼륨   ④ 적린

> 적린은 제2류 위험물로서 주수소화가 적당하다.
> ※마그네슘, 철분, 칼륨은 주수소화 : 수소(H_2) 가스 발생

02 제4류 위험물의 위험성에 대한 설명으로 올바른 것은?

① 수용성 위험물은 난용성 위험물보다 소화가 곤란하다.
② 증기비중이 큰 것일수록 작은 것보다 인화의 위험성이 낮다.
③ 인화점이 높을수록 인화점이 낮은 것보다 위험하다.
④ 비휘발성 석유류가 휘발성 석유류보다 위험하다.

> 증기비중이 작다는 것은 휘발하기 쉬우므로 인화의 위험성이 크다.

03 정전기를 유효하게 제거하기 위한 설비로 공기 중의 상대습도는 몇 % 이상 되게 하여야 하는가?

① 50%   ② 60%
③ 70%   ④ 80%

> 정전기 방지법
> • 접지를 할 것
> • 상대습도 70% 이상 유지할 것
> • 공기를 이온화 할 것

04 질산에틸의 저장 및 취급 시 주의사항으로 잘못된 것은?

① 불꽃 등 화기를 멀리한다.
② 통풍이 잘되는 냉암소에 저장한다.
③ 저장 할 때는 개방된 금속제 용기를 사용한다.
④ 제4류 위험물 제1석유류와 비슷하고 휘발성이 크므로 그 증기의 인화성에 유의하고 확인하여야 한다.

> 질산에틸($C_2H_5ONO_2$) 저장할 때는 밀폐된 용기를 사용하여야 한다.

05 소화전용물통 8ℓ의 소화능력단위는?

① 0.3단위   ② 0.5단위
③ 1.0단위   ④ 2.5단위

> 소화설비의 능력단위

소화설비	용량	능력단위
소화전용(專用)물통	8ℓ	0.3
수조(소화전용 물통 3개 포함)	80ℓ	1.5
수조(소화전용 물통 6개 포함)	190ℓ	2.5
마른 모래(삽 1개 포함)	50ℓ	0.5
팽창질석 또는 팽창진주암(삽 1개 포함)	160ℓ	1.0

06 황린과 적린의 성질에 대한 설명 중 잘못된 것은?

① 황린이나 적린은 이황화탄소에 녹는다.
② 황린이나 적린은 물과 반응하지 않는다.
③ 적린은 황린에 비하여 화학적으로 활성이 작다.
④ 황린과 적린을 각각 연소시키면 P_2O_5이 생성된다.

> 황린(P_4)은 이황화탄소(CS_2)에 잘 녹고 적린(P)는 이황화탄소와 접촉하면 발화한다.

07 다음 위험물 화재 시 주수에 의한 냉각소화가 좋지만 주수소화(燒火)에 의해서 오히려 위험성이 있는 것은?

① 황   ② 적린
③ 황화인   ④ 알루미늄분

알루미늄이 물과의 반응
2Al + 6H$_2$O → 2Al(OH)$_3$ + 3H$_2$

08 위험물 류별의 일반적 특성에 대한 설명으로 옳은 것은?

① 제1류 위험물은 불연성 물질이고 산소를 함유하고 있다.
② 제2류 위험물은 불연성 물질이고 냉각소화가 적합하다.
③ 제3류 위험물은 자기 연소성이 있으며, 물로 소화한다.
④ 제4류 위험물은 대개 불연성물질이고, 주수소화가 적합하다.

제1류 위험물은 불연성 물질이고 산소를 함유하고 있다.

09 이동탱크저장소의 탱크 내부에 칸막이는 용량 얼마마다 설치하여야 하는가?

① 1000L   ② 2000L
③ 3000L   ④ 4000L

이동탱크 저장소의 탱크 내부 칸막이 : 4000마다 설치

10 소화기에 "A-2", "B-3"라고 쓰여진 숫자의 의미는?

① 소화기의 제조번호   ② 소화기의 소요단위
③ 소화기의 능력단위   ④ 소화기의 사용순위

• A-2, B-3 : 능력단위
• A-2, B-3 : A급 화재에 2단위, B급 화재에 3단위에 적합하다.

11 금속분의 연소 형태는?

① 분해연소   ② 표면연소
③ 내부연소   ④ 증발연소

금속분 : 표면연소

12 다음 중 과산화수소의 성질을 잘못 설명한 것은?

① 상온에서도 서서히 분해한다.
② 분해하면 산소를 방출한다.
③ 36% 이상은 위험물에 속한다.
④ 밀봉된 용기에 넣어 보관한다.

과산화수소는 상온에서 분해하여 산소(O$_2$)를 발생하여 폭발의 우려가 있어 개방된 용기를 사용하여야 한다.

13 소화난이도 등급 Ⅰ인 옥외탱크저장소(지중탱크, 해상탱크 이외의 것)에 있어서 제4류 위험물 중 인화점이 섭씨 70도 이상인 것을 저장, 취급하는 경우 어느 소화설비를 설치해야 하는가?

① 스프링클러소화설비
② 물분무소화설비
③ 이산화탄소소화설비
④ 분말소화설비

소화난이도 등급 Ⅰ인 옥외탱크저장소(지중탱크, 해상탱크 이외의 것)에 제4류 위험물 중 인화점이 70℃ 이상인 것에 설치하는 소화설비 : 물 분무 소화설비, 고정식 포 소화설비

14 위험물의 안전관리와 관련된 업무를 수행하는 자에 대한 안전 실무교육 실시자는 누구인가?

① 소방본부장
② 소방학교장
③ 시장, 군수
④ 한국소방안전원장

위험물안전 실무교육 실시자 : 한국소방안전원장

15 옥내주유취급소의 소화난이도 등급은?

① Ⅰ   ② Ⅱ
③ Ⅲ   ④ Ⅳ

소화난이도 등급
• 옥내 주유 취급소 : 소화 난이도 등급 Ⅱ
• 지하탱크 저장소, 간이탱크 저장소, 이동탱크 저장소, 제1종 판매 취급소 : 소화난이도 등급 Ⅲ

16 제1류 위험물 중 알칼리금속의 과산화물과 물이 접촉하였을 때 주로 발생하는 것은?

① 수소가스 ② 산소가스
③ 탄산가스 ④ 수성가스

🔍 알칼리 금속의 과산화물이 물과의 반응
$2K_2O_2 + 2H_2O \rightarrow 4KOH + O_2\uparrow$

17 착화온도 300℃의 의미는?

① 300℃로 가열하면 점화원이 있으면 연소한다.
② 300℃로 가열하면 비로소 연소된다.
③ 300℃ 이하에서는 점화원이 있어도 인화되지 않는다.
④ 300℃로 가열하면 가열된 열만 가지고 스스로 연소가 시작된다.

🔍 착화온도 600℃ 란 600℃로 가열하면 가열된 열만 가지고 스스로 연소가 시작된다.

18 다음 중 자연발화의 위험성이 없는 것은?

① 표면적이 넓은 것 ② 열전도율이 클 것
③ 주위온도가 높은 것 ④ 발열량이 클 것

🔍 자연발화의 조건
- 주위의 온도가 높을 것
- 열전도율이 적을 것
- 발열량이 클 것
- 표면적이 넓을 것

19 위험물제조소 등의 옥내 소화전에 관한 설명으로 옳지 않은 것은?

① 비상전원은 45분간 작동할 수 있을 것
② 개폐밸브는 바닥면으로부터 1.5m 이하의 높이에 설치할 것
③ 소방용 호스의 마찰손실 계산은 Hazen & Williams 공식을 이용한다.
④ 가압송수장치의 시동표시등(燈)은 파란색으로 할 것

🔍 가압송수장치의 시동표시등 : 적색

20 알코올류 40,000ℓ의 소화설비 설치 시 소요단위는?

① 5
② 10
③ 15
④ 20

🔍 소요단위 = $\dfrac{저장수량}{지정수량 \times 10} = \dfrac{40,000ℓ}{400ℓ \times 10} = 10$단위

21 소화설비 중 스프링클러의 특징과 가장 거리가 먼 것은?

① 초기 진압에 효과가 크다.
② 소화 후 복구가 용이하다.
③ 초기 시설 비용이 적게 든다.
④ 사용이 다른 시설보다 복잡하다.

🔍 스프링클러 설비는 초기시설의 비용이 많이 들고 반영구적이다.

22 염소산칼륨의 성질에 대한 설명 중 틀린 것은?

① 찬물 및 에터에 잘 녹는다.
② 무색, 무취의 결정 또는 분말로서 불연성물질이다.
③ 촉매 없이 400℃에서 분해되어 산소를 발생시킨다.
④ MnO_2의 촉매가 존재할 때 분해반응이 빠르게 진행된다.

🔍 염소산칼륨($KClO_3$)은 냉수, 알코올에는 녹지 않고 온수나 글리세린에는 용해한다.

23 위험물안전관리법령에서 정한 메틸알코올의 지정수량 kg단위로 환산하면 얼마인가?(단, 에틸알코올의 비중은 0.8이다.)

① 200 ② 320
③ 400 ④ 460

🔍 비중 0.8 = 0.8g/cm³ = 0.8kg/L, 알코올류의 지정수량 : 400L
비중 = 무게/부피, 무게 = 부피 × 비중
∴ 400L × 0.8kg/L = 320kg

24 다음 화합물 중 소화약제로 사용되지 않는 것은?

① CF_3Br
② CHF_3
③ Na_2SO_4
④ $KHCO_3$

🔍 소화약제 : 할론1301(CF_3Br), CHF_3, 제2종 분말 : $KHCO_3$
Na_2SO_4(황산나트륨) : 화학포소화기 반응 시 생성물

25 연소의 3요소를 모두 포함하는 것은?

① 과염소산, 산소, 불꽃
② 마그네슘분말, 연소열, 수소
③ 아세톤, 수소, 산소
④ 불꽃, 아세톤, 질산암모늄

🔍 연소의 3요소
- 가연물(아세톤)
- 산소공급원(질산암모늄)
- 점화원(불꽃)

26 벤젠의 성질에 대한 설명으로 맞지 않는 사항은?

① 불포화결합을 이루고 있으나 첨가반응 보다는 치환 반응이 많다.
② 무색, 투명한 독특한 냄새를 가진 액체이다.
③ 물에 잘 녹으며 유기용매와 혼합된다.
④ 끓는점은 약 80℃이다.

🔍 벤젠(Benzene, 벤졸)은 물에는 녹지 않고 알코올, 아세톤, 에터에는 녹는다.

27 다음 중 이동저장소에 설치하는 자동차용 소화기에 해당하지 않는 것은?

① $CFClBr$
② CF_3Br
③ $C_2F_4Br_2$
④ CO_2

🔍 이동탱크저장소에 설치하는 자동차용 소화기 : CO_2, Halogen 화합물 소화기
- Halon1301 : CF_3Br
- Halon1211 : CF_2ClBr
- Halon1011 : CH_2ClBr
- Halon2402 : $C_2F_4Br_2$

28 산화성 액체인 질산의 분자식으로 옳은 것은?

① HNO_2
② HNO_3
③ NO_2
④ NO_3

🔍 질산(제6류 위험물)의 분자식 : HNO_3

29 1기압에서 인화점이 70℃ 이상 200℃ 미만인 위험물은 어디에 속하는가?(단, 도료류 그 밖의 물품은 가연성 액체량이 40중량퍼센트이하인 것은 제외)

① 제1석유류
② 제2석유류
③ 제3석유류
④ 제4석유류

🔍 제3석유류 : 1기압에서 인화점이 70℃ 이상 200℃ 미만인 것

30 진한 질산에 대한 설명 중 틀린 것은?

① 산화력이 매우 강한 산성 물질이다.
② 구리와 반응하면 질산염과 산화질소를 발생시킨다.
③ 알루미늄과 반응하면 가연성기체인 수소를 발생시킨다.
④ 무색, 투명한 액체이나 장기간 저장하면 담황색으로 변한다.

🔍 묽은 질산은 알루미늄분을 침식시킨다.

31 화재예방을 위한 위험물의 저장 및 취급 방법으로 틀린 것은?

① Mg, Zn 등의 금속분은 산화성 물질과의 혼합을 피할 것
② CrO_3는 환원제와 접촉을 피할 것
③ HNO_3는 직사일광을 피하고 찬 곳에 저장할 것
④ $C_3H_5(ONO_2)_3$는 흡습성이므로 햇빛이 잘 들고 건조한 장소에 저장할 것

🔍 나이트로글리세린[$C_3H_5(ONO_2)_3$]은 햇빛이 잘 드는 곳은 안 되고 건조하고 서늘한 곳에 저장하여야 한다.

32 다음 중 황린의 자연발화가 쉽게 일어나는 이유로 올바른 것은?

① 조해성이 커서 공지 중 수분을 흡수하여 분해하기 때문이다.
② 환원력이 강하여 분해하여 폭발성가스를 생성하기 때문이다.
③ 발화점이 매우 낮고 화학적 활성이 크기 때문이다.
④ 상온에서 산화성 고체이기 때문이다.

> 발화점이 낮으면 화학적 활성이 크기 때문에 자연발화가 잘 일어난다.

33 위험물안전관리법령상 품명이 "유기과산화물"인 것으로만 나열된 것은?

① 과산화벤조일, 과산화메틸에틸케톤
② 과산화벤조일, 과산화마그네슘
③ 과산화마그네슘, 과산화메틸에틸케톤
④ 과산화초산, 과산화수소

> 제5류 위험물
> • 유기과산화물 : 과산화벤조일, 과산화메틸에틸케톤, 과산화초산, 아세틸퍼옥사이드
> • 질산에스터류 : 나이트로셀룰로스, 나이트로글리세린, 질산메틸, 질산에틸, 나이트로글리콜

34 다음 중 특수인화물의 분류에 속하지 않는 물질은 무엇인가?

① $C_2H_5OC_2H_5$
② CS_2
③ 1기압에서 발화점이 100℃ 이하인 물질
④ 나이트로글리세린

> 특수인화물
> • 1기압에서 발화점이 100℃ 이하인 것
> • 인화점이 영하 20℃이하이고 비점이 40℃ 이하인 것
> • 종류 : 이황화탄소(CS_2), 다이에틸에터($C_2H_5OC_2H_5$), 아세트알데하이드, 산화프로필렌, 아이소프렌, 아이소펜탄
> ※나이트로글리세린 : 제5류 위험물의 질산에스터류

35 다음 물질 중 인화점이 상온 이상인 것은?

① 중유
② 벤젠
③ 아세톤
④ 이황화탄소

> 인화점
>
> | 종류 | 인화점 | 종류 | 인화점 |
> |---|---|---|---|
> | 중유 | 72℃ | 벤젠 | -11℃ |
> | 이황화탄소 | -30℃ | 아세톤 | -18.5℃ |
>
> ※상온 : 20℃

36 다음 위험물 중 저장방법이 옳은 것은?

① 황화인 - 가열금지하고, 알코올 속에 저장하여 보관한다.
② 마그네슘 - 건조하면 분진폭발의 위험성이 있으므로 물로 습하게 하여 저장한다.
③ 적린 - 제1류 위험물과 혼합하여 저장한다.
④ 수소화리튬 - 대용량의 저장 용기에는 알곤과 같은 불활성기체를 봉입한다.

> 저장방법
> • 황화인 : 가열금지, 서늘하고 건조한 곳에 저장
> • 마그네슘(Mg) : 물과 반응하면 수소가스 발생
> • 적린(제2류)이므로 제1류 위험물과 혼재가 불가능하다.
> • 수소화리튬(LiH) : 저장용기에는 Ar, N_2 등 불활성 기체를 봉입한다.

37 나이트로글리세린의 화학식으로 올바르게 표현한 것은?

① $C_6H_7O_2(ONO_2)_3$
② $C_3H_5(ONO_2)_3$
③ $C_6H_2(NO_2)_3 \cdot OH$
④ $C_6H_2(NO_2)_3 \cdot CH_3$

> 화학식
> • $C_6H_7O_2(ONO_2)_3$: 나이트로셀룰로스
> • $C_3H_5(ONO_2)_3$: 나이트로글리세린
> • $C_6H_2(NO_2)_3OH$: 피크린산(트라이나이트로페놀)
> • $C_6H_2(NO_2)_3CH_3$: TNT(트라이나이트로톨루엔)

38 제6류 위험물 취급방법으로 옳지 않은 것은?

① 습기가 많은 곳에서 취급한다.
② 소화 후 많은 물로 씻어 내린다.
③ 피복이나 피부에 묻지 않게 주의한다.
④ 소량 누출 시는 마른 모래나 흙으로 흡수시킨다.

🔍 제6류 위험물(과산화수소는 제외)은 수분과 만나면 발열한다.

39 마그네슘(Mg)에 대한 설명 중 틀린 것은?

① 알칼리토금속에 속하는 물질이다.
② 화재시 CO_2 소화세는 효과가 없다.
③ 물과 반응하여 O_2를 발생시킨다.
④ 산화제와의 혼합은 위험하다.

🔍 마그네슘은 물과 반응하면 수소를 발생한다.
$Mg + 2H_2O \rightarrow Mg(OH)_2 + H_2\uparrow(수소) + Q\ Kcal(발열)$

40 질산염류에 대한 설명 중 옳은 것은?

① 물에 잘 녹는다.
② 대개 환원제이다.
③ 화재 시 주수소화는 효과가 없다.
④ 소량 누출시는 마른 모래나 흙으로 흡수시킨다.

🔍 질산염류 : 조해성(물에 잘 녹는다.)

41 산화성고체 위험물의 취급 방법이 잘못된 것은?

① 습윤시켜서 저장한다.
② 용기는 밀폐하여 보관한다.
③ 가연물과의 접촉을 피한다.
④ 환기가 잘 되는 곳에 저장한다.

🔍 제1류 위험물(산화성 고체)은 조해성이므로 수분에 주의하여야 한다.

42 오황화인과 칠황화인이 물과 반응했을 때 생성되는 물질은?

① 이산화황　　　　　② 황화수소
③ 인화수소　　　　　④ 삼산화황

🔍 오황화인과 칠황화인이 물과 반응했을 때 아황산(이산화황)가스를 발생한다.
$P_2S_5 + 8H_2O \rightarrow 5H_2S + 2H_3PO_4$

43 법령상 위험물을 수납한 운반용기의 포장 외부에 표시하지 않아도 되는 사항은?

① 위험물의 품명
② 위험물 제조회사
③ 위험물의 수량
④ 수납위험물의 주의사항

🔍 위험물 운반용기의 외부 표시사항
- 위험물의 품명
- 위험 등급
- 화학명 및 수용성(제4류 위험물에 한함)
- 위험물의 수량
- 수납 위험물의 주의사항

44 제6류 위험물의 지정수량은 얼마인가?

① 20kg
② 50kg
③ 100kg
④ 300kg

🔍 제6류 위험물의 지정수량은 전부 300kg이다.

45 과산화나트륨의 위험성에 대한 설명이다. 옳은 것은?

① 인화되기 쉬운 물질이다.
② 물과는 반응성이 약하다.
③ 상온에서 불안정하여 산소를 방출한다.
④ 공기 중에서 서서히 CO_2를 흡수하여 탄산염을 만들고 산소를 방출한다.

🔍 과산화나트륨
- 불연성 물질이다.
- 물과 반응하면 산소가스를 발생하고 많은 열을 발생한다.
  $2Na_2O_2 + 2H_2O \rightarrow 4NaOH + O_2\uparrow + 발열$
- 공기 중에서 서서히 CO_2를 흡수하여 탄산염을 만들고 산소를 방출한다.
  $2Na_2O_2 + 2CO_2 \rightarrow 2Na_2CO_3 + O_2$

46 다음 중 탄화칼슘(카아바이트)의 성질에 대한 설명으로 틀린 것은?

① 건조한 공기 중에서는 안정하나 350℃ 이상으로 열을 가하면 산화된다.
② 분자량은 64.1이며 보통은 통상 회흑색의 괴상고체이다.
③ 물과 반응해서 수산화칼슘과 아세틸렌이 생성된다.
④ 질소와 고온에서 작용하여 흡열반응한다.

카바이트와 질소의 반응
$CaC_2 + N_2 \rightarrow CaCN_2 + C + Q$ Kcal(발열반응)

47 다음 제6류 위험물중 강한 표백작용과 살균작용을 하고, 장기간 저장 보존시 유리용기사용을 자제해야 하는 것은?

① HClO
② H_2O_2
③ H_2SO_4
④ HNO_3

과산화수소(H_2O_2) : 표백작용, 살균작용

48 중질유가 연소할 때 발생하는 가스 중 특히 취급장치를 부식시키며 불쾌한 냄새를 가지는 불순물은?

① 황화합물
② 탄소화합물
③ 수소화합물
④ 산소화합물

황화합물 : 장치를 부식 시키고 불쾌한 냄새 발생

49 다음 알코올류 중 분자량이 약 32이고, 취급 시 소량이라도 마시면 시신경을 마비시키는 물질은?

① 메틸알코올
② 에틸알코올
③ 아밀알코올
④ n-부틸알코올

메틸알코올(Methyl alcohol, Methanol, 목정)
• 물성

분자식	분자량	비중	증기비중	비점	인화점	착화점	연소범위
CH_3OH	32	0.79	1.1	64.7℃	11℃	464℃	6.0~36%

• 무색, 투명한 휘발성이 강한 액체이다.
• 메틸알코올은 독성이 있으나 에틸알코올은 독성이 없다.

50 페놀을 황산과 질산의 혼산으로 나이트로화하여 제조하는 제5류 위험물은?

① 아세트산
② 피크린산
③ 나이트로글리콜
④ 질산에틸

피크린산의 제조 : 페놀을 황산과 질산의 혼산으로 나이트로화하여 제조한다.

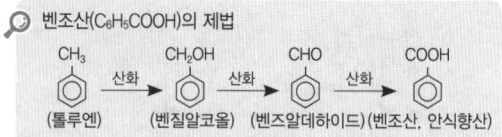

51 톨루엔을 산화(MnO_2+황산)시킬 때 생성되는 물질은?

① $C_6H_4(CH_3)_2$
② $C_6H_5NH_2$
③ C_6H_5COOH
④ $C_6H_5NO_2$

벤조산(C_6H_5COOH)의 제법
(톨루엔) → 산화 → (벤질알코올) → 산화 → (벤즈알데하이드) → 산화 → (벤조산, 안식향산)

52 제1류 위험물을 공통성질이 아닌 것은?

① 상온에서 고체상태로 존재한다.
② 비중이 1보다 작으며 지용성인 것이 많다.
③ 일반적으로 자체는 불연성이며 강산화제이다.
④ 분해 시 산소를 방출하며 다른 가연물의 연소를 돕는다.

🔍 **제1류 위험물의 일반적인 성질**
- 모두 무기화합물로서 대부분 무색 결정 또는 백색분말의 산화성 고체이다.
- 강산화성물질이며 불연성 고체이다.
- 가열, 충격, 마찰, 타격으로 분해하여 산소를 방출하여 가연물의 연소를 도와준다.
- 비중은 1보다 크며 물에 녹는 것도 있고 질산염류와 같이 조해성이 있는 것도 있다.

🔍 **위험물의 분류**

종류	구분	종류	구분
아세톤	제4류 위험물 제1석유류	실린더유	제4류 위험물 제4석유류
과산화벤조일	제5류 위험물 유기과산화물	크레오소트유	제4류 위험물 제3석유류

53 아세톤, 메탄올, 피리딘 및 아세트알데하이드 등의 공통된 성질은?

① 모두 액체로 무취하다.
② 모두 인화점이 0℃ 이하이다.
③ 모두 분자내 산소를 함유하고 있다.
④ 모두 물에 녹는다.

🔍 **제4류 위험물**

종류 항목	아세톤	메탄올	피리딘	아세트알데하이드
화학식	CH_3COCH_3	CH_3OH	C_5H_5N	CH_3CHO
외관	무색, 자극성 휘발성 액체	무색, 투명한 휘발성 액체	악취와 독성이 있는 무색 액체	무색, 투명한 자극성 액체
인화점	−18.5℃	11℃	16℃	−40℃
용해성	잘 녹는다	잘 녹는다	잘 녹는다	녹는다
품명	제1석유류 (수용성)	알코올류	제1석유류 (수용성)	특수인화물

54 과산화마그네슘의 저장 및 취급상 주의사항이 아닌 것은?

① 산화제와의 혼합은 폭발의 위험이 있으나 환원제와 혼합은 안전하다.
② 이물질의 혼입을 방지한다.
③ 분해를 촉진하는 약품과의 접촉을 피한다.
④ 용기는 밀봉, 밀전한다.

🔍 과산화마그네슘(MgO_2, 제1류 위험물)은 환원제(제2류 위험물)와 혼합하면 위험하다.

55 다음 물질 중 제1석유류~제4석유류에 속하지 않는 것은?

① 아세톤
② 실린더유
③ 과산화벤조일
④ 크레오소트유

56 다음은 금속칼륨이 물과 반응했을 때 일어난 것을 나타낸 것이다. 옳은 것은?

① 수산화칼륨 + 수소 + 발열
② 수산화칼륨 + 수소 + 흡열
③ 수산화나트륨 + 산소 + 흡열
④ 산화칼륨 + 산소 + 발열

🔍 칼륨이 물과 반응하면 수소가스와 많은 열이 발생한다
$2K + 2H_2O \rightarrow 2KOH + H_2\uparrow + Q\ Kcal$(발열)

57 다음 설명 중 올바르게 표현 된 것은?

① 황린은 담황색이며 자극성 냄새를 가지고 있으며 맹독성이다.
② 황화인은 녹색의 결정이며 물에 분해하여 이산화황과 인산이 된다.
③ 적린은 적갈색의 분말로서 조해성이 있는 자연발화성 물질이다.
④ 황은 고체 또는 분말이며 많은 이성질체를 갖고 있는 전기 도체이다.

🔍 **위험물의 특성**
- 황린 : 담황색 고체, 자극성 냄새를 가지며 맹독성
- 황화인 : 황록색의 결정(삼황화인), 담황색의 결정(오황화인, 칠황화인)
- 적린 : 암적색의 분말로서 조해성은 없다.
- 황 : 황색의 결정으로 이성체는 없다.

58 소화약제에 따른 주된 소화효과로 틀린 것은?

① 수성막포 소화약제 : 질식효과
② 제2종 분말소화약제 : 탈수탄화효과
③ 이산화탄소 소화약제 : 질식효과
④ 할로젠화합물 소화약제 : 억제효과

🔍 제2종 분말소화약제 : 질식, 냉각, 부촉매(억제)효과

59 KClO₃(염소산칼륨)의 지정수량은 얼마인가?

① 10kg ② 50kg
③ 500kg ④ 1000kg

> 염소산칼륨(KClO₃)의 지정수량 : 50kg(제1류 위험물 염소산염류)

60 다음 중 열분해에 의해 자연발화하는 물질은?

① 아크릴산
② 클로로벤젠
③ 트라이나이트로톨루엔
④ 나이트로셀룰로스

> 나이트로셀룰로스(NC)는 열분해에 의해 자연발화 한다.

정답 CBT 복원문제 2021년 1회				
01 ④	02 ②	03 ③	04 ③	05 ①
06 ①	07 ④	08 ①	09 ④	10 ③
11 ②	12 ④	13 ②	14 ④	15 ②
16 ②	17 ②	18 ②	19 ④	20 ②
21 ③	22 ①	23 ②	24 ③	25 ④
26 ③	27 ①	28 ②	29 ③	30 ③
31 ④	32 ②	33 ①	34 ④	35 ①
36 ④	37 ②	38 ①	39 ③	40 ①
41 ①	42 ②	43 ②	44 ④	45 ④
46 ④	47 ②	48 ①	49 ①	50 ②
51 ③	52 ②	53 ④	54 ①	55 ③
56 ①	57 ①	58 ②	59 ②	60 ④

2021년 2회 CBT 복원문제

01 에틸알코올과 메틸알코올의 공통점이 아닌 것은?

① 무색이며 투명하다.
② 휘발성이 있다.
③ 지정수량이 400L 이다.
④ 눈에 들어가면 시신경에 장애를 주어 실명한다.

🔎 에틸알코올과 메틸알코올의 공통점

구분 \ 종류	메틸알코올	에틸알코올
색상	무색, 투명	무색, 투명
휘발성	있다	있다
지정수량	400ℓ	400ℓ
독성	있다(실명)	없다

02 금속 나트륨의 저장방법으로 맞는 것은?

① 알코올 속에 넣어 저장한다.
② 물속에 넣어 저장한다.
③ 모래 속에 넣어 저장한다.
④ 석유 속에 넣어 저장한다.

🔎 칼륨, 나트륨의 보호액 : 석유(등유)

03 무색이고 비중이 1.52인 대단히 안정된 불연성 가스 상 물질로 값이 싸고 저장이 편리하여 주로 가연성 액체와 전기화재에 많이 쓰이는 소화약제는?

① 탄산수소칼슘   ② 인산암모늄
③ 탄산수소나트륨   ④ 이산화탄소

🔎 이산화탄소(CO_2)는 무색이고 증기비중이 44/29 = 1.517로서 불연성가스이므로 유류(B급), 전기(C급)화재에 적합한 소화약제이다.

04 다음 중 제3류 위험물의 공통된 성질로 옳은 것은? (단, 황린은 제외)

① 물과 만나면 산소를 발생하고 다른 물질을 산화시킨다.
② 일반적으로 불연성 물질이지만 유기물과 접촉하며 산소를 발생한다.
③ 착화온도가 낮은 액체이며 일반적으로 무기화합물이다.
④ 물과 접촉하여 발화하거나 가연성 가스를 발생한다.

🔎 제3류 위험물의 일반적인 성질
• 대부분 무기화합물이며 고체 또는 액체이다.
• 칼륨(K), 나트륨(Na), 알킬알루미늄, 알킬리튬은 물보다 가볍고 나머지는 물보다 무겁다.
• 칼륨, 나트륨, 황린, 알킬알루미늄은 연소하고 나머지는 연소하지 않는다.
• 황린을 제외한 금수성물질은 물과 반응하여 가연성 가스(수소, 아세틸렌, 포스핀, 메테인)를 발생하고 발열한다.

05 옥내소화전설비에서 펌프를 이용한 가압송수장치의 수원은 옥내소화전의 설치 개수가 가장 많은 층의 설치 개수(5 이상인 경우에는 5개)에 얼마를 곱한 양 이상으로 확보하여야 하는가?

① 260 ℓ/min
② 360 ℓ/min
③ 460 ℓ/min
④ 560 ℓ/min

🔎 위험물제조소등의 소화설비

항목 종류	방수량	방수압력	토출량	수원	비상전원
옥내소화전설비	260 ℓ/min	0.35 MPa	N(최대 5개) × 260ℓ/min	N(최대 5개) × 7.8m³ (260ℓ/min × 30min)	45분
옥외소화전설비	450 ℓ/min	0.35 MPa	N(최대 4개) × 450ℓ/min	N(최대 4개) × 13.5m³ (450ℓ/min × 30min)	45분
스프링클러설비	80 ℓ/min	0.1 MPa	헤드수 × 80ℓ/min	헤드수 × 2.4m³ (80ℓ/min × 30min)	45분

06 과염소산의 소화방법으로 옳은 것은?

① 질식소화　　② 냉각소화
③ 억제소화　　④ 희석소화

> 과염소산($HClO_4$)의 소화방법 : 냉각소화

07 B, C급 화재에 효과가 있는 드라이 케미칼의 주성분은?

① 인산염류　　② 할로젠화합물
③ 탄산수소나트륨　　④ 수산화알루미늄

> 드라이케미칼(분말소화약제)의 종류

종류	주성분	약제명	착색	소화효과
제1종 분말	$NaHCO_3$	탄산수소나트륨	백색	B, C급
제2종 분말	$KHCO_3$	탄산수소칼륨	담회색	B, C급
제3종 분말	$NH_4H_2PO_4$	제일인산암모늄	담홍색	A, B, C급
제4종 분말	$KHCO_3 + (NH_2)_2CO$	중탄산칼륨+요소	회색	B, C급

08 건축물의 1층 및 2층 부분만을 방사능력범위로 하는 소화설비는?

① 스프링클러설비
② 포소화설비
③ 옥외소화전설비
④ 물분무소화설비

> 옥외소화전설비는 건축물의 1층과 2층을 방사능력 범위로 설치한다.

09 아이오딘값이 큰 건성유가 나타내는 성질은?

① 건조되기 쉽고 자연발화가 용이하다.
② 공기 중 환원 중합으로 인화점이 아주 낮아진다.
③ 포화지방산을 많이 가지고 있어 공기 중에서 굳어지기 어렵다.
④ 불포화지방산을 적게 가지고 있으므로 공기 중에 방치하여도 액상을 유지한다.

> 건성유는 아이오딘값이 130 이상으로 건조하기 쉽고 자연발화가 용이하다.

10 제4류 위험물 중 윤활유 화재 시에 적절한 소화방법끼리 묶인 것은?

① 이산화탄소와 분말소화
② 이산화탄소와 봉상 분무주수 소화
③ 탄산가스분말과 봉상 분무주수 소화
④ 봉상의 강화액과 분말소화

> 윤활유(제4류 위험물, 제4석유류)의 소화방법 : 질식소화(포말, 이산화탄소, 할로젠화합물, 분말소화약제)

11 제5류 위험물의 화재 예방상 주의 사항은?

① 자기반응성 유기질 화합물로 자연 발화의 위험성을 갖는다.
② 무기질 화합물로 가열, 충격, 마찰에는 위험성이 없다.
③ 무기질 화합물로 직사일광에는 자연발화가 일어나지 않는다.
④ 자기반응성 유기질 화합물로 연소가 잘 일어나지 않는다.

> 제5류 위험물은 자기반응성(산소 + 가연물) 유기질 화합물로 자연 발화의 위험성을 갖는다.

12 셀룰로이드에 대한 설명 중 틀린 것은?

① 연소하면 산화질소, 사이안화수소 등의 유독한 가스를 발생한다.
② 여름보다 겨울에 자연발화가 많고 온도가 낮을수록 자연발화가 쉽다.
③ 통풍 환기가 나쁜 장소, 온도가 높은 곳에서 자연발화가 쉽다.
④ 일반적으로 착화온도가 180℃이지만, 제품 저장하는 곳의 조건에 따라 낮은 온도에서도 착화할 위험이 있다.

> 셀룰로이드는 고온, 다습하면 자연발화의 위험이 크다.

13 지정수량의 100배 이상을 저장 또는 취급하는 옥내저장소에 반드시 설치하여야 하는 경보설비는?

① 비상경보설비　　② 자동화재탐지설비
③ 비상방송설비　　④ 확성장치

🔍 지정수량의 100배 이상을 저장 또는 취급하는 제조소, 일반취급소, 옥내저장소에는 자동화재탐지설비를 설치하여야 한다.

14 다음 화학식 중에서 밑줄 친 원소의 산화수가 +5인 것은?

① Ca$\underline{C}$O$_3$　　② Na$_2$$\underline{Cr}O_4$
③ K$\underline{N}$O$_3$　　④ Ba$\underline{S}$O$_4$

🔍 4개의 화합물은 중성화합물이므로 산화수의 합은 0이다.
- CaCO$_3$에서 C의 산화수
  $2 + x + (-2 \times 3) = 0$　　$x = +4$
- Na$_2$CrO$_4$에서 Cr의 산화수
  $(1 \times 2) + x + (-2 \times 4) = 0$　　$x = +6$
- KNO$_3$에서 N의 산화수
  $1 + x + (-2 \times 3) = 0$　　$x = +5$
- BaSO$_4$에서 S의 산화수
  $2 + x + (-2 \times 4) = 0$　　$x = +6$

15 제3종 분말 소화약제는 어떤 화재에 적응하는가?

① A, B, C급　　② B, C급
③ A, C급　　　④ A, B급

🔍 제3종 분말 소화약제의 적응 화재 : A급(일반화재), B급(유류화재), C급(전기화재)

16 질산이 물과 접촉한 경우 일어나는 반응은?

① 중합반응　　② 연소반응
③ 연쇄반응　　④ 발열반응

🔍 제6류 위험물(과염소질산)은 물과 반응하면 발열반응을 한다.

17 다음 중 물과의 반응성이 가장 낮은 것은?

① 인화알루미늄　　② 트라이에틸알루미늄
③ 오황화인　　　　④ 황린

🔍 황린은 물속에 저장하고 나머지는 물과 반응하면 가연성 가스를 발생한다.

18 다음 중 황린의 위험성으로 올바르게 설명한 것은?

① 화재시 분무상으로 주수하면 대단히 위험하다.
② 산소와의 화합력이 강하고 착화온도가 낮다.
③ 융점이 낮고 상온에서 액체이기 때문이다.
④ 물과 발열반응하며 유독가스를 발생한다.

🔍 황린은 발화점이 매우 낮고(34℃) 산소와 결합시 산화열이 크며 공기 중에 방치하면 액화되면서 자연발화를 일으킨다.

19 과산화바륨과 물이 반응하였을 때 발생하는 것은?

① 수소　　　② 산소
③ 탄산가스　④ 수성가스

🔍 과산화바륨이 물과 반응
　2BaO$_2$ + 2H$_2$O → 2Ba(OH)$_2$ + O$_2$(산소)

20 위험물안전관리자를 해임한 때에는 해임한 날로부터 며칠 이내에 위험물안전관리자를 다시 선임하여야 하는가?

① 7　　② 14
③ 30　　④ 60

🔍 위험물안전관리자 재선임 : 30일 이내

21 과산화나트륨(Na$_2$O$_2$)의 위험성을 설명한 것 중에서 틀린 것은?

① 물과 접촉하면 산소를 발생하여 위험하나 유기물과는 접촉하여도 위험하지 않다.
② 가연성 물질과 접촉하면 발화하기 쉽다.
③ 가열하면 분해되어 산소가 생긴다.
④ 수분이 있는 피부에 닿으면 화상의 위험이 있다.

🔍 과산화나트륨(Na$_2$O$_2$)은 물과 접촉하면 산소를 발생하고 유기물과 접촉하면 발화의 위험이 있다.

22 황린의 일반적 성질 중 옳지 않은 것은?

① 백색 또는 담황색 자연발화성 물질이다.
② 화학적으로 활성이 작아 7족 원소와 결합하지 않는다.
③ 증기는 공기보다 무거우며, 유독성 물질이다.
④ 물과 반응하지 않으며 물에 녹지 않는다. 따라서 물속에 저장한다.

🔍 황린(P_4)은 화학적으로 활성이 크다.

23 법령에서 정의한 제6류 위험물인 진한 질산의 비중은 얼마 이상인가?

① 1.49 이상
② 1.69 이상
③ 1.89 이상
④ 1.29 이상

🔍 진한 질산의 비중이 1.49이상은 제6류 위험물로 본다.

24 제4류 위험물의 위험물안전관리법령상 정의가 맞지 않은 것은?

① "특수인화물"이란 1기압에서 발화점이 100℃ 이하 또는 인화점이 -20℃ 이하로서 비점이 40℃ 이하인 것을 말한다.
② "제1석유류"란 1기압에서 21℃ 미만인 것을 말한다.
③ "동식물유류"란 동물의 지육 등 또는 식물의 종자나 과육으로부터 추출한 것으로서 1기압에서 인화점이 250℃ 미만인 것
④ "제2석유류"란 1기압에서 인화점이 70℃ 이상 200℃ 미만인 것을 말한다.

🔍 제2석유류 : 1기압에서 인화점이 21℃ 이상 70℃ 미만인 것

25 과염소산칼륨($KClO_4$) 1몰을 610℃ 이상 가열하여 완전 분해시키면 몇 몰의 산소가 발생하는가?

① 0.5몰
② 1몰
③ 2몰
④ 4몰

🔍 과염소산칼륨의 완전 분해반응식 : $KClO_4 \rightarrow KCl + 2O_2 \uparrow$

26 다음 중 염소산칼륨($KClO_3$)의 성질에 대한 설명이 옳은 것은?

① 흑색 분말이다.
② 비중은 4.32이다.
③ 글리세린과 에테르에 잘 녹는다.
④ 강산화제로 가열에 의해 분해하여 산소를 방출한다.

🔍 염소산칼륨($KClO_3$)의 특성
- 무색 단사정계 판상결정 또는 백색분말
- 비중 : 2.32
- 냉수 또는 알코올에는 녹지 않고 글리세린이나 온수에는 잘 녹는다.
- 강산화제로 가열에 의해 분해하여 산소를 방출한다.
  $2KClO_3 \rightarrow KCl + KClO_4 + O_2 \uparrow$
  염소산칼륨   염화칼륨   과염소산칼륨   산소

27 소화 설비의 소화효과가 아닌 것은?

① 냉각효과
② 질식효과
③ 희석효과
④ 전도효과

🔍 소화효과
- 냉각소화 : 화재 현장에 물을 주수하여 발화점이하로 온도를 낮추어 소화하는 방법
- 질식소화 : 공기 중의 산소의 농도를 21%에서 15%이하로 낮추어 소화하는 방법(공기 차단)
- 제거소화 : 화재 현장에서 가연물을 없애주어 소화하는 방법
- 화학소화(부촉매灌) : 연쇄반응을 차단하여 소화하는 방법
- 희석소화 : 알코올, 에터, 에스터, 케톤류 등 수용성 물질에 다량의 물을 방사하여 가연물의 농도를 낮추어 소화하는 방법
- 유화소화 : 물분무소화설비를 중유에 방사하는 경우 유류표면에 엷은 막으로 유화층을 형성하여 화재를 소화하는 방법
- 피복소화 : 이산화탄소 약제 방사 시 가연물의 구석까지 침투하여 피복하므로 연소를 차단하여 소화하는 방법

28 황의 성질을 옳게 나타낸 것은?

① 물에 잘 녹는다.
② 황색의 연한 금속이다.
③ 전기 절연체로 쓰이며 가연성고체이다.
④ 황의 동소체인 사방황, 단사황, 고무상황은 CS_2에 잘 녹는다.

🔍 황의 성질
- 물이나 산에는 녹지 않으나 알코올에는 조금 녹고 고무상황을 제외하고는 CS_2에 잘 녹는다.
- 황색의 결정 또는 미황색의 분말이다.
- 전기 절연체로 쓰이며 가연성고체이다.

29 경유의 화재발생 시 주수소화가 부적당한 이유는?

① 경유가 연소할 때 물과 반응하여 수소가스를 발생하여 연소를 돕기 때문에
② 주수하면 경유의 연소열 때문에 분해하여 산소를 발생하여 연소를 돕기 때문에
③ 경유는 물과 반응하여 유독가스를 발생하므로
④ 경유는 물보다 가볍고 또 물에 녹지 않기 때문에 화재가 널리 확대되므로

> 경유는 제4류위험물 제2석유류로서 비중이 물보다 가볍고 물에 녹지 않으므로 주수소화하면 화재(연소)면이 확대되므로 적합하지 않다.

30 산화성액체 위험물 중 과산화수소의 운반용기의 외부에 표시하는 사항은?

① 화기주의
② 충격주의
③ 물기엄금
④ 가연물 접촉주의

> 과산화수소(제6류 위험물) : 가연물접촉주의

31 다음 물질 중 지정수량이 다른 물질은?

① 황화인
② 적린
③ 철분
④ 황

> 지정수량

류별	성질	품명	지정 수량
제2류	가연성 고체	1. 황화인, 적린, 황	100kg
		2. 철분, 금속분, 마그네슘	500kg
		4. 인화성고체	1,000kg

32 다이에틸에터의 취급 방법으로 옳은 것은?

① 직사광선에 장시간 노출하여도 된다.
② 용기에 가득 채워 유동성이 없도록 하여 보관한다.
③ 용기는 갈색병을 사용하며 냉암소에 보관한다.
④ 용기가 약간 파손되어 증기가 누출 되어도 된다.

> 다이에틸에터의 저장 방법
> • 직사광선에 장시간 노출하면 과산화물이 생성된다.
> • 용기에는 5~10%의 여유 공간을 두어야 한다.
> • 용기는 갈색병을 사용하며 냉암소에 보관한다.
> • 용기는 파손되어 증기가 누출되면 화재의 요인이 되므로 위험하다.

33 위험물의 자연발화를 방지하는 방법으로 옳지 않은 것은?

① 금속분은 강산류와의 접촉을 방지한다.
② 위험물 보관장소의 습도를 가급적 높게 유지한다.
③ 나이트로셀룰로스 및 셀룰로이드는 용제의 증발을 억제한다.
④ 반응속도는 온도에 크게 좌우되므로 온도의 상승을 방지한다.

> 자연발화의 방지법
> • 습도를 낮게 할 것
> • 주위의 온도를 낮출 것
> • 통풍을 잘 시킬 것
> • 불활성가스를 주입하여 공기와 접촉을 피 할 것
> ※ 습도를 높게 유지하면 자연발화의 원인이 된다.

34 이황화탄소의 성질에 대한 설명 중 옳지 않은 것은?

① 이황화탄소의 증기비중은 공기보다 무겁다.
② 순수한 것은 무취, 미황색 액체이다.
③ 나트륨과 접촉하면 발화한다.
④ 고무나 황린을 용해시킨다.

> 이황화탄소는 순수한 것은 무색, 투명한 액체이며 시판용은 담황색이다.

35 화재의 종류 중 유류화재에 해당하는 것은?

① A급
② B급
③ C급
④ D급

> 화재의 종류

구분\종류	A급	B급	C급	D급
화재의 명칭	일반화재	유류화재	전기화재	금속화재
표시색	백색	황색	청색	무색

36 질산메틸의 분자량은 얼마인가? (단, 각 원소의 원자량은 C=12, H=1, N=14, O=16 이다.)

① 77
② 88
③ 91
④ 94

> 질산메틸은 제5류 위험물의 질산에스터류에 속하며 화학식은 CH_3ONO_2이므로 분자량은
> $12 + (1 \times 3) + 16 + 14 + (16 \times 2) = 77$

37 이동식분말소화설비를 제3종 소화분말로 할 경우 하나의 노즐마다 소화약제의 양은 얼마 이상으로 하여야 하는가?

① 20kg
② 25kg
③ 30kg
④ 50kg

> 호스릴(이동)식 분말소화설비의 약제량
>
> | 소화약제의 종별 | 소화약제의 양 |
> | --- | --- |
> | 제1종 분말 | 50kg |
> | 제2종, 제3종 분말 | 30kg |
> | 제4종 분말 | 20kg |

38 다음 금속 중 진한 질산에 의하여 부동태가 되는 금속은?

① Fe
② Sb
③ Zn
④ Mg

> 진한 질산에 의하여 부동태가 되는 금속 : Fe(철), Al(알루미늄), Cr(크로뮴), Co(코발트), Ni(니켈)

39 물에 탄산칼륨을 보강시킨 소화기는?

① 할론소화기
② 포소화기
③ 강화액소화기
④ 산·알칼리소화기

> 강화액소화기는 물에 탄산칼륨(K_2CO_3)용해하여 빙점을 −25 ~ −30℃까지 낮추어 추운지방이나 한랭지방에 사용할 수 있도록 만든 소화기이다.

40 다음 중 방수성이 있는 덮개를 해야 할 위험물만으로 구성된 것은?

① 과염소산염류, 삼산화크로뮴, 황린
② 무기과산화물, 과산화수소, 마그네슘분
③ 철분, 금속분, 마그네슘분
④ 염소산염류, 과산화수소, 금속분

> 적재위험물에 따른 조치
> • 차광성이 있는 것으로 피복
> − 제1류 위험물
> − 제3류 위험물 중 자연발화성물질
> − 제4류 위험물 중 특수인화물
> − 제5류 위험물
> − 제6류 위험물
> • 방수성이 있는 것으로 피복
> − 제1류 위험물 중 알칼리금속의 과산화물
> − 제2류 위험물 중 철분·금속분·마그네슘
> − 제3류 위험물 중 금수성 물질

41 금속칼륨의 취급 잘못으로 화재가 났을 때 가장 적당한 소화 방법은?

① 마른 모래를 덮어 소화시킨다.
② 다량의 물을 사용하여 소화한다.
③ 할론소화기를 사용한다.
④ 분무상의 물을 사용한다.

> 칼륨(K), 나트륨(Na)등 금속화재의 소화방법은 물을 방사하면 수소가스가 발생하므로 위험하고 마른 모래와 탄산수소염류 분말약제가 적합하다.
> $2Na + 2H_2O \rightarrow 2NaOH + H_2 \uparrow$

42 $C_nH_{2n+1}OH$의 명칭은?

① 알코올
② 유기산
③ 에터
④ 에스터

> C_nH_{2n+1}에 OH(수산기)가 붙으면 알코올이다.
> [메틸알코올(CH_3OH), 에틸알코올(C_2H_5OH), 프로필알코올(C_3H_7OH)]

43 알루미늄(Al)분의 성질을 설명한 것 중 옳은 것은?

① 은백색의 중(重)금속이고, 불연성이다.
② 산에서만 녹아 수소가스를 발생한다.
③ 열의 전도성이 좋고, +3가의 화합물을 만든다.
④ 진한 질산과는 표면에 환원막이 생성되어 부동태로 되므로 잘 녹는다.

🔍 알루미늄(Al)분의 성질
- 은백색의 경금속으로 가연성 물질이다.
- 수분, 할로젠원소와 접촉하면 자연발화의 위험이 있다.
- 산화제와 혼합하면 가열, 마찰, 충격에 의하여 발화한다.
- 산, 알칼리와 반응하면 수소(H_2)가스를 발생한다.
- 열의 전도성이 좋고, +3가의 화합물을 만든다.

44 옥외저장소에 덩어리 상태의 황을 저장할 경우 하나의 경계표시의 내부면적은 얼마 이하이어야 하는가?

① $75m^2$
② $100m^2$
③ $333m^2$
④ $500m^2$

🔍 옥외저장소에 황 저장 시 하나의 경계표시의 내부면적 : $100m^2$ 이하

45 나이트로셀룰로스의 성질에 대하여 잘못 설명한 것은?

① 별칭으로 질화면이라고 부른다.
② 질화도가 높은것 보다 낮은 것이 위험성이 크다.
③ 다이너마이트 원료, 무연화약의 원료, 셀룰로이드 제조 등의 용도로 쓰인다.
④ 물과 혼합할수록 위험성이 감소되므로 운반시 물 등의 용제를 첨가 습윤시킨다.

🔍 나이트로셀룰로스(Nitro Cellulose, NC)는 질화도가 클수록 폭발성이 크다.

46 이황화탄소를 물속에 저장하는 이유로 타당한 것은?

① 가연성 증기의 발생을 억제하기 위해
② 적외선으로부터 분해되는 것을 방지하기 위해
③ 축중합반응을 방지하기 위해
④ 수용액 상태로 존재시 안전하기 때문

🔍 이황화탄소는 가연성 증기 발생을 억제하기 위하여 물속에 저장한다.

47 다음 위험물 중 독성이 강하고 물과 반응시 독성 가스가 생성되는 적갈색 괴상의 물질은?

① 탄산나트륨
② 탄산칼슘
③ 인화칼슘
④ 탄화칼륨

🔍 적갈색인 인화석회는 물과 반응하여 독성 가스인 포스핀(PH_3) 가스를 발생한다.
$Ca_3P_2 + 6H_2O \rightarrow 2PH_3 + 3Ca(OH)_2$
(인화석회) (물)   (포스핀)   (소석회)

48 다음은 제6류 위험물에 대한 설명이다. 틀린 것은?

① 무기화합물이다.
② 자신들은 불연성 물질이다.
③ 물보다 무겁고 물에 녹기 쉽다.
④ 강한 환원력을 모두 가지고 있다.

🔍 제6류 위험물의 일반적인 성질
- 산화성 액체이며 무기화합물로 이루진 불연성물질이다.
- 무색, 투명하며 비중은 1보다 크고, 표준상태에서는 모두가 액체이다.
- 과산화수소를 제외하고 강산성 물질이며 물에 녹기 쉽다.

49 다음 중 위험물 안전관리법상 제4류 위험물 특수인화물에 속하는 것은?

① 톨루엔
② 아세톤
③ 테레핀유
④ 아세트알데하이드

🔍 제4류 위험물의 분류

종류	구분	종류	구분
톨루엔	제1석유류	아세톤	제1석유류
테레핀유	제2석유류	아세트알데하이드	특수인화물

50 유류화재 발생 시 가장 효과적인 소화 방법은?

① 가연물제거 ② 주수
③ 냉각 ④ 공기차단

> 유류화재(B급화재) : 공기차단에 의한 질식소화

51 과산화수소의 성질 및 취급에 관한 설명이다. 틀린 것은?

① 직사광선에 의해서 분해한다.
② 저장할 때 용기는 마개로 꼭 막아둔다.
③ 산성에서는 분해하기 어렵다.
④ 물에는 자유로이 혼합한다.

> 과산화수소를 저장할 때 구멍 뚫린 마개를 사용하여야 한다.

52 메틸알코올에 대한 설명으로 옳지 않은 것은?

① 무색, 투명한 액체이다.
② Pt, CuO 존재하에서 공기 중에서 서서히 산화하여 HCHO가 생긴다.
③ 물에 잘 녹는다.
④ 향기가 약간 있고, 마취성이 있으나 독성은 적다.

> 메틸알코올의 특성
> • 물성
>
> | 분자식 | 비중 | 증기비중 | 비점 | 인화점 | 착화점 | 연소범위 |
> |---|---|---|---|---|---|---|
> | CH_3OH | 0.79 | 1.1 | 64.7℃ | 11℃ | 464℃ | 6.0~36% |
>
> • 무색, 투명한 휘발성이 강한 액체이다.
> • 알코올류 중에서 수용성이 가장 크다(수용성)
> • 메틸알코올은 독성이 있으나 에틸알코올은 독성이 없다.

53 아세트알데하이드에 관한 설명으로 옳은 것은?

① 물, 에탄올에 잘 녹는다.
② 연소범위는 약 1.4~7.6% 이다.
③ 질소함유율이 11%인 미황색 액체이다.
④ 불포화결합을 이루고 있으나 안정하며, 첨가반응보다 치환반응이 많다.

> 아세트알데하이드의 성질
> • 물성
>
> | 분자식 | 분자량 | 비중 | 비점 | 인화점 | 착화점 | 연소범위 |
> |---|---|---|---|---|---|---|
> | CH_3CHO | 44 | 0.78 | 21℃ | -40℃ | 175℃ | 4.0~60.0% |
>
> • 자극성 냄새가 있는 액체 가연성이다.
> • 물·알코올·에터는 임의의 비율로 녹는다. 보통 유기액체와도 혼합된다.

54 다음은 질산암모늄의 성질을 설명한 것이다. 옳은 것은?

① 흡습성이 없다.
② 강력한 산화제이기 때문에 혼합 화약의 재료로 쓰인다.
③ 조해성이 없다.
④ 상온에서 폭발성 액체이다.

> 질산암모늄
> • 물성
>
> | 분자식 | 분자량 | 비중 | 융점 | 분해 온도 |
> |---|---|---|---|---|
> | NH_4NO_3 | 80 | 1.73 | 165℃ | 220℃ |
>
> • 무색, 무취의 결정이다.
> • 조해성 및 흡수성이 강하다.
> • 물, 알코올에 녹는다(물에 용해 시 흡열반응)
> • 조해성이 있어 수분과 접촉을 피할 것
> • 강력한 산화제이기 때문에 혼합 화약의 재료로 쓰인다.

55 위험물안전관리법령상 위험물 적재 시 운반용기의 외부에 표시해야 하는 사항이 아닌 것은?

① 수납하는 위험물의 주의사항
② 위험물의 품명 및 화학명
③ 위험물의 관리자 및 지정수량
④ 위험물의 수량

> 위험물 운반용기의 외부 표시 사항
> • 위험물의 품명, 위험등급, 화학명 및 수용성(제4류 위험물의 수용성인 것에 한함)
> • 위험물의 수량
> • 위험물의 주의사항

56. 트라이나이트로톨루엔에 관한 다음 설명 중 틀린 것은?

① 피크린산이라고도 부른다.
② 중성물질이기 때문에 금속과 반응하지 않는다.
③ 톨루엔에 질산과 황산을 반응시켜 모노나이트로톨루엔을 만든 후 나이트로화하여 만든다.
④ 물에 녹지 않고 알코올, 벤젠, 아세톤 등에 잘 녹으며, 흡습성이 없으며 공기 중 자연분해하지 않는다.

🔍 트라이나이트로페놀 : 피크린산

57. 다음 물질 중 점화원에 의해 폭발할 위험성이 있는 것으로만 모두 짝지어진 것은?

① 황, 생석회, 알루미늄분
② 마그네슘, 황, 생석회
③ 적린, 생석회, 마그네슘
④ 마그네슘, 알루미늄분, 적린

🔍 생석회(CaO)는 폭발하지 않는다.
※ 마그네슘, 알루미늄분, 적린 : 제2류 위험물(가연성 고체)

58. 인화석회의 일반 성상에 맞지 않는 것은?

① 적갈색의 고체이다.
② 비중은 1보다 크다.
③ 융점은 1600℃이다.
④ 황색 액체이다.

🔍 인화석회의 성상
• 적갈색의 고체
• 비중 : 2.51, 융점 : 1600℃
• 물과 반응하면 포스핀(PH_3)가스를 발생한다.
  $Ca_3P_2 + 6H_2O \rightarrow 2PH_3 + 3Ca(OH)_2$

59. 석유 속에 저장되어 있는 금속조각을 떼어 불꽃반응을 하였더니, 노란 불꽃을 나타냈다. 어떤 금속인가?

① 칼륨   ② 나트륨
③ 칼슘   ④ 리튬

🔍 칼륨과 나트륨의 비교

종류 \ 구분	불꽃색상	저장방법
칼륨	보라색	석유 속에 저장
나트륨	노란색	석유 속에 저장

60. 다음 중 위험물 제조소에 "물기엄금"이라고 표시한 게시판을 설치해야 하는 위험물을 포함하는 유별은?

① 제2류 위험물   ② 제3류 위험물
③ 제4류 위험물   ④ 제5류 위험물

🔍 주의사항을 표시한 게시판 설치

위험물의 종류	주의사항	게시판의 색상
제1류 위험물 중 알칼리금속의 과산화물 제3류 위험물 중 금수성물질	물기엄금	청색바탕에 백색문자

정답 CBT 복원문제 2021년 2회

01 ④	02 ④	03 ④	04 ④	05 ①
06 ②	07 ③	08 ③	09 ①	10 ①
11 ①	12 ②	13 ②	14 ③	15 ①
16 ④	17 ④	18 ②	19 ②	20 ④
21 ①	22 ②	23 ①	24 ④	25 ③
26 ④	27 ④	28 ②	29 ②	30 ④
31 ③	32 ③	33 ②	34 ②	35 ②
36 ①	37 ③	38 ①	39 ③	40 ③
41 ①	42 ①	43 ①	44 ②	45 ②
46 ①	47 ③	48 ④	49 ④	50 ④
51 ②	52 ④	53 ①	54 ②	55 ③
56 ①	57 ④	58 ④	59 ②	60 ②

2021년 3회 CBT 복원문제

01 동·식물유류의 일반적 성질에 관한 내용이다. 거리가 먼 것은?

① 아마인유는 건성유이므로 자연발화의 위험이 존재한다.
② 아이오딘값이 클수록 포화지방산이 많으므로 자연발화의 위험이 적다.
③ 화재시 액온이 상승하여 대형화재로 발전하기 때문에 소화가 곤란하다.
④ 동·식물유는 대체로 인화점이 220~300℃ 정도이므로 연소위험성 측면에서 제4석유류와 유사하다.

> 동·식물유류는 아이오딘값이 클수록 자연발화의 위험이 크다.

02 과망가니즈산칼륨 2몰이 240℃에서 분해했을 때 생성되는 물질이 아닌 것은?

① O_2 ② MnO_2
③ K_2O ④ K_2MnO_4

> 과망가니즈산칼륨의 분해 반응식(240℃)
> $2KMnO_4 \rightarrow K_2MnO_4 + MnO_2 + O_2\uparrow$
> (망가니즈산칼륨) (이산화망가니즈) (산소)

03 과산화마그네슘 성상 및 취급에 관한 설명으로 틀린 것은?

① 가연성유기물과 혼합되어 있을 때 가열, 충격에 의해 폭발 위험이 있다.
② 습기 또는 물과 접촉시 산소를 방출한다.
③ 산과 접촉하여 과산화수소를 발생한다.
④ 적녹색의 결정이다.

> 과산화마그네슘의 특성
> • 백색 분말로서 분자식은 MgO_2이다.
> • 물에 녹지 않는다.
> • 습기나 물에 의하여 활성 산소를 방출한다.
> • 유기물의 혼입, 가열, 마찰, 충격을 피해야 한다.
> • 산화제와 혼합하여 가열하면 폭발 위험이 있다.
> • 산과 접촉하여 과산화수소를 발생한다.
> $MgO_2 + 2HCl \rightarrow MgCl_2 + H_2O_2\uparrow$

04 스프링클러헤드의 설치방법에 대한 설명으로 옳지 않은 것은?

① 개방형헤드는 원칙적으로 반사판으로부터 하방으로 0.45m, 수평방향으로 0.3m 공간을 보유할 것
② 폐쇄형헤드는 가연성물질 수납부분에 설치 시 반사판으로부터 하방으로 0.9m, 수평방향으로 0.4m의 공간을 확보할 것
③ 폐쇄형헤드 중 개구부에 설치하는 것은 해당 개구부의 상단으로부터 높이 0.15m 이내의 벽면에 설치할 것
④ 폐쇄형헤드설치 시 급배기용 덕트의 긴 변의 길이가 1.2m를 초과하는 것이 있는 경우에는 해당 덕트의 윗부분에도 헤드를 설치할 것

> 폐쇄형헤드설치 시 급배기용 덕트의 긴 변의 길이가 1.2m를 초과하는 것이 있는 경우에는 해당 덕트의 아래 부분에도 헤드를 설치할 것

05 제1류 위험물과 제6류 위험물의 공통성상은?

① 금수성
② 가연성
③ 산화성
④ 자기반응성

> 위험물의 성질

종류 \ 항목	성질	가연성 여부
제1류 위험물	산화성 고체	불연성
제6류 위험물	산화성 액체	불연성

06 화학포의 소화약제인 탄산수소나트륨 6몰과 반응하여 생성되는 이산화탄소는 표준상태에서 몇 L 인가?

① 22.4   ② 44.8
③ 89.6   ④ 134.4

🔍 화학포의 반응식
$6NaHCO_3 + Al_2(SO_4)_3 \cdot 18H_2O$
$\rightarrow 6CO_2 + 2Al(OH)_3 + 3Na_2SO_4 + 18H_2O$
위의 반응식에서 탄산수소나트륨 6mol이 반응하여 이산화탄소 6mol이 생성되므로
$6 \times 22.4ℓ = 134.4ℓ$이다.

🔍 인화칼슘이 물과의 반응
$Ca_3P_2 + 6H_2O \rightarrow 3Ca(OH)_2 + 2PH_3 \uparrow$
※ 인화칼슘이 물과 반응하면 포스핀(PH_3)의 가연성 가스가 발생하므로 위험하다.

07 위험물에 관한 표시사항 중 "물기엄금"에 관한 표지 색깔로서 옳은 것은?

① 청색바탕에 적색문자
② 청색바탕에 백색문자
③ 적색바탕에 백색문자
④ 백색바탕에 청색문자

🔍 • 물기엄금 : 청색바탕에 백색문자
 • 화기엄금 : 적색바탕에 백색문자

08 염소산나트륨에 대한 설명 중 틀린 것은?

① 무취, 무색의 입방정계 주상결정이다.
② 산과 반응하여 유독하고, 폭발성의 ClO_2가 발생
③ 저장은 철제용기를 피한다.
④ 풍해성이 있기 때문에 포장을 잘해야 한다.

🔍 염소산나트륨($NaClO_3$)은 조해성이 있어 포장 시 주의할 것

09 다음 중 과염소산의 성상 중 올바른 것은?

① 흡습성이 강한 고체이다.
② 매우 불안전한 강산류이다.
③ 물과 반응하여 조연성 가스를 발생한다.
④ 공기 중 증기는 점화원에 의해 폭발한다.

🔍 과염소산($HClO_4$)은 제6류 위험물로서 매우 불안전한 강산류이다.

10 제3류 위험물인 인화칼슘(Ca_3P_2)의 소화방법으로 적당하지 않은 것은?

① 물
② CO_2
③ 건조석회
④ 금속화재용 분말소화약제

11 탄화칼슘의 저장 및 취급과 관계없는 것은?

① 물, 습기와의 접촉을 피한다.
② 석유 속에 저장해 둔다.
③ 장기 저장할 때는 질소가스를 충전한다.
④ 화기로부터 먼 곳에 저장한다.

🔍 탄화칼슘(카바이드)은 용기를 밀봉하여 건조하고 서늘한 장소에 저장한다.
※ 석유 속에 저장 : 칼륨(K), 나트륨(Na)

12 가연성 물질을 공기 중에서 연소시키고 공기 중 산소의 농도를 증가시켰을 때 나타나는 현상은?

① 발화온도가 높아진다.
② 연소범위가 좁아진다.
③ 화염온도가 낮아진다.
④ 점화에너지가 감소한다.

🔍 산소의 농도를 증가시키면 발화온도와 점화에너지가 낮아지고, 화염의 온도는 높아진다.

13 제조소 또는 취급소용 건축물로서 외벽이 내화구조로 된 것의 1소요 단위는?

① $50m^2$
② $75m^2$
③ $100m^2$
④ $150m^2$

🔍 소요단위의 계산방법
 • 제조소 또는 취급소의 건축물
  – 외벽이 내화구조 : 연면적 $100m^2$를 1소요단위
  – 외벽이 내화구조가 아닌 것 : 연면적 $50m^2$를 1소요단위
 • 저장소의 건축물
  – 외벽이 내화구조 : 연면적 $150m^2$를 1소요단위
  – 외벽이 내화구조가 아닌 것 : 연면적 $75m^2$를 1소요단위
 • 위험물은 지정수량의 10배 : 1소요단위

14 다음 각 물질에 대한 설명 중 틀린 것은?

① 황은 물이나 산에 녹지 않는다.
② 오황화인은 CS_2에 녹는다.
③ 삼황화인은 가연성 물질이다.
④ 칠황화인은 더운물에 분해하여 이산화황을 발생한다.

> 칠황화인의 특성
> - 담황색 결정으로 조해성이 있다.
> - CS_2에 약간 녹으며 수분을 흡수하거나 냉수에서는 서서히 분해 된다.
> - 더운 물에서는 급격히 분해하여 황화수소(H_2S)를 발생한다.

15 다음 중 소화약제가 아닌 것은?

① CF_2ClBr ② CHF_2Br_4
③ CF_3Br ④ $C_2F_4Br_2$

> 할로젠화합물 소화약제의 종류
>
> | 종류 | 화학식 |
> |---|---|
> | 할론1301 | CF_3Br |
> | 할론1011 | CH_2ClBr |
> | 할론1211 | CF_2ClBr |
> | 할론2402 | $C_2F_4Br_2$ |
> | 사염화탄소 | CCl_4 |

16 탄화수소에서 탄소의 수가 증가할수록 나타나는 현상들로 옳게 짝 지워 놓은 것은?

> ㉠ 연소속도가 늦어진다.
> ㉡ 발화온도가 낮아진다.
> ㉢ 발열량이 커진다.
> ㉣ 연소범위가 넓어진다.

① ㉠   ② ㉠, ㉡
③ ㉠, ㉡, ㉢   ④ ㉠, ㉡, ㉢, ㉣

> 분자량(탄소 수)이 증가할수록 나타나는 현상
> - 증기비중, 점도, 발열량이 커진다.
> - 인화점, 비점이 높아진다.
> - 착화점(착화온도, 발화점, 발화온도)이 낮아지고, 수용성, 휘발성, 연소범위, 비중이 감소한다.
> - 이성질체가 많아진다.
> - 연소속도가 늦어진다.

17 제1석유류 중에서 인화점이 -18℃, 분자량이 58.08이고 햇빛에 분해되며 착화온도가 538℃인 위험물은 다음 중 어느 것인가?

① 가솔린
② 아세톤
③ 에틸알코올
④ 벤젠

> 아세톤(CH_3CH_3)은 제1석유류로서 인화점이 -18℃, 분자량이 58.08이고 햇빛에 분해되며 착화온도가 538℃이다.

18 18mol농도의 황산에서 9N의 황산 60mL를 만드는데 약 몇 mL의 물이 필요한가?

① 30   ② 45
③ 60   ④ 75

> 황산 1mol은 2N이므로 18mol = 36N
> $NV = N'V'$
> ∴ 36N × xmL = 9N × 60mL x = 15mL
> 60mL - 15mL = 45mL이므로
> 18mol(36N)의 황산으로 9N 황산 60mL를 제조하려면 물 45mL가 필요하다.

19 일반적인 석유난로의 연소형태로, 점도가 높고 비휘발성인 액체를 안개 상으로 분사하여 액체의 표면적을 넓혀 연소시키는 방법은?

① 액적연소   ② 증발연소
③ 분해연소   ④ 표면연소

> 액적연소 : 석유난로나 중유(방카 C유)의 연소형태로, 점도가 높고 비휘발성인 액체를 안개 상으로 분사하여 액체의 표면적을 넓혀 연소시키는 방법

20 제3류 위험물의 공통적인 성질을 설명한 것 중 옳은 것은?(단, 황린은 제외)

① 모두 무기화합물이다.
② 저장액으로 석유류를 이용한다.
③ 햇빛에 노출되는 순간 발화한다.
④ 물과 반응시 발열 또는 발화한다.

3류 위험물의 일반적인 성질
- 대부분 무기화합물이며 고체 또는 액체이다.
- 칼륨(K), 나트륨(Na), 알킬알루미늄, 알킬리튬은 물보다 가볍고 나머지는 물보다 무겁다.
- 칼륨, 나트륨, 황린, 알킬알루미늄은 연소하고 나머지는 연소하지 않는다.
- 황린을 제외한 금수성물질은 물과 반응하여 가연성 가스(수소, 아세틸렌, 포스핀, 메테인)를 발생하고 발열한다.
- 칼륨과 나트륨은 석유 중에 저장한다.

21 다음 중 벤젠의 일반적 성질로서 틀린 것은?

① 증기는 유독하다.
② 수지 및 고무 등을 잘 녹인다.
③ 휘발성 있는 무취의 노란색 액체이다.
④ 인화점은 -11℃이고, 분자량은 78.1이다.

벤젠(Benzene, 벤졸)
- 특성

분자식	분자량	비중	비점	융점	인화점	착화점	연소범위
C_6H_6	78.1	0.95	79℃	7℃	-11℃	498℃	1.4~8%

- 무색, 투명한 방향성을 갖는 액체이며, 증기는 독성이 있다.
- 수지 및 고무 등을 잘 녹인다.

22 위험물제조소에는 위험물에 따라 화기엄금, 화기주의 게시판을 설치하여야 한다. 게시판의 바탕-문자가 바르게 짝지어진 것은?

① 백색바탕-청색문자
② 황색바탕-적색문자
③ 적색바탕-백색문자
④ 백색바탕-적색문자

주의사항

위험물의 종류	주의사항	게시판의 색상
제1류 위험물 중 알칼리금속의 과산화물 제3류 위험물 중 금수성물질	물기엄금	청색바탕에 백색문자
제2류 위험물(인화성 고체는 제외)	화기주의	적색바탕에 백색문자
제2류 위험물 중 인화성 고체 제3류 위험물 중 자연발화성물질 제4류 위험물 제5류 위험물	화기엄금	적색바탕에 백색문자

23 과산화나트륨의 화재 시 가장 적당한 소화제는?

① 포소화제
② 마른 모래
③ 소화분말
④ 젖은 피복물

제1류 위험물인 과산화칼륨이나 과산화나트륨은 마른 모래로 소화한다.

24 과산화벤조일 취급 시 주의사항에 대한 설명 중 틀린 것은?

① 수분을 포함하고 있으면 폭발하기 쉽다.
② 사열, 마찰, 충격을 피해야 한다.
③ 저장용기는 차고 어두운 곳에 보관한다.
④ 희석제를 첨가하여 폭발성을 낮출 수 있다.

과산화벤조일은 물에는 녹지 않고 물과 반응하지 않으므로 안정하다.

25 다음 중 제5류 위험물이 아닌 것은?

① 질산에틸
② 나이트로글리세린
③ 초산메틸
④ 피크린산

초산메틸(CH_3COOCH_3) : 제4류 위험물의 초산에스터류

26 가연물 연소에 필요한 산소의 공급원을 단절하는 것은 소화이론 중 어떤 작용을 이용한 것인가?

① 가연물제거작용
② 질식작용
③ 희석작용
④ 냉각작용

질식작용 : 산소의 공급원을 단절하여 산소의 농도를 15% 이하로 낮추어 소화하는 방법

27 금속수소화물이 물과 반응 할 때 생성되는 것은?

① 수소
② 산소
③ 일산화탄소
④ 에틸아세테이트

금속의 수소화물(수소화칼륨)이 물과 반응하면 수소가스를 발생한다.
$KH + H_2O \rightarrow KOH + H_2 \uparrow$

28 제1류에서 제6류 위험물의 소화에 모두 사용될 수 있는 소화제는?

① 젖은 모래 ② 마른 모래
③ 중조톱밥 ④ 수증기

🔍 만능소화제 : 마른 모래

29 대형 소화기 중 봉상수(棒狀水)소화기에 적응성이 없는 것은?

① 제1류 위험물 ② 제4류 위험물
③ 제5류 위험물 ④ 제6류 위험물

🔍 제4류 위험물은 인화성액체로서 물보다 가볍고, 물에 녹지 않으므로 봉상수 소화기를 사용하면 화재면이 확대되므로 적합하지 않다.
※봉상수 : 옥내소화전설비, 옥외소화전설비와 같이 물줄기가 굵게 방사하는 형태

30 그림과 같이 설치한 원형 탱크의 내용적을 구하는 공식이 올바른 것은?

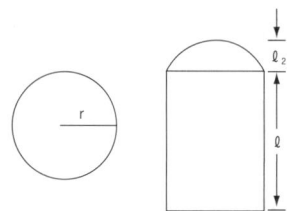

① $\pi r^2 \ell$ ② $\pi r^2 \left(\ell + \dfrac{\ell_2}{3}\right)$
③ $\dfrac{\pi r^2 \ell}{3}$ ④ $\dfrac{\pi r^2 (\ell + \ell_2)}{3}$

🔍 입형 위험물저장탱크의 내용적 : $V = \pi r^2 \ell$

31 150마이크로미터의 체를 통과하는 것으로 50중량% 이상인 것이 위험물로 취급되는 것은?

① Zn ② Fe
③ Ni ④ Cu

🔍 금속분 : 알칼리금속·알칼리토류금속·철 및 마그네슘 외의 금속의 분말[구리분(Cu)·니켈분(Ni) 및 150 마이크로미터의 체를 통과하는 것이 50중량% 미만인 것은 제외

32 메틸에틸케톤의 저장 또는 취급에 적당하지 않은 것은?

① 직사광선을 피할 것
② 찬 곳에 저장 할 것
③ 저장 용기에 가스 배출 구멍을 설치할 것
④ 통풍을 잘 시킬 것

🔍 메틸에틸케톤(MEK)의 저장은 밀봉하여 건조하고 서늘한 장소에 저장한다.

33 축압식소화기의 압력계의 지침이 녹색을 가르키고 있다. 이 소화기의 상태는?

① 과충전된 상태
② 압력이 미달된 상태
③ 정상상태
④ 이상고온 상태

🔍 축압식 분말소화기의 압력계
• 정상(녹색) : 0.70MPa ~ 0.98MPa

34 다음은 위험물의 성질을 설명한 것이다. 옳은 것은?

① 황화인의 착화온도는 35℃이다.
② 황화인이 연소하면 O_2 가스가 발생한다.
③ 마그네슘은 알칼리수용액과 반응하여 H_2 가스를 발생시킨다.
④ 황은 전기의 절연재료로 사용되며, 3종의 동소체가 존재한다.

🔍 • 삼황화인의 착화온도 : 100℃
• 삼황화인의 연소반응식
 $P_4S_3 + 8O_2 \rightarrow 2P_2O_5 + 3SO_2\uparrow$
• 마그네슘은 물과 반응하면 수소가스를 발생한다.
 $Mg + 2H_2O \rightarrow Mg(OH)_2 + H_2\uparrow$
• 황(S)은 전기절연재료로 사용하며 3가지(단사황, 사방황, 고무상황) 종류의 동소체가 있다.

35 위험물 제조소에 설치하는 옥내소화전설비의 비상전원은 몇 분 이상 작동할 수 있어야 하는가?

① 45분 ② 30분
③ 20분 ④ 10분

🔍 옥내소화전설비의 비상전원 : 45분 이상 작동

36 알칼리 금속은 화재예방 상 다음 중 어떤 기(원자단)를 가지고 있는 물질과 접촉을 금해야 하는가?

① -OH
② -O-
③ -COO-
④ -NO₂

🔍 알칼리금속(K, Na)은 수산기(-OH)와 반응하면 수소를 발생하므로 위험하다.
$2K + 2C_2H_5OH \rightarrow 2C_2H_5OK + H_2\uparrow$
(칼륨에틸라이트)

37 다음 물질 중 연소 시 푸른 불꽃을 내며 타서 아황산가스를 발생하는 것은?

① 적린
② 황
③ 황화인
④ 황린

🔍 황(S)은 공기 중에서 연소하면 푸른빛을 내며 아황산가스(SO_2)를 발생한다.
$S + O_2 \rightarrow SO_2$

38 소화기의 사용방법에 대한 설명으로 가장 옳은 것은?

① 소화기는 화재 초기에만 효과가 있다.
② 소화기는 대형 소화설비의 대용으로 사용할 수 있다.
③ 소화기는 어떠한 소화에도 만능으로 사용할 수 있다.
④ 소화기는 구조와 성능, 취급법을 명시하지 않아도 된다.

🔍 소화기는 초기화재에 효과가 있다.

39 염소산칼륨의 성질에 대한 설명 중 옳은 것은?

① 가열, 마찰에 의해서 가연성 가스가 발생한다.
② 그 자신은 불연성 물질이다.
③ 수용액은 약한 산성이다.
④ 물, 알코올에 잘 녹는다.

🔍 염소산칼륨은 냉수, 알코올에는 불용. 온수나 글리세린에는 용해하는 불연성 고체이다.

40 진한질산이 손이나 몸에 묻었을 때 응급처치 방법 중 가장 먼저 해야 할 일은?

① 묽은 황산으로 씻는다.
② 암모니아수로 중화시킨다.
③ 다량의 물로 충분히 씻는다.
④ 수산화나트륨용액으로 중화시킨다.

🔍 질산(HNO_3)이 손이나 피부에 묻었을 때에는 다량의 물로 씻고, 바닥에 흘렸을 때에는 수산화나트륨(NaOH)용액으로 중화시킨다.

41 과산화리튬의 화재현장에서 주수소화가 불가능한 이유는?

① 수소가 발생하기 때문에
② 산소가 발생하기 때문에
③ 이산화탄소가 발생하기 때문에
④ 일산화탄소가 발생하기 때문에

🔍 과산화리튬은 물과 반응하면 수산화리튬과 산소를 발생한다.
$2Li_2O_2 + 2H_2O \rightarrow 4LiOH + O_2$
(수산화리튬) (산소)

42 질산에틸에 대하여 틀린 것은?

① 에탄올을 진한 질산에 작용시켜서 얻는다.
② 방향을 가진 무색의 액체이다.
③ 비중 1.1, 끓는점 88℃을 가진다.
④ 인화점이 높아서 인화의 위험이 적다.

🔍 질산에틸의 특성
• 물성

분자식	비점	인화점	비중	증기비중
$C_2H_5ONO_2$	88℃	10℃	1.1	3.14

• 에틸알코올과 질산을 반응하여 질산에틸을 제조한다.
$C_2H_5OH + HNO_3 \rightarrow C_2H_5ONO_2 + H_2O$
• 무색 투명한 액체로서 방향성을 갖는다.
• 물에는 녹지 않으며 알코올에는 잘 녹는다.
• 10℃로서 인화점이 대단히 낮고 연소하기 쉽다.

43 제3류 위험물 중 취급상 가장 주의해야 될 사항은?

① 석유류와 접촉을 피해야 한다.
② 수분과 접촉을 피해야 한다.
③ 마른 모래와 접촉을 피해야 한다.
④ 충격을 방지해야 한다.

🔍 제3류 위험물은 물(수분)과 반응하면 가연성가스인 수소, 아세틸렌, 메테인을 발생하므로 위험하다.

44 위험물안전관리법령상 다음 ( )에 알맞은 수치를 모두 합한 값은?

- 과염소산의 지정수량은 ( )kg이다.
- 과산화수소는 농도 ( )wt% 미만인 것은 위험물에 해당하지 않는다.
- 질산의 비중이 ( ) 이상인 것은 위험물로 규정한다.

① 349.36
② 549.36
③ 337.49
④ 537.49

🔍 제6류 위험물의 정의
- 과염소산의 지정수량 : 300kg
- 과산화수소는 농도 36wt%미만인 것은 제6류 위험물에 해당하지 않는다.
- 질산의 비중이 1.49이상인 것은 제6류 위험물로 규정한다.
∴ 합계 = 300 + 36 + 1.49 = 337.49

45 진한 질산의 위험성과 저장에 대한 설명 중 적당하지 않는 것은?

① 부식성이 크고 산화성이 강하다.
② 황화수소와 접촉하면 폭발을 한다.
③ 일광에 쪼이면 분해되어 산소를 발생한다.
④ 저장 보호액으로는 물이 안전하다.

🔍 질산은 보호액이 없으며 물과 반응하면 많은 열을 발생하고 묽은 질산이 된다.

46 위험물안전관리법령에서 정한 주유취급소의 고정주유설비 주위에 보유하여야 하는 주유공지의 기준은?

① 너비 10m 이상, 길이 6m 이상
② 너비 15m 이상, 길이 6m 이상
③ 너비 10m 이상, 길이 10m 이상
④ 너비 15m 이상, 길이 10m 이상

🔍 주유공지 : 너비 15m 이상, 길이 6m 이상

47 다음 설명 중 제1석유류에 해당하는 것은?(단, 1기압 상태임)

① 인화점이 21℃ 미만인 것
② 착화점이 30℃ 이상 50℃ 미만인 것
③ 인화점이 21℃ 이상 70℃ 미만인 것
④ 인화점이 21℃ 이상 90℃ 미만인 것

🔍 제4류 위험물의 석유류의 성상
- 제1석유류 : 1기압에서 인화점이 21℃ 미만인 것
- 제2석유류 : 1기압에서 인화점이 21℃ 이상 70℃ 미만인 것
- 제3석유류 : 1기압에서 인화점이 70℃ 이상 200℃ 미만인 것
- 제4석유류 : 1기압에서 인화점이 200℃ 이상 250℃ 미만의 것

48 다음 중 제1류 위험물로서 물과 반응하여 격렬하게 발열하는 것은?

① 염소산나트륨 ② 카바이트
③ 질산암모늄 ④ 과산화나트륨

🔍 과산화나트륨은 물과 격렬하게 반응하여 산소를 발생한다.
$2Na_2O_2 + 2H_2O \rightarrow 4NaOH + O_2$
(과산화나트륨) (물) (수산화나트륨) (산소)

49 $C_6H_2(NO_2)_3OH$와 $C_2H_5NO_3$의 공통성질 중 옳은 것은?

① 인화성이고 또 폭발성이 있는 액체이다.
② 나이트로 화합물에 속한다.
③ 무색 또는 담황색 액체로서 방향이 있다.
④ 모두 알코올에 녹는다.

🔍 **피크린산과 질산에틸의 비교**

종류 항목	피크린산 [$C_6H_2(NO_2)_3OH$]	질산에틸 ($C_2H_5ONO_2$)
분류	제5류 위험물 나이트로화합물	제5류 위험물 질산에스터류
위험성	폭발성	인화성
외관	광택있는 황색의 침상결정	무색투명한 액체
용해성	알코올, 에터, 온수에 용해	물에 불용, 알코올에 용해

50 금속나트륨의 저장 보호액으로 사용할 수 있는 것은?

① 아세톤
② 메탄올
③ 식초
④ 등유

🔍 칼륨, 나트륨의 보호액 : 등유(석유), 경유, 유동파라핀

51 금속나트륨이 물과 반응하면 위험한 이유 중 알맞는 것은?

① 물과 반응해서 질산나트륨이 되기 때문에
② 물과 반응해서 산소를 발생하기 때문에
③ 물과 반응해서 높은 열과 수소를 발생하기 때문에
④ 물과 반응해서 수산화칼륨을 만들기 때문에

🔍 나트륨이 물과 반응하면 발열반응하고 가연성가스인 수소(H_2)를 발생한다.
$2Na + 2H_2O \rightarrow 2NaOH + H_2\uparrow$

52 위험물안전관리법상 스프링클러헤드는 부착장소의 평상시 최고주위온도가 39℃ 미만인 경우 표시온도(℃)를 얼마의 것을 설치하여야 하는가?

① 79 미만
② 79 이상 121 미만
③ 12 이상 162 미만
④ 162 이상

🔍 **폐쇄형 스프링클러 헤드의 표시온도**

부착장소의 최고주위온도 (단위 ℃)	표시온도 (단위 ℃)
28 미만	58 미만
28 이상 39 미만	58 이상 79 미만
39 이상 64 미만	79 이상 121 미만
64 이상 106 미만	121 이상 162 미만
106 이상	162 이상

53 건조하면 타격, 마찰에 의하여 폭발하므로 저장, 운반할 때 물(20%) 또는 알코올(30%)를 첨가 습윤 시키는 위험물은?

① 셀룰로이드
② 트라이나이트로톨루엔
③ 나이트로셀룰로스
④ 다이나이트로나프탈렌

🔍 나이트로셀룰로스는 건조하면 타격, 마찰에 의하여 폭발하므로 물(20%) 또는 알코올(30%)를 습윤시켜 저장, 운반한다.

54 다음 화합물중 망가니즈의 산화수가 +6인 것은?

① $KMnO_4$
② MnO_2
③ $MnSO_4$
④ K_2MnO_4

🔍 중성화합물의 산화수의 합은 0이다.
- $KMnO_4$의 Mn의 산화수
  $1 + x + (-2 \times 4) = 0$ $x = +7$
- MnO_2의 Mn의 산화수
  $x + (-2 \times 2) = 0$ $x = +4$
- $MnSO_4$의 Mn의 산화수
  $x + (-2) + (-2 \times 4) = 0$ $x = +10$
- K_2MnO_4의 Mn의 산화수
  $(1 \times 2) + x + (-2 \times 4) = 0$ $x = +6$

55 다음의 조건을 갖추고 있는 위험물은?

[조건]
- 지정수량은 20kg이고 백색 또는 담황색 고체이다.
- 상온에서 증기를 발생하고 천천히 산화된다.
- 비중 1.82, 융점 44℃, 비점 280℃, 발화점 34℃

① 적린
② 황린
③ 황
④ 마그네슘

🔍 황린(P_4)의 지정수량은 20kg으로서 위험물 중 유일하게 하나뿐이다.

56 다음 중 제2석유류의 품목끼리 짝 지워진 것은?

① 등유, 경유
② 등유, 중유
③ 기어류, 글리세린
④ 글리세린, 장뇌유

🔍 제4류 위험물의 분류

구분	종류
제2석유류	등유, 경유, 장뇌유
제3석유류	중유, 글리세린
제4석유류	기어유

57 에터의 성질 중 맞는 것은?

① 착화 온도는 300℃이다.
② 증기는 공기보다 가볍고 물에 잘 녹는다.
③ 피부에 닿으면 피부가 상한다.
④ 연소 범위는 1.7~48%이다.

🔍 에터
- 물성

분자식	분자량	비중	비점	인화점	착화점	증기비중	연소범위
$C_2H_5OC_2H_5$	74.12	0.7	34℃	-40℃	180℃	2.55	1.7~48%

- 휘발성이 강한 무색투명한 특유의 향이 있는 액체이다.
- 물에 약간 녹고, 알코올에 잘 녹으며 발생된 증기는 마취성이 있다.
- 공기와 장기간 접촉하면 과산화물이 생성되므로 갈색병에 저장하여야 한다.
- 에터는 전기불량도체이므로 정전기가 발생에 주의한다.

58 중탄산나트륨과 황산알루미늄을 소화약제로 사용하여 만들어진 소화기의 소화효과는?

① 제거소화와 질식소화
② 냉각소화와 억제소화
③ 질식소화와 억제소화
④ 냉각소화와 질식소화

🔍 화학포의 반응식
$6NaHCO_3 + Al_2(SO_4)_3 \cdot 18H_2O \rightarrow 6CO_2 + 2Al(OH)_3 + 3Na_2SO_4 + 18H_2O$
※ 소화효과 : 질식, 냉각효과

59 탄화칼슘이 물과 반응하여 발생되는 가스는 무엇인가?

① 아세틸렌
② 메테인
③ 수소
④ 이산화탄소

🔍 탄화칼슘(카바이트)과 물과의 반응
$CaC_2 + 2H_2O \rightarrow Ca(OH)_2 + C_2H_2\uparrow$
　　　　　　　　(수산화칼슘, 소석회)　(아세틸렌)

60 위험물에 대한 유별 구분이 잘못된 것은?

① 브로민산염류 - 제1류 위험물
② 황 - 제2류 위험물
③ 금속의 인화물 - 제3류 위험물
④ 무기과산화물 - 제5류 위험물

🔍 무기과산화물 - 제1류 위험물

정답 CBT 복원문제 2021년 3회

01 ②	02 ③	03 ④	04 ④	05 ③
06 ④	07 ②	08 ④	09 ②	10 ①
11 ②	12 ④	13 ③	14 ④	15 ②
16 ③	17 ②	18 ②	19 ①	20 ④
21 ③	22 ②	23 ②	24 ①	25 ③
26 ②	27 ①	28 ②	29 ②	30 ①
31 ①	32 ③	33 ②	34 ④	35 ①
36 ①	37 ②	38 ①	39 ②	40 ③
41 ②	42 ④	43 ②	44 ③	45 ②
46 ②	47 ①	48 ②	49 ④	50 ④
51 ③	52 ①	53 ②	54 ④	55 ②
56 ①	57 ④	58 ④	59 ①	60 ④

2022년 1회 CBT 복원문제

01 금속나트륨의 지정수량은 몇 kg인가?

① 10
② 50
③ 500
④ 5,000

> 칼륨(K), 나트륨(Na)의 지정수량 : 10kg(제3류 위험물)

02 다음은 동·식물유류에 관한 설명이다. 관계가 가장 먼 것은?

① 아마인유는 건성유이므로 자연발화의 위험이 있다.
② 아이오딘가가 클수록 자연발화의 위험이 크다.
③ 아이오딘가 130 이상인 것이 건성유이므로 저장할 때 주의를 요한다.
④ 동·식물유는 대체로 인화점이 250℃ 이상이다.

> 동·식물유류
> • 아마인유, 동유, 정어리기름은 건성유이므로 자연발화의 위험이 있다.
> • 아이오딘값이 클수록 자연발화의 위험도 크다.
> • 동·식물유류의 인화점은 250℃미만이다
> • 아이오딘값이 130 이상인 것이 건성유이므로 저장할 때 자연발화에 주의를 요한다.

03 과산화수소(H_2O_2)의 성질에서 틀린 것은?

① H_2O_2는 무색 또는 엷은 파란색으로 특유의 냄새가 나는 액체이다.
② 유리용기에 장기간 보존하지 않는다.
③ 과산화수소는 석유, 벤젠에는 녹지 않는다.
④ 농도가 높아질수록 과산화수소는 안정하여 분해하기가 어렵다.

> 과산화수소(H_2O_2)의 성질
> • H_2O_2는 무색 또는 엷은 파란색으로 특유의 냄새가 나는 액체이다.
> • 유리용기에 장기간 보존하지 않는다.
> • 과산화수소는 석유, 벤젠에는 녹지 않는다.
> • 과산화수소는 농도가 높아질수록 불안정하여 분해하기가 쉽다.

04 산화성 액체위험물의 공통성질이 아닌 것은?

① 자신들은 모두 불연성 물질이다.
② 물보다 무겁고 물에 녹기 쉽다.
③ 과산화수소를 제외하고 강산성 물질이다.
④ 제1류 위험물과 혼합 시 환원성이 증가한다.

> 제6류 위험물의 일반적인 성질
> • 모두 불연성 물질이고, 물보다 무겁고 물에 녹기 쉽다.
> • 과산화수소를 제외하고 강산성 물질이다.
> • 제1류 위험물과 혼합 시 산화성이 증가한다.

05 위험물안전관리법령상 지정수량의 10배 이상의 위험물을 저장, 취급하는 제조소등에 설치해야 할 경보설비 종류에 해당되지 않는 것은?

① 확성장치
② 비상방송설비
③ 자동화재탐지설비
④ 무선통신보조설비

> 제조소등에 설치하는 경보설비(지정수량의 10배 이상의 위험물) : 자동화재탐지설비, 비상경보설비, 확성장치, 비상방송설비 중 1개 이상

06 적린의 성질에 대한 설명 중 틀린 것은?

① 물이나 에틸알코올에 녹지 않는다.
② 착화온도는 약 260℃ 정도이다.
③ 연소할 때 인화수소 가스가 발생한다.
④ 산화제가 섞여 있으면 마찰에 의해 착화하기 쉽다.

> 적린은 연소할 때 오산화인(P_2O_5)을 발생한다.
> $4P + 5O_2 \rightarrow 2P_2O_5$

07 위험물제조소에서 옥내소화전이 1층에 4개, 2층에 6개가 설치되어 있을 때 수원의 수량은 몇 L이상이 되도록 설치해야 하는가?

① 13000
② 15600
③ 39000
④ 46800

🔍 옥내소화전설비의 수원
- 수원 = N(소화전수, 최대 5개) × 260ℓ/min × 30min
     = N(소화전수, 최대 5개) × 7,800ℓ
- ∴ 수원 = N(소화전수, 최대 5개) × 7,800ℓ = 5 × 7,800ℓ
      = 39,000ℓ

08 옥내탱크전용실에 설치하는 탱크 상호간에는 얼마의 간격을 두어야 하는가?

① 0.1m 이상　　② 0.3m 이상
③ 0.5m 이상　　④ 0.6m 이상

🔍 옥내탱크전용실에 설치하는 탱크 상호간의 간격 : 0.5m 이상

09 인화석회(Ca_3P_2) 성질을 기초로 할 때 취급 시 가장 주의해야 할 사항은?

① 환원제 혼합
② 수분의 접촉
③ 햇빛에 노출
④ 충격 및 마찰

🔍 인화석회(제3류 위험물)는 물과 반응하면 가연성가스인 포스핀(인화수소, PH_3)를 발생한다.
$Ca_3P_2 + 6H_2O \rightarrow 3Ca(OH)_2 + 2PH_3$

10 아세트알데하이드의 성질에 관한 설명 중 잘못된 것은?

① 물보다 가볍다.
② 증기의 냄새는 자극성이 없다.
③ 무색의 액체로 인화성이 강하다.
④ 물에 잘 녹고 유기물을 잘 녹인다.

🔍 아세트알데하이드(Acet Aldehyde)
- 물보다 가볍고 물에 잘 녹는다.
- 무색 투명한 액체이며 인화성이 강하고, 자극성 냄새가 난다.
- 공기와 접촉하면 가압에 의해 폭발성의 과산화물을 생성한다.
- 에틸알코올을 산화하면 아세트알데하이드가 된다.

11 과염소산의 저장 및 취급으로 옳지 않은 것은?

① 반드시 습기 많은 곳에서 취급한다.
② 피부 접촉 시 물로 충분히 씻는다.
③ 통풍을 좋게 하고 찬 곳에 저장한다.
④ 가연성 유기물과 떨어진 곳에서 취급한다.

🔍 과염소산은 수분과 접촉하면 6종류의 고체수화물을 만든다.

12 다음 중 나이트로화합물은 어느 것인가?

① 피크린산　　② 질산암모늄
③ 질산메틸　　④ 나이트로톨루엔

🔍 제5류 위험물의 나이트로화합물 : TNT, 피크린산

13 유기과산화물의 저장 시 주의사항으로서 옳은 것은?

① 일광이 드는 건조한 곳에 저장한다.
② 자신은 불연성이지만 다른 가연물이 있으면 폭발의 위험이 있다.
③ 알코올류, 아민류, 금속분류, 기타 가연성물질과 혼합하지 않는다.
④ 산화제이므로 다른 산화제와 같이 저장해도 좋다.

🔍 유기과산화물의 저장 시 주의사항
- 일광이 들지 않는 장소에 저장한다.
- 자신은 가연성물질이다
- 알코올류, 아민류, 금속분류, 기타 가연성물질과 혼합하지 않는다.
- 자기반응성물질이므로 산화제와는 같이 저장 하면 안 된다.

14 위험물제조소의 환기설비 설치 기준으로 옳지 않은 것은?

① 환기구는 지붕 위 또는 지상 2m 이상의 높이에 설치할 것
② 급기구는 바닥면적 $150m^2$ 마다 1개 이상으로 할 것
③ 환기는 자연배기방식으로 할 것
④ 급기구는 높은 곳에 설치하고 인화방지망을 설치할 것

🔍 환기설비의 급기구는 낮은 곳에 설치하고 가는 눈의 구리망등으로 인화방지망을 설치할 것

15 다음 화학물질 중 저장시 물을 이용하여 저장하는 것은?

① 황린　　② 탄화칼슘
③ 나트륨　　④ 생석회

황린, 이황화탄소 : 물속에 저장

16 위험물 제조소에 소요단위 산정 시 외벽이 내화구조일 때 연면적 몇 m²를 1소요단위로 하는가?

① 50m²
② 75m²
③ 100m²
④ 150m²

🔍 소요단위의 계산방법
- 제조소 또는 취급소의 건축물
  - 외벽이 내화구조 : 연면적 100m²를 1소요단위
  - 외벽이 내화구조가 아닌 것 : 연면적 50m²를 1소요단위
- 저장소의 건축물
  - 외벽이 내화구조 : 연면적 150m²를 1소요단위
  - 외벽이 내화구조가 아닌 것 : 연면적 75m²를 1소요단위
- 위험물은 지정수량의 10배 : 1소요단위

17 다음 중 금속칼륨(K)을 석유에 넣어 보관하는 이유로 가장 타당한 것은?

① 산화력이 크기 때문
② 취급이 대단히 위험함을 표시
③ 수분과 접촉을 차단하고 산화를 방지
④ 마찰, 충격에 의한 분진발생 방지

🔍 칼륨이나 나트륨은 수분과 접촉을 차단하고 산화를 방지하려고 석유 속에 저장한다.

18 소화기에 "B-2"라고 표시되어 있었다. 이 표시의 의미를 가장 옳게 나타낸 것은?

① 일반화재에 대한 능력단위 2단위에 적용되는 소화기
② 일반화재에 대한 압력단위 2단위에 적용되는 소화기
③ 유류화재에 대한 능력단위 2단위에 적용되는 소화기
④ 유류화재에 대한 압력단위 2단위에 적용되는 소화기

🔍 분말소화기(3.3kg)의 능력단위 : A-3, B-5, C
- A-3 : 일반화재에 대한 능력단위 2단위
- B-5 : 유류화재에 대한 능력단위 5단위
- C : 전기화재에 적응

19 다음 중 축축한 상태로 안정제를 가하여 찬 곳에 저장하는 것은?

① 질산에틸
② 나이트로셀룰로스
③ 나이트로글리세린
④ 피크린산

🔍 나이트로셀룰로스(NC)는 물 또는 알코올(아이소프로필알코올)에 습면시켜 습한 상태로 저장해야한다.

20 다음 중 할로젠화합물 소화약제인 할론 2402의 분자식은?

① CH_3Br
② $C_2F_4Br_2$
③ CF_2Br_2
④ CF_3Br

🔍 할로젠화합물 소화약제의 종류

종류	화학식
할론1301	CF_3Br
할론1011	CH_2ClBr
할론1211	CF_2ClBr
할론2402	$C_2F_4Br_2$

21 주수소화에 의하여 위험이 따르는 물질은?

① 의산
② 나이트로셀룰로스
③ 금속나트륨
④ 적린

🔍 나트륨은 물과 반응하면 가연성가스인 수소를 발생한다.
2Na + 2H₂O → 4NaOH + H₂↑

22 황린의 취급 및 주의사항으로 잘못된 것은?

① 독성이 강하고 피부에 묻으면 화상을 입는다.
② 공기와 접촉을 피하기 위하여 석유 속에 보관한다.
③ 온도가 높아지면 용해도는 증가한다.
④ 물 속에 저장하여 보관한다.

🔍 황린(P_4)은 포스핀(PH_3)의 생성을 방지하기 위하여 물속에 저장한다.

23 제2류 위험물인 마그네슘 분말의 성질 및 화재예방과 소화방법에 대한 설명으로 옳지 않는 것은?

① 2mm체를 통과한 것만 위험물에 해당된다.
② 이산화탄소 소화약제를 방사하면 소화가 가능하다.
③ 가연성 고체로 산소와 반응하여 산화반응을 하면서 몰당 143.7kcal의 열을 발생한다.
④ 주수소화를 하면 가연성의 수소가스가 발생한다.

> 마그네슘은 이산화탄소 반응하면 가연성가스인 일산화탄소(CO)를 발생하므로 위험하다.
> $Mg + CO_2 \rightarrow MgO + CO$

24 다음 중 나이트로글리세린의 성상 및 용도에 관한 설명으로 맞지 않는 것은?

① 시판공업용 제품은 담황색이다.
② 물에는 녹지만 유기용매에는 녹지 않는다.
③ 연소가 폭발적이므로 소화하기 힘들다.
④ 다이너마이트의 원료로 쓰인다.

> 나이트로글리세린(Nitro Glycerine, NG)
> • 무색투명한 기름성의 액체(공업용 : 담황색)이다.
> • 물에는 녹지 않고 알코올, 에터, 벤젠, 아세톤 등 유기용제에는 녹는다.
> • 상온에서 액체이고 겨울에는 동결한다.
> • 연소가 폭발적이므로 소화하기 힘들다.
> • 규조토에 흡수시켜 다이너마이트를 제조할 때 사용한다.

25 화재발생시 소화조치 방법으로 부적당한 것은?

① 가연물의 제거
② 산소공급원 차단
③ 불연물의 제거
④ 인화점 이하로 냉각

> 소화방법
> • 제거소화 : 가연물의 제거
> • 질식소화 : 산소공급원 차단
> • 냉각소화 : 인화점 이하로 냉각

26 제조소등에 전기설비가 설치된 경우에는 해당 장소의 면적 몇 m^2마다 소형 수동식 소화기를 1개 이상 설치해야 하는가?

① 50
② 100
③ 150
④ 200

> 제조소등에 전기설비(전기배선, 조명기구 등은 제외)가 설치된 경우 : 면적 $100m^2$마다 소형수동식소화기를 1개 이상 설치할 것

27 다음 위험물에 해당되는 것은?

> ㉠ 대부분 무색의 결정 백색 분말이다.
> ㉡ 물과 작용하여 열과 산소를 발생시키는 것도 있다.
> ㉢ 가열 등에 의해 산소를 발생한다.

① 제1류 위험물
② 제2류 위험물
③ 제3류 위험물
④ 제5류 위험물

> 제1류 위험물의 일반적인 성질
> • 모두 무기화합물로서 대부분 무색 결정 또는 백색분말의 산화성 고체이다.
> • 강산화성물질이며 불연성 고체이다.
> • 가열, 충격, 마찰, 타격으로 분해하여 산소를 방출하여 가연물의 연소를 도와준다.
> • 비중은 1보다 크며 물에 녹는 것도 있고 질산염류와 같이 조해성이 있는 것도 있다.

28 위험물안전관리법령상 위험물의 운반용기 외부에 표시해야 할 사항이 아닌 것은?(단, 용기의 용적은 10ℓ이며 원칙적인 경우에 한한다.)

① 위험물의 화학명
② 위험물의 지정수량
③ 위험물의 품명
④ 위험물의 수량

> 위험물 운반용기의 외부표시 사항
> • 위험물의 품명, 위험등급, 화학명 및 수용성(제4류 위험물의 수용성인 것에 한함)
> • 위험물의 수량
> • 주의사항

29 위험물안전관리법상 화재예방규정을 정해야 할 기준으로 맞는 것은?

① 지정수량의 50배 이상의 위험물을 저장하는 제조소
② 지정수량의 50배 이상의 위험물을 저장하는 옥외저장소
③ 지정수량의 200배 이상의 위험물을 저장하는 옥외탱크저장소
④ 지정수량의 200배 이상의 위험물을 저장하는 옥내저장소

🔍 예방규정을 정해야 하는 제조소 등
- 지정수량의 10배 이상의 위험물을 취급하는 제조소
- 지정수량의 10배 이상의 위험물을 취급하는 일반취급소
- 지정수량의 100배 이상의 위험물을 저장하는 옥외저장소
- 지정수량의 150배 이상의 위험물을 저장하는 옥내저장소
- 지정수량의 200배 이상의 위험물을 저장하는 옥외탱크저장소
- 암반탱크저장소, 이송취급소

30 소화설비의 능력단위에서 팽창질석 또는 팽창진주암 1.0단위란?

① 삽 1개를 포함한 50ℓ 이상의 것 1포
② 삽 1개를 포함한 100ℓ 이상의 것 1포
③ 삽 1개를 포함한 150ℓ 이상의 것 1포
④ 삽 1개를 포함한 160ℓ 이상의 것 1포

🔍 소화설비의 능력단위

소화설비	용량	능력단위
소화전용(專用)물통	8ℓ	0.3
수조(소화전용 물통 3개 포함)	80ℓ	1.5
수조(소화전용 물통 6개 포함)	190ℓ	2.5
마른 모래(삽 1개 포함)	50ℓ	0.5
팽창질석 또는 팽창진주암(삽 1개 포함)	160ℓ	1.0

31 다음은 황의 동소체를 나열한 것이다. 이들 중 이황화탄소(CS_2)에 녹는 것으로 바르게 나열된 것은?

⊙ 사방황	ⓒ 단사황	ⓒ 고무상황

① ⊙, ⓒ
② ⊙, ⓒ
③ ⓒ, ⓒ
④ ⊙, ⓒ, ⓒ

🔍 사방황과 단사황은 이황화탄소에 녹고, 고무상황은 이황화탄소에 녹지 않는다.

32 다음 물질의 성질상 분진폭발 또는 연소의 위험이 없는 것은?

① 황
② 알루미늄
③ 수산화칼슘
④ 마그네슘

🔍 수산화칼슘[$Ca(OH)_2$], 생석회(CaO), 시멘트 가루는 분진폭발하지 않는다.
분진 폭발하는 물질 : 황, 알루미늄, 아연, 마그네슘, 철분 등

33 위험물안전관리법상 대형소화기의 방호대상물이 각 부분으로부터 설치방법으로 옳은 것은?(단, 옥내소화전설비, 옥외소화전설비, 스프링클러설비 또는 물분무소화설비와 함께 설치하는 경우외의 경우)

① 보행거리 30m이하일 것
② 보행거리 20m이하일 것
③ 수평거리 30m이하일 것
④ 수평거리 20m이하일 것

🔍 소화기 설치 기준
- 소형소화기 : 보행거리 20m이하
- 대형소화기 : 보행거리 30m이하

34 염소산나트륨($NaClO_3$)의 성상에 관한 설명으로 올바른 것은?

① 황색의 결정이다.
② 비중은 1.0이다.
③ 환원력이 매우 강한 물질이다.
④ 물, 에터, 글리세린에 잘 녹으며 조해성이 강하다.

🔍 염소산나트륨의 특성
• 물성

화학식	분자량	융점	비중	분해 온도
$NaClO_3$	106.5	248℃	2.49	300℃

- 무색, 무취의 결정 또는 분말이다.
- 물, 알코올, 에터에는 녹는다.
- 조해성이 강하므로 수분과의 접촉을 피한다.
- 산과 반응하면 이산화염소(ClO_2)의 유독가스를 발생 한다.

35 다음 중 비중이 물보다 무거운 것은?

① 아세톤
② 이황화탄소
③ 벤젠
④ 경유

🔍 이황화탄소는 비중이 1.26으로 물보다 무겁다.

종류	아세톤	이황화탄소	벤젠	경유
비중	0.79	1.26	0.95	0.82~0.84

36 다음 제3류 위험물의 지정수량이 잘못된 것은?

① $(C_2H_5)_3Al$ - 10kg
② Na - 10kg
③ LiH - 300kg
④ CaC_2 - 500kg

🔍 제3류 위험물의 지정 수량

유별	성질	품명	위험등급	지정수량
제3류	자연발화성 물질 및 금수성 물질	1. 칼륨(K), 나트륨(Na), 알킬알루미늄[$(C_2H_5)_3Al$], 알킬리튬	I	10kg
		2. 황린	I	20kg
		3. 알칼리금속(칼륨 및 나트륨을 제외한다) 및 알칼리토금속 유기금속화합물(알킬알루미늄 및 알킬리튬을 제외한다)	II	50kg
		4. 금속의 수소화물(NaH, LiH), 금속의 인화물, 칼슘 또는 알루미늄의 탄화물(CaC_2)	III	300kg

37 아세트산에틸의 일반 성질 중 틀린 것은?

① 과일 냄새를 가진 무색투명한 액체이다.
② 수용액상태에서도 인화의 위험이 있다.
③ 물에 녹으며 수지, 유기물을 잘 녹인다.
④ 인화성물질로서 인화점은 -30℃이하이다.

🔍 아세트산에틸(초산에틸)의 인화점 : -3℃

38 제3류 위험물의 일반적인 성질로 옳은 것은?

① 황린을 제외하고 물에 대하여 위험한 반응을 초래하는 물질이다.
② 조연성 고체로서 비교적 낮은 온도에서 착화하기 쉬운 물질이다.
③ 모두 무기금속화합물이며 대부분 무색의 결정이나 백색분말 상태의 고체이다.
④ 물에 대한 비중은 1보다 크며 조해성이 있다.

🔍 제3류 위험물의 일반적인 성질
• 황린을 제외하고 물에 대하여 위험한 반응을 초래하는 물질이다.
• 황린을 제외한 금수성물질은 물과 반응하여 가연성 가스(수소, 아세틸렌, 포스핀)를 발생하고 발열한다.
• 대부분 무기화합물이며 고체 또는 액체이다.

39 위험물안전관리법령상 제4류 위험물 중에서 제1석유류, 제2석유류로 분류하는 기준은 무엇인가?

① 비중으로 분류한다.
② 공기밀도로 구분한다.
③ 인화점으로 구분한다.
④ 연소범위로 구분한다.

🔍 제4류 위험물의 분류
• 특수인화물
  - 1기압에서 발화점이 100℃ 이하인 것
  - 인화점이 영하 20℃이하이고 비점이 40℃ 이하인 것
• 제1석유류 : 1기압에서 인화점이 21℃ 미만인 것
• 제2석유류 : 1기압에서 인화점이 21℃이상 70℃ 미만인 것
• 제3석유류 : 1기압에서 인화점이 70℃이상 200℃ 미만인 것
• 제4석유류 : 1기압에서 인화점이 200℃이상 250℃미만의 것

40 액체위험물은 운반용기 내용적의 몇 % 이하로 수납해야 하는가(단, 알킬알루미늄은 제외한다.)

① 100%이하
② 98%이하
③ 95%이하
④ 85%이하

🔍 운반용기의 수납율
• 액체위험물 : 98%이하
• 고체위험물 : 95%이하

41 다음 위험물(법령상) 중 단독으로는 마찰 충격에 둔감하나 금속염으로 했을 때 폭발이 쉬운 것은?

① 피크린산
② 암모니아
③ 알루미늄
④ 톨루엔

> 피크린산(트라이나이트로페놀)은 단독으로는 마찰 충격에 둔감하나 금속염으로 했을 때 폭발하기 쉽다.

42 등유에 관해서 다음 중 틀린 것은?

① 물보다 가볍다.
② 착화온도 120℃이다.
③ 석유류 중 비점이 약 156 ~ 300℃의 유분이다.
④ 증기는 공기보다 무겁다.

> 등유(Kerosine)
> • 물성

화학식	비중	증기비중	비점	인화점	착화점	연소범위
C_9~C_{18}	0.78~0.8	4~5	156~300℃	39℃ 이상	210℃ 이상	0.7~5.0%

> • 무색 또는 담황색의 약한 취기가 있는 액체이다.
> • 물에는 녹지 않고 물보다 가볍다
> • 석유계 용제에는 잘 녹는다.

43 다음 물질 중에서 제5류 위험물에 해당하는 것은?

① 아세트산에스터류
② 질산에스터류
③ 폼산에스터류
④ 초산

> • 제5류 위험물 : 질산에스터류(나이트로셀룰로스, 나이트로글리세린, 질산메틸, 질산에틸)
> • 제4류 위험물 : 아세트산에스테류, 폼산에스테류, 프로피온에스터

44 다음 보기 중 질산염류 물질을 취급하는 과정에서 화재(혼촉발화)나 폭발 등의 위험성이 없는 것은?

① 황린을 섞은 경우
② 마찰시키는 경우
③ 가열하는 경우
④ 물에 용해시키는 경우

> 질산염류는 조해성이므로 물에 용해시킬 때에는 화재나 폭발의 위험이 없다.

45 다음 중 연소가 일어나기 위한 조건에 해당되지 않는 것은?

① 성냥불
② 이산화탄소
③ 산소
④ 황

> 이산화탄소(CO_2)는 불연성기체로서 연소되지 않는다.

46 옥외탱크저장소에서 제4류 위험물의 탱크에 설치하는 통기장치 중 밸브 없는 통기관은 지름이 얼마 이상인 것으로 설치해야 되는가?(단, 압력탱크 제외)

① 10mm
② 20mm
③ 30mm
④ 40mm

> 옥외탱크저장소의 밸브 없는 통기관의 지름 : 30mm 이상

47 인화석회에 물을 가했을 때 발생하는 가스는?

① H_2
② C_2H_4
③ PH_3
④ O_2

> 인화석회(인화칼슘)와 물과의 반응
> $Ca_3P_2 + 6H_2O \rightarrow 2PH_3 + 3Ca(OH)_2$
> (포스핀) (수산화칼슘)

48 위험물제조소등의 전기설비가 있는 곳에 적응하는 소화설비는?

① 옥내소화전설비
② 할로젠화합물소화설비
③ 포소화설비
④ 옥외소화전설비

> 전기설비 : 가스계 소화설비(불활성가스, 할로젠화합물, 분말 소화약제 소화설비)가 적합하다.

49 표준상태에서 프로페인 2m³이 완전 연소할 때 필요한 이론 공기량은 몇 m³인가?(단, 공기 중 산소농도는 21vol%이다.)

① 23.81
② 35.72
③ 47.62
④ 71.43

🔍 **이론공기량**
$C_3H_8 + 5O_2 \rightarrow 3CO_2 + 4H_2O$
$1m^3 \quad 5m^3$
$2m^3 \quad x$ $\quad x = \dfrac{2 \times 5}{1} = 10m^3$(이론산소량)

∴ 이론공기량 = $\dfrac{10m^3}{0.21}$ = 47.62m^2

50 질산암모늄의 일반적인 성질에 관한 설명으로 올바른 것은?

① 조해성이 없다.
② 무색, 무취의 액체이다.
③ 물에 녹을 때에는 발열반응을 나타낸다.
④ 급격한 가열충격에 따라 폭발의 위험이 있다.

🔍 **질산암모늄의 특성**
- 무색, 무취의 결정이다.
- 조해성 및 흡수성이 강하다.
- 물, 알코올에 녹는다(물에 용해 시 흡열반응)
- 급격한 가열 또는 충격으로 분해 폭발한다.
- 유기물과 혼합하여 가열하면 폭발한다.

51 과염소산칼륨의 일반적인 성질에 대한 설명 중 틀린 것은?

① 강력한 산화제이다
② 자신은 불연성이다
③ 180℃에서 분해하기 시작하여 340℃에서 완전 분해한다.
④ 진한 황산에 접촉하면 폭발성 가스를 생성하고 튀는 듯이 폭발할 위험이 있다.

🔍 과염소산칼륨($KClO_4$)은 400℃에서 서서히 분해가 시작되어 610℃에서 완전 분해하여 산소(O_2)를 발생 한다.

52 질산이 분해반응 할 때 생성되는 물질이 아닌 것은?

① H_2O
② NO_2
③ O_2
④ NO

🔍 **질산의 분해반응식**
$4HNO_3 \rightarrow 2H_2O + 4NO_2 + O_2$

53 위험물제조소에는 주의사항을 표시한 게시판을 따로 설치해야 한다. 제4류 위험물에 표시해야 하는 내용은?

① 화기주의
② 물기엄금
③ 화기엄금
④ 충격주의

🔍 제4류 위험물 : 화기엄금

54 다음은 아세톤의 성질에 관한 설명이다. 틀린 것은?

① 휘발성이 강하며 인화성이다.
② 물에 녹지 않고 물속에 보관한다.
③ 아이오도폼 반응을 한다.
④ 무색의 액체로 특이한 냄새가 있다.

🔍 아세톤은 제4류 위험물의 제1석유류로서 물에 잘 녹는 수용성이다.

55 자연발화의 형태 중 미생물에 의하여 발화될 가능성이 가장 큰 것은?

① 건성유, 석탄
② 퇴비, 먼지
③ 목탄, 활성탄
④ 코크스, 셀룰로이드

🔍 **자연발화의 형태**

종류	해당 물질
산화열에 의한 발열	석탄, 건성유, 고무분말
분해열에 의한 발열	셀룰로이드, 나이트로셀룰로스
미생물에 의한 발열	퇴비, 먼지
흡착열에 의한 발열	목탄, 활성탄

56 다음 중 소화약제로 사용하지 않는 것은?

① CF_3Br
② $NaHCO_3$
③ $Al_2(SO_4)_3$
④ $CaSO_4$

🔍 **소화약제**

종류	CF_3Br	$NaHCO_3$	$Al_2(SO_4)_3$	$CaSO_4$
명칭	할론 1301	중탄산나트륨 (제1종 분말)	화학포	황산칼슘 (소화약제로 사용하지 않음)

57 위험물안전관리법령상 이동탱크저장소로 위험물을 운송하는 자는 위험물안전카드를 위험물운송자로 하여금 휴대하게 해야 한다. 다음 중 이에 해당하는 위험물이 아닌 것은?

① 휘발유
② 과산화수소
③ 경유
④ 벤조일퍼옥사이드

🔍 위험물(제4류 위험물에 있어서는 특수인화물 및 제1석유류에 한한다)을 운송하게 하는 자는 위험물안전카드를 위험물운송자로 하여금 휴대하게 할 것

종류	휘발유	과산화수소	경유	벤조일퍼옥사이드
류별	제4류 위험물 제1석유류	제6류 위험물	제4류 위험물 제2석유류	제5류 위험물

58 휘발유의 일반적인 성질에서 틀린 것은?

① 주성분은 $C_5H_{12} \sim C_9H_{20}$의 알칸 또는 알켄이다.
② 특유한 냄새를 가지며 고무, 유지 등을 녹인다.
③ 물에는 거의 용해되지 않으며, 비전도성 물질이다.
④ 인화점은 −43℃이고 발화점은 100℃ 이하이다.

🔍 휘발유

주성분	인화점	발화점
$C_5H_{12} \sim C_9H_{20}$	−43℃	280 ~ 456℃

59 위험물안전관련법령상 다음 ( )안에 알맞은 수치는?

이동저장탱크로부터 위험물을 저장 또는 취급하는 탱크에 인화점이 ( )℃ 미만인 위험물을 주입할 때에는 이동탱크저장소의 원동기를 정지할 것

① 40
② 50
③ 60
④ 70

🔍 위험물 주입 시 인화점이 40℃ 미만 : 원동기 정지

60 다음 중 제4류 위험물 화재에 적용할 수 없는 소화기는?

① 포 소화기
② 물 소화기
③ 인산염류 소화기
④ 할로젠화합물 소화기

🔍 제4류 위험물은 물보다 가볍고, 물과 섞이지 않으므로 물 소화기를 사용하면 연소면 확대로 적합하지 않다.

정답 CBT 복원문제 2022년 1회

01 ①	02 ④	03 ④	04 ④	05 ④
06 ③	07 ③	08 ③	09 ②	10 ②
11 ①	12 ①	13 ③	14 ④	15 ①
16 ③	17 ①	18 ③	19 ②	20 ②
21 ③	22 ②	23 ②	24 ②	25 ③
26 ②	27 ①	28 ②	29 ③	30 ④
31 ①	32 ③	33 ①	34 ④	35 ②
36 ④	37 ③	38 ①	39 ③	40 ④
41 ①	42 ②	43 ②	44 ④	45 ②
46 ③	47 ③	48 ②	49 ③	50 ④
51 ③	52 ③	53 ③	54 ②	55 ②
56 ④	57 ③	58 ④	59 ①	60 ②

2022년 2회 CBT 복원문제

01 외벽이 내화구조인 위험물 저장소 건축물의 연면적이 1500m² 인 경우 소요단위는?

① 6 ② 10
③ 13 ④ 14

🔍 건축물 1소요단위 산정

구분	제조소, 일반취급소		저장소		
외벽의 기준	내화구조	비내화구조	내화구조	비내화구조	위험물
기준	연면적 100m²	연면적 50m²	연면적 150m²	연면적 75m²	지정수량의 10배

∴ 소요단위 = $\frac{연면적}{기준면적}$ = $\frac{1500m^2}{150m^2}$ = 10단위

02 위험물제조소에서 가연성의 증기 또는 미분이 체류할 우려가 있는 곳에 설치하는 배출설비의 능력은?

① 1시간당 배출장소 용적의 5배 이상
② 1시간당 배출장소 용적의 10배 이상
③ 1시간당 배출장소 용적의 15배 이상
④ 1시간당 배출장소 용적의 20배 이상

🔍 제조소의 배출설비
- 설치 장소 : 가연성 증기 또는 미분이 체류할 우려가 있는 건축물
- 배출설비 : 국소방식
- 배출설비는 배풍기, 배출덕트, 후드 등을 이용하여 강제적으로 배출하는 것으로 할 것.
- 배출능력은 1시간당 배출장소 용적의 20배 이상인 것으로 할 것 (전역방출방식 : 바닥면적 1m²당 18m³이상)

03 나이트로화합물을 저장할 경우 가장 옳은 방법은?

① 담은 용기의 마개를 꼭 막아 밀폐된 장소에 놓아둔다.
② 담은 용기의 마개를 꼭 막아 햇볕이 잘 드는 곳에 놓아둔다.
③ 담은 용기의 마개를 꼭 막아 통풍이 잘되는 곳에 놓아둔다.
④ 담은 용기의 마개를 조금 헐겁게 막아 통풍이 잘되는 곳에 놓아둔다.

🔍 나이트로화합물은 담은 용기의 마개를 꼭 막아 통풍이 잘되는 서늘한 곳에 놓아둔다.

04 과산화수소의 특성이 아닌 것은?

① 물보다 무겁다.
② 벤젠에 잘 녹는다.
③ 알코올에 잘 녹는다.
④ 에터에 잘 녹는다.

🔍 과산화수소(Hydrogen Peroxide)
- 점성이 있는 무색 액체(다량일 경우 : 청색)이다.
- 투명하며 물보다 무겁고 수용액 상태는 비교적 안정하다.
- 물, 알코올·에터에는 녹고, 벤젠에는 녹지 않는다.

05 위험물 안전관리법상 위험물제조소등의 설치허가의 취소 또는 사용정지 처분권자는?

① 소방청장 ② 시·도지사
③ 경찰서장 ④ 시장·군수

🔍 위험물제조소등의 설치허가 취소 및 사용정지 처분권자 : 시·도지사

06 금속나트륨이나 금속칼륨은 석유에 보관한다. 그 이유는 무엇인가?

① 공기 중 수분과 접촉을 피하기 위해서이다.
② 화기를 피하기 위해서이다.
③ 산소의 발생을 방지하기 위해서이다.
④ 표면을 미끄럽게 하기 위해서다.

🔍 칼륨이나 나트륨은 공기 중 수분과 접촉을 피하기 위해서 석유 속에 보관한다.

07 액화 이산화탄소 1kg이 25℃, 1atm의 대기 중으로 방출되었을 때 기체상의 이산화탄소의 부피(ℓ)는?(단, CO_2의 분자량은 44이고 이상기체방정식을 적용)

① 555.7 ② 509
③ 1964 ④ 985.6

🔍 **이상기체 상태방정식**

$$PV = nRT = \frac{W}{M}RT$$

여기서, P : 압력(atm) V : 부피(ℓ)
W : 무게(1000g) M : 분자량(44)
T : 절대온도(273+℃ = 273 + 25 = 298K)
R : 기체상수(0.08205 ℓ · atm/gmol · K)

$$\therefore V = \frac{WRT}{PM} = \frac{1000 \times 0.08205 \times 298}{1 \times 44} = 555.7 \ell$$

08 옥내저장소 내부에 체류하는 가연성 증기를 지붕 위로 방출시키는 배출설비를 해야 하는 위험물은?

① 과염소산
② 과망가니즈산칼륨
③ 피리딘
④ 과산화나트륨

🔍 옥내저장소에는 인화점이 70℃ 미만인 위험물을 저장할 때에는 배출설비를 설치해야 한다.
피리딘의 인화점 : 16℃

09 인화성액체 위험물로 특수인화물에 속하지 않는 것은?

① 초산에틸
② 다이에틸에터
③ 아세트알데하이드
④ 산화프로필렌

🔍 초산에스터류(초산메틸, 초산에틸)로서 제1석유류에 속한다.

10 제4류 위험물의 화재에 가장 널리 쓰이는 소화방법은?

① 주수 소화
② 냉각 소화
③ 질식 소화
④ 희석 소화

🔍 제4류 위험물의 소화방법 : 공기차단에 의한 질식소화

11 할로젠화합물 소화기에서 사용되는 할론 명칭과 화학식을 옳게 짝 지은 것은?

① CBr_2F_2 - 1220
② $C_2Br_2F_2$ - 2220
③ $CBrClF_2$ - 1211
④ $C_2Br_2F_4$ - 2420

🔍 **할론소화약제의 명칭**

화학식	CBr_2F_2	$C_2Br_2F_2$	$CBrClF_2$	$C_2Br_2F_4$
약제명	할론1202	할론2202	할론1211	할론2402

12 다음 중 제1류 위험물인 산화성 고체는 어느 것인가?

① 황, 적린
② 칼륨, 나트륨
③ 아세톤, 피리딘
④ 염소산염류

🔍 **위험물의 분류**

종류	황, 적린	칼륨, 나트륨	아세톤, 피리딘	염소산염류
분류	제2류 위험물	제3류 위험물	제4류 위험물	제1류 위험물

13 수성막포(Aqueous Film Forming Foam)에 대한 설명으로 옳지 않은 것은?

① 주성분은 플루오린계 계면활성제이다.
② 장기간 사용이 가능하다.
③ 주 소화작용은 질식 작용이다.
④ 포 안정제로 단백질분해물, 사포닌을 사용한다.

🔍 화학포 소화약제에 외약제(A제)로 사용하는 기포 안정제에는 계면활성제, 단백질 분해물, 사포닌이 있다.

14 산소 공급원을 차단하여 가연물 연소를 소화하는 작용은?

① 희석작용
② 냉각작용
③ 질식작용
④ 가연물제거작용

🔍 질식작용 : 산소 공급원을 차단하여 가연물 연소를 소화하는 방법

15 가솔린의 저장 및 취급시의 주의해야 할 사항으로 틀린 것은?

① 화기를 피해야 한다.
② 통풍이 잘되는 냉암소에 저장해야 한다.
③ 마개가 없는 개방용기에 저장해야 한다.
④ 실내에서 취급 할 때는 발생된 증기를 배출할 수 있는 설비를 갖추어야 한다.

🔍 가솔린을 저장 또는 취급할 때에는 밀봉용기를 사용해야 한다.

16 자기반응성물질의 화재예방에 대한 설명으로 옳지 않은 것은?

① 가열 충격을 피해야 한다.
② 통풍이 잘 안 되는 곳에 보관한다.
③ 습기에 주의하여 보관한다.
④ 차고 어두운 곳에 저장해야 한다.

🔍 모든 위험물은 통풍이 잘되고 서늘한 장소에 보관한다.

17 다음 ( ) 안에 알맞은 수치는? (단, 인화점이 200℃ 이상인 위험물은 제외한다.)

> 옥외저장탱크의 지름이 15m 미만인 경우에 방유제는 탱크의 옆판으로부터 탱크 높이의 ( ) 이상 이격해야 한다.

① $\frac{1}{3}$ ② $\frac{1}{2}$
③ $\frac{1}{4}$ ④ $\frac{2}{3}$

🔍 방유제는 탱크의 옆판으로부터 일정 거리를 유지할 것(단, 인화점이 200℃ 이상인 위험물은 제외)
• 지름이 15m 미만인 경우 : 탱크 높이의 1/3 이상
• 지름이 15m 이상인 경우 : 탱크 높이의 1/2 이상

18 다음 중 정전기를 제거하는 방법으로 옳지 않은 것은?

① 접지를 하였다.
② 공기를 이온화하였다.
③ 공기 중의 상대습도를 70% 이상으로 하였다.
④ 공기를 4℃ 이하로 냉각하였다.

🔍 정전기 제거 방법
• 접지할 것
• 공기를 이온화할 것
• 상대습도를 70% 이상으로 할 것

19 할로젠화합물 소화약제를 구성하는 할로젠 원소가 아닌 것은?

① 플루오린(F) ② 염소(Cℓ)
③ 브로민(Br) ④ 네온(Ne)

🔍 할로젠족 원소(7족) : 플루오린(F), 염소(Cℓ), 브로민(Br), 아이오딘(I), 네온(Ne)

20 제6류 위험물 중 수용액의 농도가 36wt% 이상인 경우만 위험물로 취급하며 분해 시 발생기 산소를 내는 것은?

① 과산화수소 ② 과염소산
③ 질산 ④ 할로젠화합물

🔍 과산화수소(H_2O_2) : 농도가 36% 이상이면 제6류 위험물이다.

21 화재의 분류 중 B급 화재란?

① 섬유 및 목재화재
② 유류화재
③ 금속분화재
④ 전기화재

🔍 B급 화재 : 유류화재

22 위험물안전관리법령상 위험물의 운반에 관한 기준에 따라 차광성이 있는 피복으로 가리는 조치를 해야 하는 위험물에 해당하지 않는 것은?

① 특수인화물 ② 제1석유류
③ 제1류 위험물 ④ 제6류 위험물

🔍 차광성이 있는 것으로 피복해야 하는 위험물
• 제1류 위험물
• 제3류 위험물 중 자연발화성물질
• 제4류 위험물 중 특수인화물
• 제5류 위험물
• 제6류 위험물

23 제6류 위험물의 일반적인 성질에 대한 설명으로 가장 거리가 먼 것은?

① 강산화제로서 상온에서 액체 상태이고 불연성이다.
② 내부연소성물질로서 가연물과 동시에 자체 내부에 산소를 함유하고 있다.
③ 물과 접촉하여 발열한다.
④ 증기는 유독하고 부식성이 강하다.

제5류 위험물 : 내부연소성물질로서 가연물과 동시에 자체내부에 산소를 함유하고 있다.

24 위험물 화재 시 연소를 중단시키기 위한 방법으로 옳지 않은 것은?

① 증발잠열을 이용한 주수로 냉각시킨다.
② 열전도율이 좋은 금속 분말로 온도를 낮춘다.
③ 불연성 기체를 방사하여 산소 공급을 차단한다.
④ 불연성 분말을 뿌려 산소 공급을 차단한다.

금속분말은 분진폭발의 위험이 있다.

25 위험물안전관리법령상 지정수량의 몇 배 이상의 제4류 위험물을 취급하는 제조소에는 자체소방대를 두어야 하는가?

① 1000
② 2000
③ 3000
④ 5000

자체소방대 설치 : 지정수량의 3000배 이상인 제4류 위험물을 취급하는 제조소와 일반취급소

26 다음 중 위험물의 위험등급이 다른 것은?

① 제1석유류
② 아염소산염류
③ 무기과산화물
④ 제6류 위험물

위험물의 위험등급
• 위험등급 I 의 위험물
 - 제1류 위험물 중 아염소산염류, 염소산염류, 과염소산염류, 무기과산화물, 지정수량이 50kg인 위험물
 - 제3류 위험물 중 칼륨, 나트륨, 알킬알루미늄, 알킬리튬, 황린, 지정수량이 10kg 또는 20kg인 위험물
 - 제4류 위험물 중 특수인화물
 - 제5류 위험물 중 지정수량이 10kg인 위험물
 - 제6류 위험물
• 제1석유류 : 위험등급 Ⅱ

27 나이트로글리세린에 대한 설명 중 옳은 것은?

① 나이트로기를 3개를 가지고 있으므로 제5류의 나이트로화합물에 속한다.
② 물에 의해 쉽게 분해된다.
③ 대기 중에서 점화하면 연소하나 폭발을 일으키는 일은 없다.
④ 충격에 대하여 매우 민감하여 폭발을 일으키기 쉽다.

나이트로글리세린(Nitro Glycerine, NG)은 제5류 위험물의 질산에스터류로서 가열, 마찰, 충격에 민감하므로 폭발을 방지하기 위하여 다공성물질(규조토, 톱밥, 소맥분, 전분)에 흡수시킨다.

28 다음 중 분진폭발의 위험성이 가장 적은 것은?

① 금속분
② 밀가루
③ 플라스틱분
④ 생석회

생석회는 분진폭발의 위험이 없다.

29 위험물제조소에 옥내소화전이 가장 많이 설치된 층의 옥내소화전 설치개수가 2개이다. 위험물안전관리법령의 옥내소화전설비 설치기준에 의하면 수원의 수량은 얼마 이상이 되어야 하는가?

① $10.6m^3$
② $15.6m^3$
③ $20.6m^3$
④ $25.6m^3$

옥내소화전설비의 방수량, 방수압력, 수원 등

방수량	방수압력	토출량	수원
260ℓ/min 이상	0.35MPa 이상	N(최대 5개)× 260ℓ/min	N(최대 5개)×7.8m³ (260ℓ/min×30min)

∴ 수원 = N(최대 5개)×7.8m³ = 2×7.8m³ = 15.6m³

30 자연발화성 물질은 제 몇 류 위험물인가?

① 제2류 위험물
② 제3류 위험물
③ 제5류 위험물
④ 제6류 위험물

자연발화물질 : 제3류 위험물

31 분말소화약제의 착색된 색상으로 틀린 것은?

① $KHCO_3 + (NH_2)_2CO$: 회색
② $NH_4H_2PO_4$: 담홍색
③ $KHCO_3$: 담회색
④ $NaHCO_3$: 황색

🔍 분말소화약제의 종류

종류	주성분	적응화재	착색
제1종 분말	$NaHCO_3$(중탄산나트륨, 탄산수소나트륨)	B, C급	백색
제2종 분말	$KHCO_3$(중탄산칼륨, 탄산수소칼륨)	B, C급	담회색
제3종 분말	$NH_4H_2PO_4$(인산암모늄, 제일인산암모늄)	A, B, C급	담홍색
제4종 분말	$KHCO_3 + (NH_2)_2CO$	B, C급	회색

32 다음은 벤조일퍼옥사이드에 관한 설명이다. 틀린 것은?

① 상온에서는 충격에 의해 폭발하지 않는다.
② 물에는 녹지 않으며 무색의 입상결정 고체이다.
③ 진한 황산, 질산 등에 의해서 분해폭발의 위험이 있다.
④ 용기는 완전히 밀전 밀봉하고 환기가 잘되는 찬 곳에 저장한다.

🔍 과산화벤조일(Benzoyl Peroxide, 벤조일퍼옥사이드, BPO)
• 물성

화학식	비중	융점	착화점
$(C_6H_5CO)_2O_2$	1.33	105℃	80℃

• 무색, 무취의 백색 결정으로 강산화성 물질이다
• 물에 녹지 않고, 알코올에는 약간 용해한다.
• 프탈산디메틸(DMP), 프탈산디부틸(DBP)의 희석제를 사용한다.
• 발화되면 연소속도가 빠르고 건조상태에서는 위험하다
• 마찰, 충격으로 폭발의 위험이 있다.

33 산소와 화합하지 않는 원소는?

① 황　　　　　② 질소
③ 인　　　　　④ 헬륨

🔍 헬륨(He)은 8족 원소로서 산소와 화합하지 않는 불활성 기체이다.

34 메탄올(CH_3OH)과 에탄올(C_2H_5OH)의 공통점이 아닌 것은?

① 증기 비중이 같다.
② 무색투명한 액체이다.
③ 비중(물=1)이 1보다 작다.
④ 물에 잘 녹는다.

🔍 메탄올(CH_3OH)과 에탄올(C_2H_5OH)의 비교

항목 종류	메탄올	에탄올
화학식	CH_3OH	C_2H_5OH
증기비중	32/29 = 1.10	46/29 = 1.586
외관	무색, 투명한 액체	무색, 투명한 액체
비중	0.79	0.79
인화점	11℃	13℃
용해성	수용성	수용성

※ 분자량이 다르면 증기비중은 당연히 다르다.

35 염소산칼륨의 성질로 맞는 것은?

① 황색의 분말이다.
② 글리세린에 녹는다.
③ 100℃에서 분해된다.
④ 냉수, 알코올에 잘 녹는다.

🔍 염소산칼륨은 무색의 단사정계 판상결정 또는 백색분말로서 냉수, 알코올에 녹지 않고, 온수나 글리세린에는 녹는다.

36 황린의 연소 생성물은?

① 삼황화인　　　② 인화수소
③ 오산화인　　　④ 오황화인

🔍 황린은 공기 중에서 연소 시 오산화인(P_2O_5)의 흰 연기를 발생한다.
$P_4 + 5O_2 \rightarrow 2P_2O_5$

37 아마인유에 대한 기술 중 옳지 않은 것은?

① 건성유이다.
② 공기 중 산소와 결합하기 쉽다.
③ 아이오딘값이 올리브유보다 작다.
④ 자연발화의 위험이 있다.

아이오딘값

구분	아이오딘값	종류
건성유	130 이상	아마인유, 해바라기유, 들기름, 정어리기름, 동유
반건성유	100~130	참기름, 콩기름, 채종유, 청어유, 옥수수기름, 면실유(목화씨기름)
불건성유	100 이하	피마자유, 올리브유, 야자유, 돼지기름, 쇠기름, 고래기름

38 아래의 물질 중 인화점이 0℃ 이하이며, 물에 녹는 것은 모두 몇 개인가?

테레핀유, 아세톤, 톨루엔, 초산, 나이트로벤젠

① 1개 ② 2개
③ 3개 ④ 4개

제4류 위험물의 특성

종류	테레핀유	아세톤	톨루엔	초산	나이트로벤젠
구분	2석유류	1석유류	1석유류	2석유류	3석유류
인화점	35℃	-18.5℃	4℃	40℃	88℃
용해성	불용	용해	불용	용해	불용

39 다음은 피크린산에 관한 설명이다. 잘못된 것은?

① 냉수에는 거의 녹지 않는다.
② 순수한 것은 무색이지만 보통 공업용은 휘황색을 나타낸다.
③ 나이트로글리세린과 같이 단맛을 낸다.
④ 일명 트라이나이트로페놀이라고도 부른다.

피크린산(제5류 위험물) : 쓴 맛

40 다음은 질산에틸의 성질을 설명한 것이다. 틀린 것은?

① 증기는 공기보다 무겁다.
② 인화점이 35℃이므로 겨울철에는 인화 위험이 없다.
③ 물에는 녹지 않으나 알코올에는 녹는다.
④ 무색 투명한 액체이다.

질산에틸
• 특성

화학식	비점	인화점	비중	증기비중
C₂H₅ONO₂	88℃	10℃	1.1	3.14

• 에틸알코올과 질산을 반응하여 질산에틸을 제조한다.
 $C_2H_5OH + HNO_3 \rightarrow C_2H_5ONO_2 + H_2O$
• 무색 투명한 액체로서 방향성을 갖는다.
• 물에 녹지 않고 알코올에는 잘 녹는다.
• 10℃로서 인화점이 대단히 낮고 연소하기 쉽다.

41 옥외저장소에서 저장할 수 없는 위험물은?(단, 시·도 조례에서 정하는 위험물 또는 국제해상위험물규칙에 적합한 용기에 수납된 위험물은 제외한다.)

① 과산화수소
② 아세톤
③ 에탄올
④ 황

옥외저장소에 저장할 수 있는 위험물(시행령 별표2)
• 제2류 위험물 중 황, 인화성고체(인화점이 0℃ 이상인 것에 한함)
• 제4류 위험물 중 제1석유류(인화점이 0℃ 이상인 것에 한함), 제2석유류, 제3석유류, 제4석유류, 알코올류, 동식물유류
• 제6류 위험물

종류	과산화수소	아세톤	에탄올	황
류별	제6류 위험물	제4류 위험물 제1석유류	제6류 위험물 알코올류	제2류 위험물
인화점	-	-18.5℃	13℃	-

42 위험물안전관리법령상 피뢰설비는 지정수량 얼마 이상의 위험물을 취급하는 제조소등에 설치하는가?(단, 제6류 위험물을 취급하는 위험물제조소 제외)

① 5배 이상   ② 10배 이상
③ 15배 이상 ④ 20배 이상

제조소등에는 지정수량의 10배 이상이면 피뢰설비를 설치해야 한다.(제6류 위험물은 제외)

43 염소산나트륨이 산과 반응하면 유독한 폭발성 가스가 발생한다. 이 가스는?

① 수소   ② 이산화염소
③ 염소   ④ 산소

🔍 염소산나트륨이 산과 반응
2ClO₃ + 2HCl → 2NaCl + 2CO₂ + H₂O₂
                      (이산화염) (과산화수소)

🔍 위험물의 분류

종류	아크릴산	과염소산	부틸리튬	하이드라진유도체
류별	제4류 위험물	제6류 위험물	제3류 위험물	제5류 위험물

44 질산의 위험성에 관해 다음에서 옳은 것은?

① 충격에 의해 착화한다.
② 공기 속에서 자연발화 한다.
③ 인화점이 낮고 발화하기 쉽다.
④ 환원성물질과 혼합시 발화한다.

🔍 질산은 산화성물질로서 환원성물질과 혼합하면 발화한다.

45 질산염류의 성질에 관한 설명으로 가장 알맞은 것은?

① 대개 무색 또는 흰색 결정이다.
② 화재 초기에는 물을 사용할 수 없다.
③ 질산염류는 대체로 물에 녹지 않는다.
④ 저장시에는 가연물을 피하고 습기 있는 곳에 저장한다.

🔍 질산염류의 성질
- 대부분 무색, 백색의 결정 및 분말로 물에 녹고 조해성이 있는 것이 많다.
- 물과 결합하면 수화염이 되기 쉬우나 열분해로 산소를 방출한다.
- 화재 초기에는 물로 냉각소화하고 저장시에는 습기를 피해야 한다.

46 황린의 저장 보호액을 pH 9(약알칼리성)로 유지하는 이유로 옳은 것은?

① 착화점을 낮추기 위하여
② PH₃의 생성을 방지하기 위하여
③ P₂O₅의 생성을 방지하기 위하여
④ 적린으로 변이하는 것을 방지하기 위하여

🔍 황린은 PH₃(인화수소)의 생성을 방지하기 위하여 pH 9인 물속에 저장한다.

47 다음 위험물 중 제5류 위험물에 속하는 것은?

① 아크릴산   ② 과염소산
③ 부틸리튬   ④ 하이드라진유도체

48 황린의 성질로서 다음 중 잘못된 것은?

① 물속에 저장하는 경우는 약 알칼리성으로 하는 것이 좋다.
② 독성이 있는 물질로 공기 중에서 인광을 낸다.
③ 착화온도는 낮고 공기 중에서 자연발화 한다.
④ 담황색의 액체로서 특이한 냄새를 풍긴다.

🔍 황린(P₄)은 백색 또는 담황색의 자연발화성 고체이다.

49 질산칼륨에 대한 설명 중 옳은 것은?

① 유기물 및 강산과 접촉 시 매우 안정하다.
② 열에 안정하며 1000℃에서도 분해되지 않는다.
③ 알코올에는 잘 녹으나 물, 글리세린에는 잘 녹지 않는다.
④ 무색, 무취의 결정 또는 분말로서 흑색화약의 원료로 쓰인다.

🔍 질산칼륨의 특성
- 특성

화학식	분자량	비중	융점	분해 온도
KNO₃	101	2.1	339℃	400℃

- 무색, 무취의 결정 또는 백색결정으로 초석이라고도 한다.
- 물, 글리세린에 잘 녹으나, 알코올에는 녹지 않는다.
- 강산화제이며 가연물과 접촉하면 위험하다
- 황과 숯가루와 혼합하여 흑색화약을 제조 한다.

50 다음은 위험물의 성질을 설명한 것이다. 잘못된 것은?

① 인화석회는 물과 반응하여 독성 가스를 발생한다.
② 금속나트륨은 물과 반응하여 수소를 발생시키나, 수소는 공기와 혼합하므로 위험은 없다.
③ 칼륨은 물보다 가볍고 물과 작용하여 수소 가스를 발생한다.
④ 탄화칼슘은 물과 작용하여 발열하며 수산화칼슘과 아세틸렌가스를 발생한다.

위험물의 성질
- 인화석회와 물과의 반응(포스핀의 독성 가스 발생)
  $Ca_3P_2 + 6H_2O \rightarrow 2PH_3 + 3Ca(OH)_2$
- 나트륨이 물과의 반응(가연성가스인 수소 발생)
  $2Na + 2H_2O \rightarrow 2NaOH + H_2\uparrow$
- 칼륨이 물과의 반응(가연성가스인 수소 발생)
  $2K + 2H_2O \rightarrow 2KOH + H_2\uparrow$
- 탄화칼슘이 물과의 반응(가연성가스인 아세틸렌 발생)
  $CaC_2 + 2H_2O \rightarrow Ca(OH)_2 + C_2H_2\uparrow$

51 옥내탱크저장소의 탱크와 탱크 전용실의 벽 및 탱크 상호간의 거리는 몇 m 이상의 간격을 두어야 하는가?(단, 예외상황은 고려치 않음)

① 0.1
② 0.2
③ 0.3
④ 0.5

옥내탱크저장소의 이격거리
- 탱크상호간의 거리 : 0.5m이상
- 탱크와 탱크전용실과의 거리 : 0.5m이상

52 다음 제4류 위험물 중 제3석유류에 속하는 것은?

① 경유
② 의산
③ 글리세린
④ 아세톤

제4류 위험물의 분류

종류	경유	의산	글리세린	아세톤
분류	제2석유류	제2석유류	제3석유류	제1석유류

53 다음 중 제2류 위험물에 속하지 않은 것은?

① 적린
② 황화인
③ 과산화나트륨
④ 마그네슘

과산화나트륨(Na_2O_2) : 제1류 위험물의 무기과산화물

54 과염소산나트륨의 성질 중 가장 거리가 먼 것은?

① 황백색의 분말로 물과 반응하여 산소를 발생한다.
② 가열하면 분해되어 산소가 방출한다.
③ 융점 482℃로 물에 잘 녹는다.
④ 무색, 무취의 조해하기 쉬운 결정이다.

과염소산나트륨의 성질
- 물성

화학식	분자량	비중	융점	분해 온도
$NaClO_4$	122	2.02	482℃	400℃

- 무색 또는 백색의 결정으로 조해성이 있다.
- 물, 아세톤, 알코올에는 녹고, 다이에틸에터에는 녹지 않는다.

55 오황화인이 공기 중의 습기를 흡수하여 분해하였을 때 생성되는 물질은?

① C_2H_2
② H_2S
③ H_2
④ PH_3

오황화인은 물 또는 알칼리에 분해하여 황화수소(H_2S)와 인산(H_3PO_4)이 된다.
$P_2S_5 + 8H_2O \rightarrow 2H_2S + 2H_3PO_4$

56 특수인화물이 200ℓ, 제4석유류가 12000ℓ 저장 시 저장량의 합계는 지정수량의 몇 배인가?

① 3
② 4
③ 5
④ 6

지정수량의 배수를 구하기 위하여 지정수량을 알아야 한다(특수인화물 : 50ℓ, 제4석유류 : 6,000ℓ)
∴ 지정수량의 배수 = $\frac{저장수량}{지정수량}$ = $\frac{200ℓ}{50ℓ}$ + $\frac{12,000ℓ}{6,000ℓ}$ = 6배

57 다음은 황의 성질을 설명한 것이다. 옳은 것은?

① 전기의 양도체이다.
② 물에 잘 녹는다.
③ 매우 연소하기 어려운 가연성 고체이다.
④ 높은 온도에서 탄소와 반응하며 인화성이 큰 이황화탄소가 생긴다.

> 황과 코크스가 고온에서 반응하면 이황화탄소가 된다.
> 2S + C → CS₂ + 발열

58 질산은 대부분의 금속을 부식시킨다. 다음 중 부식시키지 못하는 금속은?

① 철
② 구리
③ 은
④ 백금

> 질산(HNO₃)은 백금(Pt)은 부식시키지 못한다.

59 나이트로셀룰로스를 저장 운반 시 어느 물질에 습면하는 것이 좋은가?

① 에터 또는 물
② 물 또는 알코올
③ 파라핀
④ 아세톤

> 나이트로셀룰로스(NC)는 물 또는 알코올에 습면시켜 저장, 운반한다.

60 위험물안전관리법령상 수용성이 아닌 위험물은?

① 피리딘
② 아세톤
③ 아세트산
④ 톨루엔

> 위험물안전관리에 관한 세부기준 제13조
>
> | 종류 | 피리딘 | 아세톤 | 아세트산 | 톨루엔 |
> |---|---|---|---|---|
> | 수용성 여부 | 수용성 | 수용성 | 수용성 | 비수용성 |

정답 CBT 복원문제 2022년 2회

01 ②	02 ④	03 ③	04 ②	05 ②
06 ①	07 ①	08 ③	09 ①	10 ③
11 ③	12 ④	13 ④	14 ④	15 ③
16 ②	17 ①	18 ④	19 ④	20 ①
21 ②	22 ②	23 ②	24 ②	25 ③
26 ①	27 ④	28 ②	29 ②	30 ②
31 ④	32 ②	33 ④	34 ①	35 ②
36 ③	37 ③	38 ①	39 ③	40 ②
41 ②	42 ②	43 ②	44 ④	45 ①
46 ②	47 ④	48 ④	49 ④	50 ②
51 ④	52 ②	53 ③	54 ①	55 ②
56 ④	57 ④	58 ④	59 ②	60 ④

2022년 3회 CBT 복원문제

01 물이 소화제로 쓰이는 이유 중 거리가 먼 것은?

① 구입이 용이하다.
② 제거소화가 잘 된다.
③ 취급이 간편하다.
④ 기화잠열이 크다.

🔍 물을 소화약제로 사용하는 이유
• 구하기 쉽고 가격이 저렴하다
• 물에 의한 냉각효과가 크다
• 비열과 증발잠열이 크다
• 취급이 용이하다

02 분자량이 약 26.98로서 온수와 반응하여 수소를 발생하여 공기 중에서는 산화피막이 형성되어 내부를 보호하는 성질을 가진 제2류 위험물은?

① Zn   ② Al
③ Sb   ④ Fe

🔍 Al(알루미늄) : 분자량이 약 26.98로서 온수와 반응하여 수소를 발생하여 공기 중에서는 산화피막이 형성되어 내부를 보호하는 성질을 가진 위험물

03 다음 위험물 중 상온에서 액체인 것은?

① 질산에틸
② 트라이나이트로톨루엔
③ 셀룰로이드
④ 피크린산

🔍 질산에틸은 제5류 위험물로서 상온에서 액체이다.

04 정전기를 유효하게 제거할 수 있는 설비를 설치하고자 할 때 위험물안전관리법령에서 정한 정전기 제거방법의 기준으로 옳은 것은?

① 공기 중의 상대습도를 70% 이상으로 하는 방법
② 공기 중의 상대습도를 70% 이하로 하는 방법
③ 공기 중의 절대습도를 70% 이상으로 하는 방법
④ 공기 중의 절대습도를 70% 이하로 하는 방법

🔍 정전기 방지법
• 접지할 것
• 상대습도를 70% 이상으로 할 것
• 공기를 이온화할 것

05 점화원을 가까이 댔을 때 연소형태가 시작되는 최저 온도는?

① 연소점
② 발화점
③ 인화점
④ 분해점

🔍 인화점 : 점화원을 가까이 댔을 때 연소형태가 시작되는 최저 온도로서 가연성증기를 발생하는 최저 온도

06 질산에 대한 설명 중 옳은 것은?

① 적갈색의 고체이다.
② 햇빛에 의해 분해되므로 보관 시 직사광선을 차단한다.
③ 가열하여도 분해되지 않는다.
④ 금속을 부식시키지 않는다.

🔍 질산의 특성
• 흡습성이 강하여 습한 공기 중에서 발열하는 무색의 무거운 액체이다.
• 자극성, 부식성이 강하며 햇빛에 의해 일부 분해한다.
• 진한질산을 가열하면 적갈색의 갈색증기(NO_2)가 발생한다.
• 목탄분, 천, 실, 솜 등에 스며들어 방치하면 자연발화 한다.
• 금속을 부식시킨다.

07 위험물안전관리법령상 제1류 위험물 중 알칼리금속의 과산화물의 운반용기 외부에 표시해야 하는 주의사항을 모두 옳게 나타낸 것은?

① "화기엄금", "충격주의"및 "가연물접촉주의"
② "화기·충격주의", "물기엄금"및 "가연물접촉주의"
③ "화기주의"및 "물기엄금"
④ "화기엄금"및 "충격주의"

운반용기의 주의사항

종류	표시 사항
제1류 위험물	• 알칼리금속의 과산화물 : 화기·충격주의, 물기엄금, 가연물접촉주의 • 그밖의 것 : 화기·충격주의, 가연물접촉주의

08 다음 위험물 중 특수 인화물이 아닌 것은?

① 메틸에틸케톤 퍼옥사이드
② 산화프로필렌
③ 아세트알데하이드
④ 이황화탄소

🔍 메틸에틸케톤 퍼옥사이드(MEKPO)는 제5류 위험물의 유기과산화물이다.

09 나이트로글리세린 4 mol 이 연소할 때 발생하는 기체의 부피는 약 몇 L 인가?(단, 표준상태에서 이상기체 거동을 가정한다.)

① 6496
② 649.6
③ 64.96
④ 6.946

🔍 NG의 분해반응식
$4C_3H_5(ONO_2)_3 \rightarrow 12CO_2\uparrow + 10H_2O + O_2\uparrow + 6N_2\uparrow$
이 식에서 발생되는 기체는 이산화탄소 12몰, 수증기 10몰, 산소 1몰, 질소 6몰, 총 몰은 29몰이므로 29몰을 부피로 환산하면
29mol × 22.4ℓ = 649.6ℓ
• 표준상태에서 기체 1g-mol이 차지하는 부피 : 22.4ℓ

10 질산에틸의 성질 및 취급 시 주의사항이 아닌 것은?

① 인화되기 쉽다.
② 물에 잘 녹지 않는다.
③ 직사광선을 차단하고 통풍 환기가 잘 되는 곳에 저장한다.
④ 증기 비중이 낮아 증기는 높은 곳에 체류한다.

🔍 질산에틸의 특성
• 증기비중은 3.14로서 공기보다 무거워서 낮은 곳에 체류한다.
• 무색, 투명한 액체로서 방향성을 갖는다.
• 물에 녹지 않으며 알코올에는 잘 녹는다.
• 10℃로서 인화점이 대단히 낮고 연소하기 쉽다.

11 주유취급소의 고정주유설비는 고정주유설비의 중심선을 기점으로 하여 도로경계선까지 몇 m 이상 떨어져 있어야 하는가?

① 2
② 3
③ 4
④ 5

🔍 주유취급소의 고정주유설비 또는 고정급유설비의 설치 기준
• 고정주유설비(중심선을 기점으로 하여)
  - 도로경계선까지 : 4m 이상
  - 부지경계선·담 및 건축물의 벽까지 : 2m(개구부가 없는 벽으로부터는 1m) 이상
• 고정급유설비(중심선을 기점으로 하여)
  - 도로경계선까지 : 4m 이상
  - 부지경계선·담까지 : 1m
  - 건축물의 벽까지 : 2m(개구부가 없는 벽으로부터는 1m) 이상 거리를 유지할

12 자연발화의 조건으로 거리가 먼 것은?

① 표면적이 넓을 것
② 열전도율이 클 것
③ 발열량이 클 것
④ 주위의 온도가 높을 것

🔍 자연발화의 조건
• 주위의 온도가 높을 것
• 열전도율이 적을 것
• 발열량이 클 것
• 표면적이 넓을 것

13 다음 설명 중 인화석회(인화칼슘)의 성질로 옳은 것은?

① 물보다 약간 가볍다.
② 백색 괴상의 고체이다.
③ 알코올에 잘 녹는다.
④ 물과 반응하여 포스핀을 발생한다.

🔍 인화칼슘의 특성
• 적갈색의 괴상 고체로서 인화석회라고도 한다.
• 알코올, 에터에는 녹지 않는다.
• 건조 공기 중에서 안정하나 300℃이상에서는 산화한다.
• 가스 취급 시 독성이 심하므로 방독마크를 착용해야 한다.
• 물이나 약산과 반응하여 포스핀(PH_3)의 유독성가스를 발생한다.
• 인화칼슘과 물과의 반응식
$Ca_3P_2 + 6H_2O \rightarrow 3Ca(OH)_2 + 2PH_3\uparrow$

14 대형 수동식소화기의 설치기준은 방호대상물의 각 부분으로부터 하나의 대형 수동식소화기까지의 보행거리가 몇 m 이하가 되도록 설치해야 하는가?

① 30
② 20
③ 10
④ 5

🔍 수동식 소화기 설치 기준
- 소형수동식소화기 : 보행거리 20m이내
- 대형수동식소화기 : 보행거리 30m이내 설치

15 다음 중 〈보기〉와 같은 성상을 갖는 물질은?

〈보기〉
- 은백색 광택의 무른 경금속으로 포타슘이라고도 부른다.
- 공기 중에서 수분과 반응하여 수소가 발생한다.
- 융점이 63.7℃ 이고, 비중은 약 0.86 이다.

① 칼륨
② 나트륨
③ 알킬리튬
④ 알킬알루미늄

🔍 칼륨(Potasium, K)
- 은백색 광택의 무른 경금속
- 비점 : 0.86, 융점 : 63.7℃
- 물과 반응 $2K + 2H_2O \rightarrow 2KOH + H_2(수소)$

16 H_2O_2 에 대한 설명 중 틀린 것은?

① 제6류 위험물이다.
② 5% 이상이면 위험물로 취급된다.
③ 표백제, 소독제로 쓰인다.
④ 구멍 뚫린 마개를 사용하여 보관한다.

🔍 과산화수소(H_2O_2)는 농도가 36(중량)% 이상일 때 위험물로 취급한다.

17 다음 위험물 중 화재가 발생하였을 때 소화에 물을 사용할 수 없는 것은?

① 황(S)
② 황린(P_4)
③ 적린(P)
④ 알루미늄 분말(Al)

🔍 알루미늄 분말(Al)은 화재 시 주수소화하면 가연성가스인 수소가 발생하므로 위험하다
$2Al + 6H_2O \rightarrow 2Al(OH)_3 + 3H_2$

18 다음 중 분자량이 약 220.19, 발화점이 약 100℃ 이며, 이황화탄소, 질산에 녹고 물, 염산, 황산에 용해되지 않는 위험물은?

① 적린
② 오황화인
③ 황린
④ 삼황화인

🔍 삼황화인(P_4S_3)
- 황록색의 결정 또는 분말이다
- 이황화탄소(CS_2), 알칼리, 질산에는 녹고, 물, 염소, 염산, 황산에는 녹지 않는다.
- 삼황화인은 공기 중 약 100℃에서 발화하고 마찰에 의해서도 쉽게 연소하며 자연발화 가능성도 있다.

19 다음 중 제2석유류로만 짝지어진 것은?

① 등유 - 피리딘
② 경유 - 휘발유
③ 등유 - 중유
④ 경유 - 아크릴산

🔍 제4류 위험물의 분류

종류	등유	경유	중유	휘발유	아크릴산
품명	제2석유류	제2석유류	제3석유류	제1석유류	제2석유류

20 다음 중 위험물 제조소의 안전거리를 20 m 이상으로 해야 하는 곳은?

① 학교
② 천연기념물
③ 고압가스 시설
④ 병원

🔍 제조소의 안전거리

건축물	안전거리
사용전압 7000V초과 35,000V이하의 특고압 가공전선	3m이상
사용전압 35,000V초과의 특고압가공전선	5m이상
주거용으로 사용되는 것(제조소가 설치된 부지 내에 있는 것을 제외)	10m이상
고압가스, 액화석유가스, 도시가스를 저장 또는 취급하는 시설	20m이상
학교, 병원(병원급의료기관), 극장(공연장, 영화상영관, 그 밖에 이와 유사한시설로서 수용인원 300명이상 수용할 수 있는 것, 아동복지시설, 노인복지시설, 장애인복지시설, 한부모가족 지원시설, 어린이집, 성매매피해자등을 위한 지원시설, 정신건강증진시설, 가정폭력방지 및 피해자 보호시설 및 그 밖에 이와 유사한시설로서 수용인원 20명이상 수용할 수 있는 것.	30m이상
지정문화유산, 천연기념물등	50m이상

21 다음은 제6류 위험물의 일반 성질에 대한 설명이다. 틀린 것은?

① 물에 잘 녹는다.
② 강한 산화제이다.
③ 물보다 무겁다.
④ 불에 쉽게 연소된다.

🔍 제6류 위험물 : 불연성

22 탄화칼슘 60,000kg을 소요단위로 산정하면 몇 단위인가?

① 10단위 ② 20단위
③ 30단위 ④ 40단위

🔍 위험물은 지정수량의 10배를 1소요단위로 한다.

∴ 소요단위 = $\frac{저장수량}{지정수량 \times 10}$ = $\frac{60,000kg}{300kg \times 10}$ = 20단위

• 탄화칼슘의 지정수량 : 300kg(제3류 위험물 칼슘의 탄화물)

23 다음 중 염소산나트륨의 성질로서 틀린 것은?

① 알코올, 에터에 녹지 않는다.
② 조해성이 있다.
③ 분해온도는 약 300℃ 이다.
④ 철을 부식시킨다.

🔍 염소산나트륨은 물, 알코올, 에터에는 녹는다.

24 위험물안전관리법령상 지정수량이 나머지 셋과 다른 하나는?

① 적린 ② 황화인
③ 황   ④ 마그네슘

🔍 제2류 위험물의 지정수량

종류	적린	황화인	황	마그네슘
지정수량	100kg	100kg	100kg	500kg

25 다음 중 물에 잘 용해되는 위험물은?

① 벤젠   ② 아이소프로필알코올
③ 휘발유   ④ 에터

🔍 아이소프로필알코올(C_3H_7OH)은 알코올류로서 물에 잘 녹는다.

26 다음 중 제4류 위험물 취급 시 주의사항으로 가장 관계가 먼 것은?

① 위험물 저장 시 통풍이 잘되는 냉암소에 저장한다.
② 증기는 낮은 곳에 체류하기 쉬우므로 환기 시 주의한다.
③ 빈 용기라도 가연성 증기가 남아 있을 수 있으므로 취급 시 주의해야 한다.
④ 석유류는 배관 이송 시 정전기가 발생할 가능성이 적으므로 정전기 제어설비가 필요 없다.

🔍 제4류 위험물은 기계설비 및 배관은 정전기 방지를 위하여 접지를 해야 한다.

27 아세트알데하이드와 아세톤의 성질을 설명한 것이다. 틀린 것은?

① 증기는 공기보다 모두 무겁다.
② 모두 무색 액체로서 인화점이 낮다.
③ 모두 물에 잘 녹는다.
④ 모두 특수 인화물로 반응성이 크다.

🔍 아세트알데하이드 : 특수인화물, 아세톤 : 제4류 제1석유류

28 다음 괄호 안에 들어갈 알맞은 단어는?

보냉장치가 있는 이동 저장탱크에 저장하는 아세트알데하이드 등 또는 다이에틸에터 등의 온도는 해당 위험물의 (   )이하로 유지해야 한다.

① 비점
② 인화점
③ 융해점
④ 발화점

🔍 아세트알데하이드등 또는 다이에틸에터 등을 이동저장탱크에 저장하는 경우
• 보냉장치가 있는 경우 : 비점 이하
• 보냉장치가 없는 경우 : 40℃ 이하

29 다음 중 C_5H_5N에 대한 설명으로 틀린 것은?

① 순수한 것은 무색이고 악취가 나는 액체이다.
② 상온에서 인화의 위험이 있다.
③ 물에 녹는다.
④ 강한 산성을 나타낸다.

🔍 피리딘(C_5H_5N)은 약 알칼리성을 나타낸다.

30 연소가 일어나려면 가연물, 산소공급원, 점화원이 필요하다. 다음 중 점화원으로 적합하지 않은 것은?

① 마찰에 의한 점화
② 충격에 의한 점화
③ 가열에 의한 점화
④ 흡수에 의한 점화

🔍 점화원은 가열, 충격, 마찰에 의한 것이지 흡수와는 관계가 없다.

31 인화칼슘과 물이 반응할 때의 반응식 중 옳은 것은?

① $Ca_3P_2 + 6H_2O \rightarrow 2PH_3 + 3Ca(OH)_2 + Q$ kcal
② $Ca_3P_2 + 5H_2O \rightarrow 2PH_3 + 3Ca(OH)_2 + Q$ kcal
③ $Ca_3P_2 + 4H_2O \rightarrow 2PH_3 + 3Ca(OH)_2 + Q$ kcal
④ $Ca_3P_2 + 3H_2O \rightarrow 2PH_3 + 3Ca(OH)_2 + Q$ kcal

🔍 인화칼슘과 물과의 반응
$Ca_3P_2 + 6H_2O \rightarrow 2PH_3 + 3Ca(OH)_2$

32 아세톤, 메탄올, 피리딘 및 아세트알데하이드 등의 공통된 성질은?

① 모두 액체로 무취이다.
② 모두 인화점이 0℃ 이하이다.
③ 모두 분자내 산소를 함유하고 있다.
④ 모두 물에 녹는다.

🔍 제4류 위험물의 물성

종류 항목	아세톤	메탄올	피리딘	아세트알데하이드
분류	제1석유류	알코올류	제1석유류	특수인화물
외관	무색투명한 자극성 액체	무색투명한 휘발성 액체	무색 액체로서 악취와 독성	무색투명한 자극성 액체
인화점	-18.5℃	11℃	16℃	-40℃
용해성	수용성	수용성	수용성	수용성 (수용성 구분 없음)

33 과염소산칼륨을 400℃ 이상으로 가열하면 분해되어 발생하는 가스는?

① 수소
② 질소
③ 탄산가스
④ 산소

🔍 400℃에서 서서히 분해가 시작되어 610℃에서 완전 분해하여 산소(O_2)를 발생한다.

34 아이오딘값의 정의를 올바르게 설명한 것은?

① 유지 100 kg 에 흡수되는 아이오딘의 g 수
② 유지 10 kg 에 흡수되는 아이오딘의 g 수
③ 유지 100 g 에 흡수되는 아이오딘의 g 수
④ 유지 10 g 에 흡수되는 아이오딘의 g 수

🔍 아이오딘값 : 유지 100g 에 부가(흡수)되는 아이오딘의 g 수

35 주유취급소의 위험물 취급기준이 틀린 것은?

① 고정급유설비에 접속하는 탱크에 위험물을 주입 시 탱크에 접속된 고정급유설비의 사용을 중지한다.
② 유분리장치에 고인 유류는 넘치지 않게 수시로 퍼내야 한다.
③ 이동저장탱크로부터 위험물을 주유취급소 내의 탱크에 주입할 때 이동탱크저장소를 해당 탱크의 주입구에 근접시키지 않는다.
④ 자동차에 주유할 때는 고정주유설비를 사용하여 직접 주유한다.

🔍 이동저장탱크로부터 위험물을 주유취급소 내의 탱크에 주입할 때 이동탱크저장소를 해당 탱크의 주입구에 연결시켜야 주입할 수 있다.

36 과산화나트륨에 대한 설명으로 틀린 것은?

① 알코올에 녹아 산소를 발생시킨다.
② 상온에서 물과 격렬하게 반응한다.
③ 흡습성이 강하고 조해성이 있다.
④ 비중이 약 2.8 이다.

> 과산화나트륨은 알코올에는 녹지 않고 물과 반응하여 산소를 발생한다.

37 위험물안전관리법상 전기설비에 대해 소화설비의 적응성이 없는 것은?

① 물분무소화설비
② 이산화탄소소화설비
③ 포소화설비
④ 할로젠화합물소화설비

> 포소화설비는 물과 포원액으로 혼합되어 있으므로 전기설비에는 적합하지 않다.

38 다음 위험물 중 혼재가 가능한 것끼리 짝지워진 것은?(단, 지정수량의 1/5 임)

① 제2류와 제5류
② 제2류와 제6류
③ 제2류와 제3류
④ 제2류와 제1류

> 운반 시 혼재 가능한 위험물
> • 제1류 위험물 + 제6류 위험물
> • 제3류 위험물 + 제4류 위험물
> • 제2류 위험물 + 제4류 위험물 + 제5류 위험물

39 1기압에서 인화점이 70℃ 이상 200℃ 미만인 위험물은 어디에 속하는가? (단, 도료류 그 밖의 물품은 가연성 액체량이 40중량% 이하인 것은 제외한다.)

① 제1석유류
② 제2석유류
③ 제3석유류
④ 제4석유류

> 제3석유류 : 인화점이 70℃ 이상 200℃ 미만인 것

40 다음 위험물 중 제4석유류에 속하는 품목은?

① 중유   ② 등유
③ 크레오소트유   ④ 실린더유

> 제4류 위험물의 분류
>
> | 종류 | 중유 | 등유 | 크레오소트유 | 실린더유 |
> |---|---|---|---|---|
> | 품명 | 제3석유류 | 제2석유류 | 제3석유류 | 제4석유류 |

41 스테아르산[$CH_3(CH_2)_{16}COOH$]에 대한 설명 중 틀린 것은?

① 고급지방산의 일종이다.
② 벤젠, 에터에 녹는다.
③ 양초나 비누제조 용도로 사용된다.
④ 상온에서 액체로 존재하고 아이오딘값이 높다.

> 스테아르산은 특수가연물의 가연성고체류서 아이오딘값이 매우 낮다.

42 금속칼륨이 물과 반응하였을 때 생성되는 가스는?

① 수소가스
② 탄산가스
③ 일산화탄소
④ 아세틸렌가스

> 칼륨과 물과의 반응
> $2K + 2H_2O \rightarrow 2KOH + H_2\uparrow$ (수소)

43 다음 [보기] 중 상온에서 상태(기체, 액체, 고체)가 동일한 것으로 모두 나열한 것은?

[보기]   Halon 1301, Halon 1211, Halon 2402

① Halon 1301, Halon 2402
② Halon 1211, Halon 2402
③ Halon 1301, Halon 1211
④ Halon 1301, Halon 1211, Halon 2402

> 할로젠화합물 소화설비의 상태
>
> | 종류 | 할론 1211 | 할론 1301 | 할론 1011 | 할론 2402 |
> |---|---|---|---|---|
> | 상태 | 기체 | 기체 | 액체 | 액체 |

44 다음 중 연소에 필요한 산소의 공급원을 단절하는 작용은?
① 제거작용
② 질식작용
③ 희석작용
④ 억제작용

> 질식작용 : 산소공급원 차단에 의한 소화

45 옥내주유취급소의 소화난이도 등급은?
① Ⅰ
② Ⅱ
③ Ⅲ
④ Ⅳ

> 주유취급소 소화난이도 등급
> • 옥내주유취급소 : 등급Ⅱ
> • 옥외주유취급소 : 등급Ⅲ

46 이황화탄소의 설명으로 적합하지 않은 것은?
① 물에 잘 녹지 않는다.
② 연소 시 유독한 CO가 주로 발생한다.
③ 유지, 수지, 생고무, 황 등을 녹인다.
④ 알칼리금속류와 접촉하면 발화 혹은 폭발 위험이 있다.

> 이황화탄소의 연소반응식
> $CS_2 + 3O_2 \rightarrow CO_2 + 2SO_2$

47 제5류 위험물을 저장할 때 주의해야 할 사항 중 틀린 것은?
① 통기가 잘되는 곳에 저장한다.
② 불꽃과의 접촉을 피한다.
③ 건조를 위해 온도가 높은 곳에 저장한다.
④ 심한 충격과 마찰을 피하도록 한다.

> 모든 위험물은 온도가 높은 곳에 저장하여서는 아니 된다.

48 다음 중 제2류 위험물의 일반적인 취급 및 소화방법에 대한 설명으로 옳은 것은?
① 비교적 낮은 온도에서 착화되기 쉬우므로 고온체와 접촉시킨다.
② 인화성 액체(4류)와의 혼합을 피하고, 산화성 물질(1류, 6류)과 혼합하여 저장한다.
③ 금속분, 철분, 마그네슘, 황화인은 물에 의한 냉각 소화가 적당하다.
④ 저장용기를 밀봉하고 위험물의 누출을 방지하여 통풍이 잘되는 냉암소에 저장한다.

> 제2류 위험물의 저장 및 취급방법
> • 화기를 피하고 불티, 불꽃, 고온체와의 접촉을 피한다.
> • 산화제(제1류와 제6류 위험물)와의 혼합 또는 접촉을 피한다.
> • 철분, 마그네슘, 금속분은 물, 습기, 산과의 접촉을 피하여 저장한다.
> • 저장용기를 밀봉하고 통풍이 잘 되는 냉암소에 보관, 저장한다.
> • 황은 물에 의한 냉각소화가 적당하다.

49 이산화탄소가 불연성인 이유를 옳게 설명한 것은?
① 산소와의 반응이 느리기 때문이다.
② 산소와 반응하지 않기 때문이다.
③ 착화되어도 곧 불이 꺼지기 때문이다.
④ 산화반응이 일어나도 열 발생이 없기 때문이다.

> 이산화탄소(CO_2)는 산소와 더 이상 반응하지 않으므로 불연성 가스이다.

50 분말소화약제의 주성분이 아닌 것은?
① 탄산수소나트륨
② 인산암모늄
③ 탄산나트륨
④ 탄산수소칼륨

> 탄산나트륨(Na_2CO_3)은 제3종 분말인 인산암모늄이 열분해 시 발생한다.

51 알루미늄 분말의 저장 방법 중 옳은 것은?
① 에틸알코올 수용액에 넣어 보관
② 밀폐 용기에 넣어 건조한 곳에 저장
③ 폴리에틸렌병에 넣어 수분이 많은 곳에 보관
④ 염산 수용액에 넣어 보관

> 알루미늄은 수분과 반응하면 수소가스를 발생하므로 밀폐 용기에 넣어 건조한 곳에 저장한다.

52 과망가니즈산칼륨($KMnO_4$)에 대한 설명이다. 옳은 것은?

① 물에 잘 녹는 흑자색의 결정이다.
② 에탄올, 아세톤에 녹지 않는다.
③ 물에 녹았을 때는 진한 노란색을 띤다.
④ 강 알칼리와 반응하여 수소를 방출하여 폭발한다.

> 과망가니즈산칼륨의 특성
> - 흑자색의 주상결정으로 산화력과 살균력이 강하다.
> - 물, 알코올에 녹으면 진한 보라색을 나타낸다.
> - 진한 황산과 접촉하면 폭발적으로 반응한다.
> - 강알칼리와 접촉시키면 산소를 방출한다.
> - 알코올, 에터, 글리세린 등 유기물과의 접촉을 피한다.

53 이산화탄소소화설비 기준에서 가연성 액체를 저장하는 전역방출방식의 경우 몇 초 이내에 소화약제의 양을 균일하게 방사해야 하는가?

① 30초 이내   ② 60초 이내
③ 100초 이내 ④ 120초 이내

> 이산화탄소의 약제 방출시간
> - 가연성 액체 또는 가연성가스등 표면화재방호대상물 : 1분 이내
> - 종이, 목재, 석탄 섬유류, 합성수지류 등 심부화재방호대상물 : 7분 이내
> - 국소방출방식 : 30초 이내

54 알루미늄분이 염산과 반응하였을 경우 주로 생성되는 가연성 가스는?

① 산소   ② 질소
③ 연소   ④ 수소

> 알루미늄분이 염산과 반응
> $2Al + 6HCl \rightarrow 2AlCl_3 + 3H_2$

55 드라이아이스 1kg이 완전히 기화하면 약 몇 몰의 이산화탄소가 되겠는가?

① 22.7   ② 51.3
③ 230.1 ④ 515.0

> 몰수
> - 몰수 = 무게/분자량,
>   드라이아이스의 주성분 : CO_2(분자량 : 44)
> - ∴ 몰수 = 무게/분자량 = 1000g ÷ 44 = 22.7몰

56 착화온도 600℃의 의미는?

① 600℃로 가열하면 점화원이 있으면 연소한다.
② 600℃로 가열하면 비로소 연소된다.
③ 600℃ 이하에서는 점화원이 있어도 인화되지 않는다.
④ 600℃로 가열하면 가열된 열만 가지고 스스로 연소가 시작된다.

> 착화온도 600℃란 600℃로 가열하면 가열된 열만 가지고 스스로 연소가 시작된다.

57 셀룰로이드를 다량으로 저장하는 경우 가장 적절한 저장소는?

① 습도가 높고, 온도가 낮은 곳
② 습도가 낮고, 온도가 높은 곳
③ 통풍이 좋고, 온도가 낮은 곳
④ 통풍이 없고, 온도가 높은 곳

> 셀룰로이드의 저장 장소 : 통풍이 좋고, 온도가 낮은 곳

58 위험물제조소에서 화기엄금 및 화기주의를 표시하는 게시판의 바탕색과 문자색을 옳게 연결한 것은?

① 백색바탕 – 청색문자
② 청색바탕 – 백색문자
③ 적색바탕 – 백색문자
④ 백색바탕 – 적색문자

> 제조소등의 주의사항
>
> | 위험물의 종류 | 주의사항 | 게시판의 색상 |
> |---|---|---|
> | 제1류 위험물 중 알칼리금속의 과산화물
제3류 위험물 중 금수성물질 | 물기엄금 | 청색바탕에 백색문자 |
> | 제2류 위험물
(인화성 고체는 제외) | 화기주의 | 적색바탕에 백색문자 |
> | 제2류 위험물 중 인화성 고체
제3류 위험물 중 자연발화성물질
제4류 위험물
제5류 위험물 | 화기엄금 | 적색바탕에 백색문자 |

59. 다음 위험물 중 물과 반응하여 산소를 내는 것은?

① 과산화칼륨
② 과염소산칼륨
③ 염소산칼륨
④ 아염소산칼륨

🔍 물과 반응하여 산소를 발생하는 것은 제1류 위험물의 무기과산화물(과산화칼륨, 과산화나트륨)이다.
$2K_2O_2 + 2H_2O \rightarrow 4KOH + O_2\uparrow + 발열$

60. 옥외 저장소에서 지정수량 200배의 위험물을 저장 할 경우 보유공지의 너비는 몇 m 이상으로 하는가? (단, 제4류 위험물과 제6류 위험물은 제외한다.)

① 0.5 m
② 5m
③ 10m
④ 12m

🔍 옥외저장소의 보유공지

저장 또는 취급하는 위험물의 최대수량	공지의 너비
지정수량의 10배 이하	3m 이상
지정수량의 10배 초과 20배 이하	5m 이상
지정수량의 20배 초과 50배 이하	9m 이상
지정수량의 50배 초과 200배 이하	12m 이상
지정수량의 200배 초과	15m 이상

정답 CBT 복원문제 2022년 3회

01 ②	02 ②	03 ①	04 ①	05 ③
06 ②	07 ②	08 ①	09 ②	10 ④
11 ③	12 ②	13 ④	14 ①	15 ①
16 ②	17 ④	18 ④	19 ④	20 ③
21 ④	22 ②	23 ①	24 ④	25 ②
26 ④	27 ④	28 ①	29 ④	30 ④
31 ①	32 ④	33 ①	34 ③	35 ③
36 ①	37 ③	38 ①	39 ③	40 ④
41 ④	42 ①	43 ③	44 ②	45 ②
46 ②	47 ③	48 ①	49 ②	50 ③
51 ②	52 ①	53 ②	54 ①	55 ①
56 ④	57 ③	58 ③	59 ①	60 ④

2022년 4회 CBT 복원문제

01 소화난이도 등급 Ⅰ에 해당하는 제조소의 연면적은?

① 1,000m² 이상 ② 800m² 이상
③ 700m² 이상   ④ 500m² 이상

> 소화난이도 등급 Ⅰ
> • 제조소 : 연면적이 1000m² 이상
> • 옥내저장소 : 연면적이 150m² 초과

02 소화약제 방사 시 열량을 흡수하므로 질식 및 냉각작용이 있는 것은?

① 탄산가스
② 탄산수소알루미늄
③ 황산알루미늄
④ 탄화칼슘

> 탄산가스(이산화탄소)의 소화작용 : 질식작용, 냉각작용

03 강화액 소화기의 특성으로 잘못된 것은?

① ABC 소화기이다.
② 부동성이 높아 한랭 또는 겨울에 사용 가능하다.
③ 독성, 부식성이 없다.
④ 소화제는 강산성을 나타낸다.

> 강화액 소화약제는 pH 약 10인 알칼리성 수용액이다.

04 제1류 위험물 무기과산화물 중 알칼리금속의 과산화물에 대한 설명으로 틀린 것은?

① 피부와 접촉하여 피부를 부식시킨다.
② 양이 많을 경우 주수에 의하여 폭발위험이 있다.
③ 물과 발열반응하며 수소를 방출한다.
④ 가연물과 혼합되어 있을 경우 마찰에 의해 발화한다.

> 알칼리금속의 과산화물은 물과 반응하며 산소를 방출한다.
> $2K_2O_2 + 2H_2O \rightarrow 4KOH + O_2\uparrow + 발열$

05 위험물제조소에서 취급하는 제4류 위험물의 최대수량의 합이 지정수량의 15만배인 사업소에 두어야 할 자체소방대의 화학소방차자동차와 자체소방대원의 수는 각각 얼마로 규정되어 있는가?(단, 상호응원협정을 체결한 경우는 제외한다.)

① 1대, 5인
② 2대, 10인
③ 3대, 15인
④ 4대, 20인

> 자체소방대에 두는 화학소방자동차 및 인원(시행령 별표 8)

사업소의 구분	화학소방 자동차	자체소방 대원의 수
1. 제조소 또는 일반취급소에서 취급하는 제4류 위험물의 최대수량의 합이 지정수량의 3천배 이상 12만배 미만인 사업소	1대	5인
2. 제조소 또는 일반취급소에서 취급하는 제4류 위험물의 최대수량의 합이 지정수량의 12만배 이상 24만배 미만인 사업소	2대	10인
3. 제조소 또는 일반취급소에서 취급하는 제4류 위험물의 최대수량의 합이 지정수량의 24만배 이상 48만배 미만인 사업소	3대	15인
4. 제조소 또는 일반취급소에서 취급하는 제4류 위험물의 최대수량의 합이 지정수량의 48만배 이상인 사업소	4대	20인
5. 옥외탱크저장소에 저장하는 제4류 위험물의 최대수량이 지정수량의 50만배 이상인 사업소	2대	10인

06 다음 ( )안에 알맞은 것은?

> 질식소화의 정의는 가연물이 연소할 때 공기 중의 산소의 농도를 ( ) 이하로 떨어뜨려 산소공급을 차단하여 연소를 중단시키는 것이다.

① 10%   ② 15%
③ 18%   ④ 21%

> 질식소화 : 산소의 농도를 15% 이하로 낮추어 소화하는 방법

07 분말소화약제인 탄산수소나트륨 10kg이 1기압, 270℃에서 방사되었을 때 발생하는 이산화탄소의 양은 약 몇 m^3 인가?

① 2.65
② 3.65
③ 18.22
④ 36.44

🔍 탄산수소나트륨($NaHCO_3$)의 분해반응식
$2NaHCO_3 \rightarrow Na_2CO_3 + H_2O + CO_2$
2×84kg → 44kg
10kg → x

$x = \dfrac{10kg \times 44kg}{2 \times 84kg} = 2.62kg$

∴ 이상기체상태 방정식을 적용하면

$PV = nRT = \dfrac{W}{M}RT \quad V = \dfrac{WRT}{PM}$

여기서, P : 압력(1atm) V : 부피(ℓ) M : 분자량(44)
W : 무게(2.62kg)
R : 기체상수(0.08205$m^3 \cdot atm/kg-mol \cdot K$)
T : 절대온도(273+270℃ = 543K)

∴ $V = \dfrac{WRT}{PM} = \dfrac{2.62 \times 0.08205 \times 543}{1 \times 44} = 2.65m^3$

08 다음 중 전기의 불량도체로 정전기가 발생되기 쉽고 폭발범위가 가장 넓은 위험물은?

① 아세톤
② 톨루엔
③ 에틸알코올
④ 에터

🔍 위험물의 폭발범위

종류	아세톤	톨루엔	에틸알코올	에터
폭발범위	2.5~12.8%	1.27~7.0%	3.1~27.7%	1.7~48.0%

09 옥외 소화전이 6개 있을 경우 수원의 수량으로 올바른 것은?

① $48m^3$ 이상
② $54m^3$ 이상
③ $60m^3$ 이상
④ $81m^3$ 이상

🔍 옥외소화전의 수원의 양
= N(소화전의 수, 최대 4개) ×450ℓ/min ×30min
= N(최대 4개) ×$13.5m^3$ = 4 ×$13.5m^3$ = $54m^3$

10 소화작용에 대한 설명으로 옳지 않은 것은?

① 냉각소화 : 물을 뿌려서 온도를 저하시키는 방법
② 질식소화 : 불연성 포말로 연소물을 덮어 씌우는 방법
③ 제거소화 : 가연물을 제거하여 소화시키는 방법
④ 희석소화 : 산알칼리를 중화시켜 소화시키는 방법

🔍 희석소화 : 물을 주수하여 농도를 낮추어 소화시키는 방법

11 마그네슘분에 대한 설명 중 옳은 것은?

① 물보다 가벼운 금속이다.
② 분진폭발이 없는 물질이다.
③ 산과 반응하면 수소가스를 발생한다.
④ 소화방법으로 직접적인 주수소화가 가장 좋다.

🔍 마그네슘과 산의 반응
$Mg + 2HCl \rightarrow MgCl_2 + H_2$(수소)

12 금속 칼륨(K)에 대한 초기의 소화제로서 적당한 것은?

① 물
② 마른모래
③ CCl_4
④ CO_2

🔍 칼륨과 나트륨의 소화약제 : 마른 모래

13 피리딘 20,000리터에 대한 소화설비의 소요단위는?

① 5단위
② 10단위
③ 15단위
④ 100단위

🔍 ∴소요단위 = $\dfrac{저장수량}{지정수량 \times 10} = \dfrac{20,000ℓ}{400ℓ \times 10}$ = 5단위
피리딘[제4류 위험물 제1석유류(수용성)]의 지정수량 : 400ℓ

14 CaC_2는 어디에 보관하는 것이 가장 좋은가?

① 물
② 알코올
③ 밀폐용기
④ 석유

🔍 카바이트(CaC_2)는 밀폐용기에 보관해야 한다.

15 어떤 소화기에 "A3, B5, C"이라고 표시되어 있다. 여기에서 알 수 있는 것이 아닌 것은?

① 일반화재인 경우 이 소화기의 능력단위는 5단위이다.
② 유류화재에 적용할 수 있는 소화기이다.
③ 전기화재에 적용할 수 있는 소화기이다.
④ ABC 소화기이다.

> 능력단위
> • A3, B5, C
> - A급 화재(일반화재)는 능력단위 3단위이다.
> - B급 화재(유류화재)는 능력단위 5단위이다.
> - C급 화재(전기화재)에 적용된다.

16 질산의 성질에 대한 설명 중 틀린 것은?

① 진한 질산을 가열하면 분해하여 수소를 발생한다.
② 햇빛에 의해 일부 분해하여 자극성의 이산화질소를 만든다.
③ 부식성이 강한 강산이지만 금, 백금, 이리듐, 로듐만은 부식시키지 못한다.
④ 물과 반응하여 발열한다.

> 질산의 분해반응식
> $4HNO_3 \rightarrow 2H_2O + 4NO_2\uparrow + O_2\uparrow$
> (이산화질소) (산소)

17 경보설비는 지정수량 몇 배 이상의 위험물을 저장, 취급하는 제조소등에 설치하는가?

① 2 ② 4
③ 6 ④ 10

> 지정수량 10배이상 : 자동화재탐지설비, 비상경보설비, 비상방송설비, 확성장치 중 1개

18 피크린산(Picric acid)의 성상 및 위험성에 관한 설명 중 옳은 것은?

① 운반 시 에탄올을 첨가하면 안전하다.
② 공업용은 강한 쓴맛이 있고 황색의 침상결정이다.
③ 저장용기는 폭발성 물질이므로 철로 만든 용기에 저장한다.
④ 물, 알코올, 벤젠 등에는 녹지 않고 금속과 반응하여 조연성 가스를 발생시킨다.

> 피크린산의 성질
> • 광택 있는 황색의 침상결정이고 찬물에는 미량 녹고 알코올, 에터 온수에는 잘 녹는다.
> • 쓴맛과 독성이 있고 알코올, 에터, 벤젠, 더운물에는 잘 녹는다.
> • 단독으로 가열, 마찰 충격에 안정하고 연소 시 검은 연기를 내지만 폭발은 하지 않는다.
> • 금속염과 혼합은 폭발이 심하며 가솔린, 알코올, 아이오딘, 황과 혼합하면 마찰, 충격에 의하여 심하게 폭발한다.

19 제6류 위험물 화재 시 소화 및 예방에 관한 설명으로 가장 알맞은 것은?

① 할로젠화합물 소화약제는 효과가 좋다.
② 환원성물질로 소화한다.
③ 실내에는 사염화탄소가 좋다.
④ 유독성 가스의 발생 등에 대비하여 보호장구와 공기 호흡기를 착용한다.

> 제6류 위험물은 냉각소화를 하고 유독성 가스의 발생 등에 대비하여 보호장구와 공기 호흡기를 착용한다.

20 화재 시 알코올형포를 사용하여 진화하는 것이 가장 적합한 위험물은?

① 아세톤   ② 휘발유
③ 경유   ④ 등유

> 알코올형포(내알코올포, 알코올포)는 수용성 액체(알코올, 아세톤, 피리딘, 의산, 초산)가 적합하다.

21 다음 설명 중 틀린 것은?

① 황린은 공기 중 방치하는 경우 자연발화 한다.
② 미분상의 황은 물과 작용해서 자연발화 할 때가 있다.
③ 적린은 염소산칼륨 등의 산화제와 혼합하면 발화 또는 폭발 할 수 있다.
④ 마그네슘은 알칼리토금속으로 할로젠 원소와 접촉 하여 자연발화의 위험이 있다.

🔍 황은 제2류 위험물로서 물에 녹지 않으며 물과 반응성이 없어 자연발화하지 않는다.

22 알킬알루미늄 화재 시 가장 효과적인 소화제는?

① 물
② CO_2
③ 할로젠화합물
④ 팽창질석

🔍 알킬알루미늄의 소화약제 : 팽창질석, 팽창진주암, 마른 모래

23 과산화수소의 성질 및 취급방법에 관한 설명 중 틀린 것은?

① 햇빛에 의하여 분해한다.
② 인산, 요산 등의 분해방지 안정제를 넣는다.
③ 저장용기는 공기가 통하지 않게 마개로 꼭 막아 둔다.
④ 에탄올에 녹는다.

🔍 과산화수소
• 햇빛에 의하여 분해되므로 인산, 요산 등의 분해방지 안정제를 넣는다.
• 과산화수소는 구멍 뚫린 마개를 사용해야 한다.
• 에탄올에 녹는다.

24 벤조일퍼옥사이드와 취급상 주의해야 할 사항으로 틀린 것은?

① 가열, 마찰을 피해야 한다.
② 단독으로 가열해도 무방하다.
③ 다른 물질과 혼합을 피한다.
④ 바람이 잘 통하는 찬 곳에 저장한다.

🔍 벤조일퍼옥사이드(BPO)는 단독으로 가열하면 흰연기를 내면서 폭발한다.

25 다음 제4류 위험물 중 알코올류에 속하는 것은?

① 메틸알코올
② 부틸알코올
③ 아밀알코올
④ 알릴알코올

🔍 알코올류 : 메틸알코올, 에틸알코올, 프로필알코올

26 제3류 위험물 취급 시 주의해야 할 사항으로 가장 알맞은 것은?

① 산화물의 혼합을 피할 것
② 물의 접촉을 피할 것
③ 마찰 충격을 피할 것
④ 화기의 접근을 피할 것

🔍 제3류 위험물은 물과 접촉하면 가연성가스인 수소, 아세틸렌, 포스핀, 메테인을 발생하므로 위험하다.

27 질산에틸($C_2H_5ONO_2$)의 성질에 관한 설명 중 옳은 것은?

① 물에 잘 용해된다.
② 인화점은 경유와 같다.
③ 지정수량은 10kg 이다.
④ 방향성을 갖고 있는 고체이다.

🔍 질산에틸의 성질
• 무색 투명한 액체로서 방향성을 갖는다.
• 물에는 녹지 않으며 알코올에는 잘 녹는다.
• 10℃로서 인화점이 대단히 낮고 연소하기 쉽다.
• 질산에틸은 제5류 위험물의 질산에스터류에 속하며 지정수량은 10kg이다.

28 과산화나트륨은 CO_2가스를 흡수하여 무엇으로 변화하는가?

① 산화나트륨
② 수산화나트륨
③ 나트륨과 탄산
④ 탄산나트륨

🔍 과산화나트륨과 탄산가스의 반응
$2Na_2O_2 + 2CO_2 \rightarrow 2Na_2CO_3 + O_2\uparrow$
(탄산나트륨)

29 적린의 연소시 흰 연기의 성분은?

① H_3PO_4
② SO_2
③ P_2O_5
④ H_2S

🔍 적린은 연소시 오산화인(P_2O_5)의 흰 연기를 발생한다.
$4P + 5O_2 \rightarrow 2P_2O_5$

30 과산화벤조일의 지정수량은 얼마인가?

① 10kg ② 50L
③ 100kg ④ 1,000L

> 과산화벤조일, 과산화메틸에틸케톤, 과산화초산의 지정수량 : 100kg

31 위험물 안전관리법령상 동식물유류의 경우 1기압에서 인화점은 섭씨 몇 도 미만으로 규정하고 있는가?

① 150℃ ② 250℃
③ 450℃ ④ 600℃

> 동식물유류 : 동물의 지육 등 또는 식물의 종자나 과육으로부터 추출한 것으로서 1기압에서 인화점이 250℃ 미만인 것

32 다음 물질 중에서 제3석유류에 속하지 않는 것은?

① 크레오소트유 ② 산화프로필렌
③ 나이트로벤젠 ④ 에틸렌글라이콜

> 제4류 위험물의 분류
>
> | 종류 | 크레오소트유 | 산화프로필렌 | 나이트로벤젠 | 에틸렌글라이콜 |
> |---|---|---|---|---|
> | 품명 | 제3석유류 | 특수인화물 | 제3석유류 | 제3석유류 |

33 다음 중 인화점이 가장 높은 것은?

① 에터 ② 가솔린
③ 아세톤 ④ 톨루엔

> 인화점
>
> | 종류 | 에터 | 가솔린 | 아세톤 | 톨루엔 |
> |---|---|---|---|---|
> | 인화점 | −40℃ | −43℃ | −18.5℃ | 4℃ |

34 산화프로필렌의 성상 및 위험성에 대하여 틀린 것은?

① 연소범위는 가솔린보다 넓다.
② 물에는 잘 녹지만, 알코올, 벤젠 등 유기용제에는 잘 녹지 않는다.
③ 산, 알칼리가 존재하면 발열하면서 중합한다.
④ 증기압이 대단히 높으므로 상온에서 위험한 농도에 달하기 쉽다.

> 산화프로필렌의 성상
> • 연소범위
>
> | 종류 | 산화프로필렌 | 가솔린 |
> |---|---|---|
> | 연소범위 | 2.8 ~ 37.0% | 1.2 ~ 7.6% |
>
> • 물, 알코올, 벤젠 등 유기용제에는 잘 녹는다.
> • 산, 알칼리가 존재하면 발열하면서 중합한다.
> • 증기압이 대단히 높으므로 상온에서 위험한 농도에 달하기 쉽다.
> • 구리(Cu), 마그네슘(Mg), 은(Ag), 수은(Hg)과 반응하면 아세틸레이트를 생성한다.

35 다음 중 특수인화물에 해당하는 위험물은?

① 벤젠
② 피리딘
③ 다이에틸에터
④ 아세토나이트릴

> 특수인화물 : 다이에틸에터, 이황화탄소, 아세트알데하이드, 산화프로필렌 등

36 주유소에서 기름을 넣을 때 자동차의 엔진을 끄는 것이 안전하다. 다음 중 주유소에서 게시하는 "주유중 엔진정지"라는 게시판의 색깔로 알맞은 것은?

① 황색바탕에 흑색문자
② 황색바탕에 적색문자
③ 백색바탕에 흑색문자
④ 백색바탕에 적색문자

> 주유 중 엔진정지 : 황색바탕에 흑색문자

37 다음은 위험물을 저장할 때 필요한 보호액으로 짝지은 것이다. 올바른 것은?

① 황린 − 질산
② 금속칼륨 − 에탄올
③ 이황화탄소 − 물
④ 금속나트륨 − 황산

> 보호액
> • 황린, 이황화탄소 : 물
> • 칼륨, 나트륨 : 등유, 경유, 유동파라핀

38 황린의 취급 시 주의사항으로 틀린 것은?

① 피부에 닿지 않도록 주의할 것
② 산화제와의 접촉을 피할 것
③ 물의 접촉을 피할 것
④ 화기의 접근을 피할 것

🔍 황린은 물속에 저장하므로 물과 접촉은 관계없다.

39 공기 속에서 노란색 불꽃을 내면서 연소하는 것은?

① Li
② Na
③ K
④ Cu

🔍 불꽃 색상

종류	리튬(Li)	나트륨(Na)	칼륨(K)	구리(Cu)
색상	적색	노란색	보라색	청록색

40 염소산칼륨의 화학적, 물리적 위험성에 관한 설명 중 옳은 것은?

① 단독으로 연소한다.
② 자신은 강력한 환원제이다.
③ 열에 의해 분해되어 수소를 발생한다.
④ 유기물 등과 접촉 시 충격을 가하면 폭발하는 수가 있다.

🔍 염소산칼륨($KClO_3$)은 유기물, 목탄 등과 접촉 시 충격을 가하면 폭발하는 수가 있다.

41 할로젠화합물 소화약제가 가져야 할 성질로 옳지 않은 것은?

① 끓는점이 낮을 것
② 증기(기화)가 되기 쉬울 것
③ 전기화재에 적응성이 있을 것
④ 공기보다 가볍고 가연성일 것

🔍 할론소화약제의 구비조건
• 기화되기 쉬운 저비점 물질일 것.
• 공기보다 무겁고 불연성일 것
• 증발잔유물이 없어야 할 것.

42 연소가 잘 이루어지는 조건 중 옳지 않은 것은?

① 가연물의 발열량이 클 것
② 가연물의 열전도율이 클 것
③ 산소와의 접촉표면적이 클 것
④ 가연성가스가 많이 발생할 것

🔍 연소(가연물)의 조건
• 열전도율이 적을 것
• 발열량이 클 것
• 표면적이 넓을 것
• 산소와 친화력이 좋을 것
• 활성화 에너지가 작을 것
• 연쇄반응을 일으키는 물질

43 제1류 위험물의 일반적인 성질이 아닌 것은?

① 불연성 물질이다.
② 유기화합물이다.
③ 산화성 고체로서 강산화제이다.
④ 알칼리금속의 과산화물은 물과 작용하여 발열한다.

🔍 제1류 위험물 : 불연성물질, 무기화합물, 산화성고체, 강산화제

44 다음 중 나이트로화합물에 속하는 것은?

① 나이트로벤젠
② 나이트로셀룰로스
③ 질산에틸
④ 피크린산

🔍 위험물의 분류

종류	나이트로벤젠	나이트로셀룰로스	질산에틸	피크린산
분류	제4류 제3석유류	제5류 질산에스터류	제5류 질산에스터류	제5류 나이트로화합물

45 폐쇄형 스프링클러헤드를 사용하는 스프링클러설비의 제어밸브 설치기준은?

① 바닥면으로부터 0.5m이상 0.8m이하
② 바닥면으로부터 0.8m이상 1.5m이하
③ 바닥면으로부터 1.5m이상 1.8m이하
④ 바닥면으로부터 1.8m이상 2.2m이하

🔍 스프링클러설비의 제어밸브 설치기준 : 0.8m 이상 1.5m 이하

46 열과 전기의 도체로 산과 알칼리에 녹아 수소를 발생하며 은백색의 광택을 가지는 연한 금속은?

① Fe ② Cs
③ Al ④ Sb

🔍 알루미늄(Al)은 산과 반응하여 수소를 발생한다.
$2Al + 6HCl \rightarrow 2AlCl_3 + 3H_2$

47 분진폭발의 위험이 없는 것은?

① 마그네슘가루 ② 아연가루
③ 밀가루 ④ 시멘트가루

🔍 분진폭발의 위험이 없는 것 : 시멘트가루, 생석회

48 가열하였을 때 분해하여 적갈색의 유독한 가스를 방출하는 것은?

① 과염소산 ② 질산
③ 과산화수소 ④ 적린

🔍 진한질산을 가열하면 적갈색의 유독한 증기(NO_2)를 발생한다.
$4HNO_3 \rightarrow 2H_2O + 4NO_2\uparrow + O_2\uparrow$

49 다음 중 적린의 위험성에 대한 설명이 올바른 것은?

① 착화온도가 낮고 공기 중에서 자연 발화하기 쉽다.
② 산화할 때 인광을 발하며 연소한다.
③ 물과 반응하면 가연성의 가스를 발생한다.
④ 산화제와 혼합하면 착화한다.

🔍 적린(제2류 위험물)과 산화제(제1류 위험물)와 혼합하면 발화한다.

50 제6류 위험물과 혼재할 수 있는 것은? (단, 지정수량의 5배의 경우임)

① 제1류 위험물 ② 제2류 위험물
③ 제3류 위험물 ④ 제4류 위험물

🔍 제6류 위험물과 제1류 위험물은 운반시 혼재가 가능하다.

51 이황화탄소에 대한 설명 중 틀린 것은?

① 이황화탄소의 증기는 공기보다 무겁다.
② 수조(물탱크)에 저장한다.
③ 증기는 유독하며 피부를 해치고 신경계통을 마비시킨다.
④ 인화점이 물의 비점과 같다.

🔍 이황화탄소의 인화점은 –30℃이고 착화점은 90℃로서 물의 비점(100℃)과 같다

52 폭굉유도거리(DID)가 짧아지는 경우는?

① 정상 연소속도가 작은 혼합가스일수록 짧아진다.
② 압력이 높을수록 짧아진다.
③ 관속에 방해물이 있거나 관지름이 넓을수록 짧아진다.
④ 점화원 에너지가 약할수록 짧아진다.

🔍 폭굉유도거리(DID)가 짧아지는 경우
 • 고압일 경우
 • 관경이 작을 경우
 • 점화원의 에너지가 클 경우
 • 관속에 방해물이 있을 경우

53 다음 위험물 중 연소할 때 아황산가스를 발생시키는 것은?

① 황 ② 황린
③ 적린 ④ 마그네슘분

🔍 황은 연소하면 아황산가스(SO_2)를 발생한다.
$S + O_2 \rightarrow SO_2$

54 물과 탄화칼슘이 반응해서 생성되는 것은?

① 소석회 + 수소
② 생석회 + 일산화탄소
③ 생석회 + 인화수소
④ 소석회 + 아세틸렌

🔍 탄화칼슘(카바이트)과 물의 반응
$CaC_2 + 2H_2O \rightarrow Ca(OH)_2 + C_2H_2$
　　　　　　　　　(소석회)　(아세틸렌)

55 다음은 위험물안전관리법상 제3류 위험물이다. 다음 중 지정수량이 다른 것은?

① 칼륨
② 리튬
③ 나트륨
④ 알칼알루미늄

🔍 제3류 위험물의 지정수량
- 칼륨, 나트륨, 알킬알루미늄, 알킬리튬 : 10kg
- 알칼리금속(리튬, 루비듐, 세슘) : 50kg

56 적린과 황린의 공통점이 아닌 것은?

① 화재 발생 시 물을 이용한 소화가 가능하다.
② 이황화탄소에 잘 녹는다.
③ 연소 시 P_2O_5의 흰 연기가 난다.
④ 구성원소는 P이다.

🔍 적린과 황린의 비교

종류	적린	황린
화학식	P	P_4
색상	암적색의 분말	담황색의 고체
냄새	마늘과 비슷한 냄새	냄새가 없다
독성	맹독성	무독성
용해성	물, 알코올, 에터, CS_2, 암모니아에 녹지 않는다	벤젠, 알코올에는 일부 녹고 이황화탄소(CS_2), 삼염화린, 염화황에는 녹는다
연소 반응식	$4P + 5O_2 \rightarrow P_2O_5$ (흰 연기 발생)	$P_4 + 5O_2 \rightarrow P_2O_5$ (흰 연기 발생)
소화방법	주수소화	주수소화

57 옥내소화전설비의 수원은 그 저수량이 옥내 소화전의 설치 개수가 가장 많은 층의 설치 개수에 몇 m³를 곱한 양 이상이 되도록 해야 하는가?

① $2.6m^3$
② $4.2m^3$
③ $5.4m^3$
④ $7.8m^3$

🔍 옥내소화전의 수원 = N(소화전의 수, 최대5개) ×260ℓ/min ×30min
= N(소화전의 수, 최대5개) ×7.8m³

58 질산염류에 속하지 않는 것은?

① 질산에틸
② 질산암모늄
③ 질산나트륨
④ 질산칼륨

🔍
- 제1류 위험물의 질산염류 : 질산칼륨, 질산나트륨, 질산암모늄
- 질산에틸 : 제5류 위험물

59 제4류 위험물 중 제2석유류에 속하는 것은?

① 아세톤
② 중유
③ 등유
④ 기어유

🔍 제4류 위험물

종류	아세톤	중유	등유	기어유
품명	제1석유류	제3석유류	제2석유류	제4석유류

60 다음 중 함수 알코올로 습면하여 저장 및 취급하는 것은?

① 나이트로글리세린
② 나이트로셀룰로스
③ 트라이나이트로톨루엔
④ 질산에틸

🔍 나이트로셀룰로스(NC)는 물 또는 알코올에 습면시켜 습한 상태로 저장한다.

정답 CBT 복원문제 2022년 4회

01 ①	02 ①	03 ④	04 ③	05 ②
06 ②	07 ①	08 ④	09 ②	10 ④
11 ③	12 ②	13 ①	14 ②	15 ①
16 ①	17 ④	18 ②	19 ④	20 ①
21 ②	22 ②	23 ②	24 ②	25 ①
26 ②	27 ①	28 ②	29 ②	30 ③
31 ②	32 ②	33 ④	34 ②	35 ③
36 ①	37 ②	38 ③	39 ②	40 ④
41 ④	42 ②	43 ④	44 ④	45 ②
46 ③	47 ④	48 ②	49 ④	50 ①
51 ④	52 ②	53 ①	54 ④	55 ②
56 ②	57 ④	58 ①	59 ③	60 ②

2023년 1회 CBT 복원문제

01 다음 중 연소 속도와 의미가 가장 가까운 것은?

① 기화열의 발생속도
② 환원속도
③ 착화속도
④ 산화속도

> 연소 : 가연물이 산소와 화합하여 열과 빛을 동반하는 급격한 산화현상

02 물이 소화제로 이용되는 주된 이유는?

① 물의 기화열로 가연물을 냉각하기 때문이다.
② 물이 공기를 차단하기 때문이다.
③ 물은 환원성이 있기 때문이다.
④ 물이 가연물을 제거하기 때문이다.

> 물은 기화열로 가연물을 냉각하기 때문에 소화약제로 이용한다.

03 금속분의 화재 시 주수해서는 안 되는 이유는?

① 산소가 발생하기 때문에
② 수소가 발생하기 때문에
③ 질소가 발생하기 때문에
④ 유독가스가 발생하기 때문에

> 금속분의 화재 시 주수소화하면 가연성 가스인 수소를 발생하므로 위험하다.
> $2Al + 6H_2O \rightarrow 2Al(OH)_3 + 3H_2$

04 물질의 연소형태에 대한 설명으로 옳지 않은 것은?

① 공기와 접촉하는 표면에서 불타는 연소를 표면연소라 한다.
② 알코올의 연소는 표면연소이다.
③ 산소공급원을 가진 물질 자체가 연소하는 것을 자기연소라 한다.
④ 피크린산의 연소는 자기연소이다.

> 알코올(제4류 위험물) : 증발연소

05 황의 화재예방 및 소화방법에 대한 설명 중 틀린 것은?

① 산화제와 혼합하여 저장한다.
② 정전기가 축적되는 것을 방지한다.
③ 화재시 다량의 물을 분무 주수하여 소화한다.
④ 화재시 유독가스가 발생하므로 보호장구를 착용하고 소화한다.

> 황(제2류 위험물)은 제1류 위험물(산화제)과 혼합하여 저장하면 위험하다.

06 팽창질석(삽 1개 포함)의 능력단위 1은 용량이 몇 L인가?

① 70L
② 100L
③ 130L
④ 160L

> 소화설비의 능력단위

소화설비	용량	능력단위
소화전용(專用)물통	8ℓ	0.3
수조(소화전용 물통 3개 포함)	80ℓ	1.5
수조(소화전용 물통 6개 포함)	190ℓ	2.5
마른 모래(삽 1개 포함)	50ℓ	0.5
팽창질석 또는 팽창진주암(삽 1개 포함)	160ℓ	1.0

07 드라이케미칼(Dry Chemical)의 주성분은?

① $NaHCO_3$
② Na_2CO_3
③ CCl_4
④ CH_3Br

> 드라이케미칼(분말) : 중탄산나트륨($NaHCO_3$)

08 분무소화기에서 나온 물 18kg이 100℃, 2atm에서 차지하는 부피는?(단, 기체상수 값은 0.082m³·atm/kg-mol·K이고, 이상기체임을 가정한다.)

① 10.29m³
② 15.29m³
③ 20.29m³
④ 25.29m³

🔍 **이상기체 상태 방정식**

$PV = nRT = \dfrac{W}{M}RT$

여기서, P : 압력(2atm), V : 부피(m³),
n : mol수(무게/분자량), W : 무게(18kg),
M : 분자량(H₂O = 18),
R : 기체상수(0.08205m³·atm/kg-mol·K)
T : 절대온도(273+100℃ = 373K)

$\therefore V = \dfrac{WRT}{PM} = \dfrac{18 \times 0.08205 \times 373K}{2 \times 18} = 15.3m^3$

11 높이 15m, 지름 25m 인 공지 단축 옥외 저장탱크에 보유공지의 단축을 위해서 물분무소화설비로 방호조치를 하는 경우 수원의 양은 약 몇 L 이상으로 해야 하는가?

① 34221 ② 58090
③ 70259 ④ 95880

🔍 물의 양은 탱크높이 15m이하마다 원주길이 1m에 대하여 분당 37ℓ 이상으로 하고 수원의 양은 20분이상 방사할 수 있는 수량으로 해야 한다.
∴ 수원의 양 = 원주길이(2πr) ×37 ℓ/min·m ×20min
= (2×3.14×12.5m) ×37 ℓ/min·m ×20min
= 58,090ℓ

09 위험물안전관리법상 특수인화물의 정의에 대하여 옳게 나타낸 것은?

① 1기압에서 발화점이 100℃ 이하인 것
② 1기압에서 발화점이 40℃ 이하인 것
③ 1기압에서 발화점이 -20℃ 이하인 것
④ 1기압에서 발화점이 21℃ 이하인 것

🔍 **특수인화물의 정의**
(1) 1기압에서 발화점이 100℃ 이하인 것
(2) 인화점이 영하 20℃이하이고 비점이 40℃ 이하인 것

12 황린의 화재 시 소화 방법으로 가장 적절한 것은?

① 모래 등을 덮어서 질식소화 한다.
② 다량의 물을 고압으로 주수하여 온도를 발화점 이하로 낮추어 냉각소화 한다.
③ 강알칼리 액으로 소화한다.
④ 가연성 가스를 이용하여 소화한다.

🔍 황린은 저장 시 물속에 저장하지만 화재 시에는 모래 등을 덮어서 질식소화 한다.

13 불활성가스 소화설비의 기준에서 전역방출방식일 경우 이산화탄소 저장용기의 충전비는 저압식일 경우 얼마인가?

① 0.9 이상 1.4 이하
② 0.9 이상 2.0 이하
③ 1.1 이상 1.4 이하
④ 1.1 이상 2.0 이하

🔍 **이산화탄소의 충전비**

구 분	저압식	고압식
충전비	1.1 이상 1.4 이하	1.5 이상 1.9 이하

10 불활성가스 소화설비의 기준에서 저장용기 설치에 대한 설명으로 옳지 않은 것은?

① 온도가 섭씨 40도 이하이고 온도변화가 적은 곳에 설치해야 한다.
② 반드시 방호구역 내에 설치해야 한다.
③ 직사일광 및 빗물이 침투할 우려가 적은 곳에 설치해야 한다.
④ 저장용기에는 안전장치를 설치해야 한다.

🔍 **불활성가스 소화설비의 저장용기의 설치 기준**
(1) 방호구역 외의 장소에 설치할 것
(2) 온도가 40℃이하이고, 온도변화가 적은 곳에 설치할 것
(3) 직사광선 및 빗물이 침투할 우려가 없는 곳에 설치할 것
(4) 저장용기에는 안전장치(용기밸브에 설치되어 있는 것을 포함)를 설치할 것
(5) 저장용기의 외면에 소화약제의 종류와 양, 제조년도 및 제조자를 표시할 것

14 위험물안전관리법령상 제6류 위험물에 적응성이 없는 것은?

① 스프링클러설비
② 포소화설비
③ 불활성가스소화설비
④ 물분무소화설비

> 제6류 위험물 : 냉각소화(옥내소화전설비, 스프링클러설비, 포소화설비, 물분무소화설비)

15 소화설비의 설치기준에 의하면 옥외소화전설비의 수원의 수량은 옥외소화전 설치 개수에 몇 m³을 곱한 양 이상이 되도록 해야 하는가?

① $7.5m^3$
② $13.5m^3$
③ $20.5m^3$
④ $25.5m^3$

> 위험물 제조소등의 수원의 양
> (1) 옥내소화전설비의 수원
> = 소화전의 수(최대 5개) × 7.8m³(260ℓ/min × 30min)
> = 7800ℓ = 7.8m³
> (2) 옥외소화전설비의 수원
> = 소화전의 수(최대 4개) × 13.5m³(450ℓ/min × 30min)
> = 13,500ℓ = 13.5m³
> (3) 스프링클러설비의 수원
> = 헤드의 수 × 2.4m³(80ℓ/min × 30min)
> = 2400ℓ = 2.4m³

16 위험물은 지정수량의 몇 배를 1소요 단위로 하는가?

① 1   ② 10
③ 50   ④ 100

> 소요단위의 계산방법
> (1) 제조소 또는 취급소의 건축물
> ① 외벽이 내화구조 : 연면적 100m²를 1소요단위
> ② 외벽이 내화구조가 아닌 것 : 연면적 50m²를 1소요단위
> (2) 저장소의 건축물
> ① 벽이 내화구조 : 연면적 150m²를 1소요단위
> ② 외벽이 내화구조가 아닌 것 : 연면적 75m²를 1소요단위
> (3) 위험물은 지정수량의 10배 : 1소요단위

17 우리나라에서 B급 화재에 부여된 표시 색상은?

① 황색   ② 백색
③ 청색   ④ 무색

> 화재의 종류

급수 구분	A급	B급	C급	D급
화재의 종류	일반화재	유류화재	전기화재	금속화재
원형 표시색	백색	황색	청색	무색

18 다음 물질 중 소화약제로 사용하지 않는 것은?

① 제1인산암모늄
② 탄산수소나트륨
③ 탄산수소칼륨
④ 탄화알루미늄

> 탄화알루미늄 : 제3류 위험물의 알루미늄의 탄화물

19 다음 중 제거소화의 예가 아닌 것은?

① 가스 화재시 가스 공급을 차단하기 위해 밸브를 닫아 소화시킨다.
② 유전 화재시 폭약을 사용하여 폭풍에 의하여 가연성 증기를 날려 보내 소화시킨다.
③ 연소하는 가연물을 밀폐시켜 공기 공급을 차단하여 소화한다.
④ 촛불 소화 시 입으로 바람을 불어서 소화시킨다.

> 제거소화 : 화재 현장에서 가연물을 제거하는 소화방법
> • 질식 소화 : 공기의 공급을 차단하여 소화하는 방법

20 위험물을 취급함에 있어서 정전기를 유효하게 제거하기 위한 설비를 설치하고자 한다. 위험물안전관리법령상 공기 중의 상대습도를 몇 % 이상으로 하여야 하는가?

① 50   ② 60
③ 70   ④ 80

> 정전기 방지법
> (1) 접지할 것
> (2) 공기 중의 상대습도를 70% 이상으로 할 것
> (3) 공기를 이온화할 것

21 황린의 저장 및 취급에 있어서 주의할 사항 중 옳지 않은 것은?

① 독성이 있으므로 취급에 주의할 것
② 물과 접촉을 피할 것
③ 산화제와의 접촉을 피할 것
④ 화기의 접근을 피할 것

> 황린은 물속에 저장하니까 물과 접촉은 피할 필요가 없다.

22 과산화칼륨의 성질에 대한 설명 중 옳은 것은?

① 분홍색(또는 적색)의 액체이다.
② 가열하면 산소가 발생된다.
③ 물과 반응하면 산화칼륨이 된다.
④ 에틸알코올에는 용해되지 않는다.

🔍 과산화칼륨의 특성
(1) 무색 또는 오렌지색의 결정이다.
(2) 에틸알코올에 용해한다.
(3) 피부 접촉 시 피부를 부식 시키고 탄산가스를 흡수하면 탄산염이 된다.
(4) 다량일 경우 폭발의 위험이 있고 소량의 물과 접촉 시 발화의 위험이 있다.
(5) 소화방법 : 마른모래, 암분, 탄산수소염류 분말약제, 팽창질석, 팽창진주암

• 과산화칼륨의 반응식
① 분해 반응식
 $2K_2O_2 \rightarrow 2K_2O + O_2$(산소)
② 물과의 반응
 $2K_2O_2 + 2H_2O \rightarrow 4KOH$(수산화칼륨) $+ O_2\uparrow +$ 발열
③ 탄산가스와의 반응
 $2K_2O_2 + 2CO_2 \rightarrow 2K_2CO_3 + O_2\uparrow$
④ 초산과의 반응
 $K_2O_2 + 2CH_3COOH \rightarrow 2CH_3COOK + H_2O_2\uparrow$
 (초산칼륨) (과산화수소)

23 제 5류 위험물의 공통된 취급 방법이 아닌 것은?

① 용기의 파손 및 균열에 주의한다.
② 저장시 가열, 충격, 마찰을 피한다.
③ 운반용기 외부에 주의사항으로 "자연발화"를 표기한다.
④ 점화원 및 분해를 촉진시키는 물질로부터 멀리한다.

🔍 제5류 위험물의 운반용기에는 "화기엄금, 충격주의"를 표시해야 한다.

24 과염소산암모늄의 저장 및 취급 방법으로 틀린 것은?

① 용기는 밀전 및 밀봉하고 파손을 막아야 한다.
② 저장 장소는 열원이나 산화되기 쉬운 물질로부터 떨어져야 한다.
③ 충격이나 마찰을 피한다.
④ 알코올류의 보호액을 사용해야 하며 보호액의 유출을 막아야 한다.

🔍 과염소산암모늄은 보호액 없이 밀폐용기를 사용해야 한다.

25 과산화나트륨의 저장 및 취급 시 주의사항에 관한 설명 중 잘못된 것은?

① 가열·충격을 피한다.
② 유기물질의 혼입을 막는다.
③ 가연물과의 접촉을 피한다.
④ 화재 예방을 위해 물분무소화설비 또는 스프링클러설비가 설치된 곳에 보관한다.

🔍 과산화나트륨(Na_2O_2)은 물과 반응하면 산소를 발생하므로 위험하다.

26 벤젠의 성질에 대한 설명 중 틀린 것은?

① 불포화결합을 이루고 있으나 첨가반응보다는 치환반응이 많다.
② 무색·투명한 액체이다.
③ 물에 잘 녹으며 에터에는 녹지 않는다.
④ 끓는점은 79℃ 이다.

🔍 벤젠은 방향족화합물로서 물에 녹지 않는다.

27 제4류 위험물의 일반적 성질 중 틀린 것은?

① 일반적으로 인화되기 쉽다.
② 증기와 공기가 혼합되어 있으면 연소 위험성이 있다.
③ 일반적으로 물보다 가볍고 물에 녹기 어렵다.
④ 대부분의 증기는 공기보다 가볍다.

🔍 제4류 위험물의 증기는 공기보다 무겁다(사이안화수소는 27/29 = 0.93배 가볍다).

28 알루미늄에 대한 설명 중 틀린 것은?

① 산과 반응하여 수소를 발생한다.
② 산화제와 혼합하여 저장하여서는 안 된다.
③ 마그네슘보다 열전도도 및 전기전도도가 낮다.
④ 소화방법으로 주수소화는 위험하다.

🔍 **알루미늄**
(1) 산과 반응하여 수소를 발생한다.
  2Al + 6HCl → 2AlCl₃ + 3H₂
(2) 알루미늄(제2류)과 산화제(제1류)와 혼합하여 저장하여서는 안 된다.
(3) 소화방법으로 주수소화는 위험하다.
  2Al + 6H₂O → 2Al(OH)₃ + 3H₂

29 석유 속에 저장되어 있는 금속조각을 떼어 불꽃반응을 하였더니 노란 불꽃이 나타내었다. 어떤 금속이겠는가?

① 칼륨 ② 나트륨
③ 구리 ④ 리튬

🔍 **불꽃 색상**

종류	리튬(Li)	나트륨(Na)	칼륨(K)	구리(Cu)
색상	적색	노란색	보라색	청록색

30 다음 물질 중 제5류 위험물의 나이트로화합물에 속하는 것은?

① 셀룰로이드
② 나이트로셀룰로스
③ 트라이나이트로톨루엔
④ 나이트로벤젠

🔍 **위험물의 분류**

종류	셀룰로이드	나이트로셀룰로스	트라이나이트로톨루엔	나이트로벤젠
류별	제5류 위험물	제5류 위험물	제5류 위험물	제4류 위험물
품명	질산에스터류	질산에스터류	나이트로화합물	제3석유류

31 금속칼륨의 취급에 대한 설명 중 틀린 것은?

① 보호액 속에서 노출되지 않도록 저장한다.
② 수분 또는 습기와 접촉되지 않도록 주의한다.
③ 용기에서 꺼낼 때는 손을 깨끗이 닦고 만져야 한다.
④ 다량 연소하면 소화가 어려우므로 가급적 소량으로 나누어 저장한다.

🔍 칼륨은 손으로 만져서는 안 된다.

32 T.N.T(Trinitrotoluene)의 분자량은 약 얼마인가?

① 134 ② 171
③ 227 ④ 269

🔍 T.N.T(Trinitrotoluene)의 화학식은 C₆H₂CH₃(NO₂)₃로서
분자량 = (12×6) + (1×2) + 12 + (1×3) + {[14 + (16×2)]×3} = 227

33 다음 중 탄화칼슘에 수분을 접촉시킬 때 주로 발생하는 기체는 무엇인가?

① 아세틸렌 ② 산소
③ 질소 ④ 수소

🔍 탄화칼슘(카바이트)와 물과의 반응
CaC₂ + 2H₂O → Ca(OH)₂ + C₂H₂↑
           (수산화칼슘) (아세틸렌)

34 제2류 위험물인 가연성 고체 물질의 일반적 성질에 해당되지 않는 것은?

① 연소속도가 빠른 고체이다.
② 산화제와의 접촉은 위험하다.
③ 비교적 낮은 온도에서 착화되기 쉬운 물질이다.
④ 모두 물과 접촉시 산소와 불활성가스가 발생하는 물질이다.

🔍 제2류 위험물인 마그네슘, 철분, 금속분은 물과 반응하면 가연성가스인 수소를 발생 한다.

35 위험물을 저장하기 위하여 그림과 같이 종으로 설치한 원통형 탱크의 내용적을 구하는 공식은?

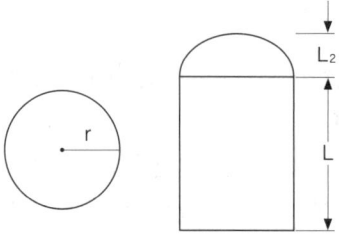

① $\pi r^2 L$ ② $\pi r^2 (L + \dfrac{L_2}{3})$
③ $\dfrac{\pi r^2 L}{3}$ ④ $\dfrac{\pi r^2 (L + L_2)}{3}$

🔍 탱크의 내용적 V = πr²L

36. 메틸알코올 8,000리터에 대한 소화능력으로 삽을 포함한 마른 모래를 몇 리터 설치하여야 하는가?

① 100 ② 200
③ 300 ④ 400

🔍 위험물은 지정수량의 10배가 1소요단위이므로(알코올의 지정수량 : 400ℓ)

∴ 소요단위 = $\frac{저장수량}{지정수량 \times 10}$ = $\frac{8,000ℓ}{400ℓ \times 10}$ = 2단위

∴ 마른모래(삽 1개 포함)하여 50ℓ가 0.5단위이므로
50 : 0.5 = x : 2 ∴ x = 200ℓ

37. 공기 중에서 표면에 산화피막을 형성하여 내부를 보호하는 제2류 위험물로 짝지어진 것은?

① 황화인, 마그네슘
② 적린, 알루미늄분
③ 알루미늄분, 아연분
④ 아연분, 부틸알코올

🔍 제2류 위험물인 알루미늄분, 아연분은 공기 중에서 표면에 산화피막을 형성하여 내부를 보호한다.

38. 이산화탄소소화기는 어떤 현상에 의해서 온도가 내려가 드라이아이스를 생성하는가?

① 주울-톰슨효과 ② 사이펀
③ 표면장력 ④ 모세관

🔍 이산화탄소소화기는 주울-톰슨효과에 의하여 드라이아이스가 생성된다.

39. 다음 중 지정수량이 다른 위험물은?

① 황화인 ② 적린
③ 철분 ④ 황

🔍 제2류 위험물의 지정수량

품 명	위험등급	지정수량
1. 황화인, 적린, 황	II	100kg
2. 철분, 금속분, 마그네슘	III	500kg
4. 인화성고체	III	1,000kg

40. 다음 물질 중 상온에서 액상인 것은 무엇인가?

① 질산에틸
② 셀룰로이드
③ 피크린산
④ T.N.T

🔍 질산에틸은 제5류 위험물의 질산에스터류로서 상온에서 액체이다.

41. 황이 연소하여 발생하는 가스는?

① 이황화질소
② 일산화탄소
③ 이황화탄소
④ 이산화황

🔍 황의 연소반응식
S + O_2 → SO_2(이산화황, 아황산가스)

42. 위험물안전관리법에 명시된 아세트알데하이드의 옥외저장탱크에 필요한 설비가 아닌 것은?

① 보냉장치
② 냉각장치
③ 철 이온 혼입방지장치
④ 불활성 기체를 봉입하는 장치

🔍 옥외저장탱크에 아세트알데하이드 또는 산화프로필렌의 설비
(1) 보냉장치
(2) 냉각장치
(3) 수증기 봉입장치
(4) 불활성기체 봉입장치

43. 아세트알데하이드의 저장 취급 시 주의사항이 아닌 것은?

① 산 또는 강산화제와의 접촉을 피한다.
② 취급설비에는 구리합금의 사용을 피한다.
③ 수용성이기 때문에 화재 시 물로 희석 소화가 가능하다.
④ 옥외저장 탱크에 저장 시 조연성 가스를 주입한다.

🔍 아세트알데하이드의 저장탱크에는 불연성가스(질소, 이산화탄소)를 봉입해야 한다.

44 피크린산은 페놀의 어느 원소(작용기)와 NO_2가 치환된 것인가?

① O
② H
③ C
④ OH

🔍 피크린산은 페놀의 수소원자(H)를 나이트로기(-NO_2)로 치환한 것이다.

45 과산화수소(H_2O_2)에 대한 설명 중 틀린 것은?

① 갈색 용기에 보관한다.
② 용기를 밀전해서는 안 된다.
③ 25% 농도의 수용액은 소독제로 사용한다.
④ 과산화수소가 누설되면 다량의 물로 씻어낸다.

🔍 3% 과산화수소 수용액 : 옥시풀(소독제)

46 다음 위험물 중 금수성 물질은 어느 것인가?

① 염소산칼륨
② 황린
③ 수소화칼륨
④ T.N.T

🔍 금수성물질은 수소화칼륨(KH), 수소화나트륨(NaH)과 같이 물과 반응하여 수소를 발생하는 물질을 말한다.

47 질산이 MnO_2 촉매하에서 분해 되어 생성되는 물질은?

① 물과 수소가스
② 물과 질소가스
③ 물과 산소가스
④ 물과 탄산가스

🔍 질산의 분해반응식
$4HNO_3 \rightarrow 2H_2O + 4NO_2\uparrow + O_2\uparrow$

48 옥내탱크저장소의 탱크전용실에 펌프설비를 설치하는 경우 위험물이 누설되더라도 유출되지 않도록 불연재료로 된 턱을 설치해야 한다. 이 때 턱의 높이는 얼마 이상이어야 하는가?

① 20cm
② 30cm
③ 40cm
④ 50cm

🔍 옥내탱크저장소의 탱크전용실에 펌프설비를 설치하는 경우에는 견고한 기초위에 고정한 다음 그 주위에는 불연재료로 된 턱을 0.2m이상의 높이로 설치해야 한다.

49 다음 위험물의 성상에 대한 설명 중 틀린 것은?

① 삼황화인은 황색의 고체이다.
② 인화석회는 백색의 고체이다.
③ 탄화칼슘 시판품은 흑회색의 고체이다.
④ 금속나트륨은 은백색의 연한 금속이다.

🔍 인화석회 : 적갈색의 괴상 고체

50 금속나트륨의 저장 보호액으로 가장 적절한 것은?

① 아세톤
② 메탄올
③ 식초
④ 유동파라핀

🔍 나트륨, 칼륨의 보호액 : 등유, 경유, 유동파라핀

51 중유를 A중유, B중유, C중유 3종류로 분류하는 기준은?

① 인화점
② 착화점
③ 융점
④ 점도

🔍 중유는 A중유, B중유, C중유로 구분하는 것은 점도의 차이에 따라 분류한다.

52 다음 중 위험물의 혼재기준에 의거 혼재하여 저장 할 수 없는 것은?(단, 주어진 위험물은 지정수량의 $\frac{1}{5}$이라고 한다.)

① 적린과 황화인
② 마그네슘과 황
③ 철분과 알루미늄
④ 황린과 과염소산나트륨

🔍 위험물을 저장할 때나 운반할 때에는 제3류(황린)과 제1류(과염소산나트륨)은 혼재가 불가능하다.

53 물과 작용해서 유독성 가스를 발생하는 것은?

① AlP
② Mg
③ Na
④ K

> 인화알루미늄(AlP)은 물과 작용하면 포스핀(PH₃)의 유독성 가스를 발생한다.
> AlP + 3H₂O → Al(OH)₃ + PH₃↑

54 다음 설명 중 틀린 것은?

① 질산나트륨은 열분해되어 산소를 방출한다.
② 과산화마그네슘은 가열하면 MgO와 O_2를 발생한다.
③ 과산화나트륨은 상온에서 물과 반응하여 H_2와 O_2가 생성된다.
④ 염소산칼륨은 고온에서 가열하면 분해하여 KCl과 O_2가 생성된다.

> 위험물의 특성
> (1) 질산나트륨의 분해식 2NaNO₃ → 2NaNO₂ + O₂↑
> (2) 과산화마그네슘의 분해식 2MgO₂ → 2MgO + O₂↑
> (3) 과산화나트륨의 물과의 반응
>   2Na₂O₂ + 2H₂O → 4NaOH + O₂↑ + 발열
> (4) 염소산칼륨의 분해식 2KClO₃ → 2KCl + 3O₂↑

55 다음 각 물질에 대한 설명 중 틀린 것은?

① 황은 물에 녹지 않는다.
② 오황화인은 CS_2에 녹는다.
③ 삼황화인은 가연성 물질이다.
④ 칠황화인은 더운물에 분해되어 이산화황을 발생한다.

> 칠황화인(P₄S₇)은 더운물에서는 급격히 분해하여 황화수소(H₂S)와 인산(H₃PO₄)를 발생한다.

56 다음 중 경유의 특징이 아닌 것은?

① 물에 녹지 않는다.
② 비중이 물보다 무겁다.
③ 담황색(또는 담갈색)의 액체이다.
④ 탄소수가 약 15~20인 탄화수소화합물의 혼합물이다.

> 경유의 특성
> (1) 탄소수가 15개에서 20개까지의 포화·불포화 탄화수소 혼합물이다
> (2) 담황색(또는 담갈색)의 액체이다
> (3) 물에 녹지 않고, 석유계 용제에는 잘 녹는다.
> (4) 비중은 물보다 가볍다.
> (5) 품질은 세탄값으로 정한다.

57 질산의 성질에 관한 설명 중 틀린 것은?

① 강한 산화력을 가지고 있으며 톱밥, 목탄분 등에 스며들어 자연발화 할 수 있다.
② Au, Pt를 매우 잘 녹이면서 수소가 발생한다.
③ 햇빛에 의해 일부 분해된다.
④ 물보다 무거운 액체이다.

> 질산의 특성
> (1) 흡습성이 강하여 습한 공기 중에서 발열하는 무색의 무거운 액체이다.
> (2) 자극성, 부식성이 강하며 햇빛에 의해 일부 분해한다.
> (3) 진한질산을 가열하면 적갈색의 갈색증기(NO₂)가 발생한다.
> (4) 목탄분, 천, 실, 솜 등에 스며들어 방치하면 자연발화 한다.
> (5) 비중은 1.49이상이 위험물로서 물보다 무겁다.

58 특수인화물의 일반적인 성질이 아닌 것은?

① 비점이 높다.
② 인화점이 낮다.
③ 발화점이 낮다.
④ 증기압이 높다.

> 특수인화물의 일반적인 성질
> (1) 비점이 낮다   (2) 인화점이 낮다
> (3) 발화점이 낮다. (4) 증기압이 높다.

59 제4류 위험물을 취급할 때 주의해야 할 사항 중 틀린 것은?

① 통풍이 잘되고 비교적 온도가 낮은 곳에 저장한다.
② 증기는 낮은 곳에 모이기 쉬우므로 환기에 주의해야 한다.
③ 석유류는 전기의 양도체로서 전기가 잘 흐르므로 주의해야 한다.
④ 빈 저장 용기라 할지로도 가연성 가스가 남아 있을 수 있으므로 취급에 주의해야 한다.

> 제4류 위험물은 전기 부도체이므로 정전기 발생에 주의해야 한다.

60 다음 위험물 중 인화점이 가장 낮은 것은?

① 아세톤
② 이황화탄소
③ 클로로벤젠
④ 다이에틸에터

종류	아세톤	이황화탄소	클로로벤젠	다이에틸에터
인화점	−18.5℃	−30℃	27℃	−40℃

정답 CBT 복원문제 2023년 1회

01 ④	02 ①	03 ②	04 ②	05 ①
06 ④	07 ①	08 ②	09 ①	10 ②
11 ②	12 ①	13 ③	14 ③	15 ②
16 ②	17 ①	18 ④	19 ③	20 ③
21 ②	22 ②	23 ③	24 ④	25 ④
26 ③	27 ④	28 ③	29 ②	30 ③
31 ③	32 ③	33 ①	34 ④	35 ①
36 ②	37 ③	38 ①	39 ③	40 ①
41 ④	42 ③	43 ④	44 ②	45 ③
46 ③	47 ③	48 ①	49 ③	50 ④
51 ④	52 ③	53 ①	54 ③	55 ④
56 ②	57 ②	58 ①	59 ③	60 ④

2023년 2회 CBT 복원문제

01 탄산수소나트륨을 녹인 물에 진한 황산을 가했을 때 일어나는 현상은?

① 산소가 발생한다.
② 아무런 변화가 일어나지 않는다.
③ 탄산가스가 발생한다.
④ 가연성 가스가 발생한다.

🔍 탄산수소나트륨이 진한 황산과 반응하면 이산화탄소(탄산가스,CO_2)와 물이 발생한다.
$2NaHCO_3 + H_2SO_4 \rightarrow Na_2SO_4 + 2CO_2 + 2H_2O$

02 화학포 소화약제를 만들 때 기포 안정제로 적당한 것은?

① 황산알루미늄
② 인산염류
③ 사포닌
④ 탄산수소나트륨

🔍 화학포 소화약제
(1) 내약제(B제) : 황산알루미늄[$Al_2(SO_4)_3$]
(2) 외약제(A제) : 중탄산나트륨($NaHCO_3$), 기포안정제
• 기포안정제 : 계면활성제, 사포닌, 젤라틴, 가수분해단백질

03 옥내저장소에 황린 20kg, 적린 100kg, 황 100kg을 저장하고 있다. 각 물질의 지정수량의 배수의 합은 얼마인가?

① 1   ② 2
③ 3   ④ 4

🔍 ∴ 지정수량의 배수 = $\frac{저장수량}{지정수량}$
= $\frac{20kg}{20kg} + \frac{100kg}{100kg} + \frac{100kg}{100kg}$ = 3배

04 마른 모래를 삽과 함께 준비하는 경우 능력단위 3단위에 해당하는 양은?

① 150 ℓ   ② 240 ℓ
③ 300 ℓ   ④ 480 ℓ

🔍 소화설비의 능력단위

소화설비	용량	능력단위
소화전용(專用)물통	8ℓ	0.3
수조(소화전용 물통 3개 포함)	80ℓ	1.5
수조(소화전용 물통 6개 포함)	190ℓ	2.5
마른 모래(삽 1개 포함)	50ℓ	0.5
팽창질석 또는 팽창진주암(삽 1개 포함)	160ℓ	1.0

여기서, 마른모래는 50 ℓ 가 0.5단위이므로
50 ℓ : 0.5 = x : 3   ∴ x = 300 ℓ

05 다음 물질 중 소화제로 쓸 수 없는 것은?

① HCN
② CF_3Br
③ CO_2
④ 마른모래

🔍 소화약제 : 할론1301(CF_3Br), 이산화탄소(CO_2), 마른모래, 팽창질석, 팽창진주암등
• HCN : 제4류 위험물 제1석유류

06 화재의 종류에 따른 분류 중 유류화재에 해당하는 것은?

① A급   ② B급
③ C급   ④ D급

🔍 화재의 종류

구분 \ 급수	A급	B급	C급	D급
화재의 종류	일반화재	유류화재	전기화재	금속화재
원형 표시색	백색	황색	청색	무색

07 옥외저장소에 덩어리 상태의 황을 지반면에 설치한 경계표시의 안쪽에서 저장할 경우 하나의 경계표시의 내부면적을 얼마 이하이어야 하는가?

① $75m^2$ ② $100m^2$
③ $300m^2$ ④ $500m^2$

🔍 덩어리 상태의 황을 저장 또는 취급하는 경우
(1) 하나의 경계표시의 내부의 면적 : 100m² 이하
(2) 2 이상의 경계표시를 설치하는 경우에 있어서는 각각의 경계표시 내부의 면적을 합산한 면적
 : 1,000m² 이하
(3) 경계표시 : 불연재료
(4) 경계표시의 높이 : 1.5m 이하
(5) 황을 저장 또는 취급하는 장소의 주위에는 배수구와 분리장치를 설치할 것.

08 금속분, 목탄, 코크스 등의 연소형태에 해당하는 것은?

① 자기연소 ② 증발연소
③ 분해연소 ④ 표면연소

🔍 고체의 연소
(1) 표면연소 : 목탄, 코크스, 숯, 금속분 등이 열분해에 의하여 가연성가스를 발생하지 않고 그 물질 자체가 연소하는 현상
(2) 분해연소 : 석탄, 종이, 목재, 플라스틱 등의 연소시 열분해에 의해 발생된 가스와 공기가 혼합하여 연소하는 현상
(3) 증발연소 : 황, 나프탈렌, 왁스, 파라핀 등과 같이 고체를 가열하면 열분해는 일어나지 않고 고체가 액체로 되어 일정 온도가 되면 액체가 기체로 변화하여 기체가 연소하는 현상
(4) 자기연소(내부연소) : 제5류 위험물인 나이트로셀룰로스 등 그 물질이 가연물과 산소를 동시에 가지고 있는 가연물이 연소하는 현상

09 화학포 소화약제의 화학반응식으로 옳은 것은?

① $2NaHCO_3 \rightarrow Na_2CO_3 + H_2O + CO_2$
② $2KHCO_3 \rightarrow K_2CO_3 + CO_2 + H_2O$
③ $4KMnO_4 + 6H_2SO_4 \rightarrow 2K_2SO_4 + 4MnSO_4 + 6H_2O + SO_2$
④ $6NaHCO_3 + Al_2(SO_4)_3 \cdot 18H_2O \rightarrow 6CO_2 + 2Al(OH)_3 + 3Na_2SO_4 + 18H_2O$

🔍 화학포 소화약제의 화학반응식
$6NaHCO_3 + Al_2(SO_4)_3 \cdot 18H_2O$
$\rightarrow 3Na_2SO_4 + 2Al(OH)_3 + 6CO_2 + 18H_2O$

10 일반적으로 제4류 위험물 화재에 직접 물로 소화하는 것은 적당하지 않다. 그 이유에 대한 설명으로 가장 옳은 것은?

① 인화점이 낮아진다.
② 화재면의 확대 위험이 있다.
③ 가연성 가스를 발생한다.
④ 중화반응을 일으킨다.

🔍 제4류 위험물은 물과 섞이지 않으므로 주수소화하면 화재면(연소면)이 확대되므로 위험하다.

11 할로젠화합물 소화설비에 있어서 할론 1301 소화약제 저장용기의 충전비는?

① 0.51이상 0.67이하
② 0.67이상 2.75이하
③ 0.7이상 1.4이하
④ 0.9이상 1.6이하

🔍 할로젠화합물 소화약제의 충전비

약제	할론 1301	할론 1211	할론 2402	
충전비	0.90이상 1.60이하	0.70이상 1.40이하	가압식	0.51이상 0.67이하
			축압식	0.67이상 2.75이하

12 자연발화의 조건으로 옳은 것은?

① 주위의 온도가 낮을 것
② 표면적이 작을 것
③ 열전도율이 클 것
④ 발열량이 클 것

🔍 자연발화의 조건
(1) 주위의 온도가 높을 것
(2) 열전도율이 적을 것
(3) 발열량이 클 것
(4) 표면적이 넓을 것

13 제3류 위험물 중 금수성물질에 적응성이 있는 소화설비는?

① 할로젠화합물소화설비
② 포소화설비
③ 이산화탄소소화설비
④ 탄산수소염류 분말소화설비

🔍 제3류 위험물의 적응 소화약제 : 마른모래, 팽창질석, 팽창진주암, 탄산수소염류 분말소화설비

14 위험물 제조소에 "화기주의"라는 게시판을 설치해야 하는 위험물은?

① 과산화나트륨
② 휘발유
③ 나이트로글리세린
④ 적린

🔍 주의사항

위험물의 종류	주의사항	게시판의 색상
제1류 위험물 중 알칼리금속의 과산화물(과산화나트륨) 제3류 위험물 중 금수성물질	물기엄금	청색바탕에 백색문자
제2류 위험물 (인화성 고체는 제외)(적린)	화기주의	적색바탕에 백색문자
제2류 위험물 중 인화성 고체 제3류 위험물 중 자연발화성물질 제4류 위험물(휘발유) 제5류 위험물(나이트로글리세린)	화기엄금	적색바탕에 백색문자

15 다음 위험물의 화재 발생 시 주수(注水)에 의한 소화가 오히려 더 위험한 것은?

① 염소산칼륨
② 과염소산나트륨
③ 질산암모늄
④ 탄화칼슘

🔍 탄화칼슘이 물과 반응하면 아세틸렌가스를 발생하므로 위험하다
$CaC_2 + 2H_2O \rightarrow Ca(OH)_2 + C_2H_2\uparrow$
(수산화칼슘) (아세틸렌)

16 제3석유류 40,000ℓ를 저장하고 있는 곳에 소화설비를 설치할 때 소요단위는 몇 단위인가? (단, 비수용성이다)

① 1단위
② 2단위
③ 3단위
④ 4단위

🔍 위험물은 지정수량의 10배가 1소요단위이고, 제3석유류(비수용성)의 지정수량은 2,000L이다.

∴ 소요단위 = $\frac{저장수량}{지정수량 \times 10} = \frac{40,000L}{2000L \times 10} = 2단위$

17 위험물제조소 내의 위험물을 취급하는 배관에 대한 설명으로 옳지 않은 것은?

① 배관을 지하에 매설하는 경우에는 접합부분에는 점검구를 설치해야 한다.
② 배관을 지하에 매설하는 경우에는 금속성 배관의 외면에는 부식방지 조치를 해야 한다.
③ 최대 상용압력의 1.5배이상의 압력으로 수압시험을 실시하여 이상이 없어야 한다.
④ 지상에 설치하는 경우에는 안전한 구조의 지지물로 지면에 밀착하여 설치해야 한다.

🔍 위험물제조소내이 위험물을 취급하는 배관의 설치 기준
(1) 배관을 지하에 매설하는 경우
① 접합부분에는 위험물의 누설 여부를 점검할 수 있는 점검구를 설치할 것
② 금속성 배관의 외면에는 부식방지를 위하여 도복장, 코팅, 전기방식등의 필요한 조치를 할 것
③ 지면에 미치는 중량이 해당 배관에 미치지 않도록 보호할 것
(2) 최대상용압력의 1.5배이상의 압력으로 수압시험을 실시하여 이상이 없을 것
(3) 지상에 설치하는 경우에는 지진, 풍압, 지반침하 및 온도변화에 안전한 구조의 지지물에 설치하되 지면에 닿지 않도록 하고 배관의 외면에 부식방지를 위한 도장을 해야 한다

18 다음 화학식의 할론 번호가 잘못 연결된 것은?

① CCl_4 - 104
② CH_2ClBr - 1011
③ CF_3Br - 1301
④ $C_2F_4Br_2$ - 1202

🔍 할로젠 화합물 소화약제

종류	화학식	증기비중
할론 1301	CF_3Br(브로모트라이플루오로메테인)	5.1
할론 1211	CF_2ClBr(브로모클로로다이플루오로메테인)	5.7
할론 1011	CH_2ClBr(브로모클로로메테인)	4.5
할론 2402	$C_2F_4Br_2$(다이브로모테트라플루오로에테인)	8.9
할론 104	CCl_4(사염화탄소)	5.3

19 분말소화약제의 주성분이 아닌 것은?

① $NaHCO_3$
② $KHCO_3$
③ K_2CO_3
④ $NH_4H_2PO_4$

> 분말 소화약제

종류	주성분	적응 화재	착색 (분말의 색)
제1종 분말	$NaHCO_3$(중탄산나트륨, 탄산수소나트륨)	B, C급	백색
제2종 분말	$KHCO_3$(중탄산칼륨, 탄산수소칼륨)	B, C급	담회색
제3종 분말	$NH_4H_2PO_4$(인산암모늄, 제일인산암모늄)	A, B, C급	담홍색
제4종 분말	$KHCO_3 + (NH_2)_2CO$(요소)	B, C급	회색

20 대형 수동식소화기는 방호대상물의 각 부분으로부터 하나의 대형수동식 소화기까지의 보행거리가 몇 미터이하가 되도록 설치해야 하는가?(단, 옥내소화전설비. 옥외소화전설비, 스프링클러설비 또는 물분무등소화설비와 함께 설치하는 경우는 제외한다)

① 20m
② 30m
③ 40m
④ 50m

> 수동식소화기의 설치 기준
> (1) 각층마다 설치할 것
> (2) 소방대상물의 각 부분으로부터 수동식소화기까지의 보행거리
>   ① 소형수동식소화기 : 20m 이내,
>   ② 대형수동식소화기 : 30m 이내가 되도록 배치할 것.

21 질산에틸의 분자량은?

① 76
② 82
③ 91
④ 105

> 질산에틸($C_2H_5ONO_2$)
> = $(12\times2) + (1\times5) + 16 + 14 + (16\times2) = 91$

22 다음 중 물에 분해되어 H_2S가스를 생성하는 물질은?

① 황린
② 적린
③ 황
④ 오황화인

> 오황화인(P_2S_5)은 물 또는 알칼리에 분해하여 황화수소(H_2S)와 인산이 된다.
> $P_2S_5 + 8H_2O \rightarrow 5H_2S + 2H_3PO_4$

23 벤젠에 관한 설명 중 틀린 것은?

① 인화점은 약 −11℃정도이다.
② 이황화탄소보다 착화온도가 높다.
③ 벤젠증기는 마취성은 있으나 독성은 없다.
④ 취급할 때 정전기 발생을 조심해야 한다.

> 벤젠(Benzene, 벤졸)
> (1) 물성

분자식	비중	비점	융점	인화점	착화점	연소범위
C_6H_6	0.95	79℃	7℃	−11℃	498℃	1.4~8%

> (2) 무색, 투명한 방향성을 갖는 액체이며, 증기는 독성이 있다.
> (3) 물에는 녹지 않고 알코올, 아세톤, 에터에는 녹는다.
> (4) 비전도성이므로 정전기의 화재 발생 위험이 있다.
> (5) 포말, 분말, 이산화탄소, 할로젠화합물소화가 효과가 있다.

24 다음 중 제4류 위험물에 해당되지 않는 것은?

① 휘발유
② 아세톤
③ 아세트알데하이드
④ 나이트로글리세린

> 위험물의 분류

종류	휘발유	아세톤	아세트알데하이드	나이트로글리세린
품명	제4류 위험물 제1석유류	제4류 위험물 제1석유류	제4류 위험물 특수인화물	제5류 위험물 질산에스터류

25 제6류 위험물의 공통적인 성질 중 틀린 것은?

① 산소를 함유하고 있다.
② 산화성 액체이다.
③ 대부분 물보다 가볍다.
④ 물에 녹는다.

> 제6류 위험물의 일반적인 성질
> (1) 산화성 액체이며 무기화합물로 이루어져 형성된다.
> (2) 무색, 투명하며 비중은 1보다 크고, 표준상태에서는 모두가 액체이다.
> (3) 과산화수소를 제외하고 강산성 물질이며 물에 녹기 쉽다.
> (4) 불연성 물질이며 가연물, 유기물 등과의 혼합으로 발화한다.

26 황린과 적린을 비교 설명한 것이다. 옳은 것은?

① 황린은 적갈색 액체이고 적린은 담황색 고체이다.
② 황린은 공기와 접촉을 피하고 적린은 산화제와 접촉을 피한다.
③ 황린과 적린의 착화온도는 비슷하다.
④ 황린은 적린에 비해 화학적 활성이 작고 안정하다.

🔍 적린과 황린의 비교

종류	황 린(P_4)	적 린(P)
분류	제3류 위험물	제2류 위험물
외관	백색 또는 담황색의 자연발화성 고체	암적색 무취의 분말
착화온도	34℃	260℃
주의사항	물속에 저장하여 공기와 접촉 금지	산화제(제1류, 제6류)와 접촉 금지

27 다이에틸에터의 성질 중 맞는 것은?

① 착화점이 약 350℃이다.
② 공기와 장시간 접촉 시 과산화물이 생성된다.
③ 정전기에 대한 위험성은 없다.
④ 상온에서 고체이다.

🔍 다이에틸에터(Di Ethyl Ether, 에터)의 특성
(1) 특성

분자식	분자량	비중	비점	인화점	착화점	증기비중	연소범위
$C_2H_5OC_2H_5$	74.12	0.7	34℃	-40℃	180℃	2.55	1.7~48%

(2) 휘발성이 강한 무색투명한 특유의 향이 있는 액체이다.
(3) 물에 약간 녹고, 알코올에 잘 녹으며 발생된 증기는 마취성이 있다.
(4) 공기와 장기간 접촉하면 과산화물이 생성되므로 갈색병에 저장해야 한다.
(5) 에터는 전기불량도체이므로 정전기가 발생에 주의한다.

28 이동저장탱크는 그 내부에 4,000ℓ 이하마다 몇 mm 이상의 강철판 칸막이를 설치해야 하는가?

① 0.7
② 1.2
③ 2.4
④ 3.2

🔍 이동탱크저장소의 부속장치
(1) 방호틀 : 탱크 전복 시 부속장치(주입구, 맨홀, 안전장치) 보호(2.3mm)
(2) 측면틀 : 탱크 전복 시 탱크 본체 파손 방지(3.2mm)
(3) 방파판 : 위험물 운송 중 내부의 위험물의 출렁임, 쏠림등을 완화하여 차량의 안전 확보(1.6mm)
(4) 칸막이 : 탱크 전복 시 탱크의 일부가 파손되더라도 전량의 위험물의 누출 방지(3.2mm)

29 황의 성질에 대한 설명으로 틀린 것은?

① 전기의 불량도체이다.
② 물에 잘 녹는다.
③ 연소 시 유해한 가스를 발생한다.
④ 연소하기 쉬운 가연성 고체이다.

🔍 황의 특성
(1) 황색의 결정 또는 미황색의 분말이다.
(2) 물이나 산에는 녹지 않으나 알코올에는 조금 녹고 고무상황을 제외하고는 CS_2에 잘 녹는다.
(3) 공기 중에서 연소하면 푸른빛을 내며 아황산가스(SO_2)를 발생한다.
$S + O_2 \rightarrow SO_2$

30 다음 중 일반적으로 트라이나이트로톨루엔을 녹일 수 없는 것은?

① 물
② 벤젠
③ 아세톤
④ 알코올

🔍 TNT는 물에 녹지 않고, 알코올에는 가열하면 녹고, 아세톤, 벤젠, 에터에는 잘 녹는다.

31 휘발유를 저장하던 이동저장탱크에 등유나 경유를 탱크 상부로부터 주입할 때 액 표면이 일정높이가 될 때 까지 위험물의 주입관내 유속을 몇 m/s 이하로 해야 하는가?

① 1
② 2
③ 3
④ 4

🔍 위험물 이동시 유속 : 1m/s 이하

32 옥외탱크저장소에서 제4류 위험물의 탱크에 설치하는 통기장치 중 밸브 없는 통기관은 직경이 얼마이상인 것으로 설치해야 하는가?(단, 압력탱크는 제외한다)

① 10mm ② 20mm
③ 30mm ④ 40mm

> 옥외탱크 저장소의 밸브 없는 통기관의 기준
> (1) 직경은 30mm 이상일 것
> (2) 선단은 수평면보다 45도 이상 구부려 빗물 등의 침투를 막는 구조로 할 것
> (3) 가는 눈의 구리망 등으로 인화방지장치를 할 것(단, 고인화점 위험물만을 100℃ 미만의 온도로 저장 또는 취급하는 탱크에 설치하는 통기관은 예외)
> (4) 가연성 증기를 회수하는 밸브를 통기관에 설치하는 경우 항상 개방되는 구조로 하고 폐쇄시 10kPa이하의 압력에서 개방되는 구조로 할 것.

33 메틸알코올의 연소범위는 약 몇 vol%인가?

① 0.1~2   ② 2.1~5
③ 6.0~36 ④ 40.1~62

> 메틸알코올(Methyl alcohol, Methanol, 목정)의 특성
>
> | 분자식 | 비중 | 증기비중 | 비점 | 인화점 | 착화점 | 연소범위 |
> |---|---|---|---|---|---|---|
> | CH_3OH | 0.79 | 1.1 | 64.7℃ | 11℃ | 464℃ | 6~36% |

34 트라이에틸알루미늄(TEA)에 대한 설명 중 옳은 것은?

① 상온에서 고체이다.
② 자연발화의 위험이 있다.
③ 저장 시 밀봉하고 아세틸렌가스를 충전한다.
④ 물과 접촉하면 폭발적으로 반응하여 산소와 수소를 발생한다.

> 알킬알루미늄
> (1) 알킬기(R=C_nH_{2n+1})와 알루미늄의 화합물로서 유기금속화합물이다.
> (2) 알킬기의 탄소 1개에서 4까지의 화합물은 공기와 접촉하면 자연발화를 일으킨다.
> (3) 저급의 것은 반응성이 풍부하여 공기 중에서 자연 발화한다.
> (4) 알킬기의 탄소수가 5개까지는 점화원에 의해 불이 붙고 탄소수가 6개 이상인 것은 공기 중에서 서서히 산화하여 흰 연기가 난다.
> (5) 저장 용기의 상부는 불연성가스로 봉입해야 한다.
> (6) 트라이에틸알루미늄은 물과 반응하면 에테인이 발생한다.
> $(C_2H_5)_3Al + 3H_2O \rightarrow Al(OH)_3 + 3C_2H_6\uparrow$

35 질산에 대한 설명으로 옳은 것은?

① 금, 백금을 잘 부식 시킨다.
② 푸른색의 액체이다.
③ 톱밥등과 섞이면 안정화 된다.
④ 물과 반응하여 발열 한다.

> 질산의 특성
> (1) 물성
>
> | 분자식 | 비점 | 융점 | 비중 |
> |---|---|---|---|
> | HNO_3 | 122℃ | -42℃ | 1.49 |
>
> (2) 흡습성이 강하여 습한 공기 중에서 발열하는 무색의 무거운 액체이다.
> (3) 자극성, 부식성이 강하며 햇빛에 의해 일부 분해한다.
> (4) 진한질산을 가열하면 적갈색의 갈색증기(NO_2)가 발생한다.
> (5) 물과 반응하면 발열한다.
> (6) 백금(Pt)은 질산에 부식되지 않는다.

36 과산화나트륨에 대한 설명 중 틀린 것은?

① 순수한 것은 백색이다.
② 상온에서 물과 반응하여 수소 가스를 발생한다.
③ 화재 발생 시 주수소화는 위험할 수 있다.
④ 에틸알코올에는 녹지 않는다.

> 과산화나트륨은 물과 반응하면 산소가스를 발생하고 많은 열을 발생한다.
> $2Na_2O_2 + 2H_2O \rightarrow 4NaOH + O_2\uparrow + 발열$

37 과산화수소의 저장방법에 대한 설명 중 옳은 것은?

① 분해 방지를 위해 되도록이면 고농도로 보관한다.
② 투명유리병에 넣어 햇빛이 잘 드는 곳에 보관한다.
③ 인산, 요산등의 분해 안정제를 사용한다.
④ 금속보관 용기를 사용하여 밀전한다.

> 과산화수소의 안정제 : 인산(H_3PO_4), 요산($C_5H_4N_4O_3$)

38 질산의 비중과 과산화수소의 농도를 기준으로 할 때 제6류 위험물로 볼 수 없는 것은?

① 비중이 1.2인 질산
② 비중이 1.5인 질산
③ 농도가 36중량 퍼센트인 과산화수소
④ 농도가 40중량 퍼센트인 과산화수소

🔍 질산은 비중이 1.49이상이고 과산화수소는 농도가 36%이상이면 위험물로 본다.

39 제4류 위험물의 일반적인 성질에 대한 설명 중 틀린 것은?

① 대부분 유기화합물이다
② 액체상태이다
③ 대부분 물보다 가볍다
④ 대부분 물에 녹기 쉽다

🔍 제4류 위험물의 일반적인 성질
(1) 대부분 유기화합물로서 인화하기 쉬운 액체이다.
(2) 물보다 가볍고 물에 녹지 않는다.
(3) 증기비중은 공기보다 무겁기 때문에 낮은 곳에 체류하여 연소, 폭발의 위험이 있다.
(4) 연소범위의 하한이 낮기 때문에 공기 중 소량 누설되어도 연소한다.

40 위험물의 화재 시 소화방법에 대한 설명 중 옳은 것은?

① 아연분은 주수소화가 적당하다.
② 마그네슘은 봉상주수소화가 적당하다.
③ 알루미늄은 건조사로 피복하여 소화하는 것이 좋다.
④ 황화인은 산화제로 피복하여 소화하는 것이 좋다.

🔍 소화방법
(1) 아연분, 마그네슘, 알루미늄은 주수소화는 부적합하고 마른모래 팽창질석, 팽창진주암등으로 질식소화를 해야 한다.
(2) 황화인은 제1류 위험물(산화제)과는 접촉을 피하고 마른모래 팽창질석, 팽창진주암등으로 질식소화를 해야 한다.

41 다음 중 비중이 가장 작은 금속은?

① 마그네슘   ② 알루미늄
③ 칼륨   ④ 리튬

🔍 위험물의 비중

종류	마그네슘	알루미늄	칼륨	리튬
비중	1.74	2.7	0.86	0.54

42 다음 중 위험물안전관리법에 따른 인화성고체의 정의를 올바르게 표현한 것은?

① 고형알코올 그 밖에 1기압에서 인화점이 섭씨 40도 미만인 고체
② 고형알코올 그 밖에 1기압 및 섭씨 0도에서 고체상태인 것
③ 고형알코올 그 밖에 섭씨 40도 이하에서 고체상태인 것
④ 1기압에서 발화점이 섭씨 50도 이상인 고체

🔍 인화성고체 : 고형알코올 그 밖에 1기압에서 인화점이 40℃ 미만인 고체.

43 제3류 위험물 중 탄화칼슘의 지정수량은 얼마인가?

① 20kg
② 50kg
③ 100kg
④ 300kg

🔍 탄화칼슘(칼슘의 탄화물, CaC$_2$)의 지정수량 : 300kg

44 다음 알코올류 중 분자량이 32이고 인화점이 약 11℃이며 시신경을 마비시키는 위험성이 있는 물질은?

① 메틸알코올
② 에틸알코올
③ 아밀알코올
④ n-부틸알코올

🔍 메틸알코올(Methyl alcohol, Methanol, 목정)
(1) 물성

분자식	분자량	비중	증기비중	비점	인화점	착화점	연소범위
CH$_3$OH	32	0.79	1.1	64.7℃	11℃	464℃	6~36%

(2) 무색, 투명한 휘발성이 강한 액체이다.
(3) 알코올류 중에서 수용성이 가장 크다(수용성)
(4) 메틸알코올은 독성이 있으나 에틸알코올은 독성이 없다.

45 칠황화인에 관한 설명 중 틀린 것은?

① 담황색의 결정이다.
② 융점이 약 310℃이고 비중은 약 2.03이다.
③ 온수와 반응해서 산소와 수소를 발생한다.
④ 조해성이 있다.

🔍 칠황화인의 특성
(1) 담황색 결정으로 조해성이 있다
(2) CS_2에 약간 녹으며 수분을 흡수하거나 냉수에서는 서서히 분해된다.
(3) 더운 물에서는 급격히 분해하여 황화수소를 발생한다.

항목\종류	삼황화인	오황화인	칠황화인
외 관	황록색 결정	담황색 결정	담황색 결정
화학식	P_4S_3	P_2S_5	P_4S_7
비 점	407℃	514℃	523℃
비 중	2.03	2.09	2.03
융 점	172.5℃	290℃	310℃
착화점	약 100℃	142℃	-

46 금속나트륨의 저장방법으로 옳은 것은?

① 물속에 저장한다.
② 등유 속에 넣어 저장한다.
③ 모래 속에 넣어 저장한다.
④ 나무상자 속에 넣어 저장한다.

🔍 칼륨, 나트륨은 등유, 경유, 유동파라핀 속에 넣어 저장한다.

47 칼륨에 관한 설명 중 옳지 않은 것은?

① 석유 속에 저장한다.
② 은백색 광택이 있는 무른 경금속이다.
③ 물과 반응하여 수소를 발생한다.
④ 에탄올과 반응하면 주로 수산화칼륨이 생성된다.

🔍 칼륨의 특성
(1) 은백색의 광택이 있는 무른 경금속으로 보라색 불꽃을 내면서 연소한다.
(2) 석유, 경유, 유동파라핀 등의 보호액을 넣은 내통에 밀봉 저장한다.
  • 칼륨을 석유 속에 보관하는 이유 : 수분과 접촉을 차단하여 공기 산화를 방지하려고
(3) 칼륨은 물이나 알코올과 반응하면 수소가스를 발생한다
  ① 물과의 반응
    $2K + 2H_2O \rightarrow 2KOH + H_2\uparrow + 92.8\ kcal$
  ② 알코올과 반응
    $2K + 2C_2H_5OH \rightarrow 2C_2H_5OK + H_2\uparrow$

48 피크린산에 대한 설명 중 옳지 않은 것은?

① 푸른색이고 맛을 느낄 수 없다.
② 독성이 있다.
③ 벤젠에 녹는다.
④ 단독으로는 충격, 마찰등에 비교적 안정하다.

🔍 트라이나이트로페놀(Tri Nitro Phenol, 피크린산)
(1) 물성

화학식	비점	융점	착화점	비중
$C_6H_2(OH)(NO_2)_3$	255℃	121℃	300℃	1.8

(2) 광택 있는 황색의 결정이고 찬물에는 미량 녹고 알코올, 에터, 온수에는 잘 녹는다.
(3) 쓴맛과 독성이 있고 알코올, 에터, 벤젠, 더운물에는 잘 녹는다.
(4) 단독으로 가열, 마찰 충격에 안정하고 연소시 검은 연기를 내지만 폭발은 하지 않는다.
(5) 금속염과 혼합은 폭발이 심하며 가솔린, 알코올, 아이오딘, 황과 혼합하면 마찰, 충격에 의하여 심하게 폭발한다.

49 다음 물질 중 저장 시 물속에 보관하는 것은?

① Na
② Fe분
③ CS_2
④ LiH

🔍 저장방법
(1) 이황화탄소(CS_2), 황린(P_4) : 물속에 저장
(2) 칼륨(K), 나트륨(Na) : 등유, 경유, 유동파라핀 속에 저장

50 질산메틸의 성질에 대한 설명으로 틀린 것은?

① 비점이 66℃이다.
② 증기는 공기보다 가볍다.
③ 무색, 투명한 액체이다.
④ 자기반응성 물질이다.

🔍 질산메틸
(1) 특성

화학식	비점	증기비중
CH_3ONO_2	66℃	2.65

(2) 무색, 투명한 액체로서 단맛이 있으며 방향성을 갖는다.
(3) 제5류 위험물로서 자기반응성물질이고 공기보다 무겁다.
(4) 물에는 녹지 않으며 알코올, 에터에는 잘 녹는다.
(5) 폭발성은 거의 없으나 인화의 위험성은 있다.

51 다음 중 산화성 고체의 품명이 아닌 것은?

① 고형알코올
② 아염소산염류
③ 질산염류
④ 무기과산화물

🔍 산화성고체(제1류 위험물) : 아염소산염류, 염소산염류, 과염소산염류, 질산염류, 브로민산염류, 아이오딘산염류, 무기과산화물, 과망가니즈산염류, 다이크로뮴산염류
고형알코올 : 제2류 위험물의 인화성 고체

52 나이트로셀룰로스의 저장 및 취급에 관한 설명 중 틀린 것은?

① 타격, 마찰등을 피한다.
② 일광에 잘 쪼이는 곳에 저장한다.
③ 열원을 멀리하고 냉암소에 저장한다.
④ 알코올로 습면해서 저장한다.

🔍 모든 위험물은 일광에 잘 쪼이는 곳에 저장하면 안되고, 건조하고 서늘한 냉암소에 보관해야 한다.

53 다음 중 위험물안전관리법상 위험물이 아닌 것은?

① 황산
② 금속분
③ 다이아조화합물
④ 하이드록실아민

🔍 황산 : 유독물

종류	금속분	다이아조화합물	하이드록실아민
구분	제2류 위험물	제5류 위험물	제5류 위험물

54 질산나트륨에 대한 설명 중 잘못된 것은?

① 조해성이 있다.
② 칠레초석이라고도 부른다.
③ 무수알코올에 잘 녹는다.
④ 일정 온도이상 가열하면 분해되어 산소를 방출한다.

🔍 질산나트륨의 특성
(1) 물성

화학식	분자량	비중	융점	분해 온도
$NaNO_3$	85	2.27	308℃	380℃

(2) 무색, 무취의 결정으로 칠레초석이라고도 한다.
(3) 조해성이 있는 강산화제이다.
(4) 물, 글리세린에 잘 녹고, 무수알코올에는 녹지 않는다.
(5) 가연물, 유기물과 혼합하여 가열하면 폭발한다.

55 염소산나트륨의 저장 및 취급에 관한 설명 중 틀린 것은?

① 가열, 마찰, 충격을 피한다.
② 가연성 물질의 혼입을 방지한다.
③ 공기와의 접촉을 피하기 위하여 물속에 저장한다.
④ 철제 용기의 사용은 피한다.

🔍 염소산나트륨의 저장 및 취급방법
(1) 가열, 마찰, 충격을 피한다.
(2) 분해를 촉진하는 약품류와의 접촉을 피한다.
(3) 조해성이 있으므로 용기는 밀폐, 밀봉하여 저장한다.
(4) 철제용기는 부식되므로 저장용기로는 부적합하다.
• 황린(P_4) : 공기와의 접촉을 피하기 위하여 물속에 저장한다.

56 과염소산칼륨($KClO_4$) 1몰을 가열하여 완전 분해시키면 몇 몰의 산소가 발생하는가?

① 0.5
② 1
③ 2
④ 4

🔍 과염소산칼륨은 400℃에서 서서히 분해가 시작되어 610℃에서 완전 분해하여 산소(O_2)를 발생한다.
$KClO_4 \rightarrow KCl + 2O_2 \uparrow$

57 다음 중 질산암모늄에 대한 설명으로 틀린 것은?

① 무색의 결정이다.
② 조해성이 강하다.
③ 물에 녹을 때 발열반응을 일으킨다.
④ 가열, 충격등이 가해지면 단독으로도 폭발할 수 있다.

> **질산암모늄의 성질**
> (1) 특성
>
> | 화학식 | 분자량 | 비 중 | 융 점 | 분해 온도 |
> |---|---|---|---|---|
> | NH_4NO_3 | 80 | 1.73 | 165℃ | 220℃ |
>
> (2) 무색, 무취의 결정이다.
> (3) 조해성 및 흡수성이 강하다.
> (4) 물, 알코올에 녹는다.(물에 용해 시 흡열반응)
> (5) 급격한 가열 또는 충격으로 분해 폭발한다.

58 다음 중 물 보다 무거운 위험물은?

① 이황화탄소
② 휘발유
③ 톨루엔
④ 메틸에틸케톤

> **비중**
>
> | 종 류 | 이황화탄소 | 휘발유 | 톨루엔 | 메틸에틸케톤 |
> |---|---|---|---|---|
> | 비 중 | 1.26 | 0.7~0.8 | 0.86 | 0.8 |

59 다음 중 공기에 가장 많이 포함된 성분 2가지를 옳게 나열한 것은?

① 산소, 질소
② 산소, 아르곤
③ 질소, 이산화탄소
④ 산소, 이산화탄소

> 공기의 조성 : 산소21%, 질소78%, 아르곤, 이산화탄소 1%

60 다음 중 착화온도가 가장 낮은 것은?

① 등유
② 가솔린
③ 아세톤
④ 톨루엔

> **착화온도**
>
> | 종 류 | 등 유 | 가솔린 | 아세톤 | 톨루엔 |
> |---|---|---|---|---|
> | 착화온도 | 210℃이상 | 280~456℃ | 465℃ | 480℃ |

정답 CBT 복원문제 2023년 2회

01 ③	02 ③	03 ③	04 ③	05 ①
06 ②	07 ②	08 ④	09 ④	10 ②
11 ④	12 ④	13 ④	14 ④	15 ④
16 ②	17 ④	18 ④	19 ③	20 ②
21 ③	22 ④	23 ③	24 ④	25 ③
26 ②	27 ②	28 ④	29 ②	30 ①
31 ①	32 ③	33 ③	34 ②	35 ④
36 ②	37 ③	38 ①	39 ④	40 ③
41 ④	42 ①	43 ④	44 ①	45 ①
46 ②	47 ④	48 ①	49 ①	50 ②
51 ①	52 ②	53 ①	54 ③	55 ③
56 ③	57 ③	58 ①	59 ①	60 ①

2023년 3회 CBT 복원문제

01 다음 중 자연발화의 위험이 가장 낮은 것은?

① 표면적이 넓을 것
② 열전도율이 클 것
③ 주위온도가 높을 것
④ 다습한 환경인 것

🔍 자연발화의 조건
(1) 주위의 온도가 높을 것 (2) 열전도율이 적을 것
(3) 발열량이 클 것 (4) 표면적이 넓을 것
(5) 습도가 높을 것

02 고온체의 색깔이 휘적색일 경우의 온도는 약 몇 ℃ 정도인가?

① 500 ② 950
③ 1300 ④ 1500

🔍 연소의 색과 온도

색상	담암적색	암적색	적색	휘적색	황적색	백적색	휘백색
온도(℃)	520	700	850	950	1100	1300	1500 이상

03 산·알칼리소화기에서 소화약제를 방출하는데 방사압력원으로 이용되는 것은?

① 공기 ② 탄산가스
③ 아르곤 ④ 질소

🔍 산·알칼리소화기의 소화 원리
$H_2SO_4 + 2NaHCO_3 \rightarrow Na_2SO_4 + 2H_2O + 2CO_2\uparrow$
(탄산가스)

04 소화기에서 "A-2"로 표시되어 있었다면 숫자 "2"가 의미하는 것은 무엇인가?

① 소화기의 제조번호
② 소화기의 소요단위
③ 소화기의 능력단위
④ 소화기의 사용순위

🔍 A-2 : A급화재의 능력단위 2단위의 뜻

05 전기화재에 해당하는 표시 색상은?

① 백색 ② 황색
③ 청색 ④ 흑색

🔍 전기(C급)화재 : 황색

06 동식물유류 400,000ℓ에 대한 소화설비 설치 시 소요단위는 몇 단위인가?

① 2단위 ② 3단위
③ 4단위 ④ 5단위

🔍 ∴소요단위 = $\dfrac{저장량}{지정수량 \times 10}$ = $\dfrac{400,000L}{10,000L \times 10}$ = 4단위

07 분말소화설비의 기준에서 규정한 전역방출방식 또는 국소방출방식 분말소화설비의 가압용 또는 축압용가스에 해당하는 것은?

① 네온가스
② 아르곤가스
③ 수소가스
④ 이산화탄소가스

🔍 분말소화기의 압력원
(1) 축압식 : 질소가스
(2) 가압식 : 이산화탄소

08 방호대상물의 바닥면적이 150m²이상인 경우에 개방형 스프링클러헤드를 이용한 스프링클러설비의 방사구역은 얼마이상으로 해야 하는가?

① 100m² ② 150m²
③ 200m² ④ 400m²

🔍 개방형 스프링클러헤드를 이용한 스프링클러설비의 방사구역은 150m² 이상(바닥면적이 150m²미만은 해당 바닥면적으로)으로 해야 한다.

09 유기과산화물을 저장할 때 일반적인 주의사항에 대한 설명으로 틀린 것은?

① 인화성 액체류와 접촉을 피하여 저장한다.
② 다른 산화제와 격리하여 저장한다.
③ 습기 방지를 위해 건조한 상태로 저장한다.
④ 필요한 경우 물질의 특성에 맞는 적당한 희석제를 첨가하여 저장한다.

> **유기과산화물의 저장 방법**
> (1) 인화성 액체, 다른 산화제와의 접촉을 피하여 저장한다.
> (2) 과산화벤조일은 프탈산디메틸(DMP), 프탈산디부틸(DBP)의 희석제를 사용한다.
> (3) 발화되면 연소속도가 빠르고 건조상태에서는 위험하다.

10 다음 중 나이트로셀룰로스 화재 시 가장 적합한 소화약제는?

① 할로젠화합물 소화기를 사용한다.
② 분말소화기를 사용한다.
③ 이산화탄소 소화기를 사용한다.
④ 다량의 물을 사용한다.

> 제5류 위험물인 나이트로셀룰로스(NC)는 물 또는 알코올에 습면시켜 저장하므로 화재 발생시 다량의 물로 소화하는 것이 적합하다.

11 다음 중 소화약제로 사용할 수 없는 물질은?

① 이산화탄소
② 제일인산암모늄
③ 황산알루미늄
④ 브로민산암모늄

> 브로민산암모늄 : 제1류 위험물

12 분말소화설비의 기준에서 분말소화약제 중 제1종 분말에 해당하는 것은?

① 탄산수소칼륨을 주성분으로 한 분말
② 탄산수소나트륨을 주성분으로 한 분말
③ 인산염을 주성분으로 한 분말
④ 탄산수소칼륨과 요소가 혼합된 분말

> **분말소화약제의 적응화재 및 착색**
>
> | 종류 | 주성분 | 적응화재 |
> |---|---|---|
> | 제1종 분말 | $NaHCO_3$(중탄산나트륨, 탄산수소나트륨) | B, C급 |
> | 제2종 분말 | $KHCO_3$(중탄산칼륨, 탄산수소칼륨) | B, C급 |
> | 제3종 분말 | $NH_4H_2PO_4$(인산암모늄, 제일인산암모늄) | A, B, C급 |
> | 제4종 분말 | $KHCO_3 + (NH_2)_2CO$(탄산수소칼륨 + 요소) | B, C급 |

13 인화성액체 위험물의 저장 및 취급 시 화재예방상 주의사항에 대한 설명 중 틀린 것은?

① 증기가 대기 중에 누출된 경우 인화의 위험성이 크므로 증기의 누출을 예방할 것
② 액체가 누출된 경우 확대되지 않도록 주의할 것
③ 전기전도성이 좋을수록 정전기 발생에 유의할 것
④ 다량 저장 취급시에는 배관을 통해 입·출고할 것

> 제4류 위험물은 인화성액체로서 전기부도체이므로 정전기 발생에 주의해야 한다.

14 다음 물질 중 증발연소를 하는 것은?

① 목탄   ② 나무
③ 양초   ④ 나이트로셀룰로스

> **고체의 연소**
> (1) 표면연소 : 목탄, 코크스, 숯, 금속분
> (2) 분해연소 : 석탄, 종이, 목재, 플라스틱
> (3) 증발연소 : 황, 나프탈렌, 왁스, 양초
> (4) 자기연소(내부연소) : 제5류 위험물인 나이트로셀룰로스(질화면)

15 다음과 같은 반응에서 $10m^3$의 탄산가스를 만들기 위해 탄산수소나트륨의 양은 약 몇 kg인가?(단, 표준상태이고, 나트륨의 원자량은 23이다)

$$2NaHCO_3 \rightarrow Na_2CO_3 + H_2O + CO_2$$

① 18.75   ② 37.5
③ 56.25   ④ 75

> 탄산수소나트륨($NaHCO_3$)의 분해반응식
> $2NaHCO_3 \rightarrow Na_2CO_3 + H_2O + CO_2$
> 2×84kg ────── 22.4m³
> x ────── 10m³
>
> $x = \dfrac{2 \times 84kg \times 10m^3}{22.4m^3} = 75kg$

16 분진폭발 시 소화방법에 대한 설명 중 틀린 것은?

① 금속분에 대하여는 물을 사용하지 말아야 한다.
② 분진폭발 시 직사주수에 의하여 순간적으로 소화해야 한다.
③ 분진폭발은 보통 한번으로 끝나지 않을 수 있으므로 제2차, 3차의 폭발에 대비해야 한다.
④ 이산화탄소와 할로젠화합물의 소화약제는 금속분에 대하여 적절하지 않다.

> 분진폭발을 마그네슘, 아연분말은 주수소화하면 수소가스를 발생하므로 위험하다.

17 지정수량의 100배 이상을 저장 또는 취급하는 옥내저장소에 설치해야 하는 경보설비는? (단, 고인화점위험물만을 저장 또는 취급하는 것은 제외한다)

① 비상경보설비
② 자동화재탐지설비
③ 비상방송설비
④ 확성장치

> 옥내저장소에 자동화재탐지설비를 설치해야 할 대상
> (1) 지정수량의 100배 이상을 저장 또는 취급하는 것(단, 고인화점위험물만을 저장 또는 취급하는 것은 제외)
> (2) 저장창고의 연면적이 150m²를 초과하는 것
> (3) 처마높이가 6m이상의 단층건물의 것

18 탱크화재 현상 중 BLEVE(Boiling Liquid Expanding Vapor Expiosion)에 대한 설명으로 가장 옳은 것은?

① 기름탱크에서의 수증기 폭발현상이다.
② 비등상태의 액화가스가 기화하여 팽창하고 폭발하는 현상이다.
③ 화재 시 기름속의 수분이 급격히 증발하여 기름 거품이 되고 팽창해서 기름탱크 밖으로 내뿜어져 나오는 현상이다.
④ 고점도의 기름속에 수증기를 포함한 볼 형태의 물방울이 형성되어 탱크 밖으로 넘치는 현상이다.

> 블레비(BLEVE = Boiling Liquid Expanding Vapor Expiosion) : 비등상태의 액화가스가 기화하여 팽창하고 폭발하는 현상

19 알루미늄의 성질에 대한 설명 중 옳은 것은?

① 금속 중에서 연소열량이 매우 작다.
② 끓는 물과 반응해서 수소를 발생한다.
③ 알칼리수용액과 반응해서 산소를 발생한다.
④ 할로젠 원소와의 혼합은 안전하다.

> 알루미늄의 성질
> (1) 은백색의 경금속이다.
> (2) 수분, 할로젠원소와 접촉하면 자연발화의 위험이 있다.
> (3) 산화제와 혼합하면 가열, 마찰, 충격에 의하여 발화한다.
> (4) 산, 알칼리, 물과 반응하면 수소(H_2)가스를 발생한다.
> $2Al + 6HCl \rightarrow 2AlCl_3 + 3H_2$
> $2Al + 6H_2O \rightarrow 2Al(OH)_3 + 3H_2$
> (5) 묽은 질산, 묽은 염산, 황산은 알루미늄분을 침식한다.

20 소화 효과에 대한 설명으로 옳지 않는 것은?

① 산소 공급을 차단에 의한 소화는 제거효과이다
② 물에 의한 소화는 냉각효과가 대표적이다
③ 가스 화재 시 가연성 가스 공급 차단에 의한 소화는 제거효과이다
④ 소화약제의 증발잠열을 이용한 소화는 냉각효과이다

> 질식소화 : 산소 공급 차단에 의한 소화

21 일반적으로 유류 화재에 물을 사용한 소화가 적합하지 않은 이유에 대한 설명으로 옳은 것은?

① 화재면을 확대시키기 때문에
② 공기의 접촉을 차단시키기 때문에
③ 가연성가스를 발생시키기 때문에
④ 인화점이 낮아지기 때문에

> 유류화재는 물과 섞이지 않으므로 주수소화를 하면 화재(연소)면을 확대시키므로 적합하지 않다

22 다음 물질 중 제3류 위험물에 속하는 것은?

① CaC_2 ② S
③ P_2O_5 ④ Mg

🔍 탄화칼슘(카바이트, CaC_2) : 제3류 위험물, 황(S), 마그네슘(Mg) ; 제2류 위험물

23 일반적으로 위험물저장탱크의 공간용적은 탱크내용적의 얼마이상, 얼마이하로 하는가?

① $\frac{2}{100}$이상 $\frac{3}{100}$이하
② $\frac{2}{100}$이상 $\frac{5}{100}$이하
③ $\frac{5}{100}$이상 $\frac{10}{100}$이하
④ $\frac{10}{100}$이상 $\frac{20}{100}$이하

🔍 탱크의 용량 = 탱크의 내용적－공간용적($\frac{5}{100}$이상 $\frac{10}{100}$이하)

24 과산화수소 분해방지 안정제로 사용할 수 있는 물질은?

① Ag ② HBr
③ MnO_2 ④ H_3PO_4

🔍 과산화수소 분해방지 안정제 : 인산(H_3PO_4), 요산($C_5H_4N_4O_3$)

25 아마인유에 대한 설명 중 틀린 것은?

① 건성유이다.
② 공기 중에서 산소와 결합하기 쉽다.
③ 아이오딘가가 올리브유보다 작다.
④ 자연발화의 위험이 있다.

🔍 동식물유류의 종류

구분	아이오딘값	반응성	불포화도	종류
건성유	130 이상	크다	크다	해바라기유, 동유, 아마인유, 정어리기름, 들기름
반건성유	100~130	중간	중간	채종유, 목화씨기름, 참기름, 콩기름
불건성유	100 이하	적다	적다	야자유, 올리브유, 피마자유, 동백유

26 다음 중 산화성고체 위험물에 속하지 않는 것은?

① Na_2O_2 ② $HClO_4$
③ NH_4ClO_4 ④ $KClO_3$

🔍 과염소산($HClO_4$) ; 제6류 위험물로서 산화성 액체

27 다음 그림은 옥외저장탱크와 흙 방유제를 나타낸 것이다. 탱크의 지름이 10m이고, 높이가 15m라고 할 때 방유제는 탱크의 옆판으로부터 몇 m이상의 거리를 유지해야 하는가?(단, 인화점이 200℃미만의 위험물을 저장한다)

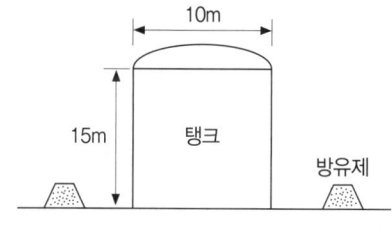

① 2 ② 3
③ 4 ④ 5

🔍 방유제는 탱크의 옆판으로부터 유지 거리(단, 인화점이 200℃ 이상인 위험물은 제외)
(1) 지름이 15m 미만인 경우 : 탱크 높이의 1/3 이상
(2) 지름이 15m 이상인 경우 : 탱크 높이의 1/2 이상
∴ 유지거리 = 탱크 높이×1/3 이상
= 15×1/3 이상 = 5m이상

28 질산의 성질에 대한 설명 중 틀린 것은?

① 분해하면 산소를 발생한다.
② 분자량은 약 63이다.
③ 물과 반응하여 발열한다.
④ 금, 백금 등을 부식시킨다.

🔍 질산(HNO_3)은 백금(Pt)을 부식시키지 못한다.

29 나이트로셀룰로스에 대한 설명 중 틀린 것은?

① 천연셀룰로스를 염기와 반응시켜 만든다.
② 함유하는 질소의 함유량이 많을수록 위험성이 크다.
③ 질화도에 따라 크게 강면약과 약면약으로 구분할 수 있다.

④ 약 130℃에서 분해하기 시작한다.

🔍 나이트로셀룰로스(Nitro Cellulose, NC)
(1) 셀룰로스에 진한 황산과 진한질산의 혼산으로 반응시켜 제조한 것이다.
(2) 저장 중에 물 또는 알코올로 습윤시켜 저장한다(통상적으로 아이소프로필 알코올 30% 습윤 시킴).
(3) 130℃에서는 서서히 분해하여 180℃에서 불꽃을 내면서 급격히 연소한다.
(4) 질화도가 클수록 폭발성이 크다.

30 황의 지정수량은 얼마인가?

① 20kg
② 50kg
③ 100kg
④ 300kg

🔍 황(S), 황화인, 적린의 지정수량 : 100kg

31 $HClO_4$, HNO_3, H_2O_2 각각의 지정수량을 모두 합하면 얼마인가?

① 200kg
② 50kg
③ 900kg
④ 1200kg

🔍 과염소산($HClO_4$), 질산(HNO_3), 과산화수소(H_2O_2)는 전부 제6류 위험물로서 지정수량이 각각 300kg 이므로 합은 900kg이다

32 특수인화물 200ℓ 와 제4석유류 12,000ℓ 를 저장할 때 각각의 지정수량 배수의 합은 얼마인가?

① 3
② 4
③ 5
④ 6

🔍 지정수량의 배수 = $\frac{200}{50} + \frac{12,000}{6,000} = 6$배

33 다음 위험물 중 물과 접촉하면 발열하면서 산소를 방출하는 것은?

① 과산화칼륨
② 염소산암모늄
③ 염소산칼륨
④ 과망가니즈산칼륨

🔍 과산화칼륨이 물과 반응하면 발열하면서 산소를 방출한다.
$2K_2O_2 + 2H_2O \rightarrow 4KOH + O_2\uparrow$ + 발열

34 과산화수소의 성질에 대한 설명 중 틀린 것은?

① 알코올에 용해한다.
② MnO_2 첨가시 분해가 촉진된다.
③ 농도 약 30%에서는 단독으로 폭발할 위험이 있다.
④ 분해 시 산소가 발생한다.

🔍 과산화수소(H_2O_2)는 농도 60% 이상은 충격, 마찰에 의해서도 단독으로 분해폭발 위험이 있다.

35 다음 물질 중 과산화나트륨과 혼합되었을 때 수산화나트륨과 산소를 발생하는 것은?

① 온수
② 일산화탄소
③ 이산화탄소
④ 초산

🔍 과산화나트륨은 물과 반응하면 수산화나트륨과 산소가스를 발생하고 많은 열을 발생한다.
$2Na_2O_2 + 2H_2O \rightarrow 4NaOH + O_2\uparrow$ + 발열

36 위험물 운반용기의 외부에 표시해야 하는 사항에 해당되지 않는 것은?

① 위험물에 따라 규정된 주의사항
② 위험물의 지정수량
③ 위험물의 수량
④ 위험물의 품명

🔍 운반용기의 외부 표시 사항
(1) 위험물의 품명, 위험등급, 화학명 및 수용성(제4류 위험물의 수용성인 것에 한함)
(2) 위험물의 수량
(3) 주의사항

37 질산에틸의 성질에 대한 설명 중 틀린 것은?

① 비점은 약 88℃이다.
② 무색의 액체이다.
③ 증기는 공기보다 무겁다.
④ 물에 잘 녹는다.

> **질산에틸의 성질**
> (1) 물성
>
> | 분자식 | 비점 | 비중 |
> |---|---|---|
> | $C_2H_5ONO_2$ | 88℃ | 1.1 |
>
> (2) 에틸알코올과 질산을 반응하여 질산에틸을 제조한다.
> $C_2H_5OH + HNO_3 \rightarrow C_2H_5ONO_2 + H_2O$
> (3) 무색 투명한 액체로서 방향성을 갖는다.
> (4) 물에는 녹지 않으며 알코올에는 잘 녹는다.

38 다이에틸에터에 대한 설명 중 잘못 된 것은?

① 강산화제와 혼합 시 안전하게 사용할 수 있다.
② 대량으로 저장 시 불활성 가스를 봉입해야 한다.
③ 정전기 발생 방지를 위해 주의를 기울여야 한다.
④ 통풍, 환기가 잘 되는 곳에 저장한다.

> 다이에틸에터(제4류 위험물)는 강산화제(제1류 위험물)와 혼합은 위험하다.

39 다음 중 인화점이 가장 높은 것은?

① 이황화탄소
② 다이에틸에터
③ 아세트알데하이드
④ 산화프로필렌

> **인화점**
>
> | 종류 | 이황화탄소 | 다이에틸에터 | 아세트알데하이드 | 산화프로필렌 |
> |---|---|---|---|---|
> | 인화점(℃) | -30 | -40 | -40 | -37 |

40 다음 황린의 성질에 대한 설명으로 옳은 것은?

① 분자량은 약 108이다.
② 융점은 약 120℃이다.
③ 비점은 약 150℃이다.
④ 비중은 약 1.82이다.

> **황린의 물성**
>
> | 분자식 | 분자량 | 발화점 | 비점 | 융점 | 비중 | 증기비중 |
> |---|---|---|---|---|---|---|
> | P_4 | 124 | 34℃ | 280℃ | 44℃ | 1.82 | 4.4 |

41 다음 중 두가지 물질을 섞었을 때 수소가 발생하는 것은?

① 칼륨과 에탄올
② 과산화마그네슘과 염화수소
③ 과산화칼륨과 탄산가스
④ 오황화인과 물

> 칼륨과 에탄올이 반응하면 수소를 발생한다.
> $2K + 2C_2H_5OH \rightarrow 2C_2H_5OK + H_2\uparrow$

42 다음 중 자체소방대를 반드시 설치해야 하는 곳은?

① 지정수량의 2000배이상의 제6류 위험물을 취급하는 제조소가 있는 사업소
② 지정수량의 3000배이상의 제6류 위험물을 취급하는 제조소가 있는 사업소
③ 지정수량의 2000배이상의 제4류 위험물을 취급하는 제조소가 있는 사업소
④ 지정수량의 3000배이상의 제4류 위험물을 취급하는 제조소가 있는 사업소

> 지정수량의 3000배이상의 제4류 위험물을 취급하는 제조소, 일반취급소에는 자체소방대를 편성해야 한다.

43 제5류 위험물에 대한 설명으로 옳지 않는 것은?

① 자기반응성 물질이다.
② 피크린산은 나이트로화합물이다.
③ 모두 산소를 포함하고 있다.
④ 나이트로화합물은 나이트로기가 많을수록 폭발력이 커진다.

> 제5류 위험물인 하이드라진 유도체는 산소를 함유하고 있지 않다.

44 다음 중 제1류 위험물의 질산염류가 아닌 것은?

① 질산은
② 질산암모늄
③ 질산에틸
④ 칠레초석

> 질산염류 : 질산칼륨(초석, KNO_3), 질산나트륨(칠레초석, $NaNO_3$), 질산암모늄(NH_4NO_3)

45 다음 중 제2류 위험물만으로 나열된 것이 아닌 것은?

① 철분, 황화인
② 마그네슘, 적린
③ 황, 철분
④ 아연분, 나트륨

🔍 제2류 위험물 : 황화인, 적린, 황, 마그네슘, 철분, 금속분(알루미늄, 아연분), 인화성고체
　　나트륨 : 제3류 위험물

46 다음 제1류 위험물의 지정수량이 틀린 것은?

① 아염소산나트륨 : 50kg
② 염소산칼륨 : 50kg
③ 과산화나트륨 : 100kg
④ 브로민산칼륨 : 300kg

🔍 과산화나트륨 : 무기과산화물로서 지정수량이 50kg

47 휘발유의 성질 및 취급시 주의사항에 관한 설명 중 틀린 것은?

① 증기가 모여 있지 않도록 통풍을 잘 시킨다.
② 인화점이 상온이므로 상온이상에서는 화기 접근을 금지시켜야 한다.
③ 정전기 발생에 주의해야 한다.
④ 강산화제등과 혼촉시 발화할 위험이 있다.

🔍 휘발유의 인화점 : -43℃

48 무색·무취의 결정이고 분자량이 약 138, 비중이 약 2.5인 물질로 에탄올, 에터에 녹지 않는 것은?

① 과염소산칼륨
② 과염소산나트륨
③ 염소산나트륨
④ 염소산칼륨

🔍 과염소산칼륨
(1) 특성

분자식	분자량	비중	분해 온도
KClO₄	138.6	2.52	400℃

(2) 무색, 무취의 사방정계 결정
(3) 물, 알코올, 에터에 녹지 않는다.

49 다음 중 염소산나트륨의 저장 및 취급에 대한 설명으로 틀린 것은?

① 건조하고 환기가 잘 되는 곳에 저장한다.
② 방습에 유의하여 용기를 밀전시킨다.
③ 유리용기는 부식되므로 철제용기를 사용한다.
④ 금속분류의 혼입을 방지한다.

🔍 염소산나트륨의 저장은 철제용기는 부식되므로 저장용기로는 부적합하다.

50 다음 제3류 위험물의 지정수량이 잘못된 것은?

① $(C_2H_5)_3Al$: 10kg
② Ca : 50kg
③ LiH : 300kg
④ AlP : 500kg

🔍 제3류 위험물의 분류

유별	성질	품 명	위험등급	지정수량
제3류	자연발화성물질 및 금수성물질	1. 칼륨, 나트륨, 알킬알루미늄[$(C_2H_5)_3Al$], 알킬리튬	I	10kg
		2. 황린	I	20kg
		3. 알칼리금속(칼륨 및 나트륨을 제외한다) 및 알칼리토금속(Ca), 유기금속화합물(알킬알루미늄 및 알킬리튬을 제외한다)	II	50kg
		4. 금속의 수소화물(LiH), 금속의 인화물, 칼슘 또는 알루미늄의 탄화물(AlP)	III	300kg
		5. 그 밖에 행정안전부령이 정하는 것(염소화규소화합물)	III	10kg, 50kg, 300kg

51 위험물안전관리자를 해임한 때에는 해임한 날로부터 며칠 이내에 위험물안전관리자를 다시 선임해야 하는가?

① 7
② 14
③ 30
④ 60

🔍 위험물안전관리자의 재선임 : 해임한 날로부터 30일 이내

52 다음 중 제6류 위험물의 공통된 성질에 해당되는 것은?

① 물에 잘 녹지 않는다.
② 물보다 무겁다.
③ 유기화합물이다.
④ 가연성이므로 다른 위험물과 혼합시 주의해야 한다.

> 제6류 위험물의 일반적인 성질
> (1) 산화성 액체이며 무기화합물로 이루어져 형성된다.
> (2) 무색, 투명하며 물보다 무겁고(비중이 1보다 크다). 표준상태에서는 모두가 액체이다.
> (3) 과산화수소를 제외하고 강산성 물질이며 물에 녹기 쉽다.

53 금속나트륨을 보호액속에 저장하는 가장 큰 이유는?

① 탈수를 막기 위하여
② 화기를 피하기 위하여
③ 습기와의 접촉을 막기 위하여
④ 산소 발생을 막기 위하여

> 나트륨이나 칼륨은 수분과의 접촉을 막기 위하여 석유, 경유, 유동성파라핀 속에 저장한다.

54 "위험물 제조소"라는 표시를 한 표지는 백색바탕에 어떤 색상의 문자를 사용해야 하는가?

① 황색
② 적색
③ 흑색
④ 청색

> 제조소의 표지 및 게시판
> (1) "위험물 제조소"라는 표지를 설치
>   ① 표지의 크기 : 한변의 길이 0.3m이상, 다른 한변의 길이 0.6m이상
>   ② 표지의 색상 : 백색바탕에 흑색 문자
> (2) 방화에 관하여 필요한 사항을 게시한 게시판 설치
>   ① 게시판의 크기 : 한변의 길이 0.3m이상, 다른 한변의 길이 0.6m이상
>   ② 기재 내용 : 위험물의 유별·품명 및 저장최대수량 또는 취급최대수량, 지정수량의 배수 및 안전관리자의 성명 또는 직명
>   ③ 게시판의 색상 : 백색바탕에 흑색 문자
> (3) 주의사항을 표시한 게시판 설치

55 트라이나이트로페놀에 대한 설명으로 옳은 것은?

① 발화방지를 위해 휘발유에 저장한다.
② 구리용기에 넣어 보관한다.
③ 무색, 투명한 액체이다.
④ 알코올, 벤젠 등에 녹는다.

> 트라이나이트로페놀(Tri Nitro Phenol, 피크린산)
> (1) 광택 있는 황색의 결정이고 찬물에는 미량 녹고 알코올, 에터 온수에는 잘 녹는다.
> (2) 쓴맛과 독성이 있고 알코올, 에터, 벤젠, 더운물에는 잘 녹는다.
> (3) 단독으로 가열, 마찰 충격에 안정하고 연소시 검은 연기를 내지만 폭발은 하지 않는다.

56 다음 중 오황화인이 물과 작용해서 주로 발생하는 기체는?

① 포스겐
② 아황산가스
③ 인화수소
④ 황화수소

> 오황화인은 물 또는 알칼리에 분해하여 황화수소(H_2S)와 인산이 된다.
> $P_2S_5 + 8H_2O \rightarrow 5H_2S + 2H_3PO_4$

57 인화칼슘이 포스핀가스와 수산화칼슘을 발생하는 경우에 해당되는 것은?

① 가열에 의한 열분해
② 수분의 접촉
③ 햇빛에 노출
④ 충격 및 마찰

> 인화칼슘은 물이나 약산과 반응하여 포스핀(PH_3)의 유독성가스를 발생한다.
> $Ca_3P_2 + 6H_2O \rightarrow 3Ca(OH)_2 + 2PH_3 \uparrow$

58 분진폭발이 대형화되는 경우가 아닌 것은?

① 밀폐로 공간 내 고온, 고압상태가 유지될 때
② 밀폐된 공간 내 인화성 가스가 존재할 때
③ 분진 자체가 폭발성 물질인 경우
④ 공기 중 질소의 농도가 증가된 경우

> 질소는 불연성가스이므로 질소의 농도가 증가된 경우에는 분진폭발을 막아 준다.

59 저장 또는 취급하는 위험물의 최대수량이 지정수량의 500배 이하 일 때 옥외저장탱크의 측면으로부터 몇 m 이상의 보유공지 너비를 가져야 하는가?(단, 제6류 위험물은 제외한다)

① 1
② 2
③ 3
④ 4

> 옥외탱크저장소의 보유공지

저장 또는 취급하는 위험물의 최대수량	공지의 너비
지정수량의 500배 이하	3m 이상
지정수량의 500배 초과 1,000배 이하	5m 이상
지정수량의 1,000배 초과 2,000배 이하	9m 이상
지정수량의 2,000배 초과 3,000배 이하	12m 이상
지정수량의 3,000배 초과 4,000배 이하	15m 이상
지정수량의 4,000배 초과	해당 탱크의 수평단면의 최대지름(가로형인 경우에는 긴변)과 높이 중 큰 것과 같은 거리 이상(단, 30m 초과시 30m 이상으로, 15m 미만시 15m 이상으로 할 것)

60 삼황화인은 다음 중 어느 물질에 녹는가?

① 물
② 염산
③ 질산
④ 황산

> 삼황화인은 이황화탄소(CS_2), 알칼리, 질산에는 녹고, 물, 염소, 염산, 황산에는 녹지 않는다.

정답	CBT 복원문제 2023년 3회			
01 ②	02 ②	03 ②	04 ③	05 ③
06 ③	07 ④	08 ②	09 ③	10 ④
11 ④	12 ②	13 ③	14 ②	15 ④
16 ②	17 ④	18 ②	19 ②	20 ①
21 ①	22 ①	23 ③	24 ④	25 ③
26 ②	27 ④	28 ④	29 ③	30 ③
31 ③	32 ②	33 ①	34 ③	35 ①
36 ②	37 ④	38 ①	39 ①	40 ④
41 ①	42 ④	43 ③	44 ③	45 ④
46 ③	47 ②	48 ①	49 ③	50 ④
51 ③	52 ②	53 ③	54 ③	55 ④
56 ④	57 ②	58 ④	59 ③	60 ③

2023년 4회 CBT 복원문제

01 소화난이도 등급 1인 옥외탱크저장소에 있어서 제4류 위험물 중 인화점이 70℃ 이상인 것을 저장, 취급하는 경우 어느 소화설비를 설치해야 되는가?(단, 지중탱크 또는 해상탱크 외의 것이다)

① 스프링클러소화설비
② 물분무소화설비
③ 이산화탄소소화설비
④ 분말소화설비

> 소화난이도 등급 1인 옥외탱크저장소에 제4류 위험물 인화점이 70℃ 이상인 저장시 설치해야 하는 소화설비 : 물분무소화설비, 고정식 포소화설비

02 다음 중 할론 1211 소화약제에 해당되는 것은?

① $C_2F_4Br_2$
② CF_3Br
③ CH_2C_1Br
④ CF_2ClBr

> 할로젠화합물 소화약제의 종류

종류	분자식
할론1301	CF_3Br
할론1011	CH_2ClBr
할론1211	CF_2ClBr
할론2402	$C_2F_4Br_2$
사염화탄소	CCl_4

03 이산화탄소가 소화약제로 사용되는 이유에 대한 설명으로 가장 옳은 것은?

① 산소와의 반응이 느리기 때문이다.
② 산소와 반응하지 않기 때문이다.
③ 착화되어도 곧 불이 꺼지기 때문이다.
④ 산화반응이 되어도 열 발생이 없기 때문이다

> 이산화탄소(CO_2)는 산소와 더 이상 반응하지 않으므로 소화약제로 사용한다.

04 다음 중 연소의 형태가 표면연소에 해당 하는 것은?

① 코크스
② 목재
③ 나프탈렌
④ 피크린산

> 표면연소 : 목탄, 코크스, 숯, 금속분 등이 열분해에 의하여 가연성가스를 발생하지 않고 그 물질 자체가 연소하는 현상

05 가연물의 종류에 따른 화재의 분류에서 목재에 의한 화재에 해당되는 것은?

① A급
② B급
③ C급
④ D급

> 화재의 종류

급수 구분	A급	B급	C급	D급
화재의 종류	일반화재	유류화재	전기화재	금속화재
원형 표시색	백색	황색	청색	무색

06 다음 위험물의 화재 시 주수소화에 대한 위험성이 증가하는 것은?

① 황
② 염소산칼륨
③ 인화칼슘
④ 질산칼륨

> 황, 염소산칼륨, 질산칼륨은 화재시 주수소화가 가능하나 인화칼슘은 주수소화를 하면 포스핀(PH_3)의 가연성가스를 발생한다.
> Ca_3P_2 + $6H_2O$ → $3Ca(OH)_2$ + $2PH_3$↑
> (인화칼슘) (물) (소석회) (포스핀)

07 다음 중 제3종 분말 소화약제의 주성분은?

① 탄산수소나트륨
② 인산암모늄
③ 탄산수소나트륨과 수소
④ 탄산수소칼륨

🔍 분말약제의 적응화재 및 착색

종류	주성분	적응 화재	착색 (분말의 색)
제1종 분말	NaHCO₃(중탄산나트륨, 탄산수소나트륨)	B, C급	백색
제2종 분말	KHCO₃(중탄산칼륨, 탄산수소칼륨)	B, C급	담회색
제3종 분말	NH₄H₂PO₄(인산암모늄, 제일인산암모늄)	A, B, C급	담홍색
제4종 분말	KHCO₃ + (NH₂)₂CO	B, C급	회색

08 제3류 위험물 금수성물질에 적응할 수 있는 소화설비는?

① 포소화설비
② 이산화탄소소화설비
③ 탄산수소염류 분말소화설비
④ 할로젠화합물소화설비

🔍 금수성물질에 적합한 소화설비 : 탄산수소염류 분말소화설비

09 분말소화약제 중 제1종과 제2종 분말이 각각 열분해될 때 공통적으로 생성되는 가스는?

① H_2
② O_2
③ CO_2
④ N_2

🔍 분말소화약제의 열분해 반응식
(1) 제1종 분말 : $2NaHCO_3 \rightarrow Na_2CO_3 + H_2O\uparrow + CO_2\uparrow$
(2) 제2종 분말 : $2KHCO_3 \rightarrow K_2CO_3 + H_2O\uparrow + CO_2\uparrow$
(3) 제3종 분말 : $NH_4H_2PO_4 \rightarrow HPO_3 + NH_3\uparrow + H_2O\uparrow$
(4) 제4종 분말 :
$2KHCO_3 + (NH_2)_2CO \rightarrow K_2CO_3 + 2NH_3\uparrow + 2CO_2\uparrow$

10 위험물 취급소의 건축물은 외벽이 내화 구조인 경우 연면적 몇 m²를 1소요단위로 보는가?

① 50
② 100
③ 150
④ 200

🔍 소요단위의 계산방법
(1) 제조소 또는 취급소의 건축물
 ① 외벽이 내화구조 : 연면적 100m²를 1소요단위
 ② 외벽이 내화구조가 아닌 것 : 연면적 50m²를 1소요단위
(2) 저장소의 건축물
 ① 외벽이 내화구조 : 연면적 150m²를 1소요단위
 ② 외벽이 내화구조가 아닌 것 : 연면적 75m²를 1소요단위
(3) 위험물은 지정수량의 10배 : 1소요단위

11 산화성 액체 위험물에 적응성이 있는 소화설비가 아닌 것은?

① 스프링클러설비
② 포소화설비
③ 할로젠화합물소화설비
④ 물분무 소화설비

🔍 제6류 위험물(산화성 액체)의 적응 소화설비 : 수계 소화설비
• 수계소화설비 : 스프링클러설비, 포 소화설비, 물분무소화설비, 옥내소화전설비, 옥외소화전설비

12 다음 중 위험물과 그 보호액이 잘못 짝지어진 것은?

① 황린-물
② 칼륨-에탄올
③ 이황화탄소-물
④ 나트륨-유동파라핀

🔍 위험물의 저장방법

위험물	저장방법
황린, 이황화탄소	물속에 저장 ① 황린 : 공기와 접촉을 방지하기 위하여 ② 이황화탄소 : 가연성 증기 발생을 억제하기 위하여
칼륨, 나트륨	등유(석유), 경유, 유동성파라핀
나이트로셀룰로스(NC)	물 또는 알코올에 저장

13 자연발화를 방지하기 위한 방법으로 옳지 않은 것은?

① 습도가 낮은 곳을 피한다.
② 열 축적을 방지한다.
③ 저장실의 온도를 낮춘다.
④ 불활성가스를 주입할 것

🔍 자연발화의 방지법
(1) 습도를 낮게 할 것
(2) 주위의 온도를 낮출 것
(3) 통풍을 잘 시킬 것
(4) 불활성가스를 주입하여 공기와 접촉을 피할 것

14 다음 중 분말소화약제를 방출시키기 위해 주로 사용되는 축압용 가스는?

① 산소
② 질소
③ 헬륨
④ 아르곤

> 분말 소화기의 축압용 가스 : 질소(N_2)

15 표준상태에서 탄소 1몰이 완전히 연소하면 몇 ℓ 의 CO_2가 생성하는가?

① 11.2
② 22.4
③ 44.8
④ 56.8

> 이산화탄소의 연소반응식
> $C + O_2 \rightarrow CO_2$
> 1mol ─── 22.4ℓ
> 1mol ─── x
> ∴ $x = 22.4 ℓ$

16 부채를 이용하여 촛불을 바람으로 끄는 경우에 해당하는 소화 원리는?

① 억제 효과
② 가연물제거
③ 산소공급원차단
④ 냉각에 의한 효과

> 제거소화 : 화재현장에서 가연물을 제거하여 소화하는 방법
> • 제거 소화
>   ① 바람을 이용하여 촛불을 끄는 방법
>   ② 산불 화재 시 전방의 나무를 제거하는 방법

17 보기에서 올바른 정전기 방지법으로 나열된 것은?

〈보기〉
㉠ 접지를 할 것.
㉡ 공기를 이온화 할 것.
㉢ 공기 중의 상대습도를 70%이하로 할 것.

① ㉠, ㉡
② ㉠, ㉢
③ ㉡, ㉢
④ ㉠, ㉡, ㉢

> 정전기 방지법
> (1) 접지를 할 것.
> (2) 공기를 이온화 할 것.
> (3) 공기 중의 상대습도를 70%이상으로 할 것.

18 다음 고온체의 색깔을 낮은 온도부터 옳게 나열한 것은?

① 암적색 < 황적색 < 백적색 < 휘적색
② 휘적색 < 백적색 < 황적색 < 암적색
③ 휘적색 < 암적색 < 황적색 < 백적색
④ 암적색 < 휘적색 < 황적색 < 백적색

> 연소의 색과 온도

색상	담암적색	암적색	적색	휘적색	황적색	백적색	휘백색
온도(℃)	520	700	850	950	1100	1300	1500 이상

19 제조소 등의 소요단위 산정시 위험물은 지정 수량의 몇 배를 1소요 단위로 하는가?

① 5배
② 10배
③ 20배
④ 50배

> 위험물은 지정수량의 10배 : 1소요단위

20 다음 위험물의 화재 시 냉각소화가 가장 효과가 적은 것은?

① 트라이나이트로톨루엔
② 황
③ 톨루엔
④ 염소산칼륨

> 소화방법
> (1) 냉각소화 : 트라이나이트로톨루엔, 황, 염소산칼륨
> (2) 질식소화 : 톨루엔

21 위험물 운반차량의 어느 곳에 "위험물"이라는 표지를 게시해야 하는가?

① 전면 및 후면의 보기 쉬운 곳
② 운전석 옆유리
③ 이동저장탱크의 좌우 측면 보기 쉬운 곳.
④ 차량의 좌우 문

운반방법(지정수량 이상 운반 시)
(1) 한변의 길이가 0.3m이상, 다른 한변의 길이가 0.6m이상인 직사각형의 판으로 할 것
(2) 흑색 바탕에 황색의 반사도료 그 밖의 반사성이 있는 재료로 "위험물"이라고 표시할 것
(3) 표지는 차량의 전면 및 후면의 보기 쉬운 곳에 내걸 것.

22 비중은 약 2.5 무색·무취이며 알코올, 에터, 물에 잘 녹고 조해성이 있으며 산과 반응하여 유독한 ClO_2를 발생하는 위험물은 어느 것인가?

① 염소산칼륨
② 과염소산암모늄
③ 염소산나트륨
④ 과염소산칼륨

염소산나트륨의 특성
(1) 물성

분자식	분자량	융 점	비 중	분해 온도
$NaClO_3$	106	248℃	2.49	300℃

(2) 무색, 무취의 결정 또는 분말이다.
(3) 물, 알코올, 에터에 녹는다.
(4) 조해성이 강하므로 수분과의 접촉을 피한다.
(5) 산과 반응하면 이산화염소(Cl_1O_2)의 유독가스를 발생 한다.

23 과산화나트륨의 성질에 대한 설명으로 옳은 것은?

① 순수한 것은 투명하지만 보통은 회색이다.
② 염산과 반응하여 과산화수소를 생성한다.
③ 조해성 있고 물과 반응하여 주로 수소를 발생한다.
④ 가열하면 주로 산소와 나트륨이 생성된다.

과산화나트륨
(1) 순수한 것은 백색이지만 보통은 황백색의 분말이다.
(2) 에틸알코올에 녹지 않는다.
(3) 백색 분말로서 흡습성이 있다.
(4) 가열하면 산소를 발생한다.
$2Na_2O_2 \rightarrow 2Na_2O + O_2\uparrow$
(5) 염산과 반응하면 과산화수소를 생성한다.
$Na_2O_2 + 2HCl \rightarrow 2NaCl + H_2O_2\uparrow$
(6) 물과 반응하면 산소가스를 발생하고 많은 열을 발생한다.
$2Na_2O_2 + 2H_2O \rightarrow 4NaOH + O_2\uparrow + 발열$

24 과염소산나트륨의 성질 중 거리가 먼 것은?

① 황색의 분말로 물과 반응하여 산소를 발생한다.
② 가열하면 분해되어 산소를 방출한다.
③ 융점은 약 482℃이며 물에 잘 녹는다.
④ 비중은 약 2.0으로 물보다 무겁다.

과염소산나트륨
(1) 물성

분자식	분자량	비 중	융 점	분해 온도
$NaClO_4$	122	2.02	482℃	400℃

(2) 조해성이 있다.
(3) 물, 아세톤, 일코올에는 용해하고, 에터에는 녹지 않는다.
(4) 가열하면 분해하여 산소를 발생한다.
$NaClO_4 \rightarrow NaCl + 2O_2\uparrow$

25 제6류 위험물의 공통성질 중 옳은 설명은?

① 물보다 가볍다.
② 물에 녹는다.
③ 점성이 큰 액체로서 환원제이다.
④ 연소가 매우 잘된다.

제6류 위험물 : 불연성 액체

26 나이트로셀룰로스의 저장 취급방법으로 옳은 것은?

① 건조한 상태로 보관해야 한다.
② 물 또는 알코올 등을 첨가하여 습윤한다.
③ 물기에 접촉하면 자연발화의 위험이 있으므로 주의해야 한다.
④ 알코올에 접촉하면 자연발화의 위험이 있으므로 주의한다.

나이트로셀룰로스(NC)의 저장 취급방법 : 물 또는 알코올에 습면시켜 저장

27 과망가니즈산칼륨의 일반적인 성질에 관한 설명 중 틀린 것은?

① 강한 살균력과 산화력이 있다.
② 금속성 광택이 있는 무색 결정이다.
③ 가열분해 시키면 산소를 방출한다.
④ 비중은 약 2.7이다.

과망가니즈산칼륨의 성질
(1) 특성

분자식	분자량	비 중	분해 온도
$KMnO_4$	158	2.7	200 ~ 250℃

(2) 흑자색의 주상결정으로 산화력과 살균력이 강하다.
(3) 물, 알코올에 녹으면 진한 보라색을 나타낸다.
(4) 진한 황산과 접촉하면 폭발적으로 반응한다.
(5) 살균소독제, 산화제로 이용 된다.

28 황의 성질을 설명한 것으로 옳은 것은?

① 전기의 양도체이다.
② 물에 잘 녹는다.
③ 연소하기 어려워 분진 폭발의 위험성은 없다.
④ 높은 온도에서 탄소와 반응하여 CS_2를 생성한다.

황의 특성
(1) 황색의 결정 또는 미황색의 분말이다.
(2) 물이나 산에는 녹지 않으나 알코올에는 조금 녹고, 고무상황을 제외하고는 CS_2에 잘 녹는다.
(3) 공기 중에서 연소하면 푸른빛을 내며 아황산가스(SO_2)를 발생한다.
(4) 분말상태로 밀폐 공간에서 공기 중 부유 시에는 분진폭발을 일으킨다.
(5) 황은 고온에서 다음 물질과 반응으로 격렬히 발열한다.
  ① $H_2 + S \rightarrow H_2S\uparrow$ + 발열
  ② $Fe + S \rightarrow FeS$ + 발열
  ③ $C + 2S \rightarrow CS_2$ + 발열

29 벤젠 증기의 비중은 약 얼마인가?

① 0.72
② 0.95
③ 2.69
④ 3.76

벤젠(C_6H_6 = 78)의 증기 비중 = $\frac{분자량}{29} = \frac{78}{29} = 2.69$

30 벤젠에 대한 설명 중 틀린 것은?

① 무색의 액체로서 방향성을 가지고 있다.
② 물에 잘 녹으며 인화점이 낮다.
③ 융점은 7℃이다.
④ 증기는 공기보다 무겁다.

벤젠(Benzene, C_6H_6, 벤졸)
(1) 무색, 투명한 방향성을 갖는 액체이며, 증기는 독성이 있다.
(2) 물에는 녹지 않고 알코올, 아세톤, 에터에는 녹는다.
(3) 비전도성이므로 정전기의 화재 발생 위험이 있다.

31 다음 위험물 중 물보다 가볍고 물에 잘 녹는 것은?

① 메틸에틸케톤
② 나이트로벤젠
③ 에틸렌글라이콜
④ 글리세린

위험물 비교

종 류	메틸에틸케톤	나이트로벤젠	에틸렌글라이콜	글리세린
비중	0.8	1.2	1.11	1.26
용해성여부	수용성	불용성	수용성	수용성

※ 참고
① 비중이 1이 안되면 물보다 가볍다.
② 일반적으로 메틸에틸케톤(MEK)은 용해도가 26.8이므로 물에 잘 녹는다고 하지만 위험물에서 지정수량을 계산할 때에는 비수용성이고, 아세톤, 에틸렌글라이콜 같이 용해도가 무한대로 녹을 때에는 수용성이라고 한다.

32 초산에틸의 성상에 대한 설명 중 가장 거리가 먼 것은?

① 물에 전혀 녹지 않는다.
② 과실과 비슷한 냄새를 가지는 액체이다.
③ 발화점은 약 429℃ 이다.
④ 비점은 약 77℃ 이다.

초산에틸(Ethyl Acetate, 아세트산에틸)
(1) 특 성

화학식	비중	비점	인화점	착화점	연소범위
$CH_3COOC_2H_5$	0.9	77.5℃	-3℃	429℃	2.2~11.5%

(2) 딸기 냄새가 나는 무색, 투명한 액체이다.
(3) 알코올, 에터, 아세톤과 잘 섞이며 물에 약간 녹는다 (용해도 : 8.7)
(4) 휘발성, 인화성이 강하다.

33 제5류 위험물의 지정수량이 다른 것은?

① 과산화벤조일
② 나이트로셀룰로스
③ 트라이나이트로페놀
④ 테트릴

지정수량

위험물	품명	종 분류	지정수량
과산화벤조일	유기과산화물	2종	100kg
나이트로셀룰로스	질산에스터류	1종	10kg
트라이나이트로페놀	나이트로화합물	1종	10kg
테트릴	나이트로화합물	1종	10kg

34 다음 중 인화점이 25℃ 이상인 것은?

① $C_6H_5CH_3$
② $CH_3COOC_2H_5$
③ C_2H_5OH
④ $C_6H_5CH=CH_2$

인화점

종 류	$C_6H_5CH_3$	$CH_3COOC_2H_5$	C_2H_5OH	$C_6H_5CH=CH_2$
화학명	톨루엔	초산에틸	에틸알코올	스타이렌
분류	제4류 1석유류(비)	제4류 1석유류(비)	제4류 알콜류	제4류 2석유류(비)
인화점	4℃	-3℃	13℃	32℃

35 과산화수소의 성질을 설명한 것 중 옳은 것은?

① 분해해서 산소를 발생한다.
② 가장 안정한 화합물이다.
③ 피부 접촉시 물과의 반응성 때문에 물로 씻는 것은 위험하다.
④ 16%정도면 단독 폭발 위험이 있다.

과산화수소(Hydrogen Peroxide)의 성질
(1) 특 성

분자식	비점	융점	비중
H_2O_2	152℃	-17℃	1.463(100%)

(2) 점성이 있는 무색 액체(다량일 경우 : 청색)이다
(3) 투명하며 물보다 무겁고 수용액 상태는 비교적 안정하다.
(4) 물, 알코올·에터에는 녹지만, 벤젠에는 녹지 않는다.
(5) 농도 60% 이상은 충격, 마찰에 의해서도 단독으로 분해폭발 위험이 있다.
(6) 저장용기는 밀봉하지 말고 구멍이 있는 마개를 사용해야 한다.
  ① 과산화수소의 안정제 : 인산(H_3PO_4), 요산($C_5H_4N_4O_3$)
  ② 옥시풀 : 과산화수소 3% 용액의 소독약
  ③ 과산화수소의 분해반응식
    $H_2O_2 \rightarrow H_2O + [O]$
    발생기산소 : 표백작용
  ④ 과산화수소의 저장용기 : 착색 유리병
  ⑤ 구멍 뚫은 마개를 사용하는 이유 : 상온에서 서서히 분해하여 산소를 발생하여 폭발의 위험이 있어 통기를 위하여

36 제5류 위험물 중 위험성 유무와 등급에 따라 제1종으로 분류된 질산에스터류의 지정수량은?

① 10kg
② 100kg
③ 150kg
④ 200kg

제5류 위험물의 종류 및 지정수량

유별	성질	품명	지정수량
제5류	자기 반응성 물질	1. 유기과산화물 2. 질산에스터류 3. 나이트로화합물 4. 나이트로소화합물 5. 아조화합물 6. 다이아조화합물 7. 하이드라진 유도체 8. 하이드록실아민 9. 하이드록실아민염류 10. 그 밖에 행정안전부령으로 정하는 것	제1종 : 10kg, 제2종 : 100kg

37 다음 위험물 중 발화점이 가장 낮은 것은?

① 피크린산
② TNT
③ 과산화벤조일
④ 나이트로셀룰로스

발화점

종류	피크린산	TNT	과산화벤조일	나이트로셀룰로스
발화점	300℃	300℃	125℃	160℃

38 다음 중 질산염류에 속하지 않는 것은?

① 질산에틸
② 질산구리
③ 질산나트륨
④ 질산암모늄

질산염류 : 질산칼륨, 질산나트륨, 질산암모늄, 질산구리 등
• 질산에틸($C_2H_5ONO_2$) : 제5류 위험물의 질산에스터류

39 마그네슘 분말에 대한 설명으로 옳은 것은?

① 수소와 반응하여 연소 및 발화한다.
② 브로민과 혼합하여 보관할 수 있다.
③ 화재시 물, CO_2, 포를 사용하여 소화한다.
④ 무기과산화물류와 혼합한 것은 마찰 또는 수분에 의해 발화한다.

🔍 마그네슘
(1) 은백색의 광택이 있는 금속이다.
(2) 공기 중 부식성은 적으나 알칼리에 안정하다.
(3) 강산이나 물과 반응하면 수소가스를 발생한다.
　　$Mg + 2H_2O \rightarrow Mg(OH)_2 + H_2\uparrow$
(4) 할로젠 원소와 반응하여 금속할로젠화물을 만든다.
　　$Mg + Br_2 \rightarrow MgBr_2$
(5) Mg분이 공기 중에 부유하면 화기에 의해 분진폭발의 위험이 있다.
(6) 할로젠원소 및 강산화제와 혼합하고 있는 것은 약간의 가열, 충격 등에 의해 발화, 폭발한다.
(7) 무기과산화물과 혼합하면 마찰, 약간의 수분에 의해 발화한다.
(8) 소화방법: 마른모래, 탄산수소염류 등으로 질식소화 한다.

42 알칼리 금속의 과산화물에 해당되지 않는 것은?

① 과산화나트륨
② 과산화칼륨
③ 과산화리튬
④ 과산화바륨

🔍 무기과산화물(제1류 위험물)
(1) 알칼리금속의 과산화물(과산화칼륨, 과산화나트륨, 과산화리튬)
(2) 알칼리금속 외(알칼리토금속)의 과산화물(과산화칼슘, 과산화바륨, 과산화마그네슘)

40 다음 그림과 같이 횡으로 설치한 원통형 탱크의 내용적은 몇 m³ 인가?(단, 반지름 r은 2m, 탱크의 길이 ℓ은 6m, 볼록한 면의 길이 ℓ_1, ℓ_2는 각각 1.5m이다)

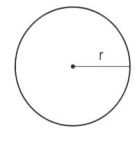 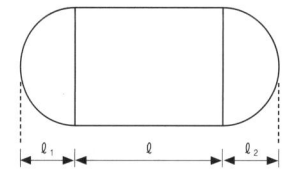

① 67.56
② 75.92
③ 87.92
④ 98.48

🔍 탱크의 내용적
∴ 내용적 = $\pi r^2 (\ell + \frac{\ell_1 + \ell_2}{3})$
= $\pi (2)^2 (6 + \frac{1.5 + 1.5}{3})$ = 87.92m³

43 다음 물질 중 반건성유에 해당되는 것은?

① 야자유　　② 참기름
③ 아마인유　④ 동유

🔍 동식물유류의 종류

항목 종류	아이오딘값	반응성	불포화도	종류
건성유	130 이상	크다	크다	해바라기유, 동유, 아마인유, 정어리기름, 들기름
반건성유	100~130	중간	중간	채종유, 목화씨기름, 참기름, 콩기름
불건성유	100 이하	적다	적다	야자유, 올리브유, 피마자유, 동백유

44 다음 위험물 중 비중이 물보다 큰 것은?

① 다이에틸에터
② 아세트알데하이드
③ 산화프로필렌
④ 이황화탄소

🔍 이황화탄소의 특성
(1) 비중이 1.26으로 물보다 무겁다.
(2) 가연성 증기의 발생을 억제하기 위하여 물속에 저장한다.
(3) 4류 위험물 중 착화점이 가장 낮고 증기는 유독하다.

41 다음 에터의 안전관리에 대한 설명 중 틀린 것은?

① 증기는 마취성이 있으므로 증기 흡입에 주의해야 한다.
② 폭발성의 과산화물 생성을 아이오딘화칼륨 수용액으로 확인한다.
③ 물에 잘 녹으므로 대규모 화재시 집중 주수하여 소화한다.
④ 정전기 불꽃에 의한 발화에 주의해야한다.

🔍 에터는 물에 약간 녹으므로 주수 소화는 적합하지 않고 포, 분말 등에 의한 질식소화를 해야 한다.

45 다음 위험물 중 인화점이 가장 높은 것은?

① 메탄올
② 휘발유
③ 아세트산메틸
④ 메틸에틸케톤

🔍 **제4류 위험물의 인화점**

종류	메탄올	휘발유	아세트산메틸	메틸에틸케톤
품명	알코올류	제1석유류(비수용성)	제1석유류(비수용성)	제1석유류(비수용성)
인화점	11℃	-43℃	-10℃	-7℃

46 질산에 대한 다음 설명 중 틀린 것은?

① 금, 백금을 부식시키지 못한다.
② 물과 접촉하면 격렬히 흡열반응 한다.
③ 가열에 의해서 유독가스 발생한다.
④ 암모니아를 원료로 제조할 수 있다.

🔍 질산은 물과 반응하면 발열반응을 한다.

47 다음 중 산화프로필렌에 대한 설명으로 옳은 것은?

① 연소범위가 가솔린보다 좁아 인화가 어렵다.
② 구리, 은과 반응하여 폭발성의 아세틸라이드를 생성한다.
③ 물에 잘 녹지 않는 황색의 휘발성 액체이다
④ 접촉시 피부에는 영향이 없으나 증기 흡입은 두통, 현기증, 구토 등을 일으키는 물질이다.

🔍 **산화프로필렌(Propylene Oxide)의 특성**
(1) 무색, 투명한 휘발성 액체이다.
(2) 연소범위는 2.8~37%로 가솔린(1.2~7.6%)보다 넓다.
(3) 물, 에터, 알코올에 잘 녹는다.
(4) 구리(Cu), 마그네슘(Mg), 은(Ag), 수은(Hg)과 반응하면 아세틸레이트를 생성한다.
(5) 피부에 접촉시 동상의 우려가 있고 증기 흡입은 두통, 현기증, 구토 등을 일으키는 물질이다.

48 2몰의 브로민산칼륨이 모두 열분해 되어 생긴 산소의 양은 2기압, 27℃에서 약 몇 L인가?

① 32.42   ② 36.92
③ 41.34   ④ 45.64

🔍 **브로민산칼륨($KBrO_3$)의 분해반응식**
$2KBrO_3 \rightarrow 2KBr + 3O_2 \uparrow$
2mol ―――― $3 \times 22.4 \ell$
2mol ―――― x
$x = \dfrac{2mol \times 3 \times 22.4 \ell}{2mol} = 67.2 \ell$
$\therefore 67.2 \ell \times \dfrac{1}{2} \times \dfrac{(273+27)K}{273K} = 36.92 \ell$

49 질산칼륨의 성질에 대한 설명으로 틀린 것은?

① 비중은 1보다 작다.
② 열분해하면 산소를 발생한다.
③ 물에 잘 녹는다.
④ 분해온도는 약 400C이다.

🔍 **질산칼륨**
(1) 물성

분자식	분자량	비중	융점	분해 온도
KNO_3	101	2.1	339℃	400℃

(2) 무색, 무취의 결정 또는 백색결정으로 초석이라고도 한다.
(3) 물, 글리세린에 잘 녹으나, 알코올에는 녹지 않는다.
(4) 열분해하면 산소를 발생한다.

50 다음 보기는 어떤 위험물에 대한 설명인가?

〈보기〉
· 맹독성이므로 고무장갑, 보호복을 반드시 착용하고 취급한다.
· 공기에 닿지 않도록 물 속에 저장한다.
· 연소하면 오산화인의 흰 연기발생한다.

① 적린
② 황화인
③ 황린
④ 금속분

🔍 **황린의 특성**
(1) 물과 반응하지 않기 때문에 pH=9(약알칼리)정도의 물속에 저장하며 보호액이 증발되지 않도록 한다.
황린은 포스핀(PH_3)의 생성을 방지하기 위하여 PH_9는 물속에 저장한다.
(2) 공기 중에서 연소 시 오산화인(P_2O_5)의 흰 연기를 발생한다.
$P_4 + 5O_2 \rightarrow 2P_2O_5 + 2 \times 370.8$ kcal
(3) 맹독성이므로 고무장갑, 보호복을 반드시 착용하고 취급한다.

51 다음 과염소산칼륨에 대한 설명 중 틀린 것은?

① 제1류 위험물이며 지정수량 50kg이다.
② 소화방법으로 주수소화가 가능하다.
③ 유기물과 혼합되어 있을 때 충격이나 마찰에 의해서 폭발할 수 있다.
④ 1몰을 가열하여 완전 열분해하면 4몰의 산소가 발생 된다.

> 과염소산칼륨(KClO₄)
> (1) 제1류 위험물이며 지정수량 50kg이다.
> (2) 소화방법으로 주수소화가 가능하다.
> (3) 유기물과 혼합되어 있을 때 충격이나 마찰에 의해서 폭발할 수 있다.
> (4) 과염소산칼륨 1몰을 가열하면 2몰의 산소가 발생한다.
> $KClO_4 \rightarrow KCl + 2O_2$

52 위험물 제조소의 기준에 있어서 위험물을 취급하는 건축물의 구조로 적당하지 않은 것은?

① 지하층이 없도록 해야 한다.
② 연소의 우려가 있는 외벽은 개구부가 없는 내화구조의 벽으로 해야한다.
③ 출입구는 연소의 우려가 있는 외벽에 설치하는 경우 30분 방화문을 설치해야 한다.
④ 지붕은 폭발력이 위로 방출될 정도의 가벼운 불연재료로 덮는다.

> 연소우려가 있는 외벽에 설치하는 출입구에는 수시로 열수 있는 자동폐쇄식의 60분+ 방화문 또는 60분 방화문을 설치해야 한다.

53 다음 중 제5류 위험물 품명에 속하지 않는 것은?

① 질산에스터류
② 다이아조화합물
③ 아크릴로나이트릴
④ 나이트로화합물

> 제5류 위험물의 종류 및 지정수량

유별	성질	품명	지정수량
제5류	자기 반응성 물질	1. 유기과산화물 2. 질산에스터류 3. 나이트로화합물 4. 나이트로소화합물 5. 아조화합물 6. 다이아조화합물 7. 하이드라진 유도체 8. 하이드록실아민 9. 하이드록실아민염류 10. 그 밖에 행정안전부령으로 정하는 것	제1종 : 10kg, 제2종 : 100kg

54 다음 중 질산암모늄을 취급하는 과정에서 화재나 폭발 등의 위험성이 가장 적은 것은?

① 황린을 섞는 경우
② 마찰시키는 경우
③ 가열하는 경우
④ 물에 용해시키는 경우

> 질산암모늄은 물에 잘 녹는다.

55 적린의 저장 및 취급에 대한 설명 중 틀린 것은?

① 산화제와의 접촉을 피한다.
② 염소산염류와의 혼합은 피한다.
③ 일광이 잘 드는 곳에 보관한다.
④ 인화성 물질과 격리하여 저장한다.

> 일광이 잘 드는 장소에 저장하는 위험물은 없고 적린은 건조하고 서늘한 냉암소에 저장한다.

56 제2류 위험물중 인화성 고체의 제조소에 설치하는 주의사항 게시판에 표시할 내용을 옳게 나타낸 것은?

① 적색바탕 백색문자 화기엄금표시
② 적색바탕 백색문자 화기주의표시
③ 백색바탕 적색문자 화기엄금표시
④ 백색바탕 적색문자 화기주의표시

> 표지 및 게시판의 주의사항

위험물의 종류	주의사항	게시판의 색상
제1류 위험물 중 알칼리금속의 과산화물 제3류 위험물 중 금수성물질	물기엄금	청색바탕에 백색문자
제2류 위험물(인화성 고체는 제외)	화기주의	적색바탕에 백색문자
제2류 위험물 중 인화성 고체 제3류 위험물 중 자연발화성물질 제4류 위험물 제5류 위험물	화기엄금	적색바탕에 백색문자

57 다음 중 제2류 위험물은?

① 황린
② 리튬
③ 칼슘
④ 황

🔍 위험물의 분류

종류	황린	리튬	칼슘	황
분류	제3류 위험물	제3류 위험물	제3류 위험물	제2류 위험물

58 위험물 제조소의 위치·구조 및 설비의 기준에 대한 설명으로 틀린 것은?

① 벽, 기둥, 바닥, 보, 서까래는 내화재료로 해야 한다.
② 제조소의 표시판은 한변이 30cm, 다른 한변이 60cm이상의 크기로 한다.
③ 제4류와 제5류 위험물을 취급하면 게시판의 내용에 "화기엄금"이라 기재한다.
③ 지정수량 10배를 초과 취급하는 제조소는 보유공지의 너비가 5m이상이어야 한다.

🔍 제조소의 기준
(1) 벽·기둥·바닥·보·서까래 및 계단 : 불연재료(연소 우려가 있는 외벽은 개구부가 없는 내화구조의 벽으로 할 것)
(2) 제조소의 표시 및 게시판의 크기 : 한변이 30cm이상, 다른 한변이 60cm이상
(3) 인화성 고체, 자연발화성물질, 제4류 위험물, 제5류 위험물 : 화기엄금
(4) 제조소의 보유공지

취급하는 위험물의 최대수량	공지의 너비
지정수량의 10배 이하	3m이상
지정수량의 10배 초과	5m이상

59 위험물 판매취급소에 관한 설명 중 틀린 것은?

① 위험물을 배합하는 실의 바닥면적은 $6m^2$ ~$15m^2$이하 이어야 한다.
② 제1종 판매취급소는 건축물의 1층에 설치한다.
③ 일반적으로 페인트점 화공약품점이 이에 해당한다.
④ 취급하는 위험물의 종류에 따라 1종과 2종으로 구분된다.

🔍 판매취급소의 분류
(1) 제1종 판매취급소 : 지정수량의 20배이하의 위험물을 판매하기 위하여 취급하는 장소
(2) 제2종 판매취급소 : 지정수량의 40배이하의 위험물을 판매하기 위하여 취급하는 장소

60 다음 위험물 중에서 제3석유류로만 짝지어진 것은?

① 중유, 테레핀유
② 중유, 아세트산
③ 크레오소트유, 에틸렌글라이콜
④ 크레오소트유, 윤활유

🔍 제4류 위험물의 분류

종류	중유	테레핀유	아세트산	크레오소트유	에틸렌글라이콜	윤활유
품명	제3석유류	제2석유류	제2석유류	제3석유류	제3석유류	제4석유류

정답 CBT 복원문제 2023년 4회

01 ②	02 ④	03 ②	04 ①	05 ①
06 ③	07 ②	08 ③	09 ③	10 ②
11 ③	12 ②	13 ①	14 ②	15 ②
16 ②	17 ①	18 ④	19 ③	20 ③
21 ①	22 ②	23 ②	24 ①	25 ②
26 ②	27 ②	28 ④	29 ③	30 ②
31 ①	32 ②	33 ①	34 ④	35 ①
36 ①	37 ②	38 ①	39 ④	40 ③
41 ③	42 ④	43 ②	44 ④	45 ①
46 ②	47 ②	48 ②	49 ①	50 ③
51 ④	52 ②	53 ③	54 ④	55 ②
56 ①	57 ④	58 ①	59 ④	60 ③

2024년 1회 CBT 복원문제

01 위험물안전관리법령상 제2류 위험물인 철분에 적응성이 있는 소화설비는?

① 포소화설비
② 탄산수소염류 분말소화설비
③ 할로젠화합물소화설비
④ 스프링클러설비

> 제2류 위험물의 철분 : 탄산수소염류 분말약제, 팽창질석, 팽창진주암

02 분말소화설비의 기준에서 분말소화약제의 축압용 가스로 사용할 수 있는 것은?

① 헬륨　　　② 네온
③ 아르곤　　④ 질소

> 분말소화설비의 축압용 가스 : 질소

03 다음 중 연소반응이 일어날 수 있는 가능성이 가장 큰 물질은 어느 것인가?

① 산소와 친화력이 작고, 활성화 에너지가 작은 물질
② 산소와 친화력이 크고, 열전도율이 큰 물질
③ 활성화 에너지는 크고, 발열량이 작은 물질
④ 활성화 에너지는 작고, 열전도율이 작은 물질

> 가연물(연소)의 조건
> (1) 열전도율이 적을 것
> (2) 발열량이 클 것
> (3) 표면적이 넓을 것
> (4) 산소와 친화력이 좋을 것
> (5) 활성화에너지가 작을 것

04 산·알칼리 소화기에 있어서 탄산수소나트륨과 황산의 반응시 생성되는 물질을 모두 옳게 나타낸 것은?

① 황산나트륨, 탄산가스, 질소
② 황산나트륨, 탄산가스, 염소
③ 황산나트륨, 탄산가스, 물
④ 염화나트륨, 탄산가스, 물

> 산·알칼리 소화기의 반응식
> $H_2SO_4 + 2NaHCO_3 \rightarrow Na_2SO_4 + 2H_2O + 2CO_2\uparrow$
> 　　　　　　　　　　　　(황산나트륨)　(물)　(탄산가스)

05 할로젠화합물 소화약제 중 할론 2402의 화학식은?

① CBr_2F_2
② $CBrClF_2$
③ $CBrF_3$
④ $C_2Br_2F_4$

> 할로젠화합물 소화약제의 종류
>
> | 종류 | 화학식 | 명명법 |
> |---|---|---|
> | 할론1301 | CF_3Br | 브로모트라이플루오로메테인 |
> | 할론1011 | CH_2ClBr | 브로모클로로메테인 |
> | 할론1211 | CF_2ClBr | 브로모클로로다이플루오로메테인 |
> | 할론2402 | $C_2F_4Br_2$ | 다이브로모테트라플루오로에테인 |
> | 사염화탄소 | CCl_4 | - |

06 다음 물질 중 분진폭발의 위험이 가장 낮은 것은?

① 마그네슘가루
② 아연가루
③ 밀가루
④ 시멘트가루

> 시멘트가루, 생석회는 분진폭발을 하지 않는다.

07 다음 중 B급 화재에 해당하는 것은?

① 섬유 및 목재 화재
② 반고체유지 화재
③ 금속분 화재
④ 전기화재

> B급 화재 : 유류화재(반고체 유지화재)

08 소화설비의 기준에서 이산화탄소소화설비에 적응성이 있는 대상물은 다음 중 무엇인가?

① 알칼리금속 과산화물
② 철분
③ 인화성고체
④ 금수성물질

🔍 인화성고체(제2류 위험물)의 적응 소화설비 : 이산화탄소, 할로겐화합물, 분말 소화설비
• 알칼리금속 과산화물, 철분, 금수성물질 : 마른모래, 팽창질석, 팽창진주암

09 다음 화학 물질 중 저장 시 물을 이용하여 저장하는 위험물은?

① 황린
② 탄화칼슘
③ 나트륨
④ 생석회

🔍 저장방법
(1) 황린, 이황화탄소 : 물속에 저장
(2) 칼륨, 나트륨 : 등유(석유), 경유, 유동파라핀 속에 저장
(3) 나이트로셀룰로스 : 물 또는 알코올에 습면시켜 저장

10 위험물제조소에 옥내소화전이 가장 많이 설치된 층의 옥내소화전 설치개수가 2개 이다. 위험물안전관리법령의 옥내소화전설비 설치기준에 의하면 수원의 수량은 얼마 이상이 되어야 하는가?

① $7.8m^3$
② $15.6m^3$
③ $20.6m^3$
④ $78m^3$

🔍 옥내소화전설비의 수원
수원 = 소화전수(최대 5개) × $7.8m^3$
∴ 수원 = 2 × $7.8m^3$ = $15.6m^3$

11 다음 염소산염류에 대한 설명 중 옳은 것은?

① 염소산칼륨은 환원제이다.
② 염소산나트륨은 조해성이 강하다.
③ 염소산칼륨은 알코올에 매우 잘 녹는다.
④ 염소산암모늄은 위험물이 아니다.

🔍 염소산염류의 특성
(1) 염소산칼륨($KClO_3$) : 산화제이며 냉수, 알코올에는 녹지 않고 온수나 글리세린에는 녹는다.
(2) 염소산나트륨($NaClO_3$) : 조해성이 강하다.
(3) 염소산암모늄(NH_4ClO_3) : 제1류 위험물

12 결정성 황의 성질에 대한 설명 중 틀린 것은?

① 물에 녹지 않으나 이황화탄소에 녹는다.
② 공기 중에서 연소하여 아황산가스를 발생한다.
③ 전도성 물질이므로 정전기 발생에 유의해야 한다.
④ 분진폭발의 위험성에 주의해야 한다.

🔍 황은 분진폭발의 위험성은 있으나 정전기 발생에는 주의할 필요가 없다.

13 나이트로글리세린에 대한 설명 중 틀린 것은?

① 무색 또는 담황색의 액체이다.
② 충격, 마찰에 비교적 둔감하나 동결품은 예민하다.
③ 비중은 약 1.6, 비점은 약 218℃이다.
④ 알코올, 벤젠 등에 녹는다.

🔍 나이트로글리세린(Nitro Glycerine, NG)
(1) 물성

화학식	융점	비중	비점
$C_3H_5(ONO_2)_3$	2.8℃	1.6	218℃

(2) 무색, 투명한 기름성의 액체(공업용 : 담황색)이다.
(3) 알코올, 에터, 벤젠, 아세톤, 등 유기용제에는 녹는다.
(4) 상온에서 액체이고 겨울에는 동결한다.
(5) 가열, 마찰, 충격에 민감하다(폭발을 방지하기 위하여 다공성 물질에 흡수시킨다)

14 경유의 성질에 대한 설명 중 틀린 것은?

① 보통 시판되는 것은 담갈색의 액체이다.
② 비중은 1 이하이다.
③ 인화점은 중유보다 높다.
④ 물에 녹기 어렵다.

🔍 경유(디젤유)의 성질
(1) 물에는 녹지 않고, 석유계 용제에는 잘 녹는다.
(2) 보통 시판용은 담갈색의 액체이다.
(3) 경유와 중유의 비교

구 분	인화점	착화점
경 유	41℃이상	257℃
중 유	72℃	400℃이상

15 다음 중 위험물의 저장방법에 대한 설명으로 옳은 것은?

① 황화인은 가열을 금지하고, 알코올 또는 과산화물속에 저장하여 보관한다.
② 마그네슘은 건조하면 분진폭발의 위험성이 있으므로 물에 습윤하여 저장한다.
③ 적린은 화재예방을 위해 할로젠 원소와 혼합하여 저장한다.
④ 수소화리튬은 대용량의 저장 용기에는 아르곤과 같은 불활성 기체를 봉입한다.

> 위험물의 저장방법
> (1) 황화인은 열에 의해 쉽게 연소되고, 용기는 밀전하고 환기가 잘되는 냉암소에 보관한다.
> (2) 마그네슘은 분진폭발의 위험이 있으므로, 용기는 밀전하고 환기가 잘되는 냉암소에 보관한다.
> (3) 적린은 할로젠 원소와 혼합하여 저장하면 위험하다.
> (4) 수소화리튬(LiH)은 대용량의 저장 용기에는 아르곤, 질소와 같은 불활성 기체를 봉입한다.

16 다음 제4류 위험물 중 착화온도가 가장 낮은 것은?

① 이황화탄소
② 다이에틸에터
③ 아세톤
④ 아세트알데하이드

> 착화점
>
> | 종류 | 이황화탄소 | 다이에틸에터 | 아세톤 | 아세트알데하이드 |
> |---|---|---|---|---|
> | 착화점 | 90℃ | 180℃ | 465℃ | 175℃ |

17 다음 제4류 위험물 중 제2석유류로 지정되어 있는 물질이 아닌 것은?

① 폼산
② 다이부틸아민
③ 아크릴산
④ 글리세린

> 제4류 위험물
>
> | 종류 | 폼산 | 다이부틸아민 | 아크릴산 | 글리세린 |
> |---|---|---|---|---|
> | 품명 | 제2석유류 (수용성) | 제2석유류 (비수용성) | 제2석유류 (수용성) | 제3석유류 (수용성) |

18 다음 물질 중 인화점이 가장 높은 것은?

① 톨루엔
② 글리세린
③ 메틸알코올
④ 아세톤

> 인화점
>
> | 종류 | 톨루엔 | 글리세린 | 메틸알코올 | 아세톤 |
> |---|---|---|---|---|
> | 인화점 | 4℃ | 160℃ | 11℃ | −18.5℃ |

19 제2류 위험물인 마그네슘분의 성질에 관한 설명 중 틀린 것은?

① 뜨거운 물과 반응하여 수소를 발생한다.
② 강산과 반응하여 수소가스를 발생시킨다.
③ 알칼리토금속에 속하는 은백색의 경금속이다.
④ 공기 중 연소 시 CO_2 가스로 소화한다.

> 마그네슘(Mg)의 소화약제 : 마른모래, 팽창질석, 팽창진주암
> • 마그네슘은 물과 반응하면 가연성가스인 일산화탄소가 발생한다.
> $Mg + CO_2 \rightarrow MgO + CO$

20 제6류 위험물의 일반적인 성질로 옳은 것은?

① 다른 물질을 산화시키고 산소를 함유하고 있다.
② 물보다 가볍고 물과 반응하기 어렵다.
③ 연소하기 쉬운 가연성 물질이다.
④ 가열하여도 분해되지 않는다.

> 제6류 위험물의 일반적인 성질
> (1) 산화성 액체이며 무기화합물로 이루어져 형성된다.
> (2) 무색, 투명하며 비중은 1보다 크고, 표준상태에서는 모두가 액체이다.
> (3) 과산화수소를 제외하고 강산성 물질이며 물에 녹기 쉽다.
> (4) 불연성 물질이며 가연물, 유기물 등과의 혼합으로 발화한다.
> (5) 가열하면 분해된다.

21 이황화탄소의 성질에 대한 설명 중 틀린 것은?

① 연소할 때 주로 황화수소를 발생한다.
② 물보다 무겁다.
③ 보호액으로 물을 사용한다.
④ 인화점이 약 −30℃ 이다.

🔍 **이황화탄소의 성질**
(1) 물성

분자식	분자량	비중	비점	인화점	착화점	연소범위
CS_2	76	1.26	46℃	-30℃	90℃	1~50%

(2) 순수한 것은 무색투명한 액체이며 시판용은 담황색이다.
(3) 제4류 위험물 중 착화점이 낮고 증기는 유독하다.
(4) 물에 불용, 알코올, 에터, 벤젠 등의 유기용매에 잘 녹는다.
(5) 가연성 증기 발생을 억제하기 위하여 물속에 저장한다.
(6) 연소 시 아황산가스를 발생하며 파란 불꽃을 나타낸다.
  $CS_2 + 3O_2 \rightarrow CO_2 + 2SO_2$ (아황산가스)

22 알루미늄분의 성질에 대한 설명 중 틀린 것은?

① 대부분의 산과 반응하여 수소를 발생한다.
② 끓는 물과의 반응은 비교적 안전하다.
③ 산화제와 혼합시키면 착화의 위험이 있다.
④ 은백색의 광택이 있고 물보다 무거운 금속이다.

🔍 알루미늄은 산이나 물과 반응하면 수소(H_2)가스를 발생한다.
$2Al + 6HCl \rightarrow 2AlCl_3 + 3H_2$
$2Al + 6H_2O \rightarrow 2Al(OH)_3 + 3H_2$

23 위험물 제조소에서 국소방식의 배출설비 배출능력은 1시간당 배출장소 용적의 몇 배 이상인 것으로 해야 하는가?

① 5   ② 10
③ 15   ④ 20

🔍 **배출설비**
(1) 설치 장소 : 가연성 증기 또는 미분이 체류할 우려가 있는 건축물
(2) 배출설비 : 국소방식(전역방식으로 할 수 있는 경우 : 생략)
(3) 배출설비는 배풍기(오염된 공기를 뽑아내는 통풍기), 배출덕트(공기배출통로), 후드 등을 이용하여 강제적으로 배출하는 것으로 할 것.
(4) 배출능력은 1시간당 배출장소 용적의 20배이상인 것으로 해야 한다.
 (전역방출방식 : 바닥면적 $1m^2$당 $18m^3$이상)
(5) 급기구는 높은 곳에 설치하고 가는 눈의 구리망으로 인화방지망을 설치할 것
(6) 배출구는 지상 2m이상으로서 연소 우려가 없는 장소에 설치하고 배출덕트가 관통하는 벽부분의 바로 가까이에 화재시 자동으로 폐쇄되는 방화댐퍼(화재 시 연기등을 차단하는 장치)를 설치할 것.
(7) 배풍기 : 강제배기방식

24 제3류 위험물을 취급하는 제조소는 300명 이상을 수용할 수 있는 극장으로부터 몇 m 이상의 안전거리를 유지해야 하는가?

① 5   ② 10
③ 30   ④ 70

🔍 **제조소의 안전거리**

건축물	안전거리
사용전압 7000V초과 35,000V이하의 특고압 가공전선	3m이상
사용전압 35,000V초과하는 특고압가공전선	5m이상
주거용으로 사용되는 것(제조소가 설치된 부지 내에 있는 것을 제외)	10m이상
고압가스, 액화석유가스, 도시가스를 저장 또는 취급하는 시설	20m이상
학교, 병원(병원급 의료기관), 극장(공연장, 영화상영관 및 그 밖에 이와 유사한 시설로서 수용인원 300명이상 수용할 수 있는 것) 복지시설(아동복지시설, 노인복지시설, 장애인복지시설, 한부모가족복지시설), 어린이집, 성매매피해자를 위한 지원시설, 정신건강증진시설, 가정폭력피해자 보호시설, 그 밖에 이와 유사한 시설로서 수용인원 20명이상의 인원을 수용할 수 있는 것	30m이상
지정문화유산, 천연기념물등	50m이상

25 이산화탄소 소화기 사용 시 줄·톰슨 효과에 의해서 생성되는 물질은?

① 포스겐   ② 일산화탄소
③ 드라이아이스   ④ 수성가스

🔍 이산화탄소 소화기 사용 시 줄·톰슨 효과에 의해서 드라이아이스가 생성된다.

26 자연발화가 잘 일어나는 경우와 가장 거리가 먼 것은?

① 주변의 온도가 높을 것
② 습도가 높을 것
③ 표면적이 넓을 것
④ 열전도율이 클 것

🔍 **자연발화의 조건**
(1) 주위의 온도가 높을 것
(2) 열전도율이 적을 것
(3) 발열량이 클 것
(4) 표면적이 넓을 것

27 KClO₄의 지정수량은 얼마인가?

① 10kg ② 50kg
③ 500kg ④ 1000kg

> 과염소산칼륨(KClO₄)의 지정수량 : 제1류 위험물의 과염소산염류로서 50kg

28 고정주유설비는 주유설비의 중심선을 기점으로 하여 도로 경계선까지 몇 m 이상의 거리를 유지해야 하는가?

① 1 ② 3
③ 4 ④ 5

> 고정주유설비 또는 고정급유설비의 설치 기준
> (1) 고정주유설비(중심선을 기점으로 하여)
>   ① 도로경계선까지 : 4m 이상
>   ② 부지경계선·담 및 건축물의 벽까지 : 2m(개구부가 없는 벽까지는 1m) 이상
> (2) 고정급유설비(중심선을 기점으로 하여)
>   ① 도로경계선까지 : 4m 이상
>   ② 부지경계선·담까지 : 1m
>   ③ 건축물의 벽까지 : 2m(개구부가 없는 벽까지는 1m) 이상 거리를 유지할 것

29 양초(파라핀)의 연소형태는?

① 표면연소
② 분해연소
③ 자기연소
④ 증발연소

> 양초(파라핀) : 증발연소(파라핀의 고체→ 액체 → 기체가 연소하는 현상)

30 "특정옥외탱크저장소"라 함은 옥외탱크저장소 중 저장 또는 취급하는 액체위험물의 최대수량이 몇 L 이상인 것을 말하는가?

① 50만 ② 100만
③ 200만 ④ 300만

> 옥외탱크저장소의 분류
> (1) 특정 옥외탱크저장소 : 저장 또는 취급하는 액체위험물의 최대수량이 100만이상의 것
> (2) 준특정 옥외탱크저장소 : 저장 또는 취급하는 액체위험물의 최대수량이 50만이상 100만미만의 것

31 과산화나트륨의 위험성에 대한 설명 중 틀린 것은?

① 물과 접촉하면 수소를 발생하여 위험하다.
② 가연성 물질과 접촉하면 발화가 쉽다.
③ 가열하면 분해되어 산소가 생긴다.
④ 수분이 있는 피부에 닿으면 화상의 위험이 있다.

> 과산화나트륨은 물과 반응하면 산소를 발생한다.
> $2Na_2O_2 + 2H_2O \rightarrow 4NaOH + O_2\uparrow + 발열$

32 다음 질산칼륨에 대한 설명 중 틀린 것은?

① 물에 잘 녹는다.
② 흑색 화약의 원료로 사용된다.
③ 가열하면 분해하여 산소를 방출한다.
④ 단독 폭발 방지를 위해 유기물 중에 보관시킨다.

> 질산칼륨(KNO_3)은 용기는 밀전하고 환기가 잘되는 냉암소에 보관한다.

33 다음 질산의 위험성에 대한 설명 중 가장 옳은 것은?

① 산화성 물질과의 접촉을 피하고 환원성 물질과 혼합하여 안정화시킨다.
② 물과 격렬하게 반응하여 흡열반응을 한다.
③ 불연성이지만 산화력이 강하다.
④ 부식성이 매우 강해 금, 백금 등도 부식시킨다.

> 질산의 성질
> (1) 산화제이므로 환원성물질과 접촉을 피한다.
> (2) 물과 반응하면 발열반응을 한다.
> (3) 불연성이지만 산화력이 강하다.
> (4) 질산은 부식성은 강하지만 백금은 부식시키지 않는다.
> (5) 진한질산을 가열하면 적갈색의 갈색증기(NO_2)가 발생한다.

34 다음 위험물 중 지정수량이 나머지 셋과 다른 것은?

① 벤즈알데하이드
② 클로로벤젠
③ 나이트로벤젠
④ 트라이뷰틸아민

🔍 제4류 위험물의 분류

종류	벤즈알데하이드	클로로벤젠	나이트로벤젠	트라이뷰틸아민
화학식	C_6H_5CHO	C_6H_5Cl	$C_6H_5NO_2$	$[CH_3(CH_2)_3]N$
품명	제2석유류(비)	제2석유류(비)	제3석유류(비)	제2석유류(비)
인화점	64℃	27℃	88℃	63℃
지정수량	1,000	1,000	2,000	1,000

※ (비) : 비수용성임

35 연소범위가 1.2~7.6%로 낮은 농도의 혼합증기에서 점화원에 의하여 연소가 일어나는 제4류 위험물은?

① 가솔린
② 에터
③ 이황화탄소
④ 아세톤

🔍 휘발유(가솔린)의 연소범위 : 1.2 ~ 7.6%

36 제2류 위험물의 일반적 성질에 대한 설명으로 가장 거리가 먼 것은?

① 대부분 비중이 1보다 크다.
② 대부분 연소하기 쉽다.
③ 대부분 산화되기 쉽다.
④ 대부분 물에 잘 녹는다.

🔍 제2류 위험물의 일반적인 성질
  (1) 가연성 고체로서 비교적 낮은 온도에서 착화하기 쉬운 가연성 물질이다.
  (2) 비중은 1보다 크고 물에 녹지 않고 산소를 함유하지 않기 때문에 강력한 환원성물질이다.
  (3) 산소와 결합이 용이하여 산화되기 쉽고 연소속도가 빠르다.
  (4) 연소 시 연소열이 크고 연소온도가 높다.

37 인화칼슘이 물과 반응할 때 주로 발생하는 기체는?

① 이산화탄소 ② 수소
③ 포스핀 ④ 아세틸렌

🔍 인화칼슘(인화석회)은 물과 반응하면 포스핀(인화수소, PH_3)의 유독성가스를 발생한다.
$Ca_3P_2 + 6H_2O \rightarrow 3Ca(OH)_2 + 2PH_3\uparrow$

38 소화설비의 설치기준에서 유기과산화물(과산화벤조일) 2,000kg은 몇 소요단위에 해당하는가?

① 1 ② 2
③ 3 ④ 4

🔍 소요단위 $= \dfrac{\text{저장량}}{\text{지정수량} \times 10} = \dfrac{2000kg}{100kg \times 10} = 2$단위

※ 유기과산화물(과산화벤조일, 과산화메틸에틸케톤, 과산화초산)의 지정수량 : 100kg

39 다음 중 화재 종류의 분류를 옳게 나타낸 것은?

① A급 화재 – 유류 화재
② B급 화재 – 전기 화재
③ C급 화재 – 목재 화재
④ D급 화재 – 금속 화재

🔍 화재의 종류

구분 \ 급수	A급	B급	C급	D급
화재의 종류	일반화재	유류화재	전기화재	금속화재
원형 표시색	백색	황색	청색	무색

40 제3류 위험물에서 금수성물질의 화재 시 적응성 있는 소화설비를 옳게 나타내는 것은?

① 탄산수소염류등 분말소화설비
② 이산화탄소 소화설비
③ 인산염류등 분말소화설비
④ 할로젠화합물 소화설비

🔍 제3류 위험물(금수성물질)은 주수소화하면 가연성가스를 발생하므로 절대적으로 위험하고 탄산수소염류분말약제, 마른모래가 적합하다.

41 다음 중 가연성 증기의 증발을 방지하기 위하여 물속에 저장하는 것은?

① K_2O_2 ② CS_2
③ C_2H_5OH ④ CH_3COCH_3

🔍 이황화탄소(CS_2)는 제4류 위험물의 특수인화물로서 가연성 증기의 발생을 방지하기 위하여 물속에 저장한다.

42 초산에틸의 성질에 대한 설명 중 틀린 것은?

① 적갈색의 휘발성 물질이다.
② 비중이 약 0.9 정도로 물보다 가볍다.
③ 증기비중은 약 3 정도로 공기보다 무겁다.
④ 인화점은 0℃ 보다 낮다.

🔍 초산에틸(Ethyl Acetate, 아세트산에틸, EA)
(1) 물성

화학식	비중	증기비중	비점	인화점	착화점	연소범위
$CH_3COOC_2H_5$	0.9	3.03	77.5℃	-3℃	429℃	2.2~11.5%

(2) 과일의 향기가 나는 무색, 투명한 액체이다.
(3) 알코올, 에터, 아세톤과 잘 섞이며 물에 약간 녹는다.
(4) 휘발성, 인화성이 강하다.
(5) 유지, 수지, 셀룰로스 유도체 등을 잘 녹인다.

43 위험물의 운반용기 및 적재방법에 대한 기준으로 틀린 것은?

① 운반용기의 재질은 나무도 가능하다.
② 고체위험물은 운반용기 내용적의 90% 이하의 수납율로 수납한다.
③ 액체위험물은 운반용기 내용적의 98% 이하의 수납율로 수납하되 55℃의 온도에서 누설되지 않도록 충분한 공간용적을 유지한다.
④ 알칼알루미늄은 운반용기 내용적의 90% 이하의 수납율로 수납하되 50℃의 온도에서 5% 이상의 공간 용적을 유지하도록 한다.

🔍 적재방법
(1) 고체위험물 : 운반용기 내용적의 95% 이하의 수납율로 수납할 것
(2) 액체위험물 : 운반용기 내용적의 98% 이하의 수납율로 수납하되, 55℃의 온도에서 누설되지 않도록 충분한 공간용적을 유지하도록 할 것
(3) 알칼알루미늄은 운반 용기 내용적의 90% 이하의 수납율로 수납하되 50℃의 온도에서 5% 이상의 공간 용적을 유지하도록 할 것
(4) 적재위험물에 따른 조치
 ① 차광성이 있는 것으로 피복
  ㉮ 제1류 위험물
  ㉯ 제3류 위험물 중 자연발화성물질
  ㉰ 제4류 위험물 중 특수인화물
  ㉱ 제5류 위험물
  ㉲ 제6류 위험물
 ② 방수성이 있는 것으로 피복
  ㉮ 제1류 위험물 중 알칼리금속의 과산화물
  ㉯ 제2류 위험물 중 철분·금속분·마그네슘
  ㉰ 제3류 위험물 중 금수성 물질

44 다음 물질 중 화재 발생 시 주수소화를 하면 오히려 위험성이 증가하는 것은?

① 염소산칼륨
② 과산화나트륨
③ 과산화수소
④ 질산나트륨

🔍 과산화나트륨이 물과 반응하면 산소(O_2)를 발생하므로 위험하다.
$2Na_2O_2 + 2H_2O \rightarrow 4NaOH + O_2\uparrow$

45 다음 위험물 중 물에 의한 냉각소화가 가능한 것은?

① 황
② 인화칼슘
③ 황화인
④ 칼슘

🔍 제2류 위험물인 황은 냉각소화(주수소화)가 가능하고 나머지는 냉각소화하면 가연성가스 발생 또는 많은 열을 발생한다.

46 탄화칼슘은 물과 반응시 위험성이 증가하는 물질이다. 주수소화 시 물과 반응하면 어떤 가스가 발생하는가?

① 수소
② 메테인
③ 에테인
④ 아세틸렌

🔍 탄화칼슘(카바이트)반응식
(1) 물과의 반응 $CaC_2 + 2H_2O \rightarrow Ca(OH)_2 + C_2H_2\uparrow$
 (수산화칼슘)   (아세틸렌)
(2) 약 700℃이상에서 반응 $CaC_2 + N_2 \rightarrow CaCN_2 + C$
 (석회질소) (탄소)
(3) 아세틸렌가스와 금속과 반응 $C_2H_2 + 2Ag \rightarrow 2AgC_2 + H_2\uparrow$
 (금속아세틸레이트 : 폭발물질)

47 제5류 위험물의 지정수량이 다른 것은?

① 피크린산
② 벤조일퍼옥사이드
③ 염산하이드라진
④ 하이드록실아민

🔍 지정수량

위험물	품명	종 분류	지정수량
피크린산 (트라이나이트로페놀)	나이트로화합물	1종	10kg
벤조일퍼옥사이드 (과산화벤조일)	유기과산화물	2종	100kg
염산하이드라진	하이드라진 유도체	2종	100kg
하이드록실아민	하이드록실아민	2종	100kg

48 다음 중 제4류 위험물의 알코올류에 해당되지 않는 것은?

① 부틸알코올
② 메틸알코올
③ 이소프로필알코올
④ 에틸알코올

🔍 제4류 위험물의 알코올류 : 1분자를 구성하는 탄소원자의 수가 1개부터 3개까지인 포화1가 알코올(변성알코올 포함)이다.
• 알코올류 : 메틸알코올(CH_3OH), 에틸알코올(C_2H_5OH), 프로필알코올(C_3H_7OH)

49 염소산칼륨에 대한 설명으로 옳은 것은?

① 흑색 분말이다.
② 비중은 4.32이다.
③ 가열에 의해 분해하여 산소를 방출한다.
④ 글리세린과 에터에 잘 녹는다.

🔍 염소산칼륨
(1) 무색의 단사정계 판상결정 또는 백색분말로서 상온에서 안정한 물질이다.
(2) 비중 : 2.32
(3) 냉수, 알코올, 에터에는 녹지 않는다.
(4) 가열에 의해 분해하여 산소를 방출한다.
$2KClO_3 \rightarrow 2KCl + 3O_2$(산소)

50 산화성 고체 위험물에 속하지 않는 것은?

① $KClO_3$
② $NaClO_4$
③ KNO_3
④ $HClO_4$

🔍 위험물의 분류

종류	$KClO_3$	$NaClO_4$	KNO_3	$HClO_4$
명칭	염소산칼륨	과염소산나트륨	질산칼륨	과염소산
류별	제1류 위험물	제1류 위험물	제1류 위험물	제6류 위험물
성질	산화성 고체	산화성 고체	산화성 고체	산화성 액체

51 과산화칼륨의 위험성에 대한 설명 중 틀린 것은?

① 가연물과 혼합 시 충격이 가해지면서 폭발할 위험이 있다.
② 접촉 시 피부를 부식시킬 위험이 있다.
③ 물과 반응하여 산소를 방출한다.
④ 가연성 물질이므로 화기 접촉에 주의해야 한다.

🔍 과산화칼륨(K_2O_2) : 제1류 위험물로서 불연성 물질

52 금속나트륨과 금속칼륨의 공통적인 성질에 대한 설명으로 옳은 것은?

① 불연성 고체이다.
② 물과 반응해서 산소를 발생한다.
③ 은백색의 매우 단단한 금속이다.
④ 등유, 경유등의 보호액 속에 저장한다.

🔍 나트륨(Na)과 칼륨(K)의 공통적인 성질
(1) 제3류 위험물로서 연소한다.
(2) 물과 반응하면 수소(H_2)를 발생한다.
$2K + 2H_2O \rightarrow 2KOH + H_2\uparrow + 92.8$ kcal
(3) 은백색의 광택이 있는 무른 경금속이다.
(4) 등유, 경유등의 보호액 속에 저장한다.

53 위험물 적재 시 운반용기의 외부에 표시해야 하는 사항이 아닌 것은?

① 수납하는 위험물의 주의사항
② 위험물의 품명 및 위험등급
③ 위험물의 관리자 및 지정수량
④ 위험물의 화학명 및 수용성

🔍 운반용기의 외부 표시 사항
(1) 위험물의 품명, 위험등급, 화학명 및 수용성(제4류 위험물의 수용성인 것에 한함)
(2) 위험물의 수량
(3) 주의사항(제4류 위험물 : 화기엄금)

54 다음 중 안전을 위해 운반 시 물 또는 알코올을 첨가하여 습윤하는 위험물은?

① 질산에틸
② 나이트로셀룰로스
③ 나이트로글리세린
④ 피크린산

🔍 나이트로셀룰로스(NC)는 건조하면 폭발하므로 물 또는 알코올[(현장에서는 30% 이소프로필코올 (IPA)]에 습면시켜 저장 또는 운반한다.

55 오황화인이 물과 반응해서 발생하는 가스는?

① CS_2
② H_2S
③ P_4
④ HCl

> 오황화인은 물과 반응하여 황화수소(H_2S)와 인산(H_3PO_4)이 된다.
> $P_2S_5 + 8H_2O \rightarrow 5H_2S + 2H_3PO_4$

56 적린에 대한 설명 중 틀린 것은?

① 암적색의 분말이다.
② 착화점 약 260℃, 융점 약 600℃, 비중 약 2.2이다.
③ 연소하면 오산화인이 발생한다.
④ 독성이 강하고 치사량이 0.05g 이다.

> 적린의 성질
> (1) 물성
>
> | 화학식 | 분자량 | 비 중 | 착화점 | 융점 |
> |---|---|---|---|---|
> | P | 31 | 2.2 | 260℃ | 600℃ |
>
> (2) 황린의 동소체로 암적색 무취의 분말이다.
> (3) 연소하면 오산화인(P_2O_5)을 발생한다.
> $4P + 5O_2 \rightarrow 2P_2O_5$
> (4) 적린은 자체는 독성이 없다.

57 액체위험물의 수납율은 내용적의 얼마 이하이어야 하는가?

① 85%
② 90%
③ 95%
④ 98%

> 위험물의 수납율
> (1) 고체위험물 : 운반용기 내용적의 95% 이하
> (2) 액체위험물 : 운반용기 내용적의 98% 이하

58 옥외저장탱크 중 압력탱크에 저장하는 다이에틸에터 등의 저장온도는 몇 ℃ 이하 이어야 하는가?

① 60
② 40
③ 30
④ 15

> 저장온도
> (1) 옥외저장탱크·옥내저장탱크 또는 지하저장탱크 중 압력탱크 외의 탱크에 저장
>   ① 산화프로필렌, 다이에틸에터를 저장 : 30℃이하
>   ② 아세트알데하이드 : 15℃이하
> (2) 옥외저장탱크·옥내저장탱크 또는 지하저장탱크 중 압력탱크에 저장
>   ① 아세트알데하이드 등 또는 다이에틸에터 등 : 40℃ 이하
> (3) 아세트알데하이드 등 또는 다이에틸에터 등을 이동저장탱크에 저장하는 경우
>   ① 보냉장치가 있는 경우 : 비점 이하
>   ② 보냉장치가 없는 경우 : 40℃이하

59 다음 중 아이오딘값이 130 이상인 것은?

① 야자유
② 올리브유
③ 아마인유
④ 채종유

> 동식물유류의 종류
>
> | 구분\항목 | 아이오딘값 | 반응성 | 불포화도 | 종류 |
> |---|---|---|---|---|
> | 건성유 | 130 이상 | 크다 | 크다 | 해바라기유, 동유, 아마인유, 정어리기름, 들기름 |
> | 반건성유 | 100~130 | 중간 | 중간 | 채종유, 목화씨기름(면실유), 참기름, 콩기름 |
> | 불건성유 | 100 이하 | 적다 | 적다 | 야자유, 올리브유, 피마자유, 동백유 |

60 무색, 무취의 결정이며 분자량이 약 122, 녹는점이 약 482℃이고 산화제, 폭약 등에 사용되는 위험물은?

① 염소산바륨
② 과염소산나트륨
③ 아염소산나트륨
④ 과산화바륨

> 과염소산나트륨
> (1) 물성
>
> | 화학식 | 분자량 | 비 중 | 융 점 | 분해 온도 |
> |---|---|---|---|---|
> | $NaClO_4$ | 122 | 2.02 | 482℃ | 400℃ |
>
> (2) 무색, 무취의 결정으로 조해성이 있다.
> (3) 물, 아세톤, 알코올에는 녹고, 에터(다이에틸에터)에는 녹지 않는다.
> (4) 산화제, 폭약으로 사용된다.

정답 CBT 복원문제 2024년 1회

01 ②	02 ④	03 ④	04 ③	05 ④
06 ④	07 ②	08 ③	09 ①	10 ②
11 ②	12 ②	13 ②	14 ②	15 ④
16 ①	17 ②	18 ②	19 ④	20 ①
21 ①	22 ②	23 ②	24 ③	25 ③
26 ④	27 ②	28 ②	29 ②	30 ②
31 ①	32 ④	33 ③	34 ③	35 ①
36 ④	37 ②	38 ②	39 ④	40 ①
41 ②	42 ①	43 ②	44 ②	45 ①
46 ④	47 ②	48 ①	49 ②	50 ②
51 ④	52 ②	53 ③	54 ②	55 ②
56 ④	57 ④	58 ②	59 ③	60 ②

2024년 2회 CBT 복원문제

01 다음 중 위험물 저장 탱크의 용량을 구하는 계산식을 옳게 나타낸 것은?

① 탱크의 공간 용적 - 탱크의 내용적
② 탱크의 내용적 ×0.05
③ 탱크의 내용적 - 탱크의 공간 용적
④ 탱크의 공간 용적 ×0.95

🔍 탱크의 용량 = 탱크의 내용적 - 공간용적(5)

02 피크린산 제조에 사용되는 물질과 가장 관계가 있는 것은?

① C_6H_6
② $C_6H_5CH_3$
③ $C_3H_5(OH)_3$
④ C_6H_5OH

🔍 피크린산의 기초물질은 페놀(C_6H_5OH)이다.

03 다음 벤조일퍼옥사이드에 관한 설명 중 틀린 것은?

① 물과 반응하여 가연성 가스가 발생하므로 주수소화는 위험하다.
② 무색·무취의 결정 또는 백색 분말이다.
③ 진한 황산, 질산 등에 의하여 분해폭발의 위험이 있다.
④ 발화점은 약 80℃이고 비중은 약 1.33이다.

🔍 과산화벤조일(Benzoyl Peroxide, 벤조일퍼옥사이드, BPO)
(1) 물 성

화학식	비중	융점	착화점
$(C_6H_5CO)_2O_2$	1.33	105℃	80℃

(2) 무색, 무취의 백색 결정으로 강산화성 물질이다.
(3) 물에는 녹지 않고, 알코올에는 약간 녹는다.
(4) 프탈산디메틸(DMP), 프탈산디부틸(DBP)의 희석제를 사용한다.
(5) 발화되면 연소속도가 빠르고 건조상태에서는 위험하다.
(6) 소화방법은 소량일 때에는 탄산가스, 분말, 건조된 모래로, 대량일 때에는 물이 효과적이다.

04 위험물안전관리에 관한 세부기준에서 이산화탄소소화설비 저장용기의 설치장소로 옳지 않은 것은?

① 방호구역 내의 장소에 설치해야 한다.
② 온도가 40℃ 이하이고 온도변화가 적은 곳에 설치해야 한다.
③ 직사일광을 피하여 설치해야 한다.
④ 빗물이 침투할 우려가 적은 곳에 설치해야 한다.

🔍 이산화탄소 소화설비 저장용기의 설치 기준
(1) 방호구역 외의 장소에 설치할 것
(2) 온도가 40℃ 이하이고 온도 변화가 적은 장소에 설치할 것
(3) 직사일광 및 빗물이 침투할 우려가 적은 장소에 설치할 것
(4) 저장용기에는 안전장치(용기밸브에 설치되어 있는 것을 포함한다)를 설치할 것
(5) 저장용기의 외면에 소화약제의 종류와 양, 제조년도 및 제조자를 표시할 것

05 다음 위험물 중 지정수량이 50kg인 것은?

① 칼륨
② 리튬
③ 나트륨
④ 알킬알루미늄

🔍 위험물의 분류

종류	칼륨	리튬	나트륨	알킬알루미늄
류별	제3류 위험물	제3류 위험물 (알칼리금속)	제3류 위험물	제3류 위험물
지정수량	10kg	50kg	10kg	10kg

06 다음 물질 중 제5류 위험물에 해당하는 것은?

① 초산메틸
② 질산에틸
③ 의산에틸
④ 아크릴산에틸

🔍 질산에틸($C_2H_5ONO_2$)은 제5류 위험물의 질산에스터류에 속한다.

07 화재 시 주수에 의해 오히려 위험성이 증대되는 것은?

① 황린
② 적린
③ 칼륨
④ 나이트로셀룰로스

> 칼륨은 물과 반응하면 수소가스를 발생하므로 위험하다.
> 2K + 2H$_2$O → 2KOH + H$_2$↑(수소)

08 다음 소화약제 중 제3종 분말소화약제의 주성분에 해당하는 것은?

① 탄산수소칼륨
② 인산암모늄
③ 탄산수소나트륨
④ 탄산수소칼륨과 요소의 반응생성물

> 분말소화약제

종류	제1종 분말	제2종 분말	제3종 분말	제4종 분말
주성분	NaHCO$_3$	KHCO$_3$	NH$_4$H$_2$PO$_4$	KHCO$_3$ + (NH$_2$)$_2$CO
약제명	중탄산 나트륨	중탄산 칼륨	제일인산 암모늄 (인산암모늄)	중탄산칼륨 + 요소
착색	백색	담회색	담홍색	회색
소화효과	B, C급	B, C급	A, B, C급	B, C급

09 제조소등에 있어서 경보설비는 지정수량의 몇 배 이상의 위험물을 저장 또는 취급할 때 설치해야 하는가?(단, 이동탱크저장소는 제외한다.)

① 10
② 20
③ 30
④ 40

> 제조소등의 경보설비, 피뢰설비 : 지정수량의 10배이상 일 때 설치

10 다음 위험물 중 품명이 나머지 셋과 다른 것은?

① 산화프로필렌
② 아세톤
③ 이황화탄소
④ 다이에틸에터

> 아세톤은 제4류 위험물 제1석유류(수용성)이다
> • 특수인화물 : 이황화탄소, 다이에틸에터, 산화프로필렌, 아세트알데하이드

11 제조소의 게시판 사항 중 위험물의 종류에 따른 주의사항이 옳게 연결된 것은?

① 제2류 위험물(인화성고체 제외) – 화기엄금
② 제3류 위험물 중 금수성물질 – 물기엄금
③ 제4류 위험물 – 화기주의
④ 제5류 위험물 – 물기엄금

> 제조소등의 게시판의 주의사항

위험물의 종류	주의 사항	게시판의 색상
제1류 위험물 중 알칼리금속의 과산화물 제3류 위험물 중 금수성물질	물기 엄금	청색바탕에 백색문자
제2류 위험물(인화성 고체는 제외)	화기 주의	적색바탕에 백색문자
제2류 위험물 중 인화성 고체 제3류 위험물 중 자연발화성물질 제4류 위험물 제5류 위험물	화기 엄금	적색바탕에 백색문자

12 다음 중 다이크로뮴산암모늄의 색상에 가장 가까운 것은?

① 청색
② 담황색
③ 등적색
④ 백색

> 다이크로뮴산암모늄[(NH$_4$)$_2$Cr$_2$O$_7$]은 적색 또는 등적색(오렌지색)의 단사정계 침상결정이다.

13 이산화탄소 소화설비의 저장용기 설치에 대한 설명 중 틀린 것은?

① 방호구역 외의 장소에 설치할 것
② 온도가 55℃ 이하이고 온도 변화가 적은 곳에 설치할 것
③ 직사일광 및 빗물이 온도 변화가 적은 곳에 설치할 것
④ 저장용기에는 안전장치를 설치할 것

> 이산화탄소 소화설비 저장용기의 설치 기준
> (1) 방호구역 외의 장소에 설치할 것
> (2) 온도가 40℃ 이하이고 온도 변화가 적은 장소에 설치할 것
> (3) 직사일광 및 빗물이 침투할 우려가 적은 장소에 설치할 것
> (4) 저장용기에는 안전장치(용기밸브에 설치되어 있는 것을 포함한다)를 설치할 것
> (5) 저장용기의 외면에 소화약제의 종류와 양, 제조년도 및 제조자를 표시할 것

14 프로페인 2m³이 완전 연소할 때 필요한 이론 공기량은 약 몇 m³ 인가?(단, 공기 중 산소농도는 21vol% 이다.)

① 23.81
② 35.72
③ 47.62
④ 71.43

🔍 프로페인의 연소반응식
$C_3H_8 + 5O_2 \rightarrow 3CO_2 + 4H_2O$
22.4m³   5×.4m³
2m³   x

$x = \dfrac{2m^3 \times 2 \times 22.4m^3}{22.4m^3} = 10m^3$ (이론산소량)

∴ 이론공기 = $\dfrac{10m^3}{0.21}$ = 47.62m²

15 자동화재탐지설비의 설치기준에서 하나의 경계구역의 면적은 얼마 이하로 해야 하는가?(단, 당해 건축물 그 밖의 공작물의 주요한 출입구에서 그 내부의 전체를 볼 수 없는 경우이다.)

① 500m²
② 600m²
③ 800m²
④ 1000m²

🔍 자동화재탐지설비의 하나의 경계구역의 면적 : 600m²이하

16 제6류 위험물의 일반적인 성질에 대한 설명 중 틀린 것은?

① 연소가 되기 쉬운 가연성 물질이다.
② 산화성 액체이다.
③ 일반적으로 물과 접촉하면 발열한다.
④ 산소를 함유하고 있다.

🔍 제6류 위험물 : 불연성 물질

17 제2류 위험물인 황화인에 대한 다음 설명 중 틀린 것은?

① 지정수량이 100kg 이다.
② 삼황화인은 CS_2 에 용해된다.
③ 오황화인은 공기 중의 습기를 흡수하여 황화수소를 발생한다.
④ 칠황화인은 습기를 흡수하여 인화수소 가스를 주로 발생한다.

🔍 황화인
(1) 지정수량이 100kg이다.
(2) 삼황화인은 CS_2 에 용해된다.
(3) 오황화인은 공기 중의 습기를 흡수하여 황화수소를 발생한다.
(4) 칠황화인은 더운 물에서는 급격히 분해하여 황화수소를 발생한다.

18 다음 물질 중 인화점이 가장 낮은 것은?

① 경유
② 아세톤
③ 톨루엔
④ 메틸알코올

🔍 인화점

종류	경유	아세톤	톨루엔	메틸알코올
인화점	41℃이상	-18.5℃	4℃	11℃

19 옥내탱크저장소의 기준에서 옥내저장탱크 상호간에는 몇 m 이상의 간격을 유지해야 하는가?

① 0.3
② 0.5
③ 0.7
④ 1.0

🔍 옥내탱크저장소의 옥내저장탱크 상호간 간격 : 0.5m이상

20 위험물의 자연발화를 방지하는 방법으로 적당하지 않은 것은?

① 통풍을 잘 시킬 것
② 저장실의 온도를 낮출 것
③ 습도가 높은 곳에 저장할 것
④ 정촉매 작용을 하는 물질과의 접촉을 피할 것

🔍 자연발화의 방지법
(1) 습도를 낮게 할 것
(2) 주위의 온도를 낮출 것
(3) 통풍을 잘 시킬 것
(4) 불활성가스를 주입하여 공기와 접촉을 피할 것

21 다음 중 위험물안전관리법에 따른 소화설비의 구분에서 "물분무등소화설비"에 속하지 않는 것은?

① 불활성가스소화설비
② 포소화설비
③ 스프링클러설비
④ 분말소화설비

🔍 물분무등소화설비 : 물분무소화설비, 포소화설비, 불활성가스소화설비, 할로젠화합물소화설비, 분말소화설비

22 인화점이 21℃ 미만인 액체위험물의 옥외저장탱크 주입구에 설치하는 "옥외저장탱크 주입구"라고 표시한 게시판의 바탕 및 문자색을 옳게 나타낸 것은?

① 백색바탕 – 적색문자
② 적색바탕 – 백색문자
③ 백색바탕 – 흑색문자
④ 흑색바탕 – 백색문자

🔍 인화점이 21℃ 미만인 위험물의 옥외저장탱크의 주입구
(1) 게시판의 크기 : 한변이 0.3m 이상, 다른 한변이 0.6m 이상
(2) 게시판의 기재사항 : 옥외저장탱크 주입구, 위험물의 유별, 품명, 주의사항
(3) 게시판의 색상 : 백색바탕에 흑색문자(주의사항은 적색문자)

23 Halon 1301 소화약제에 대한 설명으로 틀린 것은?

① 저장 용기에 액체상으로 충전한다.
② 화학식은 CF_3Br 이다.
③ 비점이 낮아서 기화가 용이하다.
④ 공기보다 가볍다.

🔍 Halon 1301
(1) 화학식은 CF_3Br이다
(2) 분자량이 148.93이다
(3) 공기보다 5.13배 무겁다 (증기비중 = 148.93/29 = 5.13)
(4) 저장 용기에 액체상으로 충전하여 방사시 기화된다.
(5) 비점이 낮아서 기화가 용이하다.

24 다음 품명 중 제5류 위험물과 관계가 없는 것은?

① 질산염류　　② 질산에스터류
③ 유기과산화물　④ 하이드라진 유도체

🔍 제5류 위험물의 종류 및 지정수량

유별	성질	품명	지정수량
제5류	자기 반응성 물질	1. 유기과산화물 2. 질산에스터류 3. 나이트로화합물 4. 나이트로소화합물 5. 아조화합물 6. 다이아조화합물 7. 하이드라진 유도체 8. 하이드록실아민 9. 하이드록실아민염류 10. 그 밖에 행정안전부령으로 정하는 것	제1종 : 10kg, 제2종 : 100kg

25 위험물안전관리법에서 규정하는 질산은 그 비중이 최소 얼마 이상인 것을 말하는가?

① 1.29　　② 1.39
③ 1.49　　④ 1.59

🔍 질산의 비중이 1.49이상이면 제6류 위험물로 규정하고 있다.

26 분말소화설비의 기준에서 가압용 가스용기에 사용되는 가스로 옳은 것은?

① N_2, O_2　　② CO_2, O_2
③ N_2, CO_2　　④ H_2, O_2

🔍 가압용 가스용기에 사용되는 가스 : 질소(N_2), 이산화탄소(CO_2)

27 다음 중 일반적으로 표면 연소를 하는 것은?

① 양초　　② 코크스
③ 목재　　④ 황

🔍 고체의 연소
(1) 표면연소 : 목탄, 코크스, 숯, 금속분 등이 열분해에 의하여 가연성가스를 발생하지 않고 그 물질 자체가 연소하는 현상
(2) 분해연소 : 석탄, 종이, 목재, 플라스틱 등의 연소시 열분해에 의해 발생된 가스와 공기가 혼합하여 연소하는 현상
(3) 증발연소 : 황, 나프탈렌, 왁스, 파라핀 등과 같이 고체를 가열하면 열분해는 일어나지 않고 고체가 액체로 되어 일정온도가 되면 액체가 기체로 변화하여 기체가 연소하는 현상
(4) 자기연소(내부연소) : 제5류 위험물인 나이트로셀룰로스, 질화면 등 그 물질이 가연물과 산소를 동시에 가지고 있는 가연물이 연소하는 현상
① 촛불의 연소 : 증발연소.
② 금속분 : 표면연소.
③ 나이트로셀룰로스의 연소 : 내부연소

28 제2류 위험물의 일반적 성질에 대한 설명 중 틀린 것은?

① 대표적인 성질은 가연성 고체이다.
② 대부분이 유기화합물이다.
③ 대부분이 강력한 환원제이다.
④ 모두 물에 의해 냉각소화가 가능하다.

🔍 제2류 위험물의 공통적인 성질
(1) 낮은 온도에서 착화하기 쉬운 가연성 고체이고 환원성 물질이다.
(2) 산화제와 접촉하거나 가열하면 위험하다.
(3) 물질 자체가 유독하거나 또는 연소 시 유독가스를 발생하는 것이 있다.
(4) 제2류 위험물은 주수소화를 한다.
• 마그네슘, 금속분류, 철분 : 주수소화 금지

29 에틸렌글라이콜의 성질로 옳지 않은 것은?

① 갈색의 액체로 방향성이 있고 쓴맛이 난다.
② 물, 알코올 등에 잘 녹는다.
③ 분자량은 약 62 이고 비중은 약 1.1 이다.
④ 부동액의 원료로 사용된다.

🔍 에틸렌글라이콜(Ethylene Glycol)
(1) 물성

화학식	비중	비점	인화점	착화점
CH_2OHCH_2OH	1.11	198°C	120°C	398°C

(2) 무색의 끈기 있는 흡습성의 액체이다
(3) 사염화탄소, 에터, 벤젠, 이황화탄소, 클로로폼에 녹지 않고, 물, 알코올, 글리세린, 아세톤, 초산, 피리딘에는 잘 녹는다 (수용성)
(4) 2가 알코올로서 독성이 있으며 단맛이 난다.
(5) 무기산 및 유기산과 반응하여 에스터를 생성한다.
(6) 부동액의 원료로 사용된다.

30 다음 중 각 석유류의 분류가 잘못된 것은?

① 제1석유류 : 초산에틸, 휘발유
② 제2석유류 : 등유, 경유
③ 제3석유류 : 폼산, 테레핀유
④ 제4석유류 : 기어유, DOA(가소제)

🔍 폼산(의산, 개미산, HCOOH), 테레핀유 : 제4류 위험물 제2석유류

31 다음 중 제3류 위험물이 아닌 것은?

① 적린
② 칼슘
③ 탄화알루미늄
④ 알칼리튬

🔍 적린 : 제2류 위험물

32 과염소산염류의 운반용기 중 적응성 있는 내장용기의 종류와 최대 용적이나 중량을 옳게 나타낸 것은?(단, 외장용기의 종류는 나무상자 또는 플라스틱상자이고, 외장용기의 최대 중량은 125kg 으로 한다.)

① 금속제 용기 : 20 ℓ
② 종이 포대 : 55kg
③ 플라스틱 필름 포대 : 60kg
④ 유리 용기 : 10 ℓ

🔍 운반용기의 최대용적 또는 중량(위험물법 시행규칙 별표 19, 부표 1)

[고체위험물]

운반용기				수납 위험물의 종류								
내장용기		외장용기		제1류			제2류			제3류		제5류
용기의 종류	최대 용적 또는 중량	용기의 종류	최대 용적 또는 중량	I	II	III	II	III	II	III	I	II
유리용기 또는 플라스틱용기	10ℓ	나무상자 또는 플라스틱상자 (필요에 따라 불활성의 완충재를 채울 것)	125kg	○	○	○	○	○	○	○	○	○
			225kg		○	○		○		○		○
		파이버판상자 (필요에 따라 불활성의 완충재를 채울 것)	40kg	○	○	○	○	○	○	○	○	○
			55kg		○	○		○		○		○

※과염소산염류는 제1류 위험물로서 위험등급은 I 이다.

33 염소산나트륨의 저장 및 취급 시 주의할 사항으로 틀린 것은?

① 철제용기에 저장할 수 없다.
② 분해방지를 위해 암모니아를 넣어 저장한다.
③ 조해성이 있으므로 방습에 유의한다.
④ 용기에 밀전(密栓)하여 보관한다.

🔍 염소산나트륨($NaClO_3$)
(1) 무색, 무취의 결정 또는 분말이다.
(2) 물, 알코올, 에터에는 용해한다.
(3) 조해성이 강하므로 수분과의 접촉을 피한다.
(4) 산과 반응하면 이산화염소(ClO_2)의 유독가스를 발생 한다.
(5) 분해를 촉진하는 약품류와의 접촉을 피한다.
(6) 조해성이 있으므로 용기는 밀폐, 밀봉하여 저장한다.
(7) 철제용기는 부식되므로 저장용기로는 부적합하다.

34 인화칼슘에 저장한 창고에 비가 스며든 상태에서 근로자가 작업을 하다가 독성의 가스가 발생하여 질식하였다면 발생한 독성 가스는 다음 중 어느 것으로 예상되는가?

① 염소   ② 메테인
③ 포스핀   ④ 아세틸렌

🔍 인화칼슘(Ca_3P_2)이 물과 반응하면 포스핀(PH_3)이 생성된다.
$Ca_3P_2 + 6H_2O \rightarrow 3Ca(OH)_2 + 2PH_3 \uparrow$

35 에터가 공기와 장시간 접촉 시 생성되는 것으로 불안정한 폭발성 물질에 해당하는 것은?

① 수산화물
② 과산화물
③ 질소화합물
④ 황화합물

🔍 에터는 공기와 장기간 접촉하면 과산화물이 생성되므로 갈색병에 저장해야 한다.

36 다음 중 가연성 고체 위험물인 제2류 위험물은 어느 것인가?

① 질산염류 ② 마그네슘
③ 나트륨   ④ 칼륨

🔍 위험물의 분류

종류	질산염류	마그네슘	나트륨	칼륨
성질	산화성 고체	가연성 고체	자연발화성 및 금수성 물질	자연발화성 및 금수성 물질
류별	제1류 위험물	제2류 위험물	제3류 위험물	제3류 위험물

37 다음 물질 중 제4류 위험물에 속하지 않는 것은?

① 아세톤
② 실린더유
③ 과산화벤조일
④ 크레오소트유

🔍 위험물의 분류

종류	아세톤	실린더유	과산화벤조일	크레오소트유
품명	제4류 위험물 제1석유류	제4류 위험물 제4석유류	제5류 위험물 유기과산화물	제4류 위험물 제3석유류

38 과망가니즈산칼륨의 취급 시 주의사항에 대한 설명 중 틀린 것은?

① 알코올, 에터 등과의 접촉을 피한다.
② 일광을 차단하고 냉암소에 보관한다.
③ 목탄, 황 등과는 격리하여 저장한다.
④ 유리와의 반응성 때문에 유리 용기의 사용을 피한다.

🔍 과망가니즈산칼륨
(1) 흑자색의 주상결정으로 산화력과 살균력이 강하다
(2) 물, 알코올에 녹으면 진한 보라색을 나타낸다.
(3) 진한 황산과 접촉하면 폭발적으로 반응한다.
(4) 강알칼리와 접촉시키면 산소를 방출한다.
(5) 알코올, 에터, 글리세린등 유기물과의 접촉을 피한다.
(6) 목탄, 황 등의 환원성물질과 접촉 시 충격에 의해 폭발의 위험성이 있다.
(7) 살균소독제, 산화제로 이용 된다.

39 위험물안전관리법령상 지정수량의 2천배 초과 3천배 이하의 위험물을 저장하는 옥외탱크저장소에 확보하여야 하는 보유공지의 너비는 얼마인가?

① 6m 이상
② 9m 이상
③ 12m 이상
④ 15m 이상

🔍 옥외탱크저장소의 보유공지

저장 또는 취급하는 위험물의 최대수량	공지의 너비
지정수량의 500배 이하	3m 이상
지정수량의 500배 초과 1,000배 이하	5m 이상
지정수량의 1,000배 초과 2,000배 이하	9m 이상
지정수량의 2,000배 초과 3,000배 이하	12m 이상
지정수량의 3,000배 초과 4,000배 이하	15m 이상
지정수량의 4,000배 초과	당해 탱크의 수평단면의 최대지름(가로형인 경우에는 긴변)과 높이 중 큰 것과 같은 거리 이상. 다만, 30m 초과의 경우에는 30m 이상으로 할 수 있고, 15m 미만의 경우에는 15m 이상으로 하여야 한다.

40 나이트로셀룰로스의 위험성에 대하여 옳게 설명한 것은?

① 물과 혼합하면 위험성이 감소된다.
② 공기 중에서 산화되지만 자연발화의 위험은 없다.
③ 건조할수록 발화의 위험성이 낮다.
④ 알코올과 반응하여 발화한다.

🔍 **나이트로셀룰로스(Nitro Cellulose, NC)**
(1) 셀룰로스에 진한 황산과 진한질산의 혼산으로 반응시켜 제조한 것이다.
(2) 저장 중에 물 또는 알코올로 습윤시켜 저장한다(통상적으로 이소프로필알코올 30% 습윤 시킴).
(3) 가열, 마찰, 충격에 의하여 격렬히 연소, 폭발한다.
(4) 질화도가 클수록 폭발성이 크다.
(5) 열분해하여 자연발화 한다.

41 다음 중 마그네슘분과 혼합했을 때 발화의 위험이 있기 때문에 접촉을 피해야 하는 것은?

① 건조사
② 헬륨 가스
③ 아르곤 가스
④ 염소 가스

🔍 마그네슘은 할로젠원소와 반응하여 할로젠화합물을 만든다.
$Mg + Cl_2 \rightarrow MgCl_2$

42 다음 물질 중 분진폭발의 위험성이 없는 것은?

① 밀가루
② 아연분
③ 설탕
④ 염화아세틸

🔍 **염화아세틸(CH_3COCl)**
(1) 제4류 위험물 제1석유류로서 인화성 액체이다
(2) 아세트산의 염화물로서 무색의 자극성 액체이다
(3) 에터, 벤젠 클로로폼에 녹는다.
(4) 반응성이 좋아 아세틸화제로 사용한다.

43 적린의 성질에 대한 설명 중 틀린 것은?

① 황린과 성분원소가 같다.
② 발화온도는 황린보다 낮다.
③ 물, 이황화탄소에 녹지 않는다.
④ 브로민화인에 녹는다.

🔍 **적린**
(1) 화학식 및 발화점

종류	황린	적린
화학식	P_4	P
발화점	34℃	260℃

(2) 적린은 물, 알코올, 에터, CS_2, 암모니아에 녹지 않는다.

44 과염소산의 성질에 대한 설명 중 옳은 것은?

① 산화성이 강한 고체이다.
② 순수한 것은 분해의 위험이 있다.
③ 물보다 가볍다.
④ 환원력이 매우 강하다.

🔍 **과염소산(Perchloric Acid)**
(1) 물성

화학식	비점	융점	비중
$HClO_4$	39℃	-112℃	1.76

(2) 무색, 무취의 유동하기 쉬운 액체로 흡습성이 강하며 휘발성이 있다.
(3) 가열하면 폭발하고 산성이 강한 편이다.
(4) 불연성 물질이지만 자극성, 산화성이 매우 크다.
(5) 대단히 불안정한 강산으로 순수한 것은 분해가 용이하고 폭발력을 가진다.

45 다음 중 염산과 반응하여 이산화염소를 발생시키는 물질은?

① 아염소산나트륨
② 브로민산나트륨
③ 아이오딘산칼륨
④ 다이크로뮴산나트륨

🔍 아염소산나트륨은 산과 반응하면 이산화염소(ClO_2)의 유독가스를 발생한다.
$3NaClO_2 + 2HCl \rightarrow 3NaCl + 2ClO_2 + H_2O_2 \uparrow$

46 상온에서 CaC_2를 장기간 보관할 때 사용하는 물질로 다음 중 가장 적당한 것은?

① 물　　　　　② 알코올
③ 질소가스　　④ 아세틸렌가스

🔍 상온에서 카바이트(CaC_2)를 장기간 보관할 때 불연성인 질소가스를 사용한다.

47 다음 물질 중 물보다 비중이 작은 것으로만 이루어진 것은?

① 에터, 이황화탄소
② 벤젠, 글리세린
③ 가솔린, 에탄올
④ 글리세린, 아닐린

🔍 **비중**

종류	에터	이황화탄소	벤젠	글리세린	가솔린	에탄올	아닐린
비중	0.7	1.26	0.95	1.26	0.7~0.8	0.79	1.02

∴ 비중이 1보다 작으면 물보다 가볍다

48 옥내저장소 저장창고의 바닥은 물이 스며 나오거나 스며들지 않는 구조로 해야 한다. 다음 중 반드시 이 구조로 하지 않아도 되는 위험물은?

① 제1류 위험물 중 알칼리금속의 과산화물
② 제4류 위험물
③ 제5류 위험물
④ 제2류 위험물 중 철분

🔍 저장창고에 물의 침투를 막는 구조로 하여야 하는 위험물
(1) 제1류 위험물 중 알칼리금속의 과산화물
(2) 제2류 위험물 중 철분, 금속분, 마그네슘
(3) 제3류 위험물 중 금수성물질
(4) 제4류 위험물

49 무수크로뮴산에 관한 설명으로 틀린 것은?

① 물에 잘 녹는다.
② 강력한 산화작용을 나타낸다.
③ 알코올, 벤젠 등과 접촉하면 혼촉발화의 위험이 있다.
④ 상온에서 분해하여 산소를 방출하므로 냉장 보관한다.

🔍 무수크로뮴산, 삼산화크로뮴(크로뮴의 산화물)
(1) 암적색의 침상결정으로 조해성이 있다.
(2) 물, 알코올, 에터, 황산에 잘 녹는다.
(3) 황, 목탄분, 적린, 금속분, 강력한 산화제, 유기물, 인, 목탄분, 피크린산, 가연물과 혼합하면 폭발의 위험이 있다.
(4) 제4류 위험물과 접촉시 혼촉 발화한다.
(5) 물과 접촉 시 격렬하게 발열한다.

50 벤조일퍼옥사이드의 일반적인 성질에 대한 설명 중 틀린 것은?

① 상온에서 안정하다.
② 물에 잘 녹는다.
③ 강한 산화성 물질이다.
④ 가열, 충격, 마찰에 의해 폭발의 위험이 있다.

🔍 **과산화벤조일(Benzoyl Peroxide, 벤조일퍼옥사이드, BPO)**
(1) 물 성

화학식	비중	융점	착화점
$(C_6H_5CO)_2O_2$	1.33	105℃	80℃

(2) 무색, 무취의 백색 결정으로 강산화성 물질이다.
(3) 물에 녹지 않고, 알코올에는 약간 용해한다.
(4) 프탈산디메틸(DMP), 프탈산디부틸(DBP)의 희석제를 사용한다.
(5) 발화되면 연소속도가 빠르고 건조상태에서는 위험하다.
(6) 마찰, 충격으로 폭발의 위험이 있다.

51 일반적으로 다량의 수주를 통한 소화가 가장 효과적인 화재는?

① A급 화재
② B급 화재
③ C급 화재
④ D급 화재

🔍 주수소화 : A급(일반)화재

52 화학포 소화기에서 화학포를 만들 때 안정제로 사용되는 물질은?

① 인산염류
② 중탄산나트륨
③ 수용성 단백질
④ 황산알루미늄

🔍 기포안정제
(1) 단백질분해물 (2) 사포닌 (3) 젤라틴 (4) 계면활성제

53 등유의 성질에 대한 설명 중 틀린 것은?

① 증기는 공기보다 가볍다.
② 인화점이 상온보다 높다.
③ 전기에 대해 불량도체이다.
④ 물보다 가볍다.

🔍 **등유(Kerosine)**
(1) 물 성

화학식	비중	증기비중	인화점	착화점	연소범위
C_9~C_{18}	0.78~0.8	4~5	39℃ 이상	210℃ 이상	0.7~5.0%

(2) 무색 또는 담황색의 약한 취기가 있는 액체이다.
(3) 증기는 공기보다 4~5배가 무겁다.
(4) 원유 증류 시 휘발유와 경유 사이에서 유출되는 포화·불포화 탄화수소혼합물이다
(5) 정전기 불꽃으로 인화의 위험이 있다.

54 다음 중 질산의 위험성에 관한 설명으로 옳은 것은?

① 피부에 닿아도 위험하지 않다.
② 공기 중에서 단독으로 자연발화 한다.
③ 인화점이 낮고 발화하기 쉽다.
④ 환원성 물질과 혼합 시 위험하다.

🔍 질산은 제6류 위험물로서 환원성물질인 제2류 위험물과 혼합하면 위험하다.

55 제3류 위험물인 칼륨의 지정수량은?

① 10kg   ② 20kg
③ 50kg   ④ 100kg

🔍 제3류 위험물인 칼륨의 지정수량 : 10kg
  • 지정수량 10kg : 칼륨, 나트륨, 알킬알루미늄, 알킬리튬, 제5류 위험물 중 제1종에 해당하는 위험물

56 수소화나트륨 화재발생 시 주수소화가 부적당한 가장 큰 이유는?

① 발열반응을 일으킴
② 수화반응을 일으킴
③ 중화반응을 일으킴
④ 중합반응을 일으킴

🔍 수소화나트륨(NaH)이 물과의 반응
  NaH + H₂O → NaOH + H₂ + 발열반응

57 다음 중 제1류 위험물이 아닌 것은?

① 아이오딘산염류
② 무기과산화물
③ 하이드록실아민염류
④ 과망가니즈산염류

🔍 하이드록실아민염류 : 제5류 위험물

58 다음 소화설비 중 능력 단위가 1.0 인 것은?

① 삽 1개를 포함한 마른모래 50L
② 삽 1개를 포함한 마른모래 150L
③ 삽 1개를 포함한 팽창질석 100L
④ 삽 1개를 포함한 팽창질석 160L

🔍 소화설비의 능력단위

소화설비	용량	능력단위
소화전용(專用)물통	8	0.3
수조(소화전용 물통 3개 포함)	80	1.5
수조(소화전용 물통 6개 포함)	190	2.5
마른 모래(삽 1개 포함)	50	0.5
팽창질석 또는 팽창진주암(삽 1개 포함)	160	1.0

59 다음에서 설명하는 제5류 위험물에 해당하는 것은?

• 담황색의 고체이다.
• 강한 폭발력을 가지고 있고, 에터에 잘 녹는다.
• 융점은 80.1℃ 이다.

① 질산메틸
② 트라이나이트로톨루엔
③ 나이트로글리세린
④ 질산에틸

🔍 트라이나이트로톨루엔(Tri Nitro Toluene, TNT)
(1) 물성

화학식	비점	융점	착화점	비중
$C_6H_2CH_3(NO_2)_3$	240℃	80.1℃	300℃	1.0

(2) 담황색의 고체로 강력한 폭약이다
(3) 충격에는 민감하지 않으나 급격한 타격에 의하여 폭발한다.
(4) 물에 불용, 알코올에는 가열하면 녹고, 아세톤, 벤젠, 에터에는 잘 녹는다.
(5) 일광에 의해 갈색으로 변하고 가열, 타격에 의하여 폭발한다.
(6) 충격 감도는 피크린산보다 약하다.

60 착화온도가 낮아지는 경우가 아닌 것은?

① 압력이 높을 때
② 습도가 높을 때
③ 발열량이 클 때
④ 산소와 친화력이 좋을 때

🔍 착화온도가 낮아지는 경우
  (1) 분자구조가 복잡할 때
  (2) 산소와 친화력이 좋을 때
  (3) 열전도율이 낮을 때
  (4) 증기압과 습도가 낮을 때
  (5) 압력이 높을 때

정답 CBT 복원문제 2024년 2회

01 ③	02 ④	03 ①	04 ①	05 ②
06 ②	07 ③	08 ②	09 ①	10 ②
11 ②	12 ②	13 ②	14 ③	15 ②
16 ①	17 ④	18 ②	19 ②	20 ③
21 ③	22 ③	23 ④	24 ①	25 ③
26 ③	27 ②	28 ④	29 ①	30 ③
31 ①	32 ④	33 ②	34 ②	35 ②
36 ②	37 ③	38 ④	39 ③	40 ①
41 ④	42 ④	43 ②	44 ②	45 ①
46 ①	47 ③	48 ③	49 ④	50 ②
51 ①	52 ③	53 ①	54 ④	55 ①
56 ①	57 ③	58 ④	59 ②	60 ②

2024년 3회 CBT 복원문제

01 그림과 같은 타원형 탱크의 내용적은 약 몇 m³ 인가?

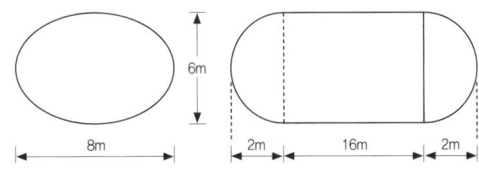

① 453
② 553
③ 653
④ 753

🔍 내용적 = $\frac{\pi ab}{4}(\ell + \frac{\ell_1 + \ell_2}{3})$
= $\frac{\pi \times 8 \times 6}{4}(16 + \frac{2+2}{3}) = 653m^3$

02 과염소산의 성질에 대한 설명으로 옳은 것은?

① 무색의 산화성 물질이다.
② 점화원에 의해 쉽게 단독으로 연소한다.
③ 흡습성이 강한 고체이다.
④ 증기는 공기보다 가볍다.

🔍 과염소산(Perchloric Acid)은 제6류 위험물이고, 산화성, 불연성, 흡습성이 강한 액체이다.

03 탄화칼슘의 안전한 저장 및 취급 방법으로 가장 거리가 먼 것은?

① 습기와의 접촉을 피한다.
② 석유 속에 저장해 둔다.
③ 장기 저장할 때는 질소가스를 충전한다.
④ 화기로부터 격리하여 저장한다.

🔍 칼륨과 나트륨은 석유(등유) 속에 저장한다.

04 $C_6H_2CH_3(NO_2)_3$ 을 녹이는 용제가 아닌 것은?

① 물
② 벤젠
③ 에터
④ 아세톤

🔍 TNT[$C_6H_2CH_3(NO_2)_3$]는 물에 녹지 않고, 알코올에는 가열하면 녹고, 아세톤, 벤젠, 에터에는 잘 녹는다.

05 동식물유류에 대한 설명으로 틀린 것은?

① 아이오딘 값이 작을수록 자연발화의 위험성이 높아진다.
② 아이오딘 값이 130 이상인 것은 건성유이다.
③ 건성유에는 아마인유, 들기름 등이 있다.
④ 인화점이 물의 비점보다 낮은 것도 있다.

🔍 아이오딘 값이 클수록(건성유 : 아이오딘 값이 130이상) 자연발화의 위험성이 높아진다.

06 과산화수소의 저장방법으로 옳은 것은?

① 분해를 막기 위해 하이드라진을 넣고 완전히 밀전하여 보관한다.
② 분해를 막기 위해 하이드라진을 넣고 가스가 빠지는 구조로 마개를 하여 보관한다.
③ 분해를 막기 위해 요산을 넣고 완전히 밀전하여 보관한다.
④ 분해를 막기 위해 요산을 넣고 가스가 빠지는 구조로 마개를 하여 보관한다.

🔍 과산화수소는 분해를 막기 위해 요산이나 인산을 넣고 가스가 빠지는 구조로 마개를 하여 보관한다.

07 다음 물질 중 지정수량이 400L 인 것은?

① 폼산
② 벤젠
③ 톨루엔
④ 벤즈알데하이드

🔍 제4류 위험물의 지정수량

종류	폼산	벤젠	톨루엔	벤즈알데하이드
화학식	HCOOH	C_6H_6	$C_6H_5CH_3$	C_6H_5CHO
품명	제1석유류 (수용성)	제1석유류 (비수용성)	제1석유류 (비수용성)	제2석유류 (비수용성)
지정수량	400	200	200	1,000

08 가솔린 저장량이 2000L 일 때 소화설비 설치를 위한 소요단위는?

① 1 ② 2
③ 3 ④ 4

🔍 소요단위 = $\dfrac{저장수량}{지정수량 \times 10} + \dfrac{2,000\ell}{200\ell \times 10} = 1$단위
• 가솔린의 지정수량 : 200ℓ

09 자연발화가 일어나는 물질과 대표적인 에너지원의 관계로 옳지 않은 것은?

① 셀룰로이드 – 흡착열에 의한 발열
② 활성탄 – 흡착열에 의한 발열
③ 퇴비 – 미생물에 의한 발열
④ 먼지 – 미생물에 의한 발열

🔍 자연발화의 형태
• 산화열에 의한 발화 : 석탄, 건성유, 고무분말
• 분해열에 의한 발화 : 셀룰로이드, 나이트로셀룰로스
• 미생물에 의한 발화 : 퇴비, 먼지
• 흡착열에 의한 발화 : 목탄, 활성탄

10 경보설비는 지정수량 몇 배 이상의 위험물을 저장, 취급하는 제조소등에 설치하는가?

① 2 ② 4
③ 8 ④ 10

🔍 경보설비의 설치기준 : 지정수량의 10배 이상
• 위험물시설의 경보설비 : 자동화재탐지설비, 비상방송설비, 비상경보설비, 확성장치

11 위험물의 저장방법에 대한 다음 설명 중 잘못된 것은?

① 황은 정전기 축적이 없도록 저장한다.
② 나이트로셀룰로스는 건조하면 발화 위험이 있으므로 물 또는 알코올로 습면시켜 저장한다.
③ 칼륨은 유동파라핀 속에 저장한다.
④ 마그네슘은 차고 건조하면 분진 폭발하므로 온수 속에 저장한다.

🔍 마그네슘은 분진 폭발하고 물(온수)와 접촉하면 가연성가스인 수소(H_2)를 발생한다.
$Mg + 2H_2O \rightarrow Mg(OH)_2 + H_2 \uparrow$

12 다음 중 제3종 분말소화약제를 사용할 수 있는 모든 화재의 급수를 옳게 나타낸 것은?

① A급, B급
② B급, C급
③ A급, C급
④ A급, B급, C급

🔍 분말약제의 적응화재 및 착색

종류	주성분	적응화재	착색
제1종 분말	$NaHCO_3$(중탄산나트륨, 탄산수소나트륨)	B, C급	백색
제2종 분말	$KHCO_3$(중탄산칼륨, 탄산수소칼륨)	B, C급	담회색
제3종 분말	$NH_4H_2PO_4$(인산암모늄, 제일인산암모늄)	A, B, C급	담홍색
제4종 분말	$KHCO_3 + (NH_2)_2CO$	B, C급	회색

13 다음 위험물의 화재 시 주수소화가 가능한 것은?

① 철분 ② 마그네슘
③ 나트륨 ④ 황

🔍 황(S)은 제2류 위험물로서 주수소화가 가능하다
[물과의 반응식]
① 철분 $2Fe + 6H_2O \rightarrow 2Fe(OH)_3 + 3H_2 \uparrow$
② 마그네슘 $Mg + 2H_2O \rightarrow Mg(OH)_2 + H_2 \uparrow$
③ 나트륨 $2Na + 2H_2O \rightarrow 2NaOH + H_2 \uparrow$

14 다음 물질 중 물과 반응 시 독성이 강한 가연성가스가 생성되는 적갈색 고체위험물은?

① 탄산나트륨
② 탄산칼슘
③ 인화칼슘
④ 수산화칼륨

🔍 인화칼슘
(1) 물성

화학식	분자량	융점	비중
Ca_3P_2	182	1600℃	2.51

(2) 적갈색의 괴상 고체로서 인화석회라고도 한다.
(3) 알코올, 에터에는 녹지 않는다.
(4) 물이나 약산과 반응하여 포스핀(PH_3)의 유독성가스를 발생한다.
$Ca_3P_2 + 6H_2O \rightarrow 3Ca(OH)_2 + 2PH_3 \uparrow$

15 알루미늄 분말의 저장 방법 중 옳은 것은?

① 에틸알코올 수용액에 넣어 보관한다.
② 밀폐 용기에 넣어 건조한 곳에 저장한다.
③ 폴리에틸렌병에 넣어 수분이 많은 곳에 보관한다.
④ 염산 수용액에 넣어 보관한다.

> 알루미늄 분말은 수분과 반응하면 수소가스를 발생하므로 위험하고 밀폐 또는 밀봉용기에 넣어 건조한 곳에 저장한다.

16 화학포소화약제의 반응에서 황산알루미늄과 중탄산나트륨의 반응 몰비는?(단, 황산알루미늄 : 중탄산나트륨의 비이다.)

① 1 : 4
② 1 : 6
③ 4 : 1
④ 6 : 1

> 화학포 소화약제의 반응식
> $6NaHCO_3 + Al_2(SO_4)_3 \cdot 18H_2O$
> $\rightarrow 3Na_2SO_4 + 2Al(OH)_3 + 6CO_2 + 18H_2O$
> ※ 황산알루미늄 : $Al_2(SO_4)_3$, 중탄산나트륨 : $NaHCO_3$

17 가연성고체 위험물의 저장 및 취급방법으로 옳지 않은 것은?

① 환원성 물질이므로 산화제와 혼합하여 저장할 것
② 점화원으로부터 멀리하고 가열을 피할 것
③ 금속분은 물과의 접촉을 피할 것
④ 용기 파손으로 인한 위험물의 누설에 주의할 것

> 제2류 위험물(가연성고체, 환원성물질)은 산화제(제1류 위험물, 제6류 위험물)와 접촉을 피한다.

18 질산칼륨의 성질에 대한 성명 중 틀린 것은?

① 물에 잘 녹는다.
② 화약에서 산소공급제로 사용된다.
③ 열분해하면 산소를 방출한다.
④ 강력한 환원제이다.

> 질산칼륨(KNO_3)은 산화제이다.

19 화학포소화기에서 기포 안정제로 사용되는 것은?

① 사포닌
② 질산
③ 황산알루미늄
④ 질산칼륨

> 소화약제
> (1) 내약제(B제) : 황산알루미늄[$Al_2(SO_4)_3$]
> (2) 외약제(A제) : 중탄산나트륨($NaHCO_3$), 기포안정제
> • 기포안정제 : 계면활성제, 사포닌, 젤라틴, 가수분해단백질

20 인화성 액체의 증기가 공기보다 무거운 것은 다음 중 어떤 위험성과 가장 관계가 있는가?

① 인화점이 낮다.
② 발화점이 낮다.
③ 물에 의한 소화가 어렵다.
④ 예측하지 못한 장소에서 화재가 발생할 수 있다.

> 제4류 위험물은 인화성 액체로서 증기가 공기보다 무거워서 바닥에 체류하므로 예측하지 못한 장소에서 화재가 발생할 수 있다.

21 트라이나이트로톨루엔에 대한 설명 중 틀린 것은?

① 피크린산에 비하여 충격·마찰에 둔감하다.
② 발화점은 약 300℃ 이다.
③ 자연분해의 위험성이 매우 높아 장기간 저장이 불가능하다.
④ 운반시 10%의 물을 넣어 운반하면 안전하다.

> 트라이나이트로톨루엔(TNT)는 충격에는 민감하지 않으나 급격한 타격에 의하여 폭발하므로 가만히 저장하면 장기간 저장이 가능하다.

22 제1석유류의 일반적인 성질로 틀린 것은?

① 물보다 가볍다.
② 가연성이다.
③ 증기는 공기보다 가볍다.
④ 인화점이 21℃ 미만이다.

> 제4류 위험물의 증기는 공기보다 무겁다.(단, 사이안화수소는 공기보다 가볍다)

23 다음 물질 중 제1류 위험물이 아닌 것은?

① Na_2O_2 ② $NaClO_3$
③ NH_4ClO_4 ④ $HClO_4$

> 위험물의 분류
> (1) 무기과산화물의 과산화나트륨(Na_2O_2) : 제1류 위험물
> (2) 염소산염류의 염소산나트륨($NaClO_3$) : 제1류 위험물
> (3) 과염소산염류의 과염소산암모늄(NH_4ClO_4) : 제1류 위험물
> (4) 과염소산($HClO_4$) : 제6류 위험물

24 다음 중 제1종, 제2종, 제3종 분말소화약제의 주성분에 해당하지 않는 것은?

① 탄산수소나트륨   ② 황산마그네슘
③ 탄산수소칼륨   ④ 인산암모늄

> 분말소화약제
>
> | 종류 | 주성분 | 적응화재 | 착색 |
> |---|---|---|---|
> | 제1종 분말 | $NaHCO_3$(중탄산나트륨, 탄산수소나트륨) | B, C급 | 백색 |
> | 제2종 분말 | $KHCO_3$(중탄산칼륨, 탄산수소칼륨) | B, C급 | 담회색 |
> | 제3종 분말 | $NH_4H_2PO_4$(인산암모늄, 제일인산암모늄) | A, B, C급 | 담홍색 |
> | 제4종 분말 | $KHCO_3 + (NH_2)_2CO$ | B, C급 | 회색 |

25 다음 위험물 중 분자식을 C_3H_6O 로 나타내는 것은?

① 에틸알코올   ② 에틸에터
③ 아세톤   ④ 아세트산

> 아세톤
> (1) 화학식 : CH_3COCH_3 (2) 분자식 : C_3H_6O

26 다음 중 제2석유류만으로 짝지어진 것은?

① 사이클로헥산 – 피리딘
② 염화아세틸 – 휘발유
③ 사이클로헥산 – 중유
④ 아크릴산 – 폼산

> 위험물의 분류
>
> | 종류 | 사이클로헥산 | 피리딘 | 염화아세틸 | 휘발유 | 중유 | 아크릴산 | 폼산 |
> |---|---|---|---|---|---|---|---|
> | 품명 | 제1석유류 | 제1석유류 | 제1석유류 | 제1석유류 | 제3석유류 | 제2석유류 | 제2석유류 |

27 황화인에 대한 설명 중 옳지 않은 것은?

① 삼황화인은 황색 결정으로 공기 중 약 100℃에서 발화할 수 있다.
② 오황화인은 담황색 결정으로 조해성이 있다.
③ 오황화인은 화재시에는 물에 의한 냉각소화가 가장 좋다.
④ 삼황화인은 통풍이 잘되는 냉암소에 저장한다.

> 오황화인은 물 또는 알칼리에 분해하여 황화수소와 인산이 된다.
> $P_2S_5 + 8H_2O \rightarrow 5H_2S + 2H_3PO_4$
> ∴ 물에 의한 냉각소화는 부적합하며(H_2S 발생), 분말, CO_2, 건조사 등으로 질식소화 한다.

28 다음 위험물 중 질산에스터류에 속하지 않는 것은?

① 나이트로셀룰로스
② 질산메틸
③ 트라이나이트로페놀
④ 펜트라이트

> 제5류 위험물의 나이트로화합물 : 트라이나이트로페놀(피크린산), 트라이나이트로톨루엔(TNT)

29 크레오소트유에 대한 설명으로 틀린 것은?

① 제3석유류에 속한다.
② 무취이고 증기는 독성이 없다.
③ 상온에서 액체이다.
④ 물보다 무겁고 물에 녹지 않는다.

> 크레오소트유(제3석유류)는 황록색 또는 암갈색의 기름모양의 액체이며 증기는 유독하다.

30 황린을 취급할 때의 주의사항으로 틀린 것은?

① 피부에 닿지 않도록 주의할 것
② 산화제와의 접촉을 피할 것
③ 물의 접촉을 피할 것
④ 화기의 접근을 피할 것

> 황린(제3류 위험물)은 물속에 저장한다.

31 위험물 안전관리법상 인화성 액체를 정의할 때 제3석유류의 액체상태의 판단 기준은?

① 1기압과 섭씨 20도에서 액상인 것
② 1기압과 섭씨 25도에서 액상인 것
③ 기압에 무관하게 섭씨 20도에서 액상인 것
④ 기압에 무관하게 섭씨 25도에서 액상인 것

🔍 인화성 액체 : 액체(제3석유류, 제4석유류, 동식물유류에 있어서 1기압과 20℃에서 액상인 것)로서 인화의 위험성이 있는 것.

32 과망가니즈산칼륨의 위험성에 대한 설명 중 틀린 것은?

① 진한 황산과 접촉하면 폭발적으로 반응한다.
② 알코올, 에터, 글리세린 등 유기물과 접촉을 금한다.
③ 가열하면 약 60℃에서 분해하여 수소를 방출한다.
④ 목탄, 황과 접촉시 충격에 의해 폭발할 위험성이 있다.

🔍 과망가니즈산칼륨
(1) 물성

화학식	분자량	비중	분해 온도
$KMnO_4$	158	2.7	200~250℃

(2) 흑자색의 주상결정으로 산화력과 살균력이 강하다
(3) 물, 알코올에 녹으면 진한 보라색을 나타낸다.
(4) 진한 황산과 접촉하면 폭발적으로 반응한다.
(5) 알코올, 에터, 글리세린등 유기물과의 접촉을 피한다.
(6) 목탄, 황 등의 환원성물질과 접촉 시 충격에 의해 폭발의 위험성이 있다.
(7) 살균소독제, 산화제로 이용 된다.

33 위험물에 물이 접촉하여 주로 발생되는 가스의 연결이 틀린 것은?

① 나트륨 – 수소
② 탄화칼슘 – 포스핀
③ 칼륨 – 수소
④ 인화석회 – 인화수소

🔍 제3류 위험물이 물과 반응
(1) 나트륨과 물과의 반응
$2Na + 2H_2O \rightarrow 2NaOH + H_2\uparrow$ (수소)
(2) 탄화칼슘(카바이트)과 물과의 반응식
$CaC_2 + 2H_2O \rightarrow Ca(OH)_2 + C_2H_2\uparrow$ (아세틸렌)
(3) 칼륨과 물과의 반응
$2K + 2H_2O \rightarrow 2KOH + H_2\uparrow$ (수소)
(4) 인화석회(인화칼슘)와 물과의 반응식
$Ca_3P_2 + 6H_2O \rightarrow 3Ca(OH)_2 + 2PH_3$(포스핀, 인화수소)

34 고속도로 주유취급소의 특례기준에 따르면 고속국도 도로변에 설치된 주유취급소에 있어서 고정주유설비에 직접 접속하는 탱크의 용량은 몇 리터까지 할 수 있는가?

① 1만
② 5만
③ 6만
④ 8만

🔍 고속국도 도로변에 설치된 주유취급소의 고정주유설비 탱크의 용량 : 60,000ℓ 이하

35 다음 위험물 품명 중 지정수량이 나머지 셋과 다른 것은?

① 염소산염류
② 질산염류
③ 무기과산화물
④ 과염소산염류

🔍 제1류 위험물의 지정수량

품명	염소산염류	질산염류	무기과산화물	과염소산염류
지정수량	50kg	300kg	50kg	50kg

36 옥외저장소에서 저장할 수 없는 위험물은?(단, 시·도 조례에서 별도로 정하는 위험물 또는 국제해상위험물규칙에 적합한 용기에 수납된 위험물은 제외한다.)

① 과산화수소
② 아세톤
③ 에탄올
④ 황

🔍 옥외저장소에 저장할 수 있는 위험물
• 제2류 위험물 중 인화성고체(인화점이 0℃이상)
• 제4류 위험물 중 제1석유류(인화점 0℃이상), 알코올류, 제2석유류, 제3석유류, 제4석유류, 동식물유류,
• 제6류 위험물
※ 아세톤의 인화점 : -18.5℃

37 이황화탄소의 성질에 대한 설명 중 틀린 것은?

① 이황화탄소의 증기는 공기보다 무겁다.
② 순수한 것은 강한 자극성 냄새가 나고 적색 액체이다.
③ 벤젠, 에터에 녹는다.
④ 생고무를 용해시킨다.

🔍 이황화탄소(Carbon Disulfide)
(1) 물 성

화학식	분자량	비중	비점	인화점	착화점	연소범위
CS_2	76	1.26	46℃	-30℃	90℃	1~50%

(2) 순수한 것은 무색투명한 액체이며 시판용은 담황색이다.
(3) 4류 위험물 중 착화점이 낮고 증기는 유독하다.
(4) 물에 녹지 않고, 알코올, 에터, 벤젠 등의 유기용매에 잘 녹는다.
(5) 가연성 증기 발생을 억제하기 위하여 물속에 저장한다.
(6) 연소 시 아황산가스를 발생하며 파란 불꽃을 나타낸다.
(7) 황, 황린, 생고무, 수지 등을 잘 녹인다.

38 제6류 위험물의 일반적인 성질에 대한 설명으로 옳은 것은?

① 강한 환원성 액체이다.
② 물과 접촉하면 흡열반응을 한다.
③ 가연성 액체이다.
④ 과산화수소를 제외하고 강산이다.

🔍 제6류 위험물의 일반적인 성질
(1) 산화성 액체이며 무기화합물로 이루어져 형성된다.
(2) 무색, 투명하며 비중은 1보다 크고, 표준상태에서는 모두가 액체이다.
(3) 과산화수소를 제외하고 강산성 물질이며 물에 녹기 쉽다.
(4) 불연성 물질이며 물과 접촉하면 발열반응을 한다.

39 다음 위험물 중 발화점이 가장 낮은 것은?

① 가솔린
② 이황화탄소
③ 에터
④ 황린

🔍 발화점

종류	가솔린	이황화탄소	에터	황린
화점	약300℃	90℃	180℃	34℃

40 위험물의 취급소를 구분할 때 제조 이외의 목적에 따른 구분으로 볼 수 없는 것은?

① 판매취급소 ② 이송취급소
③ 옥외취급소 ④ 일반취급소

🔍 취급소(4종류) : 일반취급소, 판매취급소, 이송취급소, 주유취급소

41 이산화탄소 소화기에서 수분의 중량은 일정량 이하이어야 하는데 그 이유를 가장 옳게 설명한 것은?

① 줄·톰슨효과 때문에 수분이 동결되어 관이 막히므로
② 수분이 이산화탄소와 반응하여 폭발하기 때문에
③ 에너지보존법칙 때문에 압력 상승으로 관이 파손되므로
④ 액화탄산가스는 승화성이 있어서 관이 팽창하여 방사 압력이 급격히 떨어지므로

🔍 이산화탄소 소화기는 수분이 많으면 줄·톰슨효과로 인하여 노즐이 폐쇄되므로 수분을 0.05%이하(제2종)로 규정하고 있다.

42 소화약제의 분해반응식에서 다음 ( ) 안에 알맞은 것은?

$$2NaHCO_3 \rightarrow Na_2CO_3 + H_2O + (\quad)$$

① CO ② NH_3
③ CO_2 ④ H_2

🔍 제1종 분말 약제 열분해 반응식
$2NaHCO_3 \rightarrow Na_2CO_3 + H_2O + CO_2$

43 소화기에 표시한 "A-2", "B-3"에서 숫자가 의미하는 것은?

① 소화기의 소요 단위
② 소화기의 사용 순위
③ 소화기의 제조 번호
④ 소화기의 능력 단위

🔍 A-2 : A급(일반)화재 능력단위 2단위, B-3 : B급(유류)화재 능력단위 3단위

44. 팽창진주암(삽 1개 포함)의 능력단위 1은 용량이 몇 L 인가?

① 70
② 100
③ 130
④ 160

소화설비의 능력단위

소화설비	용량	능력단위
소화전용(專用)물통	8ℓ	0.3
수조(소화전용 물통 3개 포함)	80ℓ	1.5
수조(소화전용 물통 6개 포함)	190ℓ	2.5
마른 모래(삽 1개 포함)	50ℓ	0.5
팽창질석 또는 팽창진주암(삽 1개 포함)	160ℓ	1.0

45. 자연발화에 대한 다음 설명 중 틀린 것은?

① 열전도가 낮을 때 잘 일어난다.
② 공기와의 접촉면적이 큰 경우에 잘 일어난다.
③ 수분이 높을수록 발생을 방지할 수 있다.
④ 열의 축적을 막을수록 발생을 방지할 수 있다.

자연발화
(1) 자연발화의 조건
  ① 주위의 온도가 높을 것
  ② 열전도율이 적을 것
  ③ 발열량이 클 것
  ④ 표면적이 넓을 것
(2) 자연발화의 방지법
  ① 습도를 낮게 할 것
  ② 주위의 온도를 낮출 것
  ③ 통풍을 잘 시킬 것
  ④ 불활성가스를 주입하여 공기와 접촉을 피 할 것

46. 다음 중 화재의 급수에 따른 화재 종류와 표시 색상이 옳게 연결된 것은?

① A급 - 일반화재, 황색
② B급 - 일반화재, 황색
③ C급 - 전기화재, 청색
④ D급 - 금속화재, 청색

화재의 종류

구분\급수	A급	B급	C급	D급
화재의 종류	일반화재	유류화재	전기화재	금속화재
원형 표시색	백색	황색	청색	무색

47. 다음 중 화재가 발생하였을 때 물로 소화하면 위험한 것은?

① KNO_3
② $NaClO_3$
③ $KClO_3$
④ K

질산칼륨(KNO_3), 염소산나트륨($NaClO_3$), 염소산칼륨($KClO_3$)은 화재 시 주수소화가 가능하다.
칼륨(K)이 물과 반응 $2K + 2H_2O \rightarrow 2KOH + H_2\uparrow$

48. 다음 위험물 중 인화점이 가장 낮은 것은?

① 메틸에틸케톤
② 에탄올
③ 초산
④ 클로로벤젠

인화점

종류	메틸에틸케톤	에탄올	초산	클로로벤젠
품명	제1석유류	알코올류	제2석유류	제2석유류
인화점	-7℃	13℃	40℃	27℃

49. 법령에서 정의하는 제2석유류의 1기압에서의 인화점 범위를 옳게 나타낸 것은?

① 21℃ 이상 70℃ 미만
② 70℃ 이상 200℃ 미만
③ 200℃ 이상 300℃ 미만
④ 300℃ 이상 400℃ 미만

제4류 위험물의 분류
(1) 특수인화물
  ① 1기압에서 발화점이 100℃이하인 것
  ② 인화점이 영하 20℃이하이고 비점이 40℃이하인 것
(2) 제1석유류 : 1기압에서 인화점이 21℃미만인 것
(3) 제2석유류 : 1기압에서 인화점이 21℃이상 70℃미만인 것
(4) 제3석유류 : 1기압에서 인화점이 70℃이상 200℃미만인 것
(5) 제4석유류 : 1기압에서 인화점이 200℃이상 250℃미만의 것

50. 질소가 가연물이 될 수 없는 이유를 가장 옳게 설명한 것은?

① 산소와 반응하지만 반응 시 열을 방출하기 때문에
② 산소와 반응하지만 반응 시 열을 흡수하기 때문에
③ 산소와 반응하지 않고 열의 변화가 없기 때문에
④ 산소와 반응하지 않고 열을 방출하기 때문에

> 질소는 산소와 반응은 하나 흡열반응(열을 흡수)을 하기 때문에 가연물이 될 수 없다.
> • 가연물 : 산소와 반응하여 발열 반응하는 물질

51 화재에 대한 제거 소화 방법의 적용이 잘못된 것은?

① 유전의 화재 시 다량의 물을 이용하였다.
② 가스화재 시 밸브 및 콕크를 잠그었다.
③ 산불화재 시 벌목을 하였다.
④ 촛불을 바람으로 불어 가연성 증기를 날려 보냈다.

> 유전지대의 화재 시 질소폭약을 투하하면 제거소화라 할 수 있다.

52 제5류 위험물의 일반적인 성질에 대한 설명으로 가장 거리가 먼 것은?

① 가연성 물질이다.
② 대부분 유기 화합물이다.
③ 점화원의 접근은 위험하다.
④ 대부분 오래 저장할수록 안정하게 된다.

> 제5류 위험물은 화기, 가열, 충격, 마찰에 민감하므로 장기간 저장하는 것은 위험하다.

53 제5류 위험물의 화재 시 소화방법에 대한 설명으로 옳은 것은?

① 가연성 물질로서 연소속도가 빠르므로 질식소화가 효과적이다.
② 할로젠화합물 소화기가 적응성이 있다.
③ CO_2 및 분말소화기가 적응성이 있다.
④ 다량의 주수에 의한 냉각소화가 효과적이다.

> 제5류 위험물은 다량의 주수에 의한 냉각소화가 효과적이다.

54 위험물의 착화점이 낮아지는 경우가 아닌 것은?

① 압력이 클 때
② 발열량이 클 때
③ 산소농도가 작을 때
④ 산소와 친화력이 좋은 때

> 발화점(착화점)이 낮아지는 이유
> (1) 분자구조가 복잡할 때
> (2) 산소와 친화력이 좋을 때
> (3) 열전도율이 낮을 때
> (4) 증기압이 낮을 때
> (5) 압력과 발열량이 클 때

55 탄산칼륨을 물에 용해시킨 강화액 소화약제의 pH에 가장 가까운 것은?

① 1   ② 4
③ 7   ④ 12

> 탄산칼륨(K_2CO_3)을 물에 용해시킨 강화액 소화약제의 pH = 12

56 다음 위험물에 대한 설명 중 틀린 것은?

① $NaClO_3$은 조해성, 흡수성이 있다.
② H_2O_2은 알칼리 용액에서 안정화되어 분해가 어렵다.
③ $NaNO_3$의 분해온도는 약 380℃이다.
④ $KClO_3$은 화약류 제조에 쓰인다.

> 과산화수소(H_2O_2)는 불안정하여 안정제[인산(H_3PO_4), 요산($C_5H_4N_4O_3$)]를 첨가한다.

57 과산화칼륨에 관한 설명으로 틀린 것은?

① 융점은 약 490℃이다.
② 가연성 물질이며 가열하면 격렬히 연소한다.
③ 비중은 약 2.9로 물보다 무겁다.
④ 물과 접촉하면 수산화칼륨과 산소가 발생한다.

> 과산화칼륨(K_2O_2)은 제1류 위험물의 무기과산화물로서 불연성 물질이다.

58 다음 중 황린이 완전 연소 할 때 발생하는 가스는?

① PH_3 ② SO_2
③ CO_2 ④ P_2O_5

> 황린은 공기 중에서 연소 시 오산화인(P_2O_5)의 흰 연기를 발생한다.
> $P_4 + 5O_2 \rightarrow 2P_2O_5$

59 이송취급소의 소화난이도 등급에 관한 설명 중 옳은 것은?

① 모든 이송취급소는 소화난이도 등급 Ⅰ에 해당한다.
② 지정수량 100배 이상을 취급하는 이송취급소만 소화난이도 등급 Ⅰ에 해당한다.
③ 지정수량 200배 이상을 취급하는 이송취급소만 소화난이도 등급 Ⅰ에 해당한다.
④ 지정수량 10배 이상의 제4류 위험물을 취급하는 이송취급소만 소화난이도 등급 Ⅰ에 해당한다.

🔍 지정수량배수에 관계없이 모든 이송취급소는 소화난이도 등급 Ⅰ에 해당한다.

60 다음 중 증발연소를 하는 물질이 아닌 것은?

① 황
② 석탄
③ 파라핀
④ 나프탈렌

🔍 증발연소 : 황, 나프탈렌, 왁스, 파라핀 등과 같이 고체를 가열하면 열분해는 일어나지 않고 고체가 액체로 되어 일정온도가 되면 액체가 기체로 변화하여 기체가 연소하는 현상
• 석탄, 종이, 목재 플라스틱 : 분해연소

정답 CBT 복원문제 2024년 3회

01 ③	02 ①	03 ②	04 ①	05 ①
06 ④	07 ①	08 ①	09 ①	10 ④
11 ④	12 ④	13 ④	14 ③	15 ②
16 ②	17 ①	18 ④	19 ①	20 ④
21 ③	22 ③	23 ④	24 ②	25 ③
26 ④	27 ③	28 ③	29 ②	30 ③
31 ①	32 ③	33 ②	34 ③	35 ②
36 ②	37 ②	38 ④	39 ④	40 ③
41 ①	42 ③	43 ④	44 ④	45 ③
46 ③	47 ②	48 ①	49 ①	50 ②
51 ①	52 ④	53 ④	54 ③	55 ④
56 ②	57 ②	58 ④	59 ①	60 ②

2024년 4회 CBT 복원문제

01 철과 아연분이 염산과 반응하여 공통적으로 발생하는 기체는?

① 산소
② 질소
③ 수소
④ 메테인

> 철과 아연분이 염산과 반응하면 수소가스를 발생한다.
> ① 철이 염산과 반응 $2Fe + 6HCl \rightarrow 2FeCl_3 + 3H_2$
> ② 아연이 염산과 반응 $3Zn + 6HCl \rightarrow 3ZnCl_2 + 3H_2$

02 질화면을 강질화면과 약질화면으로 구분할 때 어떤 차이를 기준으로 하는가?

① 분자의 크기에 의한 차이
② 질소함유량에 의한 차이
③ 질화할 때의 온도에 의한 차이
④ 입자의 모양에 의한 차이

> 질화도 : 나이트로셀룰로스 속에 함유된 질소의 함유량
> (1) 강면약 : 질화도 N >12.76%
> (2) 약면약 : 질화도 N <10.18~12.76%

03 다음 위험물 중에서 물에 가장 잘 녹는 것은?

① 다이에틸에터
② 가솔린
③ 톨루엔
④ 아세트알데하이드

> 아세트알데하이드나 산화프로필렌은 물에 잘 녹는다.

04 수소화리튬이 물과 반응할 때 생성되는 것은?

① LiOH 과 H_2
② LiOH 과 O_2
③ Li 과 H_2
④ Li 과 O_2

> 수소화리튬이 물과 반응하면 LiOH(수산화리튬) 과 H_2(수소)를 생성한다.
> $LiH + H_2O \rightarrow LiOH + H_2 \uparrow$

05 다음 중 제2류 위험물의 공통적인 성질은?

① 가연성 고체이다.
② 물에 용해된다.
③ 융점이 상온 이하로 낮다.
④ 유기화합물이다.

> 제2류 위험물의 성질 : 가연성 고체

06 염소산칼륨의 물리·화학적 위험성에 관한 설명으로 옳은 것은?

① 가연성 물질로 상온에서도 단독으로 연소한다.
② 강력한 환원제로 다른 물질을 환원시킨다.
③ 열에 의해 분해되어 수소를 발생한다.
④ 유기물과 접촉시 충격이나 열을 가하면 연소 또는 폭발의 위험이 있다.

> 염소산칼륨은 유기물과 접촉시 충격이나 열을 가하면 연소 또는 폭발의 위험이 있다.

07 다음 중 물과 반응하여 발열하고 산소를 방출하는 위험물은?

① 과산화칼륨
② 과망간산칼륨
③ 과산화수소
④ 염소산칼륨

> 과산화칼륨(K_2O_2)은 물과 반응하여 산소를 방출한다.
> • 과산화칼륨이 물과의 반응
> $2K_2O_2 + 2H_2O \rightarrow 4KOH + O_2 \uparrow + 발열$

08 다음 중 자기반응성 물질로만 나열된 것이 아닌 것은?

① 과산화벤조일, 질산메틸
② 숙신산퍼옥사이드, 다이나이트로벤젠
③ 아조다이카본아미드, 나이트로글리콜
④ 아세토나이트릴, 트라이나이트로톨루엔

> 아세토나이트릴(CH_3CN)은 제4류 위험물 제1석유류로서 인화성 액체이다.

09 과염소산칼륨의 성질에 관한 설명 중 틀린 것은?

① 무색, 무취의 결정이다.
② 알코올, 에터에 잘 녹는다.
③ 진한 황산과 접촉하면 폭발할 위험이 있다.
④ 400℃ 이상으로 가열하면 분해하여 산소가 발생한다.

🔍 과염소산칼륨
(1) 무색, 무취의 사방정계 결정이다.
(2) 물, 알코올, 에터에 녹지 않는다.
(3) 탄소, 황, 유기물과 혼합하였을 때 가열, 마찰, 충격에 의하여 폭발한다.
(4) 400℃에서 서서히 분해가 시작되어 610℃에서 완전 분해하여 산소(O_2)를 발생한다.

10 과산화수소가 이산화망가니즈 촉매하에서 분해가 촉진될 때 발생하는 가스는?

① 수소　　　　② 산소
③ 아세틸렌　　④ 질소

🔍 과산화수소가 이산화망가니즈 촉매하에서 분해가 될 때 산소를 발생한다.

11 다음 위험물 중 품명이 나머지 셋과 다른 하나는?

① 스타이렌
② 산화프로필렌
③ 황화디메틸
④ 아이소프로필아민

🔍 제4류 위험물의 분류

종류	스타이렌(스틸렌)	산화프로필렌	황화디메틸	아이소프로필아민
품명	제2석유류	특수인화물	특수인화물	특수인화물

12 다음 위험물 중 끓는점이 가장 높은 것은?

① 벤젠　　　　② 에터
③ 메탄올　　　④ 아세트알데하이드

🔍 끓는점(비점)

종류	벤젠	에터	메탄올	아세트알데하이드
끓는 점	79℃	34℃	64.7℃	21℃

13 이황화탄소에 대한 설명 중 틀린 것은?

① 이황화탄소의 증기는 공기보다 무겁다.
② 액체 상태이고 물보다 무겁다.
③ 증기는 유독하여 신경에 장애를 줄 수 있다.
④ 비점이 물의 비점과 같다.

🔍 이황화탄소의 비점은 46℃이고 물의 비점은 0℃이다.

14 질산의 성상에 대한 설명 중 틀린 것은?

① 톱밥, 솜뭉치 등과 혼합하면 발화의 위험이 있다.
② 부식성이 강한 산성이다.
③ 백금, 금을 부식시키지 못한다.
④ 햇빛에 의해 분해하여 유독한 일산화탄소를 만든다.

🔍 질산의 분해반응식
$4HNO_3 \rightarrow 2H_2O + 4NO_2\uparrow + O_2\uparrow$

15 제4류 위험물의 일반적 성질에 대한 설명 중 틀린 것은?

① 물보다 무거운 것이 많으며 대부분 물에 용해된다.
② 상온에서 액체로 존재한다.
③ 가연성 물질이다.
④ 증기는 대부분 공기보다 무겁다.

🔍 제4류 위험물은 물보다 가볍고 물에 녹지 않는다.

16 위험물 제조소등에서 게시판에 기재할 사항이 아닌 것은?

① 저장 최대수량 또는 취급 최대수량
② 위험물의 성분 · 함량
③ 위험물의 유별 · 품명
④ 안전관리자의 성명 또는 직명

🔍 위험물 제조소등에 기재 내용
(1) 위험물의 유별 · 품명
(2) 저장최대수량(저장소) 또는 취급최대수량(제조소, 일반취급소)
(3) 지정수량의 배수
(4) 안전관리자의 성명 또는 직명

17 위험물안전관리법에서 정의하는 제2석유류의 인화점 범위에 해당하는 것은?(단, 1기압이다.)

① -20℃ 이하
② 20℃ 미만
③ 21℃ 이상 70℃ 미만
④ 70℃ 이상 200℃ 미만

> 제4류 위험물의 분류
> (1) 특수인화물
> ① 1기압에서 발화점이 100℃ 이하인 것
> ② 인화점이 영하 20℃이하이고 비점이 40℃ 이하인 것
> (2) 제1석유류 : 1기압에서 인화점이 21℃ 미만인 것
> (3) 제2석유류 : 1기압에서 인화점이 21℃이상 70℃ 미만인 것
> (4) 제3석유류 : 1기압에서 인화점이 70℃이상 200℃ 미만인 것
> (5) 제4석유류 : 1기압에서 인화점이 200℃이상 250℃미만인 것

18 메틸에틸케톤에 대한 설명 중 틀린 것은?

① 냄새가 있는 휘발성 무색 액체이다.
② 연소범위는 약 12~46% 이다.
③ 탈지작용이 있으므로 피부 접촉을 금해야 한다.
④ 인화점이 0℃ 보다 낮으므로 주의해야 한다.

> 메틸에틸케톤의 연소범위 : 1.8 ~ 10%

19 다음 위험물 중 혼재 가능한 것끼리 연결된 것은?(단, 지정수량의 10배 이다.)

① 제1류 - 제6류   ② 제2류 - 제3류
③ 제3류 - 제5류   ④ 제5류 - 제1류

> 운반중 혼재가 가능한 류별
> (1) 제1류 + 제6류 위험물
> (2) 제3류 + 제4류 위험물
> (3) 제5류 + 제2류 + 제4류 위험물

20 다음 중 나이트로화합물은 어느 것인가?

① 트라이나이트로톨루엔
② 나이트로글리세린
③ 나이트로글리콜
④ 나이트로셀룰로스

> 나이트로화합물 : 트라이나이트로톨루엔(TNT), 트라이나이트로페놀(피크린산)

21 탄화알루미늄이 물과 반응하면 폭발의 위험이 있다. 어떤 가스 때문인가?

① 수소   ② 메테인
③ 아세틸렌   ④ 암모니아

> 탄화알루미늄이 물과 반응하면 메테인 가스가 발생한다.
> $Al_4C_3 + 12H_2O \rightarrow 4Al(OH)_3 + 3CH_4\uparrow$
> (수산화알루미늄) (메테인)

22 위험물안전관리법상 전기설비에 적응성이 없는 소화설비는?

① 포소화설비
② 이산화탄소소화설비
③ 할로젠화합물소화설비
④ 물분무소화설비

> 옥내·외소화전설비, 스프링클러설비, 포소화설비는 전기설비에는 적합하지 않다.

23 Halon 1301에 해당하는 화학식은?

① CH_3Br ② CF_3Br
③ CBr_3F ④ CH_3Cl

> Halon 1301 : CF_3Br

24 칼륨에 물을 가했을 때 일어나는 반응은?

① 발열반응
② 에스터화반응
③ 흡열반응
④ 부가반응

> 칼륨이 물과 반응하면 수소가스와 많은 열을 발생한다.
> $2K + 2H_2O \rightarrow 2KOH + H_2\uparrow + Q\ kcal$

25 다음의 제1류 위험물 중 과염소산염류에 속하는 것은?

① K_2O_2 ② $NaClO_3$
③ $NaClO_2$ ④ NH_4ClO_4

> 과염소산염류 : 과염소산칼륨($KClO_4$), 과염소산나트륨($NaClO_4$), 과염소산암모늄(NH_4ClO_4)

26 산·알칼리 소화기는 탄산수소나트륨과 황산의 화학반응을 이용한 소화기이다. 이 때 탄산수소나트륨과 황산이 반응하여 나오는 물질이 아닌 것은?

① Na_2SO_4 ② Na_2O_2
③ CO_2 ④ H_2O

🔍 산·알칼리 소화기의 반응식
$H_2SO_4 + 2NaHCO_3 + H_2O \rightarrow Na_2SO_4 + 2CO_2 + 3H_2O$

27 피크린산의 위험성과 소화방법에 대한 설명으로 틀린 것은?

① 피크린산의 금속염은 위험하다.
② 알코올, 에터에는 녹는다.
③ 알코올과 혼합된 것은 충격에 의한 폭발 위험이 있다.
④ 화재시에는 질식소화가 효과적이다.

🔍 피크린산은 제5류 위험물로서 냉각소화가 적합하다.

28 우리나라에서 C급 화재에 부여된 표시 색상은?

① 황색 ② 백색
③ 청색 ④ 무색

🔍 화재의 종류

구분 급수	A급	B급	C급	D급
화재의 종류	일반화재	유류화재	전기화재	금속화재
원형 표시색	백색	황색	청색	무색

29 유류화재 시 물을 사용한 소화가 오히려 위험할 수 있는 이유를 가장 옳게 설명한 것은?

① 화재면이 확대되기 때문이다.
② 유독가스가 발생하기 때문이다.
③ 착화온도가 낮아지기 때문이다.
④ 폭발하기 때문이다.

🔍 유류화재(B급 화재)시 주수소화를 하면 화재(연소)면이 확대되기 때문에 위험하다.

30 위험물안전관리법에서 정한 정전기를 유효하게 제거할 수 있는 방법에 해당하지 않는 것은?

① 위험물 이송시 배관 내 유속을 빠르게 하는 방법
② 공기를 이온화하는 방법
③ 접지에 의한 방법
④ 공기 중의 상대습도를 70% 이상으로 하는 방법

🔍 정전기 제거법
(1) 접지에 의한 방법
(2) 상대습도를 70% 이상으로 하는 방법
(3) 공기를 이온화하는 방법

31 다음 중 위험물과 그 저장액(또는 보호액)의 연결이 틀린 것은?

① 황린 – 물
② 인화석회 – 물
③ 금속나트륨 – 경유
④ 나이트로셀룰로스 – 함수알코올

🔍 인화석회는 물과 반응하면 포스핀(PH_3)을 발생한다.
$Ca_3P_2 + 6H_2O \rightarrow 3Ca(OH)_2 + 2PH_3\uparrow$

32 질산에틸의 성질 및 취급방법에 대한 설명으로 틀린 것은?

① 통풍이 잘되는 찬 곳에 저장한다.
② 물에 녹지 않으나 알코올에 녹는 무색 액체이다.
③ 인화점이 30℃ 이므로 여름에 특히 조심해야 한다.
④ 액체는 물보다 무겁고 증기도 공기보다 무겁다.

🔍 질산에틸
(1) 물성

화학식	비점	인화점
$C_2H_5ONO_2$	88℃	10℃

(2) 에틸알코올과 질산을 반응하여 질산에틸을 제조한다.
(3) 무색, 투명한 액체로서 방향성을 갖는다.
(4) 물에는 녹지 않으나 알코올에는 잘 녹는다.
(5) 인화점이 10℃로서 대단히 낮고 연소하기 쉽다.

33 다음 중 아이오딘 값이 가장 낮은 것은?

① 해바라기유　② 오동유
③ 아마인유　④ 낙화생유

> 동식물유류의 종류
>
> | 구분\항목 | 아이오딘 값 | 반응성 | 불포화도 | 종 류 |
> |---|---|---|---|---|
> | 건성유 | 130 이상 | 크다 | 크다 | 해바라기유, 동유, 아마인유, 정어리기름, 들기름 |
> | 반건성유 | 100~130 | 중간 | 중간 | 채종유, 목화씨기름(면실유), 참기름, 콩기름 |
> | 불건성유 | 100 이하 | 적다 | 적다 | 야자유, 올리브유, 피마자유, 동백유, 낙화생유 |

34 제1류 위험물 제조소의 게시판에 "물기엄금"이라고 쓰여 있다. 다음 중 어떤 위험물의 제조소인가?

① 염소산나트륨
② 아이오딘산나트륨
③ 다이크로뮴산나트륨
④ 과산화나트륨

> 주의사항
>
> | 위험물의 종류 | 주의사항 | 게시판의 색상 |
> |---|---|---|
> | 제1류 위험물 중 알칼리금속의 과산화물
제3류 위험물 중 금수성물질 | 물기엄금 | 청색바탕에 백색문자 |
> | 제2류 위험물(인화성 고체는 제외) | 화기주의 | 적색바탕에 백색문자 |
> | 제2류 위험물 중 인화성 고체
제3류 위험물 중 자연발화성물질
제4류 위험물
제5류 위험물 | 화기엄금 | 적색바탕에 백색문자 |
>
> ※ 제1류 위험물 중 알칼리금속의 과산화물 : 과산화칼륨, 과산화나트륨

35 TNT의 성질에 대한 설명 중 틀린 것은?

① 담황색의 결정이다.
② 폭약으로 사용된다.
③ 자연분해의 위험성이 적어 장기간 저장이 가능하다.
④ 조해성과 흡수성이 매우 크다.

> 조해성은 제1류 위험물이다.

36 제2류 위험물 중 철분운반용기 외부에 표시해야 하는 주의사항을 옳게 나타낸 것은?

① 화기주의 및 물기엄금
② 화기엄금 및 물기엄금
③ 화기주의 및 물기주의
④ 화기엄금 및 물기주의

> 운반용기의 주의사항
> [주의사항]
> (1) 제1류 위험물
> 　① 알칼리금속의 과산화물 : 화기·충격주의, 물기엄금, 가연물접촉주의
> 　② 그 밖의 것 : 화기·충격주의, 가연물접촉주의
> (2) 제2류 위험물
> 　① 철분·금속분·마그네슘 : 화기주의, 물기엄금,
> 　② 인화성고체 : 화기엄금
> 　③ 그 밖의 것 : 화기주의
> (3) 제3류 위험물
> 　① 자연발화성물질 : 화기엄금, 공기접촉엄금
> 　② 금수성물질 : 물기엄금
> (4) 제4류 위험물 : 화기엄금
> (5) 제5류 위험물 : 화기엄금, 충격주의
> (6) 제6류 위험물 : 가연물접촉주의

37 마그네슘분의 성질에 대한 설명 중 틀린 것은?

① 산이나 염류에 침식 당한다.
② 염산과 작용하여 산소를 발생한다.
③ 연소할 때 열이 발생한다.
④ 미분상태의 경우 공기 중 습기와 반응하여 자연발화 할 수 있다.

> 마그네슘은 염산과 반응하면 수소(H_2)가스를 발생한다.
> $Mg + 2HCl \rightarrow MgCl_2 + H_2$

38 다음과 같은 성상을 갖는 물질은?

- 은백색 광택의 무른 경금속으로 포타슘이라고도 부른다.
- 공기 중에서 수분과 반응하여 수소가 발생한다.
- 융점이 63.7℃이고, 비중은 0.86이다.

① 칼륨
② 나트륨
③ 부틸리튬
④ 트라이메틸알루미늄

🔍 **칼륨(Potassium)**
(1) 물성

분자식	원자량	비점	융점	비중	불꽃색상
K	39	774℃	63.7℃	0.86	보라색

(2) 은백색의 광택이 있는 무른 경금속으로 보라색 불꽃을 내면서 연소한다.
(3) 할로젠화합물 및 산소, 수증기 등과 접촉하면 발화위험이 있다.
(4) 습기 존재 하에서 CO와 접촉하면 폭발한다.
(5) 석유, 경유, 유동파라핀 등의 보호액을 넣은 내통에 밀봉 저장한다.

39 피크린산(picric acid)의 성질에 대한 설명 중 틀린 것은?

① 착화온도는 약 300℃이고 비중은 약 1.8 이다.
② 페놀을 원료로 제조할 수 있다.
③ 찬물에는 잘 녹지 않으나 온수, 에터에는 잘 녹는다.
④ 단독으로도 충격·마찰에 매우 민감하여 폭발한다.

🔍 **트라이나이트로페놀(Tri Nitro Phenol, 피크린산)**
(1) 물성

분자식	융점	착화점	비중
$C_6H_2(OH)(NO_2)_3$	121℃	300℃	1.8

(2) 광택 있는 황색의 침상결정이고 찬물에는 미량 녹고 알코올, 에터 온수에는 잘 녹는다.
(3) 쓴맛과 독성이 있고 알코올, 에터, 벤젠, 더운물에는 잘 녹는다.
(4) 단독으로 가열, 마찰 충격에 안정하고 연소시 검은 연기를 내지만 폭발은 하지 않는다.

40 금속나트륨, 금속칼륨 등을 보호액 속에 저장하는 이유를 가장 옳게 설명한 것은?

① 온도를 낮추기 위하여
② 승화하는 것을 막기 위하여
③ 공기와의 접촉을 막기 위하여
④ 운반시 충격을 적게 하기 위하여

🔍 칼륨, 나트륨은 공기와의 접촉을 막기 위하여 보호액(등유, 경유, 유동파라핀) 속에 저장한다.

41 황의 특성 및 위험성에 대한 설명 중 틀린 것은?

① 산화력이 강하므로 되도록 산화성 물질과 혼합하여 저장한다.
② 전기의 부도체이므로 전기 절연체로 쓰인다.
③ 공기 중 연소 시 유해가스를 발생한다.
④ 분말상태인 경우 분진폭발의 위험성이 있다.

🔍 황(제2류 위험물)은 환원성물질로서 산화성 물질과 혼합하여 저장해서는 안 된다.

42 다음 중 제4류 위험물의 제3석유류에 속하는 것은?

① 벤즈알데하이드
② 등유
③ 글리세린
④ 염화아세틸

🔍 **제4류 위험물의 분류**

품명	벤즈알데하이드	등유	글리세린	염화아세틸
구분	제2석유류	제2석유류	제3석유류	제1석유류

43 고체의 일반적인 연소형태에 속하지 않는 것은?

① 표면연소
② 확산연소
③ 자기연소
④ 증발연소

🔍 고체의 연소 : 표면연소, 분해연소, 증발연소, 자기연소
• 확산연소 : 기체의 연소

44 제5류 위험물의 연소에 관한 설명 중 틀린 것은?

① 연소 속도가 빠르다.
② CO_2 소화기에 의한 소화가 적응성이 있다.
③ 가열, 충격, 마찰 등에 의해 발화할 위험이 있는 물질이 있다.
④ 연소 시 유독성 가스가 발생할 수 있다.

🔍 제5류 위험물은 물에 의한 냉각소화가 적합하다.

45 물의 소화능력을 강화시키기 위해 개발된 것으로 한랭지 또는 겨울철에 사용하는 소화기에 해당하는 것은?

① 산·알칼리 소화기
② 강화액 소화기
③ 포 소화기
④ 할로젠화합물 소화기

🔍 강화액 소화기 : 물에 탄산칼륨을 넣어 빙점을 낮추어 한랭지 또는 겨울철에 사용할 수 있도록 소화능력을 강화시킨 소화기

46 다음 중 소화기의 사용방법으로 잘못된 것은?

① 적응화재에 따라 사용할 것
② 성능에 따라 방출거리 내에서 사용할 것
③ 바람을 마주보며 소화할 것
④ 양옆으로 비로 쓸 듯이 방사할 것

🔍 소화기의 사용방법
(1) 적응화재에만 사용할 것.
(2) 성능에 따라서 불 가까이 접근하여 사용할 것.
(3) 바람을 등지고 풍상에서 풍하로 방사할 것.
(4) 비로 쓸 듯이 양옆으로 골고루 사용할 것.

47 화학포 소화약제의 주된 소화효과에 해당하는 것은?

① 희석소화
② 질식소화
③ 억제소화
④ 제거소화

🔍 화학포소화약제의 주된 소화효과 : 질식소화

48 다음은 각 위험물의 인화점을 나타낸 것이다. 인화점을 틀리게 나타낸 것은?

① CH_3COCH_3 : $-18.5℃$
② C_6H_6 : $-11℃$
③ CS_2 : $-30℃$
④ C_5H_5N : $-16℃$

🔍 피리딘(C_5H_5N)의 인화점 : 16℃

49 과염소산에 대한 설명 중 틀린 것은?

① 비중은 물보다 크다.
② 부식성이 있어서 피부에 닿으면 위험하다.
③ 가열하면 분해될 위험이 있다.
④ 비휘발성 액체이고 에탄올에 저장하면 안전하다.

🔍 과염소산(Perchloric Acid)
(1) 물 성

화학식	비점	융점	비중
$HClO_4$	39℃	-112℃	1.76

(2) 무색, 무취의 유동하기 쉬운 액체로 흡습성이 강하며 휘발성이 있다.
(3) 가열하면 폭발하고 산성이 강한 편이다.
(4) 부식성이 있어서 피부에 닿으면 위험하다.
(4) 물과 반응하면 심하게 발열하며 반응으로 생성된 혼합물도 강한 산화력을 가진다.
(5) 불연성 물질이지만 자극성, 산성이 매우 크다.
(6) 대단히 불안정한 강산으로 순수한 것은 분해가 용이하고 폭발력을 가진다.

50 에틸알코올은 몇 가 알코올인가?

① 1가 ② 2가
③ 3가 ④ 4가

🔍 에틸알코올(C_2H_5OH)로서 1가 알코올이다.

51 다음 중 분진 폭발의 위험이 가장 낮은 것은?

① 아연분
② 석회분
③ 알루미늄분
④ 밀가루

🔍 석회석은 분진폭발의 위험이 없다.

52 제1종 분말소화약제의 주성분으로 사용되는 것은?

① $NaHCO_3$
② $KHCO_3$
③ CCl_4
④ $NH_4H_2PO_4$

분말소화약제의 종류

종류	주성분	적응 화재	착색 (분말의 색)
제1종 분말	NaHCO₃(중탄산나트륨, 탄산수소나트륨)	B, C급	백색
제2종 분말	KHCO₃(중탄산칼륨, 탄산수소칼륨)	B, C급	담회색
제3종 분말	NH₄H₂PO₄(인산암모늄, 제일인산암모늄)	A, B, C급	담홍색
제4종 분말	KHCO₃ + (NH₂)₂CO	B, C급	회색

53 다음 중 "물분무등소화설비"의 종류에 속하지 않는 것은?

① 스프링클러설비
② 포소화설비
③ 분말소화설비
④ 이산화탄소소화설비

🔍 물분무등소화설비(5종류) : 물분무소화설비, 포소화설비, 불활성가스소화설비, 할로젠화합물소화설비, 분말소화설비

54 위험물의 화재위험에 대한 설명으로 옳은 것은?

① 인화점이 높을수록 위험하다.
② 착화점이 높을수록 위험하다.
③ 착화에너지가 작을수록 위험하다.
④ 연소열이 작을수록 위험하다.

🔍 위험물의 화재위험

제 반 사 항	위 험 성
온도, 압력	높을수록 위험
인화점, 착화점, 융점, 비점, 비열, 착화에너지	낮을수록 위험
연소범위	넓을수록 위험
연소속도, 증기압, 연소열	클수록 위험

55 대형수동식소화기의 설치기준은 방호대상물의 각 부분으로부터 하나의 대형수동식소화기까지의 보행 거리가 몇 m 이하가 되도록 설치해야 하는가?

① 10
② 20
③ 30
④ 40

🔍 수동식소화기의 설치 기준
(1) 소형수동식소화기 : 보행거리 20m마다 설치
(2) 대형수동식소화기 : 보행거리 30m마다 설치

56 나이트로셀룰로스의 저장·취급방법으로 틀린 것은?

① 직사광선을 피해 저장한다.
② 되도록 장기간 보관하여 안정화된 후에 사용한다.
③ 유기과산화물류, 강산화제와의 접촉을 피한다.
④ 건조상태에 이르면 위험하므로 습한 상태를 유지한다.

🔍 나이트로셀룰로스(NC)는 물 또는 알코올에 습면시켜 저장하므로 장기간 저장하면 위험하다.

57 착화온도가 낮아지는 원인과 가장 관계가 있는 것은?

① 발열량이 적을 때
② 압력이 높을 때
③ 습도가 높을 때
④ 산소와의 결합력이 나쁠 때

🔍 착화온도가 낮아지는 경우
(1) 분자구조가 복잡할 때
(2) 산소와 친화력이 좋을 때
(3) 열전도율이 낮을 때
(4) 증기압과 습도가 낮을 때
(5) 압력이 높을 때

58 외벽이 내화구조인 위험물저장소 건축물의 연면적이 1500m²인 경우 소요단위는?

① 6
② 10
③ 13
④ 14

🔍 제조소등의 1소요단위 산정

구분	제조소, 취급소		저장소		위험물
외벽의 기준	내화 구조	비내화 구조	내화 구조	비내화 구조	
기 준	연면적 100m²	연면적 50m²	연면적 150m²	연면적 75m²	지정수량의 10배

∴ 소요단위 = 연면적/기준면적 = 1,500m²/150m² = 10단위

59 이산화탄소 소화약제에 관한 설명 중 틀린 것은?

① 소화약제에 의한 오손이 없다.
② 소화약제 중 증발잠열이 가장 크다.
③ 전기 절연성이 있다.
④ 장기간 저장이 가능하다.

🔍 소화약제의 증발잠열

약제	물	이산화탄소	할론1301
증발잠열	539 cal/g	137.8cal/g (576.5kJ/kg)	28.4cal/g (119kJ/kg)

※ 물의 증발잠열이 가장 크다.

60 제6류 위험물의 공통된 특성으로 옳지 않은 것은?

① 산화성 액체이다.
② 무기화합물이며 물보다 무겁다.
③ 불연성 물질이다.
④ 물에 녹지 않는다.

🔍 제6류 위험물의 일반적인 성질
(1) 산화성 액체이며 무기화합물로 이루어져 형성된다.
(2) 무색, 투명하며 비중은 1보다 크고, 표준상태에서는 모두가 액체이다.
(3) 과산화수소를 제외하고 강산성 물질이며 물에 녹기 쉽다.
(4) 불연성 물질이며 가연물, 유기물 등과의 혼합으로 발화한다.

정답 CBT 복원문제 2024년 4회

01 ③	02 ②	03 ④	04 ①	05 ①
06 ④	07 ①	08 ④	09 ②	10 ②
11 ①	12 ①	13 ④	14 ①	15 ①
16 ②	17 ③	18 ②	19 ①	20 ①
21 ②	22 ①	23 ②	24 ①	25 ④
26 ②	27 ④	28 ③	29 ①	30 ①
31 ②	32 ③	33 ④	34 ④	35 ④
36 ①	37 ②	38 ①	39 ④	40 ④
41 ①	42 ③	43 ②	44 ④	45 ②
46 ③	47 ②	48 ④	49 ④	50 ①
51 ②	52 ①	53 ①	54 ③	55 ③
56 ②	57 ②	58 ②	59 ②	60 ④

2025년 1회 CBT 복원문제

01. 저장소의 건축물 중 외벽이 내화구조인 것은 연면적 몇 m²를 1 소요단위로 하는가?

① 50
② 75
③ 100
④ 150

🔍 소요단위의 계산방법

구분	제조소, 취급소		저장소		위험물
외벽의 구조	내화구조	비내화 구조	내화구조	비내화 구조	
기준	연면적 100m²	연면적 50m²	연면적 150m²	연면적 75m²	지정수량 의 10배

02. 이산화탄소 소화약제의 주된 소화 원리는?

① 가연물 제거
② 부촉매 작용
③ 산소공급 차단
④ 점화원 파괴

🔍 이산화탄소 소화약제의 주된 소화 : 질식소화(산소공급차단)

03. 제1종 분말소화약제의 적응화재 급수는?

① A급
② B, C급
③ A, B급
④ A, B, C급

🔍 분말소화약제의 종류

종류	주성분	적응화재	착색
제1종 분말	NaHCO₃(중탄산나트륨, 탄산수소나트륨)	B, C급	백색
제2종 분말	KHCO₃(중탄산칼륨, 탄산수소칼륨)	B, C급	담회색
제3종 분말	NH₄H₂PO₄(인산암모늄, 인산염류)	A, B, C급	담홍색
제4종 분말	KHCO₃ + (NH₂)₂CO(요소)	B, C급	회색

04. 소화에 대한 설명 중 틀린 것은?

① 소화작용을 기준으로 크게 물리적 소화와 화학적 소화로 나눌 수 있다.
② 주수소화의 주된 소화효과는 냉각효과이다.
③ 공기 차단에 의한 소화는 제거소화이다.
④ 불연성가스에 의한 소화는 질식소화이다.

🔍 공기 차단에 의한 소화 : 질식소화

05. 물질의 일반적인 연소형태에 대한 설명으로 틀린 것은?

① 파라핀의 연소는 표면연소이다.
② 산소공급원을 가진 물질이 연소하는 것을 자기연소라고 한다.
③ 목재의 연소는 분해연소이다.
④ 공기와 접촉하는 표면에서 연소가 일어나는 것을 표면연소라고 한다.

🔍

구 분	해당하는 물질
표면연소	목탄, 코크스, 숯, 금속분
분해연소	석탄, 종이, 목재, 플라스틱
증발연소	황, 나프탈렌, 파라핀
자기연소	제5류 위험물(산소공급원)

06. 소화약제의 종별구분 중 인산염류를 주성분으로 한 분말소화약제는 제 몇 종 분말이라 하는가?

① 제1종 분말
② 제2종 분말
③ 제3종 분말
④ 제4종 분말

🔍 인산염류를 주성분으로 한 분말소화약제 : 제3종 분말
[NH₄H₂PO₄(인산암모늄, 제일인산암모늄)]

07 인화성액체 위험물 옥외탱크저장소의 탱크 주위에 방유제를 설치할 때 방유제 내의 면적은 몇 m² 이하로 해야 하는가?

① 20000　　② 40000
③ 60000　　④ 80000

> 옥외탱크저장소의 방유제
> (1) 방유제의 용량
>   ① 탱크가 하나일 때 : 탱크 용량의 110%이상(인화성이 없는 액체위험물은 100%)
>   ② 탱크가 2기 이상일 때 : 탱크 중 용량이 최대인 것의 용량의 110% 이상(인화성이 없는 액체위험물은 100%)
> (2) 방유제의 높이 : 0.5m이상 3m이하
> (3) 방유제 내의 면적 : 80,000m² 이하

08 포소화약제의 혼합장치에서 펌프의 토출관에 압입기를 설치하여 포소화약제 압입용 펌프로 포소화약제를 압입시켜 혼합하는 방식은?

① 라인 프로포셔녀방식
② 프레셔 프로포셔녀방식
③ 프레셔사이드 프로포셔녀방식
④ 펌프 프로포셔녀방식

> 포소화약제의 혼합장치
> (1) 펌프 프로포셔너 방식(pump proportioner, 펌프 혼합방식)
>   펌프의 토출관과 흡입관사이의 배관도중에 설치한 흡입기에 펌프에서 토출된 물의 일부를 보내고 농도조정밸브에서 조정된 포소화약제의 필요량을 포소화약제 탱크에서 펌프 흡입측으로 보내어 약제를 혼합하는 방식
> (2) 라인 프로포셔너 방식(line proportioner, 관로 혼합방식)
>   펌프와 발포기의 중간에 설치된 벤츄리관의 벤츄리 작용에 따라 포 소화약제를 흡입·혼합하는 방식.
> (3) 프레져 프로포셔너 방식(pressure proportioner, 차압 혼합방식)
>   펌프와 발포기의 중간에 설치된 벤츄리관의 벤츄리작용과 펌프 가압수의 포소화약제 저장탱크에 대한 압력에 따라 포소화약제를 흡입 혼합하는 방식.
> (4) 프레져 사이드 프로포셔너 방식(pressure side proportioner, 압입 혼합방식)
>   펌프의 토출관에 압입기를 설치하여 포소화약제 압입용 펌프로 포소화약제를 압입시켜 혼합하는 방식

09 다음 중 제5류 위험물에 적응성 있는 소화설비는?

① 분말소화설비
② 이산화탄소소화설비
③ 할로젠화합물소화설비
④ 스프링클러설비

> 제5류 위험물의 적응성 : 옥내소화전설비, 스프링클러설비

10 소화난이도등급 Ⅰ의 옥내탱크저장소에 황만을 저장할 경우 설치해야 하는 소화설비는?

① 물분무소화설비
② 스프링클러설비
③ 포소화설비
④ 불활성가스소화설비

> 소화난이도등급 Ⅰ의 제조소등에 설치해야 하는 소화설비
>
> | 구분 | | 소화설비 |
> |---|---|---|
> | 옥내탱크저장소 | 황을 저장 취급하는 것 | 물분무소화설비 |
> | | 인화점 70℃ 이상의 제4류 위험물만을 저장 취급하는 것 | 물분무소화설비, 고정식 포소화설비, 이동식 이외의 불활성가스소화설비, 이동식 이외의 할로젠화합물소화설비 또는 이동식 이외의 분말소화설비 |
> | | 그 밖의 것 | 고정식 포소화설비, 이동식 이외의 불활성가스소화설비, 이동식 이외의 할로젠화합물소화설비 또는 이동식 이외의 분말소화설비 |
> | 옥외저장소 및 이송취급소 | | 옥내소화전설비, 옥외소화전설비, 스프링클러설비 또는 물분무등소화설비(화재발생시 연기가 충만할 우려가 있는 장소에는 스프링클러설비 또는 이동식 이외의 물분무등소화설비에 한한다) |

11 가연물이 되기 쉬운 조건이 아닌 것은?

① 산소와 친화력이 클 것
② 열전도율이 클 것
③ 발열량이 클 것
④ 활성화에너지가 작을 것

> 가연물의 조건
> (1) 열전도율이 적을 것　(2) 발열량이 클 것
> (3) 표면적이 넓을 것　(4) 산소와 친화력이 좋을 것
> (5) 활성화에너지가 작을 것

12 소화기에 "A-2"라고 표시되어 있다면 숫자 "2"가 의미하는 것은?

① 사용순위　　② 능력단위
③ 소요단위　　④ 화재등급

> A-2(일반화재-능력단위 2단위), B-3(유류화재-능력단위 3단위)

13 소화전용 물통 8리터의 능력단위는 얼마인가?

① 0.1　　② 0.3
③ 0.5　　④ 1.0

🔍 소화설비의 능력단위

소화설비	용량	능력단위
소화전용 물통	8ℓ	0.3
수조(소화전용 물통 3개 포함)	80ℓ	1.5
수조(소화전용 물통 6개 포함)	190ℓ	2.5
마른 모래(삽 1개 포함)	50ℓ	0.5
팽창질석 또는 팽창진주암(삽 1개 포함)	160ℓ	1.0

14 유류나 전기설비 화재에 적합하지 않은 소화기는?

① 불활성가스소화기
② 분말소화기
③ 봉상수소화기
④ 할로젠화합물소화기

🔍 봉상수소화기(봉상 주수) : 일반화재

15 위험물 제조소에 설치하는 표지 및 게시판에 관한 설명으로 옳은 것은?

① 표지나 게시판은 잘 보이게 설치한다면 그 크기는 제한이 없다.
② 표지에는 위험물의 류별·품명의 내용 외의 다른 기재사항은 제한하지 않는다.
③ 게시판의 바탕과 문자의 명도대비가 클 경우에는 색상은 제한하지 않는다.
④ 표지나 게시판을 보기 쉬운 곳에 설치해야 하는 것 외에 위치에 대해 다른 규정은 두고 있지 않다.

🔍 제조소의 표지 및 게시판
(1) "위험물 제조소"라는 표지를 설치
　① 표지의 크기 : 한변의 길이 0.3m이상, 다른 한변의 길이 0.6m이상
　② 표지의 색상 : 백색바탕에 흑색 문자
(2) 방화에 관하여 필요한 사항을 게시한 게시판 설치
　① 게시판의 크기 : 한변의 길이 0.3m이상, 다른 한변의 길이 0.6m이상
　② 기재 내용 : 위험물의 류별·품명 및 저장최대수량 또는 취급최대수량, 지정수량의 배수 및 안전관리자의 성명 또는 직명
　③ 게시판의 색상 : 백색바탕에 흑색 문자
(3) 표지나 게시판을 보기 쉬운 곳에 설치해야 한다.

16 자연발화의 방지대책으로 틀린 것은?

① 통풍을 잘되게 한다.
② 저장실의 온도를 낮게 한다.
③ 습도를 낮게 유지한다.
④ 열을 축적시킨다.

🔍 자연발화 방지대책
(1) 습도를 낮게 할 것
(2) 저장실이나 주위의 온도를 낮출 것
(3) 통풍을 잘 시킬 것
(4) 불활성가스를 주입하여 공기와 접촉을 피 할 것
(5) 열의 축척을 분산시킬 것

17 화재의 종류와 급수의 분류가 잘못 연결된 것은?

① 일반화재 – A급 화재
② 유류화재 – B급 화재
③ 전기화재 – C급 화재
④ 가스화재 – D급 화재

🔍 금속화재 – D급 화재

18 지정수량 10배의 위험물을 취급하는 제조소에 있어서 연면적이 최소 몇 m²이면 자동화재탐지설비를 설치해야 하는가?

① 100　　② 300
③ 500　　④ 1000

🔍 제조소 및 일반취급소의 경보설비(자동화재탐지설비)의 설치 기준
(1) 연면적 500m²이상인 것
(2) 옥내에서 지정수량의 100배 이상을 취급하는 것(고인화점 위험물만을 100℃미만의 온도에서 취급하는 것을 제외)

19 다음 중 자연발화의 형태가 아닌 것은?

① 산화열에 의한 발화
② 분해열에 의한 발화
③ 흡착열에 의한 발화
④ 잠열에 의한 발화

🔍 자연발화의 형태

종류	해당 물질
산화열에 의한 발열	석탄, 건성유, 고무분말
분해열에 의한 발열	셀룰로이드, 나이트로셀룰로스
미생물에 의한 발열	퇴비, 먼지
흡착열에 의한 발열	목탄, 활성탄

20 인화점에 대한 설명으로 가장 옳은 것은?

① 가연성 물질을 산소 중에서 가열할 때 점화원 없이 연소하기 위한 최저 온도
② 가연성 물질이 산소 없이 연소하기 위한 최저 온도
③ 가연성 물질을 공기 중에서 가열할 때 가연성 증기가 연소범위 하한에 도달하는 최저 온도
④ 가연성 물질이 공기 중 가압 하에서 연소하기 위한 최저 온도

🔍 인화점 : 가연성 물질을 공기 중에서 가열할 때 가연성 증기가 연소범위 하한에 도달하는 최저 온도

21 가솔린의 연소범위는 약 몇 vol%인가?

① 1.2~7.6
② 8.3~11.4
③ 12.5~19.7
④ 22.3~32.8

🔍 가솔린(휘발유)의 연소범위 : 1.2~7.6%

22 탄화칼슘을 물과 반응시키면 무슨 가스가 발생하는가?

① 에탄
② 에틸렌
③ 메탄
④ 아세틸렌

🔍 탄화칼슘(카바이트)은 물과 반응하면 소석회와 아세틸렌(C_2H_2) 가스를 발생한다.
※ $CaC_2 + 2H_2O \rightarrow Ca(OH)_2 + C_2H_2 \uparrow$

23 분자량이 약 106.5 이며 조해성과 흡습성이 크고 산과 반응하여 유독한 ClO_2를 발생시키는 것은?

① $KClO_4$
② $NaClO_3$
③ NH_4ClO_4
④ $AgClO_3$

🔍 염소산나트륨
(1) 물성

화학식	분자량	융점	비중	분해 온도
$NaClO_3$	106.5	248℃	2.49	300℃

(2) 무색, 무취의 결정 또는 분말이다.
(3) 물, 알코올, 에터에는 녹으며 조해성이 강하다.
(4) 산과 반응하면 이산화염소(ClO_2)의 유독가스를 발생한다.
※ $2NaClO_3 + 2HCl \rightarrow 2NaCl + 2ClO_2 + H_2O_2 \uparrow$

24 나이트로셀룰로스의 안전한 저장을 위해 사용되는 물질은?

① 페놀
② 황산
③ 에탄올
④ 아닐린

🔍 나이트로셀룰로스는 물 또는 알코올(에탄올)에 습면시켜 저장한다.

25 다음 물질 중 품명이 나이트로화합물로 분류되는 것은?

① 나이트로셀룰로스
② 나이트로벤젠
③ 나이트로글리세린
④ 트라이나이트로톨루엔

🔍 나이트로화합물 : 트라이나이트로톨루엔(TNT), 트라이나이트로페놀(피크린산, 피크르산)

26 다음 중 인화점이 가장 낮은 것은?

① 톨루엔
② 테레핀유
③ 에틸렌글라이콜
④ 아닐린

🔍 인화점

종류	톨루엔	테레핀유	에틸렌글라이콜	아닐린
인화점	4℃	35℃	120℃	70℃

27 벤조일퍼옥사이드의 성질에 대한 설명으로 옳은 것은?

① 건조 상태의 것은 마찰, 충격에 의한 폭발의 위험이 있다.
② 유기물과 접촉하면 화재 및 폭발의 위험성이 감소한다.
③ 수분을 함유하면 폭발이 더욱 용이하다.
④ 강력한 환원제이다.

🔍 과산화벤조일(Benzoyl Peroxide, 벤조일퍼옥사이드, BPO)
(1) 프탈산디메틸(DMP), 프탈산디부틸(DBP)의 희석제를 사용한다.
(2) 발화되면 연소속도가 빠르고 건조상태에서는 위험하다
(3) 마찰, 충격으로 폭발의 위험이 있다.

28 다음 위험물 중 제3석유류에 속하고 지정수량이 2000ℓ 인 것은?

① 아세트산
② 글리세린
③ 에틸렌글라이콜
④ 나이트로벤젠

🔍 위험물의 분류와 지정수량

종 류	아세트산 (초산)	글리세린	에틸렌글 라이콜	나이트로 벤젠
품 명	제2석유류 (수용성)	제3석유류 (수용성)	제3석유류 (수용성)	제3석유류 (비수용성)
지정수량	2,000ℓ	4,000ℓ	4,000ℓ	2,000ℓ

29 특수인화물의 일반적인 성질에 대한 설명으로 가장 거리가 먼 것은?

① 비점이 높다.
② 인화점이 낮다.
③ 연소 하한값이 낮다.
④ 증기압이 높다.

🔍 특수인화물의 일반적인 성질
(1) 비점이 낮다.
(2) 인화점이 낮다.
(3) 연소 하한값이 낮다.
(4) 증기압이 높다.

30 다음 중 자기반응성 물질인 제5류 위험물에 해당하는 것은?

① $CH_3(C_6H_4)NO_2$
② CH_3COCH_3
③ $C_6H_2(NO_2)_3OH$
④ $C_6H_5NO_2$

🔍 위험물의 분류

종류	$CH_3(C_6H_4)NO_2$	CH_3COCH_3	$C_6H_2(NO_2)_3OH$	$C_6H_5NO_2$
명칭	나이트로 톨루엔	아세톤	피크린산	나이트로 벤젠
분류	제4류 제3석유류	제4류 제1석유류	제5류 위험물	제4류 제3석유류

31 질산칼륨의 저장 및 취급 시 주의사항에 대한 설명 중 틀린 것은?

① 공기와의 접촉을 피하기 위하여 석유 속에 보관한다.
② 직사광선을 차단하고 가열, 충격, 마찰을 피한다.
③ 목탄분, 황 등과 격리하여 보관한다.
④ 강산류와의 접촉을 피한다.

🔍 질산칼륨은 건조하고 서늘한 장소에 보관한다.

32 질산에 대한 설명 중 틀린 것은?

① 불연성이지만 산화력을 가지고 있다.
② 순수한 것은 갈색의 액체이나 보관 중 청색으로 변한다.
③ 부식성이 강하다.
④ 물과 접촉하면 발열한다.

🔍 질산은 무색, 투명한 액체이다.

33 다음 위험물 중 저장할 때 보호액으로 물을 사용하는 것은?

① 삼산화크로뮴
② 아연
③ 나트륨
④ 황린

🔍 황린(P_4)은 공기와 접촉을 피하기 위하여 물속에 저장한다.

34 다음 중 증기의 밀도가 가장 큰 것은?

① 다이에틸에터
② 벤젠
③ 가솔린(옥탄 100%)
④ 에틸알코올

🔍 증기밀도(증기비중)

종류	다이에틸에터	벤젠	가솔린	에틸알코올
증기비중	2.55	2.69	3~4	1.59

35 과염소산암모늄에 대한 설명으로 옳은 것은?

① 물에 용해되지 않는다.
② 청녹색의 침상결정이다.
③ 130℃에서 분해하기 시작하여 CO_2 가스를 방출한다.
④ 아세톤, 알코올에 용해된다.

> 과염소산암모늄
> (1) 물성
>
> | 화학식 | 분자량 | 비중 | 분해 온도 |
> |---|---|---|---|
> | NH_4ClO_4 | 117.5 | 2.0 | 130℃ |
>
> (2) 무색의 수용성 결정이다.
> (4) 물, 에탄올, 아세톤, 에터에 잘 녹는다.
> (5) 130℃에서 분해하기 시작하여 산소를 방출하고 300℃에서 급격히 분해하여 폭발한다.

36 과산화수소의 성질에 대한 설명 중 틀린 것은?

① 열, 햇빛에 의해서 분해가 촉진된다.
② 불연성 물질이다.
③ 물, 석유, 벤젠에 잘 녹는다.
④ 농도가 진한 것은 피부에 닿으면 수종을 일으킨다.

> 과산화수소는 불연성 물질로서 물, 알코올, 에터에 녹고, 벤젠에는 녹지 않는다.

37 이황화탄소가 완전연소 하였을 때 발생하는 물질은?

① CO_2, O_2
② CO_2, SO_2
③ CO, S
④ CO_2, H_2O

> 이황화탄소의 연소반응식 $CS_2 + 3O_2 \rightarrow CO_2 + 2SO_2$

38 다음 중 제2류 위험물이 아닌 것은?

① 적린
② 황린
③ 황
④ 황화린

> 황린 : 제3류 위험물

39 과산화나트륨에 대한 설명으로 틀린 것은?

① 수증기와 반응하여 금속나트륨과 수소, 산소를 발생한다.
② 순수한 것은 백색이다.
③ 분해온도는 약 460℃이다.
④ 아세트산과 반응하여 과산화수소를 발생한다.

> 과산화나트륨은 물과 반응하면 산소가스를 발생하고 많은 열을 발생한다.
> ※ $2Na_2O_2 + 2H_2O \rightarrow 4NaOH + O_2\uparrow$ + 발열

40 제1류 위험물의 일반적인 성질이 아닌 것은?

① 강산화제이다.
② 불연성 물질이다.
③ 유기화합물에 속한다.
④ 비중이 1보다 크다.

> 제1류 위험물 : 무기화합물

41 위험등급 Ⅰ의 위험물에 해당하지 않는 것은?

① 아염소산칼륨
② 황화린
③ 황린
④ 과염소산

> 위험물의 위험등급
>
> | 위험등급 | 류별 | 해당 위험물 |
> |---|---|---|
> | 위험등급 Ⅰ | 제1류 위험물 | 아염소산염류, 염소산염류, 과염소산염류, 무기과산화물, 지정수량이 50kg인 위험물 |
> | | 제3류 위험물 | 칼륨, 나트륨, 알킬알루미늄, 알킬리튬, 황린, 지정수량이 10kg 또는 20kg인 위험물 |
> | | 제4류 위험물 | 특수인화물 |
> | | 제5류 위험물 | 유기과산화물(제1종), 질산에스터류(제1종), 지정수량이 10kg인 위험물 |
> | | 제6류 위험물 | 전부 |
> | 위험등급 Ⅱ | 제1류 위험물 | 브로민산염류, 질산염류, 아이오딘산염류, 지정수량이 300kg인 위험물 |
> | | 제2류 위험물 | 황화린, 적린, 황, 지정수량이 100kg인 위험물 |
> | | 제3류 위험물 | 알칼리금속(칼륨, 나트륨 제외) 및 알칼리토금속, 유기금속화합물(알킬알루미늄 및 알킬리튬은 제외), 지정수량이 50kg인 위험물 |
> | | 제4류 위험물 | 제1석유류, 알코올류 |
> | | 제5류 위험물 | 위험등급 Ⅰ에 정하는 위험물 외의 것 |

42 하이드라진의 지정수량은 얼마인가?

① 200kg
② 200ℓ
③ 2000kg
④ 2000ℓ

> 히드라진[N₂H₄, 제4류 위험물 제2석유류(수용성)]의 지정수량 : 2,000ℓ

43 금속칼륨의 저장 및 취급상 주의사항에 대한 설명으로 틀린 것은?

① 물과의 접촉을 피한다.
② 피부에 닿지 않도록 한다.
③ 알코올 속에 저장한다.
④ 가급적 소량으로 나누어 저장한다.

> 칼륨이나 나트륨은 등유, 경유, 유동파라핀 속에 저장한다.

44 분자량은 227, 비점이 약 240℃이며 햇빛에 의해 다갈색으로 변하고 물에 녹지 않으나 벤젠에는 녹는 물질은?

① 나이트로글리세린
② 나이트로셀룰로스
③ 트라이나이트로톨루엔
④ 트라이나이트로페놀

> 트라이나이트로톨루엔(TNT)은 물에 녹지 않고, 알코올에는 가열하면 녹고, 아세톤, 벤젠, 에터에는 잘 녹고 분자량은 227, 비점이 약 240℃이며 햇빛에 의해 다갈색으로 변한다.

45 위험물안전관리법에서 정한 제6류 위험물의 성질은?

① 자기반응성 물질
② 금수성 물질
③ 산화성 액체
④ 인화성 액체

> 제6류 위험물 : 산화성 액체

46 지정수량의 10배 이상의 벤조일퍼옥사이드 운송 시 혼재할 수 있는 위험물류로 옳은 것은?

① 제1류
② 제2류
③ 제3류
④ 제6류

> 벤조일퍼옥사이드는 제5류 위험물의 유기과산화물로서 제5류는 제2류와 제4류 위험물과는 운반 시 혼재가 가능하다.

47 알루미늄 분말이 염산과 반응하였을 때 발생하는 것은?

① CO_2
② Na_2O
③ H_2
④ Al_2O_3

> 알루미늄 분말은 염산과 반응하면 수소(H_2)가스를 발생한다.
> ※ $2Al + 6HCl \rightarrow 2AlCl_3 + 3H_2$

48 다음 중 제3류 위험물의 품명이 아닌 것은?

① 금속의 수소화물
② 유기금속화합물
③ 황린
④ 금속분

> 금속분 : 제2류 위험물

49 다음 물질 중 위험물 류별에 따른 구분이 나머지 셋과 다른 하나는?

① 질산은
② 질산메틸
③ 무수크롬산
④ 질산암모늄

> • 질산메틸 : 제5류 위험물
> • 질산은, 무수크롬산, 질산암모늄 : 제1류 위험물

50 류별을 달리하는 위험물에서 다음 중 혼재할 수 없는 것은? (단, 지정수량의 $\frac{1}{5}$ 이상이다.)

① 제2류와 제4류
② 제1류와 제6류
③ 제3류와 제4류
④ 제1류와 제5류

> 위험물의 혼재 가능
> (1) 위험물 운반시 혼재가능(위험물안전관리법 시행규칙 별표 19)
> [부표 2] 류별을 달리하는 위험물의 혼재기준(별표 19 관련)

위험물의 구분	제1류	제2류	제3류	제4류	제5류	제6류
제1류		×	×	×	×	○
제2류	×		×	○	○	×
제3류	×	×		○	×	×
제4류	×	○	○		○	×
제5류	×	○	×	○		×
제6류	○	×	×	×	×	

[비고]
1. "×"표시는 혼재할 수 없음을 표시한다.
2. "○"표시는 혼재할 수 있음을 표시한다.
3. 이 표는 지정수량의 $\frac{1}{10}$ 이하의 위험물에 대하여는 적용하지 아니한다.

(2) 위험물 저장(옥내저장소, 옥외저장소)시 혼재가능(위험물안전관리법 시행규칙 별표 18)
류별을 달리하는 위험물은 동일한 저장소(내화구조의 격벽으로 완전히 구획된 실이 2 이상 있는 저장소에 있어서는 동일한 실에 저장하지 않아야 한다. 다만, 옥내저장소 또는 옥외저장소에 있어서 다음의 각목의 규정에 의한 위험물을 저장하는 경우로서 위험물을 류별로 정리하여 저장하는 한편, 서로 1m 이상의 간격을 두는 경우에는 그렇지 않다(중요기준).
① 제1류 위험물(알칼리금속의 과산화물 또는 이를 함유한 것을 제외한다)과 제5류 위험물을 저장하는 경우
② 제1류 위험물과 제6류 위험물을 저장하는 경우
③ 제1류 위험물과 제3류 위험물 중 자연발화성물질(황린 또는 이를 함유한 것에 한한다)을 저장하는 경우
④ 제2류 위험물 중 인화성고체와 제4류 위험물을 저장하는 경우
⑤ 제3류 위험물 중 알킬알루미늄등과 제4류 위험물(알킬알루미늄 또는 알킬리튬을 함유한 것에 한한다)을 저장하는 경우
⑥ 제4류 위험물 중 유기과산화물 또는 이를 함유하는 것과 제5류 위험물 중 유기과산화물 또는 이를 함유 한 것을 저장하는 경우
※ 혼재 가능이란 문제가 나올 때 운반인지 저장인지 구분해야 한다.

51 다음 중 특수인화물에 해당하는 위험물은?

① 벤젠
② 염화아세틸
③ 아이소프로필아민
④ 아세토나이트릴

> 제4류 위험물의 분류
> (1) 특수인화물 : 아이소프로필아민
> (2) 제1석유류 : 벤젠, 염화아세틸, 아세토나이트릴

52 인화칼슘이 물과 반응하였을 때 발생하는 가스에 대한 설명으로 옳은 것은?

① 폭발성인 수소를 발생한다.
② 유독한 인화수소를 발생한다.
③ 조연성인 산소를 발생한다.
④ 가연성인 아세틸렌을 발생한다.

> 인화칼슘(인화석회)와 물과 반응하면 독성가스인 인화수소(포스핀, PH_3)를 발생한다.
> ※ $Ca_3P_2 + 6H_2O \rightarrow 3Ca(OH)_2 + 2PH_3 \uparrow$

53 $KClO_3$의 일반적인 성질에 관한 설명으로 옳은 것은?

① 비중은 약 3.74이다.
② 황색이고 향기가 있는 결정이다.
③ 글리세린에 잘 용해된다.
④ 인화점이 약 −17℃인 가연성 물질이다.

> 염소산칼륨($KClO_3$) : 온수, 글리세린에 녹고, 냉수, 알코올에는 녹지 않는다.

54 옥내저장탱크의 상호간에는 특별한 경우를 제외하고 최소 몇 m 이상의 간격을 유지하여야 하는가?

① 0.1   ② 0.2
③ 0.3   ④ 0.5

> 옥내저장탱크의 상호간의 간격 : 0.5m이상

55 지정과산화물 옥내저장소의 저장창고 출입구 및 창의 설치기준으로 틀린 것은?

① 창은 바닥면으로부터 2m 이상의 높이에 설치한다.
② 하나의 창의 면적을 $0.4m^2$ 이내로 한다.
③ 하나의 벽면에 두는 창의 면적의 합계를 당해 벽면의 면적의 80분의 1이 초과되도록 한다.
④ 출입구에는 60분+ 방화문 또는 60분 방화문을 설치한다.

> 지정과산화물 옥내저장소의 저장창고 출입구 및 창의 설치기준
> (1) 저장창고의 출입구에는 60분+ 방화문 또는 60분 방화문을 설치할 것.
> (2) 저장창고의 창은 바닥면으로부터 2m 이상의 높이에 두되, 하나의 벽면에 두는 창의 면적의 합계를 당해 벽면의 면적의 1/80 이내로 하고, 하나의 창의 면적을 $0.4m^2$ 이내로 할 것.

56 다음 중 방수성이 있는 피복으로 덮어야 하는 위험물로만 구성된 것은?

① 과염소산염류, 삼산화크로뮴, 황린
② 무기과산화물, 과산화수소, 마그네슘
③ 철분, 금속분, 마그네슘
④ 염소산염류, 과산화수소, 금속분

- 방수성이 있는 것으로 피복
  (1) 제1류 위험물 중 알칼리금속의 과산화물
  (2) 제2류 위험물 중 철분·금속분·마그네슘
  (3) 제3류 위험물 중 금수성 물질

57 알칼리금속의 성질에 대한 설명 중 틀린 것은?

① 칼륨은 물보다 가볍고 공기 중에서 산화되어 금속 광택을 잃는다.
② 나트륨은 매우 단단한 금속이므로 다른 금속에 비해 몰 용해열이 큰 편이다.
③ 리튬은 고온으로 가열하여 적색 불꽃을 내며 연소한다.
④ 루비듐은 물과 반응하여 수소를 발생한다.

- 나트륨이나 칼륨은 무른 경금속이다.

58 과염소산칼륨의 성질에 관한 설명 중 틀린 것은?

① 무색, 무취의 결정이다.
② 비중은 1보다 크다.
③ 400℃ 이상으로 가열하면 분해하여 산소를 발생한다.
④ 알코올 및 에터에 잘 녹는다.

- 과염소산칼륨($KClO_4$)은 물, 알코올, 에테르에는 녹지 않는다.

59 산화프로필렌을 용기에 저장할 때 인화폭발의 위험을 막기 위하여 충전시키는 가스로 다음 중 가장 적합한 것은?

① N_2
② H_2
③ O_2
④ CO

- 산화프로필렌을 용기에 저장할 때 인화폭발의 위험을 막기 위하여 불연성가스인 질소로 충전한다.

60 순수한 것은 무색이지만 공업용은 황색의 결정으로 마찰, 충격에 비교적 둔감하여 공기 중에서 자연 분해하지 않기 때문에 장기간 저장할 수 있고 쓴 맛과 독성이 있는 것은?

① 피크르산
② 나이트로글리콜
③ 나이트로셀룰로스
④ 나이트로글리세린

- 트라이나이트로페놀(TriNitro Phenol, 피크린산, 피크르산)
  (1) 물성

화학식	비점	융점	착화점	비중
$C_6H_2(OH)(NO_2)_3$	255℃	121℃	300℃	1.8

  (2) 광택 있는 황색의 결정이고 찬물에 미량 녹고 알코올, 에터, 온수에는 잘 녹는다.
  (3) 마찰, 충격에 비교적 둔감하다.

정답 CBT 복원문제 2025년 1회

01 ④	02 ③	03 ②	04 ③	05 ①
06 ③	07 ④	08 ③	09 ④	10 ①
11 ②	12 ②	13 ②	14 ③	15 ④
16 ④	17 ④	18 ③	19 ③	20 ③
21 ①	22 ④	23 ②	24 ③	25 ④
26 ①	27 ①	28 ④	29 ①	30 ③
31 ①	32 ②	33 ④	34 ③	35 ④
36 ③	37 ②	38 ②	39 ①	40 ③
41 ②	42 ④	43 ②	44 ③	45 ③
46 ②	47 ③	48 ④	49 ①	50 ④
51 ③	52 ②	53 ③	54 ④	55 ③
56 ③	57 ②	58 ④	59 ①	60 ①

2025년 2회 CBT 복원문제

01 물의 증발잠열은 약 몇 cal/g인가?

① 329
② 439
③ 539
④ 639

> 물의 증발잠열 : 539cal/g(539kcal/kg)

02 탄산수소칼륨과 요소의 반응생성물로 된 것은 제 몇 종 분말소화약제인가?

① 제1종
② 제2종
③ 제3종
④ 제4종

> 분말소화약제
> (1) 약제의 적응화재 및 착색

종류	주성분	적응화재	착색
제1종 분말	$NaHCO_3$(중탄산나트륨, 탄산수소나트륨)	B, C급	백색
제2종 분말	$KHCO_3$(중탄산칼륨, 탄산수소칼륨)	B, C급	담회색
제3종 분말	$NH_4H_2PO_4$(인산암모늄, 제일인산암모늄)	A, B, C급	담홍색
제4종 분말	$KHCO_3 + (NH_2)_2CO$ (탄산수소칼륨 + 요소)	B, C급	회색

> (2) 열분해 반응식
> ① 제1종 분말 $2NaHCO_3 \rightarrow Na_2CO_3 + H_2O\uparrow + CO_2\uparrow$
> ② 제2종 분말 $2KHCO_3 \rightarrow K_2CO_3 + H_2O\uparrow + CO_2\uparrow$
> ③ 제3종 분말 $NH_4H_2PO_4 \rightarrow HPO_3 + NH_3\uparrow + H_2O\uparrow$
> ④ 제4종 분말
> $2KHCO_3 + (NH_2)_2CO \rightarrow K_2CO_3 + 2NH_3\uparrow + 2CO_2\uparrow$

03 일반적 성질이 산소공급원이 되는 위험물로 내부연소를 하는 것은?

① 제1류 위험물
② 제2류 위험물
③ 제5류 위험물
④ 제6류 위험물

> 제5류 위험물(자기반응성물질, 산소공급원) : 내부연소

04 건조사와 같은 고체로 가연물을 덮는 것은 어떤 소화에 해당하는가?

① 제거소화
② 질식소화
③ 냉각소화
④ 억제소화

> 질식소화 : 건조사, 팽창질석등과 같이 가연물을 덮어 소화하는 방법

05 메틸알코올 8,000리터에 대한 소화능력으로 삽 1개를 포함한 마른모래를 몇 리터 설치해야 하는가?

① 100
② 200
③ 300
④ 400

> 소화설비의 능력단위

소화설비	용량	능력단위
소화전용(專用)물통	8ℓ	0.3
수조(소화전용 물통 3개 포함)	80ℓ	1.5
수조(소화전용 물통 6개 포함)	190ℓ	2.5
마른 모래(삽 1개 포함)	50ℓ	0.5
팽창질석 또는 팽창진주암(삽 1개 포함)	160ℓ	1.0

> 능력(소요)단위 $= \dfrac{저장량}{지정수량 \times 10} = \dfrac{8,000 ℓ}{400 ℓ \times 10} = 2$단위
> ∴ $50 ℓ : 0.5 = x : 2$ $x = 200 ℓ$

06 탄화알루미늄이 물과 반응하면 폭발의 위험이 있는 것은 어떤 가스가 발생하기 때문인가?

① 수소
② 메테인
③ 아세틸렌
④ 암모니아

> 탄화알루미늄은 물과 반응하면 메테인가스가 발생하므로 폭발의 위험이 있다
> ※ $Al_4C_3 + 12H_2O \rightarrow 4Al(OH)_3 + 3CH_4\uparrow$
>   (수산화알루미늄) (메테인)

07 소화약제에 대한 설명으로 틀린 것은?

① 물은 기화잠열이 크고 구하기 쉽다.
② 화학포 소화약제는 물에 탄산칼슘을 보강시킨 소화약제를 말한다.
③ 산·알칼리소화약제에는 황산이 사용된다.
④ 탄산가스는 전기화재에 효과적이다.

🔍 강화액 소화약제는 물에 탄산칼륨을 보강시킨 소화약제이다.
　(1) 화학포 소화약제
　　 ※ $6NaHCO_3 + Al_2(SO_4)_3 \cdot 18H_2O$
　　　$\rightarrow 3Na_2SO_4 + 2Al(OH)_3 + 6CO_2 + 18H_2O$
　(2) 물은 기화잠열(539cal/g)이 크고 구하기 쉽다.
　(3) 산·알칼리소화기
　　 ※ $H_2SO_4 + 2NaHCO_3 \rightarrow Na_2SO_4 + 2H_2O + 2CO_2\uparrow$
　(4) 탄산가스(이산화탄소)는 유류화재(B급), 전기화재(C급)에 효과적이다.

08 과염소산에 화재가 발생했을 때 조치 방법으로 적합하지 않은 것은?

① 환원성 물질로 중화한다.
② 물과 반응하여 발열하므로 주의한다.
③ 마른 모래로 소화한다.
④ 인산염류 분말로 소화한다.

🔍 과염소산은 산화성물질이므로 환원성으로 중화하면 위험하다.

09 다음 중 B급 화재에 속하는 것은?

① 일반화재　② 유류화재
③ 전기화재　④ 금속화재

🔍 화재의 종류

급수 구분	A급	B급	C급	D급
화재의 종류	일반화재	유류화재	전기화재	금속화재
원형 표시색	백색	황색	청색	무색

10 화염의 전파속도가 음속보다 빠르며, 연소 시 충격파가 발생하여 파괴효과가 증대되는 현상을 무엇이라 하는가?

① 폭연　② 폭압
③ 폭굉　④ 폭명

🔍 폭굉 : 화염의 전파속도가 음속보다 빠르며, 연소 시 충격파가 발생하여 파괴효과가 증대되는 현상

11 다음 중 주수소화를 하면 위험성이 증가하는 것은?

① 과산화칼륨
② 과망가니즈산칼륨
③ 과염소산칼륨
④ 브로민산칼륨

🔍 과산화칼륨은 주수소화하면 조연성가스인 산소를 발생하여 연소를 도와주므로 위험하다.
　 ※ $2K_2O_2 + 2H_2O \rightarrow 4KOH + O_2\uparrow$

12 화학포를 만들 때 사용되는 기포안정제가 아닌 것은?

① 사포닌
② 암분
③ 가수분해 단백질
④ 계면활성제

🔍 화학포 소화약제
　(1) 내약제(B제) : 황산알루미늄($Al_2(SO_4)_3$)
　(2) 외약제(A제) : 중탄산나트륨($NaHCO_3$), 기포안정제
　　 ※ 기포안정제 : 계면활성제, 사포닌, 젤라틴, 가수분해단백질
　(3) 반응식
　　 ※ $6NaHCO_3 + Al_2(SO_4)_3 \cdot 18H_2O$
　　　$\rightarrow 3Na_2SO_4 + 2Al(OH)_3 + 6CO_2 + 18H_2O$

13 위험물 중 위험등급 Ⅰ에 속하지 않는 것은?

① 제6류 위험물
② 제5류 위험물
③ 제4류 위험물 중 특수인화물
④ 제3류 위험물 중 나트륨

🔍 위험물의 위험등급

위험등급	류별	해당 위험물
위험등급 Ⅰ	제1류 위험물	아염소산염류, 염소산염류, 과염소산염류, 무기과산화물, 지정수량이 50kg인 위험물
	제3류 위험물	칼륨, 나트륨, 알킬알루미늄, 알킬리튬, 황린, 지정수량이 10kg 또는 20kg인 위험물
	제4류 위험물	특수인화물
	제5류 위험물	유기과산화물(제1종), 질산에스터류(제1종), 지정수량이 10kg인 위험물
	제6류 위험물	전부

위험등급	류별	해당 위험물
위험등급 II	제1류 위험물	브로민산염류, 질산염류, 아이오딘산염류, 지정수량이 300kg인 위험물
	제2류 위험물	황화린, 적린, 황, 지정수량이 100kg인 위험물
	제3류 위험물	알칼리금속(칼륨, 나트륨 제외) 및 알칼리토금속, 유기금속화합물(알킬알루미늄 및 알킬리튬은 제외), 지정수량이 50kg인 위험물
	제4류 위험물	제1석유류, 알코올류
	제5류 위험물	위험등급 I 에 정하는 위험물 외의 것

14 가연물이 되기 쉬운 조건이 아닌 것은?

① 산화반응의 활성이 크다.
② 표면적이 넓다.
③ 활성화에너지가 크다.
④ 열전도율이 낮다.

🔍 활성화에너지가 작아야 가연물이 되기 쉽다.

15 자기반응성물질의 화재예방에 대한 설명으로 옳지 않은 것은?

① 가열 및 충격을 피한다.
② 할로젠화합물 소화기를 구비한다.
③ 가급적 소분하여 저장한다.
④ 차고 어두운 곳에 저장해야 한다.

🔍 자기반응성물질은 제5류 위험물로서 냉각소화인 물을 사용해야 한다.

16 피난설비를 설치해야 하는 위험물제조소 등에 해당하는 것은?

① 건축물의 2층 부분을 자동차 정비소로 사용하는 주유취급소
② 건축물의 2층 부분을 전시장으로 사용하는 주유취급소
③ 건축물의 2층 부분을 주유사무소로 사용하는 주유취급소
④ 건축물의 2층 부분을 관계자의 주거시설로 사용하는 주유취급소

🔍 피난설비
(1) 주유취급소 중 건축물의 2층 이상의 부분을 점포·휴게음식점 또는 전시장의 용도로 사용하는 것에 있어서는 당해 건축물의 2층 이상으로부터 직접 주유취급소의 부지 밖으로 통하는 출구와 당해 출입구로 통하는 통로·계단 및 출입구에 유도등을 설치해야 한다.
(2) 옥내주유취급소에 있어서는 당해 사무소 등의 출입구 및 피난구와 당해 피난구로 통하는 통로·계단 및 출입구에 유도등을 설치해야 한다.
(3) 유도등에는 비상전원을 설치해야 한다.

17 고체의 연소 형태에 해당하지 않는 것은?

① 증발연소
② 확산연소
③ 분해연소
④ 표면연소

🔍 고체의 연소

구분	해당하는 물질
표면연소	목탄, 코크스, 숯, 금속분
분해연소	석탄, 종이, 목재, 플라스틱
증발연소	황, 나프탈렌, 파라핀
자기연소	제5류 위험물(산소공급원)

※ 확산연소 : 기체의 연소

18 화재 시 이산화탄소를 방출하여 산소의 농도를 12.5%로 낮추어 소화하려면 공기 중의 이산화탄소의 농도는 약 몇 vol%로 해야 하는가?

① 30.7
② 32.8
③ 40.5
④ 68.5

🔍 이산화탄소의 농도(%) $= \dfrac{21 - O_2}{21} \times 100$

$= \dfrac{21 - 12.5}{21} \times 100 = 40.5\%$

19 할론 1301의 증기 비중은? (단, 플루오린의 원자량은 19, 브로민의 원자량은 80, 염소의 원자량은 35.5이고 공기의 분자량은 29이다.)

① 2.14
② 4.15
③ 5.14
④ 6.15

🔍 할론 1301의 증기비중 $= \dfrac{분자량}{29} = \dfrac{149}{29} = 5.14$

※ 할론1301(CF_3Br)의 분자량 $= 12 + (19 \times 3) + 80 = 149$

20 제5류 위험물의 일반적인 화재 예방 및 소화방법에 대한 설명으로 옳지 않은 것은?

① 불꽃, 고온체의 접근을 피한다.
② 할로젠화합물 소화기는 소화에 적응성이 없으므로 사용해서는 안 된다.
③ 위험물제조소에는 "화기엄금" 주의사항 게시판을 설치한다.
④ 화재 발생 시 탄산가스에 의한 질식소화를 한다.

🔍 제5류 위험물은 물에 의한 냉각소화가 적합하다.

21 피크르산의 성질에 대한 설명 중 틀린 것은?

① 황색의 액체이다.
② 쓴맛이 있으며 독성이 있다.
③ 납과 반응하여 예민하고 폭발 위험이 있는 물질을 형성한다.
④ 에터, 알코올에 녹는다.

🔍 트라이나이트로페놀(TriNitro Phenol, 피크린산, 피크르산)
(1) 특성

화학식	융점	착화점	비중
$C_6H_2(OH)(NO_2)_3$	121℃	300℃	1.8

(2) 광택 있는 황색의 결정이고 찬물에 미량 녹고 알코올, 에터, 온수에는 잘 녹는다.
(3) 쓴맛과 독성이 있다.
(4) 단독으로 가열, 마찰 충격에 안정하고 연소시 검은 연기를 내지만 폭발은 하지 않는다.
(5) 금속염과 혼합은 폭발이 심하며 가솔린, 알코올, 아이오딘, 황과 혼합하면 마찰, 충격에 의하여 심하게 폭발한다.

22 증기압이 높고 액체가 피부에 닿으면 동상과 같은 증상을 나타내며 Cu, Ag, Hg 등과 반응하여 폭발성 화합물을 만드는 것은?

① 메탄올
② 가솔린
③ 톨루엔
④ 산화프로필렌

🔍 산화프로필렌은 구리(Cu), 마그네슘(Mg), 은(Ag), 수은(Hg)과 반응하면 아세틸레이트를 생성하여 폭발하므로 위험하다.

23 $(C_2H_5)_3Al$ 이 공기 중에 노출되어 연소할 때 발생하는 물질은?

① Al_2O_3
② CH_4
③ $Al(OH)_3$
④ C_2H_6

🔍 알킬알루미늄의 반응
① 공기와의 반응
$2(C_2H_5)_3Al + 21O_2 \rightarrow Al_2O_3 + 15H_2O + 12CO_2\uparrow$
② 물과의 반응
$(C_2H_5)_3Al + 3H_2O \rightarrow Al(OH)_3 + 3C_2H_6\uparrow$
$(CH_3)_3Al + 3H_2O \rightarrow Al(OH)_3 + 3CH_4\uparrow$

24 황(사방황)의 성질을 옳게 설명한 것은?

① 황색 고체로서 물에 녹는다.
② 이황화탄소에 녹는다.
③ 전기 양도체이다.
④ 연소 시 붉은색 불꽃을 내며 탄다.

🔍 황의 특성
(1) 황색의 결정 또는 미황색의 분말이다.
(2) 물이나 산에 녹지 않으나 알코올에는 조금 녹고 고무상황을 제외하고는 CS_2에 잘 녹는다.
(3) 공기 중에서 연소하면 푸른빛을 내며 아황산가스(SO_2)를 발생한다.
(4) 매우 연소하기 쉬운 가연성 고체로 연소 시 유독한 SO_2를 발생한다.
※ $S + O_2 \rightarrow SO_2$

25 과염소산이 물과 접촉한 경우 일어나는 반응은?

① 중합반응
② 연소반응
③ 흡열반응
④ 발열반응

🔍 과염소산이 물과 접촉하면 발열반응을 한다.

26 다음 중 증기비중이 가장 큰 것은?

① 벤젠
② 등유
③ 메틸알코올
④ 에터

🔍 증기비중 = $\dfrac{\text{분자량}}{29}$

종류	벤젠	등유	메틸알코올	에터
분자식	C_6H_6	$C_9 \sim C_{18}$	CH_3OH	$C_2H_5OC_2H_5$
분자량	78	–	32	74
증기비중	78/29 = 2.69	4~5	32/29 = 1.1	74/29 = 2.55

27 다이에틸에터의 성질이 아닌 것은?

① 유동성   ② 마취성
③ 인화성   ④ 비휘발성

> 다이에틸에터 : 마취성, 인화성, 휘발성, 유동성

28 다이에틸에터와 벤젠의 공통성질에 대한 설명으로 옳은 것은?

① 증기비중은 1보다 크다.
② 인화점은 -10℃보다 높다.
③ 착화온도는 200℃보다 낮다.
④ 연소범위의 상한이 60%보다 크다.

> 다이에틸에터와 벤젠의 비교

종류	증기비중	인화점	착화온도	연소범위
다이에틸에터	2.55	-40℃	180℃	1.7 ~ 48%
벤젠	2.69	-11℃	498℃	1.4 ~ 8.0%

29 지정수량의 1/10을 초과하는 위험물을 혼재할 수 없는 경우는?

① 제1류 위험물과 제6류 위험물
② 제2류 위험물과 제4류 위험물
③ 제4류 위험물과 제5류 위험물
④ 제5류 위험물과 제3류 위험물

> 류별을 달리하는 위험물의 혼재기준

위험물의 구분	제1류	제2류	제3류	제4류	제5류	제6류
제1류		×	×	×	×	○
제2류	×		×	○	○	×
제3류	×	×		○	×	×
제4류	×	○	○		○	×
제5류	×	○	×	○		×
제6류	○	×	×	×	×	

30 다음 중 착화온도가 가장 낮은 것은?

① 피크르산
② 적린
③ 에틸알코올
④ 벤젠

> 착화온도

종류	피크린산	적린	에틸알코올	벤젠
구분	제5류 위험물 (나이트로화합물)	제2류 위험물	제4류 위험물 (알코올류)	제4류 위험물 (제1석유류)
착화온도	300℃	260℃	423℃	498℃

31 다음 중 제1류 위험물로서 물과 반응하여 발열하면서 산소를 발생하는 것은?

① 염소산나트륨   ② 탄화칼슘
③ 질산암모늄   ④ 과산화나트륨

> 과산화나트륨은 주수소화하면 조연성가스인 산소를 발생하여 연소를 도와주므로 위험하다
> ※ $2Na_2O_2 + 2H_2O \rightarrow 4NaOH + O_2 \uparrow$

32 과산화수소의 위험성에 대한 설명 중 틀린 것은?

① 오래 저장하면 자연발화의 위험이 있다.
② 햇빛에 의해 분해되므로 햇빛을 차단하여 보관한다.
③ 고농도의 것은 분해 위험이 있으므로 인산 등을 넣어 분해를 억제시킨다.
④ 농도가 진한 것은 피부와 접촉하면 수종을 일으킨다.

> 과산화수소(Hydrogen Peroxide)
> (1) 물성

분자식	비점	융점	비중
H_2O_2	152℃	-17℃	1.463

> (2) 점성이 있는 무색 액체(다량일 경우 : 청색)이다.
> (3) 투명하며 물보다 무겁고 수용액 상태는 비교적 안정하다.
> (4) 물, 알코올, 에터에 녹고, 벤젠에는 녹지 않는다.
> (5) 저장용기는 밀봉하지 말고 구멍이 있는 마개를 사용해야 한다.
> (6) 자연발화의 위험은 없다.

33 질산에스테르류에 속하지 않는 것은?

① 트라이나이트로톨루엔
② 나이트로글리콜
③ 나이트로글리세린
④ 나이트로셀룰로스

🔍 제5류 위험물의 질산에스터류 : 나이트로글리콜, 나이트로글리세린, 나이트로셀룰로스
※ 트라이나이트로톨루엔 : 나이트로화합물

34 제3류 위험물에 대한 설명으로 옳은 것은?

① 대부분 물과 접촉하면 안정하게 된다.
② 일반적으로 불연성 물질이고 강산화제이다.
③ 대부분 산과 접촉하면 흡열반응을 한다.
④ 물에 저장하는 위험물도 있다.

🔍 제3류 위험물은 물과 반응하면 가연성 가스를 발생하므로 위험하나 이황화탄소는 물속에 저장한다.

35 위험물의 이동탱크저장소 차량에 "위험물"이라고 표시한 표지를 설치할 때 표지의 바탕색은?

① 흰색   ② 적색
③ 흑색   ④ 황색

🔍 이동탱크저장소 차량에 위험물이란 표지판의 색상 : 흑색 바탕에 황색의 반사도료 그 밖의 반사성이 있는 재료

36 질산의 성질에 대한 설명으로 틀린 것은?

① 연소성이 있다.
② 물과 혼합하면 발열한다.
③ 부식성이 있다.
④ 강한 산화제이다.

🔍 질산 : 제6류 위험물로서 불연성

37 다음 중 물에 녹지 않는 인화성 액체는?

① 벤젠
② 아세톤
③ 메틸알코올
④ 아세트알데하이드

🔍 BTX(벤젠, 톨루엔, 키실렌)은 물에 녹지 않는다.

38 마그네슘은 제 몇 류 위험물인가?

① 제1류 위험물   ② 제2류 위험물
③ 제3류 위험물   ④ 제5류 위험물

🔍 마그네슘 : 제2류 위험물

39 다음 물질 중 인화점이 가장 높은 것은?

① 톨루엔
② 에틸렌글라이콜
③ 아닐린
④ 아세톤

🔍 인화점

종류	톨루엔	에틸렌글라이콜	아닐린	아세톤
인화점	4℃	120℃	70℃	-18.5℃

40 지정수량 이상의 위험물을 소방서장의 승인을 받아 제조소 등이 아닌 장소에서 임시로 저장 또는 취급 할 수 있는 기간은 얼마 이내인가? (단, 군부대가 군사목적으로 임시로 저장 또는 취급하는 경우는 제외한다.)

① 30일   ② 60일
③ 90일   ④ 180일

🔍 위험물 임시저장기간 : 90일 이내

41 다음 제5류 위험물에 속하는 것은?

① 염소화이소시아눌산
② 퍼옥소이황산염류
③ 질산구아니딘
④ 할로젠간화합물

🔍 위험물의 구분

종류	염소화이소시아눌산	퍼옥소이황산염류	질산구아니딘	할로젠간화합물
류별	제1류 위험물	제1류 위험물	제5류 위험물	제6류 위험물

42 제6류 위험물에 해당하지 않는 것은?

① 염산   ② 질산
③ 과염소산   ④ 과산화수소

🔍 제6류 위험물 : 질산, 과염소산, 과산화수소
※ 염산 : 위험물이 아니고 유독물이다.

43 제2류 위험물의 화재예방 및 진압대책이 틀린 것은?

① 산화제와의 접촉을 금지한다.
② 화기 및 고온체와의 접촉을 피한다.
③ 저장용기의 파손과 누출에 주의한다.
④ 금속분은 냉각소화하고 그 외는 마른모래를 이용하여 소화한다.

🔍 제2류 위험물인 금속분을 냉각소화하면 수소가스를 발생하므로 위험하다.
※ $2Al + 6H_2O \rightarrow 2Al(OH)_3 + 3H_2$

44 다음 중 탄화칼슘을 대량으로 저장하는 용기에 봉입하는 가스로 가장 적합한 것은?

① 포스겐
② 인화수소
③ 질소가스
④ 아황산가스

🔍 탄화칼슘을 대량으로 저장할 때에는 수분과 접촉을 피하기 위하여 질소가스로 봉입한다.

45 휘발유의 일반적인 성상에 대한 설명으로 틀린 것은?

① 물에 녹지 않는다.
② 전기전도성이 뛰어나다.
③ 주성분은 알칸 또는 알켄계 탄화수소이다.
④ 물보다 가볍다.

🔍 제4류 위험물은 전기부도체이다.

46 질산칼륨을 약 400℃에서 가열하여 열분해 시킬 때 주로 생성되는 물질은?

① 질산과 산소
② 질산과 칼륨
③ 아질산칼륨과 산소
④ 아질산칼륨과 질소

🔍 질산칼륨을 열분해 시키면 아질산칼륨과 산소를 발생한다.
※ $2KNO_3 \rightarrow 2KNO_2 + O_2 \uparrow$

47 그림과 같은 타원형 위험물 탱크의 내용적을 구하는 식을 옳게 나타낸 것은?

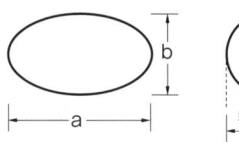 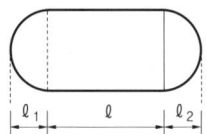

① $\dfrac{\pi ab}{4}\left(\ell + \dfrac{\ell_1 + \ell_2}{3}\right)$

② $\dfrac{\pi ab}{4}\left(\ell + \dfrac{\ell_1 - \ell_2}{3}\right)$

③ $\pi ab\left(\ell + \dfrac{\ell_1 + \ell_2}{3}\right)$

④ $\pi ab\ell^2$

🔍 탱크의 용량
(1) 타원형 탱크의 내용적
  ① 양쪽이 볼록한 것

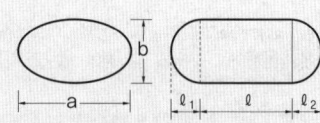

  내용적 = $\dfrac{\pi ab}{4}\left(\ell + \dfrac{\ell_1 + \ell_2}{3}\right)$

  ② 한쪽은 볼록하고 다른 한쪽은 오목한 것

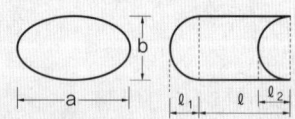

  내용적 = $\dfrac{\pi ab}{4}\left(\ell + \dfrac{\ell_1 - \ell_2}{3}\right)$

(2) 원통형 탱크의 내용적
  ① 횡(가로)으로 설치한 것

 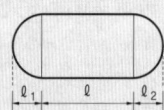

  내용적 = $\pi r^2\left(\ell + \dfrac{\ell_1 + \ell_2}{3}\right)$

  ② 종(세로)으로 설치한 것

 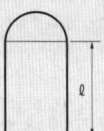

  내용적 = $\pi r^2 \ell$

48 TNT가 폭발했을 때 발생하는 유독기체는?

① Na
② CO_2
③ H_2
④ CO

🔍 TNT의 분해반응식
※ $2C_6H_2CH_3(NO_2)_3 \rightarrow 2C + 3N_2\uparrow + 5H_2\uparrow + 12CO\uparrow$

49 제4류 위험물에 대한 설명 중 틀린 것은?

① 이황화탄소는 물보다 무겁다.
② 아세톤은 물에 녹지 않는다.
③ 톨루엔 증기는 공기보다 무겁다.
④ 다이에틸에터의 연소범위 하한은 약 1.7%이다.

🔍 아세톤은 물에 잘 녹으므로 제1석유류의 수용성으로 지정수량이 400ℓ이다.

50 가솔린의 위험성에 대한 설명 중 틀린 것은?

① 인화점이 낮아 인화하기 쉽다.
② 증기는 공기보다 가벼우며 쉽게 착화한다.
③ 사에틸납이 혼합된 가솔린은 유독하다.
④ 정전기 발생에 주의해야 한다.

🔍 가솔린은 증기비중이 3~4로서 공기보다 무겁다.

51 제6류 위험물의 공통적 성질이 아닌 것은?

① 산화성 액체이다.
② 지정수량이 300kg이다.
③ 무기화합물이다.
④ 물보다 가볍다.

🔍 제6류 위험물의 일반적인 성질
(1) 산화성 액체이며 무기화합물로 이루어져 형성된다.
(2) 무색, 투명하며 비중은 1보다 크고(물보다 무겁다). 표준상태에서는 모두가 액체이다.
(3) 과산화수소를 제외하고 강산성 물질이며 물에 녹기 쉽다.
(4) 지정수량은 모두 300kg이다.

52 탄화칼슘의 성질에 대한 설명 중 틀린 것은?

① 질소 중에서 고온으로 가열하면 석회질소가 된다.
② 융점은 약 300℃이다.
③ 비중은 약 2.2이다.
④ 물질의 상태는 고체이다.

🔍 탄화칼슘의 성질
(1) 카바이트라고 하며, 분자식 CaC_2, 융점은 2370℃, 비중 2.21이다
(2) 순수한 것은 무색투명하나 보통은 회백색의 덩어리 상태이다.
(3) 공기 중에서 안정하지만 350℃ 이상에서는 산화된다.
(4) 습기가 없는 밀폐용기에 저장하고 용기에는 질소가스 등 불연성가스를 봉입시킬 것
(5) 질소 중에서 고온으로 가열하면 석회질소가 된다.
$CaC_2 + N_2 \rightarrow CaCN_2 + C$
(석회질소) (탄소)

53 벤조일퍼옥사이드의 성질 및 저장에 관한 설명으로 틀린 것은?

① 직사일광을 피하고 찬 곳에 저장한다.
② 산화제이므로 유기물, 환원성 물질과 접촉을 피한다.
③ 발화점이 상온 이하이므로 냉장보관 해야 한다.
④ 건조방지를 위해 물 등의 희석제를 사용해야 한다.

🔍 과산화벤조일(Benzoyl Peroxide, 벤조일퍼옥사이드, BPO)
(1) 물성

분자식	비중	융점
$(C_6H_5CO)_2O_2$	1.33	105℃

(2) 무색, 무취의 백색 결정으로 강산화성 물질이다
(3) 물에 녹지 않고, 알코올에는 약간 용해한다.
(4) 프탈산디메틸(DMP), 프탈산디부틸(DBP)의 희석제를 사용한다.
(5) 소화방법은 소량일 때에는 탄산가스, 분말, 건조된 모래로 대량일 때에는 물이 효과적이다

54 적린의 성질 및 취급방법에 대한 설명으로 틀린 것은?

① 화재발생시 냉각소화가 가능하다.
② 공기 중에 방치하면 자연발화 한다.
③ 산화제와 격리하여 저장한다.
④ 비금속 원소이다.

🔍 적린은 공기 중에 방치하면 자연발화는 않지만 260℃ 이상 가열하면 발화하고 400℃ 이상에서 승화한다.

55 질산이 직사일광에 노출될 때 어떻게 되는가?

① 분해되지는 않으나 붉은 색으로 변한다.
② 분해되지는 않으나 녹색으로 변한다.
③ 분해되어 질소를 발생한다.
④ 분해되어 이산화질소를 발생한다.

🔍 질산의 분해반응식
※ $4HNO_3 \rightarrow 2H_2O + 4NO_2\uparrow(이산화질소) + O_2\uparrow$

56 마그네슘분에 대한 설명으로 옳은 것은?

① 물보다 가벼운 금속이다.
② 분진폭발이 없는 물질이다.
③ 황산과 반응하면 수소가스를 발생한다.
④ 소화방법으로 직접적인 주수소화가 가장 좋다.

🔍 마그네슘
(1) 물성

화학식	분자량	비중	융점	비점
Mg	24.3	1.74	651℃	1,100℃

(2) 은백색의 광택이 있는 금속이다
(3) 공기 중 부식성은 적으나 알칼리에 안정하다
(4) 물과 반응하면 수소가스를 발생한다.
※ $Mg + 2H_2O \rightarrow Mg(OH)_2 + H_2\uparrow$
(5) Mg분이 공기 중에 부유하면 화기에 의해 분진폭발의 위험이 있다.
(6) 강산과 온수와 반응하여 수소가스를 발생한다.
※ $Mg + H_2SO_4 \rightarrow MgSO_4 + H_2\uparrow$

57 아세트산의 일반적 성질에 대한 설명 중 틀린 것은?

① 무색, 투명한 액체이다.
② 수용성이다.
③ 증기비중은 등유보다 크다.
④ 겨울철에 고화될 수 있다.

🔍 아세트산(초산)
(1) 물성

분자식	비중	증기비중	인화점	착화점	응고점	연소범위
CH_3COOH	1.05	2.07	40℃	485℃	16.2℃	6.0~17%

(2) 자극성 냄새와 신맛이 나는 무색, 투명한 액체이다.
(3) 물, 알코올, 에터에 잘 녹으며 물보다 무겁다(수용성)
(4) 피부와 접촉하면 수포상의 화상을 입는다.

(5) 증기비중

종류	아세트산	등유
증기비중	2.07	4~5

58 일반적인 제5류 위험물 취급 시 주의사항으로 가장 거리가 먼 것은?

① 화기의 접근을 피한다.
② 물과 격리하여 저장한다.
③ 마찰과 충격을 피한다.
④ 통풍이 잘 되는 냉암소에 저장한다.

🔍 제5류 위험물은 화재 시 냉각소화 해야 하므로 물과의 격리할 필요는 없다.

59 아이소프로필알코올에 대한 설명으로 옳지 않은 것은?

① 탈수하면 프로필렌이 된다.
② 탈수소하면 아세톤이 된다.
③ 물에 녹지 않는다.
④ 무색투명한 액체이다.

🔍 아이소프로필알코올(Isopropyl alcohol)
(1) 물성

화학식	비중	증기비중	비점	인화점	연소범위
C_3H_7OH	0.78	2.07	83℃	12℃	2.0~12.0%

(2) 물과는 임의의 비율로 섞이며 아세톤, 에터 등 유기용제에 잘 녹는다.
(3) 산화하면 아세톤이 되고, 탈수하면 프로필렌이 된다.

60 트라이나이트로톨루엔의 성상으로 틀린 것은?

① 물에 잘 녹는다.
② 담황색의 결정이다.
③ 폭약으로 사용된다.
④ 아세톤, 벤젠에는 잘 녹는다.

🔍 트라이나이트로 톨루엔(Tri Nitro Toluene, TNT)
(1) 담황색의 결정으로 강력한 폭약이다
(2) 충격에는 민감하지 않으나 급격한 타격에 의하여 폭발한다.
(3) 물에 녹지 않고, 알코올에는 가열하면 녹고, 아세톤, 벤젠, 에터에는 잘 녹는다.
(4) 일광에 의해 갈색으로 변하고 가열, 타격에 의하여 폭발한다.

정답 CBT 복원문제 2025년 2회

01 ③	02 ④	03 ③	04 ②	05 ②
06 ②	07 ②	08 ①	09 ②	10 ③
11 ①	12 ②	13 ②	14 ③	15 ②
16 ②	17 ②	18 ③	19 ③	20 ④
21 ①	22 ④	23 ①	24 ②	25 ④
26 ②	27 ④	28 ①	29 ④	30 ②
31 ④	32 ①	33 ①	34 ④	35 ③
36 ①	37 ①	38 ②	39 ②	40 ③
41 ③	42 ①	43 ④	44 ③	45 ②
46 ③	47 ①	48 ④	49 ②	50 ②
51 ④	52 ②	53 ③	54 ②	55 ④
56 ③	57 ③	58 ②	59 ③	60 ①

2025년 3회 CBT 복원문제

01 다량의 주수에 의한 냉각소화가 효과적인 위험물은?
① CH_3ONO_2
② Al_4C_3
③ Na_2O_2
④ Mg

> 질산메틸(CH_3ONO_2)은 냉각소화가 가능하고 다른 위험물은 냉각소화하면 가연성가스 또는 조연성가스를 발생하므로 위험하다.
> ① 탄화알루미늄 $Al_4C_3 + 12H_2O \rightarrow 4Al(OH)_3 + 3CH_4$(메테인)
> ② 과산화나트륨 $2Na_2O_2 + 2H_2O \rightarrow 4NaOH + O_2$(산소)
> ③ 마그네슘 $Mg + 2H_2O \rightarrow Mg(OH)_2 + H_2$(수소)

02 알코올류 20000 ℓ에 대한 소화설비 설치 시 소요단위는?
① 5
② 10
③ 15
④ 20

> 소요단위 = $\dfrac{\text{저장수량}}{\text{지정수량} \times 10} = \dfrac{20,000\ell}{400\ell \times 10} = 5$단위
> ※ 알코올류의 지정수량 : 400 ℓ

03 정전기 발생의 예방방법이 아닌 것은?
① 접지에 의한 방법
② 공기를 이온화시키는 방법
③ 전기의 도체를 사용하는 방법
④ 공기 중의 상대습도를 낮추는 방법

> 정전기 방지대책
> (1) 접지에 의한 방법
> (2) 공기를 이온화시키는 방법
> (3) 전기의 도체를 사용하는 방법
> (4) 공기 중의 상대습도를 70%이상으로 증가시키는 방법

04 이산화탄소 소화기 사용 시 줄·톰슨효과에 의해서 생성되는 물질은?
① 포스겐
② 일산화탄소
③ 드라이아이스
④ 수성가스

> 이산화탄소 소화기 사용 시 줄·톰슨효과에 의해서 드라이아이스가 생성된다.

05 옥내주유취급소의 소화난이도 등급은?
① Ⅰ
② Ⅱ
③ Ⅲ
④ Ⅳ

> 소화난이도 등급
> (1) 옥내 주유 취급소 : 소화 난이도 등급 Ⅱ
> (2) 지하탱크 저장소, 간이탱크 저장소, 이동탱크 저장소, 제1종 판매 취급소 : 소화난이도 등급 Ⅲ

06 화재가 발생한 후 실내온도는 급격히 상승하고 축적된 가연성가스가 착화하면 실내 전체가 화염에 휩싸이는 화재현상은?
① 보일오버
② 슬롭오버
③ 플래쉬오버
④ 화이어볼

> 플래쉬오버(Flash Over) : 화재가 발생한 후 실내온도는 급격히 상승하고 축적된 가연성가스가 착화하면 실내 전체가 화염에 휩싸이는 화재현상으로 성장기에서 최성기로 넘어가는 단계에서 발생한다.

07 스프링클러설비의 장점이 아닌 것은?
① 화재의 초기 진압에 효율적이다.
② 사용약제를 쉽게 구할 수 있다.
③ 자동으로 화재를 감지하고 소화할 수 있다.
④ 다른 소화 설비보다 구조가 간단하고 시설비가 적다.

> 스프링클러설비는 다른 설비에 비하여 구조가 복잡하고 시설비가 많이 든다.

08 인화점이 낮은 것부터 높은 순서로 나열된 것은?
① 톨루엔 – 아세톤 – 벤젠
② 아세톤 – 톨루엔 – 벤젠
③ 톨루엔 – 벤젠 – 아세톤
④ 아세톤 – 벤젠 – 톨루엔

🔍 **인화점**

종류	벤젠	톨루엔	아세톤
인화점	-11℃	4℃	-18.5℃

09 다음 중 발화점이 가장 낮은 물질은?

① 메틸알코올
② 등유
③ 아세트산
④ 아세톤

🔍 **발화점**

종류	메틸알코올	등유	아세트산	아세톤
발화점	464℃	210℃ 이상	485℃	465℃

10 옥외소화전설비의 기준에서 옥외소화전함은 옥외소화전으로부터 보행거리 몇 m 이하의 장소에 설치해야 하는가?

① 15
② 5
③ 7.5
④ 10

🔍 옥외소화전함은 옥외소화전으로부터 보행거리 5m 이하의 장소에 설치해야 한다.

11 다음 중 연소의 3요소를 모두 갖춘 것은?

① 휘발유 + 공기 + 산소
② 적린 + 수소 + 성냥불
③ 성냥불 + 황 + 산소
④ 알코올 + 수소 + 산소

🔍 **연소의 3요소**
(1) 가연물 : 황(제2류 위험물)
(2) 산소공급원 : 산소
(3) 점화원 : 성냥불
※ 가연물 : 휘발유, 적린, 수소, 황, 알코올

12 제3종 분말 소화약제의 열분해 반응식을 옳게 나타낸 것은?

① $NH_4H_2PO_4 \rightarrow HPO_3 + NH_3 + H_2O$
② $2KNO_3 \rightarrow 2KNO_2 + O_2$
③ $KClO_4 \rightarrow KCl + 2O_2$
④ $2CaHCO_3 \rightarrow 2CaO + H_2CO_3$

🔍 **분말소화약제**

종류	주성분	착색	적응화재	열분해 반응식
제1종 분말	탄산수소나트륨 ($NaHCO_3$)	백색	B, C급	$2NaHCO_3 \rightarrow Na_2CO_3 + CO_2 + H_2O$
제2종 분말	탄산수소칼륨 ($KHCO_3$)	담회색	B, C급	$2KHCO_3 \rightarrow K_2CO_3 + CO_2 + H_2O$
제3종 분말	제일인산암모늄 ($NH_4H_2PO_4$)	담홍색 황색	A, B, C급	$NH_4H_2PO_4 \rightarrow HPO_3 + NH_3 + H_2O$
제4종 분말	탄산수소칼륨 + 요소 [$KHCO_3$ + $(NH_2)_2CO$]	회색	B, C급	$2KHCO_3 + (NH_2)_2CO \rightarrow K_2CO_3 + 2NH_3 + 2CO_2$

13 포소화약제의 주된 소화효과에 해당하는 것은?

① 부촉매 효과
② 질식효과
③ 억제효과
④ 제거효과

🔍 포소화약제의 주된 소화효과 : 질식효과

14 정전기를 유효하게 제거하기 위한 설비로 공기 중의 상대습도는 몇 % 이상 되게 하여야 하는가?

① 50%
② 60%
③ 70%
④ 80%

🔍 **정전기 방지법**
(1) 접지를 할 것
(2) 상대습도 70% 이상 유지할 것
(3) 공기를 이온화 할 것

15 할론1211 소화기의 약제를 화학식으로 옳게 나타낸 것은?

① CCl_4
② CH_2ClBr
③ CF_3Br
④ CF_2ClBr

🔍 **할로젠화합물 소화약제**

약제종류	사염화탄소	할론1011	할론1301	할론1211
화학식	CCl_4	CH_2ClBr	CF_3Br	CF_2ClBr

16 위험물 제조소등별로 설치해야 하는 경보설비의 종류에 해당하지 않는 것은?

① 비상방송설비
② 비상조명등설비
③ 자동화재탐지설비
④ 비상경보설비

🔍 비상조명등 : 피난설비

17 다음 소화설비의 설치기준으로 틀린 것은?

① 능력단위는 소요단위에 대응하는 소화설비의 소화능력의 기준단위이다.
② 소요단위는 소화설비의 설치대상이 되는 건축물 그 밖의 공작물의 규모 또는 위험물의 양의 기준단위이다.
③ 취급소의 외벽이 내화구조인 건축물의 연면적 $50m^2$를 1소요단위로 한다.
④ 저장소의 외벽이 내화구조인 건축물의 연면적 $150m^2$를 1소요단위로 한다.

🔍 소요단위의 계산방법

구분	제조소, 취급소		저장소		위험물
외벽의 기준	내화구조	비내화구조	내화구조	비내화구조	
기준	연면적 $100m^2$	연면적 $50m^2$	연면적 $150m^2$	연면적 $75m^2$	지정수량의 10배

18 제1류 위험물에 충분한 에너지를 가하면 공통적으로 발생하는 가스는?

① 염소   ② 질소
③ 수소   ④ 산소

🔍 제1류 위험물에 충분한 에너지(열, 물)를 가하면 산소를 발생한다.

19 8ℓ 용량의 소화전용 물통의 능력단위는?

① 0.3   ② 0.5
③ 1.0   ④ 1.5

🔍 소화설비의 능력단위

소화설비	용량	능력단위
소화전용(專用)물통	8ℓ	0.3
수조(소화전용 물통 3개 포함)	80ℓ	1.5
수조(소화전용 물통 6개 포함)	190ℓ	2.5
마른 모래(삽 1개 포함)	50ℓ	0.5
팽창질석 또는 팽창진주암(삽 1개 포함)	160ℓ	1.0

20 다음 ( )안에 알맞은 용어는?

( )이란 불을 끌어당기는 온도라는 뜻으로 액체 표면의 근처에서 불이 붙는데 충분한 농도의 증기를 발생하는 최저온도를 말한다.

① 연소점
② 발화점
③ 인화점
④ 착화점

🔍 인화점 : 가연성증기를 발생할 수 있는 최저온도

21 톨루엔의 화재 시 가장 적합한 소화방법은?

① 산 · 알칼리 소화기에 의한 소화
② 포에 의한 소화
③ 다량의 강화액에 의한 소화
④ 다량의 주수에 의한 소화

🔍 톨루엔의 소화방법 : 질식소화(포, 이산화탄소, 할론, 분말)

22 위험물 안전관리법상 제6류 위험물에 해당하지 않는 것은?

① HNO_3
② H_2SO_4
③ H_2O_2
④ $HClO_4$

🔍 위험물의 분류

종류	HNO_3	H_2SO_4	H_2O_2	$HClO_4$
명칭	질산	황산	과산화수소	과염소산
분류	제6류 위험물	유독물	제6류 위험물	제6류 위험물

23 자연발화성 물질 및 금수성 물질에 해당되지 않는 것은?

① 칼륨
② 황화린
③ 탄화칼슘
④ 수소화나트륨

🔍 황화린 : 제2류 위험물(가연성 고체)

24 제6류 위험물과 혼재가 가능한 위험물은?(단, 지정수량의 10배를 초과하는 경우이다.)

① 제1류 위험물
② 제2류 위험물
③ 제3류 위험물
④ 제5류 위험물

🔍 류별을 달리하는 위험물의 혼재기준

위험물의 구분	제1류	제2류	제3류	제4류	제5류	제6류
제1류		×	×	×	×	○
제2류	×		×	○	○	×
제3류	×	×		○	×	×
제4류	×	○	○		○	×
제5류	×	○	×	○		×
제6류	○	×	×	×	×	

25 옥내저장소에서 위험물을 류별로 정리하고 서로 1m 이상의 간격을 두는 경우 류별을 달리하는 위험물을 동일한 저장소에 저장할 수 있는 것은?

① 과산화나트륨과 벤조일퍼옥사이드
② 과염소산나트륨과 질산
③ 황린과 트라이에틸알루미늄
④ 황과 아세톤

🔍 옥내저장소 또는 옥외저장소에는 있어서 류별을 달리하는 위험물을 동일한 저장소에 저장할 수 없는데 1m이상 간격을 두고 아래 류별을 저장할 수 있다.
(1) 제1류 위험물(알칼리금속의 과산화물은 제외)과 제5류 위험물을 저장하는 경우
(2) 제1류 위험물(과염소산나트륨)과 제6류 위험물(질산)을 저장하는 경우
(3) 제1류 위험물과 자연발화성물품(황린포함)을 저장하는 경우
(4) 제2류 위험물 중 인화성고체와 제4류 위험물을 저장하는 경우

종류	과산화나트륨	벤조일퍼옥사이드	과염소산나트륨	질산
류별	제1류 위험물 (무기과산화물)	제5류 위험물 (유기과산화물)	제1류 위험물	제6류 위험물

종류	황린	트라이에틸알루미늄	황	아세톤
류별	제3류 위험물	제3류 위험물 (알킬알루미늄)	제2류 위험물	제4류 위험물

26 다음 중 방향족 탄화수소에 해당하는 것은?

① 톨루엔
② 아세트알데하이드
③ 아세톤
④ 다이에틸에터

🔍 방향족 탄화수소 ; 벤젠핵에 메틸기, 에틸기, 아미노기 등이 결합되어 있는 물질로서 대표적인 것이 BTX(Benzen, Toluene, Xylene)이 있다.

27 위험물의 운반에 관한 기준에 따라 다음의(①)과 (②)에 적합한 것은?

> 액체위험물은 운반용기의 내용적의 (①) 이하의 수납율로 수납하되 (②)의 온도에서 누설되지 않도록 충분한 공간용적을 두어야 한다.

① ① 98%, ② 40℃
② ① 98%, ② 55℃
③ ① 95%, ② 40℃
④ ① 95%, ② 55℃

🔍 운반기준
(1) 고체위험물은 운반용기 내용적의 95% 이하의 수납율로 수납할 것
(2) 액체위험물은 운반용기 내용적의 98% 이하의 수납율로 수납하되, 55℃의 온도에서 누설되지 않도록 충분한 공간용적을 유지하도록 할 것

28 다음 중 제3석유류로만 나열된 것은?

① 아세트산, 테레핀유
② 글리세린, 아세트산
③ 글리세린, 에틸렌글라이콜
④ 아크릴산, 에틸렌글라이콜

🔍 제4류 위험물의 분류

종류	아세트산	테레핀유	글리세린	에틸렌글라이콜	아크릴산
품명	제2석유류 (수용성)	제2석유류 (비수용성)	제3석유류 (수용성)	제3석유류 (수용성)	제2석유류 (수용성)

29 다음 품명 중 위험물의 류별 구분이 나머지 셋과 다른 것은?

① 질산에스터류
② 아염소산염류
③ 질산염류
④ 무기과산화물

🔍 위험물의 분류

종류	질산에스터류	아염소산염류	질산염류	무기과산화물
품명	제5류 위험물	제1류 위험물	제1류 위험물	제1류 위험물

30 물에 의한 냉각소화가 가능한 것은?

① 황
② 철분
③ 부틸리튬
④ 마그네슘

🔍 황은 냉각소화이고 나머지는 건조사, 팽창질석에 의한 질식소화를 해야 한다.

31 질산의 위험성에 대한 설명으로 틀린 것은?

① 햇빛에 의해 분해된다.
② 금속을 부식시킨다.
③ 물을 가하면 발열한다.
④ 충격에 의해 쉽게 연소와 폭발을 한다.

🔍 질산(HNO_3)은 충격에 의해 쉽게 연소와 폭발하지 않는다.

32 위험물의 성질에 대한 설명으로 틀린 것은?

① 인화칼슘은 물과 반응하여 유독한 가스를 발생한다.
② 금속나트륨은 물과 반응하여 산소를 발생시키고 발열한다.
③ 칼륨은 물과 반응하여 수소가스를 발생한다.
④ 탄화칼슘은 물과 작용하여 발열하고 아세틸렌 가스를 발생한다.

🔍 물과의 반응

명칭	반응식
인화칼슘	$Ca_3P_2 + 6H_2O \rightarrow 3Ca(OH)_2 + 2PH_3\uparrow$ (포스핀)
나트륨	$2Na + 2H_2O \rightarrow 2NaOH + H_2\uparrow$ (수소)
칼륨	$2K + 2H_2O \rightarrow 2KOH + H_2\uparrow$ (수소)
탄화칼슘	$CaC_2 + 2H_2O \rightarrow Ca(OH)_2 + C_2H_2\uparrow$ (아세틸렌)

※ 포스핀은 유독성가스이고, 수소나 아세틸렌은 가연성가스이다.

33 트라이나이트로페놀의 성상 및 위험성에 관한 설명 중 옳은 것은?

① 운반 시 에탄올을 첨가하면 안전하다.
② 강한 쓴맛이 있고 공업용은 황색의 결정이다.
③ 폭발성 물질이므로 철로 만든 용기에 저장한다.
④ 물, 아세톤, 벤젠 등에는 녹지 않는다.

🔍 트라이나이트로페놀(피크린산)
(1) 광택 있는 황색의 결정이다.
(2) 쓴맛과 독성이 있고 알코올, 에터, 벤젠, 더운물에는 잘 녹는다.
(3) 단독으로 가열, 마찰 충격에 안정하고 연소 시 검은 연기를 내지만 폭발은 하지 않는다.

34 과산화수소의 저장 및 취급 방법으로 옳지 않은 것은?

① 갈색용기를 사용한다.
② 직사광선을 피하고 냉암소에 보관한다.
③ 농도가 클수록 위험성이 높아지므로 분해방지 안정제를 넣어 분해를 억제시킨다.
④ 장기간 보관 시 철분을 넣어 유리용기에 보관한다.

🔍 과산화수소는 보관 시 구멍 뚫린 마개를 사용한다.

35 나이트로셀룰로스에 대한 설명 중 틀린 것은?

① 천연 셀룰로스를 염기와 반응시켜 만든다.
② 질화도가 클수록 위험성이 크다.
③ 질화도에 따라 크게 강면약과 약면약으로 구분할 수 있다.
④ 약 130℃도에서 분해한다.

🔍 나이트로셀룰로스(Nitro Cellulose, NC)는 셀룰로스에 진한 황산과 진한질산의 혼산으로 반응시켜 제조한 것이다.

36 위험물의 위험등급을 구분할 때 위험등급 II 에 해당하는 것은?

① 적린
② 철분
③ 마그네슘
④ 인화성고체

🔍 위험물의 위험등급

위험등급	류별	해당 위험물
위험등급 I	제1류 위험물	아염소산염류, 염소산염류, 과염소산염류, 무기과산화물, 지정수량이 50kg인 위험물
	제3류 위험물	칼륨, 나트륨, 알킬알루미늄, 알킬리튬, 황린, 지정수량이 10kg 또는 20kg인 위험물
	제4류 위험물	특수인화물
	제5류 위험물	유기과산화물(제1종), 질산에스터류(제1종), 지정수량이 10kg인 위험물
	제6류 위험물	전부
위험등급 II	제1류 위험물	브로민산염류, 질산염류, 아이오딘산염류, 지정수량이 300kg인 위험물
	제2류 위험물	황화린, 적린, 황, 지정수량이 100kg인 위험물
	제3류 위험물	알칼리금속(칼륨, 나트륨 제외) 및 알칼리토금속, 유기금속화합물(알킬알루미늄 및 알킬리튬은 제외), 지정수량이 50kg인 위험물
	제4류 위험물	제1석유류, 알코올류
	제5류 위험물	위험등급 I 에 정하는 위험물 외의 것

37 알루미늄분의 성질에 대한 설명으로 옳은 것은?

① 금속 중에서 연소열량이 가장 작다.
② 끓는 물과 반응해서 수소를 발생한다.
③ 수산화나트륨 수용액과 반응해서 산소를 발생한다.
④ 안전한 저장을 위해 할로젠 원소와 혼합한다.

🔍 알루미늄분은 끓는 물과 반응하면 수소를 발생한다.
※ $2Al + 6H_2O \rightarrow 2Al(OH)_3 + 3H_2$

38 아세트알데하이드의 저장 취급 시 주의사항으로 틀린 것은?

① 강산화제와의 접촉을 피한다.
② 취급설비에는 구리합금의 사용을 피한다.
③ 수용성이기 때문에 화재 시 물로 희석 소화가 가능하다.
④ 옥외저장탱크에 저장 시 조연성 가스를 주입한다.

🔍 아세트알데하이드를 옥외저장탱크에 저장 시 불연성 가스(질소)를 주입한다.

39 위험물안전관리법상 위험물을 분류할 때 나이트로화합물에 해당하는 것은?

① 나이트로셀룰로스
② 하이드라진
③ 질산메틸
④ 피크린산

🔍 위험물의 분류

종류	나이트로셀룰로스	하이드라진	질산메틸	피크린산
류별	제5류 위험물	제4류 위험물	제5류 위험물	제5류 위험물
품명	질산에스터류	제2석유류	질산에스터류	나이트로화합물

40 위험물제조소등에 전기배선, 조명기구 등은 제외한 전기설비가 설치되어 있는 경우에는 당해 장소의 면적 몇 m²마다 소형수동식소화기를 1개 이상 설치해야 하는가?

① 100
② 150
③ 200
④ 300

🔍 전기설비의 소화설비
제조소등에 전기설비(전기배선, 조명기구 등은 제외한다)가 설치된 경우에는 당해 장소의 면적 100m²마다 소형수동식소화기를 1개 이상 설치할 것

41 위험물의 운반에 관한 기준에서 규정한 운반용기의 재질에 해당하지 않는 것은?

① 금속판
② 양철판
③ 짚
④ 도자기

🔍 운반용기의 재질
(1) 강판 (2) 알루미늄판
(3) 양철판 (4) 유리
(5) 금속판 (6) 종이
(7) 플라스틱 (8) 섬유판
(9) 고무류 (10) 합성섬유
(11) 삼 (12) 짚
(13) 나무

42 벤젠의 위험성에 대한 설명으로 틀린 것은?

① 휘발성이 있다.
② 인화점이 0℃ 보다 낮다.
③ 증기는 유독하여 흡입하면 위험하다.
④ 이황화탄소보다 착화온도가 낮다.

> 착화온도(발화점)는 이황화탄소(90℃)가 벤젠(498℃)보다 낮다.

43 금속칼륨과 금속나트륨의 공통성질이 아닌 것은?

① 비중이 1보다 작다.
② 용융점이 100℃보다 낮다.
③ 열전도도가 크다.
④ 강하고 단단한 금속이다.

> 칼륨이나 나트륨은 무른 경금속이다.

44 분자량이 약 110 인 무기과산화물로 물과 접촉하여 발열 하는 것은?

① 과산화마그네슘
② 과산화벤젠
③ 과산화칼슘
④ 과산화칼륨

> 과산화칼륨
> (1) 물성
>
> | 화학식 | 분자량 | 비 중 | 분해 온도 |
> |---|---|---|---|
> | K_2O_2 | 110 | 2.9 | 490℃ |
>
> (2) 무색 또는 오렌지색의 결정이다.
> (3) 물과 반응하면 수산화칼륨과 산소를 발생한다.
> ※ $2K_2O_2 + 2H_2O \rightarrow 4KOH + O_2 \uparrow$

45 제6류 위험물의 일반적 성질에 대한 설명 중 틀린 것은?

① 물에 잘 녹는다.
② 산화제이다
③ 물보다 무겁다.
④ 쉽게 연소한다.

> 제6류 위험물 : 불연성물질

46 제4류 위험물의 일반적인 화재 예방방법이나 진압대책과 관련한 설명 중 틀린 것은?

① 인화점이 높은 석유류일수록 불연성가스를 봉입하여 혼합기체의 형성을 억제해야 한다.
② 메틸알코올의 화재에는 알코올포를 사용하여 소화하는 것이 가장 효과적이다.
③ 물에 의한 냉각소화보다는 이산화탄소, 분말, 포에 의한 질식소화를 시도하는 것이 좋다.
④ 중유탱크 화재의 경우 boil over 현상이 일어나 위험한 상황이 발생할 수 있다.

> 제4류 위험물의 화재예방대책
> (1) 인화점이 낮은 석유류일수록 불연성가스를 봉입하여 혼합기체의 형성을 억제해야 한다.
> (2) 알코올의 화재에는 알코올형포(내알코올포, 알코올포)를 사용하며 다른 포 약제를 사용하면 소포되므로 효과가 없다.
> (3) 물에 의한 냉각소화보다는 이산화탄소, 분말, 포에 의한 질식소화가 효과가 좋다.
> (4) 중유탱크 화재의 경우 boil over 현상이 일어나 위험한 상황이 발생할 수 있다.

47 벤조일퍼옥사이드 100kg, 나이트로글리세린 50kg, TNT 400kg을 저장하려 할 때 각 위험물의 지정수량 배수의 총 합은?

① 26. ② 36
③ 46 ④ 50

> 지정수량의 배수
> (1) 지정수량
>
> | 종류 | 벤조일퍼옥사이드 | 나이트로글리세린 | TNT |
> |---|---|---|---|
> | 품명 | 유기과산화물 (제2종) | 질산에스터류 (제1종) | 나이트로화합물 (제1종) |
> | 지정수량 | 100kg | 10kg | 10kg |
>
> ∴ 지정수량의 배수 = 저장량/지정수량 + 저장량/지정수량 + ⋯
> = $\frac{100kg}{100kg} + \frac{50kg}{10kg} + \frac{400kg}{10kg}$ = 46배

48 칼륨의 저장 시 사용하는 보호물질로 가장 적당한 것은?

① 에탄올 ② 이황화탄소
③ 석유 ④ 이산화탄소

🔍 위험물 보호액

종류	저장방법
칼륨, 나트륨	석유(등유), 경유 속에 저장
이황화탄소, 황린	물속에 저장
나이트로셀룰로스	물 또는 알코올로 습면시켜 저장

49 지하저장탱크에 경보음을 울리는 방법으로 과충전 방지장치를 설치하고자 한다. 탱크 용량의 최소 몇 %가 찰 때 경보음이 울리도록 하여야 하는가?

① 80   ② 85
③ 90   ④ 95

🔍 지하저장탱크의 과충전방지장치 설치 : 탱크 용량의 90%가 찰 때 경보음이 울리도록 한다.

50 다음 중 모두 고체로만 이루어진 위험물은?

① 제1류 위험물, 제2류 위험물
② 제2류 위험물, 제3류 위험물
③ 제3류 위험물, 제5류 위험물
④ 제1류 위험물, 제5류 위험물

🔍 위험물의 성상

류별	제1류 위험물	제2류 위험물	제3류 위험물	제4류 위험물	제5류 위험물	제6류 위험물
성상	고체	고체	고체(일부 액체)	액체	고체(일부 액체)	액체

51 알코올유 20,000ℓ에 대한 소화설비 설치 시 소요단위는?

① 5   ② 10
③ 15   ④ 20

🔍 소요단위 = 저장수량 ÷ (지정수량 × 10)
    = 20,000ℓ/(400ℓ × 10) = 5단위
※ 알코올의 지정수량 : 400ℓ

52 과산화벤조일 취급 시 주의사항에 대한 설명 중 틀린 것은?

① 수분을 포함하고 있으면 폭발하기 쉽다.
② 가열, 충격, 마찰을 피해야 한다.
③ 저장용기는 차고 어두운 곳에 보관한다.
④ 희석제를 첨가하여 폭발성을 낮출 수 있다.

🔍 과산화벤조일은 발화되면 연소속도가 빠르고 건조한 상태에서는 위험하다.

53 과염소산칼륨에 황린이나 마그네슘분을 혼합하면 위험한 이유를 가장 옳게 설명한 것은?

① 외부의 충격에 의해 폭발할 수 있으므로
② 전지가 형성되어 열이 발생하므로
③ 발화점이 높아지므로
④ 용융하므로

🔍 과염소산칼륨(제1류 위험물)에 마그네슘분(제2류 위험물)을 혼합하면 외부의 충격에 의해 폭발한다.

54 다음 반응식과 같이 벤젠 1kg이 연소할 때 발생되는 CO_2의 양은 약 몇 m^3인가?(단, 27℃, 750mmHg 기준이다.)

$$C_6H_6 + 7.5O_2 \rightarrow 6CO_2 + 3H_2O$$

① 0.72   ② 1.22
③ 1.92   ④ 2.42

🔍 이산화탄소의 부피
(1) 벤젠이 연소 시 이산화탄소의 양을 구하면
$C_6H_6 + 7.5O_2 \rightarrow 6CO_2 + 3H_2O$
78kg 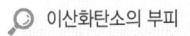 6×44kg
1kg x

$x = \dfrac{1kg \times 6 \times 44kg}{78kg} = 3.38kg$

∴ 이상기체상태방정식을 이용하면 $PV = \dfrac{W}{M}RT$ 에서

∴ $V = \dfrac{WRT}{PM}$

$= \dfrac{3.38kg \times 0.08205m^3 \cdot atm/kg-mol \cdot K \times (273+27)K}{(750mmHg/760mmHg) \times 1atm \times 44kg/kg-mol}$

$= 1.92m^3$

55 다음 중 황 분말과 혼합했을 때 가열 또는 충격에 의해서 폭발할 위험이 가장 높은 것은?

① 질산암모늄
② 물
③ 이산화탄소
④ 마른모래

> 황(제2류 위험물)과 질산암모늄(제1류 위험물)이 혼합하면 가열 또는 충격에 의해서 폭발할 위험이 있다.

56 제4류 위험물중 특수인화물에 해당하지 않는 것은?

① 아이소프로필아민
② 황화다이메틸
③ 메틸에틸케톤
④ 아세트알데하이드

> 메틸에틸케톤(MEK) : 제1석유류

57 위험물의 지하저장탱크 중 압력탱크 외의 탱크에 대해 수압시험을 실시할 때 몇 kPa 의 압력으로 해야 하는가? (단, 소방청장이 정하여 고시하는 기밀시험과 비파괴시험을 동시에 실시하는 방법으로 대신하는 경우는 제외한다.)

① 40
② 50
③ 60
④ 70

> 수압시험
> (1) 압력탱크 : 최대상용압력의 1.5배의 압력으로 10분간 실시
> (2) 압력탱크 외의 탱크 : 70kPa의 압력으로 10분간 실시

58 다음 중 지정수량이 나머지 셋과 다른 것은?

① 염소산나트륨
② 과산화칼슘
③ 질산칼륨
④ 아염소산나트륨

> 지정수량
>
> | 종류 | 염소산나트륨 | 과산화칼슘 | 질산칼륨 | 아염소산나트륨 |
> |---|---|---|---|---|
> | 분류 | 제1류 위험물 (염소산염류) | 제1류 위험물 (무기과산화물) | 제1류 위험물 (질산염류) | 제1류 위험물 (아염소산염류) |
> | 지정수량 | 50kg | 50kg | 300kg | 50kg |

59 운송책임자의 감독·지원을 받아 운송해야 하는 것으로 대통령령이 정하는 위험물에 해당하는 것은?

① 알킬리튬
② 다이에틸에터
③ 과산화나트륨
④ 과염소산

> 알킬리튬, 알킬알루미늄을 운반하고자 할 때에는 운송책임자의 감독·지원을 받아 운송해야 한다.

60 위험물안전관리법에서 정의하는 "제조소등"에 해당되지 않는 것은?

① 제조소
② 저장소
③ 판매소
④ 취급소

> 위험물제조소등
> (1) 제조소
> (2) 저장소 : 옥내저장소, 옥외저장소, 옥내탱크저장소, 옥외탱크저장소, 지하탱크저장소, 이동탱크저장소, 간이탱크저장소, 암반탱크저장소
> (3) 취급소 : 일반취급소, 주유취급소, 판매취급소, 이송취급소

정답 CBT 복원문제 2025년 3회

01 ①	02 ①	03 ④	04 ③	05 ②
06 ③	07 ④	08 ④	09 ②	10 ②
11 ③	12 ①	13 ②	14 ③	15 ④
16 ②	17 ③	18 ④	19 ①	20 ③
21 ②	22 ①	23 ②	24 ①	25 ②
26 ①	27 ②	28 ③	29 ③	30 ①
31 ④	32 ②	33 ③	34 ④	35 ①
36 ①	37 ②	38 ④	39 ④	40 ①
41 ④	42 ④	43 ④	44 ④	45 ④
46 ①	47 ③	48 ③	49 ③	50 ①
51 ①	52 ①	53 ②	54 ③	55 ①
56 ③	57 ④	58 ③	59 ①	60 ③

2025년 4회 CBT 복원문제

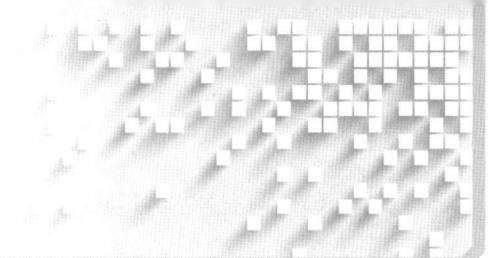

01 위험물의 저장·취급에 관한 법적 규제를 설명하는 것으로 옳은 것은?

① 지정수량 이상 위험물의 저장은 제조소, 저장소 또는 취급소에서 해야 한다.
② 지정수량 이상 위험물의 취급은 제조소, 저장소 또는 취급소에서 해야 한다.
③ 제조소 또는 취급소에는 지정수량 미만의 위험물은 저장할 수 없다.
④ 지정수량 이상 위험물의 저장·취급기준은 모두 중요기준이므로 위반 시에는 벌칙이 따른다.

🔍 지정수량이상의 위험물을 제조소등(제조소, 저장소, 취급소)에서 저장, 취급해야 한다.

02 화재 시 이산화탄소를 사용하여 공기 중 산소의 농도를 21vol%에서 13vol%로 낮추려면 공기 중 이산화탄소의 농도는 약 몇 vol%가 되어야 하는가?

① 34.3
② 38.1
③ 42.5
④ 45.8

🔍 이산화탄소의 농도(%) = $\frac{21 - O_2}{21} \times 100$

= $\frac{21 - 13}{21} \times 100 = 38.1\%$

03 아이오딘값에 관한 설명 중 틀린 것은?

① 기름 100g에 흡수되는 요오드의 g수를 뜻한다.
② 아이오딘값은 유지에 함유된 지방산의 불포화 정도를 나타낸다.
③ 불포화결합이 많이 포함되어 있는 것이 건성유이다.
④ 불포화도가 클수록 반응성이 작다.

🔍 불포화도가 클수록 반응성이 크다.

04 위험물안전관리법령상 제3류 위험물 중 금수성물질에 적응성이 있는 것은?

① 스프링클러설비
② 포 소화설비
③ 탄산수소염류 분말 소화설비
④ 할로젠화합물소화설비

🔍 제3류 위험불(금수성물질)의 소화약제 : 건조된 모래, 팽창질석, 팽창진주암, 탄산수소염류 분말약제

05 제3종 분말소화약제의 소화효과로 가장 거리가 먼 것은?

① 질식효과
② 냉각효과
③ 제거효과
④ 부촉매효과

🔍 분말소화약제의 소화효과 : 질식, 냉각, 부촉매(억제)효과

06 제1류 위험물 중 알칼리금속의 과산화물과 물이 접촉하였을 때 주로 발생하는 것은?

① 수소가스
② 산소가스
③ 탄산가스
④ 수성가스

🔍 알칼리 금속의 과산화물(K_2O_2)이 물과 반응하면 조연성가스인 산소(O_2)를 발생한다.
※ $2K_2O_2 + 2H_2O \rightarrow 4KOH + O_2$

07 다음 중 전기화재의 표시색상은?

① 백색
② 황색
③ 무색
④ 청색

🔍 화재의 종류

급수 구분	A급	B급	C급	D급
화재의 종류	일반화재	유류화재	전기화재	금속화재
원형 표시색	백색	황색	청색	무색

08 소화설비의 소요단위 산정방법에 대한 설명 중 옳은 것은?

① 위험물은 지정수량의 100배를 1 소요단위로 함.
② 저장소용 건축물로 외벽이 내화구조인 것은 연면적 $100m^2$를 1 소요단위로 함.
③ 제조소용 건축물로 외벽이 내화구조인 것은 연면적 $50m^2$를 1 소요단위로 함.
④ 저장소용 건축물로 외벽이 내화구조가 아닌 것은 연면적 $75m^2$를 1 소요단위로 함.

🔍 소요단위의 계산방법

구분	제조소, 취급소		저장소		위험물
외벽의 기준	내화구조	비내화구조	내화구조	비내화구조	
기준	연면적 $100m^2$	연면적 $50m^2$	연면적 $150m^2$	연면적 $75m^2$	지정수량의 10배

09 다음 중 화재 시 알코올용포 소화약제를 사용하는 것이 가장 적합한 위험물은?

① 아세톤
② 휘발유
③ 경유
④ 등유

🔍 알코올용포 소화약제는 알코올, 아세톤등 수용성 액체에 적합하다.

10 알코올 화재시 수성막포 소화약제는 효과가 없다. 그 이유로 가장 적당한 것은?

① 알코올이 수용성이어서 포를 소멸시키므로
② 알코올이 반응하여 가연성가스를 발생하므로
③ 알코올 화재 시 불꽃의 온도가 매우 높으므로
④ 알코올이 포소화약제와 발열반응을 하므로

🔍 알코올은 수성막포를 사용하면 소포(거품이 꺼짐)되므로 적합하지 않다.
※ 알코올(수용성 액체) : 알코올용포 소화약제가 적합

11 연소 중인 가연물의 온도를 떨어뜨려 연소반응을 정지시키는 소화의 방법은?

① 냉각소화
② 질식소화
③ 제거소화
④ 억제소화

🔍 냉각소화 : 연소 중인 가연물에 물을 방사하여 온도를 떨어뜨려 소화하는 방식

12 정전기의 제거 방법으로 가장 거리가 먼 것은?

① 전기의 도체를 사용한다.
② 공기를 이온화한다.
③ 습도를 낮춘다.
④ 접지를 한다.

🔍 정전기 방지대책
(1) 접지에 의한 방법
(2) 공기를 이온화시키는 방법
(3) 전기의 도체를 사용하는 방법
(4) 공기 중의 상대습도를 70%이상으로 증가시키는 방법

13 가연물이 될 수 있는 조건이 아닌 것은?

① 열전달이 잘되는 물질이어야 한다.
② 반응에 필요한 에너지가 작아야 한다.
③ 산화반응 시 발열량이 커야 한다.
④ 산소와 친화력이 좋아야 한다.

🔍 가연물의 조건
(1) 열전도율이 적을 것
(2) 발열량이 클 것
(3) 표면적이 넓을 것
(4) 산소와 친화력이 좋을 것
(5) 활성화에너지가 작을 것

14 위험물안전관리법령상 제5류 자기반응성물질로 분류함에 있어 폭발성에 의한 위험도를 판단하기 위한 시험방법은?

① 열분석시험
② 철관파열시험
③ 낙구시험
④ 연소속도측정시험

🔍 제5류 위험물이 폭발성으로 인한 위험성의 정도를 판단하기 위한 시험 : 열분석시험(위험물 안전관리에 관한 세부기준 제 18조)

15 이송취급소의 소화난이도 등급에 관한 설명 중 옳은 것은?

① 모든 이송취급소는 소화난이도 등급 Ⅰ에 해당한다.
② 지정수량 100배 이상을 취급하는 이송취급소만 소화난이도 등급 Ⅰ에 해당한다.
③ 지정수량 200배 이상을 취급하는 이송취급소만 소화난이도 등급 Ⅰ에 해당한다.
④ 지정수량 10배 이상의 제4류 위험물을 취급하는 이송취급소만 소화난이도 등급 Ⅰ에 해당한다.

> 지정수량배수에 관계없이 모든 이송취급소는 소화난이도 등급 Ⅰ에 해당한다.

16 이동탱크저장소에 의한 위험물의 운송에 있어서 운송책임자의 감독 또는 지원을 받아야 하는 위험물은?

① 금수성물질
② 알킬알루미늄등
③ 아세트알데하이드등
④ 하이드록실아민등

> 알킬리튬, 알킬알루미늄을 운반하고자 할 때에는 운송책임자의 감독·지원을 받아 운송해야 한다.

17 트라이에틸알루미늄이 물과 반응 시 생성되는 물질은?

① 산화알루미늄
② 메테인
③ 메틸알코올
④ 에테인

> 트라이에틸알루미늄이 물과 반응하면 수산화알루미늄과 에테인을 발생한다.
> ※ $(C_2H_5)_3Al + 3H_2O \rightarrow Al(OH)_3 + 3C_2H_6$(에테인)

18 분말소화약제의 식별 색을 옳게 나타낸 것은?

① $KHCO_3$: 백색
② $NH_4H_2PO_4$: 담홍색
③ $NaHCO_3$: 보라색
④ $KHCO_3 + (NH_2)_2CO$: 초록색

> 분말소화약제

종류	주성분	적응화재	착색
제1종 분말	$NaHCO_3$ (중탄산나트륨, 탄산수소나트륨)	B, C급	백색
제2종 분말	$KHCO_3$ (중탄산칼륨, 탄산수소칼륨)	B, C급	담회색
제3종 분말	$NH_4H_2PO_4$ (인산암모늄, 제일인산암모늄)	A, B, C급	담홍색
제4종 분말	$KHCO_3 + (NH_2)_2CO$(요소)	B, C급	회색

19 할로젠화합물 소화설비가 적응성이 있는 대상물은?

① 제1류 위험물
② 제3류 위험물
③ 제4류 위험물
④ 제5류 위험물

> 할로젠화합물소화설비 적응 : 제4류 위험물

20 소화전용 물통 3개를 포함한 수조 80L의 능력단위는?

① 0.3
② 0.5
③ 1.0
④ 1.5

> 능력단위

소화설비	용량	능력단위
소화전용 (專用)물통	8ℓ	0.3
수조(소화전용 물통 3개 포함)	80ℓ	1.5
수조(소화전용 물통 6개 포함)	190ℓ	2.5
마른 모래(삽 1개 포함)	50ℓ	0.5
팽창질석 또는 팽창진주암(삽 1개 포함)	160ℓ	1.0

21 건성유에 해당되지 않는 것은?

① 들기름
② 등유
③ 아마인유
④ 피마자유

> 동식물유류의 종류

구분	아이오딘값	반응성	불포화도	종류
건성유	130 이상	크다	크다	해바라기유, 동유, 아마인유, 정어리기름, 들기름
반건성유	100~130	중간	중간	채종유, 목화씨기름, 참기름, 콩기름
불건성유	100 이하	적다	적다	야자유, 올리브유, 피마자유, 동백유

22 제6류 위험물인 질산은 비중이 최소 얼마 이상 되어야 위험물로 볼 수 있는가?

① 1.29
② 1.39
③ 1.49
④ 1.59

🔍 질산의 비중이 1.49이상은 제6류 위험물로 본다.

23 제조소등의 용도를 폐지한 경우 제조소등의 관계인은 용도를 폐지한 날로부터 며칠 이내에 용도폐지 신고를 해야 하는가?

① 3일
② 7일
③ 14일
④ 30일

🔍 제조소등의 용도폐지신고 : 폐지한날로부터 14일 이내에 시·도지사에게 신고해야 한다.

24 나이트로글리세린에 대한 설명으로 옳은 것은?

① 물에 매우 잘 녹는다.
② 공기 중에서 점화하면 연소나 폭발의 위험은 없다.
③ 충격에 대하여 민감하여 폭발을 일으키기 쉽다.
④ 제5류 위험물의 나이트로화합물에 속한다.

🔍 나이트로글리세린(Nitro Glycerine, NG)
(1) 무색 투명한 기름성의 액체(공업용 : 담황색)이다.
(2) 알코올, 에터, 벤젠, 아세톤, 등 유기용제에는 녹는다.
(3) 점화하면 연소하면서 폭발한다.
(4) 가열, 마찰, 충격에 민감하다(폭발을 방지하기 위하여 다공성 물질에 흡수시킨다).
(5) 제5류 위험물의 질산에스터류에 속한다.

25 제4류 위험물 운반용기 외부에 표시해야 하는 주의사항은?

① 화기·충격주의
② 화기엄금
③ 물기엄금
④ 화기주의

🔍 운반용기의 외부 표시 사항
(1) 위험물의 품명, 위험등급, 화학명 및 수용성(제4류 위험물의 수용성인 것에 한함)
(2) 위험물의 수량

(3) 주의사항

류별		주의사항
제1류 위험물	알칼리금속의 과산화물	화기·충격주의, 물기엄금, 가연물접촉주의
	그 밖의 것	화기·충격주의, 가연물접촉주의
제2류 위험물	철분·금속분·마그네슘	화기주의, 물기엄금
	인화성 고체	화기엄금
	그 밖의 것	화기주의
제3류 위험물	자연발화성물질	화기엄금, 공기접촉엄금
	금수성물질	물기엄금
제4류 위험물		화기엄금
제5류 위험물		화기엄금, 충격주의
제6류 위험물		가연물접촉주의

26 제2류 위험물에 대한 설명 중 틀린 것은?

① 아연분은 염산과 반응하여 수소를 발생한다.
② 적린은 연소하여 P_2O_5를 생성한다.
③ P_2S_5은 물에 녹아 주로 이산화황을 발생한다.
④ 제2류 위험물은 가연성 고체이다.

🔍 오황화린
(1) 담황색의 결정체이다.
(2) 조해성과 흡습성이 있다.
(3) 알코올, 이황화탄소에 녹는다.
(4) 물 또는 알칼리에 분해하여 황화수소와 인산이 된다.
 ※ $P_2S_5 + 8H_2O \rightarrow 5H_2S + 2H_3PO_4$
(5) 물에 의한 냉각소화는 부적합하며(H_2S 발생), 분말, CO_2, 건조사 등으로 질식소화 한다.

27 다음 중 제4류 위험물과 혼재할 수 없는 위험물은? (단, 지정수량의 10배 위험물인 경우이다.)

① 제1류 위험물
② 제2류 위험물
③ 제3류 위험물
④ 제5류 위험물

🔍 제4류 + 제2류 + 제5류, 제3류 + 제4류 위험물과는 운반 시 혼재할 수 있다.

28 다음 물질을 과산화수소에 혼합했을 때 위험성이 가장 낮은 것은?

① 산화제이수은
② 물
③ 이산화망간
④ 탄소분말

🔍 과산화수소는 물과 잘 혼합된다.

29 위험물에 관한 설명 중 틀린 것은?

① 할로젠간 화합물은 제6류 위험물이다.
② 할로젠간 화합물의 지정수량은 200kg이다.
③ 과염소산은 불연성이나 산화성이 강하다.
④ 과염소산은 산소를 함유하고 있으며 물보다 무겁다.

🔍 할로젠간 화합물(제6류 위험물)의 지정수량 : 300kg

30 염소산나트륨의 저장 및 취급에 관한 설명으로 틀린 것은?

① 건조하고 환기가 잘 되는 곳에 저장한다.
② 방습에 유의하여 용기를 밀전시킨다.
③ 유리용기는 부식되므로 철제용기를 사용한다.
④ 금속분류의 혼입을 방지한다.

🔍 염소산나트륨은 산화성물질이므로 철제용기를 사용하며 부식의 염려가 있다.

31 폼산에 대한 설명으로 옳은 것은?

① 환원성이 있다.
② 초산 또는 빙초산이라고도 한다.
③ 독성은 거의 없고 물에 녹지 않는다.
④ 비중은 약 0.6이다.

🔍 폼산(개미산, 의산, HCOOH)은 환원성이 있다.

32 제4류 위험물을 취급하는 제조소가 있는 사업소에서 지정수량 몇 배 이상의 위험물을 취급하는 경우 자체소방대를 설치해야 하는가?

① 2000　　② 2500
③ 3000　　④ 3500

🔍 위험물제조소에 설치하는 자체소방대 : 지정수량의 3000배 이상

33 다음 중 위험등급 I의 위험물이 아닌 것은?

① 무기과산화물　　② 적린
③ 나트륨　　④ 과산화수소

🔍 위험물의 위험등급

위험등급	류별	해당 위험물
위험등급 I	제1류 위험물	아염소산염류, 염소산염류, 과염소산류, 무기과산화물, 지정수량이 50kg인 위험물
	제3류 위험물	칼륨, 나트륨, 알킬알루미늄, 알킬리튬, 황린, 지정수량이 10kg 또는 20kg인 위험물
	제4류 위험물	특수인화물
	제5류 위험물	유기과산화물(제1종), 질산에스터류(제1종), 지정수량이 10kg인 위험물
	제6류 위험물	전부
위험등급 II	제1류 위험물	브로민산염류, 질산염류, 아이오딘산염류, 지정수량이 300kg인 위험물
	제2류 위험물	황화린, 적린, 황, 지정수량이 100kg인 위험물
	제3류 위험물	알칼리금속(칼륨, 나트륨 제외) 및 알칼리토금속, 유기금속화합물(알킬알루미늄 및 알킬리튬은 제외), 지정수량이 50kg인 위험물
	제4류 위험물	제1석유류, 알코올류
	제5류 위험물	위험등급 I에 정하는 위험물 외의 것

34 다음 위험물 중 분자식을 C_3H_6O로 나타내는 것은?

① 에틸알코올　　② 에터
③ 아세톤　　④ 아세트산

🔍 아세톤
(1) 화학식 : CH_3COCH_3
(2) 분자식 : C_3H_6O

35 제조소의 건축물 구조기준 중 연소의 우려가 있는 외벽은 개구부가 없는 내화구조의 벽으로 해야 한다. 이 때 연소의 우려가 있는 외벽은 제조소가 설치된 부지의 경계선에서 몇 m 이내에 있는 외벽을 말하는가? (단, 단층 건물일 경우이다.)

① 3　　② 4
③ 5　　④ 6

🔍 연소의 우려가 없는 외벽 : 제조소가 설치된 부지의 경계선에서 3m이내에 있는 외벽

36 다음 위험물 중 지정수량이 나머지 셋과 다른 것은?

① 적린　　　　② 황
③ 황화린　　　④ 철분

🔍 제2류 위험물의 지정수량

종류	적린	황	황화린	철분
지정수량	100kg	100kg	100kg	500kg

37 다음 중 금속칼륨의 보호액으로 가장 적당한 것은?

① 물　　　　　② 아세트산
③ 등유　　　　④ 에틸알코올

🔍 칼륨의 보호액 : 등유(석유), 경유, 유동파라핀

38 다음 위험물 중 인화점이 가장 낮은 것은?

① 산화프로필렌
② 벤젠
③ 다이에틸에터
④ 이황화탄소

🔍 제4류 위험물의 인화점

종류	산화프로필렌	벤젠	다이에틸에터	이황화탄소
분류	특수인화물	제1석유류	특수인화물	특수인화물
인화점	-37℃	-11℃	-40℃	-30℃

39 물과 반응하여 포스핀 가스를 발생하는 것은?

① Ca_3P_2　　　② CaC_2
③ LiH　　　　④ P_4

🔍 인화석회(인화칼슘)는 물과 반응하면 포스핀(PH_3)가스를 발생한다.
※ $Ca_3P_2 + 6H_2O \rightarrow 3Ca(OH)_2 + 2PH_3$(포스핀)

40 지정수량 20배 이상의 제1류 위험물을 저장하는 옥내저장소에서 내화구조로 하지 않아도 되는 것은? (단, 원칙적인 경우에 한한다.)

① 바닥　　　　② 보
③ 기둥　　　　④ 벽

🔍 저장창고
(1) 내화구조 : 벽, 기둥, 바닥
(2) 불연재료 : 보, 서까래

41 위험물안전관리법령상 자연발화성물질 및 금수성물질은 제 몇 류 위험물로 지정되어 있는가?

① 제1류　　　　② 제2류
③ 제3류　　　　④ 제4류

🔍 제3류 위험물 : 자연발화성물질 및 금수성물질

42 황가루가 공기 중에 떠 있을 때의 주된 위험성에 해당하는 것은?

① 수증기 발생
② 감전
③ 분진폭발
④ 흡열반응

🔍 분진폭발 : 황, 마그네슘분말, 농산물 등

43 위험물이 2가지 이상의 성상을 나타내는 복수성상 물품일 경우 류별(類別) 분류기준으로 틀린 것은?

① 산화성고체의 성상 및 가연성고체의 성상을 가지는 경우 : 제1류 위험물
② 산화성고체의 성상 및 자기반응성물질의 성상을 가지는 경우 : 제5류 위험물
③ 자연발화성물질의 성상, 금수성물질의 성상 및 인화성액체의 성상을 가지는 경우 : 제3류 위험물
④ 가연성고체의 성상과 자연발화성물질의 성상 및 금수성물질의 성상을 가지는 경우 : 제3류 위험물

🔍 복수성상물품의 분류
(1) 산화성고체의 성상 및 가연성고체의 성상을 가지는 경우 : 제2류 위험물
(2) 산화성고체의 성상 및 자기반응성물질의 성상을 가지는 경우 : 제5류 위험물
(3) 자연발화성물질의 성상, 금수성물질의 성상 및 인화성액체의 성상을 가지는 경우 : 제3류 위험물
(4) 가연성고체의 성상과 자연발화성물질의 성상 및 금수성물질의 성상을 가지는 경우 : 제3류 위험물

44 위험물안전관리법령상 제조소등에 대한 긴급 사용정지명령 등을 할 수 있는 권한이 없는 자는?

① 시·도지사
② 소방본부장
③ 소방서장
④ 소방청장

🔍 제조소등의 긴급사용정지 명령권자 : 시·도지사, 소방서장, 소방본부장

45 다음 중 물과 작용하여 분자량이 26인 가연성 가스를 발생시키고 발생한 가스가 구리와 작용하면 폭발성 물질을 생성하는 것은?

① 칼슘
② 인화석회
③ 탄화칼슘
④ 금속나트륨

🔍 탄화칼슘(카바이트)는 물과 반응하면 아세틸렌(C_2H_2, 분자량 : 26)가스를 발생한다.

46 나트륨 20kg과 칼슘 100kg을 저장하고자 할 때 각 위험물의 지정수량 배수의 합은 얼마인가?

① 2
② 4
③ 5
④ 12

🔍 지정수량의 배수
(1) 지정수량

종류	나트륨	칼슘
품명	제3류 위험물 나트륨	제3류 위험물 알칼리금속
지정수량	10kg	50kg

(2) 지정수량의 배수 = $\frac{저장량}{지정수량} + \frac{저장량}{지정수량}$
= $\frac{20kg}{10kg} + \frac{100kg}{50kg}$ = 4배

47 질산기의 수에 따라서 강면약과 약면약으로 나눌 수 있는 위험물로서 함수 알코올로 습면하여 저장 및 취급하는 것은?

① 나이트로글리세린
② 나이트로셀룰로스
③ 트라이나이트로톨루엔
④ 질산에틸

🔍 나이트로셀룰로스(NC) : 물 또는 알코올에 습면시켜 저장

48 제1류 위험물이 위험을 내포하고 있는 이유를 옳게 설명한 것은?

① 산소를 함유하고 있는 강산화제이기 때문에
② 수소를 함유하고 있는 강환원제이기 때문에
③ 염소를 함유하고 있는 독성물질이기 때문에
④ 이산화탄소를 함유하고 있는 질식제이기 때문에

🔍 제1류 위험물 : 산소를 함유하고 있는 산화성 고체

49 다음 중 벤젠 증기의 비중에 가장 가까운 값은?

① 0.7
② 0.9
③ 2.7
④ 3.9

🔍 벤젠의 증기비중 = $\frac{분자량}{29} = \frac{78}{29}$ = 2.7
※ 벤젠(C_6H_6)의 분자량 = (12 × 6) + (1 × 6) = 78

50 염소산칼륨의 위험성에 관한 설명 중 옳은 것은?

① 아이오딘, 알코올류와 접촉하면 심하게 반응한다.
② 인화점이 낮은 가연성 물질이다.
③ 물에 접촉하면 가연성 가스를 발생한다.
④ 물을 가하면 발열하고 폭발한다.

🔍 염소산칼륨
(1) 산과 반응하면 이산화염소(ClO_2)의 유독가스를 발생 한다.
※ $2NaClO_3 + 2HCl \rightarrow 2NaCl + 2ClO_2 + H_2O_2$
(2) 냉수, 알코올에 녹지 않고, 온수나 글리세린에는 용해한다.
(3) 일광에 장시간 방치하면 분해하여 $MClO_2$를 만든다.
(4) 이산화망간(MnO_2)과 접촉하면 분해가 촉진되어 산소를 방출한다.
(5) 아이오딘, 알코올과 접촉하면 심하게 반응한다.

51 지하탱크저장소 탱크전용실의 안쪽과 지하저장탱크와의 사이는 몇 m 이상의 간격을 유지해야 하는가?

① 0.1
② 0.2
③ 0.3
④ 0.5

🔍 지하탱크저장소
(1) 탱크전용실은 지하의 가장 가까운 벽·피트·가스관 등의 시설물 및 대지경계선으로부터 0.1m 이상 떨어진 곳에 설치하고, 지하저장탱크와 탱크전용실의 안쪽과의 사이는 0.1m 이상의 간격을 유지하도록 하며, 당해 탱크의 주위에 마른 모래 또는 습기 등에 의하여 응고되지 않는 입자지름 5mm 이하의 마른 자갈분을 채워야 한다.

(2) 지하저장탱크의 윗 부분은 지면으로부터 0.6m 이상 아래에 있어야 한다.
(3) 지하저장탱크를 2 이상 인접해 설치하는 경우에는 그 상호 간에 1m(당해 2 이상의 지하저장탱크의 용량의 합계가 지정수량의 100배 이하인 때에는 0.5m) 이상의 간격을 유지해야 한다.

52 황린에 대한 설명 중 옳은 것은?

① 공기 중에서 안정한 물질이다.
② 물, 이황화탄소, 벤젠에 잘 녹는다.
③ KOH 수용액과 반응하여 유독한 포스핀 가스가 발생한다.
④ 담황색 또는 백색의 액체로 일광에 노출하면 색이 짙어지면서 적린으로 변한다.

🔍 황린
(1) 공기 중에 불안정하므로 물속에 저장한다.
(2) 벤젠, 알코올에 일부 녹고, 이황화탄소(CS_2), 삼염화린, 염화황에는 잘 녹는다.
(3) 강알칼리 용액과 반응하면 유독성의 포스핀가스(PH_3)를 발생한다.
※ $P_4 + 3KOH + 3H_2O \rightarrow PH_3\uparrow + 3KH_2PO_2$
(4) 백색 또는 담황색의 자연발화성 고체이다.

53 다음 중 물과 접촉하면 발열하면서 산소를 방출하는 것은?

① 과산화칼륨
② 염소산암모늄
③ 염소산칼륨
④ 과망가니즈산칼륨

🔍 과산화칼륨(K_2O_2)은 물(H_2O)과 반응하여 산소를 발생한다.
※ $2K_2O_2 + 2H_2O \rightarrow 4KOH + O_2\uparrow + 발열$

54 자동화재탐지설비의 설치기준으로 옳지 않은 것은?

① 경계구역은 건축물의 최소 2개 이상의 층에 걸치도록 할 것
② 하나의 경계구역의 면적은 $600m^2$ 이하로 할 것
③ 감지기는 지붕 또는 벽의 옥내에 면한 부분에 유효하게 화재의 발생을 감지할 수 있도록 설치할 것
④ 비상전원을 설치할 것

🔍 자동화재탐지설비의 설치기준
(1) 자동화재탐지설비의 경계구역은 건축물 그 밖의 공작물의 2 이상의 층에 걸치지 않도록 할 것. 다만, 하나의 경계구역의 면적이 $500m^2$ 이하이면서 당해 경계구역이 두개의 층에 걸치는 경우이거나 계단·경사로·승강기의 승강로 그 밖에 이와 유사한 장소에 연기감지기를 설치하는 경우에는 그렇지 않다.
(2) 하나의 경계구역의 면적은 $600m^2$ 이하로 하고 그 한변의 길이는 50m(광전식분리형 감지기를 설치할 경우에는 100m)이하로 할 것.
(3) 자동화재탐지설비의 감지기는 지붕 또는 벽의 옥내에 면한 부분에 유효하게 화재의 발생을 감지할 수 있도록 설치할 것
(4) 자동화재탐지설비에는 비상전원을 설치할 것

55 다음 중 특수인화물에 해당하는 것은?

① 헥산
② 아세톤
③ 가솔린
④ 이황화탄소

🔍 제4류 위험물의 분류

종류	헥산	아세톤	가솔린	이황화탄소
품명	제1석유류	제1석유류	제1석유류	특수인화물

56 비중이 0.8인 메틸알코올의 지정수량을 kg으로 환산하면 얼마인가?

① 200
② 320
③ 460
④ 500

🔍 비중 = $\frac{무게}{부피}$ 이므로 무게 = 비중×부피
= $0.8kg/\ell \times 400\ell = 320\ell$

57 위험물안전관리법령에서 농도를 기준으로 위험물을 정의하고 있는 것은?

① 아세톤
② 마그네슘
③ 질산
④ 과산화수소

🔍 위험물의 기준

종류	기준
마그네슘	[제외 대상] ① 2mm의 체를 통과하지 않는 덩어리 상태의 것 ② 직경 2mm 이상의 막대 모양의 것
질산	비중이 1.49이상인 것에 한한다.
과산화수소	농도가 36중량% 이상인 것에 한한다.

58 염소산칼륨의 지정수량을 옳게 나타낸 것은?

① 10kg ② 50kg
③ 500kg ④ 1000kg

🔍 염소산칼륨(염소산염류)의 지정수량 : 50kg

59 산화성 고체 위험물에 속하지 않는 것은?

① $KClO_3$ ② $NaClO_4$
③ KNO_3 ④ $HClO_4$

🔍 과염소산($HClO_4$) : 제6류 위험물(산화성 액체)

60 그림과 같은 위험물 저장탱크의 내용적은 약 몇 m^3인가?

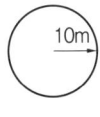
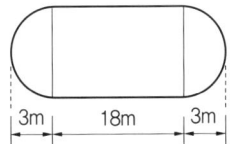

① 4681 ② 5482
③ 6283 ④ 7080

🔍 내용적 $= \pi r^2 (\ell + \dfrac{\ell_1 + \ell_2}{3})$
$= \pi \times (10m)^2 \times (18 + \dfrac{3+3}{3}) = 6283 m^3$

정답 CBT 복원문제 2025년 4회

01 ②	02 ②	03 ④	04 ③	05 ③
06 ②	07 ④	08 ④	09 ①	10 ①
11 ①	12 ③	13 ①	14 ①	15 ①
16 ②	17 ④	18 ②	19 ③	20 ④
21 ④	22 ③	23 ②	24 ③	25 ②
26 ③	27 ①	28 ②	29 ②	30 ③
31 ①	32 ③	33 ②	34 ③	35 ①
36 ④	37 ③	38 ③	39 ①	40 ②
41 ③	42 ③	43 ①	44 ④	45 ③
46 ②	47 ②	48 ①	49 ③	50 ①
51 ①	52 ③	53 ②	54 ①	55 ④
56 ②	57 ④	58 ②	59 ④	60 ③

위험물기능사
최근 9년간 기출문제 필기

2026년 01월 05일 인쇄
2026년 01월 20일 발행

저　　자	이덕수, 이정석 공저
발 행 처	㈜도서출판 책과상상
등록번호	제2020-000205호
발 행 인	이강복
주　　소	경기도 고양시 일산동구 장항로 203-191
대표전화	02)3272-1703~4
팩　　스	02)3272-1705
홈페이지	www.sangsangbooks.co.kr
I S B N	979-11-6967-351-8
정　　가	18,000원

저자협의
인지생략

Copyright©2026
Book&SangSang Publishing Co.